U0302737

泛河西地区环境与生态演变及其调控

冯 起等 著

科学出版社

北京

内 容 简 介

本书通过泛河西地区气候与环境变化的分析，揭示气候变化对内陆河出山径流的影响机理，研究黑河流域净初级生产力的遥感估算及时空变化，模拟内陆河中游盆地地下水脆弱性，评价分析了疏勒河流域水环境变化；测定并分析内陆河下游地下水水盐特征及其效应；最后评价政策因素对绿洲生态环境变化的影响、移民开发工程的生态经济效应、黑河流域生态治理可持续发展评价和内陆河流域集成水资源管理实施状态及其评价。本书在系统分析泛河西地区环境与生态演变特征及驱动机制的基础上，提出环境与生态演变综合调控措施，旨在为现阶段泛河西地区内陆河流域的水资源和山地-绿洲-荒漠系统的高效开发、利用和保护提供重要科技支撑。

本书可供水文水资源、生态水文、水利、资源、环境等科研单位的科研人员，高等院校相关学科师生，生产管理及决策部门工作人员应用和参考。

图书在版编目（CIP）数据

泛河西地区环境与生态演变及其调控 / 冯起等著. —北京：科学出版社，2024.6
ISBN 978-7-03-067214-8

Ⅰ. ①泛⋯ Ⅱ. ①冯⋯ Ⅲ. ①生态环境–研究–甘肃 Ⅳ. ①X321.242

中国版本图书馆 CIP 数据核字（2020）第 265306 号

责任编辑：杨向萍 祝 洁 / 责任校对：崔向琳
责任印制：徐晓晨 / 封面设计：陈 敬

斜 学 出 版 社 出版
北京东黄城根北街 16 号
邮政编码：100717
http://www.sciencep.com
北京建宏印刷有限公司印刷
科学出版社发行 各地新华书店经销

*

2024 年 6 月第 一 版 开本：720×1000 1/16
2024 年 6 月第一次印刷 印张：28 1/2 插页：6
字数：587 000
定价：498.00 元

《泛河西地区环境与生态演变及其调控》
撰写委员会

主　任：冯　起

副主任：李宗省　司建华　杨林山　何元庆　陈　拓

委　员：（按姓氏汉语拼音排序）

曹世雄	陈　拓	冯　芳	冯　起	郭　瑞	郭小燕
何元庆	黄　珊	贾　冰	李宝锋	李旭谱	李宗省
刘　力	刘　蔚	刘　文	马　健	马倩倩	庞　娟
司建华	苏永红	王亚敏	王　昱	温小虎	席海洋
杨怀德	杨林山	尹振良	鱼腾飞	张成琦	张福平
张　涛	赵　玉	周立华	朱　猛		

前　言

　　为了更好地修复退化生态系统和保护荒漠绿洲生态系统，本书将与河西地区密切关联的祁连山地区、河西走廊、巴丹吉林沙漠、腾格里沙漠、库木塔格沙漠作为一个整体统一研究，将该地区称为"泛河西地区"。泛河西地区地处"丝绸之路经济带"核心区的黄金地段，是我国生态安全战略格局中的重点区域。祁连山面积为 17.67 万平方公里；河西走廊东起乌鞘岭，西至古玉门关，其位置在南山(祁连山和阿尔金山)和北山(马鬃山、合黎山、龙首山)之间，总面积为 27.5 万平方公里；巴丹吉林沙漠面积为 5.2 万平方公里；腾格里沙漠面积为 3.0 万平方公里；库木塔格沙漠面积为 2.2 万平方公里；泛河西地区总面积约为 56 万平方公里。泛河西地区水资源总量变化范围为 71 亿～78 亿 m^3，水资源短缺仍是区域经济和社会发展的瓶颈。在变化环境下，区域的水循环要素不断变化，使得水资源系统的变化过程更为复杂，水资源供需矛盾也在人类活动强烈影响下更加突出。泛河西地区是人类干预最早的内陆河地区，具有内陆河流域山地-荒漠-绿洲系统完整结构的独立生态水文单元的一般特征，叠加悠久的人类活动并遗留许多痕迹。因此，泛河西地区是探索地球系统各要素耦合机制，揭示寒区与旱区相互作用、依存、耦合研究的理想单元。对泛河西地区的研究在认识水问题上具有区域性和全球性。

　　受近代泛河西地区人口增加和经济活动频繁的影响，河流水资源开发达到前所未有的速度和强度。泛河西内陆河流域以水土资源开发为主的人类活动，打破了自然生态系统平衡状态，从而出现了河道断流、湖泊干涸、地下水位持续下降、灌溉绿洲土壤次生盐碱化、土地旱化、植被退化、天然绿洲萎缩、风蚀沙化加剧、沙尘暴频袭等一系列生态环境问题。同时在气候变暖的影响下，生态危机进一步加剧，影响整个区域的生态安全和区域社会经济的可持续发展。1995 年，国家启动了以黑河流域为典型内陆河流域的生态环境整治工程；2006 年，相继开展了石羊河流域、疏勒河、党河、阿拉善高原、祁连山的综合治理；2017 年，实施了祁连山国家公园的建设，这些都是遏制泛河西地区生态环境退化趋势、改善我国西部地区生态环境和促进社会经济可持续发展的重大举措。

　　针对以上气候变化、绿洲演变、社会经济发展、水环境和生态环境等问题，为寻找解决区域生态环境退化问题并提出可持续发展对策和途径，开展系列泛河西地区的研究工作，初步研究成果集成本书。全书共 10 章，第 1 章主要概述泛河西地区气候变化研究现状、区域气温重建、内陆河下游环境变化等内容；第 2 章揭示气候变化对内陆河出山径流的影响机理，基于 SWAT 的黑河上游水文要素模拟、气候与土地利用变化对水文要素的影响定量区分、未来气候要素降尺度研究，为内陆河未来水文要素变化预估提供理论依据；第 3 章利用修正的 CASA 模型及其他数理统计方法对泛河西地区典型流域 NPP 的相关因子及各子流域和不同植被类型的植被 NPP 的时空变化特征进行详细分析；第 4 章进行内陆河中游盆地地下水脆弱性模拟，阐明地下水硝酸盐含量空间变异，为中游绿洲合理利用水资源提供参考；第 5 章以疏勒河流域的水环境变化为例，开展疏勒河流域降水、地表水和地下水环境变化的研究；第 6 章研究内陆河下游地下水水盐特征及其效应，分析地下水对地表水土环境的影响，开展地下水水盐动态特征及其影响因素、地下水土壤系统对植被格局的影响研究，最后介绍巴丹吉林沙漠地区地下水来源的同位素示踪，揭示流域下游与邻近沙漠水力之间的联系；第 7 章介绍政策因素对绿洲生态环境变化的影响，主要评估近 60 年来政策因素对绿洲生态环境变化的影响，评价荒漠绿洲生态系统恢复政策及措施；第 8 章介绍移民开发工程的生态经济效应，对移民政策产生的生态效益及可持续发展进行评价，研究生态移民的内在驱动力及外部空间并提出了政策建议；第 9 章介绍内陆河流域生态治理可持续发展评价，评价生态输水和治理效果，分析对农户生计的影响，并对流域尺度生态恢复的公众认可度做调查；第 10 章开展河西走廊内陆河流域水资源压力评价、水资源管理调查以及典型流域 IWRM 实施状态定量和绩效评价，并提出水资源开发利用中存在的问题，旨在为泛河西地区水资源合理开发利用提供重要支撑。

全书由冯起、李宗省、司建华、杨林山、席海洋等编写提纲、组织撰写，冯起、李宗省、杨林山负责全书统稿工作，冯起、司建华、席海洋负责最后定稿。本书撰写分工如下：前言和第 0 章(冯起)，第 1 章(王亚敏、马健、庞娟、何元庆、冯起)，第 2 章(杨林山、尹振良)，第 3 章(张福平、李旭谱)，第 4 章(温小虎)，第 5 章(郭小燕、冯起)，第 6 章(赵玉、苏永红、陈拓、李宗省、冯芳)，第 7 章(杨怀德、冯起)，第 8 章(刘力)，第 9 章(王昱)，第 10 章(黄珊、周立华、冯起)。同时，参与本书文字和图表校对工作的人员还有刘蔚、朱猛、刘文、李宝锋、张成琦、郭瑞、贾冰。

本书是在国家重点研发计划项目"西北内陆区水资源安全保障技术集成与应

用"(2017YFC0404300)、中国科学院中年拔尖科学家项目"气候变化对西北干旱区水循环的影响及水资源安全研究"(QYZDJ-SSW-DQC031)、甘肃省自然科学基金重大项目"祁连山涵养水源生态系统与水文过程相互作用及其对气候变化的适应研究"(18JR4RA002)、甘肃省国际科技合作项目"黑河流域土地沙漠化与生态修复技术跨境研究"(17YF1WA168)、中国科学院 STS 项目"敦煌洪水资源化利用与生态治理试验示范"、甘肃省林业和草原科技创新计划项目"祁连山国家公园(甘肃片区)生态治理成效评估研究"(GYCX〔2020〕01)以及祁连山生态环境研究中心的共同资助下完成的，对上述项目及单位表示感谢！

　　本书是在总结泛河西地区几十年气候、环境、水文、可持续发展研究成果的基础上，结合作者多年泛河西地区研究成果凝练而成。本书内容综合性较强、涉及学科门类多、覆盖面广，有许多科学和实践问题仍需要进一步探究。本书撰写工作历时 8 年，几易其稿，增删多次，书中不当之处在所难免，敬请读者批评指正。

目　　录

彩图

第0章 绪 论

泛河西地区是"丝绸之路"的重要组成部分,是亚欧大陆桥的咽喉和我国现代化建设的重要战略通道。该地区拥有较丰富的矿产资源、风能和太阳能资源,是我国重要的化工和新能源基地,而且悠久的历史文化积淀使其成为重要的旅游目的地。然而,该地区却是我国西部地区生态环境最为脆弱的区域,其生态环境具有抗扰动能力差、稳定性低、恢复力弱、自我调节缓慢等特征。在人类活动加剧背景下,河西走廊及临近沙漠面临诸多生态环境问题,直接威胁着我国"丝绸之路经济带"的安全和区域可持续发展。20世纪后半期,石羊河流域出现河道断流、地下水位下降、青土湖干涸、梭梭林干枯等,植被死亡使沙化加剧;黑河流域下游河道断流、尾闾湖居延海干涸、额济纳绿洲大量萎缩、胡杨林等植被大量死亡衰败;疏勒河流域地下水超采引起荒漠化问题。因此,系统探究泛河西地区生态环境演变的过程与特征,可为该地区生态问题的治理及生态环境保护提供重要科学依据,进而实现区域生态安全,保障"丝绸之路经济带"畅通无阻。

近2000年泛河西地区的生态环境经历了波动退化过程,恶化时段包括西汉、唐中后期、清末,20世纪70年代最为严重。在此期间沙漠范围逐步扩大,以至许多古城遗址和古耕地散布在沙漠深处。大量史实证实,由自然和人类活动引发的重大环境事件是沙漠化面积扩张的主要因素。那么,城池的废弃是否与历史时期发生的重大环境事件有关?极端气候事件是否是内陆河地区生态退化的原因?现代河水断流、湖泊萎缩、绿洲消失是否为气候变化引起?面对这些问题,对历史时期重大环境事件进行细致的研究,可为更好地了解区域人地关系和制订区域可持续发展对策提供科学依据。

针对泛河西地区的生态环境问题,1949年以后国家采取了多项措施,20世纪80~90年代建立自然保护区并实施了天然林保护工程,"十五"规划以来投入千亿元资金启动了泛河西及毗邻地区生态抢救工程。这些措施的实施使该地区生态环境大大改善,但未能彻底扭转生态环境不健康的局面。究其原因是对整个区域缺乏气候环境变化序列多代用指标的有效集成和系统认识,生态环境演变的机制研究在广度和深度上仍有诸多局限;缺少对重大环境事件的研究,不明确其发生的频率、范围、驱动机制及影响;缺乏对自然和人为因素在生态环境演变中作用的认识。因此,迫切需要通过系统研究工作,评估该地区生态环境演变的可持续发展能力,进而为区域生态保护提供理论依据。

本书以重大环境事件为线索，以探究区域生态环境演变的过程与机制为目标，重建河西走廊及邻近沙漠的可靠气候环境变化序列，捕获并研究重大环境事件；通过流域尺度同位素示踪分析，探究巴丹吉林沙漠地下水的来源及更新性；构建生态环境和社会演变模型，剖析生态环境演变的机制，定量辨识重大气候环境事件对社会与生态环境演变的贡献，确定重大环境事件对泛河西地区绿洲时空演变格局的驱动机制；最后，开展区域可持续发展评价并提出相应的适应性对策。

本书共 10 章，可划分为四部分研究内容。

第一部分：泛河西地区气候与环境变化，包括树轮记录的研究区气候变化、灌丛沙丘的气候与环境记录，具体内容见本书第 1 章。

第二部分：泛河西地区的水文过程研究，包括气候变化对河西内陆河流域主要水文要素的影响、基于稳定同位素和水化学的疏勒河流域水环境变化、巴丹吉林沙漠地区地下水来源及其同位素示踪研究，具体内容见本书第 2～6 章。

第三部分：泛河西地区生态环境演变的机制，包括政策因素对绿洲生态环境变化的影响、移民开发工程的生态经济效应，具体内容见本书第 7 章和第 8 章。

第四部分：泛河西地区可持续发展能力评价和适应性对策，包括黑河流域生态治理可持续发展评价和内陆河流域集成水资源管理实施状态及评价，具体内容见本书第 9 章和第 10 章。

第1章　泛河西地区气候与环境变化

1.1　研　究　进　展

1.1.1　全球气候变化研究现状

气候变化作为全球变化的核心问题一直备受关注。联合国政府间气候变化专门委员会(Intergovernmental Panel on Climate Change, IPCC)第五次报告指出, 1950年以来, 气候系统的许多变化是过去几十年甚至千年以来史无前例的。1880~2012年, 全球海陆表面平均温度呈线性上升趋势, 升高了0.85℃; 2003~2012年平均温度比1850~1900年平均温度上升了0.78℃。1983~2012年的30a比之前几十年都要热, 每十个观测年的地表温度均高于1850年以来的任何时期。因此, 虽然没有更早期的历史详细记录, 但这30a极有可能是近800~1400a最热的30a。然而, 全球变暖是不均匀的, 有已经升温的区域, 也有变冷的地区。例如, 1910~1980年, 世界上很多地区温度在上升, 而实际上赤道以南靠近安第斯山脉的一些地区在降温, 直到20世纪90年代中期才有变化。与世界其他地区相比, 赤道以南附近的地区没有发现明显的变化。全球陆地变暖最剧烈的区域是北半球中纬度生态系统极为脆弱的干旱半干旱区域, 该区域内的亚洲、欧洲和北美大陆则经历了自1990年至今最为剧烈和快速的增暖(Ji et al., 2014)。因此, 在全球陆地整体自1900年至今不断变暖的大背景下, 对干旱半干旱地区气候变化及形成机制的研究有着重要意义。

全球气候变暖会导致地球上许多自然系统发生剧烈变化, 因此气候变化及相关问题的研究早已引起国内外专家和学者的重视和兴趣。由于对全球气候变暖存在着不同看法, 学者们对气候变化方面的研究更多地集中在过去气候变化的变幅和全球变暖在过去长期气候变化中的位置。研究过去气候的变化在很大程度上依赖于代用资料, 如黄土、冰芯、石笋、历史文献和树轮纪录等(Chen et al., 2006; Thompson and Anderson, 2000)。气候重建可以准确判断全球气候是否变暖, 确定全球气候变暖程度、空间分布特征及其随时间变化特征等, 为研究气候变暖的归因问题提供极有价值的信息。气候重建除了可以更好地了解过去气候的演变过程和评估近代气候变化特征, 对预测21世纪的气候变化趋势也有非常重要的意义(Zhang et al., 2009)。同时, 气候重建可以更好地了解全球和区域气候变化以及它们之间的联系，提高人类对未来气候变化的预测能力，进而能够制订并实施正确的应对气候变化的决策，减缓气候变化对经济和社会发展带来的不利影响。从一千多年前到一百多年以前，气候变化主导因素是自然因素，而认识自然气候变化及其形成的原因，对研究 21 世纪人类活动对气候的影响有重要意义。

研究过去气候变化，最主要的是找到一种可靠的古环境信息载体。树木年轮资料因为具有精确定年和年分辨率等特点，方便建立可进行统计校正和检验的区域气候重建模型，便于与气候模拟结果对比；另外，单点或小范围气候重建的不断丰富，为进行大空间范围甚至是半球尺度树轮气候重建提供了可能。树轮代用资料为气候机制研究提供了更长的时间序列，一些研究开始利用树轮气候重建结果探讨气候变化的驱动因子，如火山喷发、太阳活动、季风与热带海洋驱动，并重建一些指示气候涛动的指数，如北大西洋涛动(North Atlantic oscillation，NAO)指数、太平洋年代际涛动(Pacific decadal oscillation，PDO)指数和厄尔尼诺南方涛动(El Niño-Southern oscillation，ENSO)指数。过去千年北半球气候变化序列重建为解释现代气候的归因提供了有价值的参照信息，但区域尺度高分辨率的气候重建更利于研究半球及全球气候重建难以反映的至关重要的气候特征，如区域内特征时段(典型暖期或冷期)气候要素平均、极端气候事件(季节、年或年代)的空间结构及空间协同特征，而这些信息往往在半球或全球尺度的重建中被掩盖了。特别地，由于区域尺度的重大气候事件往往会显著地影响区域自然环境和社会经济的发展，因此区域尺度气候的重建和分析对评估气候变化的影响尤为重要。

1.1.2　树轮气候学研究进展

树轮气候学是以植物生理学为基础，以树木年轮的生长为依据，利用年生长层来定年和评价过去环境变化的学科(Fritts，1976)。树轮每年的径向生长特性能够清楚地记录环境变化的信息及其影响，如气温、降水、径流、地震、极端灾害及人类活动等。20 世纪初，美国著名天文学家道格拉斯(Douglass，1920)首次发现美国西南部亚利桑那地区约 500a 时间段的树轮宽度变化和当地实际降水量之间存在良好的对应关系，创立和推动了树轮气候学的发展。

此后，根据道格拉斯提出的树轮反演气候的原理及方法，树轮宽度一直是树轮年代学研究的主要对象(Gou et al.，2012；Shao et al.，2010)。绝大部分研究是借助树轮宽度的变化来重建过去几百年甚至几千年的降水和气温的变化，进而弥补器测资料的不足(Overpeck et al.，1997)。古气候重建是准确认识当前气候在长期演变过程中所处的阶段特征和有效预估未来气候变化的前提，同时也是认识气候系统变化规律的基础。由于树轮资料能够准确定年，分辨率高、连续性强，树轮宽度两侧较为容易测量且测量准确等特点，成为推演古气候与环境变化的重要方法之一(李颖俊等，2012)。

从道格拉斯首次发现树轮与气候之间的关系至今，树轮气候学不断地发展和完善。区域树轮年表的建立是解读该区域树轮所记录气候信息的基础。世界上最长的树轮年表超过 10000a，出现在欧洲大陆；其次是北美洲，其最长年表超过 8600a；另外，南美洲和澳大利亚为超过 3600a，俄罗斯为超过 3200a，我国发现的最长年表超过 4600a。随着树轮研究的不断深入，研究手段也不断更新——从刚开始的树轮宽度研究到后来树轮密度研究，再到借助化学方法对树轮进行研究。研究方法不断更新的同时，研究技术也不断地进步并趋于成熟。目前，树轮区域气候重建分为区域主要模式重建(D'Arrigo et al.，2006；Cook et al.，2004)和区域单个气象站点的点对点重建(Cook et al.，2004)。前者是利用树轮网络重建区域的平均气候状况，如主成分、算数平均或根据纬度的加权平均，后者则是利用区域内各气象站点的邻近树轮年表重建区域内各个气象格点。大范围气候重建主要方法有正交空间回归分析和经典回归分析方法(Cook et al.，1999)。

开展树轮研究最适合的区域为气候条件较为恶劣的干旱区、半干旱区及寒冷地区(王婷等，2003)。通常所指的寒冷地区主要是高海拔山区和极地地区。气候变化基本上控制着树木养分的合成过程，树轮宽度的差异主要受控于树木在生长季所得到的养分和激素量(王婷等，2003)。一次较为微弱的气候事件，在生境较好的区域，树木可以通过自我调节作用渡过难关，也许当时短暂的气候变化并不能引起该区域树木年轮的变化。在严酷的生境条件下，受环境的限制，树木的自我调节能力较低，短暂或者微弱的气候事件也许会导致树木年轮发生明显改变，如树轮宽度发生变化或者出现缺轮等现象。这是因为在严酷的生境条件下植物生长速度缓慢，对气候变化的响应更加敏感，树木的生长年限能够很长；另外，在这种环境下死树和古木容易得到保存，通过交叉定年可将古木与活树样本对接，能够建立起长年表序列，重建长时间尺度的区域古气候演化过程(Yang et al.，2014；Shao et al.，2010)。虽然树轮的宽度与树木的种类有关，但主要还是受树木所处环境的降水量和气温影响(Gou et al.，2012)。截至目前，利用树轮反演区域气候变化已取得了众多成果，其中以针对过去 2000 年气温和降水变化的重建和可能影响机制的研究最为典型(Shao et al.，2010；邵学梅和吴祥定，1997)。

温度对树木生长的影响表现为当年的气温状况和年轮宽度有关，但也有可能影响到次年生长轮的宽窄(袁玉江和李江风，1999)。在干旱和半干旱地区，气温是影响树木生长比较敏感的气候因素(Gou et al.，2005)。

Sheppard 等(2004)研究发现，树木生长季开始时最低气温的升高有助于延长生长季，与树轮宽度正相关。Cook 等(1999)重建了美国大陆 154 个干旱指数格点研究过去超过 300a 气候变化，并发现 1930 年美国大沙暴时期是重建时段中最干旱的时段。Cook 等(2004)利用更新的树轮数据库，重建美国西部各干旱指数格点过去 1200a 的干旱历史，发现中世纪暖期时气候总体比较干旱，于是推论如果这种暖干模式持续，当前全球进一步变暖趋势可能加剧研究区的干旱。Mann 等 (1998)综合了北半球大量具有年分辨率的树轮年表，结合其他冰融化和历史资料，重建过去超过 600a 的温度历史，分析了过去千年的温度变化。Esper 等(2002)挑选了千年长度的年表，并运用区域生长曲线(RCS)标准化树轮年表，更多地保存了年表的低频信息，温度重建成功地恢复了中世纪暖期。D'Arrigo 等(2006)运用更新树轮网络，根据主成分分析划分出不同区域，最后综合成过去半球温度变化历史；标准化年表和区域生长曲线年表重建结果，印证了区域生长曲线年表能更好地保存低频气候变化信息。

生长期内的降水量对树木的生长作用显著，它表现在形成层的分化、木质部细胞的增长量、早晚材形成始终期的早晚与持续时间等。这可能是因为生长期降水能够加快树木光合作用产物的积累，加快植物生长。Caritat 等(2000)对欧洲栓皮栎的研究揭示，栓皮栎的形成层宽度与研究区月降水量正相关，尤其是冬季和秋季。Azizi 等(2013)发现意大利中部的橡树树轮与当地降水(上一年 10 月至当年 5 月)呈显著正相关关系，根据橡木轮宽波动重建了当地 1840～2010 年的降水变化。Liu 等(2013)根据我国华中地区树轮宽度与降水量之间的显著相关性，重建了该区域自 1853 年以来的降水量，指出研究区显著的干旱期为 1877～1888 年和 1923～1933 年，1940～1970 年时段降水波动显著。其实，相对温度而言，降水对树木年轮生长的影响更滞后一些，通常上一年的降水会影响当年树木轮宽的大小。在有积雪的区域，积雪融水对树木生长的作用与降水一样，尤其是在一些积雪量占年降水量较大的地区或依靠冰雪融水补给的区域，降雪对树轮宽度的影响不可忽略(李江风等，1997)。因此，在利用树轮资料重建出山径流的时候，应当将积雪融化时对树木生长的影响考虑在内。

1.1.3 西北干旱区树轮气候学研究进展

我国西北干旱半干旱区位于亚洲内陆部，由于其地表状况特殊，区域生态环境脆弱，气候环境变化剧烈，为主要的生态脆弱区域。该区独特的地理位置，形成了主要受中纬度西风扰动，亚洲季风和高原季风共同影响的气候格局(龚道溢和何学兆，2004)。全球气候发生变化后，大气环流的改变也将引起东亚夏季风的进退、中纬度环流的变化，进而引起研究区如农业区、草原、农牧过渡带、森林、积雪、冰川、湖泊、绿洲等生态环境发生变化；生态环境的变化反过来又会影响西北气候状况乃至全球气候的变化。因此，研究西北内陆干旱区，尤其是祁连山及周边地区过去气候变化及其可能的形成机制，对预测区域未来气候变化及社会经济发展均具有重要意义。同时，也为更大尺度气候变化提供研究资料，丰富全球中高纬度地区树木年轮学研究成果。

西北干旱区以其特殊的地理位置和环境特征，成为国内树轮气候学研究开展的最主要区域之一，集中了我国大部分的树轮研究工作(高琳琳等，2013)。西北干旱区树轮气候学的研究主要分布在新疆的天山及阿勒泰地区、柴达木盆地、祁连山及其周边地区。

(1) 新疆天山及阿勒泰地区位于我国的新疆境内，属于我国西北干旱半干旱区，区域降水量低。降水水汽主要来源于西风输送。该区深处大陆内部，蒸发量大，生态环境脆弱，气候变化对区域生态系统的影响较大，认识该区域气候变化的机理和驱动因素对当地生态环境保护具有极为重要的意义。因此，该区域成为我国树轮气候研究的热点地区之一。生长在天山及阿勒泰地区的雪岭云杉对气候变化较为敏感，是目前该区域开展树轮研究的主要媒介。袁玉江和李江风(1994)通过分析天山西部云杉林年轮生长量与气候的关系，发现 3 月、5 月、6 月的降水是制约伊犁天山雪岭云杉气候生长量的主要因子，其影响超过对天山北坡云杉气候生长量的影响。平均来说，伊犁地区 5~6 月降水量每减少 10%，云杉的生长量将降低 6.2%；5~6 月降水量每增加 10%，云杉年轮气候生长量提高约 2.4%。尚华明等(2010)借助采集的西伯利亚落叶松宽度年表，利用树轮资料和卡通卡拉盖气象站的气象资料，分析了该站 1932 年以来的温度和降水量变化趋势。张同文等(2013)通过建立天山中部开都河中游地区雪岭云杉上下限树轮宽度与气象因子的关系模型，探讨了树轮生长与北大西洋涛动的关系。Wu 等(2013)利用西天山地区的云杉树轮重建了天山地区 500a 来的气候环境变化，指出生长年限短于 210a 的较年轻树木与前一年 7 月月均气温显示出明显的负相关，与当年 4~5 月的降水量正相关；同时，当年 3 月的月均温会抑制生长年限长于 210a 的树木生长。Zhang 等(2014)重建了西天山 1756 年以来 6~7 月降水量的变化，结果表明，研究区从 1756 年至今存在五个相对湿润的时期(1811~1828 年、1843~1880 年、1893~1915 年、1929~1934 年和 1983~2002 年)和五个相对干旱的时期(1766~1810 年、1829~1842 年、1881~1892 年、1916~1928 年和 1935~1982 年)。Chen 等(2014)通过分析过去 606a 天山地区呼图壁河流域树轮宽度和 4~6 月份平均帕默尔干旱指数(Palmer drought severity index，PDSI)之间的关系，揭示该区域在此时段气候极端事件频发。

(2) 柴达木盆地地处青藏高原的东北部，盆地面积达 $2.57 \times 10^5 km^2$，平均海拔约 2800m，是一个大型的内陆山间盆地，我国著名的四大盆地之一。柴达木盆地的气候受地理位置、大气环流和地形海拔的共同影响，寒冷、干旱、富日照和多风是其最显著的标志，具有典型的大陆性荒漠气候特征。盆地常年盛行西风，夏季风翻越横断山脉和六盘山后，其尾闾可扩展至盆地东南部，与西风辐合，形成为数不多的降水。由于西风携带的水汽不多，因此季风所携带的水汽是盆地降水的主要来源。基于柴达木盆地独特的地理优势，许多学者对柴达木盆地古气候演化进行了研究，这些研究的主要代用资料是树轮和湖泊。

　　柴达木盆地树轮研究主要针对祁连圆柏展开。杨保等(2000)根据高分辨率的都兰树轮年表，将过去 2000 年的气候变化划分为 230 年以前的高温期，240's～800's 冷暖波动强烈的低温期，810's～1070's 显著高温期的中世纪暖期，1080's～1880's 低温期，包括小冰期及 1890's 后的升温期。邵雪梅等(2004)通过柴达木盆地东北缘的宗务隆山和沙利克山的祁连圆柏树轮宽度序列，对树木径向生长对该区气候要素变化的响应进行分析，重建了德令哈地区 1000a 以来上年 7 月至当年 6 月的年降水量变化过程。邵雪梅等(2006)利用柴达木盆地东北缘 11 个祁连圆柏采样点的树轮宽度数据，重建了德令哈及乌兰地区 1437a 以来的降水变化。从过去 1437a 的尺度来看，德令哈及乌兰地区处于相对湿润的时段，最为湿润的时期出现在 16 世纪晚期，中世纪暖期该区域降水变幅小而小冰期降水变幅大。黄磊等(2010)利用柴达木盆地建立的树轮宽度年表，分析了过去 2800a 该区域的极端干旱事件，发现其具有群发性和间歇性的特点，其中公元 3 世纪至 4 世纪的魏晋南北朝时期、15 世纪至 19 世纪的明清时期是极端事件的群发期。过去 2800a 最严重的极端干旱事件是发生在西汉末年和东汉初年的持续性干旱。

　　(3) 祁连山及其周边地区：祁连山地处青藏高原东北缘，是河西走廊三大内陆河的发源地。该区常年受西风气流的控制，夏季在部分强降水事件时，还受到季风气流的影响，属于亚洲季风的北部边界。生长在祁连山区的祁连圆柏，容易受气候环境变化的影响，是进行树轮气候学研究的理想物种。目前，祁连山及其周边区域的树轮研究主要分为三个方面：树轮变化对区域温度的响应、树轮变化对区域降水量的响应、树线分布对区域温度及降水量的综合响应。具体来说，勾晓华等(1999)通过采自祁连山东部的祁连圆柏样本分析，揭示年轮指数与 3～4 月降水量呈显著正相关关系。其原因可能为 3～4 月降水量属于树木生长季初始时的降水量，是树木生长的限制因子。另外，年轮指数与 1 月气温呈显著负相关关系。Gou 等(2005)指出，随着树木生长海拔的升高，年轮之间的差异逐渐缩小。该区树轮的生长主要受控于春季降水量的多少。Gou 等(2012)根据祁连山四个点祁连圆柏的树轮宽度数据指出，高温有助于祁连圆柏树轮宽度的生长、增加树线附近祁连圆柏树轮密度和导致树线向高海拔区扩张。同时发现，祁连圆柏的树轮宽度与当年及上年 6 月气温呈显著正相关关系。李颖俊等(2012)通过祁连山东部互助地区的油松样本，建立标准化年表，重建该地区近 188a 上年 8 月到当年 6 月的降水量。根据重建结果，湿润时期为 1850s～1860s、1930s～1950s、1970s～1990s 和 2000s；干旱时期为 1830s～1840s、1900s 和 1920s，其中 1920s 的干旱在北方大范围内普遍存在。Sun 和 Liu(2013)通过祁连山中段的祁连圆柏样品，恢复了该区域的 PDSI，并指出过去 450a 存在三个较为干旱的时段：1705～1723 年、1814～1833 年和 1925～1941 年。Deng 等(2013)重建了祁连山东段 1856～2009 年的干旱事件，结果显示，干旱主要发生在 1900s、1920s、1930s 和 2000s，并指出干旱事件的变化与东赤道太平洋海温存在显著正相关关系。Zhang 等(2011)发现祁连山区祁连圆柏的径向生长与夏季气温呈显著负相关关系,但在部分采样点却存在例外,即采样点轮宽变化与夏季气温呈现显著正相关关系。

综上所述,西北干旱半干旱地区树轮气候学研究已经取得了一定进展,研究方法日趋成熟。但不同学者对于利用树轮重建气候演化的具体过程、气候冷暖干湿的交替形式、极端气候事件及导致气候变化的可能机制的解释上,依旧存在较大争议。尤其是地处季风边缘区的祁连山,尽管目前的研究已经基本恢复了千年来该区域的气候变化框架,但对极端气候事件的解释,不同的学者研究结论也不一致。

1.2　研究区概况及器测时期气候变化

1.2.1　研究区概况

甘肃河西地区与水源地祁连山、周边的三大沙漠紧密相连,其中水资源的联系最为紧密。由于山地、平原、绿洲、荒漠景观的存在,该区域形成独特的高山冰雪-高寒草地-山地水源涵养林-平原绿洲-荒漠绿洲-河流尾闾湖泊复杂的生态系统,也导致不同生态系统与水文系统耦合过程复杂。在全球变化环境下,区域的冰川融水、降水径流、蒸散发等关键水文要素必然发生变化,使生态系统变化的复杂性和不确定性增加。因此,本书将该联系紧密的地区称为泛河西地区。

泛河西地区位于我国西北地区,包括石羊河流域、黑河流域及疏勒河流域,巴丹吉林沙漠、腾格里沙漠和库木塔格沙漠。祁连山地区、河西走廊、巴丹吉林沙漠腾格里沙漠两大沙漠面积约 $3.155×10^5 km^2$。泛河西地区的水源地祁连山属青藏高原东北部的边缘山系,山脉呈西北—东南走向,地处于青藏高原、蒙新高原、黄土高原三大高原交汇地带;跨青海、甘肃两省,西起当金山口,东至包兰线,南临柴达木盆地、黄河谷地和茶卡-共和盆地,北侧则是与之高程悬殊的河西走廊;山系西北高、东南低,绝大部分海拔 3500~5000m,属于高寒干旱半干旱地区。

泛河西地区位于青藏高原与北部内蒙古高原的交汇处,从地貌单元上分为南、中、北三部分。南部为地势高耸的祁连山区;中部为地势相对较平坦的戈壁和黄土地貌地区,是两个主要构造单元的接合部位;北部分为两部分,与河西走廊相邻的是北山地区,宽度较窄,延伸较远,最北侧为起伏不大的北部山区和阿拉善高原区,多为戈壁沙漠地区。总体上地势属于北西西向条带状格局,与构造格局是基本一致的,总体地势南高北低。现今地貌特征是构造活动及地貌调整共同作用的结果(Liu et al., 2003)。

河西地区位于亚欧大陆腹地,气候上大部分属温带或暖温带大陆性干旱气候,加之河西走廊内绿洲被大范围戈壁和荒漠所包围，气候变得异常干旱。河西地区地理位置特殊，是西伯利亚气流南下和西向塔里木盆地倒灌的通道，所以冬季酷寒。该区光能资源丰富，太阳辐射强，光照时间长。同时，河西走廊也是多风、多沙的地区，其中受地形影响，玉门镇和瓜州成为该区风速最大的两个地区。此外，河西走廊的降水分布具有复杂性和独特性。降水主要集中在山区，从高山到平地，降水量随海拔的降低而急剧减少，祁连山区由于受到太平洋和印度洋东南暖湿气流的影响，降水较多，而东段的冷龙岭年降水量可达800mm。祁连山前的戈壁和绿洲地区，属典型的内陆干旱区，是西北地区降水量最少的地方(黄玉霞等，2004)；降水稀少，年均降水量为100mm以下，其中敦煌年均降水量仅为39mm。因此，在河西走廊这样一个特殊区域，气候从湿润、半湿润急剧过渡到干旱、极干旱。

巴丹吉林地区内沙山高大、湖泊众多，地势总体呈东南高西北低，地处亚洲季风西北边缘区，主要受中纬度西风带和亚洲季风的双重影响，冬春季盛行西风、西北风，夏秋季节盛行东南风，区内干旱，多年年平均降水量呈现自东南向西北减少，东南部降水量为120mm，西北部不足40mm(马妮娜和杨小平，2008)；降水主要集中在夏季。东南部高大复合型沙山相对高度为200～300m。湖泊主要分布在高大沙山之间的丘间地，面积大小不等，深度差别也较大，大多数为矿化度较高的盐碱湖，东南部淡水湖的数量相对较少。该区沙山、湖泊的形成和演化、鸣沙的形成、湖泊水源等科学问题是国内外学术界关注和研究的热点(陈建生等，2006；顾慰祖等，2004；马金珠等，2004)。

祁连山区的降水是河西三大内陆河水系河川径流量的主要补给来源，是河西地区工农业生产及人民生活用水的最主要源泉。祁连山区发育着现代冰川，是水资源存在的一种特殊形式。冰川与降水径流之间存在相互制约和补充作用，使河流的年径流量相对稳定。祁连山较多的降水资源和丰富的冰川资源是该地区水资源的重要形式，这里的地表水资源仅指河川径流量。在祁连山水资源中，降水直接形成的地表径流量占河川径流量的63.0%，由降水形成地下水并汇入河流的径流量占31.4%，而冰雪融水占4.8%。祁连山地表径流量主要形成于山地-草原-森林带以上，海拔超过3400m的高山、亚高山带。山地森林带将大部分顺坡汇集而下的地表径流转化为地下径流(蓝永超等，2002；陈昌毓，1995)。

祁连山区土壤分布有明显的垂直地带性，主要的土壤类型为高山寒漠土、高山草甸土、亚高山灌丛草甸土、山地灰褐土、山地黑钙土、山地栗钙土和山地灰钙土等。

祁连山的气候由东向西越来越干燥，地带性植被类型也由森林向荒漠呈水平梯度变化。水热条件在不同高度的特殊组合，导致气候的垂直变化，其他自然地理要素也相应地发生垂直分异，最后形成各具特点的垂直带谱。根据植被类型和地理环境,祁连山可分为东祁连山亚寒带针叶林植被区和西祁连山-东阿尔金山山地草原、荒漠植被区。从垂直分布来看,植被景观可分为高山寒漠稀疏植被带、高山草甸带、亚高山灌丛草甸带、山地森林草原带。阴坡、半阴坡和半阳坡生境比较湿润,分布着寒温带暗针叶林;阳坡比较干燥,发育着草原,二者组合成森林草原复合景观。

亚寒带针叶林主要分布在海拔 2500～3300m,主要群种为青海云杉,在冷龙岭东段有少量的油松和山杨侵入,与青海云杉形成混交林。海拔 3300m 以上为亚高山灌丛和草甸植物。森林主要分布在东、中段的冷龙岭和走廊南山海拔 2400～3300m 的阴坡,主要树种为青海云杉(*Picea crassifolia*)。阳坡主要分布有草原,部分阳坡分布有灌丛和祁连圆柏(*Sabina przewalskii*)(张勇等,2013)。

1.2.2 研究区及周边地区器测时期气候变化

受全球气候变化大背景的影响,区域气候变化成为关注的热点问题。对于干旱半干旱过渡的西北地区,施雅风等(2003)综合了气温、降水量、冰川消融量、径流量等 8 个方面的信息,提出了西北地区气候由暖干向暖湿转型的假说,指出转型的显著区域位于西北西部,而西北东部为未转型区,并认为 1987 年以来西北中、西部气候的变暖变湿与全球显著变暖和水循环加剧所导致的降水量增加相联系。通过实测记录研究当代气候变化已有不少成果(任朝霞和杨达源,2006;马振锋等,2006),而大部分研究资料长度及精度等不同,并且多为单一要素分析,多样指标分析则缺乏统一的标准,不利于空间对比研究。鉴于实测气候数据对气候重建的重要性,利用多种气候要素分析对泛河西地区气候变化特征开展分析。

1. 资料和方法

本小节气候数据来自中国气象局国家气象信息中心,依据资料的连续性及最长时段性标准,选取范围在 90°～110°E、35°～45°N 的气象站点,其中泛河西地区包括 27 个气象站点,周边地区包括 64 个气象站点。由于泛河西地区包括大部分沙漠地区,气象站点稀少,因此选用周边地区的气象站点来提高气候空间变化分析中的分辨率。所选气象资料经过了较为严格的质量控制,包括极值检验和时间一致性检验。选择 1960 年以后的月观测资料进行气候变化分析,具体气象因子包括平均气温(T_{mean})、平均气温距平、平均最低气温(T_{min})、平均最高气温(T_{max})、极端最低气温(ET_{min})、极端最高气温(ET_{max})、降水量(Prce)、降水距平百分率、平均相对湿度(RH)、平均风速(WS)、日照时数(SD)、日照百分率、小型蒸发皿蒸发(E_{min})、大型蒸发皿蒸发量(E_{max})、参考作物蒸散量(ET_0)、总云量(TCA)、年低云量(LCA)。其中,除总云量和低云量的时间段为 1960～2005 年外,其他要素的时间段均为 1960～2014 年,参考作物蒸散量(ET_0)根据联合国粮食及农业组织(FAO)

推荐的 Penman-Monteith 公式计算所得(Allen et al., 1998)。对各站点资料进行筛选、剔除和整理,通过月数据计算年数据,然后求得各序列年数据。对年序列采用气候倾向率(魏凤英, 2007)、反距离加权法(魏凤英, 2007;黎夏和刘凯, 2006)、Mann-Kendall 非参数统计检验法等进行了各气候要素时间变化和空间分布的研究。

2. 气温的变化特征

器测时期的气温变化多用平均气温进行分析,而气象资料记录的气温要素包括平均气温、最低气温、最高气温、极端最低气温、极端最高气温。对泛河西地区及其周边地区上述气温要素进行趋势分析,结果如图 1-1 所示。泛河西地区及其周边地区平均气温在 1960~2014 年变化趋势为 0.33℃/10a,呈显著的上升趋势($R^2 = 0.6231$)。平均气温距平变化幅度达 2.89℃/10a($R^2 = 0.6001$)。平均气温距平在 1986 年之后上升幅度最为显著,达 0.36℃/10a,1998 年和 1967 年分别是 1960~2014 年气温最高和最低的年份,分别为 6.57℃和 4.04℃。平均气温在 20 世纪 60年代呈下降趋势(0.49℃/10a),70 年代开始回暖,80 年代增温幅度变化较小,90年代增温幅度最高,约 0.94℃/10a,21 世纪以来气温依然上升显著,但上升幅度

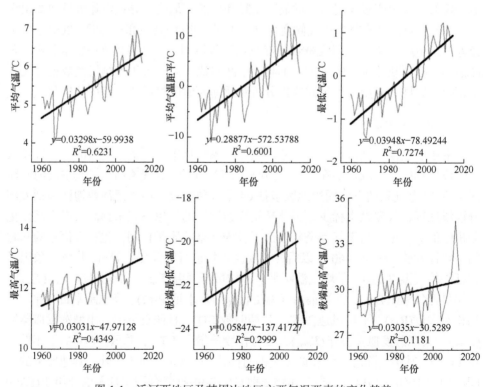

图 1-1　泛河西地区及其周边地区主要气温要素的变化趋势

较 20 世纪 90 年代小。1986 年以来，平均气温距平为正的年数也是随着年代的增加而增加，说明升温的频率越来越快，温暖的程度越来越高。在气温变化中，最低气温的上升趋势最为显著，为 0.39℃/10a($R^2 = 0.7274$)，而最高气温上升趋势较低，仅 0.30℃/10a($R^2=0.4349$)。说明在气温变化中，最低气温的增加幅度明显大于最高气温的增幅，而最高气温和最低气温的变化在年代上基本一致，即 1960～2014 年主要的变暖均是从 20 世纪 80 年代中期开始，在 90 年代后期均达到了历史高值，近年来又略有回落。说明大部分地区气温的上升主要是最低气温的升高 (王菱等，2004)。对于极端最高气温和极端最低气温而言，变化幅度较其他气温要素低，其中极端最低气温在 2008 年以前呈 0.58℃/10a 的增长趋势($R^2 = 0.2999$)，而 2008 年以后呈下降趋势；极端最高气温上升不显著。极端最低气温的增加趋势明显大于极端最高气温的增加趋势，这与全球增暖的大背景是一致的(张立伟等，2011)。

3. 降水和相对湿度的变化特征

全球总降水量在过去 100a 有增加趋势，但是在干旱半干旱地区减少，干旱和洪涝等极端气候事件增加。泛河西地区降水量在 1960～2014 年中的不同时段变化不同(图 1-2)。1960～1977 年以 10.18mm/10a 的速度增加($R^2 = 0.0336$)，1978～2007 年呈下降趋势，下降幅度约 10.02mm/10a，2007 年至今呈显著增长趋势。降水距平百分率反映了某一时段降水与同期平均状态的偏离程度。降水量的增加被认为是气温升高的结果，气温升高导致北方各地区未来大气降水、地表水和地下水都有不同程度的增加(秦大河，2002)。该地区多年相对湿度呈 0.67%/10a 的下降趋势($R^2 = 0.1524$)，但自 2004 年起，相对湿度呈显著的上升趋势，且上升幅度大。

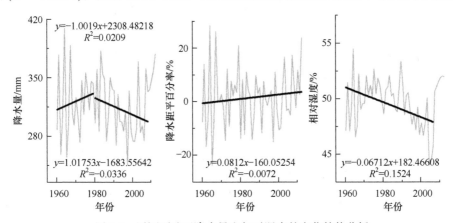

图 1-2　泛河西地区降水量和相对湿度的变化趋势分析

4. 潜在蒸散发变化特征

全球变暖可能会使近地面表层变干，而地表水体蒸发量应上升。但在分析蒸发皿蒸发量时，发现有些区域平均蒸发皿蒸发量存在稳定的下降趋势(Hoffman et al.，2011；Rao and Wani，2011)，这种蒸发量与人们预期矛盾的现象被称为"蒸发量佯谬"。参考作物蒸散发量(又称为潜在蒸散发量)是表征大气蒸散能力，评价气候干旱程度、植被耗水量、生产潜力及水资源供需平衡的最重要的指标之一(王亚敏等，2010；Gavilan and Castillo，2009)。通过分析泛河西地区蒸发皿蒸发量和参考作物蒸散发量发现(图 1-3)，参考作物蒸散发量在 1960～1968 年呈–52.44mm/10a 的下降趋势，1969～1993 年呈–28mm/10a 的下降趋势，1993～2014 年呈 19.8mm/10a 的上升趋势。过去数十年我国的参考作物蒸散发量总体呈下降趋势，但各地的变化及其成因具有区域性差异(倪广恒等，2006；任国玉等，2005)。我国蒸发皿观测资料分为小型蒸发皿(20cm 口径)蒸发量和大型蒸发皿(如截面积为 20m² 或 100m²)蒸发量。由于小型蒸发皿的站点多，资料序列长，小型蒸发皿资料是极其珍贵的历史观测资料。我国蒸发皿蒸发的研究多采用小型蒸发皿蒸发量。从图 1-3 可以看出，研究区小型蒸发皿蒸发量呈–261.25mm/10a 显著的下降趋势(R^2 = 0.44171)。大型蒸发皿(E-601B蒸发皿)蒸发量的资料从 1984 年起至今仅有 20 年的资料，但是大型蒸发皿蒸发量呈现强烈的上升趋势(451.61mm/10a，R^2 = 0.87732)。

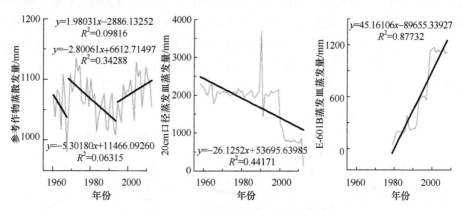

图 1-3　泛河西地区蒸发要素的变化趋势分析

蒸发皿蒸发有显著的"蒸发量佯谬"现象，而参考作物蒸散发量在总体上也有"蒸发量佯谬"现象，但表现并不显著。

5. 其他气候要素的变化特征

除常用的气温、降水量、蒸发量气候变化要素外，气候变化要素还包括平均风速、日照时数、云量等。风速和日照时数是影响蒸发的主要因素，也是研究区域参考作物蒸散量的主要气象因子，同时还是影响作物光合作用的主要因子。云在地气系统的能量和水汽循环中起着重要作用，直接影响着地表和大气吸收发射的长、短波辐射。整个地气系统的辐射收支分布对驱动大气环流又起着重要作用，并决定着温度、水汽和降水等变量气候态的变化(Mokhov and Schlesinger，1994；Rossow and Lacis，1990)。

从图 1-4 中可以看出，平均风速在 1980～2003 年呈显著下降趋势(0.13(m/s)/10a，$R^2 = 0.40673$)；2004～2014 年呈 0.27(m/s)/10a 的上升趋势($R^2 = 0.21169$)，上升趋势显著；与全国年平均风速在 1970～2002 年 0.12(m/s)/10a 的下降速率相似(任国玉等，2005)。日照时数在 1975～2003 年呈下降趋势(17.5h/10a，$R^2 = 0.0224$)，2003 年之后迅速上升。对比日照百分率的变化幅度可以看出，日照时数呈先下降后升高的趋势。总云量在 1975～2005 年呈 0.88%/10a 的上升趋势($R^2 = 0.03457$)，低云量距平在 1970～2005 年呈 0.03 成/10a 的上升趋势($R^2 = 0.10051$)，总云量和低云量距平的上升幅度不显著，且没有通过显著性检验。云在气候的发展、变化是一个相对复杂的过程，除地形、大气环流的影响外，气温、降水量、相对湿度等气候因子也会对其造成影响。由于地面观测资料的局限性，对于云在气候变化中的作用和各种气候因子相互作用的认识还不够。随着全球云量变化与宇宙射线、太

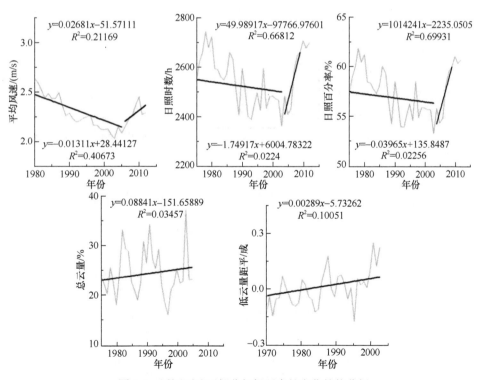

图 1-4 泛河西地区部分气候要素的变化趋势分析

阳活动等相关性研究的开展，大量证据表明太阳活动可能通过调节进入大气的宇宙射线等空间粒子的通量造成全球云量变化，以此来影响全球气候(王亚敏等，2014)。

根据器测气象资料分析,泛河西地区及其周边地区 1960～2014 年年平均地面气温升高 0.9℃，增温速率为 0.33℃/10a，比中国、全球或半球同期平均增温速率明显大。青藏高原东北地区增温最明显。从 20 世纪 80 年代中后期开始，平均增温速率有加大趋势，并有以冷季增暖为主向全年性增暖转变的迹象。在气温变化中，平均最低气温的增暖幅度显著，平均气温的上升主要来自于最低气温的升高。极端最低气温的变化幅度较极端最高气温大，气温有 10a 左右的变化周期。

1960 年以来，研究区及其周边地区平均年降水量趋势呈现先增加后减少，从 2007 年起迅速增加的变化模式。研究区西部表现为变湿的趋势，而东部则为变干的趋势。相对湿度呈自东南向西北的递减趋势，民勤周边地区及敦煌周边地区呈显著上升趋势，黑河流域及乌鞘岭以东地区相对湿度呈下降趋势。相对湿度的变化趋势同降水量变化趋势较为一致，降水量和相对湿度分别有 13a 和 10a 的变化周期。

参考作物蒸发量主要呈下降趋势,但 1993 以来年呈 19.8mm/10a 的上升趋势。过去数十年，我国的参考作物蒸发量总体呈下降趋势，但各地的变化及其成因具有区域性差异。研究区小型蒸发皿蒸发量呈显著的下降趋势，大型蒸发皿蒸发量呈现强烈的上升趋势(1984～2014 年)。蒸发量都呈自东向西的递增趋势，即越靠近内陆，蒸(散)发量越大。参考作物蒸发量有 9a 变化周期，最小蒸发皿蒸发量有 4a 和 24a 的变化周期。

研究区日照时数和平均风速呈先下降后上升趋势，平均风速和日照时数均呈现自东向西递减趋势。总云量和低云量呈上升趋势，总云量和低云量空间分布格局相反。平均风速和日照时数分别有 13a 和 11a 的变化周期，而总云量与低云量均有 6a 和 12a 的周期，其中低云量还有 17a 的显著周期。

1.3 泛河西地区树轮年表及其与气候间响应

1.3.1 泛河西地区树轮年表

研究树木生长对气候变化的响应，是进行树轮气候重建的基础。开展泛河西地区原始林树木对自然气候的响应关系研究是区域树轮气候重建的基础，可以为泛河西地区固有的原始林的管理和保护提供理论依据。祁连山地区活树年龄较长，是开展树木年轮研究的理想地点，该区域对全球气候变化的响应研究也已取得了一定成果(Liu，2013；Gou et al.，2012)。为了进一步对比研究祁连山区及其周边气候变化的异同及机制，在前人研究的基础上选取了祁连山中部三个采样点进行研究。

采样点分别位于祁连山中部的肃南和祁连地区、祁连山东部的门源地区。考虑到区域对比研究，所采样芯均来自生长在该区域山地阳坡的主要树种——祁连圆柏(*Sabina przewalskii*)。为采到足够的样本，提高样本的信号强度，对于树龄老的样本，在每棵树上采集 3 个树芯，共采集树芯 364 根，采样点基本信息和树芯特征在表 1-1 和表 1-2 中列出。

表 1-1　采样点基本信息

采样点	代码	北纬/(°)	东经/(°)	海拔/m	树芯
肃南	KS	38.71	99.78	3029~3312	132/61
祁连	QB	38.18	100.43	3246~3484	118/52
门源	DM	37.11	102.50	3010~3289	104/52

表 1-2　采样点树芯基本统计特征

采样点	树芯数	时段	序列	ML	R	MS
KS	122	1018.2011	993	587.8	0.703	0.367
QB	104	1395.2011	616	428	0.717	0.290
DM	104	1518.2011	493	305.1	0.733	0.280

注：ML 为 COFECHA 程序结果中本采样点的平均树龄长度；R 为高频转换后各个样芯同主序列间的平均相关系数；MS 为树木对气候因子响应的平均敏感度。

1. 树轮宽度年表的建立

标准化后的序列在 ARSTAN 软件中将每条序列用双权重方法(Cook et al., 2002)进行合成就可生成树轮年表。为了减少样本量变化的潜在影响，Osborn 等(2006)介绍的方法被用于稳定年表的方差变化，同时样本总体解释量(expressed population signal，EPS)被用于评估年表的质量。EPS 是树木间平均相关和样本量之间的函数，一般而言，EPS 达到 0.85 时，年表较为可靠。

按照上述方法对研究区的三个采样点进行了年表合成，每个采样点有标准化(STD)年表、差值(RES)年表和自回归(ARS)年表三种年表，共计产生 9 个树轮宽度年表，分别如图 1-5、图 1-6、图 1-7 所示。图中竖线是 EPS 达到 0.85 的标准线，竖线将各个年表曲线分为左右两部分，右侧部分代表 EPS>0.85，也就是右侧部分年表的样本量完全满足复本原理的要求，可以称之为可靠年表；左侧部分的年表序列不能完全满足复本原理样本数的要求，在分析过程中仅供参考，不能进行气候重建。

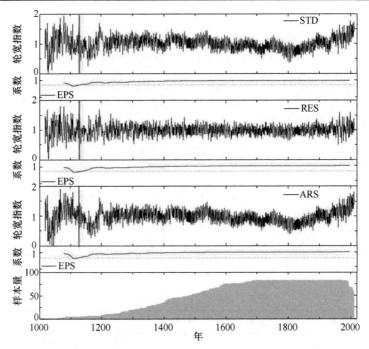

图 1-5 KS 三种宽度年表及样本量曲线

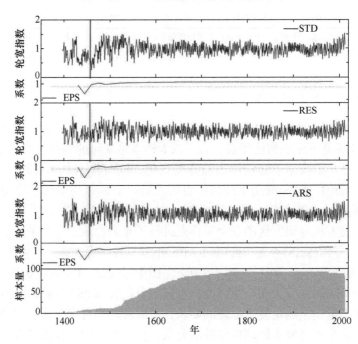

图 1-6 QB 三种宽度年表及样本量曲线

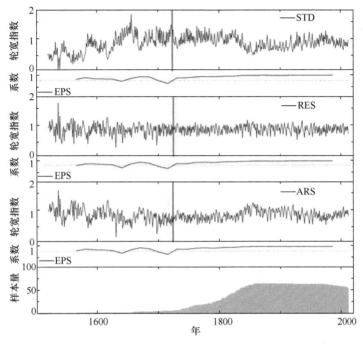

图 1-7　DM 三种宽度年表及样本量曲线

标准化年表序列包含了更多的低频信号,而差值年表序列曲线低频振荡很少,主要表现树轮序列的高频振荡,因此差值年表只表现出序列的高频振荡特点而损失低频信号。对于生长在干旱半干旱地区的祁连圆柏林来讲,其生境严酷,林相稀疏,因此林内树木间的相互扰动很少,利用自回归模式拟合后的差值序列可能会造成气候信息的丢失,对于温度敏感的序列更是如此。对于生长在郁闭森林中的树木,林间的非气候扰动较大,通过自回归模型的模拟则有助于剔除非气候因素带来的扰动,提高信噪比。自回归年表的变化特点与标准化年表较为相似。

2. 树轮宽度年表的统计特征

采样点的各标准化年表的统计特征值和公共区间特征值进行统计对比,用以下统计量来衡量年表的质量:M 代表平均指数,SD 代表标准差,S 代表偏度,K 代表峰度,MS 代表平均敏感度,AC1 代表一阶自相关系数。平均敏感度表示轮宽序列中相邻年轮宽度的逐年变化情况,其变化范围是从 0(表示逐年的年轮宽度无变化)到 2(表示一个缺失年轮),主要代表气候的短期变化或高频变化,而且平均敏感度越大,说明轮宽序列包含的气候信息越多。一阶自相关系数可以充分反映树木当年生长量受上一年气候环境的影响程度,当一阶自相关系数大时，说明树木生长依赖前期生长的程度大；反之，说明依赖程度小。

表 1-3 为三个采样点树轮年表的基本统计特征值。三种不同年表的平均指数都接近 1，这是进行标准化后得到的结果，所以数值比较相似。RES 的标准差在三个年表中最低，这是因为 RES 只包含了高频信息。一阶自相关系数反映了上一年气候状况对当年轮宽生长的影响程度，AC1 值以标准化年表最高。不同样点存在环境差异，不同类型年表反映的信息也不同，故各统计量也有差别。但从各年表的平均敏感度来看，从东部的采样点 DM 向西到 QB 和 KS 采样点，各个年表平均敏感度在逐渐提高，说明包含的气候信息自然较多，更有利于树轮气候学的研究。标准差也呈现相同的变化，而一阶自相关系数东部低于西部，年表的平均敏感度与所采集样芯的树木立地条件及区域的气候环境有关。各年表的一阶自相关系数因采样环境差异、树种差异、小生境的不同而不同。一般来说，立地条件越好的树木，年轮序列的自相关系数越高。这是因为立地条件好的树木，当年的水热条件较好，就会快速生长，植物体内能够储存大量的营养物质以供次年的生长。同时，坡度小的立地环境，土壤保水能力较强，使得前一年的水分可以有相当量保存至当年，从而前一年的生长状况和水热条件对下一年产生较大影响，所以一阶自相关性也表现较强(Cook et al.，2013)。本书的三个采样点均位于森林上限，生长条件整体来说相对较好，但是由于经度分布差异，东部的气候条件是要好于西部的，东部树木的生长条件要优于西部树木的生长条件。同祁连山东部山区相比，在生长条件较差的西部，树木生长受限严重，对气候因子的响应更加敏感，树木的生长变化幅度也很大，所以造成了自东向西敏感度、标准差逐渐增加的情况。另外，较差的生长条件往往造成植物生长缓慢，植物体内存储的营养物质有限，对来年树木生长影响有限。生长条件相对较好的东部山区的树木，生长相对较快，如果当年的温湿条件较好，树木生长较快，植物体内可储存大量的营养物质，有利于次年的生长；同时，坡度小、发育较好的土壤保水能力较强，当年充沛的水分可在土壤中保存到次年树木生长季的开始，这对我国西北地区树木的生长非常有利(春季干旱往往影响该区域树木的生长)(邵雪梅等，2004)，使得前一年的温湿条件和生长状况对树木次年的生长造成较大的持续性影响。综合上述两个方面，立地条件较好的树木具有较强的自相关性，同时树轮宽度序列的平均敏感度较小；立地条件差的树木自相关特性较弱，但树轮宽度序列的平均敏感度较大，有利于树轮气候学研究。通过祁连山区东部、中部、西部各个年表的统计特征值对比，很清晰地显示了树轮气候学的研究结果。

表 1-3　三个采样点树轮年表的基本统计特征值

采样点	年份	年表类型	M	SD	S	K	MS	AC1
KS	1018~2011	STD	1.000	0.260	0.003	3.530	0.311	0.199
		RES	0.999	0.226	0.009	3.311	0.313	0.164
		ARS	0.984	0.269	0.013	3.605	0.323	0.189
QB	1395~2011	STD	0.979	0.219	0.240	3.037	0.254	0.242
		RES	0.996	0.192	0.001	2.452	0.263	0.145
		ARS	0.996	0.192	0.002	2.499	0.256	0.067
DM	1518~2011	STD	1.000	0.305	0.120	5.664	0.229	0.641
		RES	0.998	0.189	0.022	4.934	0.248	0.190
		ARS	0.999	0.217	0.113	3.741	0.209	0.413

表 1-4 为研究区三个采样点的树轮宽度年表的公共区间分析结果。由于树轮年表的起始年代不同，不同采样点选取的公共区间也不同。其中，$R1$ 为样本间的平均相关系数，$R2$ 为同一棵树不同样芯间的平均相关系数，$R3$ 为不同树木间的平均相关系数，SNR 为信噪比，EPS 为样本总体解释量。$R1$、$R2$、$R3$、SNR 和 EPS 值越大，表示序列的共性越强。其中，$R1$、$R2$、$R3$ 统计值越大，表明不同样芯的轮宽变化越一致，不同树木受到了相同限制因子的影响，所包含的气候变化信息量越大。SNR 表示年表中气候信息和非气候信息所产生的噪声的比，SNR 越大则年表中所包含的气候信息也越多。

表 1-4　采样点树木年轮宽度三种年表公共区间分析结果

采样点	年份	年表类型	$R1$	$R2$	$R3$	SNR	EPS
KS	1482~2011	STD	0.552	0.779	0.548	32.071	0.970
		RES	0.547	0.779	0.543	31.426	0.969
		ARS	0.544	0.764	0.540	31.003	0.969
QB	1646~2011	STD	0.448	0.651	0.446	52.806	0.981
		RES	0.453	0.653	0.451	53.758	0.982
		ARS	0.394	0.624	0.392	42.347	0.977
DM	1857~2011	STD	0.492	0.579	0.491	57.046	0.983
		RES	0.496	0.590	0.495	58.057	0.983
		ARS	0.397	0.545	0.396	38.868	0.975

从表 1-4 中可以看出，各采样点的样本都表现出 $R2$ 较高，因为定年是基于每棵树不同样本间的相似性，所以虽然一棵树不同方向的多个样芯的绝对轮宽存在差异，但变化趋势十分相似，而且单树单样芯也会导致 $R2$ 较高。不同树之间的

样芯，尽管属于同一采样点，但由于小生境的差异，可能在特定时段的变化上有所差异。因此，在采样过程中不仅要注意小生境的选择，而且在样芯交叉定年完成后，要坚决剔除有显著差异的小生境样芯，否则会带来噪声。

不同采样点去趋势序列和差值序列所代表的共性有较大差别，而且差值序列的各项统计量均高于标准化年表和自相关年表序列，缘于差值序列中去掉了较多的低频信号，保留了更多的高频信息。从标准化年表可以看出，KS 采样点的 $R1$、$R2$ 和 $R3$ 统计特征值均大于 QB 样点和 DM 样点建立的年表，说明该采样点包含的气候信息量最大，采样点下垫面性质比较均一，小生境的差别也不大，表明不同样芯的轮宽变化比较一致，反映不同树木受到相同限制因子的影响。KS 采样点的 SNR 和 EPS 较 QB 和 DM 样点年表的值低，可能与该采样点较其他两个采样点分散，且与 KS 采样点有死树的样芯有关。KS 采样点的树木长度最长，QB 次之，DM 树木长度最短，对于树木气候学来说，KS 和 QB 采样点的树木年轮宽度更有研究价值。三种年表中，标准化年表包含了更多的低频信号变化特点，更能反映干旱半干旱地区气候变化的信息。因此，本书使用各采样点的标准化年表进行后续的分析。

1.3.2 泛河西地区树轮与气候间响应

目前，普遍认为森林上限的树木生长主要受气温的影响，而森林下限的树木生长主要受降水影响，但在不同区域树木对气候因子的响应又有较大差异。利用祁连山东部、西部树木年轮宽度资料和附近各气象站点的气象资料对影响树木生长的生态气候因子进行响应分析，找出祁连山东部、中部限制树木生长的气候因子，进而研究该区域历史时期东部、中部气候变化的规律和差异。

1. 气象资料的选取和分析

分别选取采样区邻近的气象站进行气候响应分析，表 1-5 列出了这些气象站点的资料。为了更好地了解研究区的气候变化状况以及分析各样点数据同气候数据的联系，对祁连山东部、中部各树轮采样点邻近的气象站点的观测资料做了详细分析，选择较为合适的气象数据，建立树轮宽度指数对气候要素的响应关系。

表 1-5 采样区邻近气象站点资料

采样点	邻近站点	北纬/(°)	东经/(°)	海拔/m	年份
	民乐站	100.82	38.45	2271	1961~2011
	肃南站	99.62	38.83	2312	1961~2011
KS 和 QB	张掖站	100.37	38.56	1480	1961~2011
	祁连站	100.15	38.11	2787	1961~2011
	野牛沟站	99.35	38.25	3320	1961~2011

采样点	邻近站点	北纬/(°)	东经/(°)	海拔/m	年份
	武威站	102.40	37.55	1532	1961～2011
DM	乌鞘岭站	102.87	37.20	3045	1961～2011
	门源站	101.62	37.38	2850	1961～2011

　　根据气象站点的地理位置，将以上气象站点进行划分。KS 和 QB 采样点位于祁连山中部，邻近站点包括民乐站、肃南站、张掖站、祁连站和野牛沟站，而 DM 采样点位于祁连山东部，附近气象站点包括武威站、乌鞘岭站和门源站。

　　整体上，祁连山区中部和东部，海拔接近的气象站点间的气温和降水量多年平均值比较相似，海拔接近的站点气温呈现自东向西逐渐减少的趋势，而降水量随海拔的升高呈增加趋势。平原地区蒸发明显高于山区，平原地区相对湿度的最低值出现在 4 月，与当地种植开始相关。日照时数呈自西向东增加趋势。高海拔地区风速较大，偏北风风向居多，但各站点差异较大，尤其是高海拔地区风向与当地小气候密切相关。总云量各站点差异较小。祁连山中部的五个气象站点气象要素变化较为一致，而祁连山东部的三个气象站点气象要素变化较为一致，都具有气候变化的同一性。

2. 树轮与气象要素响应模式

　　将树轮宽度标准化年表分别与采样点附近气象站点的多年平均气象要素进行皮尔逊(Pearson)相关性分析，其结果反映了祁连山区树木径向生长对气象要素的响应(图 1-8)。影响年轮生长的气候环境因子很多，尽可能多地选用气象要素进行相关性分析。彩图 1-8 中用颜色的变化来表示皮尔逊相关性分析所得的相关系数值。各色块分别表示采样点的标准化年表与站点平均气象要素的皮尔逊相关系数。颜色越偏向红色表明两者正相关关系越显著；相反，颜色越偏向蓝色表明两者负相关关系越显著。白色表示缺值，纵坐标为各站点名称，横坐标为各气象要素。图 1-8 中，T_{mean} 表示平均气温，P 表示降水量，RH 表示相对湿度，SD 表示日照时数，T_{max} 表示平均最高气温，T_{min} 表示平均最低气温，ET_{max} 表示极端最高气温，ET_{min} 表示极端最低气温，WS 表示风速，PET 表示蒸发皿蒸发量，TCA 表示总云量，LCA 表示低云量。图 1-8 中自上而下依次为 QB 采样点标准化年表与邻近祁连山中部五个气象站点多年平均气象要素的皮尔逊相关系数；KS 采样点标准化年表与邻近祁连山中部五个气象站点多年平均气象要素的皮尔逊相关系数；DM 采样点标准化年表与邻近祁连山东部三个气象站点多年平均气象要素的皮尔逊相关系数。

　　从图 1-8 可以看出，对于 QB 来说，各站点的平均气温、平均最高气温、平

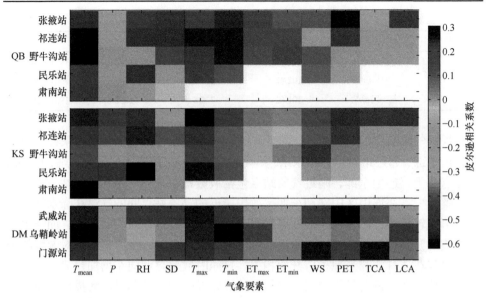

图 1-8 采样点树轮宽度标准化年表与邻近站点气象要素的皮尔逊相关系数(见彩图)

均最低气温、极端最高气温、极端最低气温与标准化年表呈正相关关系，而降水量、相对湿度、日照时数、风速、蒸发皿蒸发量、总云量、低云量与标准化年表呈负相关关系。其中，平均气温相关性最为显著，各站点多年平均气温与标准化年表的皮尔逊相关系数分别为 0.69(张掖站)、0.79(祁连站)、0.76(野牛沟站)、0.62(民乐站)、0.66(肃南站)，这些相关系数都通过了皮尔逊相关性分析的显著性检验($p < 0.01$)。各站点的平均最高气温、平均最低气温、极端最高气温、极端最低气温与标准化年表的皮尔逊相关性也较显著，都通过了显著性检验($p < 0.01$)。其他气象要素的皮尔逊相关系数较小，且没通过显著性检验。在祁连山中部五个气象站点中，与 QB 采样点最为邻近的祁连站的各气象要素相关性最好，选用该站气象要素作为树木年轮的气候相关响应分析。同样，作为祁连山中部采样点，KS的标准化年表与平均气温、平均最高气温、平均最低气温呈显著的正相关关系，相关系数通过了皮尔逊相关性分析的显著性检验($p < 0.01$)，与其他气象要素呈不显著的相关性。KS 的标准化年表与最为邻近的肃南站的平均气温的皮尔逊相关系数最高(0.80)，张掖站次之(0.72)，祁连站和民乐站分别为 0.63 和 0.65，野牛沟站最低，为 0.54。前面分析祁连山中部五个气象站点的气象变化特征具有同一性，因此选用的祁连站和肃南站的气象要素能够反映出祁连山中部气候的变化。对于祁连山东部的 DM 采样点而言，三个气象站点的平均气温、平均最高气温、平均最低气温、极端最高气温、极端最低气温与 DM 的标准化年表呈负相关关系，并且通过了皮尔逊相关分析的显著性检验($p < 0.01$)，与其他气象要素的相关性因站

点而异，且显著性没有通过检验。DM 采样点的标准化年表与乌鞘岭站的气象要素相关性较其他两个站点高，因此选用乌鞘岭站进行树轮的气象要素相关响应分析。祁连山东部三个气象站点的气象要素变化具有同一性(表 1-5)，因此乌鞘岭站能够代表祁连山东部反映气候的变化。

利用祁连气象站 1961～2011 年平均气温、降水量、日照时数和相对湿度的逐月资料，取上年 1 月到当年 12 月的数据与 QB 采样点树轮宽度标准化年表进行相关系数和响应函数分析(图 1-9)。因为树木的径向生长不仅受当年气候条件的影响，还会受到上年气候条件的影响(Chen et al.，2014；Cook et al.，2013)，所以在分析年轮宽度生长与气候变量关系时，取上年 1 月到当年 12 月这个时段。

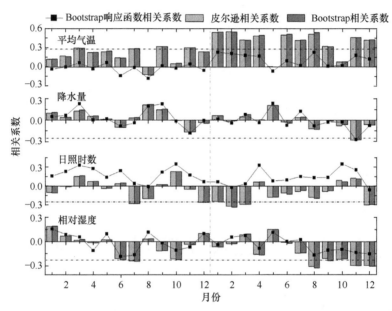

图 1-9　QB 采样点树轮宽度标准化年表与逐月气象要素的相关系数和响应函数分析
水平虚线均代表 95% 的置信水平线

从图 1-9 看出，除了上年 5 月，气温与树轮年表普遍表现为显著的正相关。Bootstrap 相关系数(r)在上年 3 月($r = 0.30$)、7 月($r = 0.29$)、9 月($r = 0.32$)、11 月($r = 0.30$)和当年 1～4 月($r = 0.43～0.56$)、6～9 月($r = 0.33～0.52$)、11～12 月($r = 0.47$、0.43)都达到 95% 的置信水平，皮尔逊相关系数同样达到了 95% 的置信水平，Bootstrap 响应函数相关系数大多表现为正相关。降水量与树轮年表在上年 1～5 月、7～10 月、当年 1～4 月表现为正相关，在上年 5 月、11～12 月和当年 2 月、6 月、8～12 月表现为负相关，除当年 11 月($r = 0.28$)外，皮尔逊相关系数与 Bootstrap 相关系数都没有达到 95% 的置信水平。Bootstrap 响应函数相关系数在上年大多表现为正相关，而在当年后半年表现为负相关。日照时数与树轮年表在上年 1 月、2

月、5月、7月、8月、10月，当年3月、5～9月、12月表现为负相关，其他月份为正相关。仅上年6月($r = 0.24$)、10月($r = 0.30$)、当年8月($r = 0.22$)、10～12月($r = -0.32$、-0.21、-0.29、-0.30)通过了显著性检验($p < 0.05$)，响应函数相关系数大多表现为正相关。相对湿度在上年1～5月、8月、12月、当年3月、5月($r = -0.33$)、6月呈正相关，上年6月($r = -0.33$)、7月、9～11月、当年1月、4月、7～12月呈负相关。其中，上年12月($r = -0.26$)、当年2月($r = -0.33$)、3月($r = -0.29$)、12月($r = -0.29$)的相关系数达到了95%的置信水平。Bootstrap响应函数相关系数大多表现出波动性。说明QB采样点树木年轮宽度受气温、降水量、日照时数、相对湿度的共同影响，而树轮年表与气温的相关性明显好于其与降水量、日照时数、相对湿度的相关性。

针对肃南站1961～2011年平均气温、降水量、日照时数和相对湿度的逐月资料，选取上年1月至当年12月的相关数据与KS采样点树轮标准宽度年表分别进行相关系数和响应函数分析(图1-10)。从图1-10看出，在KS采样点，气温与树轮年表在上年3月($r = 0.26$)、6月($r = 0.32$)、当年1～4月($r = 0.35～0.39$)、6～12月($r = 0.36～0.55$)表现为正相关，并且都达到95%的置信水平。上年1月、8月、11月、当年5月呈负相关，但未通过显著性检验。Bootstrap响应函数相关系数表现为正相关。降水量与树轮年表在上年1～5月、7～10月、当年1～4月表现为正相关，在上年4月($r = 0.25$)和当年3月($r = 0.29$)、12月($r = 0.33$)表现为正相关，

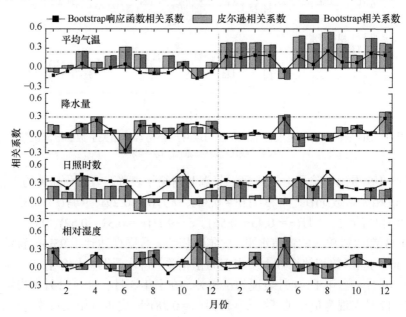

图1-10　KS采样点树轮宽度标准化年表与逐月气象要素的相关系数和响应函数分析
水平虚线均代表95%的置信水平线

在上年 6 月($r = -0.30$)呈负相关，其他月份的相关系数未达到 95%的置信水平。Bootstrap 响应函数相关系数在上年大多表现为正相关，而在当年后半年表现为负相关。日照时数与树轮年表在上年 3 月($r = 0.35$)、10 月($r = 0.34$)和当年 4 月($r = 0.33$)、6 月($r = 0.30$)、8 月($r = 0.31$)表现为正相关，并通过了显著性检验($p < 0.05$)，而在上年 2 月、3 月、5~7 月、9 月和当年 4 月、6~9 月表现为负相关，但相关没有达到 95%的置信水平。Bootstrap 响应函数相关系数表现出波动性。相对湿度与树轮年表在上年 11 月、12 月($r = 0.45$、0.26)和当年 5 月($r = 0.41$)表现为正相关，有显著性($p < 0.05$)，其他月份的相关达到 95%的置信水平。Bootstrap 响应函数相关系数表现为正相关。同 QB 采样点一样，KS 采样点的树轮年表与气温的相关性明显好于其与降水量、日照时数、相对湿度的相关性。

综合分析祁连山中部 QB 采样点和 KS 采样点树轮标准化年表和气象要素的相关系数和响应函数可知，在树木的生长季(上年 5 月到当年 9 月)，树木生长受气温、降水量、日照时数、相对湿度的共同影响，而气温是这一地区树木生长的主要限制性因素。当气温超过树木生长的生物学下限时，树木的生理活动开始。冬天树木一直处于休眠期，对水分的消耗减少，而且低温会使冬季降水大部分储存在地表土壤中。上年的 9 月和 12 月气温与年轮宽度变化呈正相关关系，表明上年的气候因子会影响下年年轮的生长，即滞后作用。但初春的 3~4 月，气温开始升高，树木开始生长。此时，气温成为树木生理生化过程的限制因子。气温的高低直接影响到树干形成层生长的速度和持续时间，从而影响年轮的宽度。5 月，气温继续升高，冬季存储的土壤水分在树木初期生长有所消耗，所以 5 月较高的气温会对年轮生长起限制作用，5 月气温与年轮宽度变化呈负相关关系。6~9 月为山区主要降水时段，随着降水的增多，水分不再成为树木生长的限制因子，此时，气温的升高会加快植物的光合作用，有机物质的合成速度也加快，这一时段气温的升高会促进年轮的生长。树木是活的生物体，环境的变化会对其生长造成影响，而树木也会通过一定的方式来适应环境变化。研究表明，上年冬季的气温对当年的树轮生长的影响是极其重要的。冬季气温偏低，不利于下年树轮的生长，易形成窄年轮。祁连山上年 12 月气温与树轮呈正相关关系，表明冬季气温对下年树轮生长有滞后作用。树轮径向生长依赖当时的光合作用，所以这一时段的光照与树木生长呈正相关关系。对于比较喜欢温凉和湿润气候的树木来说，4~5 月生长初期需要大量的水分供应，但这时的降水并不充裕，使得降水量和相对湿度对年轮生长产生影响；在秋季，主要的降水季节已经过去，但是气温并未明显降低，树木仍在生长，需要大量水分供应和较高的空气湿度，所以秋季的降水量和相对湿度成为树木继续生长的限制因子。高海拔地区树林，由于降水较多，相对湿度也较大，二者对树木径向生长的限制作用较弱。说明在海拔高的树林，湿冷环境造成树木对干旱的响应较低，而与当地气温相关更为显著。在其他的树木年轮研究中，也有冬季气温与年轮生长关系密切的结论(袁玉江和李江风，1999)。

利用乌鞘岭气象站 1961～2011 年平均气温、降水量、日照时数和相对湿度的逐月资料，选择上年 1 月至当年 12 月的数据与 DM 采样点树轮宽度标准化年表进行相关系数和响应函数分析(图 1-11)。DM 采样点，除上年 3 月和当年 5 月外，气温与树轮标准化年表在上年 6～7 月、9 月、11～12 月、当年 2～3 月、6～11 月、12 月表现为负相关，且均达到 95% 的置信水平，其他月份气温与树轮年表的相关性未通过显著性检验，Bootstrap 响应函数相关系数较为显著。降水量与树轮年表在上年 1～2 月、当年 2 月、10 月表现为负相关。除了上年 4～6 月外，降水量与树轮年表的相关系数与气温同树轮年表相关系数的月份比较一致。Bootstrap 响应函数相关系数同气温与树轮年表的响应函数变化也较为一致。日照时数与树轮年表在上年较多月份表现为负相关，在当年 6～8 月表现为正相关，但相关性太小。相对湿度与树轮年表在上年大多表现为正相关，在当年更多的月份表现为负相关，都没有通过显著性检验。Bootstrap 响应函数相关系数与降水量的响应函数关系变化相似。与祁连山中部采样点 QB 和 KS 不同，DM 采样点的树轮年表与气温呈负相关，而当年 5 月也与其他两个采样点的相关性相反，呈正相关关系。与祁连山中部两个采样点相同的是气温的相关性明显好于其与降水量、日照时数、相对湿度的相关性，并且祁连山东部采样点受日照时数和相对湿度的影响更小，均达不到显著性水平。

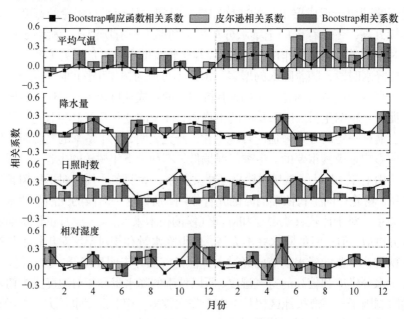

图 1-11　DM 采样点树轮宽度标准化年表与逐月气象要素的相关系数和响应函数分析

水平虚线均代表 95% 的置信水平线

祁连山东部采样点同中部采样点一样，来自森林上限，气温低、降水多，但是该地区树木生长与气温和降水量都呈负相关。由于祁连山东部纬度低于中部，受季风影响显著，冬春季气温回升早，冻土融化，土壤水分含量高。乌鞘岭站的相对湿度高于祁连站和肃南站，冬春季表现更为显著。土壤水分含量过高限制了树木根部的呼吸作用，因此这些月份的高温和高降水反而是树木生长的限制因素。气温对树木生理活动影响明显，直接影响光合作用，并间接调整呼吸和蒸腾。气温太高不利于树木生长，气温升高超过最适宜气温，升高到临界值时，蒸腾速度加快，影响土壤的有效水分含量，引起树木内部水分亏缺，因而使气孔关闭，导致光合作用速率下降。气温能直接对树木形成层的生长速度和持续时间产生影响，进而影响树木年轮的宽度。气温的极端变化，在树木形成层生长期间，抑制作用尤为明显。再者，气温高，干旱概率增加，影响了树轮宽度的变化。10 月气温高可能对当年秋材的最后形成有影响，但对树木生理学意义不大。祁连山东部地区平均最高气温比平均气温起到的限制性作用更为明显。与祁连山中部气温为树木生长的主要限制因子不同，祁连山东部除气温限制树木生长外，风速和蒸发量的限制作用也较为显著，说明祁连山东部采样点所受气象要素的影响更为复杂，树轮气候响应模式与祁连山中部不同。

根据上述分析得知，三个采样点的树木生长限制因素均为气温，祁连山中部树木生长与气温表现为正相关，而祁连山东部树木生长与气温表现为负相关。各月相关前面已详细分析，所以选用祁连站、肃南站、乌鞘岭站的年、季节、时段组合的气温分别与 QB、KS、DM 采样点树轮宽度年表进行相关性分析。

根据不同月份气温与树轮年表的相关性，对一些月份进行组合，并结合不同季节的平均气温对树木年表进行相关性分析，分析结果如图 1-12 所示。图 1-12 中从左到右分别表示年平均(Y，1～12 月)、春季(SP，3～5 月)、夏季(SU，6～8 月)、秋季(AU，9～11 月)、冬季(WI，12 月～次年 2 月)、上半年(FHY，1～6 月)、下半年(SHY，7～12 月)、上年 8 月～当年 4 月(P8～C4)、上年 10 月～当年 4 月(P10～C4)、上年 5 月～当年 9 月(P5～C9，生长季)、当年 1～4 月(C1～C4)、上年 11 月～当年 6 月(P11～C6)、当年 1～9 月(C1～C9)；从上到下依次分别为 QB、KS、DM采样点。饼状图表示不同站点与不同月份组合的相关系数，饼状图中有颜色的扇形面积和颜色表示相关系数值，扇形面积越大说明相关系数越大；颜色偏向粉色为正值，偏向蓝色为负值，相关系数值显示在相应的饼状图中。可以看出，QB 采样点与祁连站的年平均气温相关性最高，相关系数达 0.79；从季节尺度来看，冬季气温与树轮年表的相关系数较其他季节高，达 0.65；下半年气温与树轮年表的相关系数高于上半年。当年 1～4 月和当年 1～9 月组合的相关系数分别为 0.78、0.77，上年10 月～当年 4 月的相关系数达 0.71，说明气温变化对 QB 采样点树木径向生长变化的解释方差较大。选取相关系数最高的年平均气温来进行该地区气候变化的重建。

在 KS 采样点，年平均气温与树轮年表的相关系数最高，为 0.63；四个季节中，秋季气温与树轮年表的相关系数较其他季节高，达 0.50；上半年和下半年的相关系数接近，分别为 0.41 和 0.42。当年 1～4 月和当年 1～9 月组合的相关系数均为 0.58，生长季(上年 5 月～当年 9 月)的相关系数达 0.47。可见，气温变化对 KS 采样点树木径向生长变化的解释方差在当年更高，其中年平均气温的解释方差最大，因此选取年平均气温来进行该地区气候变化的重建。上述祁连山中部的两个采样点都用年平均气温来进行重建，而位于祁连山东部的 DM 采样点，气温与树轮年表呈负相关关系。树轮年表与年平均气温的相关系数为−0.51；与不同季节的相关性在冬季最大，相关系数为−0.49；下半年的相关系数高于上半年。生长季气温与树轮年表的相关系数较高，达 0.51；上年 10 月～当年 4 月及上年 8 月～当年 4 月的气温组合与树轮年表的相关系数分别为−0.50 和−0.49；当年月份气温组合与树轮年表的相关系数较其他组合小。与祁连山中部的 QB 采样点相似，冬季气温对 DM 采样点树木径向生长的影响较显著。比较而言，DM 采样点树轮年表与年平均气温和生长季气温的相关系数最大，说明年平均气温变化对 DM 采样点树木径向生长变化的解释方差较大。

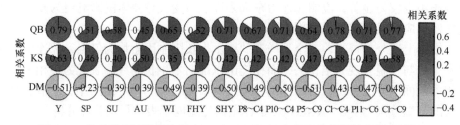

图 1-12　各采样点树轮宽度年表(1961～2011 年)与气温的相关性分析(见彩图)

综上可知，祁连山中部和东部三个不同采样点的树木生长受各种气象要素的影响，但与年平均气温的相关性最高，说明气温是采样点树木年轮生长的主要限制因子，因此分别用三个采样点的树轮年表来重建祁连山中部和东部地区历史时期的气候变化。

1.4　研究区气温重建及对比分析

对过去气候的重建，要求重建气候与真实气候具有大体相同的统计特征，才能建立树木生长和气候变化之间的转换函数表达式。

1.4.1　祁连山地区气温重建分析

1. 气温的重建与检验

通过前文中对采样点树轮气候相关响应函数的分析，确定各采样点进行重建的最佳树轮宽度指数年表和最佳气象要素及其时段。三个采样点都选取标准化年表作为最佳树轮宽度指数年表,同样选取气温作为最佳气象要素,而年平均值(1～12 月)作为最佳的重建时段。以下对各采样点分别进行点对点的重建。

　　QB 采样点的标准化年表与邻近祁连站的年平均气温相关系数高达 0.79,较高的相关系数表明其可以用来重建研究区历史时期的气候变化。选取祁连站 1～12 月年平均气温作为因变量,选取树轮宽度指数序列作为自变量,建立线性回归转换方程。所建回归方程如下:

$$T = 2.3526 \times \mathrm{STD} - 1.3499 \tag{1-1}$$

式中,T 表示 QB 采样点 1～12 月的年平均气温;STD 表示 QB 采样点树轮宽度指数标准化年表。

　　图 1-13 为 QB 采样点气温重建值与邻近祁连站实测值的比较。可以看出,重建序列与实测序列变化趋势吻合得很好。选用 1961～2011 年时间段气温数据来校准树轮宽度。

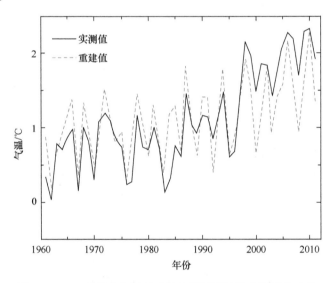

图 1-13　QB 采样点气温重建值与邻近祁连站实测值的比较

　　由于用于分析的时段过短,通过分段校正检验方法来进一步验证气候重建模型(Melvin and Briffa, 2008)的可靠性,即对重建序列作了分段校准检验(沈长泗等,1998)和逐一剔除法检验(邵雪梅和吴祥定, 1996),结果如表 1-6 所示,R、R^2 分别为校准期和验证期的相关系数及方差解释量;RE 为误差缩减值(reduction error),是一个精确检验气候重建可靠性的统计量,其取值范围是–8.0～1.0,越接近 1.0,重建结果越好,当其值为正时,表示回归模型具有一定的功能,重建结果

具有一定的价值，当其值为负时，认为两个序列没有相似性，一般认为该值在 0.3
以上时重建值是可靠的；CE 为有效系数(coefficient of efficiency)，是一个精确检
验气候重建值可靠性的统计量，与 RE 的变化范围一样，为-8.0～1.0，其值为正
时，表示重建已超过气候学研究意义，重建结果具有一定价值，其值越大，重建
模型越可靠，当其值为负时，认为回归模型不具有气候学研究的意义，一般认为
RE 大于 CE 时回归模型是有效的(Cook et al.，2002)；L 为逐一剔除法检验时段的
误差缩减值。

表 1-6　QB 采样点气温重建方程检验的校准验证期统计特征

项目	校准期 (1961～1986 年)	验证期 (1987～2011 年)	校准期 (1982～2011 年)	验证期 (1961～1981 年)	全时段 (1961～2011 年)
R	0.78	0.75	0.74	0.84	0.79
R^2	0.61	0.56	0.55	0.71	0.62
$T/\text{℃}$	1.55	5.23	4.23	3.80	—
RE	0.82	—	0.86	—	$0.62L$
CE	—	0.40	—	0.35	—

如表 1-6 所示，整个研究时段中，用来校准模型的时段分为 1961～1986 年和
1982～2011 年两个子时段，用来验证模型的时段分为 1987～2011 年和 1961～1981
年两个子时段，再用 1961～2011 年全时段的年平均气温校准和重建模型。有效系
数或误差缩减值大于零说明了模型选择的可靠性。重建结果解释了 1961～2011
年实际气温变化的 62%。分段校正检验法显示 RE 和 CE 都为正值，RE 大于 0.3
且大于 CE，说明建立的线性回归转换方程是可靠的，可以用来解释研究区过去
近 566a 气温($T/\text{℃}$)的变化。

KS 采样点的标准化年表与邻近祁连站的年平均气温相关系数达 0.81，较高
的相关系数表示可以用来重建研究区历史时期的气候变化。选取祁连站 1～12 月
的年平均气温和树轮宽度指数序列分别作为因变量和自变量建立线性回归转换方
程。所建回归方程如下：

$$T = 1.8261 \times \text{STD} + 13542 \tag{1-2}$$

式中，T 表示 KS 采样点 1～12 月的年平均气温；STD 表示 KS 采样点树轮宽度
指数标准化年表。

KS 采样点气温重建值与邻近肃南站实测值的比较如图 1-14 所示，选取的时
段为 1961～2011 年。可以看出，重建序列与实测序列变化趋势吻合得很好。

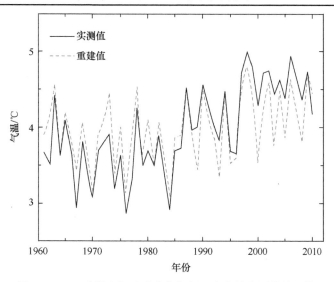

图 1-14　KS 采样点气温重建值与邻近肃南站实测值的比较

用分段校准检验法和逐一剔除检验法验证气候重建模型的可靠性和正确性，结果如表 1-7 所示。整个研究时段中，用来校准模型的时段分为 1961～1986 年和 1978～2010 年两个子时段，而用于验证模型的时段分为 1987～2011 年和 1961～1977 年两个子时段，之后再用 1961～2011 年全时段的年平均气温数据去校准重建模型。整个校准模型时段 1961～2011 年，解释了 64.9%的气温变化。说明建立的线性回归转换方程是可靠的，可以用来解释研究区过去 873a 的气温变化。

表 1-7　KS 采样点气温重建方程检验的校准验证期统计特征

项目	校准期 (1961～1986 年)	验证期 (1987～2011 年)	校准期 (1978～2010 年)	验证期 (1961～1977 年)	全时段 (1961～2011 年)
R	0.92	0.84	0.82	0.91	0.81
R^2	0.61	0.71	0.66	0.82	0.65
$T/℃$	3.05	5.94	3.48	3.11	—
RE	0.84	—	0.80	—	0.65L
CE	—	0.52	—	0.31	—

DM 采样点的标准化年表与邻近祁连站的年平均气温相关系数为-0.51，较高的相关系数表示可以用来重建研究区历史时期的气候变化。选用祁连站 1～12 月的年平均气温和树轮宽度指数序列分别作为因变量和自变量建立线性回归转换方程。所建回归方程如下：

$$T = -2.3487 \times STD + 2.6274 \tag{1-3}$$

式中，T 表示 DM 采样点 1～12 月的年平均气温；STD 表示 DM 采样点树轮宽度指数标准化年表。

图 1-15 为祁连山东段采样点 DM 气温重建值与邻近乌鞘岭站实测值的比较，选取的时段为 1961～2011 年。可以看出，重建序列与实测序列变化趋势吻合得较好。

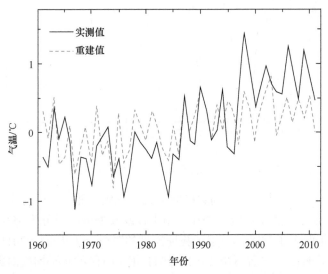

图 1-15　DM 采样点气温重建值与邻近乌鞘岭站实测值的比较

同样，用分段校准检验和逐一剔除法检验来进一步验证气候重建模型的可靠性，结果如表 1-8 所示。整个研究时段中，用来校准模型的时段分为 1961～1990 年和 1977～2011 年两个子时段，而用于验证模型的数据分为 1991～2011 年和 1961～1976 年两个子时段，之后再用 1961～2011 年全时段的年平均温度去校准重建模型。平均有效系数的验证期均为负值，说明该地区的树木年轮宽度不适合进行气温重建。

表 1-8　DM 采样点气温重建方程检验的校准验证期统计特征

项目	校准期 (1961～1990 年)	验证期 (1991～2011 年)	校准期 (1977～2011 年)	验证期 (1961～1976 年)	全时段 (1961～2011 年)
R	0.67	0.25	0.60	0.52	0.65
R^2	0.44	0.06	0.36	0.27	0.38
T/℃	2.48	5.40	3.16	3.01	—
RE	0.66	—	0.65	—	0.38L
CE	—	−0.78	—	−0.16	—

以上对三个采样点的气温重建方程分别作了校准和验证，祁连山中部两个采样点的气温重建都达到了 40% 以上的解释方差，说明这两个采样点恢复的气温序列均可以用来分析气温变化，而 DM 采样点不适合进行气温重建。

2. 气温重建的特征分析

基于以上的回归模型，用 QB 采样点的树轮序列重建了祁连山及周边地区 1445～2011 年的气温变化(图 1-16)。彩图 1-16 中，QB 采样点过去 566a 温度重建曲线用蓝色表示，标准误差线(±RMSE)用灰色表示，重建曲线的 11a 滑动平均曲线用黄色表示。重建时段的气温平均值为 0.99℃，标准误差 RMSE 为 0.38℃，标准差(δ)为 0.49℃。定义平均气温高于平均值+1.5δ 的为较暖年份，低于平均值−1.5δ 的为较冷年份。从图 1-16 可以看出，较暖年份的出现频率有升高的趋势，其中 2006 年的气温最高。对重建气温序列进行 30a 的滑动平均，分析重建气温在低频上的变化趋势可知，冷期有 1445～1475 年、1542～1556 年、1588～1637 年、1669～1724 年、1744～1792 年、1812～1888 年、1915～1945 年和 1952～1975 年，暖期有 1476～1541 年、1557～1587 年、1638～1668 年、1725～1743 年、1793～1811 年、1889～1914 年、1946～1951 年和 1976～2011 年。

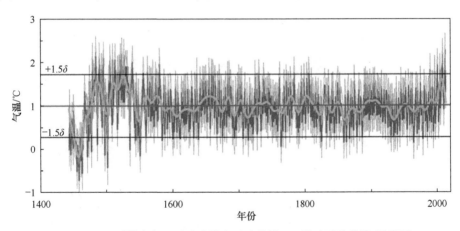

图 1-16　QB 采样点气温重建曲线和重建曲线 11a 滑动平均曲线(见彩图)

为了说明采样点树轮宽度指数序列对研究区内年平均气温响应的空间代表性，选用的年平均气温格点数据为 CRU3.2.2 数据，其空间分辨率为 0.5°×0.5°，该数据集主要包括 1850～2013 年。用 KNMI Climate Explorer(Royal Netherlands Meteorological Institute；http：//climexp.knmi.nl)计算空间相关性，对比计算了三个采样点树轮年表和邻近区域的格点平均气温数据在相同时段内(1961～2011 年)的空间相关性。

对比计算了 QB 采样点树轮年表和邻近区域的格点气温数据在相同时段内

(1961～2011 年)的空间相关性。结果表明，格点资料与区域实测气温数据、重建气温数据之间在一定区域范围内有显著相关性，在绝大部分区域，相关性超过了 0.5($p<0.01$)，相关性的高值区域($r=0.5～0.6，p<0.01$)均位于采样点及以西地区。图 1-16 中，重建平均气温与格点平均气温的空间相关性可以代表祁连山以东的青藏高原东部地区的平均气温变化，同样也能够很好地反映泛河西地区平均气温变化，但 QB 采样点平均气温的重建与祁连山东段的平均气温相关系数较低。

用 KS 采样点的树轮序列重建了祁连山及周边地区 1138～2011 年的气温变化(图 1-17)。重建时段的气温平均值为 0.99℃，RMSE 为 0.38℃，δ 为 0.49℃。定义平均气温高于平均值+2δ 的是较暖年份，低于平均值−2δ 的为较冷年份。从图 1-17 同样可以看出，较暖年份的出现频率有升高的趋势，其中 2009 年的气温最高。对重建气温序列进行 30a 的滑动平均，分析重建气温在低频上的变化趋势可知，冷期有 1138～1186 年、1221～1229 年、1386～1404 年、1479～1496 年、1552～1886 年、1918～1932 年，暖期有 1187～1220 年、1230～1385 年、1405～1480 年、1497～1551 年、1887～1917 年、1933～2011 年。

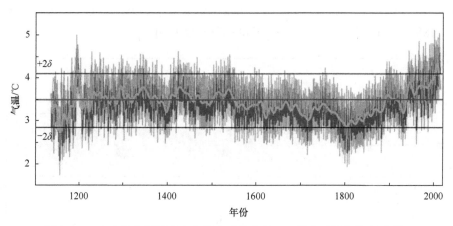

图 1-17　KS 采样点气温重建曲线和重建曲线 11a 滑动平均曲线(见彩图)

计算 KS 采样点 1961～2011 年树轮年表和邻近区域的格点气温数据的空间相关性。结果表明，格点资料与区域实测气温数据、重建气温数据之间在一定区域范围内具有显著的相关性，绝大部分区域相关性超过了 0.5($p<0.01$)，相关性的高值区域($r=0.5～0.6，p<0.01$)则位于采样点及其西北地区。重建资料和格点资料的相关性比实测资料和格点资料的相关性略低，但二者在相关区域上具有很好的相似性，表明重建的年平均气温能够代表采样点及周边地区年平均气温的变化状况。KS 采样点和 QB 采样点同样位于祁连山中部地区，相较而言，KS 采样点重建的平均气温同格点平均温度的相关性更高，尤其是与泛河西地区的平均气温相关性均超过了 0.6。

由于 QB 和 KS 两个采样点都被用于重建历史时期年平均气温的变化，因此将两个不同的气温重建序列进行对比，进一步分析祁连山及周边地区历史时期年平均气温的变化。如图 1-18 所示，对重建后的气温序列进行标准化处理，每个气温序列进行 11a 的快速傅里叶低通滤波(FFT)处理，然后对比分析气温序列在低频上的变化。可以看出，从时间尺度上来说，KS 采样点序列 > QB 采样点序列。气温序列在共同的 1445～2011 年、1552～1556 年、1588～1637 年、1669～1724 年、1744～1792 年、1812～1888 年、1918～1932 年表现为冷期，18 世纪末开始气温迅速升高；1734～1815 年序列均为暖期。17 世纪初～19 世纪中叶气温偏低，在序列中均有体现。由于 QB 和 KS 采样点均位于祁连山中部，距离较近，因此 QB 和 KS 采样点重建的气温序列有较好的一致性。从图 1-18 可以看出，1477～1483 年 QB 和 KS 采样点重建的气温序列为暖期，且达到一个较高值，之后气温序列呈波动递减趋势。1553～1559 年、1887～1915 年同为暖期，1932 年至今气温迅速升高。总之，两个气温序列在时间上的变化趋势较为相似，17 世纪末～19 世纪初偏冷，20 世纪之后气温升高迅速，具有较好的一致性。

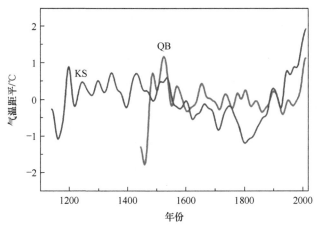

图 1-18　重建的年平均气温序列

1.4.2　祁连山及周边地区气温变化的对比分析

为进一步验证重建气温序列的可靠性，选取采样点附近地区对重建的树轮序列进行对比分析。所使用的树轮气温重建数据包括本书研究的三个气温重建序列和他人的气温重建序列，以及国际气候数据库共享的气温重建序列(National Climatic Data Center, NCDC)(http://www.ncdc.noaa.gov/data-access/paleoclimatology-data/datasets)。由于祁连山及周边地区的树轮气温重建来自祁连山和青藏高原东北和西南边缘地区的气温，选择祁连山及周边地区的树轮气温重建进行对比分析。在此基础上，将树轮气温重建序列和其他气温重建序列进行对比分析。在对不同序列进行对比分析时，选取1000～2011年作为公共时段，对所有数据在公共时段进行归零化和标准化处理，以避免不同数据之间单位和变幅不同等问题。

1. 与周边地区气温序列对比分析

选取祁连山及周边研究区域相同范围(35°～45°N，90°～110°E)的树轮数据，这些树轮样点分别位于亚洲中部干旱半干旱区、亚洲季风区以及两者的过渡地带，其中青藏高原东北部样点较为集中。挑选出用于气温重建的树轮序列，重建方法同本节采样树轮序列(表1-9)。一共8条树轮宽度序列用于对比研究，其中本书QB和KS采样点为重建的温度序列。所选的树轮序列均为离本位采样点较近且为长序列的树轮宽度信息，其中chin050，chin060和chin005用于亚洲地区气温序列的重建(Ahmed et al.，2013)，而刘晓宏等(2004)和Yang等(2014)的序列均位于与本书QB和KS采样点较近的祁连山中部，其中刘晓宏等(2004)的树轮序列用来解释祁连山中部地区千年气温的变化，而Yang等(2014)的数据用来重建青藏高原东北部的降水量序列。

表1-9　所选树轮采样点基本信息表

采样点	纬度/(°N)	经度/(°E)	海拔/m	可靠年表长度/a	来源
DM	37.11	102.50	3010～3289	1658～2011	本书
QB	38.18	100.43	3246～3484	145～2011	—
KS	38.71	99.78	3029～3312	1138～2011	—
chin050	37.47	97.24	3730	843～2001	Cook 等(2013)
chin060	37.31	98.40	3500	943～2003	
chin005	37.00	98.50	3800	804～1993	Sheppard 等(2004)
Liu	38.43	99.93	3400～3500	1000～2000	刘晓宏等(2004)
Yang	38.57	99.33	2863～4175	56～2011	Yang 等(2014)

选取距采样点较近的树轮序列与本节的树轮序列，分析年际和年代际尺度上的气温变化，结果如图1-19所示。受到树轮年代长度的限制，不考虑长时间尺度的低频变化，如世纪尺度的变化。其中，chin050和chin060用来重建青藏高原东北部的气温变化(Ahmed et al.，2013)，而Yang用来重建降水量的变化(Yang et al.，2014)，但该采样点离QB和KS采样点距离较近，因此用于比较序列的差异。由于DM树轮序列同气温呈反相相关性，为了方便与同气温信息的比较，将该树轮序列进行反相反转。DM树轮序列与祁连山中部的两个树轮序列KS和Yang在共

同时间段 1625～1994 年的相关性均较好。QB 树轮序列与所选四个树轮序列在
1445～1994 年都有较好的相关性，且通过了 99%的显著性检验。KS 树轮序列与
祁连山中部的 Yang 序列和青藏高原东北部 chin050 采样点在 1138～1994 年有着
较好的相关性，并通过了 99%的显著性检验。相关性分析说明，本研究两个采样
点的重建是可靠的。与本研究采样点接近的 Yang 相关性较高，采用 Yang 序列重
建降水量序列。

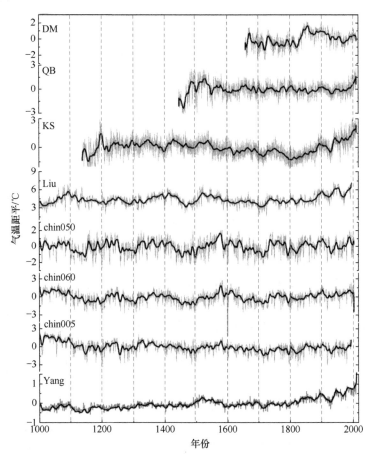

图 1-19　不同采样点气温序列年际和年代际尺度上的气温变化

灰色线表示树轮重建气温距平序列，黑色线表示各样点序列 11a 滑动平均曲线

　　通过图 1-19 对比发现，距离相近采样点的树轮年表序列变化的高低频波动十
分相似，包括祁连山中部的 Yang 和 Liu 两个采样点。chin050、chin060 和 chin005
这三个采样点都位于青藏高原东北部，样本序列彼此间的高低频变化趋势较为一
致，尤其是 chin050 和 chin060 序列采样点毗邻，高低频变化更为一致，呈现了较
为一致的气温变化。虽然 Yang 用于重建降水量的变化，但由于样点位于祁连山

中部，与 QB 和 KS 采样点距离较近，在有些时间段呈现出一致的变化趋势。从图 1-19 中也可以看出，11 世纪气温变化相对平缓，11 世纪末～12 世纪中叶气温呈下降趋势，这与柴达木盆地东北边缘的夏季气温变化相反(朱西德等，2007)。12 世纪中期～13 世纪中期气温呈波动上升趋势，但上升幅度较小。KS 采样点在 1295～1302 年为显著的高值期，而其他几个采样点在此处为低值期。1105～1156 年气温为波动下降，此后气温波动上升，1173～1183 年气温出现短暂的低值，1251～1312 年为一个低值期。13 世纪中期～14 世纪初为低温期，之后开始上升。14 世纪中期～末期气温呈下降趋势，在 KS 序列表现明显，而在其他序列更多表现为波动变化，但在 1400～1404 年出现短暂的低值期。15 世纪，青藏高原东北部的三个气温序列均表现显著的下降趋势，而 KS 序列在 15 世纪 20 年代之后才表现为下降趋势，并且下降幅度较其他序列小。1485～1497 年均为低值期。16 世纪初～80 年代青藏高原东北部的三条序列呈显著的上升趋势，而 KS 和 QB 气温序列 16 世纪 40 年代开始下降。16 世纪末期～19 世纪末期，气温处于长期的"寒冷期"，同 Liu 的重建序列一致(刘晓宏等，2004)。青藏高原北部的"寒冷期"波动更为剧烈，17 世纪气温呈下降趋势，而 KS 和 QB 序列为缓慢上升趋势，直至 17 世纪末期开始下降，1700～1720 年出现共同的低值期。18 世纪，气温呈波动变化，主要表现为先升高后降低的变化趋势。1790～1800 年为共同的低值期，19 世纪为升温期，KS 序列表现最为显著，QB 序列变化波动性较强，而 DM 序列的升温显著；chin060 和 chin005 序列也呈较显著上升趋势，而 chin050 序列呈波动上升趋势。所有序列在 1898～1908 年均为高值期。1914～1944 年为共同的低值期，20 世纪 40 年代之后气温回旋上升，21 世纪初达到最高值。总体而言，各个样点气温序列具有较好的一致性，但在低频变化中也存在着较大的差异，这种差异主要源自采样点海拔的不同。气温序列的趋势变化也会随着经度的改变而变化，偏东位置和偏西位置采样点的变化相反，主要是不同气候系统导致。

结合前文分析可知，研究区的偏冷期分别为 1138～1189 年、1552～1556 年、1588～1637 年、1669～1724 年、1744～1792 年、1812～1888 年、1918～1932 年，其中 1812～1888 年整体偏冷，为持续最长的冷期；偏暖期为 1190～1551 年、1557～1587 年、1638～1668 年、1725～1743 年、1793～1811 年、1889～1917 年和 1933～2011 年，其中 1933～2011 年为增长最快的时期，响应了近代的全球变暖。其中，1554～1886 年整体偏冷的结论同刘晓宏等(2004)研究中的"小冰期"较为一致，而研究区小冰期的起止时间有待讨论。目前，关于小冰期主要存在两种争议：一种认为从 16 世纪开始，另一种认为始于 13 世纪。假设研究区的小冰期始于 16 世纪，则根据本书的重建序列，16 世纪第一个冷期的开始时间 1554 年就可以认为是小冰期的开始时间；小冰期的结束时间，则可以认为是第三个冷期的结束时间 1886 年。对小冰期的结束时间，大多认为在 1850 年前后。根据本节的结论，如果把 20 世纪的冷期排除在外，研究区的小冰期结束时间大概是 1886 年。20 世纪的冷期也较强，如 1918～1932 年的冷期显著，因此这段冷期是否也属于小冰期尚需更深入的研究。刘晓宏等(2004)用祁连山中部树轮宽度变化分析的气温变化将 1580～1890 年划分为小冰期。朱海峰等(2008)重建青海乌兰地区的气温变化时认为，1592～1845 年为持续时间最长的冷期。刘禹和安芷生(2009)重建青藏高原东北部气温变化时认为，当地小冰期大约开始于 1590 年，晚于北半球热带以外的地区(D'Arrigo et al.，2006)。依据冰芯、树轮和历史文献等多种古气候代用资料，对"小冰期"的研究已经有了广泛的取样和验证，但"小冰期"的分布不是全球性的，而是存在明显的位相差异，高海拔地区不一定比低海拔地区显著(杨保，2003)。

2. 与其他树轮重建气温变化的区域差异分析

在上述研究中主要分析了年平均气温的总体变化趋势，为了更进一步地了解研究区及周边地区长时间的气温变化特点，对研究区及周边地区的气温进行重建，重建气温的序列信息如表 1-10 所示。表 1-10 中，C1 为陈峰等(2012)对酒泉地区 6～9 月气温的重建；C2 为 Fan 等(2010，2009)通过树轮密度对横断山地区夏季气温的重建；C3 是 Song 等(2013)利用崆峒山地区树轮宽度重建的黄土高原平均气温的变化；C4 为 Chen 等(2014)采取戈壁边缘的树木年轮重建的夏季气温的变化；C5 为 Xing 等(2014)用昌都地区树木年轮重建的气温变化；C6 为李金建等(2014)用松盘地区树木年轮重建的当地的年平均气温；C7 为 DM 采样点树轮宽度指数，为了与气温序列进行比较，将宽度指数进行的反相变化；C8 为 Gou 等(2007)用阿尼玛卿山树木年轮重建的青藏高原东北部气温变化；C9 为 QB 采样点重建的气温序列；C10 为朱海峰等(2008)用青海乌兰地区树轮重建的气温序列；C11 为勾晓华等(2004)在阿尼玛卿山地区重建的最高气温序列；C12 为 KS 采样点重建的气温序列。

表 1-10　重建气温的序列信息表

采样点	纬度/(°N)	经度/(°E)	海拔/m	可靠年表长度	来源
C1	39.55	98.1	3000～3100	1768～2007	陈峰等(2012)
C2	35.45	106.45	1500～2123	1723～2005	Fan 等(2010，2009)
C3	27.82～28.40	98.76～99.01	348	1750～2000	Song 等(2013)
C4	37.62	103.69	2500	1701～2008	Chen 等(2014)
C5	31.42	95.76	3307～4268	1765～2009	Xing 等(2014)

采样点	纬度/(°N)	经度/(°E)	海拔/m	可靠年表长度	来源
C6	32.60	102.38	3290～3540	1701～2014	李金建等(2014)
C7	37.11	102.50	3010～3289	1658～2011	本书
C8	34.77	100.76	3500～3600	1577～2002	Gou 等(2007)
C9	38.18	100.43	3246～3484	1445～2011	本书
C10	37.03	98.65	3910～3964	670～2005	朱海峰等(2008)
C11	37.31	98.40	3500	943～2003	勾晓华等(2004)
C12	38.71	99.78	3029～3312	1138～2011	本书

图 1-20 为本书研究的气温序列与周边地区其他气温序列变化的对比，可以分析不同地区气温重建的差异性。从图 1-20 可以看出，各地区树轮建立的气温序列表现出不同的气温变化趋势。冷暖期的交替因重建时间段的不同而不同。重建时间短的序列冷暖交替更为频繁，大多表现为几十年尺度的变化，而长时间气温重建序列冷暖交替持续时间较长，更多的是百年尺度的变化。重建的 200a 左右的气温序列表明 1970～1980 年是较显著的冷期，1920～1930 年的冷期也更为突出。重建的 QB 气温序列在整个重建尺度上偏暖，冷期表现不显著。C1～C8 的气温重建序列较短，都在 200a 左右。C3、C4、C5 在 1710 年左右的冷期都有较好的对应，但低温持续的时间及其出现的时间也存在差异。C1、C2、C3、C5、C6 对 20世纪初和 1980 年左右的低温有很好的反映，而 C4 序列除 1940 年表现出低温外，其他时期气温均偏向正值。由于 C4 采样点距离戈壁较近，海拔较低，重建的是春季气温，而其他序列重建的为夏季气温和年平均气温，因此气温序列与其他地区的差别较为显著。该气温序列对近百年来气温的迅速上升有着较好的反映。C6、C7、C8 序列时间长度接近，冷暖变化较为一致，其中 C6 和 C8 序列在 20 世纪的冷期同步，C7 序列在 20 世纪初期的冷期出现较 C6、C8 序列早，而 70 年代左右的冷期出现较 C6、C8 序列晚，说明 DM 树轮宽度指数对温度有很好的指示作用。选取的长时间序列的变化在大尺度上有较好的一致性，尤其是 C12 序列与 C10 序列在 20 世纪的冷暖交替有很好的一致性，16～18 世纪末期的冷期也比较一致，但 C10 所表现的青海乌兰地区气温较 C12 序列冷期持续时间更长，最冷时期两个序列也有所不同。C11 重建的气温序列冷暖变化幅度较小，但大的冷暖交替与其他两个序列相似，这可能与 C10 重建的是夏季气温有关。总的来说，本节气温序列与周边地区其他重建气温序列的变化有一致性的时间段，也有不同冷暖的时间段。

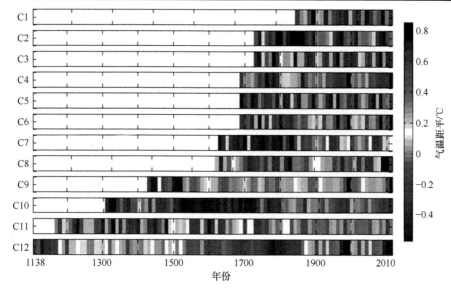

图 1-20　不同地区气温序列变化的对比(见彩图)

气温序列信息源自表 1-10

3. 与其他重建的对比分析

气温重建的代用指标很多，常见的有冰芯、树木年轮、湖泊沉积、文献记录等，而在一些大范围气温变化的研究中，多采用多指标的方法来重建气温序列的变化。冰芯资料是对树木年轮、珊瑚等资料的补充，仅在小区域内存在，主要提供上万年的南北半球极地和高山地区的气候相关指标，包括氧同位素、融冰量、沉淀物积累率和各种化学成分浓度，这些指标反映了上万年的冰芯形成时大气环境的相关信息(Zhang et al., 2009; Roderick and Farquhar, 2002)。湖泊沉积中的总有机碳(TOC)含量在一定程度上可以反映气温的变化(沈吉等，2001)。因此，选用祁连山附近的敦德冰芯和青海湖的湖泊沉积数据，以及格陵兰地区冰芯所记录的全球气温变化数据，同本次气温重建序列进行比较(Kobashi et al., 2013; Xu et al., 2006)。

如图 1-21 所示，13~15 世纪冰芯记录的气温信息呈显著的下降趋势，而本次重建的气温序列呈波动上升的趋势，变化幅度较小。在此期间，气温极值的变化与冰芯记录的极值有较好的对应关系。12 世纪中期、13 世纪末期、15 世纪末期在低温上对应关系较好，但在极值的对应关系中，本次序列与两个冰芯序列的极值对应又存在着相反关系。例如，12 世纪末期显示的气温低值与冰芯记录的高值相反，1400 年左右和 14 世纪末期的气温低值与格陵兰岛冰芯序列低值相对应，而敦德冰芯在此表现为极高值。15 世纪初期~16 世纪中叶冰芯和湖泊沉积记录气温有显著的上升趋势，QB 气温序列与之有很好的对应，而 KS 序列呈波动下降趋势。在气温极值的表现上，冰芯和湖泊沉积记录的低值一致，QB 气温序列的对比较 KS 气温序列好，而本次气温的变化频率和幅度都较其他记录小，这可能与冰芯和湖泊沉积指示气候信号的分辨率有关。16 世纪中期到 1700 年左右，所有指标的气温信息都显示气温呈下降趋势，并且在此期间的极值对应较为一致；而17 世纪中期敦德冰芯与青海湖沉积为极低值时，本次两个气温序列同格陵兰岛冰芯序列却显示为极高值，但格陵兰岛的极值在整体信号急速下降的过程中显得微不足道。1700 年左右的气温低值在敦德冰芯为高值，尤其是青海湖沉积和格陵兰岛的气温记录显示为近几个世纪中的最低值，而敦德冰芯显示气温已开始迅速上升。18 世纪初至今，冰芯与湖泊记录的气温呈上升趋势，而 KS 气温序列在 1800 年才出现最低值，之后开始升温。QB 气温序列的最低值出现在 20 世纪初。19世纪中期，除 KS 气温序列外，QB 气温序列与湖泊沉积出现了气温极低值，而冰芯记录为最高值。各序列 20 世纪初的升温表现一致，而 1920～1930 年的低温，本次序列与湖泊沉积一致，冰芯记录的低温较本次序列早 10 年左右。1970 年左右的低温各序列都有记录，之后气温持续上升。

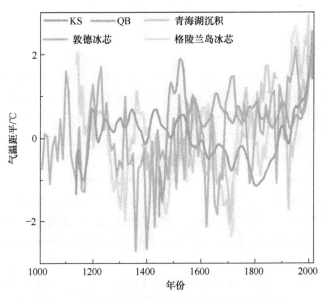

图 1-21　不同代用指标重建的气温序列对比(见彩图)

本次气温重建序列中,敦德冰芯和格陵兰岛冰芯记录的气温变化从 1800 年至今有着很好的一致性,都呈显著上升趋势,在 1920～1930 年出现低值。1690～1700年,冰芯记录中的快速升温在树木年轮记录中未体现。QB 气温序列在 1800 年左右没有出现低值,出现了相对较高的值,而 1820 年左右和 1860 年左右的低温在很多气温变化中有反映(李宗善等, 2011; Cook et al., 2002)。

除了与周边地区气温序列进行对比外,将较长的 QB 和 KS 序列与中国西部、中国、亚洲及北半球的气温重建序列进行对比分析(图 1-22)(Cook et al., 2013;张同文等, 2013;Shi et al., 2012),所有数据序列进行 30a 的滑动平均。从图 1-22 中可以看出, KS 序列反映的 12 世纪中期的冷期与中国西部重建的气温序列有很好的一致性,而重建的中国气温序列与亚洲和北半球重建的气温序列变化一致, 12 世纪中期的冷期较本次重建的气温序列反映的冷期早。13 世纪初期的冷期与其他气温序列有很好的一致性。13 世纪末～14 世纪末, KS 序列与中国西部和中国的气温序列均表现为低温期,但气温呈波动上升的趋势,中国的气温序列上升幅度较小,而亚洲的气温序列与北半球重建的温度序列呈迅速上升趋势,并且上升到一个极大值。这说明中国的气温变化与亚洲及北半球的气温变化在趋势上有一致性,但是变化的速率与幅度存在差异性。14 世纪初,中国西部、中国及亚洲地区均出现低值, 14 世纪中期气温开始大幅下降,中国的气温在 15 世纪初期达到一个低值,亚洲和北半球的气温序列下降速率大,在 14 世纪末期达到最低值,之后呈波动上升趋势。KS 序列在 15 世纪 20 年代的气温高值与亚洲地区和北半球表现一致,而在中国西部和中国气温重建序列中没有很好的反映; 15 世纪 70 年代的低值各序列均有反映,QB 序列的变化幅度与亚洲及北半球的变化有很好的一致性。15 世纪 70 年代～16 世纪中期,各地气温均呈波动上升趋势,QB 序列变化幅度最大,与亚洲和北半球的气温变化一致,而中国的气温呈波动上升趋势,但 1510 年左右的低温与其他地区的低温不同步,较其他地区的低温稍晚。16 世纪,气温表现为波动上升趋势,中国西部、中国和北半球的气温波动上升趋势一直持续到 16 世纪末期,而 QB 和 KS 的气温重建序列在 16 世纪中期达到高值,之后开始下降。中国的气温序列在 17 世纪表现为低温期,亚洲和北半球的气温呈不同程度的上升趋势。1669～1724 年的低温在所有序列均有很好的表现。QB 和 KS 气温序列在 18 世纪的变化与亚洲和北半球的变化同步, 1725 年左右表现为低值,而中国西部和中国的气温序列则表现为高值。1800 年左右, QB 气温序列、亚洲和北半球为高值区,而 KS 序列与中国西部和中国的气温序列则表现为低值。19 世纪亚洲和北半球气温呈波动下降趋势,QB 和 KS 序列与中国的气温序列呈显著的上升趋势。1900 年左右的高温在各序列均有很好的反映, 20 世纪初的低温在各序列也有很好的反映,而重建的气温在 1918～1932 年也表现为低值,较中国和北半球出现稍晚,与亚洲气温序列在 20 世纪初期的低温同步。之后气温迅速升高, 20 世纪 60 年代表现为低温,之后迅速升温,其中中国西部的升温最为显著。从长时间序列看,重建的气温序列同中国西部和中国气温序列及亚洲和北半球序列在一定时间段的变化趋势有同步性,如 15～18 世纪末的小冰期在重建的序列中也有较好的反映。

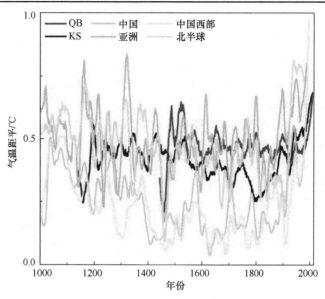

图 1-22　不同采样地区气温序列对比(见彩图)

　　总体来说，重建的气温序列与 Ahmed 等(2013)重建的亚洲气温序列和 Mann 等(1998)重建的北半球气温序列的冷暖位相和幅度差异较小，但总的变化趋势与 Shi 等(2012)重建的中国西部和中国的气温序列一致，而具体的冷暖相位和幅度有较大差异。中世纪暖期时，该地区的气候变化存在明显的区域特殊性，最近 400a，研究区对北半球气候变化有较好的响应。本次的气温重建序列在 1200~1520 年气候偏暖，与朱海峰等(2008)在青海乌兰地区的气温重建序列较为一致，而与北半球和亚洲的气温变化序列有明显差异。中国西部和中国气温重建序列在此期间呈波动下降趋势，说明中国西部地区对中世纪暖期没有较好的响应，表明中世纪暖期时该地区的气候变化存在明显的区域特殊性，也表明中世纪暖期在发生时间上具有空间差异性(Cook et al.，2013)。研究区的小冰期发生时间要落后于中国大约 100a，之后的冷期对应有重叠区间，但具体位相分布还是有所差异，这与研究所选用的区域和采用资料等有一定关系。14~19 世纪的小冰期在中国及中国西部气温序列中均有显著表现(施雅风等，2003)。

1.4.3　气温变化的周期分析

　　DM 树轮宽度序列的显著周期为 2~4a 和 7~12a，并通过了 95%的红噪声检验，周期变化较为连续。同时，还存在 20~40a 的周期变化，该周期在 1700~1750 年表现为正能量谱，而在 1860~1930 年表现为负能量谱。1810 年和 1850 年左右也表现出负能量谱。前面分析 1700~1750 年气温有显著的上升趋势，并有高温的出现，而 1810 年和 1850 年左右为低温所在年份，1860~1930 年气温序列主要为降温趋势。70～90a 的周期变化主要反映在 1750～1900 年,这期间气温呈上升趋势,能量密度为正值。百年尺度有 120～140a、220～240a 和 250～280a 的周期变化,其中 220～240a 的周期有较高的显著性。但由于 DM 序列的总长度为 355a,因此 250～280a 的变化周期有着不确定性,需要更长的时间尺度来支持。

QB 重建序列同样有 2～4a 和 7～12a 的连续性周期变化。0～15a 的周期变化均通过了 95%的红噪声检验。20～40a 的周期变化同样与 QB 重建序列的气温有很好的对应关系,尤其是与低温时期的对应。20～40a 的周期变化在 1600 年和 1640 年左右为能量密度低值区,40～70a 的周期变化在 1790 年、1810 年、1890～1930 年为能量密度低值区,同时也对应气温序列的低温期和降温期。50～60a 的周期对 1690 年左右的低温有很好的表现。70～90a 的周期变化主要反映 1770 年左右的低温期。110a 左右、140～160a 的周期变化均为密度峰值,在气温序列上相应表现为 1460～1600 年和 1900 年至今的升温期,而 220～240a 的周期变化反映 1800 年前后的降温趋势。更长时间尺度的周期变化在此序列没有反映。

KS 重建序列 2～4a 的周期变化在整个重建序列尺度都有很好的连续性。7～12a 的周期变化在 1300 年以后表现显著。20～40a 的周期在 1300～1900 年有很好的连续性,并整体为密度低值区,说明在此期间气温呈整体下降趋势。1500～1600 年、1720～1800 年、1890～1930 年的气温下降趋势最为显著。20～40a 的周期在 1300～1900 年对气温的低值区也有很好的反映。2～4a 和 7～12a 的周期变化都通过了 95%的红噪声检验。重建序列同样存在 70～90a 的周期变化,与其他两个序列不同,KS 重建序列 70～90a 的周期反映能量密度的高值区。其中,1390～1500 年气温序列表现为上升趋势,1600 年左右为气温高值期,1700～1720 年为升温趋势。百年尺度上,120～140a 的周期反映 1610 年左右的低温期。180～200a 和 300a 左右的周期主要反映 1400～1560 年的气温上升趋势。同时,小波影响锥边缘地区反映 1800 年之后气温迅速升高的趋势。500a 左右的周期变化具有连续性和显著性,通过了 95%的红噪声检验。

气候序列的周期变化反映所指示的气候要素受到了周期性的强迫或者自身的周期变化。不同的气候序列和不同的周期分析方法,可能导致气候周期的不同,而采用的小波分析能很好地表现气候序列长时间尺度的周期振荡,且大多数的周期振荡均有显著的气候意义。一般 2～4a 的周期与厄尔尼诺南方涛动(ENSO)和 2～3a 的气象振荡有关,7～12a 的周期可能与太阳活动变化有关,20～40a 的周期与 Bruckner(28～42a)太阳活动周期接近,70～90a 的周期与 Gleissberg(70～100a)太阳活动周期接近,180～200a 的周期与 Suess(210a)太阳活动周期接近。其中,来源于地质生物的证据已经证明了 Gleissberg 周期和 Suess 周期的存在(Hodell et al.,2001;Neff et al.,2001)。在近千年全球气候的研究中,200a 和 100a 的周期十分显著,被认为与太阳辐射有关(Cook et al.,2000)。重建的气温序列表明祁连山及周边地区气候变化与太阳活动的大尺度驱动机制有很好的对应关系。气象学中的周期变化一般分为三个尺度，百年尺度、几十年尺度及十几年尺度，而百年尺度的周期对气候变化的影响作用最大，因此需要更长的时间序列来证实百年甚至千年尺度的周期变化，以便预测未来气候的变化。

1.5　内陆河下游环境变化

相对于祁连山地区，干旱区的气候代用指标偏少，以湖泊沉积、风沙沉积和树轮为主，其中高分辨率的代用指标只有树轮。因此，广泛分布于西北地区的灌丛沙丘为探讨区域古气候、古环境的演变提供了另一种可能。灌丛沙丘的沉积物及其所含的植物残体为探讨沙丘的发育过程和重建区域气候环境变化过程提供了良好的载体(郎丽丽等，2012)。

灌丛沙丘是在植物的阻挡作用下，由于风速下降，风沙流携带的沙粒不断堆积在植物周围而形成的(Khalaf et al., 1995)。其发育过程与植被、沙粒来源及风力强弱等密切相关(Lancaster et al., 2007)，所以它可以连续完整地保留某个时期的风沙沉积物和气候环境信息。灌丛沙丘的研究方向很多，包括形态特征(张萍等，2008)、空间格局(杜建会等，2007)、气流特征及其风蚀堆积平衡(Leenders et al., 2007)、植被(Flombaum and Sala，2007)、土壤及其保育等多方面，本节讨论沉积物的环境指示意义。

沙丘年代序列的建立方法已经趋于多元化，如纹层计数法、AMS14C、OSL等，定年的精度也在不断提高。此外对沙丘剖面环境信息的提取也趋向于多指标相结合，如粒度、碳酸盐、磁化率、有机碳、总氮、碳氮值及 $\delta^{13}C$ 等指标均被应用于气候环境记录的提取。因此，从区域气候环境变化的角度出发，以沙丘沉积为主要的环境记录载体，将粒度、碳酸盐、地球化学元素及近代工业污染物等多种指标集成分析，并结合树轮、历史文献和现代观测记录，尽可能重建黑河下游及邻近沙漠可靠的气候环境变化序列。

应用沉积学和地球化学的理论与方法，将灌丛沙丘沉积物中的气候环境记录提取出来，并验证这些记录的真实性和可靠性。首先通过定年确定剖面的年代序列，其次选取合适的指标对比分析，提取其中的气候环境信息，最后通过与同区域和相近区域其他记录的对比，验证分析结果的可信性。本次研究区地处黑河流域下游额济纳绿洲。

1.5.1　样品采集与分析

共采集了两个沙丘剖面的样品进行分析。S1 剖面(42°02′24.2″N, 101°03′34.5″E)位于内蒙古额济纳绿洲，距离黑河干河大约 100m，沙丘高约 230cm，采样高度

220cm，沙丘顶部红柳生长茂盛，灌丛高度为 1～2m，红柳叶与沙层相间分布，沉积层位十分明显。从下向上采样，采样间隔为 1～2cm，共采集样品 125 个。S2 剖面(41°45.9377′N，101°07.6804′E)位于黑城遗址西南方向 500m 左右，该区域地表环境以干河床和戈壁滩为主，采样沙丘发育在古河床之上，沙丘底部有明显的河相沉积，顶部柽柳生长茂盛，沙粒层与植物残体层间隔明显，沉积序列也完整连续，说明沉积环境相对稳定。该沙丘高约 3m，采样间隔为 3cm，共采集 96 个样品，采样高度 288cm。由于沙丘底部存在大量蠕移组分，对结果分析有一定的影响，故下部 10cm 左右的沉积物并未采集。

1.5.2　剖面年代序列的建立

灌丛沙丘沉积物夹杂着大量的植物残体，而且多为当年生的植物叶片，为 ^{14}C 定年提供了良好的材料。AMS ^{14}C 定年结果显示(表 1-11)，S1 剖面由于年代为近期，无法进行校正，故直接使用其 ^{14}C 年龄，采样时间为 2012 年，故将最上层定为 2012 年。S2 剖面三个定年样品的 2σ 校正年龄中间值分别为 1835 年、1770 年和 1563 年，采样时间为 2014 年，故将最上层定为 2014 年。采用线性差值方法，建立两个剖面的年代序列。由 S1 剖面和 S2 剖面深度对应的年代可以推测 S1 剖面沙丘形成年代不晚于 18 世纪中期，而 S2 剖面沙丘沉积物记录了 18 世纪中期～21 世纪初区域气候和环境演变的信息。

表 1-11　灌丛沙丘植物残体定年结果

样品	材料	^{14}C 年龄/a BP	95.4%(2σ)校正年龄 AD	68.2%(1σ)校正年龄 AD	中间值
S1 剖面深度 107cm	植物叶子	55±35	—	—	—
S1 剖面深度 190cm	植物叶子	175±35	1652～1950 年	1666～1950 年	1772 年
S2 剖面深度 108cm	植物叶子	110±20	1681～1938 年	1812～1891 年	1835 年
S2 剖面深度 186cm	植物叶子	190±20	1649～1812 年	1738～1803 年	1770 年
S2 剖面深度 240cm	植物叶子	285±20	1521～1657 年	1527～1649 年	1563 年

1.　粒度特征及指示意义

两个灌丛沙丘的沉积物样品均以细砂(50～250μm)为主(图1-23)，S1 剖面中细砂的平均含量为 72.8%，S2 剖面中细砂含量略低，介于 32.0%～88.2%，平均含量为 67.6%；粉砂(5～50μm)含量次之，S1 和 S2 剖面粉砂平均含量分别为 9.6% 和 22.7%；黏粒(<5μm)含量最少，S1 剖面黏粒含量为 0.2%～3.9%，S2 剖面的黏粒含量略高，平均值为 8.1%。两个剖面各粒级含量差异明显，S1 剖面明显粗于 S2 剖面，侧面反映了物源和地表环境差异对沉积过程的影响。

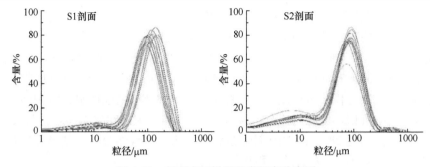

图 1-23　剖面表层样品粒度频率分布图

　　粒度参数(平均粒径、分选系数、偏度、峰度)是对沉积物粒度特征的量化表示，也是反映粒度频率分布曲线特征的量化指标。两个剖面沙丘沉积物的粒度参数随深度的变化如图 1-24 所示,平均粒径(Md)变化较大,S1 剖面介于 50～240μm,S2 剖面介于 20～130μm,两个剖面下部样品的平均粒径较大，但向上颗粒明显变细，可能反映了搬运介质速度即风速出现了较大的变化。分选系数(σ)可用来指示沉积物颗粒大小的均匀程度，S1 剖面的分选系数介于 0.6～1.7,S2 剖面介于 1.0～2.2,大多数样品为分选中等和分选较差。这与一般风成砂分选较好的情况存在一定矛盾，其原因可能是植被的干扰，沙丘表面气流变化复杂(郎丽丽等,2012)。偏度(SK)和峰度(Kg)分别表示粒度频率曲线的对称情况和粒径的集中状况。S1 剖面的偏度介于–0.5～–0.1,S2 剖面介于–0.6～–0.2,均属于负偏态；两剖面峰度值相近，介于 1.0～2.2,峰态尖锐，说明粒径分布较为集中。总之，从灌丛沙丘沉积物的粒度特征可以发现粒度的三个影响因素(风力、物源和风化作用)与颗粒粗细的关系。其中起主要作用的是风力因素，因为灌丛沙丘成因的一致性，所以其粒度组分、频率曲线及粒度参数都十分相似，此外，风沙流的携带能力直接影响了沉积物颗粒粗细，这也是通过沉积物判断气候变化的主要依据；物源的影响也十分重要，两个采样剖面发育在不同的下垫面上，造成粒度特征上的差异；风化作用在极端干旱区并不明显，粒度频率曲线中也几乎不存在由风化作用引起的抬升。

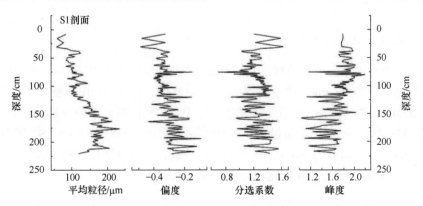

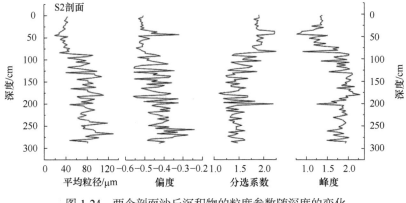

图 1-24 两个剖面沙丘沉积物的粒度参数随深度的变化

2. 碳酸盐气候指示意义

由于干旱区特殊的气候条件，风沙沉积物中的 $CaCO_3$ 对气候的指示意义不同于黄土和湖泊沉积，其含量受物源和气候因素的共同影响。因此，当气候较湿润，风化强度增加，土壤颗粒细化，并且 $CaCO_3$ 产生较多；当气候转干，$CaCO_3$ 生成量随之降低。这也是平均粒径和 $CaCO_3$ 含量之间存在一定负相关关系(图 1-25)的原因。总之，在极端干旱的环境下，水分成为 $CaCO_3$ 形成的主要限制因子，其含量能够反映区域水分条件的变化，所以剖面 $CaCO_3$ 含量变化曲线中的三个低值区域说明，近 300a 黑河下游地区可能存在三个相对干旱时期：18 世纪后期～19 世纪中后期、20 世纪初期和 20 世纪 50～60 年代。

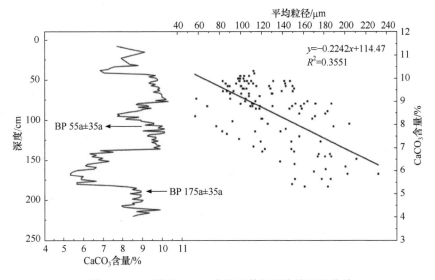

图 1-25 S1 剖面 $CaCO_3$ 含量及其与平均粒径的关系

3. 剖面常量元素的分布特征

灌丛沙丘 S1 剖面的常量元素氧化物含量最高的是 SiO_2，含量为 64.6%～75.5%，平均含量为 70.6%，变异系数为 2.89%；其次是 Al_2O_3，含量为 8.2%～10.0%，平均含量为 9.3%，变异系数为 4.04%；再次是 CaO，含量为 3.7%～5.6%，平均含量为 4.6%，变异系数为 8.72%；最后为 Fe_2O_3、MgO、K_2O、Na_2O，其含量分别为 2.9%～3.9%、1.7%～3.3%、2.1%～2.4%、1.7%～2.4%，变异系数分别为 5.80%、9.09%、3.59%、5.21%（图 1-26）。常量元素氧化物含量的排序为 $SiO_2 > Al_2O_3 > CaO > Fe_2O_3 > MgO > K_2O > Na_2O$。

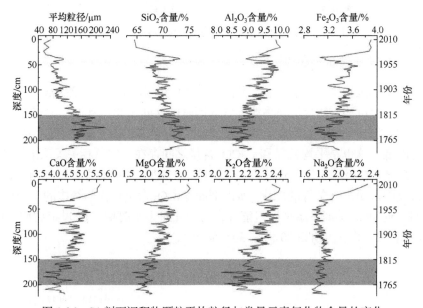

图 1-26　S1 剖面沉积物颗粒平均粒径与常量元素氧化物含量的变化

沉积物剖面中地球化学元素氧化物含量有明显的规律性：从底部到顶部平均粒径和 SiO_2 含量总体表现为逐渐减少的趋势，而 Al_2O_3、Fe_2O_3、CaO、MgO、K_2O 含量总体呈波动增加的趋势，Na_2O 含量的波动变化相对较小。即处于阴影部分的时期沉积物颗粒平均粒径增大，SiO_2 含量相对较高，Al_2O_3、CaO、Fe_2O_3、MgO、K_2O 和 Na_2O 含量相对较低，表明风成沙广泛发育。处于非阴影部分的时期沉积物颗粒平均粒径呈减少趋势，SiO_2 含量相对较低，Al_2O_3、CaO、Fe_2O_3、MgO、K_2O 和 Na_2O 含量呈增加趋势，表明风沙活动减弱。因此，以上常量元素含量在剖面垂直方向上的总体变化受气候环境变化的影响，呈明显的波动变化。

4. 环境敏感性粒级组分

粒级-标准偏差法是通过粒级-标准偏差曲线反映不同样品各粒级所对应含量

的离散程度，某一粒级所对应的标准偏差越大，说明粒度含量在该粒径范围内差异越大，即该粒级对环境变化越敏感；标准偏差越小则反映粒度含量在该粒径范围内差异越小(夏梦，2015)。标准偏差是反映数据离散程度的指标(林柄耀，1985)，其值越大表明观测值的离散程度越大，对环境变化的响应越敏感，对古环境变化信息具有较好的指示意义(徐树建等，2014)。

沉积物粒度中的标准偏差的高值和低值反映了研究区不同样品的粒度含量在某一粒级范围内的差异，其值的大小及标准偏差高低值的个数能反映沉积物内粒度变化发生明显差异的粒级组分范围和个数(沈星等，2015)。

S2 剖面有两个明显的标准偏差峰值和两个标准偏差低值，对应为 52.48μm、158.49μm 和 13.18μm、79.43μm(图 1-27)。据此，把 S2 剖面划分为 3 个组分：组分 1 为 < 13.18μm，组分 2 为 13.18～79.43μm，组分 3 为 > 79.43μm。S2 剖面的含量和平均值：组分 1 为 11.4%～40.9%，平均值为 18.0%；组分 2 为 27.3%～55.2%，平均值为 37.7%；组分 3 为 17.1%～58.8%，平均值为 42.9%。S2 剖面平均粒径的变化范围：组分 1 为 11.4～40.9μm，组分 2 为 27.31～55.23μm，组分 3 为 17.12～60.64μm。

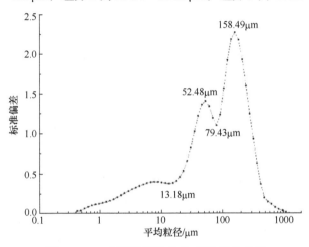

图 1-27　S2 剖面的平均粒径-标准偏差曲线

1.5.3　沙丘剖面与下游气候的关系

1. 剖面平均粒径特征反映的区域气候

额济纳沙丘剖面和黑城沙丘剖面的平均粒径变化具有一定的相似性(图 1-28)，在 1900 年之后颗粒细化。对比同一地区灌丛沙丘剖面(Wang et al.，2008)，结合定年结果，发现额济纳沙丘剖面和黑城沙丘剖面粗颗粒含量变化的相似性更加明显：19 世纪末期以后，剖面的粗颗粒含量明显下降，冬季风力减弱，反映了气候从小冰期向现代暖期的过渡；20 世纪，粗颗粒含量出现 2～3 次明显波动，较好地对应了 1910～1920 年和 1950～1960 年两次偏冷时期；剖面顶部粗颗粒含量最少，可能指示了最近几十年风力减弱的事实。这两个剖面平均粒径变化的相似性说明在物源稳定的情况下，平均粒径特征变化与沉积动力密切相关，也佐证了平均粒径变化可以在一定程度上反映冬季风力的强弱。

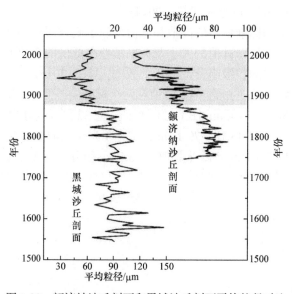

图 1-28　额济纳沙丘剖面和黑城沙丘剖面平均粒径对比

2. 近 300a 气候变化

对常量元素氧化物含量比值进行深入分析，可进一步准确揭示黑河下游灌丛沙丘近 300a 沉积的气候变化过程(图 1-29)。

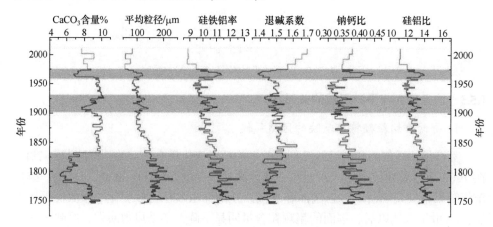

图 1-29　额济纳沙丘剖面部分气候代用指标对比图

硅铁铝率($[SiO_2]/([Al_2O_3]+[Fe_2O_3])$)：硅铁铝率用于反映沉积物的淋溶状况，湿润条件下，该值较小；反之，该值较大(刘冰等，2012)。图 1-29 中硅铁铝率变化有 3 个明显的高峰期。

退碱系数($(([CaO]+[K_2O]+[Na_2O])/[Al_2O_3])$)：该值增大，说明沉积环境处于干旱期；反之，处于暖湿期(胡梦珺等，2015)。前面已述，由于剖面所处的特殊地貌位置，K_2O、Na_2O、CaO 的含量指示意义矛盾，即气候暖湿程度越高，含量也就越高。因此，在此剖面中退碱系数值增大，说明处于湿润期；反之，处于干旱期。

钠钙比($[Na_2O]/[CaO]$)：该值增大时，表明气候干凉；反之，表明气候暖湿(刘东生，1985)。其在剖面中呈减小的趋势。

硅铝比($[SiO_2]/[Al_2O_3]$)：硅铝比随着气温的升高、风化作用的加强而减小，硅铝比减小，表明气候暖湿；反之，表明气候干凉(刘东生，1985)。在整个剖面中，随着时间变化硅铝比呈减小的趋势。

各指标的对比分析揭示了研究区近 300a 的气候变化过程如下所示。

1825 年之前：剖面沉积物颗粒的平均粒径较粗且变化不大，$CaCO_3$ 含量处于一个明显的低值时期，说明该阶段可能干冷。元素氧化物含量比值也佐证了这个观点，硅铁铝率和硅铝比较大，退碱系数为低值，钠钙比明显偏高，说明气候较为干旱，加之粒度明显偏粗，冬季风势力强盛，气候偏冷。事实上，该阶段处于小冰期末期，气候干旱寒冷。

1825～1900 年：$CaCO_3$ 含量明显升高，剖面沉积物颗粒呈现出由粗转细的趋势，说明冬季风势力减弱，气温回升，气候相对偏湿润。在这一时期，元素氧化物含量比值变化不大，较为平稳，其中硅铁铝率、硅铝比及钠钙比呈减小趋势，退碱系数略高，说明该区域水分条件开始转好，气温也开始上升。以往的研究证实，这一阶段是小冰期结束，向现代暖期过渡的时间段，剖面所反映的信息与事实相符。

1901～1930 年：剖面沉积物颗粒明显变粗，$CaCO_3$ 含量也处于一个低值区，说明区域气候转向干冷。元素氧化物含量比值的变化也十分明显，硅铁铝率、硅铝比和钠钙比出现峰值，退碱系数相对较低，指示这一时期气候以干旱为主。结合事实也能发现沉积物所反映的气候变化的真实性。这一时期旱灾频发，1920 年，陕西等五省大旱，灾民数量占全国的五分之二；1928～1929 年，陕甘等十三省大旱，受灾人数高达三千多万人，是民国时期最为严重的两次旱灾。此外还有众多区域性的旱灾记录，都反映出气候转干的趋势。

1931～1955 年：剖面沉积物颗粒的平均粒径降低，表明研究区风沙活动有所减弱，$CaCO_3$ 含量明显升高，也指示区域水分条件转好，元素氧化物含量比值也出现了类似的变化，硅铁铝率、硅铝比及钠钙比处于低值区，退碱系数在该时期出现峰值，指示气候向相对暖湿阶段转变。前人的研究也显示，20 世纪我国气温最高的时期是在 40 年代,而且西北地区的增温幅度最为明显,说明沙丘沉积物对气候突变的响应是可信的。

1956～1975 年:剖面沉积物颗粒的平均粒径增大,出现一个峰值,$CaCO_3$ 含量也明显降低,指示区域气温降低,气候转干。元素氧化物含量比值也出现明显的波动,硅铁铝率、硅铝比和钠钙比也在这一时期出现峰值,退碱系数偏低,说明区域气候十分干燥。已有的研究成果也表明,该时期西北地区的气温低于 1880～1996 年的平均值,而且这一时期发生了 1949 年以后最为严重的干旱事件,1959～1961 年全国大范围干旱,西北地区的灾情也十分严重。这一时期的气候突变同样被记录在沙丘沉积物中。

1976 年至今:剖面沉积物颗粒平均粒径变小,$CaCO_3$ 含量增加,说明气候可能出现转暖、转湿的情况。元素氧化物含量比值的变化也具有一致性,硅铁铝率、硅铝比和钠钙比降低,退碱系数明显升高,指示气候逐渐转湿。

总之,灌丛沙丘沉积物中的气候环境记录与各种史料记载和器测数据相吻合,进一步证实了用沙丘沉积物反演过去气候环境演变的可靠性。

通过两个剖面的粒度特征对比,大致总结出了研究区近 300a 的气候波动,这些波动与小冰期末期以来的气候变化具有明显的一致性,说明了沙丘沉积物对气候变化的响应是及时而准确的。此外,对比 300a 来的沙尘事件,发现沉积物颗粒的粗细与沙尘暴发生频次和强弱变化具有一定的相似性,其原因与二者成因的一致性是分不开的。根据标准偏差,S2 剖面可划分为 3 个组分,组分 1:< 13.18μm,组分 2:13.18～79.43μm,组分 3:> 79.43μm。S2 剖面的含量和平均值:组分 1 为 11.4%～40.9%,平均值为 18.0%;组分 2 为 27.3%～55.2%,平均值为 37.7%;组分 3 为 17.1%～58.8%,平均值 42.9%。初步判定组分 3 反映区域环境变化的近源风力,短距离迁移的粗颗粒组分较长距离迁移的细颗粒物质更为敏感,因此提取组分 3 作为 S2 剖面的环境敏感粒度组分。

通过对碳酸钙、粒度参数和常量元素的对比分析,总结出了近 300a 黑河下游地区的气候变化序列:1825 年之前,气候干冷,处于小冰期末期;1826～1900 年,气候相对偏湿润,小冰期结束,向现代暖期过渡;1901～1930 年,气候转向干冷,旱灾频发;1931～1955 年,气候向相对暖湿阶段转变,西北地区的增温幅度最为明显;1956～1975 年,区域气温降低,气候转干;1976 年至今,气候从暖干向暖湿转型。

通过祁连山区和黑河下游气候环境记录的对比,发现二者具有一定相似性,但祁连山区水分条件对温度的变化更为敏感。下游的居延海在近几个世纪中一直处于缩减的状态,古居延泽和西居延海先后干涸,如今东居延海的入湖水量也十分少。其原因是气候水文条件的变化和人类活动强度的增大,其中人类农业生产需水量的不断增加是居延海退缩的最主要原因。

第2章　气候变化对内陆河出山径流影响机理

2.1　引　言

2.1.1　气候变化对水文要素的影响研究进展

气候变化对水文水资源影响方面的研究可追溯到 1977 年美国国家研究协会进行的气候变化与供水之间的关系研究。20 世纪 80 年代，在世界气象组织(World Meteorological Organization，WMO)的推动下，气候变化对水文水资源影响的研究逐渐受到重视，并提出了最基础的研究方法和最基本的评估报告。90 年代以来，随着 IPCC 报告指出气候变化成为不可辩驳的事实，气候变化对水文水资源影响的研究才成为全球性热点，并将研究的内容扩展到对水文循环、水资源管理及对社会-经济系统的影响。我国在 80 年代后期才开始进行气候变化对水文水资源影响方面的研究，研究内容涉及气候变化对区域水量平衡的影响，对区域可供水量和需水量的影响，对极端事件(暴雨、洪水、干旱)的影响，以及气候变化影响的可靠性、恢复性和脆弱性方面的研究。气候变化对水文水资源的研究方法通常采用"what if"模式，即"气候发生变化后，水文过程将会随之发生怎样的响应"，遵循"气候情景设置—水文模拟—影响预估"的研究范式，其中气候情景设置和水文模拟是进行气候变化影响评估的关键。气候情景设置主要包括三种，一是气候情景任意设置，通过设置气候变化的可能范围，如将气温升高设置为1℃、2℃、3℃，将降水量设置为增加(减少)5%、10%等，来评估水文过程的变化；二是长序列的历史观测资料，通过模拟历史气候状况下的水文过程，与当前的水文状况进行比较，来评价水文过程的变化；三是气候模式数据，基于全球气候模式(general circulation models，GCMs)输出的未来气候变化情景数据，输入到水文模型，进行未来情景下的水文过程预估。

水文模型主要包括经验水文模型、概念性水文模型和分布式水文模型。经验水文模型一般在早期的研究中比较常见，是指建立历史同期的降水、气温与水文要素之间的统计关系,分析降水与气温对水文要素的影响。Smith 和 Richman(1993)基于帕尔默干旱指数，对比分析了 1950～1967 年和 1968～1985 年两个时期美国伊利诺伊州 9 个气候分区水文和水资源对气候变湿的响应。Krasovskaia 和 Gottschalk(1993)基于洪水级数和强度统计模型，研究了气候变化对北大西洋及挪威地区极端洪水频率和洪峰流量的影响。蓝永超等(2009)根据出山径流与气温和降水之间的关系，建立了山区径流对气候变化的响应模型，分析开都河和乌鲁木齐河出山径流对气候变化的敏感性。这种方法适用于观测时间较长的地区，然而根据历史观测的降水、径流、气温的关系去外推未来的水文响应，具有一定的局限性，而且这种简单的经验模型忽略了区域的许多物理参数，如流域类型、地貌、土壤、植被等因素(张利平等，2008)。

概念性水文模型基于流域水量平衡原理假设，通过对水文现象的物理概念进行数学描述，并结合经验公式来表达流域水文过程。世界上知名的概念性水文模型已超过20种，其模型结构大同小异，基本涉及了流域水文过程的各个环节。代表性的概念性水文模型有美国的斯坦福(Stanford)模型和萨克拉门托(Sacramento)模型，日本的水箱(Tank)模型及中国的新安江模型。Němec和Schaake是最早使用概念性水文模型进行气候变化影响研究的水文学者，他们利用萨克拉门托模型来研究得克萨斯州Pease流域1965~1975年水资源系统对气候变化的敏感性以及美国干旱区与湿润区径流对气候变化的响应(Němec and Schaake，1982)。Gleick(1987)利用改进的水量平衡模型来评价萨克拉门托模型流域气候变化对月尺度和季节尺度径流和土壤水的影响。刘春蓁(1997)通过月水量平衡模型和水资源利用综合评价模型研究了我国7个主要流域的年/月径流及蒸发的变化，并根据GCMs的输出来预估2030年的水资源供需差额变化。然而，概念性水文模型把流域作为一个整体，没有考虑地形、土壤、植被等下垫面类型的空间异质性，特别是在流域特征空间差异较大的复杂流域。

随着计算机技术的发展和各类空间数据资料的积累，以及概念性水文模型在空间表达方面的缺陷，分布式水文模型应运而生。分布式水文模型通过空间单元的离散来描述下垫面状况以及气候要素的复杂性和空间差异性，结合具有水文物理意义的数学模式，力求真实客观反映水文物理过程(李峰平等，2013)。20世纪90年代后期，以地理信息系统(geographic information system，GIS)、遥感(remote sensing，RS)、全球定位系统(global positioning system，GPS)等为代表的空间技术的发展，为分布式水文模型的研发提供了良好平台，使该模型在建模思路、理论方法和技术支持等方面都有了长足的进步，出现了一批广泛应用的半分布式或分布式水文模型，如TopModel、SWAT、MikeSHE等，后期更是出现了机制相对复杂的陆面过程模型，如VIC、SIB等。这些分布式水文模型的应用对提高气候变化对水文水资源的影响评估精度具有重大意义，从而被广泛应用。刘昌明等(2003)将SWAT模型应用于黄河源区，对黄河源区的气候变化和土地覆被的水文效应进行研究。结果发现，气候变化引起黄河源区径流减少62.11亿m³，占径流变化量的108.72%。王莺等(2017)基于SWAT模型对洮河流域的水文影响特征进行了分析，气候变化使流域产流量增加1.3mm。Zhang等(2015a)利用VIC模型对河西地区流域未来气候变化对水文特征的影响进行了研究，发现未来径流量将会增加但变化幅度将会减小。然而，分布式水文模型需要的参数较多，使得模拟精度较低，从而导致气候变化的影响评估结果受到很大质疑。总之，气候变化对水文要素的影响研究，遵循"气候情景设置—水文模拟—影响预估"的研究范式，分布式水文模型的发展为影响定量研究提供了契机。

2.1.2　土地利用变化的水文效应研究进展

随着全球变化研究的不断深入，土地利用变化与水文过程的相互作用成为水文学研究的关键科学问题之一。土地利用变化直接反映了人类活动的强弱程度，影响着地球表面多种尺度的生物物理过程，包括小尺度的城市热岛效应和雨岛效应，流域尺度水文时空特性改变，甚至更大尺度的陆气相互作用。土地利用变化对水文过程的影响主要是通过改变影响地表水热分布特征的物理属性，从而影响水文循环中的冠层截留、入渗、蒸散发和产汇流过程。土地利用变化增加了流域水文过程的不确定性。国内外相关研究从最早的小流域对比观测试验到水文特征参数时间序列法，再到后来的水文模拟方法，经历了三个主要的阶段(范俊韬等，2017)。

早期土地利用变化对水文过程的影响研究，主要基于流域对比试验的方法，这种方法适用于小流域。1900 年，瑞士 Emmental 山区两个小流域的对比试验就是最早开展土地利用变化对流域径流影响的研究。小流域的观测对比试验主要用于研究森林变化的水文效应。针对森林植被的存在是否对减少流域径流量和削减洪峰有作用展开了广泛的讨论，普遍认为在面积较小的流域内(几十平方公里以下)，森林植被的存在将会减少径流量，这是因为森林蒸腾损失的水分起到主要作用(周晓峰等，2001)；在面积较大流域(几百平方公里以上)，森林植被的存在会增加径流量(Costa et al.，2003)。产生不同径流变化效应的原因是森林面积占比较大的流域能增加降水，林地有利于水分下渗，导致林区地下径流的增大。然而，不同区域和流域植被分布情况以及相似流域不同的试验方法都会得到不一样的结论(Olang and Fürst，2011)，由流域面积来得出森林对年径流量增减的结论很难统一，也不宜外推到其他流域。

水文特征参数时间序列法通过选择较长时间段来表征土地利用变化的特征参数，以特征参数的变化趋势评价土地利用变化的水文效应(王盛萍等，2006)。由于该方法参数计算简便，已经成为研究土地利用变化的水文效应的最简单方法，得到广泛应用。王盛萍等(2006)分析了黄土高原典型流域 1982 年和 1989 年两期土地利用变化的水文动态响应，剔除降水因素的影响后发现植被条件较好，年径流量减少。王根绪等(2005)利用河西走廊的马营河流域四期土地利用数据，分析了耕地变化和径流过程各参量之间的定量关系，发现林草面积转为耕地面积，导致年径流量和基流量都减小。张晓明等(2007)分析了黄土丘陵沟壑区土地利用变化的水文动态响应，发现土地利用变化对径流的影响具有季节性特征，且降水越大，土地利用变化对径流的响应程度越大。Bewket 和 Sterk(2005)分析了埃塞俄比亚尼罗河流域土地利用变化的水文效应。这种方法适用于下垫面状况均质，且水文特征参数受气候变化影响不大的流域。此外，这种方法不能对土地利用的分布转化进行空间异质性表达，对于理解土地利用和水文过程的相关作用关系产生偏差，导致分析结果的差异较大(Rogger et al.，2017)。

基于物理基础的分布式水文模型不仅考虑了气候等因素对水文过程的影响，而且能充分表达下垫面的空间异质性，特别是能够为土地利用变化的水文响应提供分布式的土地利用情景设置，因此成为研究土地利用变化水文效应的重要工具(徐宗学和程磊，2010)。欧阳钦从等(2016)基于 SWAT 模型定量分析了晋江流域土地利用变化对流域蒸散发、土壤剖面渗漏、地表径流和地下径流的影响。研究表明，土地利用变化的水文效应与年内降水分布具有密切的关系，降水量越小，蒸散发的效应越显著，而地下径流的效应则相反。庞靖鹏等(2010)分析了密云水库土地利用变化对流域产水产沙的影响。孙丽娜和梁冬梅(2016)将分布式水文模型 SWAT 与土地利用变化模型 CLUE-S 耦合，评价未来情景下东辽河流域土地利用变化的水文响应。结果表明，植被覆盖率与径流量减少成反比。总之，随着对流域水文过程认识的不断深入，特别是分布式水文模型的应用，土地利用变化的水文效应研究使得深入认识土地利用变化和水文要素的关系成为可能。

2.1.3　气候与土地利用变化对水文要素影响的定量区分研究进展

定量区分气候变化和土地利用对水文要素影响的方法主要有水文模型方法(Yang et al.，2017)、径流弹性法(Liang et al.，2013；Ye et al.，2013)、水文敏感性法(Ning et al.，2016)、Tomer Schilling 方法(Ye et al.，2013；Tomer and Schilling，2009)、时间趋势法(张辉等，2012)等，可以归纳为两大类方法，一类是集总式经验统计方法，另一类是分布式水文模型方法。集总式经验统计方法，基于突变分析检验水文要素的突变点，认为突变点之前的时段水文过程变化不显著，将这一时段设定为基准期，建立和校准集总式的气候-水文统计模型，然后计算突变点之后气候变化背景下的水文过程，通过和观测的水文要素比较，确定土地利用变化影响下的水文响应(宋晓猛等，2013)。基于土地利用变化的分布式水文模型方法，土地利用变化对水文过程的影响复杂，很难由数据直接反映，通过分布式水文模型分别模拟气候输入不变、土地利用发生变化以及土地利用不变、气候输入变化两种情景，确定土地利用和气候变化单独影响下的水文响应(董磊华等，2012)。研究方法涉及最简单的回归分析法、径流敏感性法和分布式水文模型方法，研究时段在近 30a 到半个世纪，具有代表性的研究进展如表 2-1 所示。

表 2-1　气候与土地利用变化影响定量区分的代表性研究进展

参考文献	研究方法	研究区域	研究时段	主要因素	径流的响应	主要因素贡献
粟晓玲等(2007)	回归分析法	渭河流域	1956~2000 年	气候变化	减少	62.8%
Chang 等(2015)	VIC 模型	渭河流域	1956~2006 年	人类活动	减少	67%
Zhao 等(2016)	SWAT 模型	渭河流域	1980~2010 年	气候变化	减少	16.29mm
Jiang 等(2015)	径流敏感性法	渭河流域	1960~2009 年	气候变化	减少	26.22mm
Ning(2016)	径流敏感性法	泾河流域	1961~2010 年	人类活动	减少	106%~115%
李金标等(2008)	回归分析法	石羊河流域	1956~2000 年	人类活动	减少	58.46%
叶许春等(2009)	径流敏感性法	鄱阳湖流域	1961~2000 年	气候变化	增加	133%
江善虎等(2010)	径流敏感性法	老哈河流域	1964~2008 年	人类活动	减少	6.3~17.9mm
王纲胜等(2006)	DTVGM 模型	潮白河流域	1961~2001 年	人类活动	减少	54%~74%
胡珊珊等(2012)	HIMS 模型	唐河上游	1960~2008 年	人类活动	减少	60%~62%
Li 等(2009)	SWAT 模型	黄土高原黑河流域	1981~2000 年	气候变化	减少	103%
Yin 等(2017)	SWAT 模型	祁连山黑河流域	1964~2013 年	气候变化	增加	14.08%
Zhao 等(2015)	回归分析法	长江流域	1953~2010 年	人类活动	减少	71%~92%

从表 2-1 中不难发现，对于同一流域采用不同的方法进行气候和土地利用变化影响的分析，得到的结果差别很大。例如，由渭河流域的研究结果可知，VIC 模型与其他方法在主要因素确定上有所不同。VIC 模型的模拟结果中，Nash-Sutcliffe 效率系数低于 0.8，对峰值存在低估现象(Chang et al.，2015)。由此可见，利用水文模型进行气候变化和土地利用变化对水文过程影响的定量区分研究，首先必须建立在对研究区水文过程识别和精确模拟的基础上，其次在选择水文模型时也要考虑模型对气候要素，特别是土地利用变化的刻画能力(Karlsson et al.，2016)。另外，气候变化和土地利用变化对水文过程的影响在不同的地理位置存在差异。

目前，利用分布式水文模型进行气候和土地利用变化的影响分析用到的多为控制变量法(one-factor-at-a-time，OFAT)(Lin et al.，2015；Natkhin et al.，2015；Chung et al.，2011)。该方法最基本的假设条件是气候变化和土地利用变化对水文过程的影响是相互独立的。在分离某一因素对水文要素的影响时，如气候变化、土地利用变化在分离过程中不随时间发生变化。然而，分离后二者的单独贡献率之和并不等于 1，这与假设条件矛盾，表明现有的方法不能够满足单独定量区分气候和土地利用变化对水文过程影响的要求。原因主要是在评价某一因素(如气候变化)对水文过程的影响贡献时，假定另一因素(土地利用变化)从基准期到评价期不发生变化，整个期间，该因素对水文过程的贡献为 0。实际上，就评价期和基准期而言，另一因素变化及其影响是存在的。进行气候变化对河川径流影响的贡献分离时，仅以评价期土地利用为输入，基准期土地利用的影响被忽略，由此产生各影响因素贡献率之和不为 1 的结果。因此，对气候变化和土地利用变化对水文要素的影响方式进行重新认识，提出新的定量区分方法，才能有效地进行流域尺度水文过程影响的定量区分。

2.1.4 未来气候变化背景下的水文过程研究进展

根据 IPCC 第五次评估报告，未来气候将会持续升温，未来气候变化必将引起水文过程的变化，预估未来气候变化对水文过程的影响对于评估未来水资源并采取有效的适应性对策具有重要意义。GCMs 为气候变化研究提供了一个全球尺度未来气象要素变化的合理性模拟方法(Knutti et al., 2010)。GCMs 是一个复杂的数学模型，考虑了三个维度的地球大气、海洋和陆表过程(Sillmann et al., 2013)。GCMs 的空间分辨率较低，不能捕捉气候要素在亚栅格尺度的变化特征，加之 GCMs 输出的气象要素本身存在一定的系统误差，因此 GCMs 的输出结果不能直接用于流域尺度水资源影响方面的研究，需要进行气象要素的偏差校正和降尺度。传统的偏差校正方法主要在单一时间尺度(日、月)上纠正单个变量。其潜在的思想是识别当前气候状态的偏差，对未来气候模式进行校正，并假设在未来气候情境下的偏差不会随时间发生变化。最基本的一个偏差校正方式是日尺度或者月尺度序列利用均值和方差的标准化形式来校正 GCMs 的系统性误差(Chen et al., 2015)，另一个非参数偏差校正方法包括分位数匹配、修正因子和基于传输函数的方法(Wang et al., 2013)。这些方法通常将 GCMs 各自的偏差看成是分布偏差。由 Yang 等(2006)提出的等距分位数匹配(equidistant quantile matching，EQM)法是分位数匹配法的一种变体，这种偏差校正方法是在每一对累积分布观测(再分析资料)和模拟值(GCMs 数据)之间寻找偏差，再相应地纠正预测(GCM 未来气候要素)数据集。

常见的偏差校正方法只应用于一个变量，并只能选择单一的时间尺度(日、月、年)，不考虑变量的时间变化特征。然而，当偏差校正后的变量平均或者累加到更高的时间尺度(如从日到月或到季)时，得到的序列和实测值之间可能完全不同。Mehrotra 和 Sharma(2015)提出了多个时间尺度嵌套和持续性的思想修正标准偏差校正过程，并命名为嵌套式偏差修正(nested bias correction，NBC)方法，但是这种方法会引起一些偏差校正系列的统计值失衡。Torrence 和 Compo(1998)提出了可重复的递归嵌套式偏差校正(recursive nested bias correction，RNBC)方法，减少了多个时间尺度上引起的校正系列的偏差。Torrence 和 Webster(1999)提出了一个能够同时处理多个变量偏差的纠正方法,并正确地校正了温度和降水变量。在另一变量(温度)时间序列的偏差校正的前提下,运用单变量时间序列的偏差校正一个变量(降水)。基于变量之间相邻空间独立性假定,Priestley 和 Taylor(1972)提出了一种多变量扩展参数方法和多时间尺度多元分位数非参数百分位数匹配扩展的偏差校正方法,这种方法通过计算累积概率空间分布并进行修正。

降尺度方法将 GCMs 输出的气候要素通过物理数学模型产生与流域尺度相匹配的气候要素(Gudmundsson et al.,2012)。通常,降尺度方法主要有动力降尺度和统计降尺度两类方法。由于动力降尺度计算时间较长,而且降尺度的结果依赖GCMs 输出结果的边界条件,存在明显的系统误差等缺点,动力降尺度方法的应用较少。统计降尺度通过构建大尺度 GCMs 输出结果和区域气象要素之间的统计关系或者概率密度函数来进行气候要素的降尺度,方法计算量小,且容易掌握,得到广泛的应用(Chen et al.,2010)。

统计降尺度方法主要有三种,分别是基于概率密度函数的随机天气发生器(Mehrotra et al.,2013)、基于气流方向/涡流或聚类分析的天气类型方法(Santos et al.,2016)、基于建立经验关系的转移函数方法,第三种方法试图用线性或非线性回归将 GCMs 的气候变量直接转化为局部变量(Sarhadi et al.,2017;Asong et al.,2016)。气候要素经过降尺度后结合水文模型才可以用于进行水文过程的响应研究。表 2-2 为全球流域或者区域尺度的水文过程(降水、径流、蒸散发)在未来气候变化背景下的研究进展。可以看出,未来气候变化对水文过程影响的研究涉及全球各地,如长江流域、尼罗河流域等大江大河,也包括典型的地貌类型,如黄土高原,还有不同的气候类型,如干旱区、湿润区等。

表 2-2　未来气候变化背景下水文过程研究进展

参考文献	研究方法	研究区域	研究时段	水文要素	影响结果
Birkinshaw 等 (2017)	统计关系+Shetran 模型	长江流域	2041~2070 年,RCP8.5	径流	−29.8%~16.0%
Wagena 等 (2016)	QMAP+SWAT 模型	尼罗河流域	2041~2099 年, RCP2.6~8.5	径流	21%~27%
Sarhadi 等 (2016)	SVR,RVM	德黑兰	2015~2100 年,RCP2.6、 RCP4.5、RCP8.5	降水	减小
Sunde 等 (2017)	统计关系+SWAT	Hinkson Creek 流域	2040~2069 年,RCP2.6、 RCP8.5	径流	−26.8%~−5.9%
Mehrotra (2013)	MMM-KDE	Malaprabha 流域	2046~2100 年,A2	降水	−2%~−1%
Su 等 (2016)	Delta 方法+VIC	黄河、长江上游	2011~2070 年,RCP2.6、 RCP4.5、RCP8.5	径流	2.7%~22.4%
Guo 和 Shen (2016)	Hargreaves+ 作物系数法	中国西北干旱区	2016~2075 年,RCP2.6、 RCP4.5、RCP8.5	蒸发	增加 42.7 亿~ 61.5 亿 m³

续表

参考文献	研究方法	研究区域	研究时段	水文要素	影响结果
Meil 等 (2017)	天气发生器+HQsim	西澳大利亚高山小流域	2071～2100 年，A2	暴雨径流	增加
Peng 等 (2017)	Delta 方法+Hargreaves	黄土高原	2011～2100 年，RCP2.6、RCP4.5、RCP6.0、RCP8.5	潜在蒸散发	12.7%～23.9%
Kundu 等 (2017)	SVM+PM56	印度讷尔默达流域	2080～2099 年，A2	潜在蒸散发	升高

未来气候变化背景下的水文过程影响预测是关于 GCMs 类型、预测阶段、降尺度方法、排放情景和偏差校正的函数(Aamery et al.，2016)，因此不同的处理方法有可能给预测结果带来不确定性。预测未来水文过程的演变趋势极具意义，但是气候科学家很快指出，GCMs 的潜在假设和参数化产生了内在的不确定性。此外，由于 GCMs 经过降尺度处理，利用水文模型进行模拟，水文领域会谨慎使用预测结果的可信性。气候模式引起的不确定性及在多重处理中累积的不确定性最终都会叠加到水文模型模拟中。GCMs 对水文过程预测的不确定性研究已很普遍，主要集中在能够引起预测结果变化的因素上，重点是选择的 GCMs 和排放情景产生的不确定性，由于模型假设及未来 50 年温室气体排放的不确定性，需要在水文预测中进行大量的气候胁迫模拟(Harding et al.，2012)。有研究主要集中在驱动水文模型的结果，选择比统计降尺度方法更加具有物理基础的动力降尺度方法，并且强调不确定性主要来源于降尺度方法(Chen et al.，2011)。此外，还有一个预测结果不确定性的来源就是气温和降水的偏差校正方法(Teutschbein and Seibert，2012)，而气候预测阶段的选择成为被忽略的引起不确定性的因素(Aamery et al.，2016)。气候预测阶段因素的识别需要弄清复杂气候模式的改进和排放情景预测。特别是，全球气候模型 CMIP5(the coupled model intercomparison phase 5)提供了比 CMIP3 版本新的气候驱动数据集。CMIP5 采用代表性浓度路径(the representative concentration pathways，RCP)作为排放情景，这是未来温室气体排放的最新改进。CMIP3 代表广泛发表的第三阶段的气候模式数据集，使用的是排放情景空间报告(the spatial report on emission scenarios，SRES)。CMIP5 已经擢升为新的预测气候变化的模式，但还没有证实比 CMIP3 具有更高的气候预测的可信度。传统的水文模型输入项固定，无法充分利用海量的气候模式数据，是导致模型模拟精度不高的原因之一。数据驱动模型通过建立输入项和输出项之间的黑箱模型，充分利用海量气候模式数据，获取较高的模拟精度。

2.1.5 内陆河上游水文研究进展

以黑河上游水文过程研究为例研究内陆河上游。早在 20 世纪 80 年代就有关于出山径流方面的研究，胡天清(1988)通过研究春末夏初径流量与气象要素之间的关系，为流量预报提供依据。20 世纪末，学者们开始关注水与生态环境的相互作用关系(王金叶等，2001)、单一水文要素特性研究(王书功等，2003)。21 世纪初，上游水文过程的研究逐渐兴起，直到"黑河流域生态-水文过程集成研究"项目的实施，上游水文过程研究，特别是黑河上游研究迎来最活跃的时期(程国栋等，2014)。学者们开始从野外实地观测试验和流域综合模拟两个方面对黑河上游的水文过程进行研究。

黑河上游水文过程观测试验研究兴起于 21 世纪初。宋克超等(2004)在黑河流域山区植被带进行了草地蒸散发观测试验研究。金博文等(2003)依据土壤-植被-大气系统的结构特性，分析了山区水源涵养林在水文过程中的作用。康尔泗等(2008)从山区水文循环、水文与生态系统及径流形成等方面讨论了山区流域生态与水文的相互作用。刘兴明等(2010)对青海云杉林苔藓层的水文特性进行了研究。陈仁升等(2014)在祁连山葫芦沟进行小流域尺度冻土-植被-大气传输系统及水量平衡观测的对比试验，研究典型下垫面的水文功能。杨永刚等(2011)应用同位素与水化学技术分析了不同景观带的径流成分贡献。这些试验研究提升了对黑河山区水文过程的基本认识。

相对于水文过程观测试验研究，黑河上游的模拟研究比较多。自"黑河流域生态-水文集成研究"项目实施以来，国内众多学者在黑河上游采用自主研发或者引进的水文模型进行出山径流的模型研究，取得了不错的成果。最先应用的模型是经验模型，如陈仁升等(2003a)应用非线性动力学方法，建立了黑河上游径流的经验统计模型；蓝永超和康尔泗(1999)利用 Kalman 滤波方法对黑河上游径流的年平均流量进行预测；张举和丁宏伟(2005)运用灰色拓扑方法预报黑河出山径流；陈仁升等(2001)基于小波变换和神经网络模型进行黑河上游径流模拟。概念性模型在黑河的应用主要集中在瑞典的 HBV 模型、日本的 Tank 模型及基于地形指数的 Topmodel 模型。这些模型或直接使用或经过改进，如康尔泗(2002)在应用 Tank 模型时考虑了冰川、冻土、积雪等要素；韩杰等(2004)利用高精度 DEM 及 PRISM 内插降水，驱动 Topmodel 模型来模拟径流。随着分布式水文模型的不断发展，其在黑河上游水文过程模拟中的应用也越来越广泛。陈仁升等(2003b)基于 GIS 划分子流域并考虑土壤分层，对黑河上游径流进行日尺度分布式模拟。由于区域降水存在合理估算，模拟精度不高，于是采用基于水热连续方程的多站点水文气象模拟黑河山区的水热交换，模拟精度有所提高，并符合寒区水文循环的定性认识(陈仁升等，2006)。有学者采用自主研发的分布式水文模型，如时变增益流域水循环模型(DTVGM)，将单元非线性模型拓展到由DEM划分的流域单元网格上建立网格产流模型，效率系数达到 0.75(夏军等，2003)，而考虑了人工侧支循环的黑河流域水循环(WEP-Heihe)在月尺度上的模拟精度可以接近 0.8(贾仰文等，2006)。其他著名的水文模型，如 VIC、SWAT 模型也都在黑河上游进行了广泛的应用。王中根等(2003)最先使用 SWAT 模型来模拟山区径流。黄清华和张万昌(2004)利用改进的 SWAT 模型认为基流回归系数和高程带的划分对山区径流模拟至关重要。Yin 等(2016)在 SWAT 模型基础上嵌套冰川模块，提高了模拟精度，并开发了面向对象的水量信息提取软件，分析不同径流成分的变化特征。陆志翔(2012)基于多站点、多时间尺度、多变量的校准方法，使 SWAT 模型在黑河上游的模拟精度达到最佳，效率系数高达 0.96。以上研究多集中在分布式水文模型在黑河上游的适用性评价和水文成分等方面的讨论。在气候变化和土地利用变化的影响方面，Luo 等(2016)利用 SWAT 模型分析了近 30a 黑河流域气候变化和土地利用变化对水文过程的影响，认为气候变化在黑河上游对水文过程的影响大。Tian 等(2017)专门讨论了植被增强对黑河源区径流的影响，指出植被增强导致径流减少，加剧了春夏季节的干旱。Yin 等(2017)分析了过去 50a 气候变化和土地利用变化对径流过程的影响，指出土地利用变化增加了 7.12%的径流，气候变化增加了 14.8%的径流。Yang 等(2017)通过改进气候和土地利用变化对水文过程影响的定量分离方法，首次对月尺度径流和蒸散发的变化进行分离，表明气候变化的影响远大于土地利用变化的影响。Zhang 等(2015b)基于未来气候变化模式，对上游径流特征进行分析和分类。

2.2　数据来源与研究方法

2.2.1　数据来源

1. 水文气象数据

选取黑河上游内部及周边 6 个气象站(祁连站、张掖站、肃南站、民乐站、托勒站和野牛沟站)的气象数据：日照时数、日均风速、日平均相对湿度、日平均气温、平均日最高温、平均日最低温、每日 20 时～次日 20 时一个对时的降水量。数据来自国家气象科学数据中心(http://www.nmic.cn/)。1960～2013 年莺落峡水文站的年、月径流数据来自于甘肃省水文水资源勘测局。黑河上游水文气象站属性如表 2-3 所示。资料序列都经过一致性和可靠性检验。逐日气象数据用于驱动水文模型，各要素的年、月数值通过日数据累加或平均得到。

表 2-3　黑河上游水文气象站属性表

台站	所属省份	纬度/(°N)	经度/(°E)	海拔/m	时间序列
张掖站	甘肃省	38.9	100.4	1482.7	1961~2013 年
肃南站	甘肃省	38.8	99.6	2312	1995~2013 年
民乐站	甘肃省	38.5	100.8	2271	1995~2013 年
托勒站	青海省	38.8	98.4	3367	1961~2013 年
野牛沟站	青海省	38.4	99.6	3320	1961~2013 年
祁连站	青海省	38.2	100.3	2787.4	1961~2013 年
莺落峡水文站	甘肃省	38.8	100.18	1674	1961~2013 年

2. 土壤数据

土壤数据主要为水文模型的建立提供输入，包括土壤类型空间分布数据和土壤物理属性数据。土壤类型空间分布数据来源于国家冰川冻土沙漠科学数据中心 (http：//www.ncdc.ac.cn/portal/)，其空间分辨率为 1：100 万。研究区内涉及 24 种土壤类型，其中草毡土面积最大，占流域面积的 34.89%。土壤物理属性数据有两个来源，一个是中国土壤数据库网站的属性数据，另一个是研究区野外样地调查实测的土壤数据。土壤的物理属性决定了土壤剖面水、气的运移特征，对水文响应单元的水文循环作用重大。土壤物理属性数据包括土壤的名称、层数、各层厚度、水文分组、粒径组成、容重、饱和导水率、侵蚀 K 值、反照率等。

3. 土地利用类型数据

基于黑河上游夏季遥感影像选取云量较少且经过几何纠正的 20 世纪 80 年代 Landsat MSS 影像和 21 世纪 00 年代 Landsat TM 影像，并结合现有的三期历史时期土地利用分类成果，采用监督分类方法对黑河上游 20 世纪 80 年代和 21 世纪 00 年代的土地利用进行遥感影像解译。依据土地利用类型，大类分为林地、草地、水域、居民用地和裸地，由于黑河上游特殊的高海拔山区环境，将冰川单列为一种土地类型。

4. 气候模式数据

选取 IPCC 第五次报告中的全球气候模式(CMIP5)输出的气候驱动数据，用于未来气候要素和水文响应分析。由于 IPCC 报告中的全球气候模式空间分辨率较低，对于流域尺度水文研究较粗，因此选取空间分辨率相对较高的 8 种气候模式。由于全球气候模式输出的气候要素存在一定的系统误差，需要对其进行偏差校正，还应选取 NCEP/NCAR 的再分析数据，对 CMIP5 输出的气候要素进行校正。本节选取的 CMIP5 气候模式属性如表 2-4 所示。

表 2-4 本节选取的 CMIP5 气候模式属性表

编号	模式	气候研究中心 (所属国)	空间分辨率	时段及排放路径		
				时间序列	RCP4.5	RCP8.5
1	ACCESS1-0	CSIRO-BOM (澳大利亚)	1.875°×1.25°	1948～2005 年	2006～2100 年	2006～2100 年
2	ACCESS1-3	CSIRO-BOM (澳大利亚)	1.875°×1.25°	1948～2005 年	2006～2100 年	2006～2100 年
3	BCC-CSM1-1M	BCC(中国)	1.125°×1.125°	1948～2005 年	2006～2100 年	2006～2100 年
4	CNRM-CM5	CNRM-CERFACS (法国)	1.4°×1.4°	1948～2005 年	2006～2100 年	2006～2100 年
5	HadGEM2-CC	MOHC(英国)	1.875°×1.25°	1948～2005 年	2006～2100 年	2006～2100 年
6	HadGEM2-ES	MOHC(英国)	1.875°×1.25°	1948～2005 年	2006～2100 年	2006～2100 年
7	MIROC5	MIROC(日本)	1.4°×1.4°	1948～2005 年	2006～2100 年	2006～2100 年
8	MRI-CGCM3	MRI(日本)	1.125°×1.125°	1948～2005 年	2006～2100 年	2006～2100 年

未来预测的时间长度到 21 世纪末，CMIP5 中的最新气候变化情景采用代表性温室气体浓度排放路径(RCPs)，是由未来人口增长、社会经济发展等预测提供的具体辐射强迫路径而定，包括四种路径 RCP2.6、RCP4.5、RCP6.0 和 RCP8.5。RCP2.6 是四种路径中最理想的，该路径是指未来人类采用积极的方式使温室气体排放下降，到 21 世纪末辐射强迫增大 2.6W/m^2，全球气温不会升高 2℃；RCP4.5 和 RCP6.0 表示两种中等排放路径，到 21 世纪末排放超过允许值，辐射强迫分别增大 4.5W/m^2 和 6.0W/m^2；RCP8.5 表示高排放路径，到 21 世纪末，空气中二氧化碳浓度是第一次工业革命前的 3～4 倍，辐射强迫增大 8.5W/m^2。到 21 世纪末，后三种排放模式全球温度增温都将超过 2℃，人类将面临危机。因此，本书选取 RCP4.5 和 RCP8.5 作为气候模式排放情景。GCMs 中各气候模式选择的输出变量描述如表 2-5 所示。

表 2-5 GCMs 中各气候模式选择的输出变量描述

序号	变量名	变量描述
1	Pr	降水量
2	Tas	近地表大气平均温度
3	Tasmax	近地表大气最高温度

续表

序号	变量名	变量描述
4	Tasmin	近地表大气最低温度
5	Psl	海平面气压
6	Rhs	近地表相对湿度
7	Uas	近地表纬向风速
8	Vas	近地表经向风速
9	Va_7P	700hPa 经向风速
10	Va_5P	500hPa 经向风速
11	Ua_7P	700hPa 纬向风速
12	Ua_5P	500hPa 纬向风速
13	Hus_7P	700hPa 比湿
14	Hus_5P	500hPa 比湿
15	Zg_7P	700hPa 位势高度
16	Zg_5P	500hPa 位势高度
17	Rlds	地表向下长波辐射
18	Rlus	地表向上长波辐射
19	Rsds	地表向下短波辐射
20	Rsus	地表向上短波辐射
21	Hfls	地表向上潜热
22	Hfss	地表向上感热
23	Hur_7P	700hPa 相对湿度
24	Hur_5P	500hPa 相对湿度
25	Rhum	近地表相对湿度
26	Shum	近地表比湿

2.2.2　研究方法

1. Mann-Kendall 趋势检验法

Mann-Kendall 趋势检验法是用于提取趋势变化的有效工具,因其使用范围广、人为性小及定量化程度高的优点, 被广泛应用于水文序列变化趋势分析中。

Mann-Kendall 趋势检验法的原理：设水文序列为 $x_i (i=1,2,\cdots,n)$ ，$F_i(x)$ 为样本

x_i 的分布函数。原假设 H_0：$F_i(x)= \cdots =F_n(x)$，为 n 个独立且随机变量同分布的样本，即序列存在趋势性特征。假设 H_1 是双边检验。对于所有的 k，$j \leqslant n$，且 $k \neq j$，x_k 和 x_j 的分布是不同的。检验的统计量 S 的计算公式如下：

$$S = \sum_{k=1}^{n-1} \sum_{j=k+1}^{n} \mathrm{Sgn}(x_j - x_k) \tag{2-1}$$

其中：

$$\mathrm{Sng}(x_j - x_k) = \begin{cases} 1, & (x_j - x_k) > 0 \\ 0, & (x_j - x_k) = 0 \\ -1, & (x_j - x_k) < 0 \end{cases} \tag{2-2}$$

式中，n 为样本数；S 为近似正态分布。该统计量的期望和方差分别如式(2-3)和式(2-4)所示：

$$E[S] = 0 \tag{2-3}$$

$$\mathrm{Var}(S) = \frac{n(n-1)(2n+5)}{18} \tag{2-4}$$

当 $n \geqslant 10$ 时，将 S 标准化得到：

$$Z = \begin{cases} \dfrac{S-1}{\sqrt{\mathrm{Var}(S)}}, & S > 0 \\ 0, & S = 0 \\ \dfrac{S+1}{\sqrt{\mathrm{Var}(S)}}, & S < 0 \end{cases} \tag{2-5}$$

在双边检验中，在给定的显著性水平(α)上，当 $-Z_{1-\alpha/2} \leqslant Z \leqslant Z_{1-\alpha/2}$ 时，接受原假设 H_0；当 $Z < -Z_{1-\alpha/2}$ 时，表明水文序列有显著性下降趋势；当 $Z > Z_{1-\alpha/2}$ 时，表明水文序列有显著性上升趋势。当 $|Z| \geqslant 1.28$、1.64 和 2.32 时，分别代表通过了置信度 90%、95% 和 99% 的显著性检验。

本书应用 Sen 斜率方法对气象变量的变化程度进行估计，该方法将单位时间步长的要素序列变化斜率中值作为整个时段的变化趋势。它的优势是能够避免数据缺失、数据分布假设及个别异常值的影响(Sen，1968)，计算公式为

$$\beta = \mathrm{Median}\, \frac{x_j - x_i}{j - i}, \quad \forall j > i \tag{2-6}$$

式中，β 为序列两两组合单位变化斜率的中值，正值表示增加，负值表示减小；$1 < j < i < n$。

2. SWAT 模型

分布式流域水文(soil and water assessment tool, SWAT)模型是由美国农业研究中心研发的具有数学物理基础的分布式流域水文模型，主要用来评估流域复杂下垫面，如土壤类型、土地利用方式、管理措施等条件对水分、泥沙、养分等运移的影响。SWAT 模型模拟的水文循环基于水量平衡方程：

$$\mathrm{SW_t} = \mathrm{SW_0} + \sum_{i=1}^{t}(R_{\mathrm{day}} - Q_{\mathrm{surf}} - E_{\mathrm{a}} - W_{\mathrm{seep}} - Q_{\mathrm{gw}}) \tag{2-7}$$

式中，$\mathrm{SW_t}$ 表示最终的土壤含水量(mm)；$\mathrm{SW_0}$ 表示第 i 天土壤的初始含水量(mm)；t 表示时间(d)；R_{day} 表示第 i 天的降水量(mm)；Q_{surf} 表示第 i 天的地表径流量(mm)；E_{a} 表示第 i 天的蒸散发量(mm)；W_{seep} 表示第 i 天从土壤剖面进入包气带的水量(mm)；Q_{gw} 表示第 i 天的回水量(mm)。模型采用模块化建模方式，单独水文环节对应一个模块，便于扩展和应用，其主要的水量平衡要素计算如下。

1) 降水

降水是流域水文循环的输入项，日降水量数据可通过实测获得，也可通过天气发生器由月尺度降水量数据通过偏态分布函数生成。在降水形态的判断上，模型采用日均气温，临界温度由用户自行设置，当日均气温低于临界温度，HRU 内降水为降雪，以雪水当量形式计算。在进行融雪计算时，由用户设定融雪发生的阈值温度，由融雪因子和日积雪温度与阈值温度之差的线性函数计算。在高寒山区，地形对降水量、气温的影响比较明显。在子流域划分基础上，模型最多可将子流域划分 10 个高程带，基于降水量、气温的海拔递减(增)率和海拔高程差来计算各高程带的降水量、气温。

对于降水量，当 $R_{\mathrm{day}} > 0.01$ 时：

$$R_{\mathrm{band}} = R_{\mathrm{day}} + (\mathrm{EL_{band}} - \mathrm{EL_{gage}}) \cdot \frac{\mathrm{plaps}}{\mathrm{days_{pcp,yr}} \cdot 1000} \tag{2-8}$$

式中，R_{band} 表示高程带内的降水量(mm)；R_{day} 表示台站实测或由台站数据生成的日降水量(mm)；$\mathrm{EL_{band}}$ 表示高程带的平均高程(m)；$\mathrm{EL_{gage}}$ 表示记录台站的高程(m)；plaps 表示降水递减率(mm/km)；$\mathrm{days_{pcp,yr}}$ 表示年内该子流域的平均降水天数；1000 表示把米换成千米的换算系数。

对于气温：

$$T_{\mathrm{mx,band}} = T_{\mathrm{mx}} + (\mathrm{EL_{band}} - \mathrm{EL_{gage}}) \cdot \frac{\mathrm{tlaps}}{1000} \tag{2-9}$$

$$T_{\mathrm{mn,band}} = T_{\mathrm{mn}} + (\mathrm{EL_{band}} - \mathrm{EL_{gage}}) \cdot \frac{\mathrm{tlaps}}{1000} \tag{2-10}$$

$$\overline{T}_{\text{av,band}} = \overline{T}_{\text{av}} + \left(\text{EL}_{\text{band}} - \text{EL}_{\text{gage}}\right) \cdot \frac{\text{tlaps}}{1000} \tag{2-11}$$

式中，$T_{\text{mx,band}}$ 表示高程带的日最高气温(℃)；$T_{\text{mn,band}}$ 表示高程带的日最低气温(℃)；$\overline{T}_{\text{av,band}}$ 表示高程带的日均气温(℃)；T_{mx} 表示台站实测或由台站数据生成的日最高气温(℃)；T_{mn} 表示台站实测或由台站数据生成的日最低气温(℃)；$\overline{T}_{\text{av}}$ 表示台站实测或由台站数据生成的日均气温(℃)；EL_{band} 表示高程带的平均海拔(m)；EL_{gage} 表示记录台站的高程(m)；tlaps 表示气温递减率(℃/km)；1000 表示把米换成千米的换算系数。

2) 地表径流

地表径流模型 SWAT 提供了两种方法，SCS 曲线数法和 Green-Ampt 下渗法。在日尺度以上尺度模拟时，SCS 曲线数方法使用较广泛，其计算式为

$$Q_{\text{surf}} = \frac{\left(R_{\text{day}} - I_{\text{a}}\right)^2}{R_{\text{day}} - I_{\text{a}} + S} \tag{2-12}$$

式中，Q_{surf} 表示累积径流量或超渗雨量(mm)；R_{day} 表示某天的降水量(mm)；I_{a} 表示初损，包括产流前的地面滞留量、植物截留量和下渗量(mm)；S 表示滞留参数(mm)。滞留参数随着土壤、土地利用、管理和坡度的不同而呈现空间差异，同时随着土壤含水量的变化而呈现时间差异。滞留参数定义为

$$S = 25.4\left(\frac{1000}{\text{CN}} - 10\right) \tag{2-13}$$

式中，CN 表示某天的曲线数。

初损 I_{a} 通常近似为 $0.2S$，则式(2-12)变为

$$Q_{\text{surf}} = \frac{\left(R_{\text{day}} - 0.2S\right)^2}{R_{\text{day}} + 0.8S} \tag{2-14}$$

仅当 $R_{\text{day}} > I_{\text{a}}$ 时，才产生地表径流。

3) 蒸散发

蒸散发是流域水分散失的主要途径，包括植物冠层水分的蒸发、植被蒸腾、土壤水分的蒸发、冰雪界面的升华等过程，且各过程是分别计算的。土壤蒸发根据潜在蒸散发与土壤厚度和含水量之间的关系进行计算，植被蒸腾则根据潜在蒸散发和叶面积指数之间的线性关系计算，并且考虑了土壤水分供给对植物蒸腾的影响。潜在蒸散发量的计算则包括三种：Penman-Monteith 公式(Allen et al.，1998)、Priestley-Taylor 方法(Priestley and Taylor，1972)和 Hargreaves 方法(Hargreaves et al.，2003)。

4) 地下水

模型将地下水划分为两个含水层系统,浅层非承压含水层和深层承压含水层。浅层非承压含水层中的水分最终以基流(回归流)形式汇入河流,而深层承压含水层中的水则流出流域,不参与流域的水循环。

以上各水文分量通过坡面汇流和河道汇流,最终到达流域出口断面。SWAT模型提供了变动储存系数模型和马斯京根法计算河道汇流。

3. 多元递归偏差校正

多元递归偏差校正方法基于多元自动回归模型,主要涉及的时间序列有两类:第一类指参数不随时间发生变化,应用于时间尺度为天和年的时间序列;第二类指参数具有周期性变化的时间序列,如月尺度和季节尺度。该方法的主要思想是通过对每个时间尺度上的序列分布和延续性特征进行校正,从而使 GCMs 序列与观测值(NCEP/NCAR 再分析资料)更好地匹配,能用相同的偏差来纠正未来的GCMs 值,并假设偏差是稳定的且小于预计变化的大小。在校正之前,需要把GCMs 数据和再分析资料都进行标准化,使其平均值为 0,标准差为 1。一个 $m \times i$的向量矩阵 Z 包含了 m 个变量和 i 个时间步长,Z^h 表示观测值,Z^g 表示 GCMs输出数据。校正标准化的具有周期性的时间序列 $\hat{Z}_i^g$ 通过与观测值 $\hat{Z}_i^h$ 滞后一个步长的自动回归关系和滞后一个步长与没有滞后之间的交叉自动回归关系来进行(Sarhadi et al.,2016)。标准的多元一阶自动回归模型表达式为(Salas et al.,1985)

$$\hat{Z}_i^h = C\hat{Z}_{i-1}^h + D\varepsilon_i \tag{2-15}$$

和

$$\hat{Z}_i^g = E\hat{Z}_{i-1}^g + F\varepsilon_i \tag{2-16}$$

式中,C 和 D 分别为观测序列 $\hat{Z}_i^h$ 滞后一个步长和没有滞后的交叉回归系数矩阵;E 和 F 分别为 GCMs 输出数据滞后一个步长和没有滞后的交叉回归系数矩阵;ε_i为一个独立的均值为 0,采用协方差确定的随机变量矩阵。

通过观测序列的交叉回归系数矩阵 C 和 D 来调整标准的 GCMs 序列所拟合的交叉回归系数矩阵 E 和 F,创造一个新的序列 $\hat{Z}_i'^g$。重新调整式(2-16),消去 ε_i:

$$Z_i'^g = CZ_{i-1}'^g + DF^{-1}\hat{Z}_i^g - DF^{-1}E\hat{Z}_{i-1}^g \tag{2-17}$$

对于具有周期性序列的回归,$Z_{t,i}^h$ 和 $Z_{t,i}^g$ 分别表示有 i 月 t 年 m 个变量的观测序列和 GCMs 输出序列;$\hat{Z}_{t,i}$ 表示均值为 0、标准差为 1 的周期性标准化时间序列。依据式(2-17),校正后的新序列 $Z_{t,i}'^g$ 依然保留了对观测序列中滞后一个时间步长交叉回归系数的依赖性：

$$Z_{t,i}'^{\mathrm{g}} = C_i Z_{t,i-1}'^{\mathrm{g}} + D_i F_i^{-1} \hat{Z}_{t,i}^{\mathrm{g}} - D_i F_i^{-1} E_i \hat{Z}_{t,i-1}^{\mathrm{g}} \tag{2-18}$$

式中，$Z_{t,i-1}'^{\mathrm{g}}$ 表示 t 年通过提前一个月的时间序列校正所得输出序列。校正后的时间序列 Z'^{g} 依据观测序列的平均值和标准差来重新反算，进而得到最终的校正时间序列 $\bar{Z}^{\mathrm{g}}$。

类似的，月尺度校正后的 $\bar{Z}^{\mathrm{g}}$ 通过累积或者平均得到季节尺度的时间序列，并依据周期性回归校正得到新的时间序列 $\bar{S}^{\mathrm{g}}$ 矩阵向量，其大小为 $m\times i/4$，需要注意的是此时序列的时间特征是 4 个季节，而不是 12 个月。最后，这个序列经过累加或平均得到年尺度的序列，并通过均值和标准差校正得到 $\bar{A}^{\mathrm{g}}$，此时矩阵向量的大小为 $m\times i/12$。每次累加或平均的回归参数都可用于日尺度的校正。简单的回归校正步骤为首先进行均值校正，其次进行标准差校正，最后进行相关性校正，这样就能保证未来气候变化的信息不会受偏差校正的影响，其校正方法可表示为 (Srikanthan et al.，2009)

$$\bar{Z}_{i,j,s,t}^{\mathrm{g}} = \frac{\bar{Y}_{j,s,i}^{\mathrm{g}}}{Y_{j,s,i}^{\mathrm{g}}} \times \frac{\bar{S}_{s,i}^{\mathrm{g}}}{S_{s,i}^{\mathrm{g}}} \times \frac{\bar{A}_i^{\mathrm{g}}}{S_i^{\mathrm{g}}} \times Z_{i,j,s,i}^{\mathrm{g}} \tag{2-19}$$

式中，$\bar{Y}_{j,s,i}^{\mathrm{g}}$、$\bar{S}_{s,i}^{\mathrm{g}}$、$\bar{A}_i^{\mathrm{g}}$ 分别表示月尺度、季节尺度、年尺度上的校正值；$Y_{j,s,i}^{\mathrm{g}}$、$S_{s,i}^{\mathrm{g}}$、A_i^{g} 分别表示累加或平均后的月尺度、季节尺度、年尺度序列值；i 表示日；j 表示月；s 表示季节；t 表示年。MRNBC 校正的具体步骤大致归纳如下：

(1) 计算所选择变量的再分析资料与 GCMs 序列日尺度均值和标准偏差向量，同时也计算每日 lag-0 和 lag-1 自动和交叉变量相关性，形成 lag-0 和 lag-1 相关矩阵。利用 31d 滑动窗口计算窗口中心点的日尺度时间序列的统计特征。

(2) 通过移除原始 GCMs 日尺度时间序列的平均值，添加再分析资料序列的平均，对原始 GCMs 输出数据的平均值进行校正。

(3) 减去日 GCMs 平均值校正后的平均值，并对序列进行标准差残差偏差校正，之后加上减去的日 GCM 序列的平均值进行校正。

(4) 计算步骤(3)得到的向量矩阵的平均值和标准偏差，并通过减去均值，除以标准差来进行标准化，得到残差序列。利用标准多元自动回归模型获得的日序列 lag-0 和 lag-1 交叉相关系数矩阵，对残差序列进行偏差校正。

(5) 修正后的残差序列乘以标准偏差后，添加原来的平均值得到校正后的日尺度时间序列。

(6) 日尺度时间序列经累加或平均得到高一级(月、季节和年)尺度时间序列，遵循相同的偏差校正步骤。值得注意的是，月和季节时间尺度参数估计过程和日与年尺度略有不同。

(7) 获得权重因素和修正偏差校正的日尺度时间序列，并在高一级尺度的时间序列获得所需的统计变量。

(8) 将最终校正后的日尺度时间序列作为原始的 GCMs 输出数据，重复步骤(2)～(7)，来实现循环递归偏差校正。

4. 支持向量机

支持向量机(support vestor machine, SVM)是由 Vapnik 等提出的与学习算法有关的监督学习模型，可以分析数据、识别模式、进行分类和回归分析(Vapnik, 1995)。其优势是能够解决小样本、非线性及高维模式识别等问题。SVM 模型的关键在核函数。低维空间向量集难以划分，需要映射到高维空间，但计算复杂度增加。通过选择适当的核函数，就能解决高维空间的分类问题，并引入松弛系数和惩罚系数两个参量校正核函数与已知数据之间的误差。本小节利用支持向量机，通过建立观测水文气象要素与全球气候模式输出数据之间的回归关系，进行未来气候变化的响应研究。

对于给定的训练样本，其超平面的向量线性表达式为

$$f(x) = \omega \cdot \phi(x) + b \tag{2-20}$$

式中，ω 为法向量；b 为截距；$\phi(x)$ 为超平面映射函数。法向量和截距分别计算如下：

$$R_{\text{reg}}(f) = C \frac{1}{N} \sum_{i=1}^{N} L_\varepsilon\left(f(x_i), y_i\right) + \frac{1}{2} \|w\|^2 \tag{2-21}$$

$$L_\varepsilon\left(f(x) - y\right) = \begin{cases} \left| f(x) - y \right| - \varepsilon, & \left| f(x) - y \right| \geqslant \varepsilon \\ 0, & \text{其他} \end{cases} \tag{2-22}$$

式中，C 和 ε 均为待定参数，C 为模型的经验风险与平滑度之间的平衡；$L_\varepsilon(f(x_i), y_i)$ 为损失函数；$C \frac{1}{N} \sum_{i=1}^{N} L_\varepsilon\left(f(x_i), y_i\right)$ 表示经验误差；$\frac{1}{2} \|w\|^2$ 表示平滑函数。引入拉格朗日算子和最优化约束，表达式为

$$f(x) = \sum_{i=1}^{l} \left(\alpha_i - \alpha_i^*\right) k(x_i, x) + b \tag{2-23}$$

式中，α_i 和 α_i^* 为引入的拉格朗日算子；$k(x_i, x)$ 为核函数。

5. 极限学习机

极限学习机(extreme learning machine，ELM)是一种简单易用、有效的单隐层

前馈神经网络(SLFNs)学习算法，由黄广斌于 2004 年提出(Huang et al.，2004)。对于 N 个不同的样本，其具有 L 个隐层神经元的单隐层前馈神经网络可表示为

$$\psi_L(x) = \sum_{i=1}^{L} h_i(x) \cdot \beta_i = h(x)\beta \tag{2-24}$$

式中，$\beta = [\beta_1, \beta_2, \cdots, \beta_L]^T$，表示连接第 i 个隐层节点与网络输出层节点的输出权值向量；$h(x) = [h_1, h_2, \cdots, h_L]$，表示网络关于样本的隐层输出矩阵，代表样本随机的隐层特征，其第 i 个隐层神经元 $h_i(x)$ 表示为

$$h_i(x) = \vartheta(a_i, b_i, x), 且 a_i \in R^d, b_i \in R \tag{2-25}$$

非线性分段连续隐藏层激活函数 $h_i(x)$ 利用隐藏神经元参数 (a, b) 定义，并必须满足近似值定理 $\vartheta(a_i, b_i, x)$。基于网络输出值与对应实际值误差最小寻求连接隐层权重的最优解，即

$$\min_{\beta \in R^{L \times n}} \|H\beta - T\|^2 = \min_{\beta \in R^{L \times n}} \|H(\omega_1, \cdots, \omega_n, b_1, \cdots, b_n, x_1, \cdots, x_n)\beta - T\| \tag{2-26}$$

式中，H 表示网络关于样本的隐层输出矩阵；β 表示输出权值矩阵；T 表示样本集的目标值矩阵，分别定义如下：

$$H = \begin{bmatrix} g(x_1) \\ \vdots \\ g(x_N) \end{bmatrix} = \begin{bmatrix} g_1(a_1 x_1 + b_1) & \cdots & g_L(a_L x_1 + b_L) \\ \vdots & & \vdots \\ g_1(a_N x_N + b_N) & \cdots & g_L(a_L x_N + b_N) \end{bmatrix} \tag{2-27}$$

$$\beta = \begin{bmatrix} \beta_1^T \\ \vdots \\ \beta_L^T \end{bmatrix} = \begin{bmatrix} \beta_{11} \cdots \beta_{1N} \\ \vdots & \vdots \\ \beta_{L1} \cdots \beta_{LN} \end{bmatrix} \tag{2-28}$$

$$T = \begin{bmatrix} t_1^T \\ \vdots \\ t_N^T \end{bmatrix} = \begin{bmatrix} t_{11} & \cdots & t_{1L} \\ \vdots & & \vdots \\ t_{N1} & \cdots & t_{NL} \end{bmatrix} \tag{2-29}$$

极限学习机的网络训练过程归结为非线性优化问题，当网络隐层节点的激活函数无限可微时，网络的输入权值和隐层节点阈值可随机赋值，此时矩阵 H 为一常数矩阵，极限学习机的学习过程可等价为求取线性系统 $H\beta = T$ 最小范数的最小二乘解 $\hat{\beta}$：

$$\hat{\beta} = H^+ T \tag{2-30}$$

式中，H^+ 为莫尔-彭罗斯广义逆函数。

模型模拟精度评价指标主要选取确定性系数(R^2)、相对误差(PBIAS)、纳什效

率系数(NSE)、均方根误差(RMSE)和绝对误差(MAE)进行评价(Moriasi et al., 2007)，计算公式分别为

$$R^2 = \frac{\left(\sum\limits_{i=1}^{n}(O_i - O_{avg})(P_i - P_{avg}) \right)^2}{\sum\limits_{i=1}^{n}\left(O_i - O_{avg}\right)^2 \sum\limits_{i=1}^{n}\left(P_i - P_{avg}\right)^2} \tag{2-31}$$

$$PBIAS = \frac{\sum\limits_{i=1}^{n}\left(P_i - O_i\right)}{\sum\limits_{i=1}^{n}O_i} \times 100\% \tag{2-32}$$

$$NSE = 1 - \frac{\sum\limits_{i=1}^{n}\left(O_i - P_i\right)^2}{\sum\limits_{i=1}^{n}\left(O_i - O_{avg}\right)^2} \tag{2-33}$$

$$RMSE = \sqrt{\frac{1}{n}\sum\limits_{i=1}^{n}\left(P_i - O_i\right)^2} \tag{2-34}$$

$$MAE = \frac{1}{n}\sum\limits_{i=1}^{n}\left|\left(P_i - O_i\right)\right| \tag{2-35}$$

式中，P_i 为模型计算值；O_i 为观测序列或者参考序列；P_{avg} 和 O_{avg} 分别为计算序列和观测序列的平均值；n 为观测序列的长度。

2.3　基于 SWAT 的黑河上游水文要素模拟

2.3.1　黑河上游 SWAT 水文模型的构建

1. 黑河上游空间离散化

黑河上游 SWAT 水文模型的构建一般包括流域空间离散化、水文响应单元划分、气象数据输入及其他参数写入、模型初步运行及参数敏感性分析、模型校准和验证。本小节首先选取经过填洼处理的 DEM 以莺落峡水文站为控制点，进行流域边界划分，并采用 D8 算法进行水系提取，并设置集水面积阈值为 10000hm²，将流域划分成 43 个子流域。

水文响应单元(HRU)是 SWAT 模型进行模拟计算最基本的单元，每一个 HRU 代表流域唯一的植被、土壤和坡度的组合。模型通过 HRU 分析模块进行划分，

主要有两种方式：第一种是选择子流域中最大的土地利用类型、土壤类型和坡度范围进行组合，将整个子流域作为一个 HRU；第二种是将土地利用类型、土壤类型和坡度进行空间叠置分析，将不同的组合定义为多个 HRU。本小节采用第二种 HRU 的划分方法，即一个子流域划分成多个 HRU，则流域划分的 HRU 总数为 2641，空间分布如图 2-1 所示。

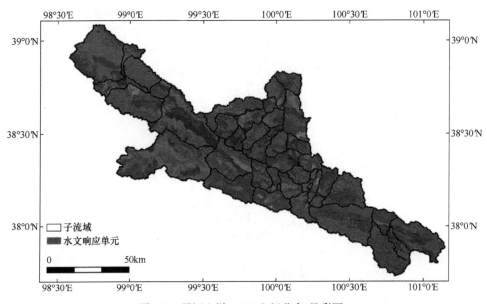

图 2-1　黑河上游 HRU 空间分布(见彩图)

如前述及，HRU 是最小的计算单元，因此模型计算所需的参数均需要被赋值在每个 HRU 中，将 HRU 计算所需要的参数写入相应的文本文件中，以此来实现流域 HRU 尺度的物理属性空间参数化。此外还要写入子流域和流域尺度计算所需要的参数，它们分别被写入后缀名不同的文本文件中，以备模型调用。详细的模型建立过程及步骤可参见 SWAT 操作手册(Winchell et al.，2012)。

流域水文过程模拟重建时，选用的水文气象数据时间段为 1961 年 1 月 1 日~2013 年 12 月 31 日。将 1961~1963 年作为模型的预热期，率定期为 1964~1990年，验证期为 1991~2013 年。模型在日尺度上进行模拟，并输出月尺度模拟结果。

2. 参数敏感性分析与模型校验

模型参数的敏感性分析是基于 SWAT-CUP 进行的，该模型是专门用于 SWAT 模型参数敏感性分析、自动校准和模拟结果不确定分析的可以独立运行的计算机程序，具有并行运算、结果可视化及目标函数多样化等优点。SWAT-CUP 包含的多目标参数优化模型有连续不确定拟合算法版本 2(SUFI-2)、广义似然不确定性算法(GLUE)、蒙特卡洛-马尔可夫链(MCMC)、粒子群优化算法(PSO)和参数求解方法(ParaSol)。采用 SUFI-2 算法进行 SWAT 模型参数的敏感性分析和结果不确定性分析。SUFI-2 算法是由 Abbaspour 等(2007)开发的综合参数优化和梯度搜索方法，在 Latin-Hypercube(LH)抽样法生成的参数和目标函数值之间进行多元线性回归，用以分析模型对参数的敏感性：

$$g = \alpha + \sum_{i=1}^{m} \beta_i b_i \tag{2-36}$$

式中，g 为目标函数；α、β_i 为回归方程的系数；b_i 为参数值；m 为参数数目。SUFI-2 通过 R-factor 和 P-factor 两个指标表征模型参数敏感性及敏感性的显著性分析结果(Abbaspour et al.，2007)。R-factor 用于参数的敏感性检验，变化范围为 0 到无穷大，其绝对值越大，模型对参数越敏感；P-factor 用于分析参数敏感程度的显著性，取值范围为 0 到 1，值越接近 0，敏感性越显著。SWAT-CUP 推荐的影响模型结果的参数有 13 个，由于黑河上游位于高寒山区，增选了 2 个与温度有关的参数，如表 2-6 所示。

表 2-6　SWAT 模型率定期参数选择和参数最终值

参数	t-Stat	P-Value	变量名称	取值范围	最终值
r_CN2.mgt	−5.52	0.00	径流曲线数	−0.40～0.20	−0.28
v_SFTMP.bsn	−1.63	0.11	降雪气温	−2.00～1.00	0.21
v_ESCO.hru	−1.47	0.15	土壤蒸发补偿系数	0.5～0.9	0.8
v_GWQMN.gw	1.43	0.16	浅层地下水再蒸发系数	0.00～2.00	0.62
v_GW_DELAY.gw	−1.40	0.17	地下水滞后系数	90～180	174
r_SOL_K.sol	−1.38	0.18	土壤饱和水力传导度	−0.80～0.80	−0.54
v_TLPAS.sub	−1.09	0.28	气温直减率	−8.0～−4.0	−5.5
v_ALPHA_BF.gw	−1.08	0.29	基流 α 系数	0.00～0.50	0.45
r_SOL_AWC.sol	−1.05	0.30	土壤有效含水量	−0.2～0.4	−0.1
v_SMFMN.bsn	−0.88	0.39	最低融雪因子	0.0～10.0	3.5
v_SMFMX.bsn	0.59	0.56	最高融雪因子	0.0～10.0	7.5
v_CH_K2.rte	0.39	0.70	主河道水力传导度	5.0～40.0	35.0
v_CH_N2.rte	−0.17	0.87	主河道曼宁系数	0.000～0.300	0.026
v_GW_REVAP.gw	−0.11	0.91	地下水再蒸发系数	0.000～0.200	0.037
v_ALPHA_BNK.rte	0.05	0.96	河岸基流 α 因子	0.00～1.00	0.61

注：模型参数敏感性算法中，通过"替代""乘""加"三种赋值方式进行参数调整，表中参数名称首字母 v 表示对参数进行经验值替代处理，r 表示参数在原值基础上乘以(1+调整值)或相对变化率。

本书研究的径流曲线数、降雪温度、土壤蒸发补偿系数、浅层地下水再蒸发系数、地下水滞后系数、土壤饱和水力传导度的 P-Value 值小于 0.2，其 t-Stat 的绝对值都大于 1.2，表明这 15 个参数的敏感性较高。其中，径流曲线数 CN_2 敏感性的显著性最高，该参数值越大，表明土被组合的不透水性越强，对应的地表产流量就越大。

采用最优的参数取值赋值到 SWAT 模型中进行水文要素的计算，得到率定期和验证期流域出口断面的月尺度径流深模拟值与观测值的对比如图 2-2 所示。可以看出，SWAT 模型基本能模拟黑河上游月尺度的径流过程，特别是对峰值的模拟能力较强，表明 SWAT 模型能够识别黑河上游主要的降水与径流关系。从模型率定和验证的结果来看，在率定期和验证期 NSE 等于或高于 0.91，模型模拟的月尺度径流深值有低估现象，但是 PBIAS 均小于 7%。总体上来看，SWAT 模型月尺度模拟的 R^2 为 0.93，NSE 为 0.92，PBIAS 为 −5.3%(表 2-7)。根据 Moriasi 等(2007)给出的模拟精度判别界限，本章节的 SWAT 模型模拟精度达到非常高的标准。

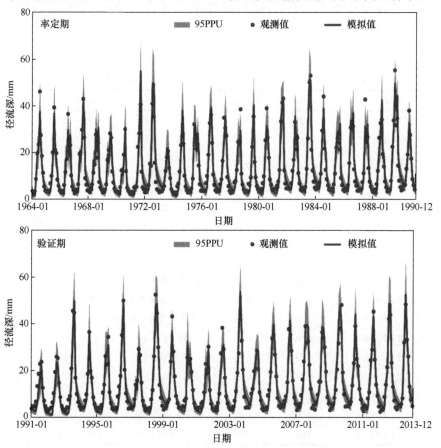

图 2-2　SWAT 模型率定期和验证期径流深模拟值与观测值的对比(见彩图)
95PPU 表示 95%预测不确定性

表 2-7　模型模拟精度评价

时段	NSE	R^2	PBIAS/%
率定期(1964～1990 年)	0.91	0.92	−4.5
验证期(1991～2013 年)	0.92	0.94	−6.8
研究时段(1964～2013 年)	0.92	0.93	5.3

2.3.2　黑河上游水文要素模拟结果分析

1. 黑河上游水文要素时间变化

1964～2013 年 50a SWAT 模拟的结果显示，降水量和径流量均呈增加趋势。蒸散发量占到降水总量的 70.9%，而地表径流量和基流量分别以每年 0.35mm 和 0.47mm 的速率增加。地表径流量和基流量分别占径流总量的 42.7%和 57.3%，由此可见基流量对出山径流量的贡献大于地表径流量。土壤水分则呈现略微增加的趋势，增加速率为 0.12mm/a。图 2-3 所显示的径流成分标准化值变化都不明显，也不显著。降水量(PCP)除在低海拔地区(1637～2800m)明显小于平均值外，在其他海拔的降水量接近于流域的平均降水量。实际蒸散发量(ET)在中海拔地区(2800～4000m)高于流域平均值，而在高海拔地区(4000m 以上)明显低于流域平均值，在低海拔地区(1637～2800m)略低于流域平均值。产水量(WYLD)的变化具有明显的垂直地带性特征，即随着海拔的增加呈现增大的趋势，由图 2-3 可以推断，海拔 4000m 以上的区域是主要的产流区。地表径流量(QS)和基流量(QW)的高程带分布特征基本与产水量相似，需要注意的是，基流量在低海拔地区(1637～2800m)的变化幅度较小，表明基流量在该地区比较稳定，对降水的响应能力较差。土壤含水量(SW)在 3500～4000m 最大，而向高海拔和低海拔呈递减趋势。

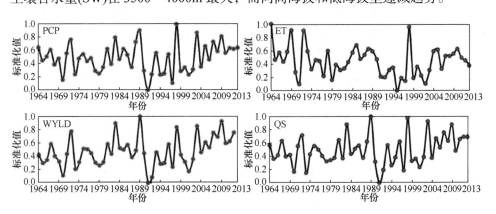

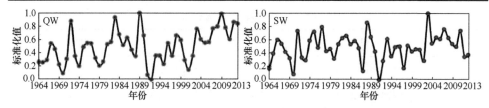

图 2-3　黑河上游 1964～2013 年径流成分标准化变化图

从水量平衡要素年值空间分布来看，年降水量分布在 370～670mm，低值区主要分布在海拔 1600～2800m 离流域出口较近的地方，而东部子流域的年降水量普遍高于西部子流域，呈现由东向西逐渐减少的趋势。这主要与该区域的水汽输送路径有关，来自东部和南部的亚洲季风更容易到达流域东部，从而承接了相对于西部子流域更多的水分，因此年降水量由东向西减少，西部受盛行西风的影响，水汽含量较少。年蒸散发量与年降水量的空间分布基本相似，总体呈现由东向西逐渐减少的趋势，但最小值在中部区域。从各子流域产水量的空间分布来看，高值区位于流域中部，在 200～300mm，流域出口附近的蒸散发量最小，最小值不超过 100mm。从径流量空间分布来看，地表径流量的空间分布与总径流量的空间分布趋同，地下径流量的空间分布与径流总量的空间分布差异较大，表明了两类径流成分对总径流的贡献存在差异，可知地表径流对总径流的贡献较大。土壤水分含量在流域中部最低，在东部和西部较大，且东西部分布差异不大，表明土壤水的空间分布特征变化不大。

2. 黑河上游水文要素空间异质性

根据黑河上游植被覆盖分布，对 SWAT 模拟各 HRU 中的水文要素特征进行提取，按草地、针叶林、灌丛、草甸和稀疏植被等植被类型进行统计，见表 2-8。从表 2-8 中可以发现，灌丛的年降水量最大，为 568.70mm；草地的年降水量最小，为 502.81mm。实际蒸散发量草地最大，为 395.60mm，在年降水量差异较大的情况下，蒸散发量如此接近的主要原因是草地潜在蒸散发量最大，为 825.89mm，且类型的干旱指数(ET_0/P)在所有植被类型中最大，表明对于相同的年降水量草地更容易产生较高的蒸散发量，表现为草地的蒸散发系数(ET_a/P)(0.79)比草甸(0.72)的大。反观潜在蒸散发量，草甸的较小，不到 700mm，表明在该区年降水量充沛的情况下，蒸散发能力限制了实际蒸散发的发生。灌丛和稀疏植被具有较低的蒸散发系数(0.67 和 0.57)和干旱指数(1.24 和 1.25)，且在年降水量偏大的情况下，产水量也比其他植被类型偏大，分别为 179.19mm 和 231.54mm，径流系数(Q/P)也较大，分别为 0.32 和 0.42。从水量平衡的角度来解释，灌丛和稀疏植被主要分布在高海拔地区，这些地区气温和降水受垂直海拔地带性的影响，降水量偏大，且气温较低，加之植被盖度较低，蒸散发量较小，从而有更多的水通过径流的形式排出，使得该区域的产流量较大，径流系数也较大。

表 2-8　黑河上游不同植被类型水文要素特征

植被类型	P/mm	ET_a/mm	ET_0/mm	Q/mm	ET_a/P	ET_0/P	Q/P
草地	502.81	395.60	825.89	105.48	0.79	1.64	0.21
针叶林	528.90	381.41	776.82	145.43	0.72	1.47	0.27
灌丛	568.70	381.86	707.84	179.19	0.67	1.24	0.32
草甸	547.65	395.15	692.10	144.91	0.72	1.26	0.26
稀疏植被	548.40	311.06	685.07	231.54	0.57	1.25	0.42

注：P-年降水量；ET_a-实际蒸散发量；ET_0-潜在蒸散发量；Q-产水量。

表 2-9 给出了黑河上游不同高程带水量平衡要素和水文特征。可以看出，降水量随高程的增加而增加，其中在 3500～4500m 降水量差别不大。实际蒸散发在各高程带的分布存在差异，2800～4000m 实际蒸散发为高值区，年蒸散发量在 400mm 左右，从中海拔地区向高海拔和低海拔地区呈现降低趋势。随着海拔的增加潜在蒸散发呈现降低的趋势，在低海拔地区接近 1000mm，而在 3500m 以上的地区蒸散发量不超过 700mm。从径流量随海拔高程带的分布来看，年径流量随海拔的升高而增加，表明黑河上游的重点区主要集中在高海拔地区。干旱指数和蒸散发系数均随海拔的升高而降低，径流系数则随海拔的升高而增大。

表 2-9　黑河上游不同高程带水量平衡要素和水文特征

高程带/m	P/mm	ET_a/mm	ET_0/mm	Q/mm	ET_0/P	ET_a/P	Q/P
1637～2800	468.82	374.43	920.99	93.35	1.96	0.80	0.20
2800～3500	541.85	412.83	746.11	124.21	1.38	0.76	0.23
3500～4000	547.51	394.84	695.65	145.51	1.27	0.72	0.27
4000～4500	546.85	345.03	684.84	194.65	1.25	0.63	0.36
4500～5062	551.57	315.91	676.40	231.42	1.23	0.57	0.42

2.3.3　黑河上游水热条件时空耦合关系

对于流域而言，其水量平衡方程可表达为

$$P = ET_a + R + D + \Delta S \tag{2-37}$$

式(2-37)可表达为流域总降水量为实际蒸散发量、径流量、地下水深层渗漏量及保持在土壤中的水分 ΔS 之和。实际蒸散发量主要受控于流域的可供水量(降水量)和蒸发能力(潜在蒸散发量)。基于流域的降水量、潜在蒸散发量和实际蒸散发量，可利用水热耦合关系分析生态系统的水分和能量利用效率。采用盈余水量(P–ET$_a$)和盈余能量(PET–ET$_a$)来评估流域水热可利用量，用降水量和潜在蒸散发量(PET)进行归一化，缩放至 0 到 1 之间(Tomer et al.，2009)：

$$P_{ex} = (P - ET_a) / P \tag{2-38}$$

$$E_{ex} = (PET - ET_a) / PET \tag{2-39}$$

式中，P_{ex} 和 E_{ex} 分别表示没有被利用的可用水分和能量的比例。潜在蒸散发量用 Penman-Monteith 方程计算：

$$PET = \frac{0.408\Delta(R_n - G) + \gamma \dfrac{900}{T_{mean} + 273} U_2(e_s - e_a)}{\Delta + \gamma(1 + 0.34U_2)} \tag{2-40}$$

式中，Δ 为饱和水汽压曲线斜率，kPa/℃；R_n 为净辐射，MJ/m²；G 为土壤热通量，MJ/m²；e_s 为饱和水汽压，kPa；e_a 为实际水汽压，kPa；γ 为干湿计常数，kPa/℃；T_{mean} 为平均气温，℃；U_2 为离地面 2m 处 24h 平均风速，m/s。

总体上，过去 50a 黑河上游的能量盈余和水量盈余都处于第一象限，能量盈余随着水量盈余的增加而增大，表明总体上黑河上游的降水和潜在蒸散发均增加，进一步导致实际蒸散发加强(图 2-4)。从各年代的变化来看，20 世纪 60~70 年代这段时期的能量盈余增加，水量盈余减少，表明该时期潜在蒸散发增强，降水减少，因此该时段应处于第二象限。70~80 年代的能量盈余减少，水量盈余增大，表明该时段潜在蒸散发减少，降水增加，该时段处于第四象限。从前面内容可知，70 年代为枯水期，径流在过去 50a 最少，而 70 年代的潜在蒸散发比 60 年代和 80 年代要高，进一步证实了能量盈余和水量盈余关系的合理性。由此可以推断，实际蒸散发量在黑河上游呈增加状态，植被活动向好发展。

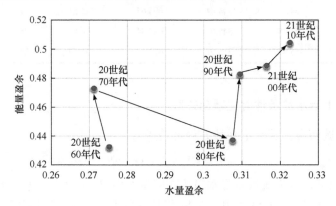

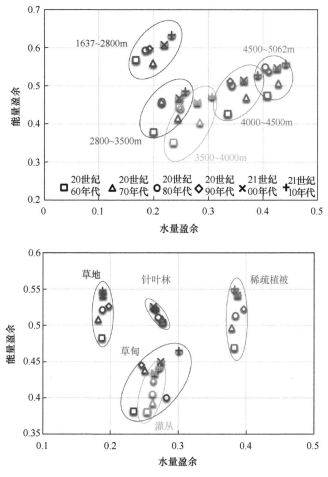

图 2-4　黑河上游年代际能量盈余与水量盈余关系(见彩图)

从水文要素的空间变化来看，东部子流域年降水量呈现减小趋势，西部子流域年降水量呈增加趋势，相比减少的幅度，增加幅度更大、范围更广，导致流域总体呈现增加的趋势。蒸散发量变化趋势的空间分布没有明显规律，且变化幅度不大。土壤水动态在流域出口附近上升趋势强烈。

从不同植被带和高程带的水文要素特征来看，降水量、径流量随海拔的增加而增加，蒸散发量随海拔的增加呈现降低的趋势，干旱指数和蒸散发系数均随海拔的升高而降低，径流系数则随海拔的升高而增大。植被带的分布反映了区域水热条件的综合作用，草甸的年降水量最大，草原的年降水量最小。

黑河上游上下半年的水文要素特征存在明显差异，表现为不同月份水热状况差异受土壤水年内动态的影响。径流量与蒸散发量呈指数函数关系，且后半年呈跳跃式，主要是土壤失水和壤中流补给河道的滞后性所致。前半年土壤处于补水状态，后半年土壤呈失水状态，失水受流域蒸散发和土壤水补给径流共同控制。

2.4 气候与土地利用变化对水文要素的影响定量区分

2.4.1 基于水文情景反推法的出山径流影响定量区分

1. 假设与模型设置

观测的出山径流序列反映的是气候变化和土地利用综合作用的结果，然而在20世纪六七十年代，由于缺乏可信的、质量较好的土地覆被类型空间分布数据，很难利用SWAT模型获取能够真实反映实际土地利用的出山径流模拟序列。将研究时段划分为前后两个时段，在后一时段里能够获取质量较高且可信的土地利用/覆被数据,然后在这一时段里进行SWAT模型的构建并进行模型校准和精度验证；再利用经过校准验证的水文模型反推到前一时段，获取前一时段的出山径流序列。这样在前一时段就有两条径流序列，一条是观测的径流序列，代表当时气候和土地利用状况下真实的径流序列；另一条是利用后一时段校准的参数和土地利用类型反推的出山径流量，代表土地利用变化情境下的径流。不难理解，二者的差值可以反映土地利用变化对出山径流的影响。随后，利用前后两个时段SWAT模型模拟的径流序列进行对比分析，定量考察气候变化对出山径流的影响。这样最终能获得长时段气候变化和土地利用对出山径流影响的定量评估。这种定量区分气候变化和土地利用对水文要素的影响方法命名为水文情景反推法。

2. 模型校验及结果分析

基于实测水文气象变化的突变点分析(Chen et al., 2014)，降水量和气温在1989年前后发生了明显的突变(Li et al., 2012；Wang et al., 2012)。因此，将整个时间序列划分为两个时段，前一时段(1964～1988年)和后一时段(1989～2013年)。将1989～2013年时段分为两个时期，1989～2000年为率定期，2001～2013年为验证期。模拟径流基本能够反映黑河上游1989～2013年径流的月尺度特征。但是，通过不确定分析发现，月径流量在峰值和低值月份具有较大的不确定性。从实测值和模拟值在率定期与验证期的散点图来看(图 2-5)，散点基本分布于趋势线周围，率定期趋势线斜率大于 1，表明率定期模拟值略高于实测值；验证期趋势线斜率小于 1，表明验证期径流量略有低估。但从确定性系数来看，验证期和率定期确定性系数都大于等于 0.93，表明实测值和模拟值之间的对应关系较高，相关性好。

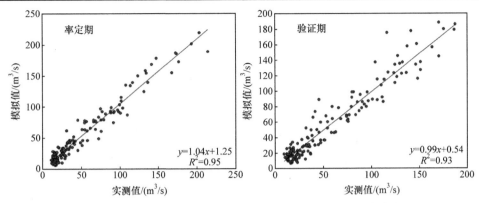

图 2-5　SWAT 模型率定期和验证期径流量的实测值和模拟值散点图

通过计算 NSE 和 PBIAS 进一步评价 SWAT 模型的模拟精度，如表 2-10 所示。NSE 在率定期和验证期都是 0.93，根据精度评价标准，达到了非常好的程度。相对误差在率定期为–3.47%，在验证期为 1.81%，二者都低于 5%，并且总体误差小于 1%。这些均表明 SWAT 模型的模拟精度能够满足要求，能够代表这段时期黑河上游真实的径流产生过程。

表 2-10　SWAT 模型模拟精度评价

时期	NSE	R^2	PBIAS/%
率定期(1989～2000 年)	0.93	0.95	–3.47
验证期(2001～2013 年)	0.93	0.93	1.81
研究时段(1989～2013 年)	0.93	0.93	–0.59

3. 影响特征分析

本小节将研究时段分为基准期和影响期，在基准期进行 SWAT 模型的校准和验证，获得最佳的模型参数，然后将模型参数应用于影响期，再次运行模型，获得当前土地利用状态下的径流序列(表 2-11)。影响期的观测径流值可认为是在土地利用变化之前的"真实"径流序列。因此，二者的差值可认为是土地利用变化对径流的影响。模拟时，基准期实测值和模拟值几乎没有差别，相对误差在 1%以内；影响期实测值与模拟值之间的差异相较于基准期明显，相对误差为 7.12%，意味着模拟值高于实测值，这反映了土地利用变化对径流的影响，表明土地利用变化对径流具有积极的作用。

模拟的径流量在经过剔除土地利用的影响后，可用来分析气候变化对径流量的影响。从各月径流量的年代变化特征来看(图 2-6)，相比于 20 世纪 60 年代，20

表 2-11　基准期和影响期模型模拟精度评价

时期	NSE	R^2	PBIAS/%
基准期(1989～2013 年)	0.93	0.93	−0.59
影响期(1964～1988 年)	0.92	0.94	7.12

世纪 70 年代～21 世纪 10 年代径流量在 1～3 月和 10～12 月份变化幅度较小，且除 20 世纪 90 年代的月径流量在 1～3 月几乎不变和在 10～12 月减小之外，其余月份径流量均呈增加趋势，随着年代的推移，径流量增加的幅度也增大。暖湿季 4～9 月径流量变化幅度较干冷季明显，且 4～6 月径流量以下降为主。该时段径流对中游农田灌溉具有非常重要的作用，径流量下降将对农田作物产量和绿洲稳定产生不利影响。7～9 月径流量除 90 年代在 9 月、10 月减少以外，其余各年代都呈增加态势。特别是在 8 月，通常此时降水量和径流量都到达峰值，明显的径流量增加会造成洪水和其他灾害发生的可能。综上，气候变化将会造成径流量年内分布更加不均衡，导致与径流有关的潜在自然灾害增加。总体来说，过去 50a 气候变化导致冷季径流量增加 15.2mm，暖季径流量增加 8.5mm，分别占径流增加量的 64.1%和 35.9%。

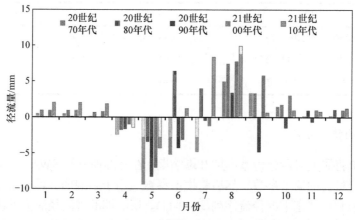

图 2-6　黑河上游各月径流量的年代变化特征(见彩图)

从径流量的年代变化来看，与 20 世纪 60 年代相比，70 年代和 90 年代径流量均减小，90 年代降幅接近 10%，而 21 世纪 10 年代增幅最大，达 14.01%。虽然 10 年代只包括了 4a 的数据，但也能够发现变化的幅度和不确定性正在扩大(表 2-12)。总体上，气候变化导致径流量呈现增加的趋势，过去 50a 间径流量增加了 23.41mm，占径流量的 14.01%。由此可见，气候变化主导了过去 50a 出山径流的变化。

表 2-12　黑河上游 20 世纪 60 年代～21 世纪 10 年代气候变化对年代际径流的影响

时期	降水量/mm	径流量/mm	径流变化量/mm	径流变化率/%
20 世纪 60 年代	510.37	167.10	—	—
20 世纪 70 年代	499.47	153.54	−13.56	−8.11
20 世纪 80 年代	531.16	189.40	22.30	13.35
20 世纪 90 年代	498.02	151.44	−15.65	−9.37
21 世纪 00 年代	522.06	174.31	7.21	4.32
21 世纪 10 年代	528.21	190.50	23.41	14.01

从以上分析可见，基于水文情景反推法能够定量较长时段气候变化和土地利用对水文要素的影响，利用实测径流量和反推径流量之差作为土地利用的影响，然而反推时段的模拟径流量与实测径流量之间存在系统的模拟误差，因此定量的土地利用影响中夹杂了模型的误差扰动，其定量精度有待提高。

2.4.2　基于水文情景再现法的水文要素影响定量区分

1. 区分方法与模型设置

由于气候变化和土地利用对水文过程的影响相互交叠、情形复杂，最新的分布式水文模型计算气候变化和土地利用对水文过程影响的研究发现，二者的单独贡献不能完全剥离，即气候变化与土地利用对水文过程的贡献率之和并不等于 1。究其原因，主要是评价某单一要素(如气候变化)对水文过程影响的贡献时，假定另一要素(土地利用)从基准期到影响期未发生变化，整个期间，即该要素对水文过程的贡献为 0。实际上，针对影响期和基准期而言，另一要素的变化和影响是存在的。

评价气候变化对河川径流影响的贡献区分时，仅以评价期土地利用为输入，忽略基准期土地利用的影响，因此导致各影响因素贡献率之和不为 1 的结果。在总结气候变化与土地利用对水文过程影响研究的基础上，兼顾评价期和基准期两个因素的可能贡献，即在分离某一要素(如气候变化)对水文过程的贡献时，考虑基准期和评价期另一要素(土地利用)对应的水文响应，并以前后两期模型输出值的算术平均值作为该要素的单独贡献量。

图 2-7 中 C_1、C_2、L_1 和 L_2 分别表示不同的气候变化和土地利用情景。ΔC 和 ΔL 分别表示时段内气候变化和土地利用的变化量。A、B、C、D 四点的水文要素(径流量、蒸散发量)分别为 $Q_{(C_1,L_1)}$、$Q_{(C_1,L_2)}$、$Q_{(C_2,L_1)}$、$Q_{(C_2,L_2)}$。

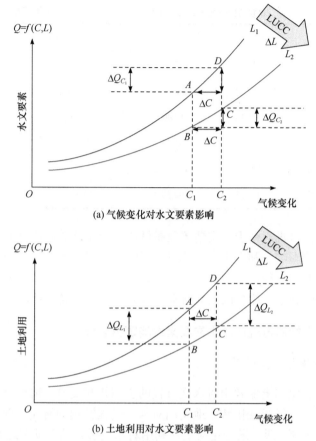

(a) 气候变化对水文要素影响

(b) 土地利用对水文要素影响

图 2-7　基于水文情景再现法的气候变化与土地利用对水文要素影响分离示意图

在分离气候变化对水文要素的影响时，土地利用情景 L_1 对应的气候变化为 ΔC 时的水文要素值为 ΔQ_{C_1}，土地利用情景 L_2 对应的气候变化为 ΔC 时的水文要素为 ΔQ_{C_2}。土地利用变化(ΔL)越小，ΔQ_{C_1} 与 ΔQ_{C_2} 越接近。因此，用 ΔQ_{C_1} 和 ΔQ_{C_2} 的算术平均值表示气候变化对水文要素的贡献值(ΔQ_C)：

$$\Delta Q_C = \frac{1}{2}(\Delta Q_{C_1} + \Delta Q_{C_2}) = \frac{1}{2}\Big[\big(Q_{(L_1,C_2)} - Q_{(L_1,C_1)}\big) + \big(Q_{(L_2,C_2)} - Q_{(L_2,C_1)}\big)\Big] \quad (2\text{-}41)$$

同样的，在进行土地利用变化对水文要素影响分离时，气候变化情景 C_1 对应的土地利用变化为 ΔL 时的水文要素值为 ΔQ_{L_1}，气候情景 C_1 对应的土地利用变化为 ΔL 时的水文要素为 ΔQ_{L_2}。气候变化(ΔC)越小，ΔQ_{L_1} 与 ΔQ_{L_2} 越接近。因此，用 ΔQ_{L_1} 和 ΔQ_{L_2} 的算术平均值表示土地利用对水文要素的贡献值(ΔQ_L)：

$$\Delta Q_L = \frac{1}{2}(\Delta Q_{L_1} + \Delta Q_{L_2}) = \frac{1}{2}\Big[\big(Q_{(L_2,C_1)} - Q_{(L_1,C_1)}\big) + \big(Q_{(L_2,C_2)} - Q_{(L_1,C_2)}\big)\Big] \quad (2\text{-}42)$$

与此同时，水文要素总的变化量(ΔQ)为气候变化和土地利用变化对水文要素贡献值的总和，同时也等于水文要素基准期和评价期的差值(图 2-8)，即

$$\Delta Q = \Delta Q_L + \Delta Q_C = Q_{(L_2, C_2)} - Q_{(L_1, C_1)} \tag{2-43}$$

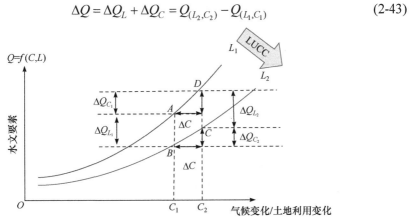

图 2-8　气候变化和土地利用变化对水文要素的综合影响

这种定量分离气候变化和土地利用变化对水文要素影响的方法命名为基于水文情景再现法。根据以上气候变化与土地利用变化对水文要素影响的分离方法，将 1980～2010 年的气象数据分为两个时段，1982～1995 年时段和 1996～2010 年时段，1980 年和 1981 年作为模型的预热期不参与水文要素影响评判。这两个时段分别对应两期的土地利用数据，因此两两组合可以得到 4 种组合方式，代表 4 种情景。S1：20 世纪 80 年代土地利用类型和 1982～1995 年气候状况；S2：21 世纪 00 年代土地利用类型和 1982～1995 年气候状况；S3：20 世纪 80 年代土地利用类型和 1996～2010 年气候状况；S4：21 世纪 00 年代土地利用类型和 1996～2010 年气候状况。

2. 模拟结果分析

利用 1982 年 1 月～1995 年 12 月莺落峡水文站收集的历史月径流量数据，对 SWAT 模型进行校准。基于 1996 年 1 月～2010 年 12 月的月径流量资料对模型模拟精度进行验证。另外，1980 年 1 月～1982 年 12 月作为模型的预热期，不参与后期气候变化和土地利用变化对径流的影响区分。黑河上游模拟月径流量在率定期和验证期与实测径流序列均呈正相关关系。同时，可以观察到在某些径流量峰值模拟径流量存在低估的现象，但从年、月模拟值和实测值的散点图可以发现二者具有较强的相关性。率定期和验证期径流量模拟值与实测值的相对误差(PBIAS)分别为 1.14% 和 −0.15%，月径流量的相关系数(R^2)分别为 0.95 和 0.96，年径流量的相关系数为 0.94 和 0.96，月径流量的纳什效率系数(NSE)分别为 0.91 和 0.90，年径流量的纳什效率系数分别为 0.88 和 0.76(表 2-13)。

表 2-13　黑河上游 1982～2010 年径流量 SWAT 模型模拟精度评价

时期	R^2		NSE		PBIAS/%
	月径流量	年径流量	月径流量	年径流量	
率定期(1982～1995 年)	0.95	0.94	0.91	0.88	1.14
验证期(1996～2010 年)	0.96	0.96	0.90	0.76	−0.15

研究结果表明，在模型校准和验证过程中，没有证据显示 SWAT 模型的模拟径流量具有明显的系统偏差。因此，能够确认 SWAT 模型在模拟该区域水文过程方面是可靠的。

3. 影响因素定量区分

表 2-14 为出山径流量和蒸散发量在不同气候变化和土地利用变化下的状况。与 S1 相比，出山径流量与流域蒸散发量在 S4 分别增加了 5.6mm 和 17.5mm。因此，20 世纪 80 年代以来气候变化和土地利用变化对水文要素的综合影响是显而易见的。这些变化的幅度分别占径流总量的 3.2%和蒸散发总量的 6.6%。土地利用变化减少径流量约 0.4mm，占径流量变化的 7.3%。土地利用变化使得蒸散发量增加约 3.3mm，几乎占总蒸散发量变化的 18.8%。气候变化使黑河干流出山径流量增加了约 6mm，约占总径流变化的 107.3%。气候变化也增加了约 14.2mm 的蒸散发量，约占蒸散发变化量的 81.2%。结果表明，土地利用和气候变化共同导致 80 年代以来蒸散发量的增加，气候变化对水文要素的影响已远远超过了土地利用变化的影响。同时，气候变化所导致的径流量增加远远大于土地利用变化引起的出山径流量的下降，总体表现为出山径流量增加的趋势。这一发现表明，气候变化是影响径流量变化的主导因素，而土地利用变化对径流量的影响非常小。

表 2-14　气候变化和土地利用变化下出山径流量和蒸散发量变化

情景	气候年限	土地利用状况时间	降水量/mm	出山径流量/mm	蒸散发量/mm
S1	1982～1995 年	20 世纪 80 年代	460.1	176.3	264.0
S2	1982～1995 年	21 世纪 00 年代	460.1	176.5	267.4
S3	1996～2010 年	20 世纪 80 年代	482.6	182.9	278.3
S4	1996～2010 年	21 世纪 00 年代	482.6	181.9	281.5

从黑河上游气候变化和土地利用变化对年内蒸散发量和出山径流量的影响来看，蒸散发量和出山径流量在不同月份受气候变化等气象因素的综合影响尤其明显(图 2-9)。应明确指出，气候变化所促成的水文因素的变化发生在雨季 4～10 月，此时降水量和气温普遍较高。降水量的变化和出山径流量的变化呈正相关关系，

特别是在 6 月和 9 月。然而，气候变化引起的蒸散发量变化与径流量变化在 10 月～次年 4 月的大部分时间对应。可以看出，相对复杂的蒸散发量变化主要受水热耦合的综合影响。气温升高会导致蒸散发量增加，因此如果有足够的水供应，蒸散发量将在 5 月和 7 月相应增加。值得注意的是，图 2-9(b)中蒸散发量在 5 月出现一个峰值，1 月和 12 月到达最低点。这种"单峰"与植被的年内动态分布近似。根据相关研究，植被盖度由低到高的转换可以通过提高灌丛截留和植被蒸腾导致蒸散发量增加，这种效应通常在植被生长季节比较明显。与蒸散发量的变化相比，土地利用变化对出山径流量的影响比较小。然而，有理由认为出山径流量在 4～10 月的生长期呈现下降，这主要是研究区域的植被生长增加使得蒸散发量的升高导致的，这种减少可能导致更高的冠层截留和调节能力，反过来可能会造成存储在根区的水分变化。有趣的是，从 11 月～次年 3 月出山径流量增加，这可能是土壤水分增加导致基流量增大。与气候变化的影响相比，土地利用变化对出山径流量所产生的影响明显偏小，范围为 0.3～0.5mm。因此，得出气候变化对水文要素的影响大于土地利用/覆被变化影响的结论。

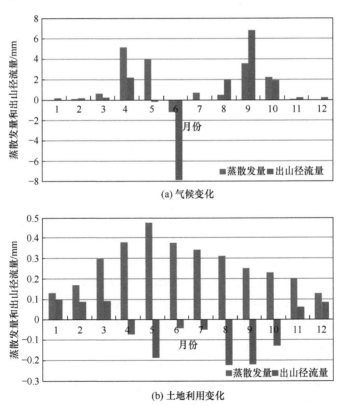

图 2-9　气候变化和土地利用变化对月尺度出山径流量和蒸散发量的影响(见彩图)

从表 2-15 中可以看出，气候变化导致月径流量的年际变差系数(CvMF)外的所有径流指标在黑河上游均有所增加，只有 CvMF 下降。它意味着，气候变化使出山径流量高值和低值有所增加，而径流量的变化幅度有所降低。人类活动引起的月平均出山径流量(MMF)，流量历时曲线 75%对应的流量(Lw75)，流量历时曲线 25%对应的流量(Hg25)、月径流量的年际变差系数(CvMF)减少、流量历时曲线中位数流量对应的流量历时(DMF)和月径流量中的基流成分指数(BFI)均增加。这些变化意味着土地利用/覆被变化(LUCC)降低径流量和基流量的大小和变化幅度有关。可以得出结论：气候变化对所有径流指标的影响比土地利用的影响大。这意味着出山径流量特征曲线的变化与气候变化有关。气候变化对出山径流量变化的贡献占主导地位，土地利用的贡献比较微小，可以忽略不计。

表 2-15　气候变化与土地利用变化对 6 个径流指标的贡献率

径流指标	时段	土地利用变化		土地利用变化贡献率/%	气候变化贡献率/%
		20 世纪 80 年代	21 世纪 00 年代		
MMF	1982～1995 年	176.3	176.5	−7.14	107.14
	1996～2010 年	182.9	181.9		
Lw75	1982～1995 年	4.05	4.02	−6.25	106.25
	1996～2010 年	4.38	4.37		
Hg25	1982～1995 年	22.31	22.29	−16.67	116.67
	1996～2010 年	22.45	22.43		
CvMF	1982～1995 年	0.959	0.931	−30.39	−69.61
	1996～2010 年	0.894	0.866		
DMF	1982～1995 年	0.467	0.497	36.68	63.32
	1996～2010 年	0.514	0.530		
BFI	1982～1995 年	0.227	0.236	38.70	61.30
	1996～2010 年	0.242	0.255		

总之，基于水文情景反推法定量区分过去 50a 气候变化和土地利用对水文要素的影响，在基准期实测值和模拟值的相对误差在 1%以内；评价期实测值与模拟值之间的差异大小比基准期明显，相对误差为 7.12%。结果表明，模拟值高于实测值，充分反映土地利用变化对径流的影响，表明土地利用变化对径流具有积极的作用。气候变化导致径流量增加 14.2%，冷季径流量增加 15.2mm，暖季径流量增加 8.5mm，分别占径流增加量的 64.1%和 35.9%。

基于水文情景再现法定量区分过去 30a 气候变化和土地利用对水文要素的影响，1980 年以来气候变化和土地利用对水文要素的综合影响是显而易见的。土地利用导致径流量减少约 0.4mm，占径流量变化的 7.3%。土地利用使得实际蒸散发量增加约 3.3mm，占蒸散发变化量的 18.8%。气候变化导致出山径流量增加了约

6mm，主要占总径流量变化的 107.3%。气候因素增加了约 14.2mm 的蒸散发量，约占蒸散发变化量的 81.2%。气候变化作为主导因素，能影响径流量的变化，而土地利用的相对影响则较小。

水文情景再现法基于气候变化和土地利用对水文要素影响的独立性假设，基于多期土地利用数据和气候变化状况，通过水文模型再现基准期和评价期的水文过程，考虑研究时段气候变化和土地利用的相对变化，其区分结果相比于水文情景反推法精度更高，分离结果更加可信。

2.5 黑河上游未来气候要素降尺度研究

选取空间分辨率相对较高的全球气候模式输出数据，根据预报气候要素的不同，基于偏差校正、多尺度小波熵分析和人工智能的数据驱动模型(SVM 和 ELM)建立历史时期气候模式输出数据与观测气象要素之间的关系，通过降尺度结果评估，选取未来不同排放路径(RCP4.5 和 RCP8.5)预估未来 2020～2099 年的气温、降水量、潜在蒸散发量等关键气象要素的变化状况。

2.5.1 未来气温预估

1. SVM 与 ELM 模型构建及结果评估

在基于数据驱动模型进行未来气候降尺度研究前，首先要对模型的输入数据进行筛选，从而确定最佳的、预测能力最好的输入数据。根据气候模式的数据特点，一般有两类数据，地面要素数据和高空要素数据。地面要素数据包括：地表可降水量(pr)、地表相对湿度(hur)、地表向下长波辐射(rlds)、地表向上长波辐射(rlus)、地表向上短波辐射(rsus)、地表向下短波辐射(rsds)、地表潜热(hfls)、地表显热(hfss)、海平面气压(psl)、气温(ta)、经向风(va)、纬向风(ua)、位势高度(zg)等；高空要素数据包括：高空相对湿度(rhs)、高空最高(tasmax)、高空最低(taxmin)、高空均温(tas)、高空经向风(vas)、高空纬向风(uas)、高空比湿(hus)等。根据地面要素观测点的位置和气候模式的空间分布，选择离需要降尺度的气象观测点最近的气候模式单点要素或者降尺度点周围的四个气候模式点。通过组合选取的站点个数和要素类型对 SVM 和 ELM 的模拟精度，通过相关系数(R^2)、均方根误差(RMSE)、绝对误差(MAE)和纳什效率系数(NSE)等指标来判断，从而确定最佳的输入参数。以 ACCESS1-0 模式为例，从表 2-16 中可以看出，无论模型是 SVM 还是 ELM，在只用单点地面要素作为输入时，精度都达到非常理想的效果，相关系数在 0.98 以内，NSE 在 0.94 以内，但 RMSE 和 MAE 则比采用了高空要素输入的误差要大。采用降尺度点周围四点的地面要素进行模拟的精度低于采用单点地面要素和高空要素进行模拟的精度，特别是在验证期。由此可以看出，采用高空要素能够降低降尺度的模拟误差，从而提高模拟精度。采用四点地面要素和高空要素的模拟精度是四种输入要素组合中最好的，模拟误差与单点地面要素的模拟误差相比显著降低。据此，选择四点地面要素和高空要素作为模型的输入参数，需进行气温要素降尺度的输入参量进行模拟。

表 2-16　未来气温预测模型构建及预报因子筛选

模型	预报因子构成	训练期				验证期			
		R^2	RMSE	MAE	NSE	R^2	RMSE	MAE	NSE
SVM-1	单点地面要素	0.97	2.11	1.53	0.95	0.97	2.22	1.67	0.94
SVM-2	单点地面要素+高空要素	0.98	1.92	1.39	0.96	0.97	2.09	1.58	0.95
SVM-3	四点地面要素	0.98	1.61	1.13	0.97	0.97	2.10	1.54	0.95
SVM-4	四点地面要素+高空要素	0.99	0.94	0.62	0.99	0.99	1.61	1.29	0.97
ELM-1	单点地面要素	0.98	1.76	1.38	0.96	0.98	1.98	1.54	0.95
ELM-2	单点地面要素+高空要素	0.98	1.69	1.31	0.97	0.98	1.65	1.32	0.97
ELM-3	四点地面要素	0.98	2.02	1.57	0.95	0.97	2.11	1.64	0.95
ELM-4	四点地面要素+高空要素	0.98	1.61	1.25	0.97	0.98	1.63	1.30	0.97

历史时期各月气温的模拟值与实测值对应良好，特别是在2~11月，两个模型在8种气候模式下模拟的均值几乎与实测气温重合，而95%的不确定性范围也非常小，说明气温的模拟精度在月尺度上非常高。相对而言，1月和12月气温模拟值较实测值略高，7月和8月模拟值较实测值略低，但总体上各月的气温模拟值能够反映历史时期月气温的真实情况。

从8种气候模式的地面要素和高空要素驱动的SVM和ELM模型的精度评价来看，验证期总体上两种计算模型在8种气候驱动模式下的NSE都高于0.92，RMSE均小于2.5℃/月，MAE均小于2℃/月，R^2都在0.96以上，表明这两种模型在8种气候模式下对气温具有很强的刻画能力(图2-10)。从8种气候驱动模式对月均气温的表达能力来看，ACCESS1-0和ACCESS1-3这两种模式，无论是利用模型SVM还是ELM，其NSE和R^2都要比其他6种模式的低，而RMSE和MAE都比其他6种模式高，表明ACCESS1-0和ACCESS1-3比其他6种模式对潜在蒸散发的表达能力差。对两种数据驱动模型的表达能力，各气候模式中，SVM模拟的NSE和R^2在除ACCESS1-0模式外的7种模式中均小于ELM的模拟，而SVM模拟的RMSE和MAE总体上要比ELM的偏大，说明SVM对气温的模拟能力没有ELM好。

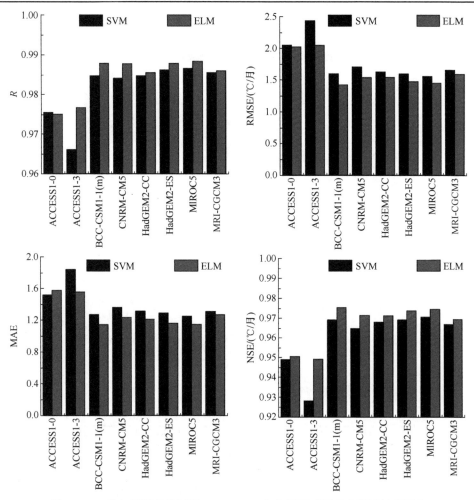

图 2-10　8 种气候模式验证期 1990～2005 年气温要素降尺度模拟精度评价

2. 未来气温变化特征

未来排放情景 RCP4.5 和 RCP8.5 下年均气温的变化特征如图 2-11 所示。气候变化导致的气温升高是显而易见的，特别是排放情景 RCP8.5 下黑河上游气温升温幅度相比于 RCP4.5 更加明显。从分时段统计的未来不同排放情景黑河上游年均气温来看，在 RCP4.5 下近期年均气温在−1℃左右，个别模式的超过了 0℃；远期接近 0℃，部分模式的结果超过了 0℃，表现为不确定性较高。RCP8.5 下近期年均气温的波动范围与 RCP4.5 下的差别不大，但其分布较散；RCP8.5 下远期年均气温为 1℃左右，但其变化的幅度较大，不确定性明显高于RCP4.5 情景。

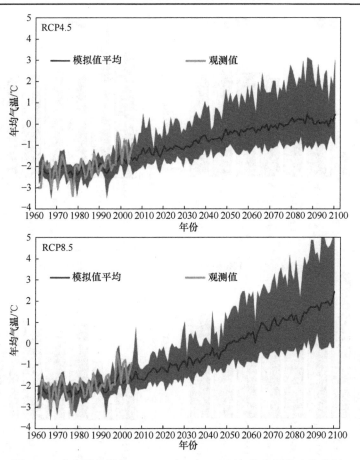

图 2-11　未来排放情景 RCP4.5 和 RCP8.5 下年均气温的变化特征

　　进一步分析未来气候变化情景下的气温变化,以 1961～2005 年的气温作为参考,考察未来不同排放情景下不同时间段的气温变化情况。在中排放情景 RCP4.5下,相对于 1961～2005 年年均气温,2020～2050 年升高的中值为 1.1℃,均值为1.3℃;2060～2100 年年均气温升高的中值为 1.6℃,均值为 2.2℃;在高排放情景RCP8.5 下,近期年均气温升高的幅度接近 1.5℃,远期年均气温升高超过 3℃,而且不确定性随着时间的推移也呈增加的态势。

2.5.2　未来降水量预估

1. 基于 MRNBC 的偏差校正及多尺度小波熵方法

　　以 BCC-CSM1-1(m)输出的气候要素为例,依据再分析资料(NCEP)进行模式数据校正。在校正过程中,递归迭代的次数设置为 3 次,确定 BCC-CSM1-1(m)

输出的 7 个变量，对比分析原始结果和利用再分析数据修正的结果来说明多要素多尺度递归偏差校正方法(MRNBC)的效果。7 个变量分别是可降水量、气温、相对湿度、潜热、向下的长波辐射通量、经向风和纬向风。正如预期，与当前气候的原始 GCMs 输出结果相比，率定期和验证期 MRNBC 对每个预测因子在不同时间尺度上的统计结果有明显的提升，所有的统计参量(包括交叉和滞后交叉相关)与再分析资料的统计参量散点基本位于 1∶1 线两侧，特别是在率定期，而验证期这种良好的对应关系有所减弱，但依然优于原始模式输出的统计结果。然而，相对于平均值，方差和持续性等特征依然存在一些偏差，特别是在验证期的年尺度和季节尺度上，这主要是因为变量间关系中多变量连接应用的复杂性。

为了更准确地评估多元递归偏差校正对分布的影响，特别是考察变量的经验频率分布，对 GCM 在日尺度、月尺度、季节尺度、年尺度上原始和修正结果的经验频率进行分析。选择可降水量的校正结果进行举例说明，偏差校正过程后，校正后模式输出结果的经验频率分布与再分析资料在校准期和验证期均具有良好的对应关系，尤其是日尺度和月尺度。

气候模式数据在经过多元递归偏差校正后，采用 K 均值法进行聚类分析，将变量进行分类(Santos et al.，2016)，每一类采用主成分分析方法进一步降维处理，以获得用于回归模型的输入变量。然后，利用离散小波变换(DWT)(Sturm，2007)，将输入变量和观测降水转换为各自的小波子时间序列。该过程由一系列连续的滤波步骤组成，其中时间序列分解为近似分量(a)和子时间序列或小波分量(D_1、D_2、D_3 等)。近似分量表示一个原始时间序列缓慢变化的粗略特征，通过相应的频率拉伸(低频)得到，而细节分量则表示原始时间序列的快速变化特征，通过相应的小波频率压缩(高频)得到。

2. 模拟精度评价

为了验证 MRNBC 和 MWE 方法是否能够显著提高降水降尺度的精度，将 1960～1990 年作为多元线性回归(MLR)模型的训练期，1991～2005 年作为验证期。在此基础上，选取了 8 个空间分辨率相对较高的 GCM 数据来测试方法的适用性，采用相关系数(R^2)、纳什效率系数(NSE)、均方根误差(RMSE)和平均绝对误差(MAE)来评估降尺度模型的精度和表达能力(Deo et al.，2017；Chai et al.，2014；Nash et al.，1970)。MWE 方法能够显著提高多元线性回归模型模拟的准确性，即与不使用 MWE 的模拟结果相比，在 8 个 GCM 驱动数据下，MWE 方法能使降水降尺度的 NSE 提高 0.05～0.20，RMSE 和 MAE 减小 1.0～4.5。相比之下，MRNBC 方法并没有明显提高 MLR 模型模拟的准确性。事实上，一些使用 MRNBC 方法的 GCM 降尺度结果比没有使用的结果差。例如，BCC-CSM1-1(m)和

HadGEM2-ES 模式在使用 MRNBC 方法后，NSE 降低，误差增大。

为了说明偏差校正和多尺度小波熵方法对气候模式驱动的降水量降尺度结果的影响，将利用 MWE 和 MRNBC 组合方法预测的降水量与同期观测降水量数据进行对比(以 CNRM-CM5 模式为例)。实测降水量与原始 GCM 模式变量(未经过偏差校正和小波分析)的模拟降水量表现出明显的偏差，模拟降水量低估了高值而对低值存在高估现象。在使用这两种方法的组合，特别是使用 MWE 方法后，降水量模拟值与实测值之间的偏差出现显著下降，而高值的低估和低值的高估现象均有所改善，均匀分散于 1∶1 线附近。同时，与原始 GCM 模拟相比，确定性系数也有所增加。因此，可以将 MRNBC 和 MWE 组合方法应用到 GCM 驱动的统计降尺度研究中，从而获得理想的精度，提高不同气候变化情景下降水量的预测能力。

在探讨不同的方法组合与实测值的一致性上，将相同方法处理得到的 8 个模式驱动数据的模拟降水量进行平均，以获得每个组合方法的单个降水量序列。与不使用 MRNBC 和 MWE 组合方法相比，其余三种使用了 MRNBC 和 MWE 组合方法降水量的模拟值与实测值的平均值和中值均相对较好，特别是对于仅使用 MWE 方法而没有使用 MRNBC 方法的，其计算的月降水量均值为 33.65mm，中值更能接近实测值。这一结果表明，三种组合方法可以准确地将模式驱动数据的信息转化为局部尺度的模拟降水量。因此，该方法在解决气候模式降尺度方面具有一定的适用性。研究结果还表明，MWE 方法可以捕获气候(或其物理)过程中不同尺度的变化特征，因为小波系数在其性质上是局部的，所以可以更好地反映局部气候条件的变化特征。

虽然利用 MRNBC 和 MWE 组合方法能够提高多元线性回归模型的预测能力，然而即便是最优的模拟效果，纳什效率系数依然低于 0.8，而均方根误差和绝对误差都非常明显，因此经过偏差校正和小波熵分析的模式驱动数据需要运用预测能力更强的模型来进一步获取精度更高的降水值。本节基于人工智能的数据驱动模型支持向量机(SVM)和极限学习机(ELM)来模拟降水，并对比分析基于人工智能的数据驱动模型与多元线性回归模型在降水统计降尺度方面的精度，选择精度更好的模型预测未来降水的变化。

将经过偏差校正和小波熵分析的模式驱动数据作为输入项，输入 SVM 和 ELM，与实测降水量建立回归关系，模型的训练期和验证期与多元线性回归模型一样。用 NSE、R^2、RMSE 和 MAE 评估 SVM 和 ELM 的模拟性能。图 2-12 为 8 种气候模式驱动数据在 SVM 和 ELM 模型中对降水量降尺度的模拟能力评价。SVM 和 ELM 在 8 个 GCMs 驱动数据的降水模拟中，R^2 均在 0.92 以上，NSE 均在 0.80 以上，RMSE 均在 18mm/月以下，MAE 均低于 12mm/月。与多元线性回归模型的模拟精度相比，R^2 和 NSE 均有明显提高，RMSE 和 MAE 均有明显降低，这表明由 SVM 和 ELM 模拟的 8 个 GCMs 校正数据驱动的降水量降尺度结果能够代表黑河上游历史降水状况，模型具有很好的性能。

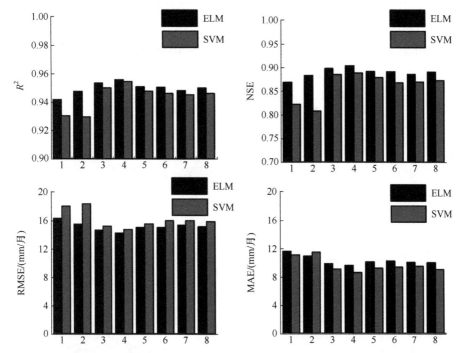

图 2-12　8 种气候模式驱动数据在 SVM 和 ELM 模型中对降水量降尺度的模拟能力评价

横坐标 1～8 表示如图 2-10 横坐标所示的 8 种气候模式。图 2-14 和图 2-15 同此

对比分析利用气候模式校正数据基于 SVM 和 ELM 模型预测的历史时期月降水量的年内分布与实测值的差异可知，ELM 模型对黑河上游降水的表达能力更强。由此可以得出，相对于多元线性回归模型，基于人工智能的数据驱动模型对于黑河上游的降水量模拟精度更高，且年内分布与实测降水量过程更加吻合。因此，选用基于人工智能的数据驱动模型(SVM 和 ELM)模拟的降水量代表黑河上游的降水量，并基于气候模式的未来排放情景对未来黑河上游的降水量进行预估。

3. 未来降水变化特征

基于 SVM 和 ELM 模型和 8 种气候模式地面要素和高空要素数据对黑河上游未来降水量进行了预测。图 2-13 表示 RCP4.5 和 RCP8.5 变暖情景下，从 2020～2090 年的年降水量预估。为了消除单个模型(式)所造成的不确定性，用两种模型和 8 种模式模拟的 16 条未来降水量序列的平均值，代表研究区域未来降水量的预测。RCP4.5 和 RCP8.5 两种情景下所有的降水量序列都呈现上升趋势。近期

(2020～2050 年)两种情景下年降水量相差不大,远期(2060～2090 年)RCP4.5 下降水量的增加有所放缓,而 RCP8.5 下的年降水量持续增加,导致这一时期 RCP8.5下的降水量高于 RCP4.5 下的降水量,且随着时间的推移,两种情景下的不确定性也在不断增大。研究发现,RCP4.5 下的降水量中值在近期和远期分别为 600mm和 650mm 左右,RCP8.5 下降水量中值分别为 610mm 和 720mm 左右。

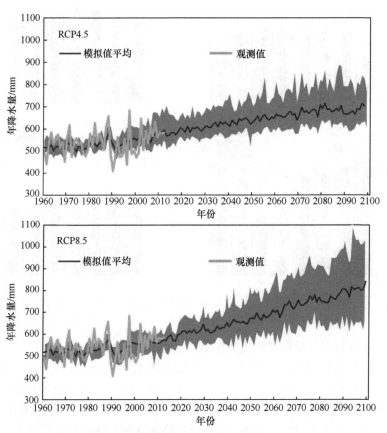

图 2-13　不同排放情景条件下黑河上游未来年降水量预估

在 RCP4.5 下,2020～2050 年黑河上游年降水量增加 15%左右,2060～2090年黑河上游年平均降水量将增加 20%左右;在 RCP8.5 下,黑河上游年降水量近期和远期分别增加 19%和 34%左右。从各气候模式在未来情景不同时段的年降水量变化速率来看,在 RCP4.5 下,近期除 ACCESS1-3 模式的增长速度低于 1mm/a,其余气候模式的增长速度均高于 1mm/a,远期有三个模式模拟的降水量增长速度低于 1mm/a;在 RCP8.5 情景下,近期 8 种模式中有 3 种模式模拟的未来降水量增长速度低于 1mm/a,远期 8 种模式的降水量增长速度均超过了 1mm/a,并且都呈显著增长的趋势(表 2-17)。

表 2-17 8 种气候模式在不同排放情景下不同时段的年降水量变化统计

| GCMs | 2020~2050 年 | | | | | | 2060~2090 年 | | | | | |
| | RCP4.5 | | | RCP8.5 | | | RCP4.5 | | | RCP8.5 | | |
	斜率 /(mm/a)	P	Sig.	斜率 /(mm/a)	P	Sig.	斜率 /(mm/a)	P	Sig.	斜率 /(mm/a)	P	Sig.
ACCESS1-0	1.10	1.50		1.46	2.58	**	1.34	1.67	+	3.16	2.96	**
ACCESS1-3	0.61	0.92		1.29	2.75	**	1.30	2.31	*	3.23	4.83	**
BCC-CSM1-1(m)	1.38	2.65	**	0.90	2.75	**	1.47	3.09	**	1.12	2.35	*
CNRM-CM5	1.09	2.65	**	1.87	3.81	**	0.42	1.26		1.76	3.06	**
HadGEM2-CC	1.87	3.81	**	0.89	1.56		1.76	3.06	**	2.05	3.37	**
HadGEM2-ES	1.00	2.86	**	1.12	1.94	+	0.70	2.55	*	2.34	3.50	**
MIROC5	1.02	2.69	**	1.31	3.03	**	0.74	2.11	*	2.15	4.66	**
MRI-CGCM3	1.00	2.24	*	0.86	1.67	+	1.33	3.09	**	1.93	3.84	**

注: +表示显著性水平 < 0.1; * 表示显著性水平 < 0.05; ** 表示显著性水平 < 0.01。

2.6 黑河上游未来水文要素变化预估

2.6.1 未来水文要素预估模型构建

1. 未来水文要素预估方法

由于无法获取实测的流域蒸散发量资料,利用经过径流验证的 SWAT 模拟的黑河上游实际蒸散发量,应用 ELM 和 SVM 来建立实际蒸散发量与 GCM 气候模式驱动数据之间的关系。对于未来出山径流量的预估,采用实测径流量数据建立出山径流量与气候模式输出的气象要素的关系。最后,选取不同的未来气候排放情景,对未来的水文要素变化进行预估。

然而,由于径流量与气象要素之间存在时间滞后效应,不能直接用当月的气象要素和径流量建立关系,需要考察径流量和气象要素之间的滞后时间。因此,设计径流量与气象要素在没有时间滞后(T)、滞后 1 个月(T-1)、滞后 2 个月(T-2)、……、滞后 12 个月(T-12)的情况下,由 SVM 和 ELM 建立关系,通过比较模型模拟的精度来确定最佳的滞后时间,依据此滞后时间进行未来气候情景下的径流量预估。

月尺度的黑河上游实测径流量与不同滞后时间气象要素的模拟精度评价,考虑了气象要素的时间滞后效应的径流模拟精度相对于没有经过时间滞后效应的径流量模拟精度,模型的表达能力有了明显提高。滞后时间越长,模型的表达能力就越高,模型模拟的精度就越好。但是当滞后时间在 10 个月以上时,模型的模拟精度提高不大,特别是相关系数和纳什效率系数基本不发生变化。这表明滞后 10 个月的气象要素与径流量的滞后效应已能够满足黑河上游月尺度径流量模拟的需要,故在预测未来气候变化对径流的响应时,采用 10 个月的气象要素滞后来设置模型的输入数据。

2. 模型精度校验

在流域实际蒸散发量模拟时,同样将 1961～2005 年的数据代表当前的气候状况值, 将这 45 年的数据划分为两个子周期数据集。前 30 年的数据(1961～1990年)用来构建和训练 SVM 和 ELM, 后 15 年(1991～2005 年)的数据用于模型验证。图 2-14 表示 1961～2005 年, 基于 SVM 和 ELM 模型模拟的黑河上游实际蒸散发量的模拟精度评价, 用 R^2、NSE、RMSE 和 MAE 来评价。可以看出, 8 种气候模式用两种模型模拟的黑河上游实际蒸散发量精度, R^2 均在 0.97 以上, NSE 均在 0.94 以上, RMSE 均小于 7mm/月, MAE 均低于 5mm/月。表明总体上, 实际蒸散发量模拟具有较好的效果。就单个气候模式, 相对而言 ACCESS1-0 和 ACCESS1-3 模式驱动的实际蒸散发量模拟精度低于其他 6 种气候模式的模拟精度, 表现为 R^2 和 NSE 略低, 而 RMSE 和 MAE 相对较高。两种模型相比, 在实际蒸散发量模拟过程中, SVM 与 ELM 之间并没有明显的精度差异, 除了 SVM 模拟的实际蒸散发量的 MAE 总体上低于 ELM 以外, 其他三个指标并无太大差别, 表明 SVM 和 ELM 在利用气候模式数据进行实际蒸散发量模拟的一致性。

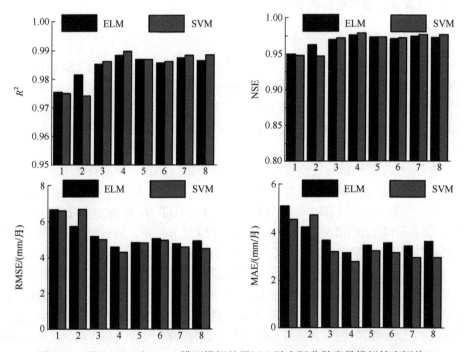

图 2-14　基于 SVM 和 ELM 模型模拟的黑河上游实际蒸散发量模拟精度评价

图 2-15 表示 1961～2005 年, 基于 SVM 和 ELM 采用模式驱动数据的黑河上游出山径流量模拟精度评价。与实际蒸散发量的模拟精度相比, 出山径流量的模

拟精度表现不如实际蒸散发量，R^2 仅在 0.87 以上，NSE 在 0.75 以上，RMSE 则低于 5mm/月，MAE 低于 4mm/月。然而，模拟能力仍在可接受的范围内，并具有令人满意的精度。但和利用观测资料进行模拟的出山径流量的精度相比，采用模式驱动数据进行模拟的出山径流量的精度较低，主要原因一方面是气候模式的空间分辨率较低，对于高海拔山区强烈的地形变化无法精确刻画；另一方面是历史时期在高海拔山区气候模式数据是通过观测资料的再分析得到的，而高海拔地区的观测资料相对较少，再分析资料失真，不能刻画气候要素的细节。相对而言，ACCESS 1-0 和 ACCESS 1-3 两种气候模式不如其他 6 种气候模式数据在 SVM 和 ELM 模型中的表达能力，这两种模式模拟的出山径流量 R^2 和 NSE 均低于其他 6 种模式，而 RMSE 和 MAE 则明显高。比较 SVM 和 ELM 两种模型的表达能力，SVM 模拟出山径流量比 ELM 具有更高的表达能力，表现出 R^2 和 NSE 较高而 RMSE 和 MAE 值较低，这意味着 SVM 在模拟未来气候变化情景下的水文响应方面比 ELM 更稳定、更优越。

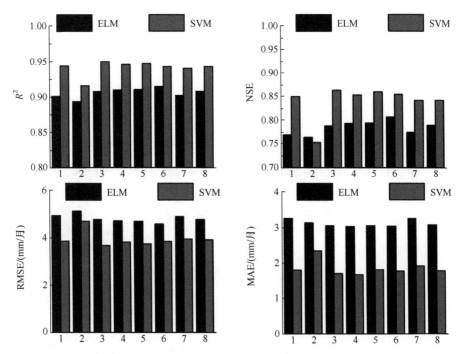

图 2-15　基于 SVM 和 ELM 采用模式驱动数据的黑河上游出山径流量模拟精度评价

2.6.2　未来水文要素变化

1. 未来流域蒸散发预估

基于未来情景 RCP4.5 和 RCP8.5 下的 8 种气候模式驱动数据，采用 SVM 和

ELM 进行模拟得到未来实际蒸散发量的演变过程，得到 16 条实际蒸散发量序列，用 90%和 10%作为不确定性范围进行分析，结果如图 2-16 所示。从图 2-16 可以看到，随着时间的增加，两种未来气候排放情景下年实际蒸散发量均呈增加的趋势，而且实际蒸散发量的不确定性也呈增加的趋势。情景 RCP4.5 下年实际蒸散发量增加的趋势比 RCP8.5 小，且 RCP4.5 下的潜在蒸散发量不确定性要比 RCP8.5 的小。从模拟的未来年实际蒸散发量均值来看，未来情景 RCP4.5 下年实际蒸散发量先持续上升，到 21 世纪末期，年实际蒸散发量的变化不明显；RCP8.5 下年实际蒸散发量自始至终都表现为持续上升的态势。2020～2050 年，RCP 4.5 下的年实际蒸散发量与 RCP8.5 的相当，平均值约为 420mm。20 世纪 60 年代前后，RCP4.5 下的年实际蒸散发量低于 RCP8.5。2060～2090 年，RCP4.5 下的预计蒸散发作用趋于稳定，

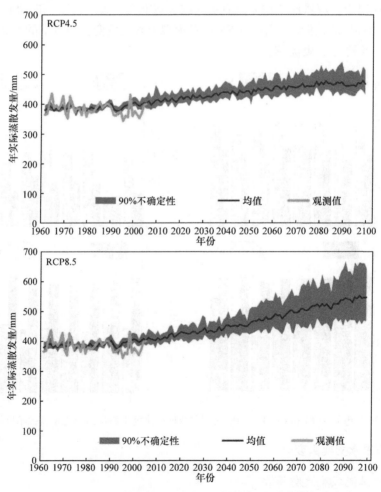

图 2-16　未来气候排放情景下黑河上游年实际蒸散发量年际变化

平均值约为 460mm，而 RCP8.5 下的预期蒸散发量继续增加，均值为 520mm 左右。

两种排放情景下，未来预估的实际蒸散发量在各季节有很大程度的变化。RCP4.5 下，各季节的实际蒸散发量与 RCP8.5 相比变化相对温和。从实际蒸散发量的季节特征来看，夏季实际蒸散发量占全年的一半以上，而冬季的实际蒸散发量仅占全年的 2%。RCP4.5 下，近期和远期实际蒸散发量在夏季和冬季的差别不大，而春季和秋季在两个时期的差别比较明显，表明 RCP4.5 下实际蒸散发量的增加主要来自春秋季；RCP8.5 下，除冬季外，其余三个季节的实际蒸散发量在两个时期都有明显变化。

对黑河上游不同时间段两种排放情景下的未来蒸散发量变化进行了评估。从蒸散发量的季节变化来看，春季和秋季蒸散发量的增加明显，RCP4.5 情景下近期蒸散发量增幅均超过 15%，而远期增幅接近 30%；RCP8.5 下近期蒸散发量增幅在 24% 左右，而远期增幅将高达 50%。与历史时期相比，夏季蒸散发量的变化相对温和，RCP4.5 下变化在 10% 以下，而 RCP8.5 下变化为 10%～15%。从年际变化来看，RCP4.5 下，2020～2050 年实际蒸散发量相对 1961～2005 年增加了 12%，而 2060～2090 年实际蒸散发量将会增加 19% 左右；RCP8.5 下，2020～2050 年实际蒸散发量相对 1961～2005 年将会增加约 15%，而 2060～2090 年实际蒸散发量将会增加 30% 左右。未来情景下实际蒸散发量季节尺度的变化趋势如表 2-18 所示。春季和秋季蒸散发量的增加速率要比夏季和冬季快。这意味着每年蒸散发量的增加主要来源于春秋两季。两种排放情景下，近期蒸散发量的增长趋势都比远期的快，对于同一时段，RCP4.5 情景下的实际蒸散发量增长趋势则要低于 RCP8.5 情景下的增长趋势。从年际变化来看，RCP4.5 下，2020～2050 年蒸散发量以 0.78mm/a 的速率显著增加，2060～2090 年以 0.36mm/a 的速度显著增加；在 RCP8.5 情景下，2020～2050 年蒸散发量以 1.05mm/a 的速度显著增加，2060～2090 年则以 1.27mm/a 的速度显著增加。

表 2-18　未来情景下实际蒸散发量季节尺度变化趋势　　（单位：mm/a）

季节尺度	RCP4.5 下实际蒸散发量变化速率		RCP8.5 下实际蒸散发量变化速率	
	2020～2050 年	2060～2090 年	2020～2050 年	2060～2090 年
春季	0.33*	0.24	0.34*	0.61**
夏季	0.20+	0.08	0.31**	0.18+
秋季	0.27*	0.19*	0.43**	0.56**
冬季	0.05+	0.01	0.06	0.08+
年	0.78**	0.36**	1.05**	1.27**

注：+ 代表显著性水平 < 0.1；* 代表显著性水平 < 0.05；** 代表显著性水平 < 0.01。

2. 未来径流状况预估

图 2-17 表示未来气候变化情景 RCP4.5 和 RCP8.5 下的 8 种气候模式驱动数据，采用 SVM 和 ELM 进行模拟得到未来出山径流量的年际变化及不确定性分析。从图 2-17 可以看到，随着时间的增加，两种未来排放情景下黑河上游出山径流量均呈增加趋势，而且不确定性也随时间呈增加趋势。RCP4.5 下出山径流量增加的幅度要比 RCP8.5 下小，且 RCP4.5 下的不确定性要比 RCP8.5 下小。从模拟的未来出山径流量的均值来看，RCP4.5 下出山径流量先持续上升，到 21 世纪末期出山径流量呈现波动变化；RCP8.5 下出山径流量自始至终表现为持续上升的态势。2020～2050 年，RCP 4.5 下的出山径流量与 RCP8.5 下的相当，平均值约为 160mm。2060～2090 年，RCP4.5 下的出山径流量趋于稳定，平均值约为 170mm，而 RCP8.5 下的预期出山径流量继续增加，均值为 180mm 左右。

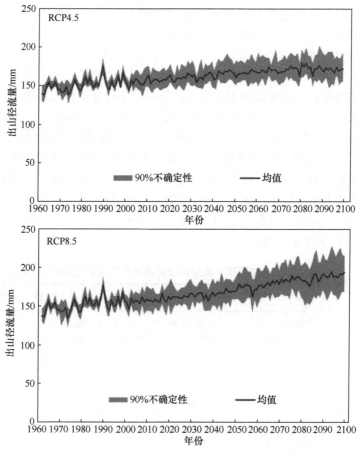

图 2-17　未来气候变化情景下黑河上游出山径流量年际变化及不确定性分析

在 RCP4.5 和 RCP8.5 下，相对于历史时期，近期出山径流量分别增加了 9.5% 和 9.0%。远期来看，RCP8.5 和 RCP4.5 下的出山径流量分别增加 13.5% 和 22.0%，春季和秋季的增加较为明显。冬季出山径流量在 RCP4.5 下均增加，在 RCP8.5 下均降低，并且具有与其他三个季节相比更大的不确定性。表 2-19 为未来情景下黑河上游出山径流量季节尺度的变化趋势。可以看到，RCP4.5 下，春季和冬季的出山径流量变化趋势比夏季和秋季更显著，而 RCP8.5 下，夏季和秋季的出山径流量变化更为显著和快速。RCP4.5 下，出山径流量的近期变化趋势大于远期，其增长速率分别为 0.29mm/a 和 0.14mm/a。RCP8.5 下，出山径流量的远期增加趋势比近期内快，增长速率分别为 0.43mm/a 和 0.30mm/a。

表 2-19　未来情景下黑河上游出山径流量季节尺度的变化趋势

季节尺度	RCP4.5 下出山径流量变化速率/(mm/a)		RCP8.5 下出山径流量变化速率/(mm/a)	
	2020~2050 年	2060~2090 年	2020~2050 年	2060~2090 年
春季	0.13**	0.08*	0.1**	0.11*
夏季	0.08	−0.05	0.16**	0.13*
秋季	0.03	0.03	0.15**	0.1*
冬季	0.04**	−0.06	0.01	0.02
年	0.29**	0.14*	0.30**	0.43**

注：* 代表显著性水平 < 0.05；** 代表显著性水平 < 0.01。

总之，利用水文模型在历史时期的输出结果，通过数据驱动模型直接建立气候模式与输出水文要素之间的统计关系，预估未来情景下的水文响应，得出如下结论：①未来实际蒸散发量预估方面，RCP4.5 下，2020~2050 年实际蒸散发量相较 1961~2005 年增加了 12%，而 2060~2090 年实际蒸散发量将会增加 19% 左右；RCP8.5 情景下，2020~2050 年实际蒸散发量增加约 15%，而 2060~2090 年实际蒸散发量将会增加 30% 左右。蒸散发量的增加主要来源于春秋两季。②未来出山径流量预估方面，RCP4.5 和 RCP8.5 下，相对于历史时期，近期年出山径流量分别增加了 9.5% 和 9.0%。远期来看，RCP8.5 和 RCP4.5 下的出山径流量分别增加 13.5% 和 22.0% 左右，春季和秋季的增加显著。

第3章 黑河流域NPP的遥感估算及其时空变化研究

3.1 引　言

植被净第一性生产力(net primary productivity，NPP)是指绿色植物在单位时间、单位面积上所累积的有机物质的总量，是从光合作用所产生的有机质总量中扣除自养呼吸后的剩余部分，也称净第一性生产力(Liu et al.，1999)。它是植物光合作用固定的净有机物质的总量，是研究陆地各种生态过程的关键参数，是地表碳循环的重要组成部分，也是评估陆地生态系统质量与可持续发展的关键指标，对于分析碳循环过程对全球变化的响应具有十分重要的意义(冯险峰等，2004；蔡承侠，2003)。人类对植被NPP的研究由来已久，最早可追溯到19世纪80年代，但是直到20世纪60年代NPP相关研究才引起学者们较广泛的重视(埃塞林顿，1989)。1973年，德国的学者Lieth第一次综合而全面地对NPP的研究历史做了详细的阐述，并率先对全球NPP进行了估算(Lieth，1975)。20世纪90年代以来，陆地生态系统植被NPP研究先后被国际地圈-生物圈计划(IGBP)、世界气候研究计划(WCRP)、全球变化与陆地生态系统(GCTE)和《京都协定书》(*Kyoto Protocol*)等一系列国际研究项目计划和组织确立在重要的研究内容之列(Steffen et al.，1998)。

3.1.1 NPP研究进展

1. 国外NPP估算方法的演变

NPP估算方法主要经历了实际测算、气候统计模型估测、生理生态过程模型、光能利用率模型、多模型交互应用几个发展过程(孙金伟等，2012；高艳妮等，2012)。

早期NPP的测算基本基于站点的实际测量，主要方法包括收割法、生物量调查法、光合测定法、pH测定法、放射测定法、叶绿素测定法和原料消耗测定法等(李高飞等，2003；吴家兵等，2003)。收割法多用于农作物或者草地生态系统，主要通过定期收割植被烘干称重实现，需要在植物生长季节多批次对植物的地上与地下部分同时取样，测定其干物质量的增加。生物量调查法多采用皆伐法、平均木法和采集转换法来估算森林的生物量，再通过测定其碳含量，进而研究森林 NPP 的组成特征。随着全球通量观测研究的发展与完善，通过测算生态系统 CO_2 通量估算植被 NPP 成为一种有效的估测方法(吴家兵等，2003)。学者们通过这种方法很好地揭示了研究区生态系统的 NPP 变化特征(沈禹颖等，1995)，这些难得的实测数据成为后来各种 NPP 估测模型的重要验证数据。

受人力物力限制，NPP 估算采用代表性采样点调查结果，通过插值进行尺度扩展，推到较大区域上。后来，学者们又提出了基于气候统计模型的 NPP 估算方法，通过将降水量、气温、蒸散发量、积温等气候因子与植物干物质量建立统计模型估测植被 NPP。基于这种模型的方法较多，如 Miami 模型(Lieth，1975)、Thornthwaite Memorial 模型(Box，1975)、Chikugo 模型(Uchijima and Seino，1985)和统计回归模型(林慧龙等，2005)等。这些模型输入数据简单，多用插值法进行尺度扩展研究，估测结果忽略了其他环境资源的影响，在一定程度上该类模型的估测结果是一种潜在的植物 NPP。

学者们还提出了植物生理生态过程模型，即考虑植物的生理生长发育动态特征和模拟生态系统内部结构特征过程的综合模型(王宗明和梁银丽，2002)。该模型主要考虑的参量包括光合作用、枯枝落叶的分解、植物生长和维持呼吸、水分的蒸发蒸腾、氮的吸收和释放、光合产物的分配、物候变化等因子。由于温度、光合有效辐射、大气 CO_2 浓度、大气水分、土壤水分等众多因子影响植物的光合作用和生长过程，模型中需要考虑这些调控因子和其他相关的环境因子。代表性工作及所获得的模型主要有 CENTURY(Parton et al.，1993)、CARAIB(Warnant et al.，1994)、KGBM(Kergoat，1999)、SILVAN(Kaduk and Heimann，1996)、TEM(Mcguire et al.，1997)、BIOME-BGC(Running and Hunt，1993)、BEPS(Liu et al.，1997)、Forest-BGC(Running et al.，1989)等。

光能利用率模型是基于资源平衡理论建立的，认为 NPP 是由植物光合作用与其对光能利用率的大小共同决定的，Monteith 发现植物 NPP 和可吸收的光合有效辐射有线性正相关关系，因此他认为植被累积的生物量实际就是太阳入射辐射被植物冠层截获、吸收转化的结果(Field et al.，1995)。应用较多的模型有 GLO-PEM(Prince and Goward，1995)、CASA(Potter et al.，1993)和 C-FIX (Veroustraete et al.，2002)、SDBM(Knorr and Heimann，1995)，以及文献 Monteith(1972)、Ruimy 等(1994)、Prince 和 Goward(1995)中的模型等。

目前，随着地信遥感技术及观测技术的发展，NPP 估测模型发展到了多模型交互综合应用发展的时期，特别是将生理生态过程模型与遥感估算模型结合起来的方法受到了广泛关注。通过对小尺度植物生理生态过程建立模型，然后与遥感数据间建立关系来进行多时空尺度的研究(王莺等，2010)。这种交互综合模型既考虑了 NPP 形成过程的综合影响因素，也考虑了大尺度陆地生态系统 NPP 与小尺度模型结果相互推演时的准确性,是很有发展潜力、易于操作的模型估测方法。

2. 我国 NPP 估算方法的发展

由于观测数据的缺乏以及资料、技术手段的限制,我国对植被 NPP 的研究较晚,始于 20 世纪 70 年代。中国科学院于 1988 年建立了我国的生态系统研究网络(http://www.cern.ac.cn/0index/index.asp),对我国的多种生态系统类型,如森林、草地、农田生态系统等进行了长期固定的观测,积累了大量的数据,为以后的模型发展及应用验证创造了条件(孙鸿烈,2006)。早期学者们利用国外的气候模型,从区域到国家尺度上对我国陆地生态系统的植被 NPP 进行了研究,在这些模型的基础上,修正开发了一批符合我国实际情况的理论模型,如周广胜模型(王胜兰,2008)、北京模型(公延明等,2010)等。周广胜和王玉辉(2008)以植被表面的 CO_2 通量方程与水汽通量方程之比确定植被对水的利用效率为基础,根据地球表面水量平衡方程和热量平衡方程,从能量与水分对蒸发影响的物理过程出发推导出了联系能量平衡方程和水量平衡方程的区域蒸散模式,并利用叶菲莫娃在国际生物学计划(IBP)工作期间获得的 23 组世界各地的植被净第一性生产力数据和相应的气候要素建立了以植物生理生态特征为基础的植被 NPP 模型——周广胜模型,特别适用于我国干旱半干旱地区的植被 NPP 估算(王胜兰,2008)。方精云等(2000)对中国的森林生物生产力进行了归纳和总结,并对其与全球气候变化的关系做了初步分析。陶波用两种生产力模型研究植被 NPP 对全球气候变化的响应做了比较(孙睿和朱启疆,2000)。刘世荣等(1994)通过对全国各森林群落生产力数据的分析概括出我国森林第一性生产力的地理分布,建立了我国森林生产力气候模型,模拟出我国森林第一性生产力的分布。此外,许多学者还对光能利用率模型进行了改进与修正,利用不同分辨率的覆被数据,对我国陆地生态系统的 NPP 变化特征进行了很好的揭示,如朱文泉等(2007)、李刚等(2007)、张美玲等(2012)。孙睿和朱启疆(2000)分析了我国陆地植被 NPP 的季节变化,得出了我国陆地植被 NPP 的季节差异。朴世龙等(2001)利用 CASA 模型估算了我国 1997 年的植被 NPP 及其空间分布。崔林丽等(2005)利用 GLO-PEM 模型模拟了我国 1981~2000 年陆地 NPP 数据以及同期气温、降水量及土地利用数据,研究了不同季节我国陆地植被 NPP 的变化。陈利军等(2002)采用光能利用率模型对全国大陆植被 NPP 的分布规律进行了分析。陶波等(2003)应用生态系统机理性模型估算了 1981~1998 年我国陆地生态系统 NPP 的时空变化。张娜等(2003)模拟了 1995 年长白山自然保护区生态系统的碳平衡状况。与国外相比,我国研究初期滞后的原因主要是研究需要的实测数据缺乏或不足,观测对象及观测方法缺乏统一的标准,资料的可用性差,更没有代表较大区域范围的批量观测数据。

3. NPP 估算方法的优缺点

各种植被 NPP 估算模型产生的时代背景不同，有着各自不同的优缺点。基于地面的 NPP 实际观测方法只能收集到小尺度的不同生态系统类型的实测数据，然后根据各种生态系统类型，用以点带面的办法外推区域及全球 NPP 总量(Wittaker and Likens，1975)。实测方法耗时耗力且需要大量财力的支持，从小尺度的实测数据推演大尺度的变化特征研究多采用以点带面或者插值等尺度转换方法，其估算结果的可靠性与准确性受采样数据量的影响较大，在大尺度的研究上明显不足。由于这些估算基于空间实测数据，迄今仍被用作全球 NPP 估算的参照。气候统计模型简单，所用参数容易获取，但是其生理生态机理模糊，估算过程也是以点带面，估算的误差较大。模型忽略了营养元素和极端气候要素对植被 NPP 的影响，一定程度上代表了植被的潜在 NPP，目前在研究气候变化对植被 NPP 的影响时采用此方法的案例比较多见。生理—生态过程模型有一定的植物生理生态特征基础，可以较好地模拟预测全球变化对植被 NPP 的影响，估算结果较前两种模型准确；缺点是模型比较复杂，模型运行需要的参数繁多且多难以获取，而且大尺度上的转换比较困难，只适用于较小尺度上近似均质地块上的植被 NPP 估算。光能利用率模型采用了遥感数据，可以有效地获取不同尺度研究区域全覆盖数据，易于尺度扩展，使用的许多参数易得，并可以进行从月份到年际时间尺度上大范围地区的 NPP 动态特征模拟；缺点是其生态生理机理不是很清楚，无法实现植被 NPP 的模拟与预测，而且其模型的光能传递及转换过程中还存在许多不确定性，但其适用于区域及全球大尺度上的植被 NPP 估算。光能利用率模型在大尺度植被 NPP 研究和全球碳循环研究中也被广泛应用，是目前国际上最通用的 NPP 模型之一(宋轩等，2009；周广胜和王玉辉，2008；高清竹等，2007)。特别是 CASA 模型，经过修正得到了广泛的应用。该模型考虑了 NPP 计算的两个主要驱动变量，即植被所吸收的光合有效辐射(APAR)与光能利用率(ε)，而这两个变量的计算相对于其他模型所需要的输入参数少，避免了因参数缺乏而人为简化或者估计而产生的误差，模型采用的遥感数据覆盖范围广，时空分辨率高，能够实现对区域和全球 NPP 的动态监测及尺度拓展；主要不足是该模型最初是针对北美地区植被而建立的，世界各地植被差异较大，模型参数的修改比较困难，不能很好地从本质上揭示植被类型与 NPP 的关系。光能利用率的准确估算是该模型模拟生产力的关键因素之一。例如，CASA 模型提出理想状态下植被存在着最大光能利用率，不同植被类型的月值为 0.389g C/MJ。事实上，不同植被类型的光能利用率存在着很大差异，受到温度、水分、土壤、植物个体发育等因素的显著影响，把它作为一个常数在全球范围内使用会引起很大的误差(孙金伟等，2012；高艳妮等，2012)。本章在参考大量文献的基础上，根据不同植被类型的光能利用率特征，利用修正的 CASA 模型(朱文泉等，2007；Zhu et al.，2006)，通过对黑河流域的 NPP 时空变化特征及其相关因子变化特征的分析，详细研究了流域生态环境的综合变化特征。

4. 黑河流域植被 NPP 研究进展

植被 NPP 是地表碳循环的重要组成部分,是评估陆地生态系统质量与可持续发展的关键指标,对于分析碳循环过程对全球变化的响应也具有十分重要的意义。对黑河流域 NPP 的研究有利于流域自然资源的管理和持续有效利用。目前,对黑河流域植被 NPP 的研究较少,主要利用小区域采样、气候统计模型和未改进的光能利用率模型分析研究,且仅有的研究时间尺度较短,模型结果验证不足,学者间使用的模型模拟结果不匹配。

龙爱华等(2008)基于 Miami 模型,对黑河流域中游人类占用的净第一性生产力(HANPP)及其与生态系统多样性的关系进行了研究,并对 HANPP 与生态足迹(EF)指标在可持续发展评估方面的价值进行了比较。结果表明,HANPP 的提高将降低生态系统多样性,研究区现状年的平均 HANPP 率为 38.61%,肃州区和甘州区的 HANPP 已超过生态系统潜在生产能力的极限。陈正华等(2008)选用 CASA 模型,结合多光谱遥感资料和气候数据,对黑河流域 1998~2002 年植被净第一性生产力的时空分布和变化进行了研究。模型模拟发现,1998 年黑河流域的 NPP 总量为 12Tg(1Tg=10^{12}g),2002 年为 14Tg,呈增加趋势。杜自强等(2006)选择黑河流域草地植被的典型区域——山丹县作为研究区,利用 2003 年 8 月的野外实测 50 个样方的草地地上生物量数据和同期的陆地卫星 TM 影像数据开展研究。结果表明,用地面实测的草地植被反射光谱数据对遥感影像数据进行校正,能够弥补传统的"点-面"建模方法的不足,获得比较理想的估算模型;差值植被指数(DVI)与草地地上生物量之间存在较好的相关性,其估算模型为 $Y=2477X-77.598$,经实测数据验证,总体精度达到 80%以上,基本上能够满足中尺度的草地地上生物量估算。彭红春等(2009)采用 TESim 模型模拟黑河流域 1971~2005 年的植被 NPP 动态变化。结果证明,TESim 模型可以较好地模拟黑河生态系统,但是模拟精度需要加强,需要收集更多数据进行验证。

3.1.2　研究区概况

黑河流域面积约 14.29 万 km²,地处欧亚大陆中部,位于我国西北干旱地区(东经 96°42′~102°00′，北纬 37°50′~42°40′)，属于典型的大陆性干旱气候，夏季高温干燥，冬季寒冷干燥，降水少而集中，日照充足，昼夜温差大，且东西和南北气候差异显著，具有明显的垂直地带性。南部祁连山区多年平均气温不足 2℃，蒸发弱，降水相对充沛，年均降水量约为 350mm，是黑河流域的产流区，降水量由东向西递减，雪线高度由东向西逐渐升高。中部河西走廊区气候相对干燥，无霜期达 153d，降水较少，是黑河流域的主要利用区，其年均降水量由东部的 250mm 向西部递减为 50mm 以下，而年均蒸发量则由东向西呈递增趋势，由 2000mm 以下增至 4000mm 以上(马国泰，2003)。由于黑河下游额济纳平原深居内陆腹地，属于典型的大陆性气候区，降水少而蒸发强烈，温差大，日照时间长，且风大沙多(陈正华等，2008)；极度干燥，干燥指数为 82，远大于50，年均降水量仅为 47.3mm，年均蒸发量 2248.8mm，是黑河流域的消散区。

黑河流域的生态与环境问题受到党和国家的高度重视，如何遏止该区域植被退化的进程，如何实现自然-经济-社会的协调和可持续发展是各级政府和科研工作者亟待解决的问题。

3.2　资料数据与研究方法

3.2.1　资料与数据

本节采用的 1999～2010 年长时间序列的 SPOT VEGETATION 遥感影像数据，来自比利时 VITO 研究所的植被数据网站 http://free.vgt.vito.be，是 10d 最大化合成的归一化植被指数(NDVI)数据，进行了大气校正、辐射校正、几何校正和拉伸等预处理，空间分辨率为 1km × 1km。时间范围为 1999 年 1 月～2010 年 12 月的每月三旬，共 432 景影像。另外，也使用了黑河流域 2000 年土地利用数据，该数据由我国 1∶10 万土地利用数据直接裁剪得到，采用一个分层的土地覆盖分类系统，将全流域分为耕地、林地、草地、水域、城乡、工矿、居民用地和未利用几个覆盖类型(王一谋等，2011)，以及黑河流域居民点数据和 1∶100 万植被类型数据(李新等，2010；中国科学院中国植被图编辑委员会，2008；侯学煜，2001)。

采用的 Landsat 5 TM 数据是从中国科学院计算机网络信息中心国际科学数据镜像网站(http://www.gscloud.cn)下载的 2011 年 7 月含云量为 0%的卫星数字产品。利用 ENVI 5.0 对多光谱影像进行辐射校正、大气纠正、几何校正等一系列的遥感影像预处理，并计算得到相应的 NDVI 值。为了研究流域植被的空间分布特征，首先将农田、森林、灌木等地类进行预处理。

气象数据主要来自中国气象科学数据共享服务网(http://data.cma.cn)提供的“中国地面气候资料月值数据集”“中国地面气候资料年值数据集”“中国辐射月值数据集”，包括黑河地区的额济纳旗、鼎新、金塔、酒泉、高台、张掖、山丹、托勒、野牛沟及祁连 10 个气象站点 1960～2010 年的月/年平均气温和降水量数据；太阳辐射数据采用黑河流域及其周边地区的哈密、敦煌、格尔木、玉树、酒泉、额济纳旗、刚察、果洛、西宁、民勤、兰州、红原、固原、银川、海流图 15 个站点的月太阳总辐射数据。将气候数据和辐射数据插值处理成和 NDVI 一致的分辨率和投影的栅格数据。数据均经过严格的质量控制和检查,并经过极值检验和时间一致性检验人工抽查,确保数据无误。

调查区域主要为黑河上游地区的青海省祁连县与甘肃省肃南县、民乐县及山丹县,主要采集了区域内草地单位面积生物量数据。

将祁连县主要水源涵养地八宝河流域按经纬网格划分为不同的采样区,如图 3-1 所示,采样点基本布满整个流域,共调查了 142 个样点,68 个草地样方,分别为 2 种草地类型。在每处样地设置 1m×1m 样方,调查每个样方内出现的物种及其高度、覆盖度,并记录样地经纬度、海拔和草地群落类型、草地利用类型等信息。应用手持式光谱仪 GreenSeeker 对采样点周围具有代表性的草地植被进行 NDVI 测量,每个点测 3 次,并分别记录取其最大 NDVI 值,得到实测 GS NDVI 值。然后齐地面刈割,除去黏附的土壤、砾石等杂物后装入密封袋带回实验室,65℃烘干至恒重,获得地上生物量(above ground biomass,AGB)。

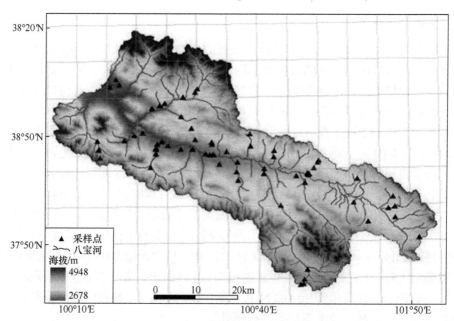

图 3-1　八宝河流域样地分布示意图(见彩图)

地下生物量的获取是剪去每个小样方地上部分后,再将其设置为 4 个小样方(25cm×25cm),采用挖掘法采集地下根系,取样深度根据其植被根系而定,直到没有根系为止;将取出的土块装袋带回实验室,将其置于 40 目纱网中冲洗,挑出其中活体部分,最后根系在 65℃条件下烘干至恒重,获得地下生物量(below ground biomass,BGB)。土壤样品的采集采用土钻法,从地面开始,每隔 10cm 取一个土样，直到 100cm 深度，然后带回实验室用烘干法(105℃)烘干称量，获得该层土壤含水量和其他土壤物化指标。

3.2.2　研究方法

主要应用线性回归分析法(魏凤英，1993)、Mann-Kendall 检验法(符淙斌和王强，1992)、Arcgis 9.3 中的空间克里金插值法及其他数理统计方法，对研究区的年际及空间气候变化特征进行分析。利用旬 NDVI、月 NDVI、年均 NDVI 和累积年均 NDVI 数据，采用最大化合成法、均值法、距平法和最小二乘法(常俊杰，2012；张戈丽等，2010)，从宏观的角度整体分析了黑河流域气温、降水量、太阳辐射及植被覆盖空间的分布规律和动态变化趋势，最后利用修正的 CASA 模型(朱文泉等，2007；Zhu et al.，2006)，借助 ENVI 4.8 软件对黑河流域的 NPP 进行估算，并对其区域综合变化特征进行了详细分析。

1. 线性回归分析法

采用回归方程的斜率 b 表征黑河流域植被覆盖的变化趋势。一元回归被广泛应用于长时间序列的植被遥感分析，以时间 t 为自变量，NDVI 为因变量，建立一元线性回归方程，计算公式如下：

$$b = \frac{n * \sum_{i=1}^{n} i * \mathrm{NDVI}_i - \left(\sum_{i=1}^{n} i\right)\left(\sum_{i=1}^{n} \mathrm{NDVI}_i\right)}{n * \sum_{i=1}^{n} i^2 - \left(\sum_{i=1}^{n} i\right)^2} \tag{3-1}$$

式中，b 为回归方程的斜率；NDVI_i 为第 i 年的年均 NDVI，$i = 1\sim12$；n 为监测时间段的年数。b 是回归方程的斜率，也称 NDVI 趋势变化率，利用最小二乘法得到。如果 b 为正数，表示随着时间的增加年均 NDVI 呈上升趋势，说明该区域植被覆盖面积增加，数值越大，该区域植被覆盖增加越明显；反之，则说明该区域植被覆盖面积呈减少趋势。因此，通过 b 值的正负及其大小，可以判断一个地区地表植被的活动情况。

2. Mann-Kendall 检验法

Mann-Kendall 检验法(魏凤英，1993；符淙斌和王强，1992)是在气候序列平稳的前提下，对具有 n 个样本量的时间序列 x，构造序列 $d_k = \sum_{i=1}^{k} r_i (2 \leqslant k \leqslant n)$，$r_i$ 表示第 i 个样本 x_i 大于 $x_j(1 \leqslant j \leqslant i)$ 的累计值。

$$\mathrm{E}\big[d_k\big] = \frac{k(k-1)}{4}, \quad \mathrm{Var}\big[d_k\big] = \frac{k(k-1)(2k+5)}{72}(2 \leqslant k \leqslant N) \tag{3-2}$$

在时间序列随机独立的假设下，定义统计量：

$$\mathrm{UF}_k = \frac{d_k - \mathrm{E}\big[d_k\big]}{\sqrt{\mathrm{Var}\big[d_k\big]}}(k = 1, 2, \cdots, n) \tag{3-3}$$

当给定的显著性水平为 $\alpha = 0.05$ 时，$U_{0.05} = \pm 1.959$；当 $|\mathrm{UF}_k| > U_\alpha$ 时，表明序列存在明显的增长或减少趋势。所有 UF_k 将组成一条曲线 UF。同样的方法应用到反序列中，得到另一条曲线 UB。将统计量曲线 UF、UB 和 ± 1.959 两条直线绘在同一张图上。UF 值大于 0，表明序列呈上升趋势，小于 0 则表明序列呈下降趋势。其超过临界直线，表明上升或下降趋势显著(张一驰等，2011；马国泰，2003)。

3. 克里金插值法

克里金(Kriging)插值法最初是由法国地理数学学家 Matheron 和南非学者 Krige 共同研究提出的一种插值方法，广泛地应用于和地理空间信息有关的信息数据的空间插值中(曹文静等，2007)。该方法是 GIS 软件空间分析功能的重要组成部分。这种方法充分吸收了地理统计的思想，认为任何空间连续性变化的属性是非常不规则的，不能用简单的平滑数学函数进行模拟，而应该用随机表面给予较恰当的描述。这种连续性变化的空间属性称为"区域性变量"，可以描述气压、高程及其他连续性变化的描述指标变量。本小节主要利用该方法将各气候变化要素当作区域性变量进行插值分析，得出其空间分布、地域特征。

4. CASA 模型介绍

光能利用率模型是基于资源平衡理论建立的，认为 NPP 是由植物光合作用与其对光能利用率的大小共同决定的。通过对多种农作物生物量的分析发现，植物 NPP 和可吸收的光合有效辐射有线性正相关关系，因此认为植被累积的生物量实际就是太阳入射辐射被植物冠层截获、吸收转化的结果(Field et al.，1995；Monteith，1972)。CASA 模型中，NPP 的估算可以由植物的光合有效辐射(APAR) 和实际光能利用率(ε)两个因子来表示，其估算公式如下：

$$\mathrm{NPP}(x,t) = \mathrm{APAR}(x,t) \times \varepsilon(x,t) \tag{3-4}$$

式中，$\mathrm{APAR}(x,t)$ 为像元 x 在 t 月吸收的光合有效辐射(g C/(m^2·月))；$\varepsilon(x,t)$ 为像元 x 在 t 月的实际光能利用率(g C/MJ)。

APAR 的估算：APAR 由植被所能吸收的太阳有效辐射和植被对入射光合有

效辐射的吸收比例确定。

$$APAR(x,t) = SOL(x,t) \times FPAR(x,t) \times 0.5 \tag{3-5}$$

式中，$SOL(x,t)$ 为像元 x、t 月在的太阳总辐射量(g C/(m^2·月))；$FPAR(x,t)$ 为植被层对入射光合有效辐射的吸收比例；常数 0.5 为植被所能利用的太阳有效辐射(波长为 0.4~0.7μm)占太阳总辐射的比例。

FPAR 的估算：在一定范围内，FPAR 与 NDVI 之间存在着线性关系，这一关系可以根据某一植被类型 NDVI 的最大值和最小值以及所对应的 FPAR 的最大值和最小值来确定。

$$FPAR(x,t) = \frac{[NDVI(x,t) - NDVI_{i,\min}]}{NDVI_{i,\max} - NDVI_{i,\min}} \times (FPAR_{\max} - FPAR_{\min}) + FPAR_{\min} \tag{3-6}$$

式中，$NDVI_{i,\max}$ 和 $NDVI_{i,\min}$ 分别为第 i 种植被类型 NDVI 的最大值和最小值(Zhu et al.，2006)。

FPAR 与比值植被指数(SR)也存在着较好的线性关系(Field et al.，1995)，可表示如下：

$$FPAR(x,t) = \frac{[SR(x,t) - SR_{i,\min}]}{SR_{i,\max} - SR_{i,\min}} \times (FPAR_{\max} - FPAR_{\min}) + FPAR_{\min} \tag{3-7}$$

式中，$FPAR_{\min}$ 和 $FPAR_{\max}$ 的取值与植被类型无关，分别为 0.001 和 0.95；$SR_{i,\max}$ 和 $SR_{i,\min}$ 分别为第 i 种植被类型 NDVI 的 95% 和 5% 下侧百分位数。$SR(x,t)$ 表示如下：

$$SR(x,t) = \frac{1 + NDVI(x,t)}{1 - NDVI(x,t)} \tag{3-8}$$

通过对 FPAR-NDVI 和 FPAR-SR 估算结果的比较发现，由 NDVI 估算的 FPAR 比实测值高，而由 SR 估算的 FPAR 则低于实测值，但其误差小于直接由 NDVI 估算的结果，因此可以将二者结合起来，取其加权平均或平均值作为 FPAR 的估算值：

$$FPAR(x,t) = \alpha FPAR_{NDVI} + (1 - \alpha) FPAR_{SR} \tag{3-9}$$

光能利用率的估算：光能利用率是在一定时期单位面积上生产的干物质中所包含的化学潜能与同一时间投射到该面积上的光合有效辐射能之比。环境因子如气温、土壤水分状况及大气水汽压差等会通过影响植物的光合能力而调节植被的净第一性生产力。

$$\varepsilon(x,t) = T_{\varepsilon 1}(x,t) \times T_{\varepsilon 2}(x,t) \times W_{\varepsilon}(x,t) \times \varepsilon_{\max} \tag{3-10}$$

式中，$T_{\varepsilon 1}(x,t)$ 和 $T_{\varepsilon 2}(x,t)$ 分别为低温和高温对光能利用率的胁迫作用；$W_{\varepsilon}(x,t)$ 为水分胁迫影响系数，反映水分条件的影响；$\varepsilon_{\max}$ 为理想条件下的最大光能利用率 (g C/MJ)。

$T_{\varepsilon 1}(x,t)$ 的估算：反映低温和高温时植物因内在生化作用对光合的限制而降低第一性生产力。

$$T_{\varepsilon 1}(x,t) = 0.8 + 0.02 \times T_{\mathrm{opt}}(x) - 0.0005 \times [T_{\mathrm{opt}}(x)]^2 \tag{3-11}$$

式中，$T_{\mathrm{opt}}(x)$ 为植物生长的最适温度，定义为某一区域一年内 NDVI 达到最高时的当月平均气温(℃)，当某一月平均温度小于或等于–10℃时，其值取 0。

$T_{\varepsilon 2}(x,t)$ 的估算：表示环境温度从最适温度 $T_{\mathrm{opt}}(x)$ 向高温或低温变化时植物光能利用率逐渐变小的趋势，这是因为低温和高温时高的呼吸消耗必将会降低光能利用率，生长在偏离最适温度的条件下，其光能利用率也一定会降低。

$$T_{\varepsilon 2}(x,t) = 1.184 / (1 + \exp\{0.2 \times [T_{\mathrm{opt}}(x) - 10 - T(x,t)]\})$$
$$\times 1 / (1 + \exp\{0.3 \times [-T_{\mathrm{opt}}(x) - 10 + T(x,t)]\}) \tag{3-12}$$

当某一月平均温度 $T(x,t)$ 比最适温度 $T_{\mathrm{opt}}(x)$ 高 10℃或低 13℃时，该月的 $T_{\varepsilon 2}(x,t)$ 为 $T(x,t)$ 达到 $T_{\mathrm{opt}}(x)$ 时 $T_{\varepsilon 2}(x,t)$ 的一半。

水分胁迫影响系数的估算：水分胁迫影响系数 $W_{\varepsilon}(x,t)$ 反映了植物所能利用的有效水分条件对光能利用率的影响，随着环境中有效水分的增加，$W_{\varepsilon}(x,t)$ 逐渐增大，取值范围为 0.5(极端干旱条件下)～1(非常湿润条件下)。

$$W_{\varepsilon}(x,t) = 0.5 + 0.5 \times \mathrm{EET}(x,t) / \mathrm{EPT}(x,t) \tag{3-13}$$

式中，$\mathrm{EET}(x,t)$ 为区域实际蒸散发量(mm)；$\mathrm{EPT}(x,t)$ 为区域潜在蒸散发量(mm)。它们可由周广胜与张新时的模型计算得出(Zhu et al., 1996)。

最大光能利用率的确定：最大光能利用率 $\varepsilon_{\max}$ 的取值因不同的植被类型而不同(黄铁青和牛栋，2005)。本书中 CASA 估算黑河流域 NPP 模型的植被类型(Liu et al., 2003)及参数见表 3-1。

表 3-1　CASA 估算黑河流域 NPP 模型的植被类型及参数

编号	植被类型	$\mathrm{NDVI}_{\max}$	$\mathrm{NDVI}_{\min}$	$\mathrm{SR}_{\max}$	$\mathrm{SR}_{\min}$	$\varepsilon_{\max}$
1	针叶林	0.874	0.052	14.87302	1.11	0.389
2	阔叶林	0.5586	0.052	3.531038	1.11	0.692
3	灌丛	0.874	0.052	14.87302	1.11	0.429
4	沼泽	0.38	0.052	2.225806	1.11	0.542
5	荒漠	0.874	0.052	14.87302	1.11	0.542

续表

编号	植被类型	NDVI$_{max}$	NDVI$_{min}$	SR$_{max}$	SR$_{min}$	ε_{max}
6	草原	0.8474	0.052	12.10616	1.11	0.542
7	草甸	0.8474	0.052	12.10616	1.11	0.542
8	高山植被	0.874	0.052	14.87302	1.11	0.542
9	栽培植被	0.8474	0.052	12.10616	1.11	0.542
10	无植被	0.7752	0.052	7.896797	1.11	0.542

3.3 黑河流域 NPP 相关因子变化特征分析

3.3.1 黑河流域气候变化特征分析

利用黑河地区 10 个站点 1961～2010 年的年平均气温、年平均降水量数据，应用 Mann-Kendall 检验、Arcgis9.3 中的空间克里金插值法及其他数理统计方法对研究区的年际及空间气候变化特征进行分析。

1. 气温和降水量的时间变化特征

分析图 3-2、图 3-3 可知，在 1961～2010 年，黑河地区的年平均气温为 4.7℃，年平均降水量为 192.44mm。年平均气温和年平均降水量呈波动上升趋势。气候呈暖湿变化趋势，其中气温的增温趋势为 0.37℃/10a，降水量增加趋势为 6.03mm/10a。

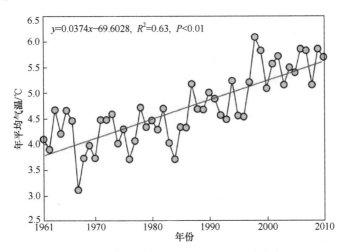

图 3-2 1961～2010 年黑河流域年平均气温特征

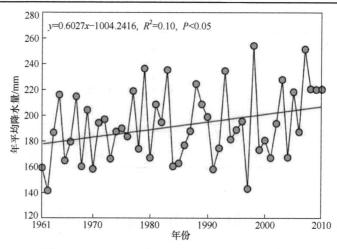

图 3-3　1961～2010 年黑河流域年平均降水量特征

通过对黑河流域 1961～2010 年的年平均气温和年平均降水量进行 Mann-Kendall 检验分析发现(图 3-4)，年平均气温在 1961 年和 1962 年呈微弱下降趋势，在 1963～1966 年呈上升趋势，在 1967～1972 年呈下降趋势，在 1973～1975 年呈上升趋势，在 1976～1977 年呈下降趋势，在 1978～2010 年呈上升趋势且上升趋势在 1990 年后达到了 $\alpha = 0.05$ 的显著性水平；年平均降水量在 1961 年和 1962 年呈微弱减少趋势，在 1963 年后呈增加趋势，且增加趋势分别在 1983 年和 2010 年达到了 $\alpha = 0.05$ 的显著性水平。

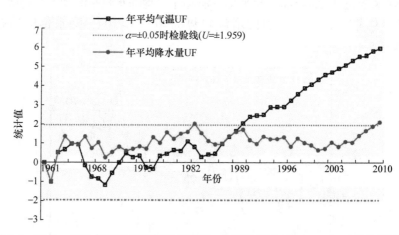

图 3-4　1961～2010 年黑河流域年平均气温、年平均降水量 Mann-Kendall 检验特征

2. 气温和降水量的空间变化特征

黑河流域的年平均气温从东北向西南方向大体呈递减趋势，表现为带状分布。

南部海拔较高的祁连山地为低温中心，气温最低为 2.35℃；高温中心在黑河下游中部地区，气温最高为 6.99℃；气温中值地区集中在黑河流域中游。对黑河地区 1961～2010 年的增温趋势进行空间分析发现，黑河流域的增温趋势自东北向西南方向大体逐渐变弱，增温区的最高值出现在黑河下游的额济纳旗地区，增温趋势为 0.48℃/10a，东南部的山丹地区气温增加趋势也相对较明显；增温趋势较弱的区域集中在黑河中游的中部地区和上游的野牛沟附近地区，增温趋势为 0.32℃/10a。可见，黑河流域的年平均气温在高温的北部黑河下游地区增温幅度相对较大，在南部的低温区域增温幅度相对较弱。

黑河流域近 12a 的年均降水量自北向南逐渐增加，呈明显的带状变化趋势，低值中心在黑河下游中部地区，为 79.31mm；高值中心在南部的野牛沟、祁连地区，为 308.80mm。通过对黑河流域 1961～2010 年年均降水量的增加趋势进行空间分析发现，整个流域年均降水量均有所增加，且自北向南增加趋势逐渐明显，黑河流域下游的额济纳旗地区为低值增加区域，增加趋势为 0.94mm/10a；高值中心集中在黑河流域上游南部的托勒、野牛沟地区，增加趋势为 10.8mm/10a。可见，黑河流域的降水量增加趋势表现为南部降水量的高值地区增加幅度较大，北部降水量较少的地区增加幅度较弱。

3.3.2　黑河流域太阳总辐射量特征分析

1. 太阳辐射时间变化特征

利用中国气象数据共享网的"中国辐射月值数据集"中 1999～2010 年全国 122 个站点的数据，选取黑河流域周围 15 个站点的辐射数据进行空间克里金插值，并裁剪得到黑河流域的太阳辐射量数据。本小节采用一元线性回归方法模拟黑河流域 1999～2010 年年均太阳辐射量随时间的变化趋势，如图 3-5 所示。

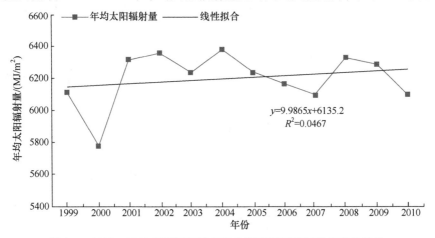

图 3-5　1999～2010 年黑河流域年均太阳辐射量随时间的变化趋势

除个别年份有波动外，黑河流域年均太阳辐射量总体上呈逐年上升趋势，平均每年增加量约 10MJ/m^2。近 12a 黑河流域的年均太阳辐射量除在 2000 年达到最低值 5779.61MJ/m^2 外，其他年份均在 6000MJ/m^2 以上，2004 年达到最高值 6381.68MJ/m^2。黑河流域近 12a 年均太阳辐射量增加趋势不明显，相关系数略大于 0.2。

2. 太阳辐射空间变化特征

黑河流域 1999～2010 年年均太阳辐射量为 5779.61～6381.68MJ/m^2，其空间分布特征为自东北向西南逐渐减少，最高值在北部的额济纳旗，最低值在酒泉和黑河流域的东南部地区。其他区域的太阳辐射值差异不大，比较集中。

对黑河流域 1999～2010 年的年均太阳辐射量的增加趋势进行空间分析发现，流域的年均太阳辐射量均有所增加，但与气温、降水量不同的是，它的增加趋势空间分布没有呈现一定的规律性。其增加量的高值中心集中在黑河流域下游的额济纳旗地区以及上游东南部的民乐和山丹地区，增加趋势约为 17.28MJ/m^2；低值区主要分布在黑河流域上游的西部和中游的西部地区，增加趋势为 2.95MJ/m^2。

3.3.3 黑河流域植被覆盖动态变化特征

植被覆盖面积的大小是反映区域性生态环境状况的重要指标之一，而多年植被覆盖面积的变化则直观反映植被生态环境随时间的变化规律(Wu，2011；Jin et al.，2010)。黑河流域作为西北干旱地区的典型区域，其植被覆盖状况在很大程度上体现了我国西北干旱地区的植被模式。由于气候的变化和人为的影响，该流域的植被覆盖发生了很大的变化(张一驰等，2011)。因此，对该流域植被空间分布和变化规律的探测与研究越来越引起人们的关注(韩辉邦等，2011；顾娟等，2010)，但这些研究多局限在较短的时间内。采用长时间序列的 SPOT/VEGETATION 数据集研究黑河流域的植被空间分布特征和动态变化趋势，对保护该流域的植被和脆弱的生态环境具有重要的指导意义。

1. 植被覆盖时间变化特征

为了反映 1999～2010 年各个季节的植被覆盖随时间的变化状况，特选取各季节中植被覆盖较好的 4 月(春季)、7 月(夏季)、10 月(秋季)和 1 月(冬季)的 NDVI 数据，采用线性拟合来模拟 NDVI 随时间的变化趋势，如图 3-6 所示。

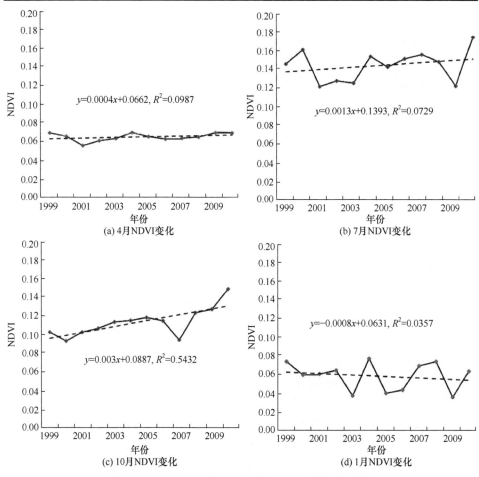

图 3-6　1999～2010 年黑河流域 NDVI 季节变化趋势

虚线为线性拟合曲线

图 3-6(a)表示 1999～2010 年黑河流域春季植被覆盖的变化情况，除一些小幅度的波动外，NDVI 总体上呈增加趋势，由其变化率和相关系数 R^2 可知，NDVI 的增加不明显。1999～2001 年 NDVI 呈减少趋势，其中 2003 年数据最小。图 3-6(b)显示夏季 NDVI 以 0.0013 的变化率逐年增加，在 2010 年出现快速增长。图 3-6(c)显示秋季的植被覆盖在 2000～2006 年持续增加，除 2000 年和 2007 年有波动外，总体呈增加趋势，NDVI 变化曲线与趋势线的相关系数达到了 0.5 以上，其 NDVI 增加的趋势相对于春季和夏季来说比较明显。图 3-6(d)显示冬季的 NDVI 变化曲线与趋势线在绝对值小于 0.2 的相关系数下呈负相关性，NDVI 波动较大，且随着时间的变化，NDVI 值以-0.0008 的变化率呈下降趋势。

植被覆盖年际变化：采用距平法和一元线性回归法来模拟黑河流域 1999～

2010 年 NDVI 随时间的变化趋势。如图 3-7 所示，12a 中 NDVI 总体上呈逐年增加趋势，尤其是从 2001 年开始，除小幅度的波动外 NDVI 值持续增加。从距平曲线可以看出，其值多为正距平，说明 12a 间植被覆盖整体上呈现好转状况，除 2001 年的距平值波动较大外，均在零上下轻微波动。

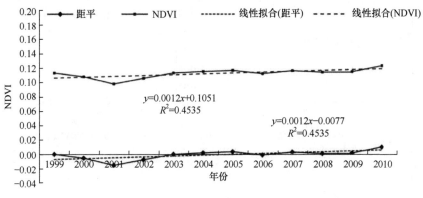

图 3-7　　1999～2010 年黑河流域 NDVI 年际变化趋势

2. 植被覆盖空间分布特征

对 1999～2010 年黑河流域的 NDVI 数据求平均发现，黑河流域 NDVI 的分布大体上呈由北向南逐渐增加的趋势，植被覆盖状况逐渐趋于好转。NDVI 的高值区集中在黑河流域上游与中游的张掖和酒泉地区，这些区域多分布有草甸、草地和人工绿洲，故植被覆盖较好；低值区域主要分布在中游的北部和下游地区，这些区域由于分布有大面积的荒漠、裸岩等植被类型，植被覆盖状况较差。此外，在黑河中游的东部山丹地区和金塔的部分地区也有少量的植被覆盖。

黑河流域植被覆盖面积总体上由东南向西北逐步减少，呈荒漠化态势。由回归方程斜率 b 值的分布可知，黑河流域的植被覆盖由南向北表现为"减少—不变—增加—减少"的带状变化趋势。黑河流域植被的严重退化和高度改善面积几乎为 0，植被的轻度改善面积占黑河流域总面积的 26.60%，主要集中在黑河的上游和中游地区，轻度退化分布在上游地区，植被的基本不变面积所占比例最大，为 71.79%，主要分布在黑河下游地区(表 3-2)。

表 3-2　　1999～2010 年黑河流域 NDVI 变化统计

等级代码	植被覆盖状况	b 值范围	面积占比/%	面积/km²
−2	严重退化	−0.0115～−0.0065	0.00	4.17
−1	轻度退化	−0.0065～−0.0015	1.56	2229.66
0	基本不变	−0.0015～0.0015	71.79	102585.05

续表

等级代码	植被覆盖状况	b 值范围	面积占比/%	面积/km²
1	轻度改善	0.0015～0.0145	26.60	38009.33
2	高度改善	0.0145～0.0288	0.05	71.79

黑河流域上游为山区，其植被的轻度改善面积为 38009.33km²，占整个黑河流域该等级面积的 26.60%，主要在祁连县内，多沿河流两侧分布，植被类型主要为高覆盖度草地、疏林地、高山草甸和灌木林地；植被覆盖状况基本不变面积为 11175.83km²，主要分布在肃南裕固族自治县和祁连县的西北部，多为寒漠、冰川和永久性积雪；植被的轻度退化在祁连和肃南裕固族自治县内均有分布，主要是中覆盖度草地，面积为 1809.77km²，且呈带状态势，几乎集中了整个黑河流域的植被退化区域。

黑河流域中游主要是戈壁、沙漠和低覆盖度草地覆盖，该区域轻度改善面积为 19336.49km²，分布在金塔南部、嘉峪关、酒泉、高台西南部、临泽的中部和东部以及民乐的北部和东部地区，且除山丹西南部的植被覆盖状况基本不变外，其他区域的植被覆盖状况几乎均处于轻度改善状态；植被覆盖状况基本不变区域主要分布在金塔、高台和肃南裕固族自治县；在酒泉的东部和肃南裕固族自治县的东南部分区域有高度改善的植被覆盖，面积为 71.79km²；还分布有面积为 101.84km² 的轻度退化区域，集中在临泽和张掖。

黑河下游主要是额济纳旗地区，该区域深居内陆腹地，是典型的大陆性气候，降水少，温差大，风大且沙多，植被覆盖非常稀少，多呈现荒漠景观。与金塔东北部的交界处分布有面积为 3.34km² 的植被严重退化区域；在额济纳旗西部和东北部，零星有轻度退化状态的植被分布，面积为 318.05km²；轻度改善区域主要分布在阿拉善高原和弱水三角洲地带，此处有水体，植被覆盖较好；整个下游地区 80% 以上为植被覆盖基本不变状态，这是由该地区多为戈壁、沙地和裸岩覆盖所决定的。

总之，黑河流域受多方面因素的影响，其植被覆盖总体上水平较差，植被类型稀少，植被覆盖面积较小。黑河流域植被的空间分布主要受水分条件的制约，河流两侧及附近区域植被覆盖水平处于良好状态，体现了植被随水而生的特点。研究发现，有居民点分布区域的植被覆盖面积在总面积中占有较大比例，但因受气候和地理条件限制，居民点较少，特别是下游阿拉善地区居民点相当稀少。黑河流域主要发展农牧经济，为了发展畜牧业，在林地和草地退化的境况下，载畜量却逐渐增加，使得草原压力过大，最终导致部分区域的植被覆盖面积逐步减少。

3.4　NPP 的遥感反演与验证

3.4.1　基于 SPOT NDVI 的草地 NPP 反演

基于 CASA 模型对八宝河流域内夏季草地进行了 NPP 估算,流域内草地 NPP 总量为 $2.0×10^{11}$g C,其空间分布特征如图 3-8 所示。夏季, 由于降水量的增加,气温和光照为植被生长提供了很好的环境条件,使得流域 NPP 累积量达到四个季节的顶峰,全区域的 NPP 累积量在 $57.2～374.8$g C/m² 变化。从图 3-8 中可以看到,整体上草地 NPP 分布在流域中部和东部,并且在河流中流南岸较集中。东部和东南地区属于上游,而东南部海拔较高,气温低,植被生长缓慢,并且夏季大批牧民来此放牧,导致该地区草地 NPP 较低。由于流域内地势落差较大,海拔 4200m 以上几乎无任何草地植被;海拔 $3600～4200$m,随着高度的增加,草地 NPP 呈递减趋势;海拔 $3000～3600$m,随着高度的增加,草地 NPP 逐渐增大,流域西北部及河流南岸和流域东部 NPP 较高,最高达到了 374.8g C/m²。

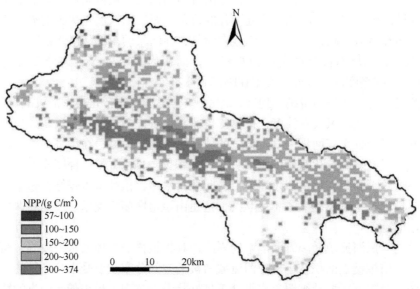

NPP/(g C/m²)
■ 57~100
■ 100~150
■ 150~200
■ 200~300
■ 300~374

0　　10　　20km

图 3-8　八宝河流域夏季草地 NPP 空间分布特征(见彩图)

3.4.2　基于实地数据的生物量与 NPP 分析

对每种草地类型的四个小样方地上生物量分别求平均值,得到每一处的地上生物量,在此基础上换算得到两种草地类型(草甸、草原)单位面积的地上生物量;对于地下生物量,将四个小样方的地下植被根系换算成单位面积的地下生物量,在此基础上得到地下生物量。方精云等(2000)研究结果显示，NDVI 与生物量之间有很好的相关性，本书研究也结合实测 NDVI 与地上生物量进行了模拟，建立了两者之间的相关关系模型。同时，马文红等(2010)的研究结果显示，地上生物量与地下生物量之间相关性较高，本书研究对高寒草地的地上生物量与地下生物量的相关性进行了模拟，从而推定了各样地的生物量。

八宝河流域两种草地类型的生物量如表 3-3 所示。两种类型的草地生物量变化范围为 2430.64～4686.16g/m²，变异系数为 62%。其中，草甸的生物量最大，为 4686.16g/m²，占总量的 65.8%，草甸地上生物量为 175.84g/m²，地下生物量平均为 4510.32g/m²，地下生物量大约是地上生物量的 26 倍，这主要与草甸拥有丰富的植被种类、密度因子有关；草原生物量为 2430.64g/m²，占总量的 34.2%，草原地上生物量平均为 248.85g/m²，地下生物量平均为 2181.79g/m²，地下生物量大约是地上生物量的 9 倍，这与草原种类较单纯、草群低矮有关。总体上，流域内的草地生物量平均为 3558.41g/m²，其中，地上生物量平均为 212.35g/m²，地下生物量平均为 3346.06g/m²，大约是地上生物量的 16 倍，因此地下生物量的贡献远远大于地上生物量。由于不同的草地类型在不同地区，其气候条件、土壤性质及植被类型等存在较大的差异，因此草地生物量也会有所不同。马文红等(2008)在内蒙古温带草原测定的典型草原和草甸草原的地上生物量分别为 133.4g/m² 和 196.7g/m²、地下生物量分别为 688.9g/m² 和 1385.2g/m²。黄德青等(2011)测定的祁连山北坡草地山地草甸和山地草原的地上生物量分别为 78.1g/m² 和 42.8g/m²、地下生物量分别为 848.1g/m² 和 464.3g/m²，其草甸地上生物量大于草原地上生物量，且均低于本书研究测定的同类草地生物量。原因可能是流域内地势高差悬殊，水热条件不同，冰缘冻土地貌特征明显，有利于生物量的积累。本书研究的草甸地上生物量低于草原地上生物量，可能主要人类过度放牧导致草地地上生物量的积累减少。

表 3-3　八宝河流域两种草地类型的生物量

草地类型	样本量	覆盖度/%	地上生物量/(g/m²)	地下生物量/(g/m²)	生物量/(g/m²)
草甸	31	90.8	175.84 ± 80.70	4510.32 ± 3069.70	4686.16
草原	37	98.2	248.85 ± 108.90	2181.79 ± 1815.80	2430.64
平均值	—	94.5	212.35	3346.06	3558.40

随机抽取 15 个分布均匀且具有代表性的样地，通过对实测数据的整理与分析，对单位面积地上生物量(AGB)的实测值与所对应的 NDVI 进行相关性分析。结果表明，AGB 与 NDVI 呈显著正相关关系(图 3-9(a))，相关系数为 0.7962，随

着 NDVI 的增加，AGB 呈逐步上升的趋势。同时，分析其对应的 AGB 与地下生物量(BGB)的关系。结果表明，AGB 与 BGB 也呈显著正相关关系(图 3-9(b))，相关系数为 0.9151，通过极显著水平(0.01)的 F 检验($F = 140.18$，$p < 0.01$)，随地上生物量的增大，地下生物量呈线性快速增长。二者的相关性为准确估算该流域地下生物量提供了重要依据(李士美等，2009)。

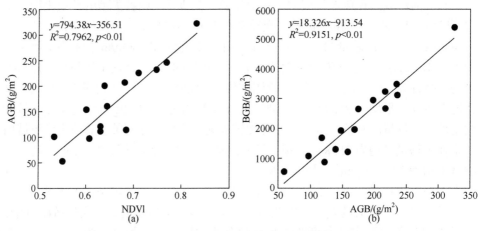

图 3-9　AGB 与 NDVI(a)和 BGB(b)的相关分析

3.4.3　NPP 估算结果与验证

通过修正的 CASA 模型估算黑河流域的 NPP 数据，并通过对 1999～2010 年的年均 NPP 数据求取平均值获得采样点的估算值。如表 3-4 所示，黑河上游 11 个采样点的 NPP 估算值分别为 331.54g C/m²、372.59g C/m²、354.17g C/m²、175.09 g C/m²、353.70g C/m²、448.05g C/m²、407.43g C/m²、196.50g C/m²、281.62g C/m²、255.43g C/m²、124.76g C/m²。

表 3-4　采样点 NPP 实测值与估算值对比

采样点编号	NPP/(g C/m²)			相对误差/%
	实测值	估算值	残差	
1	308.70	331.54	−22.84	7.40
2	366.66	372.59	−5.93	1.62
3	369.18	354.17	15.01	−4.07
4	201.6	175.09	26.51	−13.15
5	307.44	353.70	−46.26	15.05
6	406.98	448.05	−41.07	10.09
7	435.96	407.43	28.53	−6.54

续表

采样点编号	NPP/(g C/m^2)			相对误差/%
	实测值	估算值	残差	
8	185.22	196.50	−11.28	6.09
9	302.40	281.62	20.78	−6.87
10	229.32	255.43	−26.11	11.39
11	134.82	124.76	10.06	−7.46
平均值	295.30	300.08	−4.78	1.23

1. 实测验证

对黑河上游地区的典型草地进行室外采样，室内烘干称重，根据文献中流域的草地平均根冠比值(7.8：1)，乘以碳转换系数 0.45(陈正华等，2008；朱文泉等，2007；Zhu et al.，2006)，将样地生物量转换为 NPP 并与模型估算的 1999～2010 年黑河流域多年平均 NPP 进行比较分析发现，11 个采样点的实测值与修正的 CASA 模型的估算值比较吻合，可见该模型对黑河流域的 NPP，特别是草地的 NPP 能进行很好的模拟。

采样点编号及采样值见表 3-4。分析发现，5 号采样点的 NPP 估算值与实测值的残差最大，为−46.26g C/m^2，相对误差为 15.05%；2 号采样点的 NPP 实测值与模拟值残差最小，为−5.93g C/m^2，相对误差为 1.62%；11 个样点的残差平均值为−4.78g C/m^2，平均相对误差为 1.23%。采样时间为 7 月，代表了样点 7 个月的 NPP 累积量，而与之对比的 NPP 模型的估算值为多年年均 NPP，所以某些采样点的实测值小于估算值是符合实际情况的；其他一些采样点的实测值高于估算值，可能是因为采样的样方为 1.0m^2，而估算模型所用的 NDVI 数据分辨率为 1.0km^2，可能包含裸地等其他地上物，而且总体植被覆盖度也会低于样方覆盖度，导致其估算值偏低。分析 NPP 实测值与估算值的散点图发现，二者的关系符合方程 $y = 1.0185x − 0.6798$，且 $R^2 = 0.9315$，一次系数接近 1 且二者显著相关。综合以上讨论可见，采用修正的 CASA 模型估算 NPP 对于黑河流域具有很高的适用性，也证明了该方法对于干旱半干旱区域有较高的准确性，同时该研究所的结果是进一步进行黑河流域相关研究的很好的数据集。

2. 模型对比分析

目前，黑河流域 NPP 研究使用的模型主要有气候统计模型和光能利用率模型，两种模型结果差异较大(龙爱华等，2008；陈正华等，2008；杜自强等，2006)。陈正华等(2008)利用气候统计模型对黑河流域不同年份 NPP 的区域总量进行了模拟，其中，1998 年为 1.2×10^{13}g C，2002 年为 1.35×10^{13}g C。卢玲等(2006)利用光能利用率模型 C-FIX 模拟计算出了黑河流域 NPP 总量,其中,1998 年为 $2.1×10^{13}$g C,2002 年为 $1.8×10^{13}$g C。二者对黑河流域 NPP 的空间分布预测结果较为相似,但流域总量 NPP 变化趋势,前者为增加趋势,后者为减少趋势。修正的 CASA 模型对流域的估算结果是 1999~2002 年为增加趋势,这一结果与陈正华等(2008)的模拟结果较为相似。1999 年,黑河流域 NPP 总量估算结果为 $1.09×10^{13}$g C,也与陈正华等(2008)的结果 $1.084×10^{13}$g C 比较接近;2002 年为 $1.16×10^{13}$g C,比陈正华等(2008)的结果少 $1.9×10^{12}$g C/m²。陈正华等(2008)模拟的 1999~2002 年黑河流域的草地 NPP 为 116.50g C/m²、109.00g C/m²、135.49g C/m² 和 140.09g C/m²,而本书相应年份的草地模拟 NPP 为 124.37g C/m²、110.16g C/m²、102.45g C/m² 和 153.06g C/m²,可见模拟结果的年际变化趋势较吻合,且模拟的 NPP 变化相差不大。

虽然这几种模拟结果都是基于光能利用率模型,均采用 SPOT-VEGETATION 的数据作为模型参数,但是 CASA 模型与 C-FIX 模型考虑的参数有所不同,前者主要利用了气温、降水量、太阳辐射量、NDVI 等参数,而后者考虑了气温、太阳辐射量和植物冠层可吸收的光合有效辐射比几个参数;本小节所用的修正 CASA 模型又对不同植被的最大光能利用率采用了不同的参数值进行分析,所以模拟结果有所不同,但与陈正华等(2008)的模拟结果较为符合。气象数据插值所使用的站点数量、插值方法与插值空间分辨率都是影响最终模拟 NPP 结果的重要因素,采用黑河流域 10 个站点的气象数据插值成与 SPOT-VEGETATION 的 NDVI 数据相同的分辨率和投影进行模型计算。再者,学者们用来建模的覆被分类有所不同(陈正华等,2008)。对 2000 年黑河流域不同植被类型进行计算时模型使用最小与最大 NDVI 值,采用了 NDVI 值累积分布 5% 与 95% 的数值,而且所使用的植被分类图也与其他二者不同。本书中,将 2000 年的黑河流域按植被型分为针叶林、阔叶林、灌丛、沼泽、荒漠、草原、草甸、高山植被、栽培植被与无植被地段 10 个类别进行分析。

3.5 黑河流域 NPP 时空变化特征分析

3.5.1 黑河流域 NPP 时间变化特征

1. 黑河流域月均 NPP 变化特征

分析图 3-10 可知,黑河流域 12a 中植被月均 NPP 有着明显的差异。由于 1~4 月黑河流域气温较低,地表绝大部分地区冻结,区域的植被 NPP 十分小,每月在 2g C/m² 以下,总累积量仅 3.5g C/m²。由于 5 月气温的升高和地表的解冻,植被开始复苏,其 NPP 开始快速增加,到 7 月达到一年中 NPP 的峰值。6~8 月是黑河流域的高温季节,也是流域水分、光照和热量水平最适合的时期,因此这几个月成为流域植被生产 NPP 的重要时段，其植被 NPP 累积量达到全年总量的 66%左右。8 月过后，随着气温和降水量的减少，该区域的植被 NPP 累积量也逐渐降低。

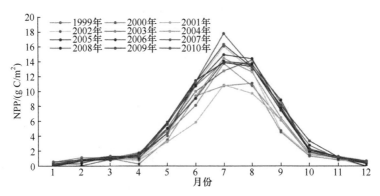

图 3-10　1999～2010 年黑河流域月均 NPP 变化特征(见彩图)

通过对 1999～2010 年黑河流域月均 NPP 变化特征分析可知，1 月和 2 月的植被 NPP 有微弱的减少趋势，平均变化为–0.02～–0.01g C/m²a，其余月份均呈现增加趋势，特别是 6～8 月这 3 个月份的植被 NPP 增加幅度较大。可见，1999～2010 年黑河流域植被 NPP 的变化趋势存在着较大的月份差异。

2. 黑河流域 NPP 年际变化特征

通过 CASA 模型的模拟结果发现，黑河流域 NPP 总量最小值为 2001 年的 9×10^{12}g C，最大值为 2007 年的 1.35×10^{13}g C(图 3-11)。流域年均 NPP 最大为 2010 年的 63.33g C/m²，最小为 2001 年的 42.33g C/m²。流域年均 NPP 的变化范围为 0.19～601.09g C/m²。黑河流域 NPP 最小值出现在 2008 年，最大值出现在 2001 年和 2004 年；NPP 极端最大值在 2000 年最小，为 433.15g C/m²，在 2003 年最大，为 601.09g C/m²。

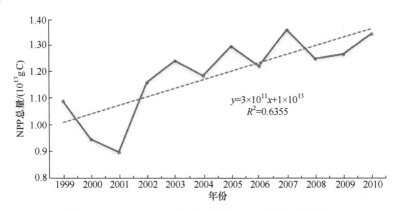

图 3-11　1999～2010 年黑河流域 NPP 总量变化趋势

由线性模拟结果发现，1999～2010 年黑河流域的 NPP 总量总体呈波动上升趋势(图 3-11)，且上升趋势为 3×10^{11}g C/a。其相关系数接近 0.7，可见黑河流域的 NPP 年际增加明显，说明黑河流域的植被 NPP 空间分布变化较大，近 12a 来流域的植被覆盖及其生态系统的能量输入水平总体上有所改善增加，这一特征与 NDVI 显示的流域覆被水平有所提高的变化趋势较为吻合，从而说明黑河流域的生态环境有所好转。

3.5.2　黑河流域 NPP 空间变化特征

1. 黑河流域 NPP 总体空间变化特征

为了直观显示黑河流域整体植被 NPP 空间分布特征，用 ENVI4.8 分析软件计算 1999～2010 年 NPP 平均值。结果表明，黑河流域上游山区的南部和东南部、中游的绿洲平原区及下游河道两岸、三角洲与冲积扇缘的湖盆洼地区域的 NPP 普遍较高，而由于下游大部分区域覆盖有大面积的荒漠和戈壁，其 NPP 普遍较低，尤其是下游的北部，NPP 达到了最低。分析可知，黑河流域植被 NPP 的总体分布特征为南多北少，多年平均值为 0.37～542.83g C/m^2，山区植被、河流两旁及绿洲地区的 NPP 普遍高于其他地区。NPP 平均值在 0.37～5g C/m^2 的区域主要分布在黑河流域中游金塔的西南部和下游的南部、东南部地区，这些区域主要覆盖有荒漠和戈壁，植被极度稀少；NPP 平均值为 5～10g C/m^2 的区域主要集中在黑河流域下游的中部和南部部分地区以及中游的中部，由于分布有大面积的荒漠，其植被覆盖比较稀少；NPP 平均值为 10～20g C/m^2 的区域多分布在黑河流域中下游西部交界处以及下游的西部和东部冲积扇缘的湖盆洼地，这些区域覆盖有荒漠及小面积的草地；NPP 平均值为 20～110g C/m^2 的区域主要集中在黑河流域上游的西部和中游的东南部地区，由于分布着林地和亚高山草甸等，植被覆盖较好，并且该区域在下游的河道两侧也有较少的面积分布；NPP 平均值为 110～542.83g C/m^2 的区域多分布在黑河流域上游的祁连山境内和中游的酒泉、张掖地区，这些区域分布有大面积的林地和绿洲，在整个黑河流域处于最好的植被覆盖状态。

计算黑河流域 2010 年与 1999 年的 NPP 差值，得到黑河流域植被 NPP 的变化分布。分析发现，1999～2010 年黑河流域植被 NPP 由南向北增加程度逐渐降低，并且在某些区域有减少的趋势，其差值为−244.11～0g C/m^2，减少的区域主要集中在黑河下游西部的荒漠地区、上游的肃南裕固族自治县和祁连山的东北部部分地区，下游地区主要是过度放牧及干旱少雨导致土地沙漠化，上游地区也是山地草场超载而导致大面积草场退化，草质变差；北部河道植被 NPP 也有明显减少的趋势，这是由于黑河中上游地区对河水的截流利用，下游河道的水量减少，影响了周围需水量较高的植物的生长，如河岸两侧的灌木林、草甸等植被。与 1999 年相比，黑河流域植被 NPP 的增加范围为 0～269.4g C/m^2。其中，NPP 增加量为

0～5g C/m² 的地区，主要分布在下游的大部分地区和中游北部金塔的南部地区；NPP 增加量为 5～10g C/m² 的地区，多集中在黑河流域中游的西北部和下游中部地区；NPP 增加量为 10～30g C/m² 的地区，主要集中在黑河流域中游的嘉峪关和张掖地区以及上游的西部；NPP 增加量为 30～269.4g C/m² 的区域主要分布在黑河流域中游的酒泉、临泽地区和上游祁连山的南部山区以及河道两侧地区。

对黑河流域植被 NPP 变化进行分区域统计，得出其上、中、下游地区的变化特征，如表 3-5 所示。分析可见，这两期数据中黑河流域的三个区域的 NPP 平均值增加了 15.50g C/m²，平均最大值为 215.42g C/m²，平均最小值为–149.18g C/m²，平均标准差为 17.86g C/m²。黑河各区域中，上游增加的平均值最大，为 26.12g C/m²；下游地区增加的平均值最小，为 2.14g C/m²；中游地区 NPP 增加平均值处于中间，为 18.24g C/m²。植被 NPP 波动最大的为上游地区，其标准差为 24.68g C/m²，最大减少量为 244.11g C/m²，增加量为 251.40g C/m²。中游地区标准差为 22.43g C/m²，略小于上游，最大增加量为 269.40g C/m²，最大减少量为 61.75g C/m²；下游地区最大减少量为 141.68g C/m²，最大增加量为 125.48g C/m²，标准差为 6.48g C/m²，在三个区域中最小。可见，植被 NPP 生产总量最大的上游地区，其波动较生产量较少的中、下游地区大。

表 3-5　黑河流域 1999～2010 年 NPP 差值的空间变化统计　　　（单位：g C/m²）

分区域	NPP 差值			
	最小值	最大值	平均值	标准差
上游	–244.11	251.40	26.12	24.68
中游	–61.75	269.40	18.24	22.43
下游	–141.68	125.48	2.14	6.48
平均值	–149.18	215.42	15.50	17.86

根据植被类型统计，得出不同植被类型两期 NPP 的变化特征，如表 3-6 所示。分析可见，与 1999 年相比，2010 年 10 种植被类型的 NPP 生产能力都呈增加趋势，平均增加量为 21.02g C/m²；各植被类型中沼泽的 NPP 平均增加量最大，为 46.24g C/m²，草原、草甸和栽培植被次之，分别为 32.49g C/m²、27.63g C/m² 和 39.22g C/m²。黑河流域生物量最多的草原和草甸两种植被类型 NPP 的增加对区域生态系统有着重要的意义，栽培植被 NPP 也有较明显的增加趋势，反映了农田单产量的显著提高，对人类生产有着重要意义。荒漠类型总体上固定 NPP 也有所增加，增加量为 4.95g C/m²，在 10 种植被类型中增加量最小。除针叶林所在区域的 NPP 均为增加趋势外，其他植被类型的 NPP 都存在部分地区不同程度的减少，草原类型的减少量最大，为 244.11g C/m²，沼泽类型的减少量最小，为 22.44g C/m²，10 种植被类型减少量的平均值 78.91g C/m²。10 种植被类型中阔叶林的标准差最

大，为 38.98g C/m²，荒漠类型的标准差最小，为 10.97g C/m²，说明阔叶林的 NPP 波动较大，而荒漠的 NPP 波动较小。

表 3-6 黑河流域 2010 年与 1999 年不同植被类型 NPP 差值变化特征统计(单位：g C/m²)

植被类型	NPP 差值			
	最小值	最大值	平均值	标准差
针叶林	22.45	134.14	20.05	22.76
阔叶林	−141.68	213.36	10.19	38.98
灌丛	−96.44	124.06	11.30	17.72
沼泽	−22.44	269.40	46.24	38.46
荒漠	−61.75	214.00	4.95	10.97
草原	−244.11	251.40	32.49	22.45
草甸	−74.13	142.31	27.63	26.09
高山植被	−65.23	89.32	9.03	18.16
栽培植被	−55.21	214.00	39.22	26.29
无植被	−50.57	100.29	9.07	23.54
平均值	−78.91	174.83	21.02	24.54

2. 黑河流域 NPP 分区域变化特征

黑河流域上、中、下游的植被覆盖特征变化明显，上游主要为覆被较好的祁连山地，多为自然植被覆盖，受气候影响较大，其 NPP 受海拔和气候因子的控制，呈现一定的垂直地带性；中游的河西走廊平原区是黑河水资源的主要利用区域，人工绿洲较多，绿洲植被覆盖度明显高于其他区域，人类居住较多，因此其植被覆盖及生态环境受人类影响较大；下游主要覆盖荒漠和戈壁植被，受高温干旱的影响，河水大量耗散流失，由于水分的制约，除少量绿洲外，其他广阔的区域植被覆盖度均较低。

分析表 3-7 和图 3-12(a)可知，1999～2010 年黑河流域上游植被 NPP 均值总体呈波动上升趋势，每年的上升趋势为 3.54g C/m²。黑河流域上游 NPP 均值最小为 2000 年的 127.62g C/m²，NPP 均值最大为 2007 年的 175.47g C/m²，多年平均值为 157.62g C/m²。黑河流域上游 NPP 的最小值出现在 2008 年，为 0.19g C/m²；2002 年的最小值最大，为 0.33g C/m²，因此 NPP 最小值在 0.19～0.33g C/m² 变化；NPP 最大值在 2000 年最小，为 433.15g C/m²，NPP 最大值在 2003 年最大，为 601.09g C/m²；流域上游 NPP 的标准差多年平均值为 111.41g C/m²，波动最大的年份为 2005 年，其标准差为 122.85g C/m²，波动最小为 2000 年，其标准差为 86.46g C/m²(表 3-7)。线性模拟发现，相关系数达 0.6 以上，说明黑河流域上游地区的 NPP 有着明显的年际增加趋势，从而也说明 1999～2010 年黑河流域上游的植被覆盖及生态系统的能量输入水平总体上有所改善和提高，上游植被 NPP 空间分布差异较大，并且由于区内多为山地分布的自然植被，其 NPP 受气候和海拔的变化影响较大。

表 3-7　1999～2010 年黑河流域上游植被 NPP 统计表　　（单位：g C/m²）

年份	NPP			
	最小值	最大值	平均值	标准差
1999	0.24	486.22	145.42	99.69
2000	0.21	433.15	127.62	86.46
2001	0.29	513.90	129.43	99.53
2002	0.33	504.80	158.08	107.36
2003	0.25	601.09	161.56	117.39
2004	0.28	568.19	153.59	110.10
2005	0.28	594.27	171.49	122.85
2006	0.27	599.83	164.89	122.27
2007	0.20	570.45	175.47	122.57
2008	0.19	575.44	162.70	118.51
2009	0.32	587.69	169.65	116.78
2010	0.25	531.10	171.54	113.48
平均值	0.26	547.18	157.62	111.41

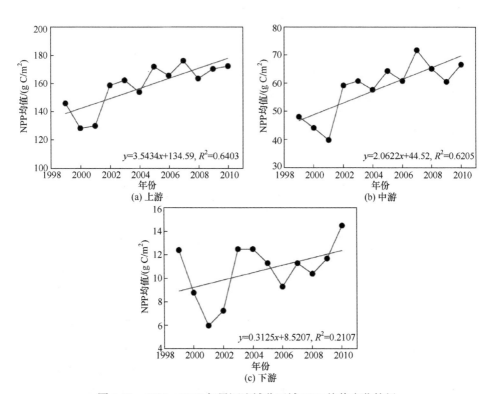

图 3-12　1999～2010 年黑河流域分区域 NPP 均值变化特征

分析表 3-8 和图 3-12(b)可知，1999～2010 年黑河流域中游年的植被 NPP 均值总体呈波动上升趋势，每年的上升趋势为 2.06g C/m^2，略小于黑河流域上游的每年趋势 3.54g C/m^2。黑河流域中游 NPP 均值最小为 2001 年的 39.64g C/m^2，最大为 2007 年的 71.38g C/m^2，多年平均值为 57.92g C/m^2。流域中游年均 NPP 的极值变化范围为 0.21～524.05g C/m^2。流域中游 NPP 的最小值出现在 2008 年，为 0.21g C/m^2，2010 年的最小值最大，为 0.46g C/m^2，多年平均值为 0.34g C/m^2；NPP 最大值在 1999 年最小，为 346.45g C/m^2，2006 年的最大值最大，为 524.05g C/m^2，多年平均值为 446.21g C/m^2；流域中游 NPP 的标准差多年平均值为 79.56g C/m^2，变化最大的年份为 2007 年(96.79g C/m^2)，变化最小的年份为 2000 年(61.97g C/m^2)。综上所述，黑河流域中游的 NPP 呈逐年增加趋势，说明 1999～2010 年黑河流域中游的植被覆盖及生态系统的能量输入水平总体上有所改善和增加；黑河流域中游的植被 NPP 空间分布变化较大，相对于黑河上游流域，虽然其 NPP 均值和均值的增加趋势都较小，但是中游的植被 NPP 变化幅度较小，这与中游地区多分布有人工绿洲有关。黑河流域的水在该区域被大量利用，以维持人工绿洲的生产力，因此其 NPP 波动在人工干预下变化幅度较小。

表 3-8　1999～2010 年黑河流域中游植被 NPP 统计表　　(单位：g C/m^2)

年份	NPP			
	最小值	最大值	平均值	标准差
1999	0.41	346.45	47.98	65.10
2000	0.28	356.86	44.01	61.97
2001	0.28	381.83	39.64	62.24
2002	0.32	484.67	58.89	83.42
2003	0.41	499.53	60.53	83.97
2004	0.32	413.66	57.20	77.76
2005	0.36	477.00	64.04	89.39
2006	0.32	524.05	60.36	85.95
2007	0.38	498.75	71.38	96.79
2008	0.21	465.26	64.80	87.63
2009	0.33	427.64	60.03	80.24
2010	0.46	478.86	66.22	80.22
平均值	0.34	446.21	57.92	79.56

由表 3-9 和图 3-12(c)可知，1999～2010 年黑河流域下游的植被 NPP 均值总体呈波动上升趋势，每年的上升趋势为 0.31g C/m^2，小于黑河流域上游和中游的 3.54g C/m^2、2.06g C/m^2。黑河流域下游 NPP 均值最小为 2001 年的 5.87g C/m^2，

均值最大为 2010 年的 14.44g C/m², 多年平均值为 10.55g C/m², 远小于上游和中游地区。流域下游年均 NPP 的极端值变化范围为 0.21～485.40g C/m²。流域下游 NPP 的最小值出现在 2008 年, 为 0.21g C/m², 2010 年的最小值最大, 为 0.42g C/m², 多年平均值为 0.30g C/m²; NPP 最大值在 2002 年最小, 为 326.46g C/m², 在 2008 年最大, 为 485.40g C/m², 多年平均值为 394.23g C/m²。黑河流域下游 NPP 的标准差多年平均值为 16.34g C/m², 2008 年波动最大, 其标准差为 18.99g C/m², 2002 年变化最小, 其标准差为 12.89g C/m², 与上游和中游地区相比, 下游地区植被 NPP 的波动最小。综上所述, 黑河流域下游 NPP 年际增加趋势相对较弱; 1999～2010 年黑河流域下游的植被覆盖及生态系统的能量输入水平在某种程度上有所提高和改善; 虽然 NPP 均值和均值的增加趋势都小于黑河流域上游和中游地区, 但是下游的植被 NPP 空间变化程度相对较低, 这主要是因为下游地区多覆盖荒漠和戈壁, NPP 均值较小并且波动也较小。

表 3-9　1999～2010 年黑河流域下游植被 NPP 统计表　　（单位: g C/m²）

年份	NPP			
	最小值	最大值	平均值	标准差
1999	0.40	406.91	12.30	17.71
2000	0.27	377.44	8.70	15.41
2001	0.28	341.62	5.87	13.56
2002	0.26	326.46	7.11	12.89
2003	0.36	417.76	12.40	17.07
2004	0.33	390.69	12.44	17.20
2005	0.24	385.52	11.22	15.17
2006	0.24	368.94	9.17	15.39
2007	0.30	410.48	11.19	17.35
2008	0.21	485.40	10.24	18.99
2009	0.26	433.13	11.56	17.56
2010	0.42	386.44	14.44	17.80
平均值	0.30	394.23	10.55	16.34

3. 黑河流域 NPP 各植被类型变化特征

对 2000 年黑河流域植被覆盖类型根据植被型组进行合并, 得到黑河流域的 10 种植被类型, 各植被类型分别占流域总面积的比例顺序: 荒漠(67.69%)>草原(9.85%)>草甸(9.65%)>栽培植被(4.98%)>灌丛(3.41%)>高山植被(2.50%)>针叶林(0.88%)>阔叶林(0.57%)>无植被(0.39%)>沼泽(0.08%), 如表 3-10 所示。研究表明,黑河流域所有植被类型中，草甸类型的年均 NPP 总量最大，为 $2.2×10^{12}$ g C，其次为草原，$1.8×10^{12}$ g C，这两者的 NPP 总量占流域总量的 54.5%；由于荒漠类型的占地面积巨大，虽其单位面积的平均 NPP 较小，但是整体的年均 NPP 总量仅次于草原和草甸，为 $1.2×10^{12}$ g C，占流域总量的 16.2%；沼泽地区的年均 NPP 总量最小。黑河流域的草地生态系统累积的 NPP 最多，在对黑河流域生态系统能量输入的贡献中占主导地位，对黑河流域的生态环境保护有重要的意义。

表 3-10　2000 年黑河流域各植被类型面积占比及年均 NPP 总量

编号	植被类型	面积/m²	面积占比/%	年均 NPP 总量/g C
1	针叶林	$1.13 × 10^9$	0.88	$2.1 × 10^{11}$
2	阔叶林	$7.24 × 10^9$	0.57	$7.8 × 10^{10}$
3	灌丛	$4.38 × 10^9$	3.41	$4.5 × 10^{11}$
4	沼泽	$1.04 × 10^8$	0.08	$7.8 × 10^9$
5	荒漠	$8.68 × 10^{10}$	67.69	$1.2 × 10^{12}$
6	草原	$1.26 × 10^{10}$	9.85	$1.8 × 10^{12}$
7	草甸	$1.24 × 10^{10}$	9.65	$2.2 × 10^{12}$
8	高山植被	$3.20 × 10^9$	2.50	$2.7 × 10^{11}$
9	栽培植被	$6.39 × 10^9$	4.98	$1.1 × 10^{12}$
10	无植被	$4.97 × 10^8$	0.39	$2.5 × 10^{10}$

如表 3-11 所示，对 1999～2010 年黑河流域各植被类型 NPP 进行分析，可知 NPP 均值大小顺序：针叶林(187.59g C/m²)> 草甸(174.65g C/m²)> 栽培植被(170.76 C/m²)>草原(143.61 C/m²)>阔叶林(107.29 C/m²)>灌丛(103.06 C/m²)>高山植被(83.80g C/m²)> 沼泽 (74.41g C/m²)> 无植被 (50.64g C/m²)> 荒漠 (13.61g C/m²)。草甸的 NPP 最大值最高，为 546.69g C/m²，高山植被和无植被的 NPP 最小值最小，均为 0.27g C/m²。各植被类型中 NPP 标准差最大的是草甸，为 117.65g C/m²，最小的是荒漠，为 22.27g C/m²，因此在 NPP 均值中，草甸波动最大，荒漠波动最小。

表 3-11　1999～2010 年黑河流域各植被类型 NPP 统计表　（单位：g C/m²）

植被类型	NPP			
	最小值	最大值	平均值	标准差
针叶林	12.86	434.05	187.59	68.95
阔叶林	0.87	414.04	107.29	90.31
灌丛	1.02	473.58	103.06	100.10

续表

植被类型	NPP			
	最小值	最大值	平均值	标准差
沼泽	10.92	319.02	74.41	42.20
荒漠	0.30	345.19	13.61	22.27
草原	3.87	533.68	143.61	100.40
草甸	0.31	546.69	174.65	117.65
高山植被	0.27	425.26	83.80	73.59
栽培植被	0.62	456.71	170.76	98.89
无植被	0.27	406.55	50.64	91.85

对 1999～2010 年黑河流域各植被类型的 NPP 变化进行线性趋势统计，得到表 3-12。分析可知，各种植被类型的 NPP 均值均呈现增加趋势，且栽培植被的 NPP 均值增加趋势最大，为 51.19g C/(m²·10a)，可见人工栽培植被的 NPP 显著提高，主要体现在农田和果园的产量上。其中，草原和草甸的 NPP 增加趋势也较大，对黑河流域总体 NPP 的提高和环境的改善起了重要的基础物质积累作用。阔叶林的 NPP 均值增加趋势最小，为 2.40g C/(m²·10a)。各种植被类型的 NPP 增加趋势中，波动最大的是沼泽类型，其标准差为 31.20g C/(m²·10a)，最小的是针叶林，其标准差为 1.56g C/(m²·10a)，说明针叶林的变化趋势处于一个较稳定的状态。

表 3-12　1999～2010 年黑河流域各植被类型 NPP 变化线性趋势统计表

[单位：g C/(m²·10a)]

植被类型	NPP			
	最小值	最大值	平均值	标准差
针叶林	1.42	8.07	3.84	1.56
阔叶林	−0.09	11.12	2.40	1.64
灌丛	0.64	73.32	18.14	16.98
沼泽	7.50	278.69	43.39	31.20
荒漠	−0.02	104.52	5.36	8.02
草原	−0.46	97.91	42.17	20.32
草甸	0.02	95.06	36.09	24.00
高山植被	0.00	83.84	13.33	12.87
栽培植被	0.94	110.04	51.19	19.42
无植被	0.02	77.12	15.28	24.31

4. 黑河流域 NPP 与气候因子相关性分析

气温、降水量、太阳辐射量、空气湿度等是影响生态系统的外部驱动力因素，它们一方面通过直接作用于植被来影响 NPP，另一方面通过影响土壤间接影响 NPP。如表 3-13 所示，对 1999～2010 年黑河流域全区及其上、中、下游的年平均气温、年总降水量和年总太阳辐射量与多年平均 NPP 进行相关性分析可知：从黑河流域全区来看，其植被多年平均 NPP 与年平均气温和年总太阳辐射量呈负相关关系，与年总降水量呈正相关关系，可见水分因子是黑河流域 NPP 的限制因素。水分因子的制约使得热量的提高加大了区域的水分蒸散，从而使年平均气温和年总太阳辐射量提高，制约了 NPP。从上游情况来看，植被多年平均 NPP 与年总太阳辐射量和年总降水量呈正相关关系，与年平均气温呈负相关关系，可见水分和总太阳辐射量共同制约着流域上游地区的 NPP，因此当黑河流域上游地区降水量与太阳辐射量相对较低时，就会限制植被 NPP。近 50a 来，黑河流域上游的降水量增加趋势明显，水分的增加有利于区域 NPP 累积量的提高。黑河流域中游地区植被多年平均 NPP 与年总降水量呈正相关关系，与年平均气温呈负相关关系，与年总太阳辐射量呈微弱负相关关系，可见中游地区还是水分因子制约着植被 NPP。黑河流域下游地区植被多年平均 NPP 与年平均气温、年总降水量、年总太阳辐射量无显著相关性，这说明下游地区植被 NPP 受本地气候变化影响较小。对气候变化分析发现，黑河流域过去 50a 中降水量有显著增加的趋势，特别是黑河上游地区增加最多，其年平均气温也有明显增加的趋势，尤其是下游地区增温幅度较大。这种趋势有利于上、中游地区植被 NPP 的累积，从而使得广泛分布于此区域的草原和草甸的 NPP 累积量有望继续增加。黑河下游地区增温强烈，降水量增加微弱，综合分析发现，这种气候变化趋势也将有利于黑河下游地区的植被 NPP 的累积。

表 3-13　1999～2010 年黑河流域气候因子与多年平均 NPP 的相关性特征

气候因子	与多年平均 NPP 的相关系数			
	全区	上游	中游	下游
年平均气温	−0.63	−0.27	−0.42	0.04
年总降水量	0.74	0.56	0.55	−0.04
年总太阳辐射量	−0.29	0.50	−0.03	0.00

总之，1999～2010 年黑河流域的 NPP 年均总量总体呈波动上升趋势，其线性趋势为 $3×10^{11}$g C/a，流域 1 月和 2 月的植被 NPP 有微弱的减少趋势，平均为

$-0.01\sim-0.02$g C/(m²·a)，其余月份均呈增加趋势。整个流域年均 NPP 在 $0.19\sim$ 601.09g C/m² 变化。草甸类型每年 NPP 总量最大值为 2.2×10^{12}g C，其次为草原 1.8×10^{12}g C，这两者的 NPP 总量占流域总量的 54.5%；由于荒漠类型植被所占的面积最大，因此虽然其单位面积的平均 NPP 较小，但是整体的 NPP 总量仅次于草原和草甸，平均每年为 1.2×10^{12}g C，占流域总量的 16.2%；沼泽地区的 NPP 最小。可见，黑河流域的草地生态系统累积的 NPP 最多，对流域的生态环境改善有着重要的意义。

5. 生长季植被覆盖变化对气候的响应

通过 NDVI 与气候因子的相关分析可以看出，不同生长季的 NDVI 对气候因子的响应情况不同(表 3-14)。春季和秋季 NDVI 与气温都呈负相关关系，而夏季呈显著正相关关系，并通过了 0.05 显著性检验；NDVI 与降水量的关系也是夏季最为密切，且通过了 0.01 的显著性检验，春秋两季都没有显著的相关性。说明在年内变化中，水分作为植被覆盖的主要驱动因子，主要体现在夏季，植被对夏季气温也有略微明显的响应趋势，但响应程度弱于降水量。

表 3-14　各生长季 NDVI 与气候因子的相关系数

生长季	NDVI 与降水量	NDVI 与气温
春季	0.206	−0.206
夏季	0.634**	0.384*
秋季	−0.259	−0.483

注：*为在 0.05 水平上显著；**为在 0.01 水平上显著。

空间分布上，三个生长季中，NDVI 与降水量之间呈正相关关系的面积占比大于NDVI 与气温之间呈正相关关系的面积占比，且三个生长季中几乎没有NDVI与降水量呈显著负相关关系的像元(表 3-15)。说明与气温相比，研究区植被的年际变化趋势对降水量的响应较为敏感。

表 3-15　不同生长季平均 NDVI 与气候因子的相关关系　　　　(单位：%)

生长季	NDVI 与气温像元面积占比				NDVI 与降水量像元面积占比			
	显著正相关	正相关	显著负相关	负相关	显著正相关	正相关	显著负相关	负相关
春季	1.92	45.83	4.74	54.17	4.57	57.44	2.25	42.56
夏季	3.23	60.12	1.86	39.88	19.50	89.47	0.32	10.53
秋季	0.46	32.72	7.15	67.28	1.28	40.03	0.85	59.95

　　春季 NDVI 与降水量正相关的像元面积占研究区的 57.44%，略大于负相关的像元，其中显著正相关的像元面积占 4.57%，主要分布在黑河流域中、上游的部分地区、安西-敦煌盆地及河西走廊北山地区。春季 NDVI 与气温的相关性恰好相反，呈负相关关系的面积占 54.17%，略大于正相关的面积占比，其中呈显著负相关关系的面积只占全区的 4.74%，主要集中在巴丹吉林沙漠与河西走廊相接地带及走廊中部平原地带。说明空间关系上，春季研究区的 NDVI 主要与降水量呈正相关关系，与气温呈负相关关系，与降水量的相关性略强于和气温的相关性。

　　夏季 NDVI 与降水量之间呈正相关的像元面积占比由春季的 57.44%上升至89.47%，且远大于春季的 57.44%和秋季的 40.03%，同时也远大于其呈负相关的像元面积占比，其中达到显著性水平的地区占 19.50%。与春季相比，夏季呈显著正相关的地区增加了巴丹吉林沙漠四周、黑河流域中游地区及腾格里沙漠东部。夏季 NDVI 与气温之间呈正相关关系的像元面积在三个季节中最大，占研究区面积的 60.12%。说明从空间角度来看，夏季研究区 NDVI 与气温和降水量都呈正相关关系，其中 NDVI 与降水量呈高度正相关关系，与其他季节相比，降水量对植被变化影响最大。

　　秋季 NDVI 与降水量呈正相关的像元面积较夏季有所下降，仅占 40.03%，并且比呈负相关关系的面积少 19.92%，其中有不到研究区 1%的像元呈显著负相关。秋季 NDVI 与气温之间呈显著正相关关系的像元面积在三个季节中最小，仅占研究区面积的 0.46%，而与春季一样出现了大面积的像元(67.28%)呈负相关关系，其中显著负相关的像元有 7.15%。这说明秋季气温与降水量都对研究区的植被变化影响较大，呈负相关关系，但是与气温之间的关系比降水量更显著。

　　基于 MODIS NDVI 和 2002～2012 年泛河西地区的气温、降水量数据(表3-15)，分别研究了植被的年际变化、季节变化对气候变化的响应。

　　2002～2012 年，泛河西地区年平均 NDVI 呈增加趋势的面积明显大于减小趋势的面积，71.07%的地区植被有增加趋势，显著增加趋势的面积占 13.19%，也远大于显著减小趋势的面积，说明研究区植被恢复呈良好状态。从年际变化来看，研究区植被变化受降水影响的程度高于气温，表明在泛河西地区影响植被覆盖变化的主要驱动力因子是水分条件。在年内变化上，水分作为植被覆盖的主要驱动因子主要体现在夏季，研究区植被对气温没有明显的响应趋势，可见年际变化与年内变化大体趋势基本一致。从季节变化的空间分布来看，春季植被受降水影响的面积略大于气温影响的面积，秋季植被受气温影响的面积较其他季节明显。三个生长季中，NDVI 与降水量之间呈正相关关系的面积占比大于其与气温之间呈正相关关系的面积占比，即与气温相比，泛河西地区植被的变化趋势对降水量的响应较为敏感，并且分别从年际变化、季节变化的时间角度反映了泛河西植被与气候变化的响应程度，从空间角度分析植被与气候要素之间的相关性。但是，一方面，在进行年际变化与气候响应研究时，没有从植被类型角度考虑植被在空间分布上的区域差异；另一方面，本书研究所选择的时间尺度为 1999～2010 年，相对于大面积研究范围来说时间跨度不够大。因此，在后续研究中可将时间尺度进行扩展，并且可通过划分不同的植被类型区来研究不同植被类型的植被变化与气候变化的关系，为干旱区植被的恢复提供一定的理论依据。

第4章　内陆河中游盆地地下水脆弱性模拟

4.1　引　言

4.1.1　研究意义

水资源是人类生产和生活不可缺少的自然资源，也是生物赖以生存的首要因素。水资源匮乏将成为 21 世纪人类面临的最为严峻的资源问题。随着工农业生产的发展，所产生的污染物和由此引起的水体污染对有限的水资源的威胁逐渐加剧，水污染等与水有关的"灾害"越加严重，淡水资源的减少和恶化影响着社会、经济的可持续发展。当前，水体污染已引起越来越多的重视，成为当今普遍关注的热点问题(Dimitar et al.，2005；Rabemanana et al.，2005)。

20 世纪 50 年代以后，全球人口急剧增长，工业发展迅速。一方面，人类对水资源的需求以惊人的速度扩大；另一方面，日益严重的水污染蚕食大量可供消费的水资源，使生态系统和栖息地遭受破坏。面对世界性水危机，联合国教育、科学及文化组织(United Nations Educational，Scientific and Cultural Organization，UNESCO)和世界气象组织(WMO)于 1999 年 2 月在日内瓦召开全球水文大会，再次动员世界各国为解决日趋严重的水资源危机积极行动起来，加强各国之间的合作，以寻求解决或缓解越来越严重的全球性水资源危机。

1977 年，阿根廷马德普拉塔的联合国水事会议召开以后，联合国有关机构组织了大量专家研究水的问题，召开了多次关于水与环境、水与发展的国际会议，向国际科学界、世界水资源管理者和决策者提出了建议，旨在实现可持续发展的目标和缓解迫在眉睫的水资源危机。尤其是 1992 年 6 月在巴西里约热内卢召开的联合国环境与发展大会上，关注的热点就是包括水环境在内的环境和水资源问题。该会议通过和签署了《里约环境与发展宣言》《21 世纪议程》《生物多样性公约》等重要文件，对解决和缓解水资源和水环境危机提出了一系列战略性措施，其中就包括对水体污染进行预报、防治等措施，从而减少对水资源的污染，保护环境。

在干旱半干旱地区，水资源是社会、经济可持续发展和生态环境建设的生命线，是该地区最具战略意义的资源。干旱区水资源研究越来越受到水资源科学工作者的关注(Lite et al.，2005)。UNESCO 长期主持有关干旱地区水文水资源的研究工作，对水资源开发引起生态环境恶化及防治提出特别的关注。对于缺乏降水和地表水的干旱区，地下水作为一种永久性水源具有地表水所不具备的许多优越性，如分布广、保存好、不易因蒸发损失、供水和水质比较稳定、可就地取水、可利用程度高并可分阶段有计划地开采利用等，成为干旱地区最重要和最佳的供水选择。但是，在大规模利用地下水的地区，水环境趋于恶化。水质污染已由点状向面状扩展，由城市向农村蔓延，且污染仍在不断加剧，普遍存在水质恶化现象。地下水一旦受到污染和破坏，由于污染面广、污染物浓度变化大，对其治理和恢复的难度和代价都是巨大的，甚至在一定时期内不可能完全得到修复。因此，防止污染、保护地下水资源十分重要，这也是近年来世界各国都非常重视地下水环境保护并将其纳入环保战略核心计划原因所在。

地下水脆弱性研究是合理开发、利用和保护地下水资源的重要基础性工作。通过地下水脆弱性研究，区别不同地区地下水的脆弱程度，评价地下水的潜在污染性，圈定脆弱区，可以警示人们在脆弱区开发和利用地下水资源时采取相应的保护措施。从另一个角度讲，地下水脆弱性研究可以帮助水资源管理和决策者制订地下水资源有效保护计划，科学指导地下水的合理开发和管理，对国土整治、水环境保护乃至国民经济发展都起着重要的作用。随着经济的迅速发展、人口的不断增长和城市化进程的加快，地下水资源污染日益严重，水环境质量不断恶化，给社会发展和人类健康带来危害。地下水污染已成为我国一个突出的环境问题。遏制地下水质恶化、解决水污染问题已成为当务之急，所以开展保护地下水资源的基础性研究已刻不容缓。

黑河是我国西北干旱区第二大内陆河，为充分利用该流域中、下游地区土地光热资源，自汉代起便开始了灌溉农业开发，距今已有2000多年历史。由于水土资源数量不匹配及对水资源开发存在盲目性，中游地区借近水之便利，利用数量盲目增长，上下游之间供求矛盾逐渐显露。特别是20世纪五六十年代以来，中游地区工农业呈较快发展态势。黑河干流中游地区灌溉面积由原来的213.3万亩[①]增至390.87万亩，灌溉引水量由15亿m³左右增至23.36亿m³(王根绪等，2002)。流域水文情势的改变，人类活动的影响，对水资源不合理的规划、管理、开发和利用，导致流域生态环境日益恶化(肖生春等，2004；钟华平等，2002)。受全球气候干旱化趋势的影响，加之黑河流域上、中游地区需水量的日益增加，加剧了下游生态环境的恶化。流域濒临崩溃的生态系统靠其有限的水资源维持着，而在大规模开采地下水的中、下游地区，出现了不同程度的水质恶化现象，表现为水体(地表水、地下水)不断盐化和人为污染(高前兆等，2004；肖生春和肖洪浪，2003)。水质优劣直接影响流域整体生态环境状况和社会经济的发展(温小虎等，2004；王根绪等，2002)，为保护水资源，研究地下水在自然状态下的脆弱性是非常重要的(Wen et al.，2005)。

---

① 1亩≈666.67m²。

　　但是，在黑河流域中游张掖盆地，地下水脆弱性的研究程度还比较低，限制了对地下水水环境演化的认识。为了有效地利用宝贵的水资源，必须对地下水脆弱性进行深入研究，从而为科学规划、利用水资源提供依据。

4.1.2　地下水脆弱性含义及其评价

1. 地下水脆弱性含义

　　地下水脆弱性的英文为 groundwater vulnerability、aquifer contamination potential、sensitivity of groundwater to contamination，这一术语是由法国水文地质学家 Margat 于 1968 年首次提出。鉴于地下水脆弱性研究的重要意义，各国水文地质学家相继对地下水脆弱性概念的内涵和外延进行了探讨。学者和研究机构从不同的角度对"地下水脆弱性"的概念给予了不同的解释，但到目前还没有一个普遍被认可的定义。地下水脆弱性解释为地下水受进入地下水系统的污染物污染的可能性，它由众多因素决定，包括地质、水文地质、污染物排放条件及物理化学性质等。地质、水文地质因素主要指包气带特征(岩性、厚度)和含水层特征(类型、岩性及厚度)。包气带厚度越大，物质颗粒越细，含水层封闭条件越好，地下水的脆弱性就越低。污染物种类、排放强度及排放方式也对地下水的脆弱性有很大的影响，地下水对不稳定的、易降解的污染物敏感性低，对十分稳定的不易降解的污染物敏感性高。随着对地下水脆弱性复杂影响因素的深入认识和研究水平的逐渐提高，地下水脆弱性概念也在不断地丰富、完善和发展，地下水脆弱性评价的各种模型和指标体系也在不断地更新、改进和充实。

　　早期地下水脆弱性评价是基于"一个地区的地下水相对于另一个地区的地下水对污染物更脆弱"这一想法而提出来的，这是一个相对的概念，多是从水文地质本身内部要素(如地下水埋深、地下水的平均流速、表层沉积物的渗透性、导水系数等)这一角度来定义的。因此，地下水脆弱性反映天然环境对地下水污染保护程度的差异。脆弱性是地下水系统的本征特性，表征该系统的水质对人为/自然作用的敏感性。地下水脆弱性可定义为污染物从主要含水层顶部以上某位置介入后，到达地下水系统的某个特定位置的倾向或可能性。

　　随着科学技术的发展和人们认识水平的提高，地下水脆弱性的概念也由简单到复杂、由单纯考虑内因到综合考虑内外因，既考虑水文地质本身内部要素的同时，也考虑到了人类活动和污染源类型等外部因素对地下水脆弱性的影响。在1987 年召开的"土壤与地下水脆弱性"国际会议上，"地下水脆弱性"的定义方式有了新的突破，认为地下水脆弱性是由含水层本身的脆弱性和人类活动所产生的污染负荷造成的，用"含水层污染脆弱性"代替地下水的固有脆弱性，并认为人为因素对地下水的影响也是非常重要的。美国统计局于 1991 年应用"水文地质脆弱性"来表达含水层在自然条件下的易污染性，而用"总脆弱性"来表达含水层在人类活动影响下的易污染性。美国国家环境保护局提出，"脆弱性"也称"敏感性"，是一个相对的、不能在野外直接测量的、无量纲的参数，是针对某个具体的场地或某个地区而言的，根据污染物从地表迁移到含水层的难易程度(USEPA，1993)。"脆弱性"可分为两类：一类是本质(固有、天然或内在)脆弱性，即不考虑人类活动和污染源的影响，只考虑水文地质内部因素的脆弱性；另一类是特殊(综合或具体)脆弱性，即地下水对某一特定污染源或人类活动的脆弱性。相对于特殊脆弱性，本质脆弱性对某一固定地区来说其脆弱程度是一定值，而特殊脆弱性的脆弱程度却随着污染源类型和人类活动的不同而不同。美国国家调查研究委员会(1993)给出的定义：地下水脆弱性是污染物由地表到达地下水系统某一特定位置的趋向和可能性。该定义把脆弱性理解成污染趋势。USEPA 和国际水文地质学家协会(IAH)于 2000 年给出地下水脆弱性的定义：地下水系统对人类/自然的有效敏感性。

我国有关地下水脆弱性研究始于 20 世纪 90 年代中期，目前尚未形成一个明确统一的地下水脆弱性定义。关于地下水脆弱性的定义多直接引用外文资料，常以"地下水的易污染性""含水层对污染物的敏感性""污染潜力""防污性能"等来代替"地下水脆弱性"。

综上所述，从地下水脆弱性概念的提出到现在，尚无一个统一确定的定义。20 世纪 80 年代中期以前，对地下水脆弱性的定义主要是从含水层的地质、水文地质特性等内部因素角度考虑，把地下水的脆弱性理解为含水层的一种内在的自然属性，也就是把地下水脆弱性单纯地理解为本质脆弱性。80 年代末以后，对地下水脆弱性的定义有所突破，除考虑地下水系统内部因素外，还考虑了土地利用和污染源等外部因素对脆弱性的影响。本质脆弱性和特殊脆弱性概念的提出，标志着地下水脆弱性的研究进入了一个新的领域。目前，国内外学者倾向于 USEPA 提出的关于地下水脆弱性分为两类的主张。

2. 地下水脆弱性评价

地下水脆弱性评价是对评价区域的地下水脆弱性进行量化的过程。据地下水脆弱性的概念可知，地下水脆弱性只具有相对性质，无法测量，无维、无量纲；评价结果的精确度取决于有代表性的且可靠的数据量。与地下水脆弱性概念相对应，地下水脆弱性评价分为本质脆弱性评价与特殊脆弱性评价两类。地下水脆弱性离不开水文地质内部因素，因此地下水本质脆弱性评价是地下水脆弱性评价的一项前提与基础性工作。地下水系统是一个开放系统，地下水与人类活动等外部因素的关系越来越密切且越来越复杂，因此地下水特殊脆弱性评价将会越来越引起人们的重视。

影响地下水脆弱性的因素很多，概括起来可分为自然因素和人为因素两类。因此，地下水脆弱性评价指标体系包括自然因素指标和人为因素指标。自然因素指标包括含水层的地形地貌、地质及水文地质条件。人为因素指标主要指可能引起地下水环境污染的各种行为因子。地下水脆弱性评价的指标参数见表4-1。

表4-1 地下水脆弱性评价的指标参数

参数	固有脆弱性							特殊脆弱性
	主要因素				次要因素			
	土壤	包气带	含水层	补给	地形	下伏地层	与地表水、海水联系	
主要参数	成分、结构、厚度、有机质含量、黏土含量、透水性	厚度、岩性、水运移时间	岩性、孔隙度、水系数、水流向、水年龄和滞留时间	净补给量、年降水量	地面坡度	透水性、结构和构造、补排潜力	河流补排、岸边补给潜力、滨海区咸淡水界面	①自然因素：土壤-包气带-含水层系统的纳污能力；②人为因素：土地利用状况、人口密度、污染物排放方式和强度
次要参数	阳离子交换能力、吸附和解吸能力、土壤含水率、根系吸收的水分、氮转化反应	风化速率、渗透性	容水量、隔水性	蒸发量、蒸腾量、空气湿度	植物覆盖程度	—	—	污染物在含水层滞留时间、污染物半衰期、吸附容量、人工补给和排泄量

目前，国内外常用的地下水脆弱性的评价方法有迭置指数法(overlay and index methods)、过程数学模拟法(methods employing process based simulation models)、统计方法(statistical methods)和模糊数学法(fuzzy mathematic methods)等。这几种方法在应用上各有侧重范围和优缺点(表4-2)。

表4-2 地下水脆弱性评价方法比较

比较	迭置指数法	过程数学模拟法	统计方法	模糊数学法
应用范围	本质脆弱性、本质脆弱性和特殊脆弱性	特殊脆弱性	特殊脆弱性	本质脆弱性
侧重	浅层地下水	土壤、包气带	潜水	潜水
比例尺	小比例尺	大比例尺	小比例尺	小比例尺
定性/定量	定性、半定量、定量	定量	定量	定量

迭置指数法是将选取的评价指标的分指数进行叠加，形成一个反映脆弱程度的综合指数，再由综合指数进行地下水脆弱性评价。它又分为水文地质背景参数法(hydrogeologic complex and setting methods，HCS)和参数系统法(parametric system methods，PCM)。水文地质背景参数法是通过一个与研究区有类似条件的已知脆弱性标准的地区来比较确定研究区的脆弱性。这种方法需要建立多组地下水脆弱性标准模式，且多为定性或半定量评价，一般适用于水文地质条件比较复杂的大区域。参数系统法是通过选择评价脆弱性的代表性指标来建立一个指标系统，每个指标均有一定的取值范围。这个取值范围又可分为几个区间，每一个区间给出相应的评分值或脆弱度(即指标等级评分标准)，把各指标的实际资料与此标准进行比较而评分，最后根据各个指标所得到的评分值或相对脆弱度叠加，即得到综合指数或综合脆弱度。参数系统法是地下水脆弱性评价中最常用的一种方法，可以进一步细分为基质系统(matrix systems，MS)法、率定系统(rating systems，RS)法和加权率定系统法(point count system models，PCSM)三种。在这三种方法中，PCSM 是最通用的方法。MS 法是以定性方式对研究区各单元的脆弱性进行评价的，后两种方法则是以定量(数值化)方式进行评价。这二者区别在于综合指数的计算方法不同。RS 法的综合指数是由各指标的评分值直接相加而得，而PCSM 的综合指数值则是各指标评分值和各自赋权的乘积叠加得出的，因此PCSM 又称为权重评分法。RS 法中的常见评价模型有 GOD、AVI 和 ISIS，PCSM 的常见评价模型有 DRASTIC、SINTACS、SEEPAGE、EPIK 等。这些模型考虑的参数有多有少，都有各自的适用范围，如 EPIK 主要是针对岩溶地区地下水脆弱性的，而 SEEPAGE 主要是针对农业区地下水脆弱性的。目前，国外的大部分地下水脆弱性的研究多以 DRASTIC 标准或农药 DRASTIC 标准为基础，运用综合指数模型或加权指数模型来进行地下水脆弱性评价。

过程数学模拟法是在水分和污染质运移模型基础上，建立一个脆弱性评价数学公式，将各评价指标定量化后放在公式中求解，得出一个可评价脆弱性的综合指数。该方法的最大优点是可以描述影响地下水脆弱性的物理、化学和生物等过程，并可以估计污染质的时空分布情况。尽管描述污染质运移转化的二维、三维等各种模型很多，但目前还没有更多地用在区域地下水脆弱性的评价中。地下水脆弱性研究多集中在土壤和包气带的一维过程，模型多为农药淋滤模型和氮循环模型。该类方法需要的参数较多，资料和数据的获取比较困难。

统计方法是通过对已有的地下水污染信息和资料进行数理统计分析，确定地下水脆弱评价因子并用分析方程表示，把已赋值的各评价因子代入方程计算，然后根据其结果进行脆弱性分析。常用的统计方法包括地质统计学(geostatistical)方法、克里金(Kriging)法、线性回归分析法、逻辑回归(logistic regression)分析法、实证权重(weight of evidence)法等。统计方法也用于对脆弱性评价中的不确定性进行分析。用统计方法进行脆弱性评价必须有足够的监测资料和信息。目前,统计方法在地下水脆弱性评价中的应用受到的重视不如迭置指数法和过程数学模型方法。

近年来,我国主要采用模糊数学法来评价地下水脆弱性。该方法是在确定评价因子、各因子的分级标准及因子赋权的基础上,通过单因子模糊评判和模糊综合评判来划分地下水的脆弱程度。

在以上四种脆弱性评价方法中,迭置指数法的指标数据比较容易获得,方法简单,易于掌握,是国外最常用的一种评价方法。它的缺陷是评价指标的分级标准和评分以及脆弱性分级没有统一的标准,具有很大的主观随意性,因此脆弱性评价结果难以在不同的地区进行比较,缺乏可比性。过程数学模拟法虽然具有很多优点,但只有充分认识污染质在地下水环境中的行为特性,有足够的地质数据和长序列污染质运移数据,才能充分发挥它的潜力。随着地理信息系统(GIS)的普及及评价区域的扩大,国外于 20 世纪 90 年代末期便陆续出现了应用地理信息系统结合地下水运移模型来评价地下水脆弱性的研究成果,此方面的研究也将是今后地下水脆弱性评价的研究方向和发展趋势。统计方法则依赖于监测的足够长的已污染信息资料。同时,在使用这些评价方法时要考虑可比性问题。地下水脆弱性评价包含了一些定性与非确定性指标,通过隶属函数来描述非确定性参数及其指标分级界限的模糊数学方法应具有很大的优势。

4.2　基于 GIS 的地下水脆弱性评价系统研究

随着农业生产的发展和人口的不断增加,地下水污染呈加重的趋势,地下水污染问题越来越受到人们的重视。如何评价人为活动和自然污染源对地下水资源造成的可能污染,成为决策管理者在有关地下水政策制订和目标管理过程中面临的主要问题。地下水脆弱性评价是进行地下水保护工作的核心内容之一,已经广泛应用于地下水保护工作中并得到充分肯定,能够为各级规划和管理部门制订地下水资源管理、土地利用、环境保护及城市规划等政策措施提供决策依据。

4.2.1　地下水脆弱性 DRASTIC 评价研究原理

地下水脆弱性是一个相对模糊的概念,其评价方法也有多种。目前,国际上应用最普遍、最成熟的地下水脆弱性评价方法是 DRASTIC 评价方法。该方法在美国、加拿大、南非及欧盟各国成功应用并积累了相当丰富的经验,近年来在我国的应用也发展迅速。

地下水脆弱性 DRASTIC 评价方法由美国水井协会和 USEPA 于 20 世纪 80 年代提出(Aller et al., 1987),该方法综合了 40 多位水文地质学专家的经验,认为地下水遭受污染风险的大小取决于污染源和含水层本身所固有的水文地质特性——易污染性。对同一污染源，不同含水层，由于气候、土壤、地形条件、地质构造、水文地质条件的不同，即含水层的脆弱性程度不同，会造成不同的易污染性。地下水脆弱性取决于含水层本身固有的特性，因此 DRASTIC 评价方法选取对含水层脆弱性影响最大的 7 项水文地质评价参数来定量分析地下水脆弱性，7 项评价参数即地下水埋深 D、含水层净补给量 R、含水层岩性 A、土壤类型 S、地形坡度 T、非饱和带介质 I、含水层水力传导系数 C。DRASTIC 的名称就是由上述 7 项指标的英文代表字母组成。该方法的应用假设条件如下：污染物由地表进入地下；污染物随降雨入渗到地下水中；污染物随水流动。

　　DRASTIC 评价参数由三部分组成，权重、范围(类别)和评分，通常用数字大小来表示。每个 DRASTIC 评价参数根据其对地下水防污性能的作用被赋予一定的权重，权重大小为 1～5，最重要的评价参数取 5，最不重要的评价参数取 1。各评价参数权重的大小要结合具体的评价区域来选定，见表 4-3。DRASTIC 权重的赋值分为正常和喷洒农药两种情况，权重为不可改变的定值。对于每个 DRASTIC 评价参数来说，根据其对地下水防污性能的作用可以分为不同的范围(数值型指标)和类别(文字描述性指标)。每个 DRASTIC 评价参数都可用指标值数值范围和类别来量化对地下水污染的可能影响，其评分取值范围为 1～10，分别对应于每一评价参数的变化范围(类别)。

表 4-3　DRASTIC 评价方法中各评价参数及其权重

评价参数	权重	
	正常	农药
地下水埋深 D	5	5
含水层净补给量 R	4	4
含水层岩性 A	3	3
土壤类型 S	2	5
地形坡度 T	1	3
非饱和带介质 I	5	4
含水层水力传导系数 C	5	2

　　DRASTIC 指数为以上 7 项指标的加权总和，由式(4-1)确定：

$$D_i = \sum_{j=1}^{7} (W_j \times R_j) \tag{4-1}$$

式中，D_i 为 DRASTIC 指数；W_j 为因子 j 的权重；R_j 为因子 j 的得分。

　　根据计算出的 DRASTIC 指数，就能够识别地下水污染敏感区，具有较高 DRASTIC 指数区域的地下水就容易被污染，反之亦然。DRASTIC 指数提供的仅是相对概念，并不表示地下水污染的绝对数值，因此由正常和喷洒农药两种情况获得的 DRASTIC 指数并不等同。对于正常情况，DRASTIC 指数的最小值为 23，最大值为 226，而喷洒农药情况下的最小值与最大值分别为 26 和 256。一般地，DRASTIC 指数范围为 50～200。

　　DRASTIC 评价方法是评价某一已知水文地质背景特定地点的情况下地下水脆弱性的一种数值定级方法，该系统有两个主要部分：一是将选定的地图划分为不同单元，根据当地资料分别确定各单元的水文地质背景；二是计算 DRASTIC 指数并对其进行综合分析。DRASTIC 评价体系中水文地质背景是指影响和控制地下水流入、通过、流出该区域的所有主要地质因素和水文因素的综合描述。在适用的地图上，划分为水文地质特性相近的小区域，作为具有相同脆弱性的单元。

　　地下水埋深决定地表污染到达含水层之前所经历的各种水文地球化学过程，并且提供污染物与大气中的氧接触致使其氧化的最大机会。它影响污染物与非饱和带岩土体接触时间的长短，控制着污染物的各种物理化学过程，因而决定污染物进入地下水的可能性。通常，地下水埋深越大，地表污染物到达含水层所需的时间越长，污染物在运移过程中与氧气接触的时间越长，污染物被稀释的机会越大，被自然净化的概率越高，污染物到达地下水的可能性越小，含水层污染的程度也就越弱。有较低渗透性岩层存在的承压含水层也同样限制污染物到达含水层。根据地下水埋深对地下水污染的影响程度，DRASTIC 定义了地下水埋深的范围及其评分值，见表 4-4。地下水埋深浅，其评分值高；反之，则评分值低。

表 4-4　DRASTIC 指数的范围及评分

D		R		A		S		T		I		C	
范围/m	评分	范围/mm	评分	类别	评分	类别	评分	范围/%	评分	类别	评分	范围	评分
0～1.5	10	0～50	1	块状页岩	2	薄层或裸露、砾石	10	<2	10	承压水含水层	1	<4.1	1
1.5～4.6	9	50～100	3	变质岩、火山岩	3	砂层	9	2～6	9	粉质土/黏土	2～6	4.1～12.2	2
4.6～9.1	7	100～175	6	风化变质岩、火山岩	4	泥炭层	8	6～12	5	页岩	2～5	12.2～28.5	4
9.1～15.2	5	175～250	8	冰碛层	5	压实和团聚黏土	7	12～18	3	石灰岩	2～7	28.5～40.7	6

D		R		A		S		T		I		C	
范围/m	评分	范围/mm	评分	类别	评分	类别	评分	范围/%	评分	类别	评分	范围	评分
15.2~22.9	3	>250	9	层状砂岩、灰岩及页岩、巨厚层砂岩	6	砂质壤土	6	>18	1	砂岩	4~8	40.7~81.5	8
22.9~30.5	2	—	—	砂和砾石	8	壤土	5	—	—	含粉砂和黏土砂砾石	4~8	>81.5	10
		—	—	玄武岩	9	粉砂壤土	4	—	—	变质岩/火成岩	2~8		
>30.5	1	—	—	岩溶发育的灰岩	10	黏壤土	3	—	—	砂和砾石	6~9		
				—	—	腐质土	2			玄武岩	2~10		
				—	—	压实和团聚黏土	1			喀斯特石灰岩	10		

地下水的赋存形式可分为潜水、承压水和半承压水。潜水含水层,一般接近地表,含水层顶部不存在隔水层,因此是最易被污染的含水层。承压水含水层顶部存在一个天然隔水层,具有自然防止污染物从地表渗入的性能,因此地表污染物进入此含水层的可能性较低,其脆弱性较低。对于半承压水含水层,其承压岩层具有一定的渗透性并非真正的承压层(被称为渗透层),其性质介于承压水含水层和潜水含水层之间。地下水运动的速度和方向取决于地下水水力梯度及隔水层渗透性的影响。当水力梯度向下时,地表水可渗入到含水层,此时其脆弱性较承压水含水层的脆弱性要高;反之,当水力梯度向上时,水从半承压水含水层中渗出,半承压水含水层受上部水体污染的可能性极低。

地下水脆弱性 DRASTIC 评价方法可用来评价潜水含水层及承压水含水层受污染的可能性。对于潜水含水层,地下水埋深为地表到地下水水位之间的距离,可通过水位观测孔获得,也可通过资料获得(如地下水等水位线图、钻孔资料等)。由于 DRASTIC 评价方法最初是用来评价潜水含水层的,因此在评价承压水含水层时规定地下水埋深为承压水含水层顶部(或隔水顶板)的埋深,这时地下水埋深就不能直接用地下水等水位线图,必须从地质资料中获得。对于半承压水含水层,DRASTIC 评价方法不能直接对其进行评价,必须根据承压岩层的渗透性选择承压或潜水含水层进行评价。当含水层顶部地质体渗透性较小时,可当作承压含水层进行评价；相反，渗透性较大时可以作为潜水含水层进行评价。

含水层净补给量是指单位面积内施加在地表并且入渗到含水层的总水量。DRASTIC 评价方法一般把年平均入渗量作为净补给量，但没有考虑补给的分布、强度和持续的时间。补给水一方面在非饱和带中垂向传输污染物，另一方面控制着污染物在非饱和带及饱水带的弥散和稀释。因此，补给水是污染物进入含水层的主要载体。含水层补给量越大，地下水被污染的潜力就越大。当含水层补给量大到可以使污染物被稀释时，地下水污染的潜力不再增大而转为减小。DRASTIC 评价方法对含水层净补给量的评分没有反映污染物稀释这一因素。

由于含水层净补给量的精度较低，并且较 DRASTIC 的其他参数难以获得，含水层净补给量的评分范围比较宽，给用户在选择所评价区域的含水层净补给量时留有较多的余地。含水层净补给量主要来源于降水量，可用降水量减去地表径流量和蒸散发量来估算含水层净补给量。含水层净补给量除了来源于降水入渗，还包括灌溉、人工补给和废水排放等。估算含水层净补给量时，必须保证所选数值的合理性，这是因为含水层净补给量还与其他因素有关，如地表覆盖情况、地形和土壤的渗透性等。最精确的方法是建立考虑所有影响因素的水量平衡方程。表 4-4 给出了含水层净补给量的评分范围。

含水层中的地下水渗流受含水层岩性的影响，污染物的运移路线及运移路径的浓度由含水层岩性控制。运移路径的长度决定着稀释过程，如吸附、反应和弥散。污染物的运移路线是由孔隙和相互连接的孔隙控制。一般情况下，含水层岩性的颗粒越粗或孔隙率越大，渗透性越大，含水层岩性所具有的稀释能力越小，含水层的污染潜力越大。

DRASTIC 评价方法提供了含水层岩性评分的范围，含水层岩性在评分体系中为文字描述性指标，详见表 4-4。含水层岩性是以污染潜力逐步增大的序列排列的，用户可根据含水层的详细情况进行评分。对每一种含水层岩性，给出的是一个评分范围而非一个特定值，这是因为固结岩石含水层中裂隙和层理发育程度不同。对于固结岩石含水层，可根据含水层中裂隙和层理的发育程度进行评分，如裂隙中等发育的变质岩或火成岩含水层岩性的评分为 3；但当裂隙非常发育时，含水层具有较大的易污染潜势，评分值定为 5；相反，当变质岩或火成岩中裂隙发育非常轻微时，评分值可定为 2。对于非固结含水层来说，可根据含水层介质颗粒大小和分选情况进行评分。例如，典型砂砾层的评分值为 8，但当沉积层颗粒粗大并经冲刷，其评分值可定为 9；相反，当细颗粒含量增加并且分选性不好时，评分值可降到 6 或 7。如果缺乏详细的资料，可选择典型评分值，典型评分值是由相关含水层岩性组成的典型含水层给出的。

在评价某一区域地下水脆弱性时，每次只能评价一个含水层。在多层含水系统中，应选择一个典型的具有代表性的含水层进行评价。一旦确定了含水层，就应把该含水层中主要的、关键的岩性作为 DRASTIC 评价指标体系中的含水层岩性。例如，如果含水层为灰岩，可选择块状或岩溶灰岩作为含水层岩性。

土壤介质是指非饱和带最上部具有显著生物活动的部分，DRASTIC 方法评价的非饱和介质通常为距地表平均厚度 0.6m 或小于 0.6m 的地表风化层。土壤介质对地下水的入渗补给量具有显著影响，同时也影响污染物垂直向非饱和带运移的能力。例如，淤泥和黏土可降低土壤的渗透性，限制污染物向下运移，而且污染物在土壤层中可发生过滤、生物降解、吸附和挥发等一系列过程，这些过程削减了污染物向下迁移的量。一般情况下，土壤中黏土类型、黏土的胀缩性及土壤中颗粒的尺寸对地下水脆弱性有很大影响。黏土的胀缩性越小、颗粒越小，地下水的脆弱性就越弱。土壤类型的评分值详见表 4-4。

当某一区域的土壤介质由多种类型组成时，可以用以下几种方法来选择有代表性的土壤介质：①充分考虑剖面中各层岩性的分布情况，选择占优势的土壤层代表土壤类型，根据 DRASTIC 评价指标体系进行评分。②选择最不利的、具有较高脆弱性的土壤类型进行评分。例如，某一区域的土壤有砂和黏土两种介质存在时，可选择砂作为相应的土壤类型。③选择脆弱性中等的介质作为评分标准。例如，有砾、砂和黏土存在时，可选择砂作为土壤类型的评分。当土壤层很薄或者缺失时，土壤介质对地下水污染几乎没有保护性能。这时应把 DRASTIC 评价指标体系中的土壤类型设为薄层或缺失。这种情况一般指土壤层厚度小于 25cm 这一规定，一般针对砂层而言，对于非胀缩和非团块状黏土，厚度可选小一些。

一般情况下，表层土壤中含有有机物质，且含量随着土壤深度的增加而降低。腐殖质对有机物有较大的吸附和络合性能，因此在进行农药 DRASTIC 方法计算时应考虑这一因素。目前的 DRASTIC 评价体系中没有考虑有机物含量的影响，用户可根据具体情况适当考虑，并可对 DRASTIC 的评分进行修正。

模型中的地形坡度是指地表的坡度或坡度的变化。地形坡度控制着污染物被冲走还是留在一定的地表区域内足够的时间以渗入地下。地形坡度影响土壤的形成与发育，因而影响污染物的削减程度。除此之外，地形坡度还影响地下水水位的空间展布，进而决定地下水的流向和流速，因此地形坡度也影响地下水的脆弱性。在污染物渗入机会较大的地形坡度，相应地段的地下水脆弱性较高。

表 4-4 列出了地形坡度评分值，坡度为两点间的高差除以它们之间水平距离的百分比，当地形坡度为 0～2%时，污染物渗入地下的机会最大，这是因为这一范围内的污染物和降雨量都不易流失，地下水的脆弱性高。相反，当地形坡度大于 18%时，一旦存在地表水(如发生大气降水等情况)，则较易形成地表径流，因此污染物渗入地下的可能性很小，相应的地下水脆弱性也较低。

非饱和带是指潜水面以上的非饱和区及非连续饱和区。非饱和带介质的类型决定着土壤层和含水层之间岩土介质对污染物的削减特性。对于污染物在地下水系统中的迁移和转化,非饱和带有着特殊的双重功能:一方面,非饱和带是来自于地表的污染物进入含水层的必经通道,污染物在迁移过程中的各种物理化学过程,包括降解、吸附、沉淀、络合、溶解、生物降解作用、中和作用等过程均发生在非饱和带内;另一方面,非饱和带的介质控制着渗流路径的长度和渗流路线,因此影响着污染物的迁移时间以及污染物与岩土体之间的反应程度,非饱和带内的任何裂隙都对渗流路线起控制作用。非饱和带介质对污染物的过滤、吸附、生物降解等自净作用取决于非饱和带的岩性、厚度、垂直渗透性等。非饱和带岩性是影响污染物向含水层迁移和积累的主要因素,非饱和带介质颗粒越细、黏粒含量越高,其渗透性越差,吸附净化能力越强,污染物向下迁移能力就越弱,地下水抗污染能力越强,地下水脆弱性越弱;反之,非饱和带颗粒越粗、裂隙或层理越发育,非饱和带透水性越强,越有利于污染物的渗透和迁移,地下水脆弱性越强。非饱和带介质的评分范围及典型评分值见表4-4。

非饱和带介质的选择应根据所评价含水层的类型而定。评价潜水含水层和半承压水含水层时,应把它们都看成潜水含水层来考虑。此时,必须选择对污染潜势影响最显著的岩土介质作为非饱和带介质。当评价承压水含水层时,不需考虑其上的覆盖层,此时其赋值为1。

除承压水含水层之外,DRASTIC 评价体系对每种介质都给定了一个评分范围。对于潜水含水层,典型评分只针对裂隙中等发育的非饱和带情况以及由于资料不充分无法具体确定非饱和带介质的评分。对于固结岩石介质,评分时还应考虑裂隙、层理和溶洞的发育程度。

含水层水力传导系数反映含水层介质的水力渗透性能,控制着地下水在一定水力梯度下的流动速率,而水的流动速率控制着污染物在含水层内迁移的速率。含水层水力传导系数是由含水层内空隙(包括孔隙、裂隙及岩溶管道)空间的大小和连通程度所决定的。表 4-4 中给出了含水层水力传导系数范围的评分值,该值越大,越易被污染。含水层水力传导系数是根据含水层的抽水试验计算得出的,也可用单井涌水量来估计。DRASTIC 评价指标体系给出的含水层水力传导系数范围比较大,有助于灵活选用合适的数值。

4.2.2　DRASTIC 方法与 GIS 技术

地理信息系统(geographic information system,GIS)是在计算机软件、硬件支持下,采集、存储、管理、检索、分析和描述地理空间数据,适时提供各种空间的、动态的地理信息,用于管理和决策过程的技术系统。它是集计算机科学、地理学、测绘遥感学、空间科学、环境科学、信息科学和管理科学等为一体的交叉学科,其核心是计算机科学,基本技术是地理空间数据库、地图可视化和空间分析。GIS 的基本思想是将地球表层信息按其特性的不同进行分层,每个图层存储特征相同或相似的事物对象集，如河流、湖泊、道路、土地利用和建筑物等构成不同的图层，独特之处在于能够把地理位置和相关属性信息有机地结合起来。GIS可有效地收集、存储、处理、分析和显示空间信息，具有地域综合、空间分析、动态预测与提供决策支持等功能。目前，GIS已被广泛应用于城市管理、土地评价、国土规划、地籍测量、环境监测领域，服务于地质、气象、农业、林业、交通等部门。建立基于GIS的地下水脆弱性评价系统，可为地下水脆弱性评价提供数字化管理平台，提升信息的可靠性、预测的准确性、计划的合理性和决策的科学性，从而为管理部门的分析决策提供强有力的依据。

地下水脆弱性评价的三类模型都有各自与GIS技术进行耦合的方法，其中，参数系统法与GIS技术的耦合最为简单方便。可以说，DRASTIC方法的普遍应用与GIS技术的迅速发展以及该方法与GIS技术简单方便的耦合是密不可分的。

GIS图形中的矢量或栅格单元与DRASTIC方法中的水文地质单元相对应，一些GIS软件的分类分析和迭置分析过程正好与DRASTIC评价方法中的因子评分过程和各因子加权和的分析相对应，大部分商业GIS软件中还有专门的扩展模块，可用来方便快速地建立DRASTIC模型，因此结合GIS技术，用DRASTIC方法进行地下水脆弱性评价是非常方便的。基于GIS的DRASTIC模型结构如图4-1所示(姜志群和朱元生，2001)。

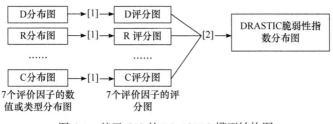

图 4-1　基于GIS的DRASTIC模型结构图
[1]: 分类分析过程
[2]: 加权迭置分析过程

4.3　区域地质、水文地质条件

4.3.1　区域地质构造

黑河中游盆地是中生代在祁连山加里东造山带北缘的弧后盆地的基础上，因地幔热柱的形成和衰减作用发育起来的以扩展裂陷为主的单型盆地，在继承、保留前中生代基本构造格架基础上，中新生代沿这些深大断裂强烈差异的断块隆升运动塑造形成了南部祁连山强烈隆升带、北部走廊山脉及龙首、合黎缓慢隆升和南北山间大幅度沉降带。挽近地质构造运动对地下水的赋存与运动则起着控制作用。一系列北西、北西西和近东西向大断裂以及沿断裂所产生的断块分异,将该区分割成两个规模不等的构造—地貌盆地,东半部为张掖盆地,西半部为酒泉东盆地,两者以榆木山为界。

盆地南缘与祁连山隐伏断层接触,这个压断性断裂带连同祁连山北麓中新生界褶皱构成一条阻水屏障,使祁连山区的地下水径流很难直接进入盆地;盆地北缘和东侧与山体也多为断层接触,因此盆地具有山间断裂性质。

黑河中游盆地是第四纪以来一个强烈的沉积带,堆积了巨厚的松散物质,受流水地质作用,沉积特点是由南向北物质成分由粗变细。根据电测深资料,第四系最厚处分布在张掖南小满及花寨子以东地带,最厚处超过1000m,向北逐渐变薄,主要为一套洪积砂卵石粗砾相堆积,为地下水的储存和运移提供了良好的空间。相互叠置的大型洪积扇是盆地基本格架,构成扇形砾石平原与细土平原两大地貌单元,海拔1400~2200m。

受构造—地貌的制约,第四系岩相、岩性都很复杂,即使同一个相带,由于水流大小和分选的不同,水文地质也千差万别。

4.3.2　区域水文地质概况

1. 含水层岩性特征

黑河中游盆地东、南、北三面均为老地层所限,西面以榆木山隆起与酒泉盆地分割,是一个具有完整的补给、径流、排泄过程的独立水文地质单元,并具有典型的山前倾斜平原自流斜地水文地质特征。在这个单元中,通过地表水和地下水之间的相互转化,构成了一个统一的"河水—地下水—泉水—河水"水资源系统,或称"河流—含水层系统"。

黑河中游盆地巨厚的砂砾卵石层,透水性良好,盆地基地和四周边界均有不透水或弱透水岩层分布,是地下良好的汇集场所,蕴藏着丰富的地下水。盆地内地下水主要赋存于更新统和全新统含水层中,厚100~1000m,根据含水层系的结构可分为单一型—潜水含水层和多层型—承压含水层(图4-2)。单一型—潜水含水层主要分布于盆地南部山前洪积砾石倾斜平原,含水层由较单一的大厚度砾卵石组成,富含淡水,导水系数为2000~10000m²/d,单井涌水量可达10000m³/d。多层型—承压含水层分布于盆地中部和北部,主要含水层为砂砾卵石,其次为夹于其间的黏土、亚黏土、砂等,单井涌水量为500~5000m³/d。

实际上,第四纪各时期含水层之间没有稳定的隔水岩层,其间的水力联系极为密切,构成连续的、统一的、横向为盆地边界所限的含水岩系综合体。

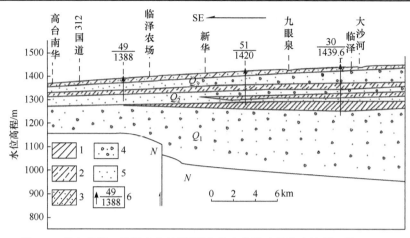

图 4-2　高台南华—临泽水文地质剖面(甘肃省地矿局水文地质二队，1998)
1-黏土；2-亚黏土；3-亚砂土；4-砂；5-砂砾石；6-钻孔编号及水位高程(m)

2. 地下水运动

受构造—地貌的制约，黑河中游盆地地下水呈有规律的运动：自南部山区前流向盆地北部河床，随着深度的增加径流强度呈递减趋势，水质、水量及动态变化均有明显的分带性。河流出山口进入盆地流经洪积扇地带，大量渗漏补给地下水。该地带河(渠)水的渗漏量占地下水总补给量的 70%；这里不仅是地下水的补给带，也是地下水的径流形成区。这里主要含水层的水交替在扇形平原砾石平原大体以"入渗—径流"为主要形式，主要含水层浅部的地下水自上而下运动，然后转为水平运动；洪积扇群带的地下水沿着地形坡度向扇缘和细土平原运动，随着含水层导水性变弱，径流强度递减，是地下水的溢出带，而潜水蒸发分布带则分布于研究区的中北部，水交替以"入渗—蒸发"为主导作用(图 4-2)。

水力坡度受岩性和排泄作用的制约。在洪积扇群带，黑河-梨园河洪积扇岩性质地纯，水力坡度小于 3‰；童子坝河-野口河洪积扇含泥质，水力坡度达 6‰～8‰；在细土平原带，水力坡度为 4‰～5‰，泉水溢出带和盐池附近应受强烈排泄作用，水力坡度达 6‰。

在天然情形下，研究区地下水的排泄方式主要有两个，一是泉水溢出，二是蒸发排泄。泉水溢出带分布在洪积扇与之毗邻的细土平原，主要溢出带有张掖乌江和临泽小屯。潜水蒸发带分布在盆地北半部，强烈蒸发带主要发生在地下水埋深小于 5m 的地段。

3. 区域水文地球化学特征

水文地球化学特征由地下水径流经历的岩性、径流速度、地球化学反应特征、人类活动等因素所决定。黑河中游盆地地下水主要由河渠水入渗补给，水化学特征表现为一定范围内地下水与河水具有相同的水质类型，同时受径流、蒸发和溶滤作用的制约，地下水自补给区至排泄区呈现明显的水文地球化学带。

山前洪积扇带，大量河水补给地下水，地下水矿化度为 0.2～0.5g/L，低于山区基岩裂隙水，水化学类型为 HCO_3^--Ca^{2+}-Mg^{2+}、HCO_3^--SO_4^{2-}-Mg^{2+} 和 HCO_3^--SO_4^{2-}-Mg^{2+}-Na^+ 型。张掖—临泽地区，绿洲灌溉规模大，引水工程、地下水抽取及农业灌溉等改变了地下水的补给条件，使得流域地表水—地下水的转化频繁，地表水和地下水重复利用率高，混合作用强烈，地表水与地下水水化学特征极为相似，水化学类型为 HCO_3^--SO_4^{2-}-Mg^{2+} 和 HCO_3^--SO_4^{2-}-Mg^{2+}-Na^+ 型。进入高台地区，冲积物的颗粒逐渐变细，其含水层由单一的中粗沙含水层逐渐变为以细粒为主的多层结构的潜水含水层，地形变缓，地下水位抬高，埋深变小，蒸发浓缩作用增强，地下水径流速度变小，径流、排泄及水交替条件变差。这一地区受补给过程的混合作用、径流过程的溶滤作用与蒸腾浓缩作用的制约，地下水中的 Cl^-、Na^+含量逐渐升高，HCO_3^-、Ca^{2+}、Mg^{2+}含量逐渐减少，地下水水质以重碳酸盐型为主的淡水带过渡为以硫酸盐型为主的微咸水带，最后过渡为氯化物型为主的咸水带，矿化度升高。

垂直剖面上，区内地下水呈现越近地表矿化度越高的倒置规律，表现为从盐分溶滤带地下水垂直方向上基本一致过渡至蒸发排泄带上部潜水水质咸化、下部承压水水质基本不变或轻微矿化的特征。流域中游盆地基本上是盐分的过路带，南部戈壁和灌溉绿洲区为地下水的主要补给区，同时也是盐分的淋滤径流区，地下水矿化度和水质类型相差不大，而地下水埋深较浅的地区由于表层潜水蒸发盐分逐渐积累，潜水矿化度较其下部承压水高。

4.4　基于 GIS 的中游盆地地下水脆弱性分析

4.4.1　地理信息数据库

研究采用了地理信息系统软件 ArcGIS，资料有 1：100000 流域数字地形图，1：200000 流域地质图，1：200000 黑河中游水文地质图，1：100000 张掖、临泽、高台水文地质调查报告。以上构成基础数据库。模型运算时，转化为栅格文件计算，生成的中间文件和结果共同构成 GIS 专题数据库。

4.4.2　DRASTIC 模型

DRASTIC 模型是一个用于评价区域地下水污染潜力的水质模型，由美国水井协会和 USEPA 于 1987 年提出。该模型主要考虑 7 个指标：地下水埋深(D)、含水层净补给量(R)、含水层岩性(A)、土壤类型(S)、地形坡度(T)、非饱和介质影响(I)和含水层水力传导系数(C)，并确定了 7 个评价指标的相对权重，以此评价地下水脆弱程度，其污染风险综合评分值由式(4-2)确定：

$$DRASTIC=5\times D_R+4\times R_R+3\times A_R+2\times S_R+T_R+5\times I_R+3\times C_R \qquad (4-2)$$

式中，D_R、R_R、A_R、S_R、T_R、I_R、C_R 分别为因子 D、R、A、S、T、I、C 的分级值。

污染风险综合评分值的大小反映了地下水受污染的相对难易程度。该评分值越高，地下水脆弱性就越高，则地下水越易受到污染。每个评价因子一般划分为 10 个等级，取值范围为 1～10，用评分值来量化这些数值范围和类型对地下水污染的可能影响(表 4-4)。

1. 地下水埋深

地下水埋深(D)反映了污染物由地表到含水层所迁移的距离，进而决定污染物的稀释程度。地下水埋深不同范围的评分列于表 4-4 中。2000 年，在研究区对 36 个水井的水位进行测量，通过与流域数字高程图插值并评分，确定地下水埋深(图 4-3)。

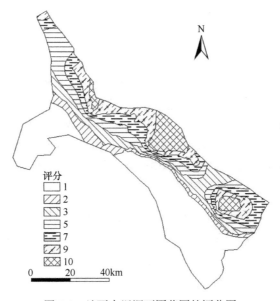

图 4-3　地下水埋深不同范围的评分图

2. 含水层净补给量

污染物可通过补给水的携带进入含水层中并进行水平迁移。根据研究区大气降水量及其入渗系数，并考虑地表水入渗及农田灌溉水回归，确定含水层净补给量指标。

1) 地下水补给项

(1) 河水的入渗补给。河水的入渗补给主要是指黑河水的季节性垂向渗漏补给，是黑河中游张掖盆地下水最主要的补给项。根据黑河河道分布、河道的实际输水时间和输水量的实测资料，概化为随时间、空间变化的线性定量补给源项。

(2) 灌溉水的回归入渗补给。灌溉水的入渗补给一是开采地下水灌溉农田时的入渗补给，二是在黑河河道输水期间引水灌溉草场、绿洲时的回归入渗补给。前者根据该区农作物的种植面积、灌溉制度和农灌开采的总水量等因素，依据同类地区灌溉水回归入渗系数，概化为季节性的局部面状补给源。草场、绿洲灌溉水的回归入渗，则根据不同引灌地点、引水量、引灌时间等分区概化为季节性的面状补给源。

(3) 大气降水入渗补给。尽管降水和空气中的气态水对干旱区地下水的补给极其有限，但这部分水对研究区地下水的补给作用具有很重要的意义。据观测，荒区只在地下水埋深小于 1m 地段才直接接受降水入渗补给，而灌区地下水埋深小于 5m 地段均可观测到降水入渗所引起的水位上升。

(4) 凝结水补给。凝结水的主要活动发生在包气带内，在凝结阶段(即沙层含水量增大阶段)对沙生植物的生长有很大意义，在某种程度上提供沙生植物最低的水分需求。

2) 计算方法

黑河流域中游张掖盆地河水、灌溉水的入渗是地下水的主体，地下水净补给量计算以水文地质盆地为基本单元，同时考虑到主要补给要素统计的方便和将来调控的便利，将盆地内的灌区作为均衡亚区，均衡期选定为 1997 年 1 月 1 日～2000年 12 月 31 日。计算均衡量以年为时间单位，根据观测等资料分解为季度作为计算单位，以便和地下水观测资料相对应，面上和时间上的分配往往因资料不齐全而比较难处理，可在计算过程中在年均衡不变的前提下，对其作一定的时空调整。

研究区含水层净补给量计算式为

$$R = Q_{河} + Q_{雨洪} + Q_{潜} + Q_{渠} + Q_{田} + Q_{降凝} \tag{4-3}$$

式中，$Q_{河}$ 为洪积扇带河道入渗量(亿 m^3/a)；$Q_{雨洪}$ 为雨洪水入渗量(亿 m^3/a)；$Q_{潜}$ 为沟谷潜流量(亿 m^3/a)；$Q_{渠}$ 为渠系水入渗量(亿 m^3/a)；$Q_{田}$ 为田间水入渗量(亿 m^3/a)；$Q_{降凝}$ 为降水和凝结水入渗量(亿 m^3/a)。

3) 参数的选取及计算

在参数选取方面，由于黑河流域研究程度较高，已有参数大多是通过长期观测与试验获得的数据，较为准确可靠。本书研究应用了已有的水文地质参数，主要来源于黑河干流中游地区地下水资源及其合理开发利用勘察研究，见表 4-5。本次均衡区计算是将灌区作为基本计算单元的，突出了实际利用效果，增强了可操作性。均衡计算主要参考了 1999 年甘肃省地矿局水文地质工程水文地质二队完成的《甘肃省河西走廊地下水勘察报告》。

表 4-5　黑河干流中游地区水文地质参数统计

参数	地下水埋深			
	< 1m	1～3m	3～5m	5～10m
降水和凝结水入渗系数/(mm/a)	42.0	25.0	32.0	—
田间水入渗系数/%	28.1	34.9	28.4	18.5

(1) 洪积扇带河道入渗量($Q_{河}$)。山前平原河道的渗漏率取决于河床的特点和当地的水文地质条件。水文地质条件相同时，渗漏率与河水流量和流程有关。在张掖盆地，河流出山后流入盆地，流经透水性极强的山前平原冲积扇，流量小于 0.5 亿 m³/a 的河流大部分损失殆尽，全部蒸发或渗入地下，只有黑河干流和梨园河有水量泄入河床。黑河干流出山径流量为 13.8440 亿 m³/a，其中渠系引水量 7.2059 亿 m³/a，剩余 6.6381 亿 m³/a 泄入河床，莺落峡-草滩庄深切而固定的河段，河水入渗量小，渗漏率 0.32%～1.52%，计算得河段河水入渗量为 0.9714 亿 m³/a；草滩庄-黑河大桥河段，河水呈散流状态，水量渗漏大，每公里取 0.67%～14.7%，计算得该河床河水入渗量为 1.8615 亿 m³/a，即黑河入渗补给量为 2.8329 亿 m³/a。山前 24 条小河出山径流量总计为 0.1188 亿 m³/a，扣除包气带岩性消耗的 30%，全部渗入地下水，入渗补给量为 0.0831 亿 m³/a，即河水入渗补给总量为 2.9160 亿 m³/a。

(2) 雨洪水入渗量($Q_{雨洪}$)可以采用式(4-4)计算：

$$Q_{雨洪} = FXn\lambda \tag{4-4}$$

式中，$Q_{雨洪}$ 为雨洪水入渗量(亿 m³/a)；F 为接受降水渗入的面积(km²)；X 为有效降水量(mm)；n 为洪流率；λ 为有效降水入渗系数。

(3) 渠系水入渗量($Q_{渠}$)可以采用式(4-8)计算：

$$Q_{渠} = Q_{首引}(1-\alpha)(1-\beta) \tag{4-5}$$

式中，$Q_{首引}$ 为渠首引水量(亿 m³/a)；α 为渠系利用率；β 为包气带消耗系数。

(4) 田间水入渗仅发生于地下水埋深小于 10m 的地段，因此田间水入渗量($Q_{田}$)可以采用以下公式计算：

$$Q_{田} = Q_0 F\alpha \tag{4-6}$$

式中，$Q_{田}$ 为田间水入渗补给量(亿 m³/a)；Q_0 为间净灌定额(m³/亩)；F 为灌溉面积(亩)；α 为田间水入渗系数。

(5) 凝结水入渗补给量($Q_{降凝}$)：降水和凝结水的渗入补给量很小，不考虑。

依据以上计算，确定后的含水层净补给量不同范围的评分如图 4-4 所示。

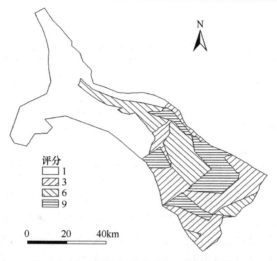

图 4-4　含水层净补给量不同范围的评分图

3. 含水层岩性

含水层岩性颗粒尺寸的大小决定着污染物的运移路线及运移路径的长度，污染物在砂砾石层中的迁移速度很快，却很难透过黏土层。中新生代以来，研究区内大幅的沉降过程与充足的物质填充，使第四系地层甚为发育，其厚度在盆地南半部为 800～1200m，北半部为 200～400m，并具有山前平原的"相带"规律：自山前至盆地内部沉积物颗粒渐细，由陡倾斜的砾石平原变为缓倾斜的细土平原。盆地含水层岩性主要为砾砂、中粗砂及细砂。根据研究区 100 个钻孔资料图及地下水埋深资料确定含水层岩性不同类别的评分(图 4-5)。

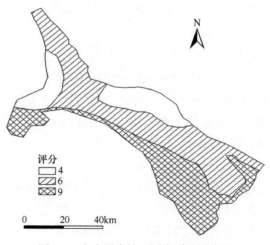

图 4-5　含水层岩性不同类别的评分图

4. 土壤类型

土壤类型对渗入地下的补给量有显著影响，因此影响污染由地表至包气带的垂直运移过程。研究区土壤多以砾砂、中粗砂及细砂、粉质砂、黏性土为主。山前洪积、冲积平原土壤多以砾砂、中粗砂为主，土质颗粒较粗；平原地带土壤中黏粒含量较高，砾石碎屑较少，颗粒较细。土壤类型不同类别的评分列于表 4-4 中。

5. 地形坡度、非饱和带介质和含水层水力传导系数

地形坡度决定着污染物是被冲走还是在一定的地表区域内有足够时间渗入地下。地形越平坦，降水越易渗入地下，地下水则越易受到污染。地形坡度不同范围的评分列于表 4-4 中。本书以流域 1∶100000 数字高程图高线图形，判读地貌坡度。根据研究区域的地形等高线图确定地形坡度 T。

非饱和带介质(I)因子，研究区包气带多以砾砂、中粗砂、细砂、粉质砂、黏性土为主，依据地质图、钻孔资料及地下水埋深资料确定。

含水层水力传导系数(C)控制着地下水在一定水力梯度下的流动速率。通常，含水层岩性为砾石层、砂岩时，水力传导系数较高，污染物易渗入含水层中，其分级值也较高，含水层水力传导系数不同范围的评分列于表 4-4 中。本书含水层水力传导系数依据文献 Wen(2007)，研究区含水层水力传导系数不同范围的评分如图 4-6 所示。

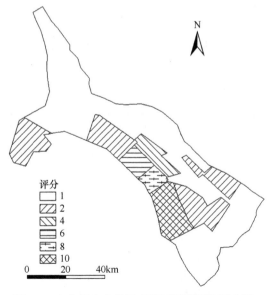

图 4-6　含水层水力传导系数不同范围的评分图

4.4.3　GIS 空间分析

空间分析是基于地理对象的位置和形态的空间数据分析技术，其目的在于提取和传输空间信息。空间分析是地理信息系统的主要特征。空间分析能力(特别是对空间隐含信息的提取和传输能力)是地理信息系统区别于一般信息系统的主要方面，也是评价一个地理信息系统成功与否的一个主要指标。根据空间分析作用的数据性质的不同，把空间分析分为：①基于空间图形数据的分析运算；②基于非空间属性的数据运算；③空间和非空间数据的联合运算。

空间分析进行的基础是地理空间数据库，其运用的手段包括各种几何的逻辑运算、数理统计分析、代数运算等数学手段。本书主要应用 GIS 的区对区叠加分析功能。大部分的 GIS 软件是以图层来组织数据，数据层面既可以用矢量结构的点、线、面层文件方式来表达，也可以用栅格结构的图层文件格式来表达。GIS 中的叠加分析是将有关专题层面进行叠加产生一个新的数据层面的操作，其结果综合了原来两层或多层要素所具有的属性。叠加分析可以分为以下几类。

(1) 视觉信息的叠加。视觉信息的叠加是将不同层面的信息叠加显示在结果图件或屏幕上，不产生新的数据层面，只是将多层信息复合显示，以便研究者判断其相互关系，获得更为丰富的空间关系。地理信息系统中视觉信息的叠加包括以下几类：面状图、线状图和点状图之间的复合；面状图区域边界之间或一个面状图与其他专题区域边界之间的复合；遥感影像与专题地图的复合；专题地图与数字高程模型(DEM)复合显示立体专题图；遥感影像与 DEM 复合生成真三维地物景观。目前，所有的 GIS 软件都可以实现视觉信息叠加的主要功能。

(2) 矢量图层的叠加。根据叠加的矢量数据类型的不同，将矢量图层的叠加分为点与多边形的叠置、线与多边形的叠置、多边形叠置三种。其中，前两者较为简单。多边形叠置是将两个或多个多边形图层进行叠加，产生一个新的多边形图层的操作，其结果是将原来多边形要素分割成新要素，新要素综合了原来两层或多层的属性。多边形叠置可能会出现一些碎屑多边形，须对其进行消除。

(3) 栅格图层的叠加。有时也称为栅格数据的信息复合，是指不同层面的栅格数据逐网格按一定的数学法则或逻辑判断进行运算，从而得到新的栅格数据系统的方法。

在具体应用中，栅格图层的叠加(复合)可以用更为复杂的函数运算。多幅图叠加后的新属性可由原属性值的简单的加、减、乘、除、乘方等计算得出，也可以取原属性值的平均值、最大值、最小值或原属性值之间逻辑运算的结果等。针对本书研究区的实际情况，为地下水脆弱性评价中两个区参数的空间合并过程。例如，利用地下水脆弱性通用方程式计算地下水脆弱性时，就可利用多层面栅格数据的函数运算复合分析法进行自动处理。评价一个地区地下水脆弱性的大小是地下水埋深(D)、含水层净补给量(R)、含水层岩性(A)、土壤类型(S)、地形坡度(T)、非饱和介质影响(I)、含水层水力传导系数(C)等因素的函数,可写为

$$DRASTIC = F(D_R, R_R, A_R, S_R, T_R, I_R, C_R) \tag{4-7}$$

4.4.4　基于 DRASTIC 方法的地下水脆弱性评价

1. 基于 DRASTIC 方法的地下水脆弱性评价计算结果

利用 GIS 空间分析叠加(overlay)功能分析后,得出 317 个分区的 DRASTIC 总评分,计算结果评价单元脆弱性指数值最小为 61,最大为 183。从正态 QQ-Plot 分布图(图 4-7)和偏态(skewness)为 0.022 分析,DRASTIC 总评分属于正态分布。

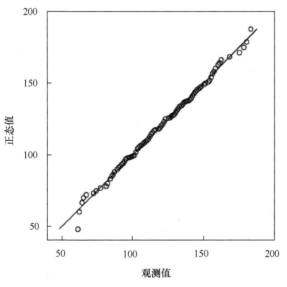

图 4-7　正态 QQ-Plot 分布图

2. 地下水脆弱性风险等级划分

根据 DRASTIC 敏感性划分原则,结合研究地区情况,将地下水脆弱性风险等级划分为三个等级(表 4-6)。

表 4-6　地下水脆弱性风险等级表

脆弱性风险等级	I (低)	II (中)	III (高)
风险指数	62~120	121~140	< 140

3. 结果与分析

　　根据评价结果，将研究区的地下水脆弱性风险按风险指数的大小分为三个等级：低风险区(风险指数为 62～120)、中风险区(风险指数为 121～140)和高风险区(风险指数 > 140)。黑河中游研究区的地下水脆弱性风险等级分布如图4-8所示。

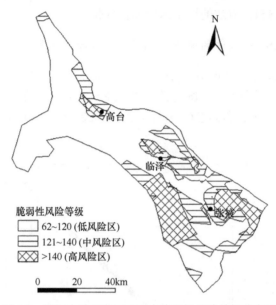

图 4-8　黑河中游研究区地下水脆弱性风险等级分布图

　　地下水脆弱性低风险区主要分布在黑河中游盆地的中部和西部区域。这些地区包气带较厚(地下水埋深较深，一般为 8～23m)，组成物质为粉砂土或黏土，透水性较弱(渗透系数为 0.5～5m/d)，包气带自净能力较强，地下水补给强度较小，水质较好，属于地下水污染低风险区。

　　地下水脆弱性中风险区主要分布在张掖市，临泽县城东平川和鸭暖地区，高台县城以北的友联、六坝区域、正义峡地区。这些地区的包气带厚度中等(地下水埋深 5～8m)，包气带岩性为砂土或粉砂土，透水性中等(渗透系数为 6.5～25m/d)，水质中等，在各影响因素的综合作用下属于地下水污染中风险区。

　　地下水脆弱性高风险区主要分布在黑河出山口、梨园河出山口、张掖市以北三闸和碱滩地区、临泽县小屯地区、高台县城等区域。黑河出山口、梨园河出山口属于地下水的补给区，包气带主要为砂砾，垂向渗透系数 > 25m/d，透水性较强，有利于地表污染物的渗透和迁移，包气带的自净能力比较弱，地下水补给强度大；张掖市以北三闸和碱滩地区、临泽县小屯地区、高台县城等区域是人类活动最为强烈的地区，排污、过量施肥和污水灌溉等污染现象很严重，属于地下水脆弱性高风险区，是地下水重点保护区域。

总之，以 GIS 为基础，采用 DRASTIC 评价方法，选取了地下水埋深、含水层净补给量、含水层岩性、土壤类型、地形坡度、非饱和介质影响、含水层水力传导系数 7 个最主要的地下水污染风险影响因素，对黑河中游盆地地下水脆弱性进行了分析。结果表明，在自然条件影响下，黑河中游盆地的地下水脆弱性中风险区和高风险区主要分布在地下水补给区和主要城市周围。

4.5　地下水硝酸盐含量空间变异

地下水是许多城市的供水水源，甚至是一些城市的唯一饮用水源。硝酸盐（NO_3^-）是其中最常见的污染物，饮水中含有高浓度 NO_3^-，婴幼儿易患高铁血红蛋白症，成人则胃癌发病率增加。NO_3^- 是土壤中氮元素的主要存在形态，也是促进植物正常生长和发育的最基本要素，具有极易溶于水、移动性强等特点。大量施用氮肥引起的硝酸盐淋洗现象非常普遍，对环境造成了严重污染，特别是对层浅地下水的污染，已引起世界各国的广泛关注。

黑河中游盆地是我国西北干旱区重要的粮食基地之一。由于水资源的不合理开发，地下水的大量超采，流域普遍存在水质恶化现象(温小虎等，2006)。早在 1986 年，甘肃省第二水文地质工程地质大队对城区及其外围地下水调查就发现浅层水已受到 NO_3^- 污染，局部受到严重污染(张翠云等，2004)。国内外有关地下水硝酸盐含量的研究，主要集中于某一确定位点或微小区域局部硝酸盐含量及其影响因素方面，但有关区域空间变异及其分布特征的研究报道较少(Emily and Susan，2001；Paramasivam et al.，2001；Iragavarapu et al.，1998)。本节拟用基于 GIS 的地质统计学方法，特别是普通克里金法和概率克里金法相结合，研究张掖地下水硝酸盐含量的空间变异及分布特征，并对其污染风险性进行评价。

地质统计学方法又称地统计方法，是在法国著名统计学家 Matheron 大量理论研究的基础上逐渐形成的一门新的统计学分支。它是以区域化变量为基础，借助变异函数，研究既具有随机性又具有结构性，或空间相关性和依赖性的自然现象的一门科学。凡是与空间数据的结构性和随机性，或空间相关性和依赖性，或空间格局与变异有关的研究，以及对这些数据进行最优无偏内插估计，或模拟这些数据的离散性、波动性时，皆可应用地质统计学的理论与方法。

地质统计学与经典统计学的共同之处在于都是在大量采样的基础上，通过对样本属性值的频率分布或均值、方差关系及其相应规则的分析，确定其空间分布格局与相关关系。但是，地质统计学区别于经典统计学的最大特点是地质统计学既考虑到样本值的大小，又重视样本空间位置及样本间的距离，弥补了经典统计学忽略空间方位的缺陷。地质统计学方法被广泛应用于许多领域，已成为空间统计学的一个重要分支。

地质统计学分析一直没能很好地与 GIS 分析模型紧密结合，成为 GIS 软件一大遗憾。ArcGIS 地质统计学分析模块在地质统计学与 GIS 之间架起了一座桥梁，使得复杂的地质统计学方法可以在软件中轻易实现，体现了以人为本、可视化发展的趋势。这种结合具有重要的开创性意义，通过测定预测表面的统计误差，GIS 应用人员首次能够对预测表面的模型质量进行量化。

4.5.1　地质统计学方法分析

1. 分析方法

在研究区域提取地下水样，共取水样 77 个，其地理位置(经度、纬度)用 GPS 定位，采样时间为 2001～2002 年。取样后在冰箱中保存水样，用自动流动分析仪测定，结果用 NO_3^- 含量表示。

2. 空间变异特征分析

在 ArcGIS 9.2 软件平台上，用其地质统计学模块计算不同间距的半方差，采用球状模型进行拟合。硝酸盐含量及其空间变化等值线图用普通克里金法和概率克里金法两种内插方法获得。普通克里金法是利用区域化变量的原始数据和变异函数的结构特点，对未采样的区域化变量取值进行线性无偏最优估计的一种方法；概率克里金法是一种风险估值方法，在一定风险条件下给出未知点可能达到某一水平值的概率及空间分布。

4.5.2　结果与分析

张掖盆地 77 个地下水样硝酸盐(NO_3^-)含量介于 1.40～150.00mg/L，平均值为 23.68mg/L(表 4-7)。根据统计结果，张掖盆地地下水硝酸盐含量在 0～10mg/L、10～20mg/L、20～50mg/L、50～150mg/L 的样点比例依次为 50.5%、16.9%、15.6%、17.0%，达到世界卫生组织规定饮用水水质标准(小于10mg/L)的样点占总样点数的 50.5%，达到我国规定的生活饮用水卫生标准(小于 20mg/L)的样点占 67.4%。

表 4-7　地下水样 NO_3^- 含量统计结果

水样个数	NO_3^- 含量/(mg/L)				
	平均值	总和	最小值	最大值	标准差
77	23.68	1823.48	1.40	150.00	29.69

1. 变异函数结构分析

表 4-8 为张掖盆地地下水硝酸盐(NO_3^-)含量的地质统计学参数。结果表明，张掖盆地地下水硝酸盐(NO_3^-)含量空间变异具有明显的异向性(表 4-8)，各向异性的建模误差小于各向同性的建模误差，块金值与基台值之比前者也小于后者。因此，前者分析结果要优于后者。各向异性的分析结果是异向性长轴为南东-北西向，长轴和短轴的变程差异明显，分别为 1861.56m 和 751.124m，块金值与基台值之比为 0.032，地下水硝酸盐(NO_3^-)含量的空间相关性达中等。黑河中游张掖盆地地下水硝酸盐含量的实际变异函数与球形模型(spherical model)的拟合效果最好(图 4-9)。

表 4-8　地下水 NO_3^- 含量空间变异的建模结果

空间变异	变程/m		方位角/(°)	块金值	基台值	预测误差		
	长轴	短轴				ME	ASE	RMSSE
各向同性	1018.6	—	—	70.105	1029.5	−2.428	36.7	0.6419
各向异性	1861.56	751.124	21.2	34.18	1079.2	−0.8802	37.13	0.6557

注：ME 为均误差(mean error)；ASE 为平均标准误差(average standard error)；RMSSE 为标准化均方根误差(root-mean-square standardized)。

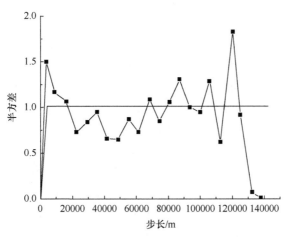

图 4-9　地下水硝酸盐(NO_3^-)含量的变异函数曲线图

2. 克里金插值分析

张掖盆地地下水硝酸盐(NO_3^-)含量的普通克里金法与概率克里金法的插值结果见图 4-10。

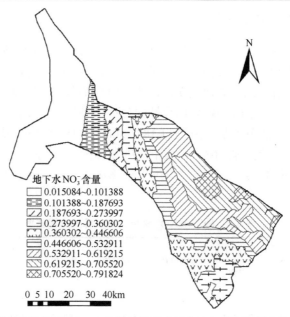

图 4-10　张掖盆地地下水 NO_3^- 含量的普通克里金法与概率克里金法插值结果

　　张掖盆地地下水硝酸盐(NO_3^-)含量分布有明显的分带性。尽管张掖盆地大部分区域地下水硝酸盐(NO_3^-)含量不高，没有超过世界卫生组织规定的饮用水水质标准，但盆地中部区域有超标现象，超标区域主要出现在张掖市、临泽县、高台县。张掖市地下水硝酸盐(NO_3^-)含量高，主要是因为张掖市工业兴于 20 世纪 50年代，化肥、造纸、电力、食品加工等企业主要集中分布在张掖市西北部的五里墩、老城区和东北部火车站一带，其中位于西北部的造纸厂和化肥厂排污量最大，污水被北部地区用于农田灌溉。由于这两个区域工矿企业分布多，其排放污水中的硝酸盐进入地下水，造成局部区域的地下水硝酸盐含量高。同时，该区域大量生活废水的排放也是其地下水硝酸盐含量高的原因之一。临泽县硝酸盐(NO_3^-)含量较高，为 10～20mg/L。张掖盆地地下水硝酸盐(NO_3^-)含量空间分布的总体特征是以张掖市为高值中心，由该高值中心向四周逐渐减少。特别是从该高值中心向西北，地下水硝酸盐含量呈现出依次降低的趋势，山前硝酸盐(NO_3^-)含量仅为 0～5mg/L，符合世界卫生组织规定的饮用水水质标准。这是因为该区工矿企业分布较少，人类活动较少。

　　概率克里金法插值图是地下水硝酸盐(NO_3^-)含量超过世界卫生组织规定的饮用水水质标准(10mg/L)的风险概率图。张掖盆地各区域的超标概率不同，但总体具有明显的分带性，由区域中部向西、北部逐渐变小，中部最大概率为 0.79。这可能是因为这一带是典型的自流灌溉区，地下水水位比较高、包气带岩性为亚砂土和亚黏土，透水性强，含水层为粗颗粒结构。该区作物施氮量高，总体上硝酸盐(NO_3^-)含量较高。临泽县超标概率为 0.27~0.62，高台县超标概率为 0.01~0.36，这些区域含水层颗粒逐渐变细，起到保护地下水免受污染的作用，因此该区地下水硝酸盐(NO_3^-)含量较低，硝酸盐(NO_3^-)含量超标风险概率逐步降低。由图 4-10 可以看出，张掖盆地地下水污染风险区域主要分布在张掖市、临泽县，与 DRASTIC 模型相比，结论基本一致。

　　地下水的脆弱性评价是一个动态过程，而且污染物在土壤包气带中的运移也是一个十分复杂的过程，因此地下水的脆弱性评价中时间因素和污染物在包气带中的迁移转化机制的进一步结合，地下水脆弱性与非点源污染的结合，地下水脆弱性模型与 GIS 技术的进一步结合，地下水脆弱性模型的客观性检验及地下水脆弱性研究中的不确定性问题等都是进一步研究的方向。随着地下水脆弱性研究的发展和完善，该研究将成为未来地方和区域综合土地利用规划和地下水资源保护规划的必要工具，从而纳入地方和区域规划及决策中。

第5章 疏勒河流域水环境变化

5.1 引 言

地处河西走廊西端的疏勒河流域，是典型的内陆河流域。疏勒河流域的灌区主要包括昌马灌区、双塔灌区和花海灌区。灌溉面积由新中国成立初期的 $1.73 \times 10^4 hm^2$ 增加到 $8.38 \times 10^4 hm^2$(周长进等，2004)。为了满足疏勒河灌溉区不断增长的用水需求，先后在疏勒河出山口的昌马盆地修建了昌马水库，在瓜州县双塔镇修建了双塔水库。两个水库修建以后，该区的出山口径流几乎全被人为控制，改变了河道的天然环境，影响了疏勒河流域地表水、地下水的循环转换(Ma et al., 2013)，使得原来依靠地表水生存的荒漠河岸林大片死亡，土地沙漠化严重，导致该区成为沙尘暴频发的地区之一。为了满足各灌区的农业生产需求，疏勒河流域实行定期分水计划。受定期分水的限制，当地居民开挖机井以满足平时用水的需求。近几十年来，由于地下水的大量开采，昌马灌区的地下水水位累计下降了 $0.6 \sim 3.00 m$，双塔灌区地下水水位累计下降了 $2 \sim 8 m$。地下水水位的下降导致疏勒河流域的湿地大面积萎缩，三道沟至布隆吉一带的泉水溢出位置与 20 世纪 50 年代相比下移了 $1000 \sim 2000 m$。

为了研究疏勒河流域的水文过程，在疏勒河流域开展了降水、河水、泉水、融水和地下水样品的系统采集。沿流域自上游至下游选取四个采样点：苏里(疏勒河源区)、昌马(疏勒河中游)、瓜州和敦煌(疏勒河下游)。对疏勒河流域的地下水、泉水、河水和融水进行采样，获得河水样品 64 组、融水样品 9 组、泉水样品 22 组、地下水样品 42 组。所有采集的样品冷藏运回实验室后展开水化学(pH、EC、TDS、K^+、Na^+、Ca^{2+}、Mg^{2+}、SO_4^{2-}、Cl^-、HCO_3^{2-}、NO_3^-)和同位素测试($\delta^{18}O$、δD)。

5.2 疏勒河流域降水环境变化

5.2.1 降水水化学特征

疏勒河流域的降水 pH 变化范围为 $6.61 \sim 9.14$，平均值为 7.70。降水年均 pH 自祁连山区至疏勒河中下游盆地逐渐增加。位于祁连山区的苏里降水年均

pH 相对最低，为 7.56；pH 最大值出现在敦煌，为 7.81。疏勒河流域几乎一年中所有的降水略偏碱性，表现出典型的"碱雨"特征。主要是因为疏勒河流域地处西北内陆，该区域工业活动较少，大气中 SO_2 等酸性气体的含量少，处于全国大气 SO_2 含量的低值区(Wu et al.，2013)。疏勒河流域降水总溶解性固体(total dissolved solids，TDS)为 1.0～788mg/L，平均值为 156mg/L。与降水 pH 的变化趋势类似，从祁连山区至疏勒河下游盆地，降水中 TDS 显著增加。四个降水采样点 TDS 的最大值分别为 311mg/L(苏里)、788mg/L(昌马)、420mg/L(瓜州)和 560mg/L(敦煌)，表明 TDS 异常偏高的降水事件在四个采样点均有发生，反映了区域较强的沙尘天气对疏勒河流域不同海拔区的降水都有显著影响。

5.2.2 降水水化学组成

疏勒河上游的苏里降水中阳离子含量由高到低的顺序为 $Ca^{2+} > Na^+ > Mg^{2+} > K^+$；中游的昌马降水中阳离子含量高低顺序为 $Ca^{2+} > Na^+ > K^+ > Mg^{2+}$；下游的瓜州和敦煌，降水中阳离子组成一致，含量高低顺序为 $Ca^{2+} > Na^+ > Mg^{2+} > K^+$。流域内四个采样点降水中阴离子含量由高到低顺序均为 $SO_4^{2-} > Cl^- > NO_3^-$。从疏勒河上游至下游，降水中的 Ca^{2+} 含量呈现逐渐减小趋势，Na^+ 和 Cl^- 含量呈现逐渐增加趋势。就疏勒河全流域平均状况而言，降水阳离子中 Ca^{2+} 含量最高，占总离子含量的 29.12%；其次是 Na^+，占总离子含量的 18.67%；降水阴离子中含量最高的为 SO_4^{2-}，占总离子含量的 21.07%。显然，疏勒河流域无论是上游的祁连山区还是下游的绿洲盆地，降水中 Ca^{2+} 和 SO_4^{2-} 含量始终高于其他离子的含量，水化学类型属于 SO_4^{2-}-Ca^{2+} 型。

疏勒河流域降水的季节变化显著，降水的季节变化势必对降水水化学产生影响。图 5-1 反映了采样期间疏勒河流域降水中主要离子含量的逐月变化特征。疏勒河流域降水中阴阳离子含量季节特征显著，阴阳离子含量在 5～9 月均增加(K^+除外)。可能主要是两方面的原因：第一，5 月，疏勒河流域大部分区域的积雪已经完全融化，地表裸露；第二，5～10 月研究区降水以降雨为主，而 10 月～次年 4 月，研究区绝大部分降水以降雪为主，降雨和降雪相比更易溶解大气中大量悬浮的颗粒物，使得降雨中包含更多的可溶性离子。降水中的 K^+一般主要来源于海盐气溶胶和地壳源(Al-Khashman，2005)。疏勒河流域降水中 K^+含量在 5 月和 9 月异常偏高，其值分别为 306μeq/L 和 248μeq/L(1μeq=1μmol/L×离子价)，显著高于流域内 K^+含量的平均值(79.6μeq/L)，可能指示 5 月和 9 月研究区受到两次强沙尘暴事件的影响。

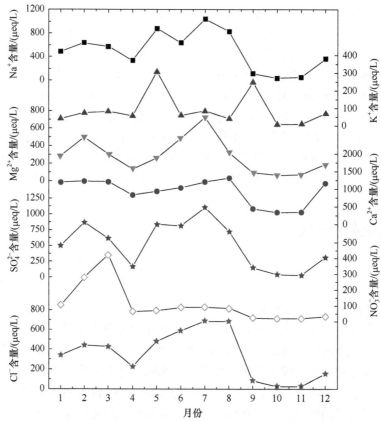

图 5-1 疏勒河流域降水中主要离子含量的逐月变化特征

5.2.3 降水同位素特征

在整个观测期内,疏勒河流域降水的稳定同位素总体存在明显波动。降水 $\delta^{18}O$ 和 δD 分别为-31.9‰～8.0‰和-242.9‰～37.2‰,平均值分别为-6.99‰和-46.4‰。疏勒河流域降水 $\delta^{18}O$ 和 δD 的季节变化显著,夏半年偏正,冬半年偏负。夏半年(5～10 月)降水 $\delta^{18}O$ 和 δD 分别为-11.52‰～8.04‰和-77.46‰～37.15‰,平均值分别为-2.84‰和-14.16‰。冬半年(11 月～次年 4 月)降水 $\delta^{18}O$ 和 δD 分别为 -31.85‰～-10.55‰ 和 -242.91‰～-60.13‰ ,平均值分别为-21.04‰和-153.61‰。造成研究区降水稳定同位素季节变化的因素可能为:第一,疏勒河流域地处亚欧大陆内部,冬夏气温差异大;第二,疏勒河流域属于内陆干旱为半干旱地区,70%的降水主要集中在夏季,但夏季该地区气温高,气候干旱,雨滴在降落过程中受二次蒸发的影响,富集重同位素,$\delta^{18}O$ 和 δD 与冬半年相比明显偏高。

根据疏勒河流域四个采样点采样期间的降水同位素数据,分别建立了疏勒河流域的局地及我国西北地区大气水线方程(图 5-2),结果如下所示。

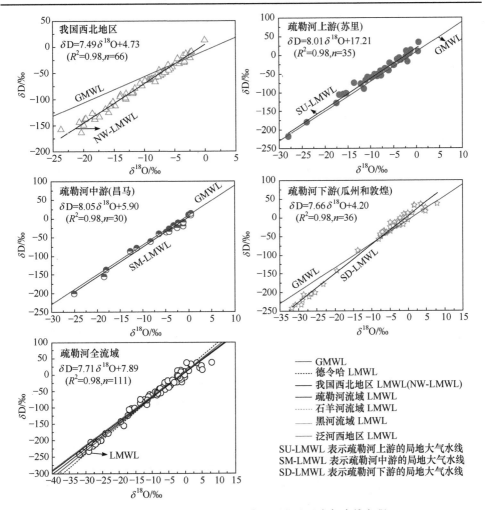

图 5-2　疏勒河流域的局地及我国西北地区大气水线方程

疏勒河上游的局地大气水线(SU-LMWL)方程为

$$\delta D = 8.01\delta^{18}O + 17.21 \quad (R^2 = 0.98, \ n = 35) \tag{5-1}$$

疏勒河中游的局地大气水线(SM-LMWL)方程为

$$\delta D = 8.05\delta^{18}O + 5.90 \quad (R^2 = 0.98, \ n = 30) \tag{5-2}$$

疏勒河下游的局地大气水线(SD-LMWL)方程为

$$\delta D = 7.66\delta^{18}O + 4.20 \quad (R^2 = 0.98, \ n = 36) \tag{5-3}$$

疏勒河全流域完整水文年的局地大气水线(LMWL)方程为

$$\delta D = 7.71\delta^{18}O + 7.89 \quad (R^2 = 0.98, \ n = 111) \tag{5-4}$$

影响我国冬、夏季降水的水汽来源并不相同。夏季，我国中东部绝大部分地区受来自太平洋的东南季风和来自印度洋的西南季风的影响，而我国的西北地区西部则受到西风的影响；与夏季相比，冬季影响我国内陆的主要为西风和极地气团。我国的西北地区远离海洋，加上周边高大山系的阻挡，海洋性水汽很难进入，气候干旱。要合理开发利用该区域有限的水资源，首先就要客观认识影响该区域降水的可能水汽来源。已有研究指出，西北地区的气候主要受三个环流的影响：西北地区西部和中北部气候主要受西风控制，南部主要受南亚季风和高原季风活动的控制，东部的气候则主要受东亚季风活动的影响，而祁连山及其邻近地区正好位于三个环流影响区域的交汇处(张强等，2007)。对河西走廊降水水汽来源的具体状况和特征目前尚存在较大争议。

降水中 $\delta^{18}O$ 与 δD 的时空变化受制于水汽源地的条件、再循环水汽的影响和降水凝结时的大气温度，为推断降水水汽来源和区域水文循环提供证据，可以反映当地的气候条件(Tian et al.，2007)。为了分析影响疏勒河流域降水的水汽来源，本小节将东南季风区、西南季风区、西风区及周边地区降水中的 $\delta^{18}O$ 与疏勒河流域降水进行比较(图 5-3)。亚洲降水 $\delta^{18}O$ 的研究结果普遍认为，受东南季风和西南季风影响的地区，降水 $\delta^{18}O$ 呈现出夏低冬高的特征；受西风影响的地区，$\delta^{18}O$ 则呈现出夏高冬低的特征。

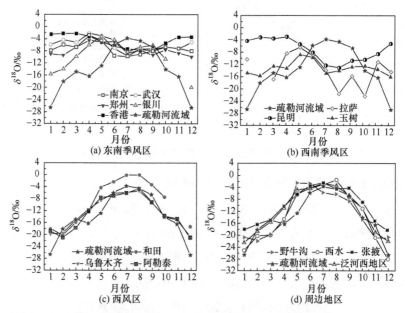

图 5-3　疏勒河流域降水中的 $\delta^{18}O$ 与东南季风区、西南季风区、西风区
及周边地区降水中的 $\delta^{18}O$ 对比

玉树和阿勒泰的降水稳定同位素数据来源于文献 Tian 等(2007)；西水的数据来源于 Wu 等(2010)；
其余降水点的数据均来自 GNIP

疏勒河流域降水同位素的季节性变化与东南季风影响下的香港、南京、武汉、郑州和银川有很大区别,除夏季 6 月和 7 月疏勒河流域降水中的 $\delta^{18}O$ 显著高于东南季风区外,其余季节均小于东南季风区,尤其是冬季疏勒河降水重同位素较东南季风区明显贫化(图 5-3(a))。西南季风区降水稳定同位素与疏勒河流域的差别与东南季风区一致。夏季疏勒河流域较西南季风区富集重同位素(图 5-3(b))。东南季风区、西南季风区和疏勒河流域相比,其降水的 $\delta^{18}O$ 小于疏勒河流域。这可能指示形成疏勒河流域与季风区降水的水汽来源不同,表明疏勒河流域降水受东南季风和西南季风的影响小。疏勒河流域降水 $\delta^{18}O$ 的季节性变化与西风区和周边地区极为相似,均呈现出夏高冬低的变化特征(图 5-3(c)和(d))。已有研究证明,疏勒河流域周边的张掖、西水、野牛沟等地常年受西风水汽输送的影响。因此,西风输送的水汽可能是疏勒河流域降水的主要来源。

5.3 疏勒河流域地表水环境变化

5.3.1 地表水水化学特征

疏勒河流域地表水主要包括河水和融水。研究区河水和融水的水化学分析结果显示,疏勒河流域的河水 TDS 变化范围为 94～597mg/L,平均值为 262mg/L。从疏勒河源区至疏勒河出山口地区,河水的 TDS 逐渐增加。疏勒河流域河水总阳离子含量(TZ$^+$)的范围为 1.92～10.93meq/L,平均值为 5.36meq/L,明显高于世界河流总阳离子含量的平均值 1.47meq/L(Gaillardet et al., 1999)。疏勒河流域河水中阳离子含量的顺序为 Ca^{2+} > Mg^{2+} > Na$^+$ > K$^+$,其对应的离子含量平均值分别为 2.27meq/L、2.04meq/L、1.01meq/L 和 0.05meq/L。其中 Ca^{2+} 和 Mg^{2+} 是疏勒河河水中主要的阳离子,Ca^{2+}+Mg^{2+} 的含量占总阳离子含量的 83%,占河水总离子含量的 45%。阴离子含量顺序为 HCO$_3^-$ > SO$_4^{2-}$ > Cl$^-$ > NO$_3^-$,对应的离子含量平均值依次为 2.93meq/L、1.71meq/L、0.54meq/L 和 0.05meq/L。HCO$_3^-$ 和 SO$_4^{2-}$ 是河水中主要的阴离子,其总含量占总阴离子含量的 96%,占河水总离子含量的 50%。与出山口河水相比,疏勒河源区河水各离子含量均逐渐增加。和夏季河水相比,冬季河水中的 Ca^{2+} 含量略有下降,K$^+$ 含量保持不变,而其余离子含量均高于夏季。这可能揭示了疏勒河源区河水、出山口河水、冬季河水和夏季河水补给来源的差异,但河水的水化学类型均属于 Ca^{2+}-Mg^{2+}-HCO$_3^-$ 型(图 5-4)。

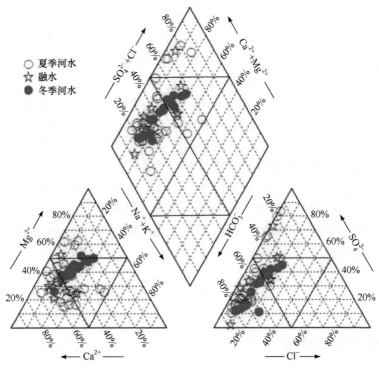

图 5-4   疏勒河流域河水和融水水化学 Piper 三线图

融水的总阳离子含量范围为 1.64～5.75meq/L，平均值为 3.87meq/L。融水阳离子含量高低顺序为 $Ca^{2+} > Mg^{2+} > Na^+ > K^+$，平均值分别为 1.94meq/L、1.13meq/L、0.76meq/L 和 0.04meq/L；阴离子含量高低顺序为 $HCO_3^- > SO_4^{2-} > Cl^- > NO_3^-$，平均值分别为 1.79meq/L、1.56meq/L、0.49meq/L 和 0.02meq/L，顺序与河水完全相同。融水中的主要阳离子为 Ca^{2+} 和 Mg^{2+}，主要阴离子为 HCO_3^- 和 SO_4^{2-}。融水的水化学类型与河水一致，碱土金属离子显著超过碱金属离子，属于 Ca^{2+}-Mg^{2+}-HCO_3^- 型(图 5-4)。另外，河水样品和融水样品在图 5-4 上的分布区域和分布趋势相似，表明两者之间存在着一定的水力联系。融水是疏勒河河水重要的补给源之一。

5.3.2   地表水同位素特征

地表水中的疏勒河流域河水 $\delta^{18}O$ 的波动范围为-9.82‰～-6.27‰，平均值为-8.71‰；δD 的波动范围为-62.64‰～-41.94‰，平均值为-54.45‰；d-excess 的波动范围为 4.59‰～21.76‰，平均值为 15.26‰。夏季河水 $\delta^{18}O$ 的波动范围为-9.70‰～-6.27‰，平均值为-9.17‰；δD 的波动范围为-62.23‰～-41.94‰，平均值为-52.87‰；d-excess 的波动范围为 4.59‰～21.76‰，平均值为 15.50‰。冬

季河水 $\delta^{18}O$ 的波动范围为-9.82‰～-8.19‰，平均值为-8.99‰；δD 的波动范围为-62.23‰～-41.94‰，平均值为-58.36‰；d-excess 的波动范围为 12.23‰～18.56‰，平均值为 14.96‰。与冬季河水相比，夏季河水 $\delta^{18}O$ 和 δD 偏大，而研究区的夏季气温和蒸发量显著高于冬季。高温和高蒸发环境会使得地表水体富集重同位素。

从河水的空间分布来看，疏勒河源区河水 $\delta^{18}O$ 的波动范围为-9.82‰～-6.27‰，平均值为-8.49‰；δD 的波动范围为-60.89‰～-41.94‰，平均值为-52.67‰；d-excess 的波动范围为 4.59‰～21.76‰，平均值为 15.26‰。夏季源区河水 $\delta^{18}O$ 的波动范围为-9.70‰～-6.27‰，平均值为-8.34‰；δD 的波动范围为-60.89‰～-41.94‰，平均值为-51.78‰；d-excess 的波动范围为 4.59‰～21.76‰，平均值为 15.00‰。冬季源区河水 $\delta^{18}O$ 的波动范围为-8.19‰～-9.82‰，平均值为-8.99‰；δD 的波动范围为-60.03‰～-50.57‰，平均值为-55.80‰；d-excess 的波动范围为 14.85‰～18.56‰，平均值为 16.17‰。疏勒河出山口河流 $\delta^{18}O$ 的波动范围为-9.65‰～-8.53‰，平均值为-9.25‰；δD 的波动范围为-62.64‰～-54.33‰，平均值为-58.46‰；d-excess 的波动范围为 12.23‰～20.97‰，平均值为 15.50‰。夏季出山口河水 $\delta^{18}O$ 的波动范围为-9.70‰～-6.27‰，平均值为-8.54‰；δD 的波动范围为-62.23‰～-41.94‰，平均值为-52.87‰；d-excess 的波动范围为 4.59‰～21.76‰，平均值为 15.50‰。冬季出山口河水 $\delta^{18}O$ 的波动范围为-9.82‰～-8.19‰，平均值为-9.17‰；δD 的波动范围为-62.64‰～-50.57‰，平均值为-58.36‰；d-excess 的波动范围为 12.23‰～18.56‰，平均值为 14.96‰。

5.3.3　河水径流分割结果

在 $\delta^{18}O$-Cl⁻含量关系图上，对疏勒河源区的河水而言，夏季位于以源区降水、源区融水和夏季源区泉水围成的三角区域内，表明源区降水、源区融水和夏季源区泉水分别为夏季源区河水的主要补给来源；冬季河水同源区降水和冬季泉水几乎位于一条直线，且源区降水和冬季泉水位于这条线的两端，揭示冬季源区河水主要受源区降水和源区泉水补给。利用端元混合模型对夏季和冬季河水的各补给端元所占比例进行分割，结果显示，夏季源区河水主要来源于 5%的源区融水、60%的源区降水和 35%的源区泉水；冬季源区河水主要来源于 14%的源区降水和86%的源区泉水。

夏季，从疏勒河源区至出山口区域，融水和泉水对河水的补给均逐渐增加，降水对河水的补给逐渐减少。可能是因为当地降水从源区至出山口地区显著变小，同时，疏勒河河水从源区向出山口地区运移的过程中，汇集的冰雪融水逐渐增多。冬季，疏勒河河水几乎全靠泉水补给，从源区至出山口地区泉水对径流的补给呈现增加趋势。与夏季河水相比，冬季各采样点水化学几乎按比例变化，揭示出其补给来源相对单一；夏季河水水化学离子较大的波动表明，夏季河水的补给来源比冬季复杂，证明疏勒河流域河水的径流分割结果是可靠的。

5.4　疏勒河流域地下水环境变化

5.4.1　地下水水化学特征

地下水的化学组成受诸多因素的影响，包括降水、地质条件、流域和含水层中的矿物及含水层中的水文地球化学过程等，各因素相互作用、相互影响导致含水层中的地下水出现多种水化学类型(Dogramaci et al., 2012)。地下水的水化学类型通常用地下水中主要离子的含量来确定；地下水主要离子的空间变化可以反映区域含水层的异质性和连通性(Belkhiri et al., 2012)，揭示主导区域地下水演化的机制(Stadler et al., 2012)。

疏勒河流域地下水主要离子组成(Na^+、K^+、Mg^{2+}、Ca^{2+}、Cl^-、SO_4^{2-}、NO_3^- 和 HCO_3^-)的测试结果显示(表 5-1)：祁连山前泉水阳离子含量由高到低的顺序为 $Mg^{2+} > Ca^{2+} > Na^+ > K^+$，对应离子含量的平均值分别为 3.20meq/L、2.82meq/L、1.39meq/L 和 0.05meq/L；祁连山前泉水阴离子含量由高到低的顺序为 $SO_4^{2-} > HCO_3^- > Cl^- > NO_3^-$，对应离子含量的平均值分别为 3.33meq/L、3.13meq/L、0.81meq/L 和 0.05meq/L。玉门-踏实盆地地下水阳离子含量的高低顺序为 $Mg^{2+} > Ca^{2+} > Na^+ > K^+$，相应离子含量的平均值分别为 3.65meq/L、2.10meq/L、1.62meq/L 和 0.08meq/L；该盆地阴离子含量的高低顺序为 $HCO_3^- > SO_4^{2-} > Cl^- > NO_3^-$，相应离子含量的平均值分别为 3.24meq/L、2.67meq/L、1.53meq/L 和 0.38meq/L。瓜州盆地地下水阳离子含量由高到低的顺序为 $Mg^{2+} > Na^+ > Ca^{2+} > K^+$，相应离子含量的平均值分别为 6.01meq/L、4.15meq/L、2.90meq/L 和 0.15meq/L；阴离子的含量高低顺序为 $SO_4^{2-} > Cl^- > HCO_3^- > NO_3^-$，相应离子含量的平均值分别为 6.27meq/L、3.56meq/L、3.19meq/L 和 0.46meq/L。

表 5-1　疏勒河流域地下水离子组成和稳定同位素的统计分析结果

指标	祁连山前泉水 (样本量=9)			玉门-踏实盆地地下水 (YTG)(样本量=19)			瓜州盆地地下水(GZG) (样本量=23)		
	最大值	最小值	平均值	最大值	最小值	平均值	最大值	最小值	平均值
TDS	563	169	364	727	163	380	2382	188	728
Na^+含量	3.71	0.19	1.39	3.24	0.70	1.62	16.50	1.09	4.15

续表

指标	祁连山前泉水 (样本量=9)			玉门-踏实盆地地下水 (YTG)(样本量=19)			瓜州盆地地下水(GZG) (样本量=23)		
	最大值	最小值	平均值	最大值	最小值	平均值	最大值	最小值	平均值
K^+含量	0.09	0.01	0.05	0.16	0.04	0.08	0.37	0.06	0.15
Mg^{2+}含量	8.21	1.03	3.20	7.02	2.16	3.65	18.40	2.23	6.01
Ca^{2+}含量	4.58	1.43	2.82	4.94	0.84	2.10	8.68	1.40	2.90
Cl^-含量	1.98	0.11	0.81	2.31	0.39	1.53	11.50	0.67	3.56
SO_4^{2-}含量	6.58	0.98	3.33	8.33	1.29	2.67	25.40	1.37	6.27
NO_3^-含量	0.16	0	0.05	1.35	0.02	0.38	1.40	0.03	0.46
HCO_3^-含量	5.30	1.57	3.13	5.95	1.78	3.24	8.56	1.75	3.19
$\delta^{18}O$/‰	−8.90	−12.03	−10.15	−8.67	−11.81	−10.44	−6.96	−10.49	−8.41
δD/‰	−53.44	−75.08	−64.56	−57.03	−77.75	−68.38	−51.03	−73.26	−57.85
d-excess/‰	21.17	14.43	16.43	18.38	9.21	15.52	15.43	4.66	9.57

注：离子含量的单位为 meq/L；TDS 的单位为 mg/L。

疏勒河地下水主要离子含量的空间变化揭示，从祁连山前泉水至下游的瓜州盆地地下水各主要离子含量增加，增加幅度较大的为 Mg^{2+}、Na^+、SO_4^{2-} 和 Cl^-，分别增加了 2.81meq/L、2.76meq/L、2.94meq/L、2.84meq/L。Ca^{2+} 和 HCO_3^- 含量基本保持不变，可能表明这两种离子在地下水中达到饱和。祁连山前泉水和玉门-踏实盆地地下水中，Mg^{2+} 和 Ca^{2+} 是主要的阳离子；瓜州盆地地下水中，Na^+ 含量明显超过了 Ca^{2+}，但其离子含量依旧低于 Mg^{2+}。然而，瓜州盆地地下水中 Cl^- 含量变大，其含量高于 HCO_3^-，成为仅次于 SO_4^{2-} 的主要阴离子。

水化学 Piper 三线图可简单直观地展现水体中主要离子的空间关系，是分析地下水水化学类型常用的方法。通过疏勒河流域地下水水化学 Piper 三线图(图5-5)可知，从祁连山前至下游的瓜州盆地，地下水中的弱酸根离子、碱土金属离子所占比例逐渐减小，强酸根离子和碱金属离子所占比例增加。总而言之，祁连山前泉水的主要水化学类型为 Mg^{2+}-Ca^{2+}-HCO_3^- 型，玉门-踏实盆地地下水主要为 Mg^{2+}-Ca^{2+}-HCO_3^--SO_4^{2-} 型，瓜州盆地地下水中碱金属离子超过了碱土金属离子，其水化学类型主要为 Na^+-Mg^{2+}-SO_4^{2-}-Cl^-型。疏勒河流域地下水水化学类型从 Mg^{2+}-Ca^{2+}-HCO_3^- 型逐渐演化为 Na^+-Mg^{2+}-SO_4^{2-}-Cl^-型，反映了西北干旱区受矿物溶解和蒸发作用共同影响的典型地下水水化学特征。

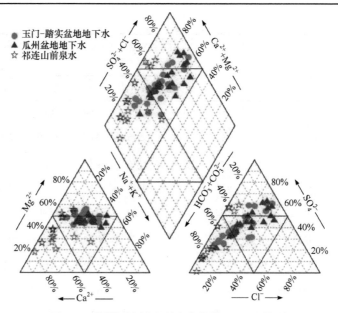

图 5-5　疏勒河流域地下水水化学 Piper 三线图

5.4.2　地下水水化学组成

Gibbs 图可以用来有效地解释地下水中溶质的物质来源和演化过程，该图将影响水体化学组成及演化的因素归纳为大气降水、岩石风化和蒸发结晶三个过程。疏勒河流域祁连山前泉水 $c(Na^+)/c(Na^++Ca^{2+})$ 的范围为 0.15～0.57(c 为离子含量)；玉门-踏实盆地地下水 $c(Na^+)/c(Na^++Ca^{2+})$ 的范围为 0.23～0.69；瓜州盆地地下水 $c(Na^+)/c(Na^++Ca^{2+})$ 的范围为 0.37～0.84。疏勒河流域地下水水化学的 Gibbs 图表明(图 5-6)，研究区绝大部分地下水样品落在岩石风化区，少部分来自瓜州盆地地

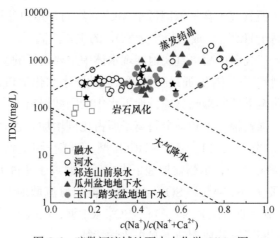

图 5-6　疏勒河流域地下水水化学 Gibbs 图

下水和疏勒河中游的河水，具有较高的 TDS 和 $c(Na^+)/c(Na^++Ca^{2+})$，落在蒸发结晶区，揭示岩石风化作用是控制该区地下水演化的主要原因，但瓜州盆地部分地下水受蒸发结晶作用的影响。

地下水中的离子含量比可用来推断地下水在流动路径上发生的水岩相互作用、地下水接受的再补给程度和地下水的混合效应等(张传奇等，2014；Si et al.，2009)。祁连山前泉水、玉门–踏实盆地地下水和瓜州盆地地下水中的 Na^+ 与 Cl^- 相关性极其显著，相关系数分别为 0.972、0.973 和 0.919，表明岩盐溶解是疏勒河流域 Na^+ 和 Cl^- 的主要来源。$c(Na^+)/c(Cl^-)$ 作为盐分淋溶与积累强度的标志。如果地下水中的 Na^+ 和 Cl^- 全部来源于岩盐的溶解，则 $c(Na^+)/c(Cl^-)$ 接近 1。祁连山前泉水、玉门–踏实盆地地下水和瓜州盆地地下水的 $c(Na^+)/c(Cl^-)$ 几乎都大于 1，揭示研究区地下水中的 Na^+ 除岩盐溶解外，还有其他来源。

$$2Na_2(黏土) + (Ca^{2+} + Mg^{2+})(地下水) \longrightarrow (Ca+Mg)(黏土) + 4Na^+(地下水) \quad (5-5)$$

通过以上的离子交换反应，地下水中的 Na^+ 含量增加，Ca^{2+} 和 Mg^{2+} 含量相对减少。含水层中的硅酸盐矿物溶解也会释放出 Na^+，其反应方程式如下：

$$2NaAlSi_3O_8 + 2CO_2 + 11H_2O \longrightarrow 2Na^+ + Al_2Si_2O_5(OH)_4 + 4H_4SiO_4 + 2HCO_3^-$$

$$(5-6)$$

因此，疏勒河流域地下水中的 Na^+ 可能来源于离子交换和硅酸盐矿物的溶解。类似现象还出现在我国西北吉兰泰盐湖附近的地下水中(魏国孝，2011)。如果地下水水化学演化主要受蒸发作用的影响而不是水岩交互作用影响，则 $c(Na^+)/c(Cl^-)$ 保持恒定。总体来说，疏勒河流域地下水随着 Cl^- 含量的增加，$c(Na^+)/c(Cl^-)$ 逐渐减小，进一步证明水岩交互作用是影响研究区地下水水化学组成的主要因素。只有瓜州盆地的部分地下水，随着 Cl^- 含量的增加，$c(Na^+)/c(Cl^-)$ 几乎保持不变，再次表明这些地下水样品的水化学组成主要受蒸发作用的影响。

地下水中的 Ca^{2+} 和 Mg^{2+} 可能主要来源于碳酸盐、蒸发岩和硅酸盐的风化产物。$c(Ca^{2+}+Mg^{2+})/c(HCO_3^-)$ 用来解释地下水中 Ca^{2+} 和 Mg^{2+} 的来源。随着地下水盐度的增加，Ca^{2+} 和 Mg^{2+} 在地下水中的溶解速率大于 HCO_3^-。如果地下水中 Ca^{2+} 和 Mg^{2+} 仅来自于碳酸盐矿物的溶解，如方解石和白云石，$c(Ca^{2+}+Mg^{2+})/c(HCO_3^-)$ 的值约为 0.5，其溶解反应方程如下：

$$CaMg(CO_3)_2 + 2H_2O + 2CO_2 \longrightarrow Ca^{2+} + Mg^{2+} + 4HCO_3^- \quad (5-7)$$

研究区地下水中 Ca^{2+} 与 SO_4^{2-} 相关性显著，从祁连山前至瓜州盆地，其相关系数均大于 0.75；但研究区地下水的 Ca^{2+} 与 HCO_3^- 的相关性弱，没有通过 0.05 水平的显著性检验。Ca^{2+} 与 Mg^{2+} 及 Ca^{2+} 与 HCO_3^- 的关系揭示石膏溶解是地下水 Ca^{2+} 和 SO_4^{2-} 的主要来源。石膏溶解的反应方程式如下：

$$CaSO_4 \cdot 2H_2O \longrightarrow Ca^{2+} + SO_4^{2-} + 2H_2O \tag{5-8}$$

另外，石膏溶解释放出的 Ca^{2+} 会进一步遏制地下水中碳酸盐矿物的溶解。与 HCO_3^- 相比，过量的 Mg^{2+} 和 Ca^{2+} 被 Cl^- 和 SO_4^{2-} 中和。

$c(Mg^{2+})/c(Ca^{2+})$、$c(Na^+)/c(Ca^{2+})$ 常用来区分溶质的大致来源。以方解石溶解作用为主的地下水，$c(Mg^{2+})/c(Ca^{2+})$ 和 $c(Na^+)/c(Ca^{2+})$ 相对较低；以白云石风化溶解作用为主的地下水，具有较低的 $c(Na^+)/c(Ca^{2+})$ 和较高的 $c(Mg^{2+})/c(Ca^{2+})$。研究区地下水普遍具有较高的 $c(Mg^{2+})/c(Ca^{2+})$ 和较低的 $c(Na^+)/c(Ca^{2+})$，在 $c(Mg^{2+})/c(Ca^{2+})$-$c(Na^+)/c(Ca^{2+})$ 的关系图上，研究区地下水采样点几乎都位于 1：1 等量线的上方，表明地下水中白云石的溶解超过了方解石。

在研究区地下水 $c(Mg^{2+})+c(Ca^{2+})$-$c(SO_4^{2-})+c(HCO_3^-)$ 的关系图上，各采样点地下水呈现出良好的线性关系，几乎所有的地下水采样点都沿着 1：1 等量线分布，只有少数几个来自瓜州盆地的地下水样品位于 1：1 等量线的下方，表明疏勒河流域地下水中的主要离子主要来源于方解石、白云石和石膏的溶解。由于 Mg^{2+} 和 Ca^{2+} 是地下水中的主要阳离子，SO_4^{2-} 和 HCO_3^- 是主要阴离子，地下水中 $c(Mg^{2+}+Ca^{2+})/c(SO_4^{2-}+HCO_3^-)=1$，表明地下水中阴阳离子大致处于平衡状态。

地下水中的阳离子交换程度和方向可以用 Ca^{2+} 和 Na^+ 之间的相互关系及氯碱性指标(CAI1 和 CAI2)来反映。氯碱性指标的计算公式如下：

$$CAI1 = c(Cl^-) - \frac{c(Na^+) + c(K^+)}{c(Cl^-)} \tag{5-9}$$

$$CAI2 = c(Cl^-) - \frac{c(Na^+) + c(K^+)}{c(SO_4^{2-})} + c(HCO_3^-) + c(CO_3^{2-}) + c(NO_3^-) \tag{5-10}$$

如果 CAI1 和 CAI2 均小于 0，则表明地下水中的 Ca^{2+} 和 Mg^{2+} 被含水层介质中的 Na^+ 和 K^+ 置换，发生了阳离子交换作用；如果 CAI1 和 CAI2 均大于 0，则表明地下水中的 Na^+ 和 K^+ 被置换到含水层介质中，而含水层介质中的 Ca^{2+} 和 Mg^{2+} 被置换到水中。研究区地下水样品中 CAI1 一部分大于 0、一部分小于 0，而 CAI2 均大于 0，表明研究区大部分地下水中存在反向离子交换作用，这与前面推断的地下水中过量的 Na^+ 可能部分来源于地下水中的 Ca^{2+} 和 Mg^{2+} 置换了含水层黏土矿物中的 Na$^+$这一结论不一致。另外，已有的研究结果发现，同一井水不同时间采集的地下水样品中氯碱性指标 CAI1 和 CAI2 有时候大于 0，有时候又小于 0(Wen et al.，2012)。因此，研究区地下水氯碱性指标和离子比值分析结果的差异，可能指示了氯碱性指标在研究区的应用具有一定的局限性。

为了研究含水层中各矿物与地下水之间在水化学演化过程中所处的状态和进一步分析影响地下水水化学演化的控制因素，本书利用 PHREEQC 3.1.1 对疏勒河流域地下水主要化学相的饱和指数(SI)进行计算。SI 的计算公式为

$$SI = \lg(IAP) / K \tag{5-11}$$

式中，IAP 为离子活度积；K 为平衡常数。SI < 0，表明溶质在地下水中不饱和；SI=0，表明溶质在地下水中达到溶解平衡；SI > 0，表明溶质在地下水中达到饱和。SI 将地下水中各化学组分的化学形态和含量分布定量化的同时，能够客观地反映溶液中各组分的实际存在形式(Leybourne et al.，2009)。

5.4.3　地下水同位素特征

氢氧稳定同位素作为天然示踪剂，在区域地下水来源研究中广泛应用。祁连山前泉水 δ^{18}O 的变化范围为–12.03‰～–8.90‰，平均值为–10.15‰；δD 的变化范围为–75.08‰～–53.44‰，平均值为–64.56‰；d-excess 的变化范围为 14.43‰～21.17‰，平均值为 16.43‰。玉门-踏实盆地地下水 δ^{18}O 的变化范围为–11.81‰～–8.67‰，平均值为–10.44‰；δD 的变化范围为–77.75‰～–57.03‰，平均值为–68.38‰；d-excess 值的变化范围为 9.21‰～18.38‰，平均值为 15.52‰。瓜州盆地地下水 δ^{18}O 和 δD 的变化范围分别为–10.49‰～–6.96‰和–73.26‰～–51.03‰，平均值分别为–8.41‰和–57.85‰；d-excess 的变化范围为 4.66‰～15.43‰，平均值为 9.57‰。与祁连山前泉水、玉门-踏实盆地地下水相比，瓜州盆地地下水相对富集重同位素。

5.4.4　地下水补给来源及量化

在水循环过程中，不同水体稳定同位素和水化学组成的变化可以反映水体之间的相互关系。从祁连山至瓜州盆地，疏勒河流域地下水稳定同位素和水化学组成的空间差异可能受补给来源不同的影响。由于缺乏地下水测年数据，为了准确判断野外采集的地下水样品是否属于古水，采用疏勒河流域及周边地区已有的古水同位素研究结果进行对比(表 5-2)。与疏勒河流域的地下水相比，古水同位素值明显偏负，在 δD-δ^{18}O 关系图上，位于靠近右下方的位置，远离疏勒河流域地下水各采样点的分布(图 5-7(a))，表明研究区地下水为现代水，受到古水补给的可能性很小。

表 5-2　疏勒河流域及周边地区古水同位素研究结果

采样点	样品类型	$\delta^{18}O/‰$	$\delta D/‰$	数据来源
敦煌	承压水	−11.3	−84.3	周长进等(2004)
额济纳	自流井	−11.52	−85.94	Zhao 等(2011)
额济纳	自流井	−11.36	−90.27	Zhao 等(2011)
额济纳旗口岸	承压水	−10.79	−90.67	Zhao 等(2011)
酒泉	承压水	−10.34	−80.24	He 等(2012)

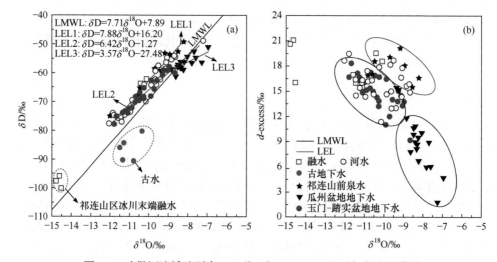

图 5-7　疏勒河流域地下水 δD-$\delta^{18}O$ 和 d-excess-$\delta^{18}O$ 关系图(见彩图)

如图 5-7 所示，疏勒河流域的融水，河水、祁连山前泉水和玉门-踏实盆地地下水均位于疏勒河流域局地大气水线的上方；同时，融水、河水、祁连山前泉水的 d-excess 与 $\delta^{18}O$ 呈负相关关系，并聚集在图 5-7(b)的右上角，表明融水、河水、祁连山前泉水和玉门-踏实盆地地下水之间存在显著的水力联系。然而，在图 5-7(b)中，祁连山前泉水与玉门-踏实盆地地下水的分布并不完全一致，祁连山前泉水各采样点的分布位置比玉门-踏实盆地地下水各采样点的分布更偏右上角，表明祁连山前泉水和玉门-踏实盆地地下水的补给来源并不相同。融水和祁连山前泉水的水化学类型均属于 Ca^{2+}-HCO_3^- 型。融水的 d-excess 为 16.78‰，祁连山前泉水的 d-excess 为 16.43‰，二者较为相近，揭示融水是祁连山前泉水的一个重要补给来源。疏勒河中游河水的水化学类型为 Ca^{2+}-Mg^{2+}-SO_4^{2-}-HCO_3^-，d-excess 为 15.17‰；玉门-踏实盆地地下水的水化学类型与中游河水相同，为 Ca^{2+}-Mg^{2+}-SO_4^{2-}-HCO_3^-，地下水 d-excess 为 15.52‰。疏勒河中游河水与玉门-踏实盆地地下水之间相同的水化学类型和相似的 d-excess 变化反映了疏勒河流域地下水可能主要来源于中游地区河水的渗漏补给。

根据疏勒河中游至下游的水文地质资料发现,从祁连山前至玉门-踏实盆地分布着一系列的冲积扇。冲积扇以古生代低变质角闪岩相为基底,其上覆盖了巨厚的第四纪松散沉积物。更重要的是著名的阿尔金断裂带经过疏勒河出山口的昌马大坝附近,该断层为正向导水断裂,被巨厚的第四纪沉积物覆盖(王萍等,2004)。巨厚松散的第四纪沉积物和正向的导水断裂致使祁连山前的降水、上游的河水和融水经过冲积扇时绝大部分渗漏成为地下水。渗漏的水体受地形和水文地质条件的影响,一部分在祁连山前以泉水的形式溢出地表,另一部分则以地下潜流的形式补给玉门-踏实盆地的地下水。融水、河水、祁连山前泉水与玉门-踏实盆地地下水的相似同位素和水化学变化,进一步证明了当地特殊的高渗透性的水文地质环境和各种水体之间的密切联系。祁连山前泉水和玉门-踏实盆地地下水的蒸发线分别为 LEL1 和 LEL2,其对应的斜率分别是 7.88 和 6.42。尤其是祁连山前泉水蒸发线的斜率高于疏勒河流域 LMWL 的斜率,指示祁连山前泉水可能主要受到高海拔地区水体的补给。经上述分析可知,祁连山前泉水主要来源于融水和疏勒河上游河水的入渗补给。位于昌马冲积扇扇缘的玉门-踏实盆地地下水则主要来源于祁连山前地下侧向径流和中游河水渗漏补给。

然而,疏勒河河水、融水、祁连山前泉水和玉门-踏实盆地地下水的 $\delta^{18}O$ 与疏勒河中游及下游降水 $\delta^{18}O$ 的年加权平均值(−6.99‰)相比存在重同位素贫化。祁连山区和疏勒河中游的昌马水库附近年降水量超过 100mm(侯典炯等,2012)。降水主要集中在夏季,由于绝大部分降水为小雨或中雨,当雨水降落到地面后快速渗入地下,一定程度上补给了当地的浅层地下水。因此,当地降水可能对祁连山前泉水和玉门-踏实盆地地下水产生补给,是祁连山前泉水和玉门-踏实盆地地下水的一个潜在补给端元。

无论在 δD-$\delta^{18}O$ 关系图还是 d-excess-$\delta^{18}O$ 关系图上,瓜州盆地地下水采样点和玉门-踏实盆地地下水采样点均分布于一条混合线上,说明两者之间存在一定的水力联系。瓜州盆地地下水的蒸发线(LEL2)方程为 $\delta D=3.57\delta^{18}O-27.48$。地下水蒸发线(LEL)与局地大气水线之间的交点,代表地下水初始补给水体的稳定同位素组成。玉门-踏实盆地地下水蒸发线 LEL1 与 LMWL 之间交点的 $\delta^{18}O$ 为−9.08‰,瓜州盆地地下水蒸发线 LEL2 与 LMWL 之间交点的 $\delta^{18}O$ 为−8.75‰。两个交点的 $\delta^{18}O$ 相近,表明玉门-踏实盆地地下水和瓜州盆地地下水具有类似的初始补给来源。玉门-踏实盆地的侧向地下水流可能是瓜州盆地地下水的重要补给水源。地下水的这一补给流向与玉门-踏实盆地至瓜州盆地的地势变化、河流流向与已有的水文地质研究结果一致。

瓜州盆地地下水的 δD 和 $\delta^{18}O$ 都位于疏勒河流域局地降水线之下(图 5-7(a)),

其 δD 和 δ^{18}O 整体高于玉门-踏实盆地地下水和祁连山前泉水。另外，瓜州盆地地下水 d-excess 显著低于玉门-踏实盆地地下水及祁连山前泉水的 d-excess(图 5-7(b))。该盆地 δD、δ^{18}O 和 d-excess 的特征显示，补给水体在到达含水层之前受到明显的蒸发作用的影响。同时，绝大部分瓜州盆地地下水样品的 TDS 和主要离子含量较高，主要原因一方面可能是该区属于地下水的蒸发排泄区，另一方面可能是瓜州盆地地下水受到较高盐度水体的补给。瓜州盆地是疏勒河流域主要的灌区之一，拦截双塔水库中的地表水约 70%用于农业灌溉。由于该区含水层多为砂质黏土，灌溉水在包气带中垂向渗漏的时间长，受到的蒸发作用强，地下水盐度和稳定同位素值变大，d-excess 变小，地下水的过度抽取会使这一过程加剧(Negrel et al., 2011)。因此，显著偏高的稳定同位素和偏低的 d-excess 揭示当地的灌溉回归水是瓜州盆地地下水的主要补给来源。瓜州盆地年降水量不足 40mm，但蒸发量却超过 1800mm。已有研究显示，极端干旱区的降水在渗透到含水层之前就已经被蒸散发消耗殆尽(Tsujimura and Tanaka, 1998)，瓜州盆地也不例外。因此，当地降水对瓜州盆地地下水的补给可以忽略不计。

为了深入了解各补给端元对研究区地下水的贡献率，利用端元混合模型对各补给端元进行量化。已有的地下水来源和地下水水流路径研究中通常使用的示踪剂有 Ca^{2+}、Na^+、Cl^-、同位素、d-excess、EC、TDS 和碱度。选取不同水体的 d-excess 和 Cl^- 作为端元混合模型的示踪剂，主要是由于各潜在的补给端元之间这两个参数的值差异较大，能够较为准确地反映出各补给端元对地下水的贡献率。如图 5-8 所示，祁连山前泉水处于降水、融水和上游河水围成的三角形中，表明祁连山前泉水受到降水、融水和上游河水的补给，经三元混合模型计算其补给比例分别为 9%、61%和 30%。玉门-踏实盆地地下水位于降水、疏勒河中游河水和山前侧向地下水构成的三角形中，三角形端点上的三种水体为玉门-踏实盆地地下水的三个潜在补给端元。这三个补给端元中，河水对其补给量最大，约占玉门-踏实盆地地下水总补给量的 62%；其次是祁连山前侧向地下水，约占地下水总补给量的 37%；降水对该盆地地下水的补给很有限，仅占地下水总补给量的 1%。瓜州盆地地下水分布靠近灌溉回归水和玉门-踏实盆地侧向地下水的构成线段，说明灌溉回归水和玉门-踏实盆地侧向地下水是瓜州盆地地下水的有效补给端元。在利用二元混合模型计算时，灌溉回归水的 d-excess 用 TDS 大于 1000mg/L 的浅层地下水样品的平均值。计算结果显示，灌溉回归水补给占瓜州盆地地下水总补给量的 81%，玉门-踏实盆地侧向地下水流的补给仅占 19%。

总之，疏勒河流域降水的 pH 约为 7.71，呈现显著的"碱雨"特征。从上游的祁连山区至下游的敦煌盆地，降水中主要的阳离子为 Ca^{2+}，主要的阴离子为 SO_4^{2-}，降水水化学类型属于 Ca^{2+}-SO_4^{2-} 型。疏勒河流域的降水稳定同位素存在显著的空间分异。从疏勒河河源区的苏里至疏勒河下游的敦煌，降水 δ^{18}O 和 δD 呈逐渐增加的趋势。疏勒河流域的大气水线方程为 $\delta D=7.71\delta^{18}O+7.89(R^2=0.98,$ $n=111)$; 其斜率和截距均小于全球大气降水线(global meteoric water line, GMWL), 显示出干旱区降水的典型特征。疏勒河上游的苏里，虽然其降水线的斜率接近 GMWL，但截距显著高于 GMWL、NW-LMWL。疏勒河流域全年降水水汽主要来源于西风输送，冬半年还受到源自西伯利亚和蒙古一带的极地气团的影响，夏半年部分降水事件受到西南季风和局地再循环水汽的影响，虽然西南季风到达该区的次数少，但对该区降水的贡献不可忽视。

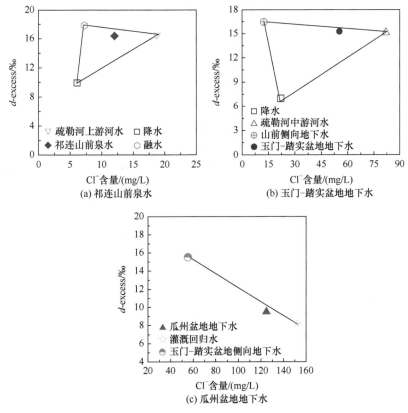

图 5-8　基于 d-excess 和 Cl$^-$含量的疏勒河流域地下水各补给端元分割结果

　　疏勒河河水 TDS 从河源区至出山口地区逐渐增加。河水的 TDS 存在较为显著的季节波动，冬季河水 TDS 高于夏季。融水的 TDS 普遍低于河水。河水和融水的水化学类型都属于 Mg^{2+}-Ca^{2+}-HCO$_3^-$型。研究区夏季河水 δ^{18}O 和 δD 较冬季偏轻，可能是由于受到融水补给。从河水的空间分布来看，从上游的祁连山前至下游的瓜州盆地，疏勒河水的 δ^{18}O 略呈现出偏负趋势。降水、融水和泉水是夏季河水的主要补给来源；冬季河水主要受降水和泉水补给。疏勒河源区和昌马出

山口附近河水 $\delta^{18}O$、δD 和主要离子组成差异显著，可能指示出山口河水的补给与源区河水的补给相比有变化，主要归因于在不同区域各端元的混合比例不同。量化疏勒河冬季和夏季河水的补给来源时，将疏勒河源区和出山口地区分开计算。端元混合模型结果显示：夏季源区河水，5%来源于源区融水，60%来源于源区降水，35%来源于源区泉水；冬季源区河水，14%来源于源区降水，86%来源于源区泉水。夏季出山口河水，12%来源于融水，47%来源于降水，41%来源于泉水；冬季出山口河水，4%来源于降水，96%来源于泉水。

疏勒河流域地下水的 TDS 从祁连山前至瓜州盆地逐渐增加，表明研究区地下水的流动方向为祁连山前→玉门-踏实盆地→瓜州盆地。地下水各主要离子含量沿着地下水水流路径呈现增加趋势。根据稳定同位素、水化学和水文地质条件等因素，推断祁连山前泉水主要受降水、融水和上游河水的补给；玉门-踏实盆地地下水主要受降水、祁连山前侧向地下水和中游河水补给；瓜州盆地地下水主要受到玉门-踏实盆地地下侧向地下水和灌溉回归水补给。为了量化各补给端元的贡献率，本节借助各补给端元的 d-excess 和 Cl$^-$含量，通过端元混合模型对其进行计算。结果显示，降水、融水和上游河水对祁连山前泉水的贡献率分别为 9%、61%和30%；降水、祁连山前侧向地下水和中游河水对玉门-踏实盆地地下水的贡献率分别为 1%、37%和 62%；灌溉回归水和玉门-踏实盆地侧向地下水对瓜州盆地地下水的贡献率分别为 81%和 19%。

第6章 内陆河下游地下水水盐特征及其效应

6.1 引 言

6.1.1 研究意义

土壤盐渍化与地下水环境条件密切相关。地下水埋深和矿化度的动态变化决定着盐渍土区域土壤水分和盐分的含量(王凤生和田兆成，2002)。在干旱半干旱地区，地下水矿化度较高且地下水埋深较浅，在强烈的蒸发作用下，溶解于地下水和土壤中的可溶性盐分随毛管上升水流汇集于表层土壤，引发土壤盐渍化和次生盐渍化。同时，干旱区流域内地下水环境以及与地下水有关的土壤水盐的时空分布强烈地影响地表植被的组成、分布及长势(孙宪春等，2008；Ahmad et al.，2002)，成为影响绿洲稳定性的重要因素。

额济纳绿洲气候干旱，蒸发强烈，水资源短缺，土壤盐渍化严重，生态环境脆弱。为了恢复和综合治理黑河流域的生态环境，从 2000 年开始，国家以黑河分水方案为依据，对黑河干流水量进行了统一管理和调度，分水政策的实施为下游地区生态环境的恢复起到了一定的积极作用(司建华等，2005)。明确分水政策实施 16 年以来地下水环境的变化特征，揭示土壤盐渍化对地下水环境变化的响应机制，定量评价分水政策的生态效应，为黑河下游水资源管理及盐渍土改良提供科学依据，为生态环境可持续发展提供理论指导。

诸多学者对额济纳绿洲的地下水–土壤–植被系统开展了一系列研究，包括额济纳绿洲地下水埋深时空动态变化特征及其影响因素，地下水埋深预测，土壤盐渍化时空动态分布特征、驱动机制与预测，植被时空分布及其与环境因子的关系。这些研究多关注额济纳绿洲地下水特征或土壤特征其中之一与植被分布的关系，对地下水和土壤系统共同作用下的植被分布特征研究较少。本章通过灰色关联分析法揭示研究区土壤盐渍化对地下水环境变化的响应机制，利用主成分分析和典范回归分析确定研究区植被与地下水和土壤因子之间的定量关系，揭示各环境因子对植被的影响，确定控制研究区植被生长的关键环境因子。

6.1.2 研究进展

1. 地下水水盐动态特征及影响其变化因素

1) 地下水埋深动态特征及其影响因素

地下水是水资源的重要组成部分。地下水埋深变化是衡量区域地下水资源的重要指标。随着地下水资源开发程度的不断加大，干旱区普遍存在地下水位大幅度下降、水资源衰竭、水质恶化、生态环境退化等问题。

地下水位动态研究是一项重要的水文地质工作，而动态成因和预测是地下水位动态研究的两个重要方面(仵彦卿和李俊亭，1992)。吐尔逊·艾山等(2011)以新疆渭干河灌区为例，利用灌区 38 眼检测井的 1997～2007 年地下水埋深数据，分析了灌区地下水位年际变化、季节变化及其驱动因素，指出春季地下水埋深最深，地下水位从灌区上部往下部或边缘有明显的抬升特征。黄鹤(2016)借助吉林地区地下水埋深监测资料，绘制了水位动态过程曲线和地下水埋深分区图，得知研究区地下水埋深在不同地区表现为波动式变化特征，总体上表现为下降趋势。王仕琴等(2008)利用 2004～2006 年华北平原浅层地下水位检测资料，结合地质地貌特征，将地下水观测点分为不同的地下水动态类型，具体包括山前开采型、侧向补给–径流开采型、河道带补给开采型、中部地区降水入渗–蒸发型、侧向补给–蒸发型及滨海平原区入渗–蒸发型。席海洋(2009)探讨了 1988～2006 年额济纳盆地地下水埋深的时空动态变化规律，揭示了气象因子、土地利用方式及河道径流对地下水位的影响机制。赵传燕等(2009)研究了黑河下游分水前后地下水埋深的动态变化特征，指出随着生态输水工程的启动，地下水埋深明显升高。敖菲等(2012)指出，黑河下游东、西两河地下水埋深呈现出上中部浅、下部深的空间分布特征，2000 年实施的生态输水是黑河下游地下水位得以恢复的根本原因，而输水量不足及抽取地下水灌溉是导致下游地区地下水位持续下降的主要原因。徐永亮等(2013)分析了额济纳三角洲 2010～2011 年地下水埋深日值资料，得知研究区地下水埋深年内动态变化在空间上存在较大差异。

2) 地下水化学特征及其形成过程

地下水在循环过程中，与岩石圈、生物圈和大气圈之间进行着复杂的物质和能量交换。研究地下水水化学的时空分布特征和演变规律可以揭示地下水与环境的相互作用机制(姜凌，2009)。Tellam(1995)研究了英国摩西河盆地二叠纪—三叠纪砂岩含水层含盐地下水化学特征，指出柴郡盆地北部的含盐地下水是蒸发浓缩作用引起的。Edmunds 等(2002)研究了墨西哥市地下水地球化学演化特征，发现地下水水质很好，地下水化学演化是由伴随水平梯度流的水岩相互作用从源区输入的结果。Bennetts 等(2006)揭示了澳大利亚东南部地下水盐渍化特征，指出研究区蒸发使得非饱和区再生盐得以析出，提高了土壤和地下水中的盐度水平。Stotler

等(2009)研究了加拿大努勒维特永冻层下部地下水化学特征,指出 Na^+-Cl^-型和 Na^+-Cl^--SO_4^{2-}型多年冻土的水体被采矿活动污染,进而影响氯化物和硝酸盐的含量。Lenahan 和 Bristow(2010)研究了伯德沿海平原地下水溶质运移特征和盐渍化机制,指出灌溉水的蒸发蒸腾、非饱和带溶质运移及海水入侵是引起研究区地下水发生盐渍化的主要因素。Yidana 和 Yidana(2010)揭示了加纳地下水盐度的起源和变化特征,指出研究区地下水盐度的增加是蓄水层矿物风化作用、海水入侵及人类活动综合作用的结果。Ahmed 等(2012)揭示了埃及尼罗河三角洲东部地下水盐渍化机制,指出研究区地下水化学受离子交换作用、矿物溶解/沉积作用及蒸散发的影响。

苏永红等(2005)研究了额济纳浅层地下水化学特征及其形成机制,指出该区浅层地下水矿化度普遍较高,且地下水矿化度的高低与距离补给源的远近密切相关,地下水化学成分的形成主要有溶滤作用、蒸发和浓缩作用及混合作用。温小虎等(2006)指出,硅酸盐矿物的溶解是控制额济纳盆地地下水盐渍化的主要因素。席海洋等(2007)揭示了分水对额济纳绿洲浅层地下水化学性质的影响,指出地下水的矿化度、总硬度和碱度在分水后整体上大幅度降低,水化学变化对分水的响应较为明显。王丹丹等(2013)根据额济纳三角洲 2011 年生态输水期(4月)和生态输水间歇期(8 月)两次巡测水样的水化学数据,揭示了额济纳三角洲浅层地下水水化学特征及其影响因素。研究结果表明,与 4 月相比,8 月研究区浅层地下水水化学类型未发生明显改变,研究区地下水化学特征的影响因素主要包括潜水蒸散发、生态输水和抽水灌溉等。

2. 土壤盐渍化对地下水环境变化的影响

土壤盐渍化是自然因素和人类活动综合作用的产物(魏云杰和许模,2005)。干旱半干旱地区,地下水埋深较浅,地下水中的可溶性物质在蒸发作用下沿毛管上升水流向表土层转移,引发土壤盐渍化(刘志明等,2004)。在地下水浅埋区,地下水与土壤水之间相互作用、相互影响,转化频繁(李玮等,2007;宫兆宁等,2006)。地下水在运移过程中将可溶盐带入土壤中,引发土壤盐渍化和次生盐渍化(Valenza et al.,2000)。

杨建强和罗先香(1999)利用人工神经网络研究了吉林省乾安县土壤盐渍化与地下水动态关系特征,指出土壤积盐量或积盐速度与潜水矿化度呈非线性关系,积盐量随矿化度的增大而上升,潜水埋深与积盐量呈反比关系。麦麦提吐尔逊·艾则孜等(2012)揭示了伊犁河流域地下水特征对土壤盐渍化的影响机制,指出地下水埋深与土壤盐分含量变化趋势相反,而地下水矿化度与土壤盐分含量变化趋势相同。随后,麦麦提吐尔逊·艾则孜等(2013)根据 2009 年伊犁河流域土壤盐分与地下水条件的检测和取样分析资料,运用灰色关联分析法对流域土壤盐分和地下水特征进行了关联分析，指出地下水埋深、矿化度、电导率、SO_4^{2-}、Cl^-、Mg^{2+}、Na^+与土壤盐分变化的关联性较强。周洪华等(2008)对新疆铁干里克绿洲水文过程对土壤盐渍化的影响机制进行探讨，指出当地下水埋深较浅时，绿洲内土壤含盐量高，呈 T 形分布，盐分表聚性强，土壤盐分含量随土壤深度的增加呈下降趋势；当地下水埋深较深时，绿洲内土壤盐分呈菱形分布，中层土壤盐分高。随着计算机的普及，遥感监测提高了盐渍化动态预测的精度(周洪华等，2008)。姚荣江和杨劲松(2007)通过地统计方法研究指出，黄河三角洲地区地下潜水埋深与土壤盐分的指示半方差均表现为中等的空间相关性。陈亚新等(1997)将土壤水–地下水作为一个整体，模拟了地下水与土壤盐渍化的关系，为地下水和土壤盐渍化预测提供了方向。宋长春和邓伟(2000)探讨了吉林西部内陆盐渍化土壤的成因，指出研究区土壤盐渍化与地下水埋深和水化学特征相关。

现阶段，对地下水环境与土壤盐渍化关系的研究主要集中于单一地针对地下水埋深或地下水矿化度与土壤盐渍化关系，地下水埋深和地下水盐分综合作用条件下的土壤盐分动态方面的研究有待加强。

3. 地下水土壤系统对植被群落的影响

徐海量等(2004)分析了塔里木河中下游地区不同地下水位对植被的影响特征，指出地下水位与植被覆盖度和植物种类之间存在幂指数回归关系，地下水位对植被的影响在很大程度上是通过改变土壤含水率来实现的。郭玉川等(2011)借助遥感反演模型及空间分析方法揭示了塔里木河下游植被覆盖度对地下水埋深的响应机制，发现研究区植被覆盖度在地下水埋深 0~20m 上呈阶梯状分布。汤梦玲等(2001)指出，地下水水盐特征是西北地区植被分布与演替的主要限制因素。周志强等(2007)借助主成分分析方法阐述了古尔班通古特沙漠南缘荒漠植物群落分类及其与土壤因子的关系特征，指出 3 个主分量能够解释85.65%的群落间土壤因子差异，3 个主分量分别为土壤平均 pH 和深层土壤 pH、平均有机质含量和土壤浅层有机质含量、平均土壤含盐量和土壤浅层含盐量。程东会等(2012)建立了毛乌素沙漠地区水盐对植被影响的数学模型，结果表明，IWSV 模型可用于地下水开采区的植被分布预测。贡璐等(2014)研究了塔里木盆地南缘旱生芦苇生态特征与水盐因子的相互关系，指出水盐因子对芦苇生态系统影响的重要性依次为地下水埋深>土壤水分>钠吸附比>全盐>pH>Cl^-/SO_4^{2-}。韩双平等(2008)研究了玛纳斯河流域地下水–土壤水–植被生态的耦合关系，指出土壤中的阴、阳离子伴随水分不断向下运移，各离子含量相应减小，这一过程有利于植物生长。

干旱区浅层地下水埋深决定了区域植被的分布、类型与演替(司建华等，

2005)。张丽等(2004)根据生态适应性理论,建立了黑河流域下游额济纳旗典型植物(胡杨、柽柳、芦苇、罗布麻、甘草和骆驼刺)生长与地下水埋深的偏正态对数分布模型。周茅先等(2004)根据野外实地考察和地下水水样采集,研究指出额济纳三角洲矿化度总体由西南向东北升高,地下水水盐条件制约植被分布、生存和演替,各类植被类型适应不同的地下水位和盐分特征。金晓媚和刘金韬(2009)以地下水埋深观测数据为基础,结合遥感方法,在区域尺度上研究了黑河下游地下水埋深与植被生长的关系。结果表明,影响植被生长的临界地下水埋深为 4.0m,适宜植被生长的地下水埋深范围为 2.6~4.0m,当地下水埋深为 2.8m 时植物长势最好。席海洋等(2013)通过对额济纳绿洲区植被变化和地下水位的长期监测,分析了黑河下游绿洲植被与地下水位的关系,指出地下水较为适宜的水位仍保持在 2~4m,地下水位下降与植被退化或者植被覆盖度降低有直接关系。鱼腾飞等(2012)借助 2001 年和 2010 年野外土壤和植物样方调查资料,探讨了黑河下游土壤水盐与植被生长的关系。结果表明,植被在土壤含水量高、盐分含量低时生长较好。随着计算机技术的发展,基于遥感影像得到的归一化植被指数(NDVI)成为区域尺度植被变化研究的重要指标和手段。宋鹏飞等(2014)利用多元统计模型揭示了黑河流域 1998~2008 年 NDVI 与年平均气温和年地下水埋深间的定量关系,指出 NDVI 与温度呈正相关关系,与地下水埋深呈负相关关系。

虽然诸多学者研究了额济纳绿洲地下水动态特征及其影响机制,但是对分水前后地下水埋深动态及水化学演化特征的研究较少。本章以 1998 年、2003 年和 2015 年三期水样调查数据为基础,对比分析分水前后研究区水环境变化特征,可为黑河流域水资源管理提供理论指导。

6.1.3　研究方法

本章研究主要集中在黑河流域下游额济纳绿洲,该绿洲东接巴丹吉林沙漠,西以马鬃山剥蚀山地为限,南与鼎新盆地相邻,北抵中蒙边界,位于东经 99°42′~101°43′,北纬 40°27′~42°30′,面积为 3.16 万 km²,平均海拔为 1100~1200m。

为了揭示额济纳绿洲地下水埋深和水化学动态变化特征,收集了 1998 年 6 月、2003 年 6 月及 2015 年 6 月三期地下水埋深和矿化度数据。

本节用到的三期土壤数据分别是 1998 年、2003 年及 2015 年野外调查数据。归一化植被指数(NDVI)可代表植被的动态变化,广泛运用于大范围的植被检测中(赵静等,2008;赵英时,2003)。NDVI 是近红外波段(NIR)和可见光波段(RED)的归一化值,可以反映植被光合作用的有效辐射吸收情况,也可以反映作物长势和叶面积指数等,具体计算见式(6-1):

$$NDVI=(NIR-RED)/(NIR+RED) \tag{6-1}$$

NDVI 可以消除部分与卫星观测角、太阳高度角及地形等辐照度条件变化的影响，可方便区分主要的陆地植被类型。NDVI 的取值范围为[-1, 1]。当 NDVI 为负值或接近于 0 时，代表水体或裸地；当 NDVI 为正值时，代表地表有植被覆盖；NDVI 值越大，植被覆盖度越高。因此，长时间序列的 NDVI 资料可用于植被覆盖变化的动态监测。研究所用的 1998～2015 年黑河下游 NDVI 资料来自"中国西部环境与生态科学数据中心"(http：//westdc.westgis.ac.cn/)。

6.1.4　数据分析

本章所使用的数据分析方法有以下几种。

Mann-Kendall 趋势检验法是用于提取趋势变化的有效工具，因使用范围广、人为性小及定量化程度高的优点，广泛应用于水文序列变化趋势分析中(Feri and Schar，2011)。

地统计学分析是空间变异特性研究的主要手段(Adams et al.，2001；王政权，1999)。变异函数是地统计学分析特有的基本工具。变异函数的 4 个重要参数为基台值、块金值(nugget)、分维度(fractal dimension)和变程(range)(Rogel et al.，2001)。这些参数的具体指示意义参照文献刘广明等(2012)。

半方差函数的形状可以反映空间分布的结构及空间相关类型，同时可以表征空间相关的范围。半方差函数的形状有很大变化：如果半方差函数立即到达最大值，表明该变量是完全随机的，不存在空间相关性；如果半方差函数表现为水平直线，表明该变量为"纯块金"效应，这是微型结构所引起的，并且常伴有其他结构的变异(赵斌和蔡庆华，2000)。

地统计学分析的核心是通过分析采样数据，结合研究区地质地貌，以选择合适的空间插值方法创建研究对象的面上分布特征图。克里金(Kriging)插值法是建立在结构分析和变异函数理论基础上的空间局部插值方法(张仁铎，2005)。

主成分分析法(principal component analysis，PCA)是把原来具有线性共线性的多个变量合成为少数几个综合指标的数理分析方法(夏建国等，2000；唐启义和冯明光，2000)。

在地理系统中，许多变量之间的关系是灰色的，这意味着在特定的系统中，很难区分哪些因素是主导因素(母序列)，哪些因素是非主导因素(子序列)。灰色关联分析方法可有效地解决此类问题(刘思峰，2010)。

梯度分析法是将种群特性和群落结构与特征环境因素的梯度变化联系起来研究群落的一种方法。物种对环境有一定的要求，常选择一定生境，在最适宜的环境梯度范围内表现出最优的竞争能力。梯度分析是以群落生境或其中某一个生态因子的变化来排序样地生境的位序。排序可分为两类，即群落排序和环境因子排序。

6.2　地下水水盐动态特征及其影响因素

6.2.1　地下水埋深动态及其影响因素

1. 地下水埋深时间变化特征

1) 年际变化

地下水埋深动态反映了潜水补给与排泄间的关系(黄锡荃等，2006)。对地下水埋深的年际变化研究主要从地下水埋深序列的波动程度和年际变化趋势进行。由图 6-1 可知，黑河下游地下水埋深年际波动明显，呈现为多峰型曲线。东河上段、西河上段、东河中段、西河中段、东河下段和西河下段地下水埋深的波动幅度分别 1.55m、2.82m、1.37m、1.50m、2.52m 和 1.26m。1998~2000 年，代表性长期观测井的地下水埋深均呈现为下降趋势，1 号井、3 号井、42 号井、15 号井、6 号井和 51 号井的平均下降速率分别为 0.02m/a、0.11m/a、0.08m/a、0.09m/a、0.03m/a 和 0.14m/a。从 2000 年开始，不同河段代表性水井地下水埋深表现为波动式抬升趋势。

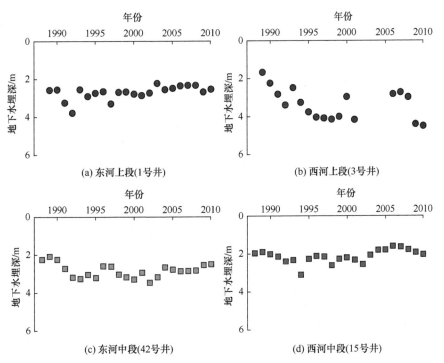

(a) 东河上段(1号井)　　　　　　　(b) 西河上段(3号井)

(c) 东河中段(42号井)　　　　　　　(d) 西河中段(15号井)

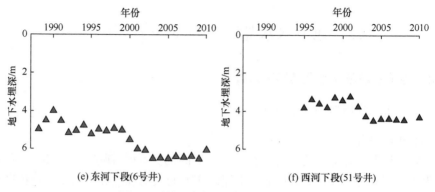

(e) 东河下段(6号井)　　　　　　　　(f) 西河下段(51号井)

图 6-1　黑河下游地下水埋深年际变化

2) 年内变化

由图 6-2 黑河下游东、西两河代表性长期观测井地下水埋深年内变化曲线可知，研究区地下水埋深年内动态特征呈单峰型曲线，波动幅度大，振幅为 1~2m。

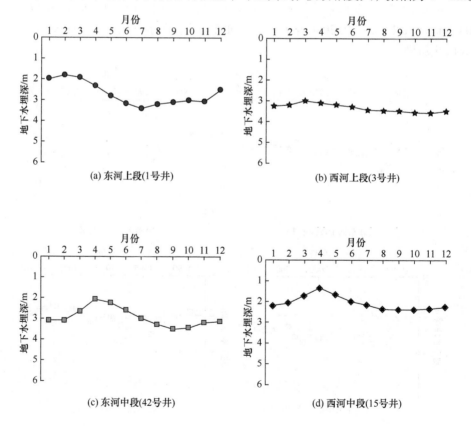

(a) 东河上段(1号井)　　　　　　　　(b) 西河上段(3号井)

(c) 东河中段(42号井)　　　　　　　　(d) 西河中段(15号井)

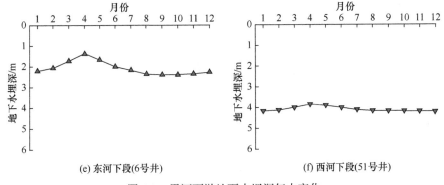

(e) 东河下段(6号井)　　　　　　　　(f) 西河下段(51号井)

图 6-2　黑河下游地下水埋深年内变化

图 6-2(a)中，东河上段(1 号井)地下水埋深年内变化单峰曲线的峰值出现于 2 月，这是由于正义峡来水多，地下水埋深可维持较浅水平；4 月以后，上游来水减少，中游灌溉量增加，地下水埋深持续下降，7 月下降到最低点；随后，随着上游来水量增多，地下水埋深持续回升。

图 6-2(b)中，西河上段(3 号井)地下水埋深年内变化单峰曲线的峰值出现于 3 月，3 月以后表现为波动式下降趋势。

图 6-2(c)和(e)中，东河中段(42 号井)及东河下段(6 号井)地下水埋深年内变化单峰曲线的变化特征一致，即峰值出现于 4 月，比狼心山附近滞后 2 个月，随后地下水埋深持续缓慢下降。但是，东河下段地下水埋深明显低于东河中段。

图 6-2(d)和(f)中，西河中段(15 号井)及西河下段(51 号井)地下水埋深年内变化单峰曲线的变化特征与东河中段、东河下段变化特征一致，即峰值出现在 4 月，随后地下水埋深持续缓慢下降。但是，西河下段地下水埋深明显低于西河中段。

由图 6-2 可知，东、西河上段，由于距离狼心山较近，接受河道径流补给的时间早于其余河段的水井，其年内变化的峰值出现时间较早；东、西河中段与狼心山断面之间存在水力联系，其地下水埋深由狼心山断面来水量控制；东、西河下段，由于长期断流，该区域与河道上、中段水力联系不够密切，地下水埋深相对较深。

2. 地下水埋深空间分布特征

基于黑河下游长期观测井的地下水埋深数据，选择 1998 年、2003 年和 2015 年地下水埋深数据分析研究区地下水埋深的空间分布特征。空间变异分析之前，将 GPS 观测点数据导入 ArcGIS 9.3 软件平台，分析其趋势性和各向异性，然后用地统计学软件包 GS+进行半方差函数模拟和模型拟合。在前期分析的基础上，借助 Surfer 11.0 软件进行克里金最优内插，三期数据的空间插值结果见图 6-3。整体上看，不同时期地下水埋深空间分布均呈现为斑块状分布格局，东、西两河河

道附近的地下水埋深浅于远离河道地区。1998 年和 2003 年地下水埋深沿河流流
向其变化趋势一致：沿东河，从狼心山到东居延海，地下水埋深呈现先抬升后下
降的变化趋势，在东居延海地区地下水埋深最深；沿西河，从狼心山到西居延海，
地下水埋深同样呈现出先抬升后下降的变化趋势，地下水埋深在赛汉陶来地区最
浅，在北戈壁至西居延海地区地下水埋深最深。2015 年地下水埋深随河流流向的
变化特征与 1998 年和 2003 年有较大差异：沿西河，从狼心山到西居延海，地下
水埋深逐渐下降；沿东河，从狼心山到东居延海，地下水埋深波动明显，地下水
埋深下降、抬升和下降交替出现。

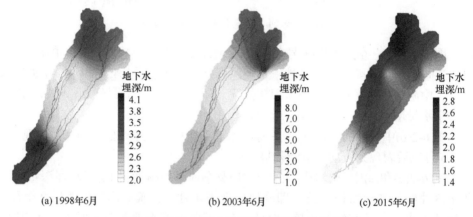

图 6-3 1998～2015 年地下水埋深空间分布图

由图 6-3 可知，2003 年与 1998 年地下水埋深变化空间分布呈斑块状分布格
局，大部分地区地下水埋深变化为正值，说明与 1998 年相比，2003 年地下水埋
深呈下降趋势，地下水埋深变化高值区出现于额济纳旗以及东、西居延海附近。
2015 年与 2003 年地下水埋深变化空间分布呈斑块状分布格局，大部分地区地下
水埋深变化为负值，说明与 2003 年相比，2015 年地下水埋深呈抬升趋势，地下
水埋深变化低值区出现于额济纳旗附近。2015 年与 1998 年地下水埋深变化空间分布
呈斑块状分布格局，大部分地区地下水埋深变化为负值，说明与 1998 年相比，2015
年地下水埋深呈上升趋势，地下水埋深变化高值区主要分布于东、西居延海上游。

3. 地下水埋深变化的影响因素

地下水埋深是地下水距地表的距离，其动态变化与地下水的补给和排泄密切
相关(赵还卿，2012)。地下水的补给与排泄受自然因素和人类活动的影响，因此
地下水埋深动态是自然因素和人为因素综合作用的结果。综合考虑黑河下游地下
水的补给和排泄方式，可知研究区地下水埋深动态变化的自然因素主要包括蒸发
强度和径流补给，人为因素为人类活动。

1) 自然因素

若无人类活动扰动或扰动较小时，地下水埋深动态与自然因素间将呈现出较好的相关性，即其变化趋势基本一致。当人类活动加剧时，地下水埋深动态与自然因素之间的相关关系会被打破，其变化趋势的一致性将变弱，甚至出现相反的变化趋势(赵还卿，2012；何晓群和刘文卿，2001)。为揭示自然因素对地下水埋深位动态变化的影响，对降水量、蒸发量和径流量的时间序列进行趋势分析，以明确其发展变化趋势对地下水埋深动态的影响。

由图 6-4 可知，东河上段 1 号潜水井地下水埋深与降水量的相关性较差。额济纳绿洲多年平均降水量为 39.8mm，降水集中分布在 6~9 月，占全年降水量的70%~80%。降水对潜水的补给多发生在强降水季节，以洪水期河道侧渗补给为主(张光辉等，2004)。额济纳绿洲次降水量超过 10mm 的降水十分稀少，几乎不产生径流，故降水对地下水的补给作用甚微(武选民等，2002)。

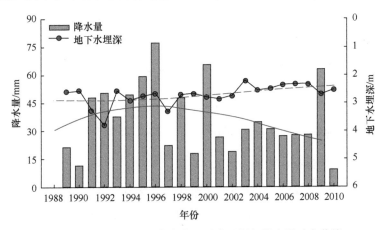

图 6-4　东河上段 1 号潜水井地下水埋深与降水量动态曲线

黑河流域季节性的入渗补给是研究区地下水的主要补给来源(姚莹莹等，2014)，河道附近地下水埋深必然会受到黑河径流补给的影响。由图 6-5 可知，东河上段 1 号潜水井地下水埋深与正义峡径流量密切相关，正义峡径流量越大，地下水埋深越浅。由 1989~2010 年正义峡水文站月平均径流量实测资料可知，7~9月径流量较大，表明在黑河下游，黑河侧入渗补给通常在 7~9 月最大，对东、西河河道附近地下水埋深动态的影响最为明显。

2) 人类活动

人类活动也会对干旱半干旱地区地下水埋深动态产生影响，如增加新的补给来源使地下水埋深得以抬升，或者增加新的排泄方式使地下水埋深降低。张翠云和王昭(2004)采用人口、耕地面积、引水渠总长度和水库数量 4 个指标，通过指数加权法估算得黑河下游人类活动强度为 12%。相关研究指出，人口增长、水利工程控制、灌溉引水和地下水开采是控制黑河下游地下水位动态的主要影响因子(张光辉等，2004)。武选民等(2002)研究指出，居民生活和工农牧业对地下水的人工开采主要集中在盆地南部的酒泉卫星发射基地、赛汉陶来地区及额济纳旗县城。对开采量的实际调查统计资料进行统计分析得知，人工开采量为 0.41 亿 m^3/a，其中灌溉开采量为 0.29 亿 m^3/a。当灌溉回归系数按 10%计算时，用于灌溉的开采量，其灌溉回归入渗对地下水系统的补给量为 0.03 亿 m^3/a。

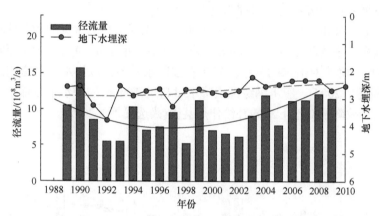

图 6-5　东河上段 1 号潜水井地下水埋深与正义峡径流量动态曲线

6.2.2　地下水化学特征及其形成作用

1. 地下水化学组分时间分布特征

根据刘兆昌等(1998)提出的浅层地下水分类分级标准，统计分析不同时期地下水矿化度分类标准及统计特征，结果见表 6-1。额济纳绿洲微咸水分布面积最广，1998 年、2003 年和 2015 年微咸水面积分别占总调查面积的 50.00%、47.83%和 66.67%。不同时期盐水分布面积最小，1998 年、2003 年和 2015 年盐水面积分别占总调查面积的 0.00%、1.45%和 0.00%。

表 6-1　额济纳绿洲地下水矿化度分类标准及统计特征

类别	矿化度范围/(g/L)	占总调查面积的百分比/%		
		1998 年	2003 年	2015 年
淡水	0～1	16.67	30.43	4.76
微咸水	1～3	50.00	47.83	66.67
中度咸水	3～10	25.93	15.94	26.95
极度咸水	10～35	7.40	4.35	1.59
盐水	>35	0.00	1.45	0.00

1998～2003 年，研究区淡水和盐水面积占比分别增加了 13.76%和 1.45%，微咸水、中度咸水和极度咸水面积占比分别减少了 2.17%、9.99%和 3.05%，说明分水政策实施 4 年后，额济纳绿洲地下水矿化度无明显变化。1998～2015 年，研究区淡水和极度咸水面积占比分别减少了 11.91%和 5.81%，而微咸水和中度咸水的面积占比分别增加了 16.67%和 1.02%，说明分水政策实施 16 年后，额济纳绿洲地下水矿化度总体上表现为减小趋势，水环境状况得以改善。

2015 年额济纳绿洲地下水水化学参数统计特征值见表 6-2。额济纳绿洲地下水矿化度的平均值为 2895.0mg/L，最大值为 10444.2mg/L，最小值为 845.4mg/L。额济纳绿洲地下水 pH 变化范围为 7.0～8.2，平均值为 7.7，属于中性偏碱性水。研究区地下水中阳离子含量的顺序为 $Mg^{2+}>Na^+>Ca^{2+}>K^+$，阴离子含量的顺序为 $SO_4^{2-}>Cl^->HCO_3^->CO_3^{2-}$。

表 6-2 额济纳绿洲地下水水化学参数统计特征值

项目	最小值	最大值	平均值	标准差	变异系数	偏度系数	峰度系数	K-S统计量	p
CO_3^{2-} 含量/(mg/L)	7.1	177.6	37.6	25.8	0.7	3.2	15.2	1.6	0.02
HCO_3^- 含量/(mg/L)	104.7	1211.6	354.3	220.5	0.6	2.1	5.6	1.5	0.02
Cl^-含量/(mg/L)	57.9	1467.7	335.0	312.8	0.9	2.1	4.4	2.0	0.00
SO_4^{2-} 含量/(mg/L)	193.0	4275.9	1026.4	927.3	1.9	2.1	3.4	1.8	0.00
Ca^{2+}含量/(mg/L)	32.4	485.8	121.0	85.4	0.7	2.4	7.4	1.4	0.03
Mg^{2+}含量/(mg/L)	55.3	2664.0	616.4	485.2	0.8	2.4	8.5	1.1	0.20
K^+含量/(mg/L)	0.5	58.3	13.3	9.9	0.8	2.6	8.7	1.7	0.01
Na^+含量/(mg/L)	82.3	1701.2	394.0	356.1	0.8	2.1	4.4	1.6	0.01
矿化度/(mg/L)	845.4	10444.2	2895.0	2067.6	0.7	1.8	3.2	1.9	0.00
pH	7.0	8.2	7.7	0.2		−0.5	0.1	0.8	0.57
电导率/(mS/cm)	1.1	22.3	6.1	4.6	0.8	1.8	2.9	1.8	0.00

注：本表数据为 2015 年 63 眼潜水井数据。

标准差反映了地下水水化学参数的绝对变异，而变异系数(CV)反映相对变异(Randelovic et al.，2014)。当 CV≤0.1 时，为弱变异性；当 0.1<CV<1 时，为中等变异性；当 CV≥1 时，为强变异性(雷志栋等，1985)。pH 的变异系数小于 0.1，表现为弱变异，反映其在地下水中含量的相对稳定性。CO_3^{2-} 含量、HCO_3^- 含量、Cl^-含量、SO_4^{2-} 含量、Ca^{2+}含量、Mg^{2+}含量、K^+含量、Na^+含量、矿化度和电导率的变异系数均介于 0.1～1，表现为中等变异，表明研究区 CO_3^{2-} 含量、HCO_3^- 含量、Cl^-含量、SO_4^{2-} 含量、Ca^{2+}含量、Mg^{2+}含量、K^+含量、Na^+含量、矿化度和电导率

在空间上变异性较大。Cl^-含量、SO_4^{2-}含量和 Na^+含量的变异系数最大，均为 0.9，说明环境因素对 Cl^-、SO_4^{2-} 和 Na^+的影响相对较大，导致其天然状态特征的改变；HCO_3^-含量的变异系数最小，表明其在地下水中的含量差别不大。SO_4^{2-} 含量、Mg^{2+}含量和 Na^+含量的平均值和所占矿化度的百分比都较大，是影响研究区地下水盐渍化作用的重要因子。

非参数 K-S 检验方法可用于数据正态性分布特征检验。从表 6-2 中的正态检验 K-S 统计量和双尾渐进显著性水平 p 可知：只有 Mg^{2+}含量和 pH 服从正态分布；其余指标的双尾渐进显著性水平 p 均小于 0.05，不服从正态分布。

2. 地下水化学组分空间分布

对额济纳绿洲地下水矿化度空间变化进行研究，选取 2015 年 63 眼潜水井水样的矿化度资料进行分析。结果表明，研究区地下水矿化度从西北部到东南部表现为上升趋势。

由表 6-2 可知，研究区地下水水化学参数均不符合正态分布，因此在地统计学分析之前，将数据进行对数转换，转换后的地下水水化学参数均符合正态分布。利用 ArcGIS 9.3 地统计学分析模块对数据进行检验，主要包括正态性检验、趋势分析和各向异性检验等。综合考虑各向异性、残差、决定系数等因素，用不同的模型对地下水水化学参数进行拟合，可知研究区地下水 CO_3^{2-} 含量、Cl^-含量、Na^+含量和矿化度的空间变异性高斯模型是最佳的，HCO_3^-含量、Ca^{2+}含量和 pH 的空间变异性指数模型是最佳的，SO_4^{2-} 含量、K^+含量和电导率的空间分布球状模型是最佳的，而 Mg^{2+}含量的空间分布线性模型是最佳的。

采用地下水水化学参数的半方差函数分析，地下水 CO_3^{2-} 含量的半方差函数曲线呈现持续性上升趋势，表明地下水 CO_3^{2-} 含量在研究区不平稳，而地下水 Cl^-含量、SO_4^{2-} 含量、Ca^{2+}含量、Na^+含量和矿化度的半方差函数曲线都趋于平缓，表明上述因子在研究区较为稳定。地下水中 Mg^{2+}矿化度的半方差函数表现为水平直线，表明额济纳绿洲地下水中的 Mg^{2+}表现为"纯块金"效应，这是微型结构引起的，并且常伴有其他结构的变异。

为了直观描述地下水水化学参数在空间上的分布状况，根据各向异性及最优半方差函数将水化学参数进行克里金最优内插。研究区地下水盐基离子、矿化度、电导率和 pH 的空间分布均表现为斑块状格局。沿河流流向，地下水盐基离子和矿化度呈增加趋势。HCO_3^-含量和 Cl^-含量的空间分布格局较为一致，CO_3^{2-} 含量和 SO_4^{2-} 含量的空间分布格局较为一致，Ca^{2+}含量、Mg^{2+}含量、K^+含量、Na^+含量和矿化度的空间分布格局较为一致。

不同时期额济纳绿洲的地下水矿化度在水平方向上均表现为强变异性，区域分异规律明显，空间分布呈现为斑块状分布格局。1998 年、2003 年和 2015 年地下水矿化度的平均值分别为 3.88g/L、3.55g/L 和 2.90g/L。随时间推移，研究区地下水矿化度降低，地下水盐渍化趋势得以遏止，说明分水政策的实施改善了研究区的地下水环境条件。

3. 水化学类型

水化学类型由区域水文地球化学环境所决定，同时受到人类活动的影响(胡云虎，2015)。Piper 三线图可用于揭示控制地下水化学演变的水化学过程(宝成和严树堂，1996)。Piper 三线图以 Ca^{2+}、Mg^{2+}、Na^++K^+、Cl^-、SO_4^{2-} 及 $HCO_3^-+CO_3^{2-}$ 的含量(mg/L)来表示。Piper 三线图将菱形域分成了 9 个区(图 6-6)。在收集 69 组 2003 年浅层地下水水化学资料及 63 组现状样品的基础上，利用不同时期水化学组成在 Piper 三线图上的位移特征，揭示 2003～2015 年黑河下游浅层水化学演化机制。

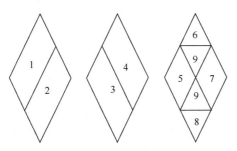

图 6-6　Piper 三线图菱形域分区

图 6-7 为不同时期浅层地下水水化学 Piper 三线图。图 6-7(a)显示，2003 年各水样点均处于 Piper 三线图的 4 区，说明黑河下游额济纳绿洲地下水中 Cl^- 含量超过 HCO_3^-，且大多数水样点处于 7 区和 9 区，进一步说明研究区 Na^+ 和 SO_4^{2-} 占绝对优势。2003 年，研究区地下水水化学类型主要有 Mg^{2+}-HCO_3^- 型、Na^+-SO_4^{2-} 型、Ca^{2+}-SO_4^{2-} 型、Mg^{2+}-SO_4^{2-} 型、Na^+-HCO_3^- 型和 Na^+-Cl^- 型，如图 6-7(a)。沿东河河流流向，地下水水化学类型的演化方向为 Ca^{2+}-SO_4^{2-} 型→Na^+-SO_4^{2-} 型→Mg^{2+}-HCO_3^- 型→Na^+-SO_4^{2-} 型；沿西河河流流向，地下水水化学类型的演化方向为 Ca^{2+}-SO_4^{2-} 型→Na^+-SO_4^{2-} 型→Mg^{2+}-SO_4^{2-} 型→Na^+-HCO_3^- 型→Na^+-SO_4^{2-} 型。

图 6-7(b)显示 2015 年各水样点均处于 Piper 三线图的 4 区，说明黑河下游额济纳绿洲地下水中 Cl^- 含量超过 HCO_3^-，且绝大多数水样处于 6 区和 9 区，进一步说明研究区 Mg^{2+} 和 SO_4^{2-} 占绝对优势。2015 年，研究区地下水水化学类型主要有 Mg^{2+}-SO_4^{2-} 型、Mg^{2+}-Cl^- 型和 Na^+-SO_4^{2-} 型。与 2003 年水化学类型相比，2015 年

地下水水化学类型较为单一。

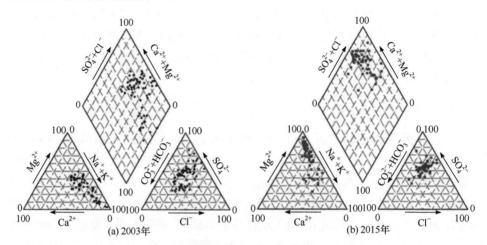

图 6-7　不同时期浅层地下水水化学 Piper 三线图

图中数据表示各离子对应的相对含量(%)

4. 地下水化学成分的形成机制

1) 溶解/沉淀作用

溶解/沉淀作用是指在水与岩或土相互作用下,岩或土中的可溶性组分通过沉淀作用形成固体物质的过程(王大纯等,1995)。研究矿物溶解与沉淀的平衡有助于地下水系统中矿物稳定性的判断,还可用于揭示地下水水化学成分的变化趋势。

岩土中易溶盐成分含量的大小决定着溶滤作用的强弱。为表征易溶盐成分对地下水水化学的影响,选取东河与西河上段、中段、下段的土壤样品,分析其离子组分,结果见表 6-3。研究区表土层土壤全盐含量较高,空间差异较大,变化范围为 0.66~62.94g/kg。黑河下游额济纳绿洲表土层土壤盐基离子的化学类型为 Na^+-Cl^-型、Na^+-SO_4^{2-} 型和 Ca^{2+}- HCO_3^- 型。

表 6-3　研究区表土层土壤离子组分

样点位置	全盐含量/(g/kg)	离子含量/(g/kg)							化学类型
		HCO_3^-	Cl^-	SO_4^{2-}	Ca^{2+}	Mg^{2+}	K^+	Na^+	
东河上段	62.94	0.07	17.91	24.10	2.48	4.257	0.97	13.60	Na^+-Cl^-型
东河中段	6.80	0.14	3.41	0.80	0.38	0.12	0.07	1.88	Na^+-Cl^-型
东河下段	8.55	0.13	1.02	4.57	1.07	0.03	0.21	1.52	Na^+- SO_4^{2-} 型
西河上段	0.66	0.29	0.07	0.15	0.07	0.02	0.01	0.07	Ca^{2+}- HCO_3^- 型
西河中段	5.05	0.22	1.11	2.09	0.17	0.09	0.08	1.29	Na^+- SO_4^{2-} 型
西河下段	1.50	0.21	0.32	0.49	0.14	0.06	0.03	0.25	Na^+- SO_4^{2-} 型

由表 6-4 可知，额济纳绿洲地下水中的 Na^+ 与 Cl^- 的皮尔逊相关系数为 0.81，在 0.01 水平上显著相关，表明岩盐溶解是黑河下游 Na^+ 与 Cl^- 的主要来源。除 CO_3^{2-} 外，其余盐基离子与地下水矿化度之间均呈显著正相关。

表 6-4　研究区地下水中盐基离子间皮尔逊相关系数

离子	皮尔逊相关系数								
	CO_3^{2-}	HCO_3^-	Cl^-	SO_4^{2-}	Ca^{2+}	Mg^{2+}	K^+	Na^+	TDS
CO_3^{2-}	1								
HCO_3^-	0.40**	1							
Cl^-	0.03	0.50**	1						
SO_4^{2-}	0.25	0.74**	0.85**	1					
Ca^{2+}	−0.03	0.31*	0.77**	0.74**	1				
Mg^{2+}	0.01	0.36**	0.49**	0.47**	0.26*	1			
K^+	−0.01	0.28*	0.51**	0.58**	0.63**	0.12	1		
Na^+	0.29*	0.78**	0.81**	0.97**	0.60**	0.49**	0.54**	1	
矿化度	0.22	0.75**	0.88**	0.97**	0.69**	0.65**	0.52**	0.96**	1

注：**表示在 0.01 水平上显著相关(双尾检验)，*表示在 0.05 水平上显著相关(双尾检验)。

地下水中的离子浓度比可用于推断地下水在流动路径上发生的水岩相互作用(郭小燕等，2015)，也可用于揭示水质在时空尺度上的演化过程和特点(姜凌，2009)。$\gamma_{Na^+}/\gamma_{Cl^-}$ 可用于表征盐分淋溶与累积的强度，γ 为不同矿物离子在地下水中的成因系数(魏国孝，2011)。额济纳绿洲 $\gamma_{Na^+}/\gamma_{Cl^-}$ 随着 Cl^- 的增加保持恒定，进一步证明研究区地下水化学组成主要受蒸发作用的影响。标准海水 $\gamma_{Na^+}/\gamma_{Cl^-}$ 的平均值为 0.85。如果地下水主要是含盐岩地层溶滤而成，则 $\gamma_{Na^+}/\gamma_{Cl^-}$ 应接近于 1。黑河下游地下水的 $\gamma_{Na^+}/\gamma_{Cl^-}$ 都大于 1，说明研究区地下水中的 Na^+ 除了盐岩溶解的贡献外，还有其他来源，如含水层中的硅酸盐矿物发生溶解，也会释放出 Na^+，其化学反应方程式如下：

$$2NaAlSi_3O_8+2CO_2+11H_2O \longrightarrow 2Na^++Al_2Si_2O_5(OH)_4+4H_4SiO_4+2HCO_3^- \quad (6-2)$$

(Ca^{2+}+Mg^{2+})含量与 HCO_3^- 含量的关系可用于解释地下水中 Ca^{2+} 和 Mg^{2+} 的来源。随着地下水矿化度的增加，Ca^{2+} 和 Mg^{2+} 在地下水中的溶解速度大于 HCO_3^-。如果地下水中 Ca^{2+} 和 Mg^{2+} 只来源于碳酸盐矿物(如方解石和白云石)的溶解，那么(Ca^{2+}+Mg^{2+})与 HCO_3^- 含量的比值约为 0.5(Xiao et al.，2015)。黑河下游额济纳绿洲地下水中 Ca^{2+}+Mg^{2+} 的含量高于 HCO_3^-，说明除白云石溶解外，还有其他矿物的溶解贡献了地下水中的 Ca^{2+} 和 Mg^{2+}。

$\gamma_{Mg^{2+}}/\gamma_{Ca^{2+}}$ 和 $\gamma_{Na^+}/\gamma_{Ca^{2+}}$ 常用于区分溶质的大致来源。通常，以方解石溶解作用为主的地下水，其 $\gamma_{Mg^{2+}}/\gamma_{Ca^{2+}}$ 和 $\gamma_{Na^+}/\gamma_{Ca^{2+}}$ 相对较低，而以白云石溶解作用为主的地下水，其 $\gamma_{Na^+}/\gamma_{Ca^{2+}}$ 较低、$\gamma_{Mg^{2+}}/\gamma_{Ca^{2+}}$ 较高(杨秋，2010)。黑河下游额济纳绿洲地下水普遍具有较高的 $\gamma_{Mg^{2+}}/\gamma_{Ca^{2+}}$ 和较低的 $\gamma_{Na^+}/\gamma_{Ca^{2+}}$，大多数水样点位于 1:1 等量线的上方，说明研究区地下水中白云石的溶解超过了方解石(图 6-8)。

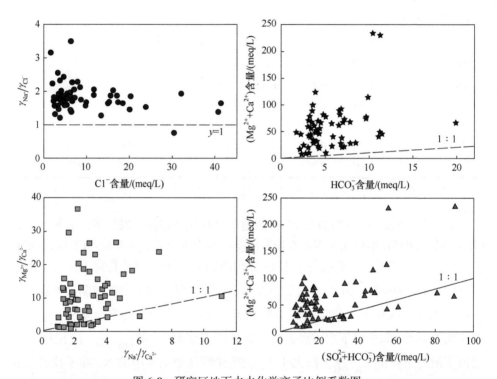

图 6-8　研究区地下水水化学离子比例系数图

研究区($Mg^{2+}+Ca^{2+}$)含量-($SO_4^{2-}+HCO_3^-$)含量关系图上，大部分样点分布于1:1 等量线的上方，说明芒硝溶解对研究区地下水中 SO_4^{2-} 的贡献较小。如果芒硝溶解量较大，地下水中 SO_4^{2-} 的含量会升高，水样点将逼近($Mg^{2+}+Ca^{2+}$)含量-($SO_4^{2-}+HCO_3^-$)含量关系图中的 1:1 等量线。这进一步证明，研究区地下水中的 SO_4^{2-} 可能来源于方解石、石膏和白云石的溶解。

2) 蒸发浓缩作用

蒸发浓缩作用是指在蒸发作用下地下水中的溶解物质发生浓缩的过程，主要发生于干旱半干旱气候条件下。蒸发浓缩作用不仅会使地下水的矿化度提高，也会改变地下水的化学类型。

Gibbs(1970)指出，天然水体中的可溶性离子主要受岩石风化作用、蒸发浓缩作用及大气降水作用的影响。由图 6-9 可知，黑河下游地下水离子成分是蒸发浓缩作用和岩石风化作用综合的结果。

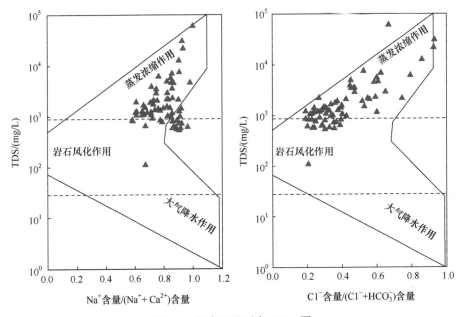

图 6-9　研究区地下水 Gibbs 图

黑河下游地下水的主要排泄方式是潜水蒸发，蒸发排泄量占地下水总排泄量的 97%。在潜水蒸发过程中，水分会散失到空气中，而盐分却得以残留(李培月，2014)。随着蒸发作用的进行，研究区潜水中的盐分大量积累，进而引起土壤盐渍化。

3) 阳离子交换吸附作用

阳离子交换吸附作用是指含水介质中的固体颗粒吸附地下水中的某些阳离子，而使原来吸附的阳离子进入地下水的过程。Na-Ca 交换是一个很重要的地下水阳离子交换过程。固液相间的 Na-Ca 交换服从质量作用定律：

$$2Na^+ + Ca_x \longrightarrow Ca^{2+} + 2Na_x \tag{6-3}$$

上述反应最常用的质量作用方程是 Gapon 方程：

$$K_{Na\text{-}Ca} = \frac{[Ca^{2+}]^{1/2}[Na_x]}{[Na^+][Ca_x]^{1/2}} \tag{6-4}$$

灌溉水与土壤间的 Na-Ca 交换：

$$[Na_x] / (CEC - [Na_x]) = K \cdot [Na^+] / [([Ca^{2+}] + [Mg^{2+}]) / 2]^{1/2} \tag{6-5}$$

式中，$[Na_x]$ 为达到交换平衡时土壤的交换性钠量(meq/100g)；CEC 为阳离子交换容量(cation exchange capacity)，是地质学、土壤学常用的一个吸附参数(姚云峰等，1997)；$[Na_x] / (CEC - [Na_x]) = ESR$，ESR 为交换性钠比；$[Na^+] / [([Ca^{2+}] + [Mg^{2+}]) / 2]^{1/2} = SAR$，SAR 为钠吸附比，是 Na-Ca 交换中的一个重要参数。

$$[Na_x] / (CEC - [Na_x]) = K \cdot [Na^+] / [([Ca^{2+}] + [Mg^{2+}]) / 2]^{1/2} \Rightarrow ESR = K \cdot SAR \tag{6-6}$$

由式(6-6)可知，交换性钠比和钠吸附比线性相关，地下水中的钠吸附比越高，岩土中的交换性钠比越高。

黑河季节性的入渗补给是额济纳绿洲地下水的主要补给源。由于黑河下游含水层含有大量的黏土矿物，地下水在运移过程中不断用 Ca^{2+} 和 Mg^{2+} 置换含水层中的 Na^+，最终导致地下水中 Na^+ 含量的增加。其反应如下所示：

$$2Na_2(黏土) + (Ca^{2+} + Mg^{2+})(地下水) \longrightarrow (Ca + Mg)(黏土) + 4Na^+(地下水) \tag{6-7}$$

阳离子交换吸附作用可用 Schoeller 提出的氯碱性指标(CAI-I 和 CAI-II)来表征：

$$CAI\text{-}I = \frac{[Cl^-] - ([Na^+] + [K^+])}{[Cl^-]} \tag{6-8}$$

$$CAI\text{-}II = \frac{[Cl^-] - ([Na^+] + [K^+])}{[HCO_3^-] + [SO_4^{2-}] + [CO_3^{2-}] + [NO_3^-]} \tag{6-9}$$

$$Na_2X + Ca^{2+} \longrightarrow 2Na^+ + CaX \tag{6-10}$$

$$2Na^+ + CaX \longrightarrow Ca^{2+} + Na_2X \tag{6-11}$$

当 CAI-I 和 CAI-II 均为负值时，说明地下水系统中发生了式(6-10)的阳离子交换作用；当 CAI-I 和 CAI-II 为正值时，表示地下水系统中发生了反向阳离子交换作用，如式(6-11)所示。研究区地下水 CAI-I 和 CAI-II 的关系如图 6-10 所示。黑河下游大多数水样点均落在图 6-10(a)关系线的左下角，说明研究区地下水系统发生了如式(6-10)所示的阳离子交换作用，使得地下水中的 Na^+ 含量增加，而 Ca^{2+} 含量减少。

$[([Na^+] + [K^+]) - [Cl^-]]$ 与 $[([Ca^{2+}] + [Mg^{2+}]) - ([HCO_3^-] + [SO_4^{2-}])]$ 关系也常用于表征阳离子的交换特征(Farid et al., 2013)。研究区大部分水样点落在 $[([Na^+] + [K^+]) - [Cl^-]]$ - $[([Ca^{2+}] + [Mg^{2+}]) - ([HCO_3^-] + [SO_4^{2-}])]$ 关系线中 1 : 1 等量线的上方，进一步证明研究区 Ca^{2+} 和 Mg^{2+} 除了源于石膏、方解石和白云石的溶解外，还有其他来源。

总之，从长观井地下水埋深年际变化特征看，1998～2010 年，东河和西河的代表性水井地下水埋深呈现先下降后抬升的趋势。1998～2000 年，研究区地下水埋深总体上呈现为下降趋势，1 号井、3 号井、42 号井、15 号井、6 号井和 51 号井的平均下降速率分别为 0.02m/a、0.11m/a、0.08m/a、0.09m/a、0.03m/a 和 0.14m/a。

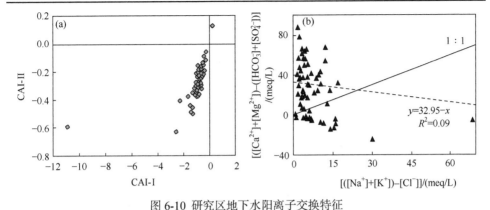

图 6-10 研究区地下水阳离子交换特征

(a)、(b)分别为 CAI-I 和 CAI-II 以及([Na⁺]+[K⁺]−[Cl⁻])与[([Ca²⁺]+[Mg²⁺])−([HCO₃⁻]+[SO₄²⁻])]关系

我国北方干旱半干旱区的黄河流域、淮河流域和海河流域的地下水埋深均以惊人的速度在下降。2002 年以来，研究区地下水埋深表现为抬升趋势，这是因为 2000 年 7 月启动了黑河下游生态输水工程，增加了黑河下游的生态用水，旨在恢复和重建受损的生态系统(鱼腾飞等，2012)。

从长观井地下水埋深年内变化特征看，研究区地下水埋深年内动态特征呈单峰型曲线，波动幅度较大，振幅为 1~2m。东河上段(1 号井)地下水埋深年内变化单峰曲线的峰值出现于 2 月，其余河段代表性常观井地下水埋深年内变化单峰曲线的峰值滞后于 1 号井 1~2 个月。这是因为潜水地下水埋深受地表径流的补给作用明显(席海洋等，2011)。

从地下水埋深空间分布特征看，东、西两河河道附近的地下水埋深浅于远离河道地区，此结果与彭家中等(2011)基于地统计分析的额济纳绿洲地下水位空间异质性研究结果一致，即在垂直河流方向，地下水埋深呈中间浅两头深的 V 形结构。沿东河，从狼心山到东居延海，地下水埋深呈现先抬升后下降的变化趋势，在东居延海地区地下水埋深最深。沿西河，从狼心山到西居延海，地下水埋深同样呈现出先抬升后下降的变化趋势，地下水埋深在赛汉陶来地区最浅，在北戈壁至西居延海地区地下水埋深最深。

地下水埋深动态变化是自然因素和人为因素综合作用的结果。结合黑河下游地下水的补给和排泄方式可知，研究区地下水埋深动态变化的自然因素主要为蒸发强度和径流补给，人为因素主要为人工开采。

1998 年、2003 年和 2015 年地下水矿化度的平均值分别为 3.88g/L、3.55g/L 和 2.90g/L。说明分水政策实施后，额济纳绿洲地下水矿化度总体上表现为减小趋势，水环境条件得以改善。研究区地下水水化学类型主要有 Mg^{2+}-HCO_3^- 型、Na^+-SO_4^{2-} 型、Ca^{2+}-SO_4^{2-} 型、Mg^{2+}-SO_4^{2-} 型、Na^+-HCO_3^- 型和 Na^+-Cl^- 型。黑河下游地

下水水化学形成的主要因素有溶解/沉淀作用、蒸发浓缩作用和阳离子交换吸附作用。

6.3 土壤盐渍化对地下水环境变化的响应

6.3.1 土壤盐渍化特征

1. 土壤盐分统计特征

由表 6-5 黑河下游不同土层土壤全盐和盐基离子统计特征可知，黑河下游各土层全盐含量均值的变化范围为 2.41~11.13g/L，不同土层土壤盐分含量的均值差异较大，土壤盐分表聚特征明显。在土壤盐分离子组分中，CO_3^{2-} 含量极低，予以忽略。各土层中 SO_4^{2-} 含量最高，0~10cm、10~20cm、20~40cm、40~60cm、60~80cm 和 80~100cm 土层 SO_4^{2-} 含量占对应土层全盐含量的百分比分别为45.01%、49.21%、46.19%、47.04%、47.08%和45.22%。

表 6-5 黑河下游不同土层土壤全盐和盐基离子统计特征

全盐和盐基离子	土层深度/cm	含量平均值/(g/kg)	标准差	变异系数	偏度系数	峰度系数	K-S统计量	p
HCO_3^-	0~10	0.25	0.14	0.56	4.77	33.52	1.54	0.02
	10~20	0.25	0.12	0.48	2.57	3.18	1.34	0.06
	20~40	0.24	0.10	0.42	1.30	2.81	1.02	0.25
	40~60	0.25	0.10	0.40	2.49	8.31	1.57	0.02
	60~80	0.25	0.08	0.32	1.48	3.70	0.85	0.47
	80~100	0.26	0.10	0.38	1.88	3.73	1.41	0.04
Cl^-	0~10	2.22	3.41	1.54	2.43	6.91	2.35	0.00
	10~20	1.40	2.12	1.51	2.24	5.26	2.32	0.00
	20~40	0.72	0.93	1.29	1.95	4.12	2.02	0.00
	40~60	0.40	0.60	1.50	3.06	11.03	2.36	0.00
	60~80	0.37	0.55	1.49	3.10	12.27	2.34	0.00
	80~100	0.35	0.48	1.37	2.81	9.81	2.18	0.00
SO_4^{2-}	0~10	5.01	5.85	1.17	1.44	1.54	1.76	0.00
	10~20	4.37	6.84	1.57	2.68	7.88	2.36	0.00
	20~40	2.06	2.61	1.27	2.17	6.43	1.95	0.00
	40~60	1.35	1.89	1.40	2.51	7.23	2.15	0.00
	60~80	1.29	1.79	1.39	2.58	7.69	2.13	0.00
	80~100	1.09	1.39	1.28	1.96	4.15	1.93	0.00
Ca^{2+}	0~10	0.99	1.00	1.01	0.72	−0.94	1.77	0.00
	10~20	0.66	0.76	1.15	1.54	1.65	1.89	0.00
	20~40	0.40	0.53	1.33	2.07	4.51	2.16	0.00

续表

全盐和盐基离子	土层深度/cm	含量平均值/(g/kg)	标准差	变异系数	偏度系数	峰度系数	K-S统计量	p
Ca^{2+}	40～60	0.29	0.46	1.59	2.86	7.88	2.62	0.00
	60～80	0.27	0.52	1.93	4.01	16.64	2.85	0.00
	80～100	0.20	0.34	1.70	3.85	17.47	2.88	0.00
Mg^{2+}	0～10	0.25	0.57	2.28	5.08	32.04	3.10	0.00
	10～20	0.20	0.46	2.30	4.89	27.38	3.06	0.00
	20～40	0.08	0.11	1.38	2.06	3.47	2.40	0.00
	40～60	0.06	0.08	1.33	2.85	9.64	2.46	0.00
	60～80	0.07	0.11	1.57	3.37	12.55	2.71	0.00
	80～100	0.06	0.07	1.17	1.96	3.37	2.38	0.00
K^{+}	0～10	0.16	0.20	1.25	2.19	4.95	1.98	0.00
	10～20	0.11	0.13	1.18	1.62	2.26	1.86	0.00
	20～40	0.07	0.07	1.00	1.59	2.84	1.56	0.02
	40～60	0.04	0.04	1.00	2.00	4.77	1.67	0.01
	60～80	0.04	0.04	1.00	1.78	3.49	1.54	0.02
	80～100	0.04	0.04	1.00	2.34	6.15	1.90	0.00
Na^{+}	0～10	2.22	3.28	1.48	1.88	2.80	2.30	0.00
	10～20	1.89	3.18	1.68	2.28	4.67	2.79	0.00
	20～40	0.88	1.27	1.44	2.33	6.04	2.21	0.00
	40～60	0.48	0.69	1.44	2.62	7.72	2.20	0.00
	60～80	0.45	0.57	1.27	2.01	4.92	2.04	0.00
	80～100	0.45	0.56	1.24	1.64	1.77	1.98	0.00
全盐	0～10	11.13	13.28	1.19	1.72	2.84	1.89	0.00
	10～20	8.88	12.78	1.44	2.45	6.69	2.47	0.00
	20～40	4.46	5.01	1.12	1.93	4.59	1.82	0.00
	40～60	2.87	3.28	1.14	2.18	5.56	1.98	0.00
	60～80	2.74	3.04	1.11	1.95	4.17	1.98	0.00
	80～100	2.41	2.52	1.05	1.49	1.59	2.04	0.00

土壤全盐和盐基离子的变异系数可用于描述土壤盐度在水平方向上的变异性。由表 6-5 可知，研究区不同土层土壤 HCO$_3^-$ 的变异系数介于 0.32～0.56，属中等变异强度；其余盐基离子和土壤全盐的变异系数均大于 1.0，表现为强变异性。黑河下游土壤盐分较大的变异性是不同区域水文地质条件、土壤结构、景观类型、地形及蒸发强度的不同导致的(王玉刚等，2009)。

正态分布检验常用方法有偏度和峰度联合检验法以及 K-S 检验法(周在明，

2012)。偏度系数和峰度系数可用于反映样本数据的离散特征(刘宁，2007)。当偏度系数和峰度系数分别接近于 0 和 3 时，数据序列表现为正态分布(Wu et al.，2014)。除了 10～20cm、20～40cm 和 60～80cm 土层 HCO_3^- 的含量近似服从正态分布外，其余土层土壤盐分特征的分布均呈现为明显的偏态分布。

2. 土壤盐分时间分布特征

为表征黑河下游土壤盐分时间分布特征，选择 1998 年、2003 年和 2015 年表土层土壤全盐数据进行分析，结果见表 6-6。1998 年、2003 年和 2015 年表土层土壤全盐含量平均值分别为 28.57g/kg、20.77g/kg 和 11.13g/kg。从 1998～2015 年，研究区表土层平均土壤全盐含量表现为下降趋势。不同时期土壤全盐均表现为强变异性，且不服从正态分布。

表 6-6　黑河下游表土层土壤全盐统计特征

年份	含量/(g/kg)			标准差	变异系数	偏度系数	峰度系数
	最小值	最大值	平均值				
1998	1.10	224.70	28.57	50.76	1.78	2.67	6.92
2003	0.38	213.90	20.77	36.82	1.77	3.12	11.98
2015	0.44	62.94	11.13	13.28	1.19	1.72	2.84

土壤盐渍化类型直接影响着土壤盐分动态变化特征和排盐的难易程度(吐尔逊·艾山，2012)。我国盐渍土分布较广、种类繁多，不同生物气候带的土壤积盐强度有较大差异，导致不同地区盐渍化分类标准不同(陈丽娟，2011)。《土壤农化分析》(鲍士旦，2000)和《中国盐渍土》(王遵亲等，1993)中的土壤盐渍化分类和分级标准见表 6-7。

表 6-7　土壤盐渍化分类和分级标准

盐渍化类型	$[Cl^-]/(2[SO_4^{2-}])$			
	> 2.0 氯化物型	1.0～2.0 硫酸盐-氯化物型	0.2～1.0 氯化物-硫酸盐型	< 0.2 硫酸盐型
非盐渍化土	TDS<1.5	TDS<2.0	TDS<2.5	TDS<3.0
轻度盐渍化土	1.5≤TDS<3.0	2.0≤TDS<3.0	2.5≤TDS<3.0	3.0≤TDS<6.0
中度盐渍化土	3.0≤TDS<5.0	3.0≤TDS<6.0	3.0≤TDS<7.0	6.0≤TDS<10.0
重度盐渍化土	5.0≤TDS<8.0	6.0≤TDS<10.0	7.0≤TDS<12.0	10.0≤TDS<20.0
盐土	TDS≥8.0	TDS≥10.0	TDS≥12.0	TDS≥20.0

注：TDS 代表表土层土壤全盐含量(g/L)。

根据土壤盐分中 Cl^- 与 $2SO_4^{2-}$ 含量比值进行分类,对研究区 1998 年、2003 年和 2015 年表土层土壤盐分特征进行统计分析,结果见表 6-8。1998 年黑河下游盐渍化类型中,氯化物型、硫酸盐-氯化物型、氯化物-硫酸盐型和硫酸盐型所占比例分别为 2.38%、2.38%、76.19%和 19.04%,非盐渍化土、轻度盐渍化土、中度盐渍化土、重度盐渍化土和盐土分别占 19.05%、7.14%、23.81%、11.90%和 38.09%;2003 年黑河下游土壤盐渍化类型中,氯化物型、硫酸盐-氯化物型、氯化物-硫酸盐型和硫酸盐型所占比例分别为 5.80%、11.59%、60.88%和 21.74%,非盐渍化土、轻度盐渍化土、中度盐渍化土、重度盐渍化土和盐土分别占 33.33%、7.25%、11.60%、8.70%和 39.13%;2015 年黑河下游土壤盐渍化类型中,氯化物型、硫酸盐-氯化物型、氯化物-硫酸盐型和硫酸盐型所占比例分别为 3.70%、9.86%、61.73%和 24.69%,非盐渍化土、轻度盐渍化土、中度盐渍化土、重度盐渍化土和盐土分别占 35.80%、7.40%、11.10%、17.28%和 28.40%。

表 6-8 不同年份黑河下游盐渍化分类分级统计特征

年份	盐渍化类型	各类型样点个数占全体采样点的百分比/%				
		非盐渍化土	轻度盐渍化土	中度盐渍化土	重度盐渍化土	盐土
1998	氯化物型	0.00	0.00	2.38	0.00	0.00
	硫酸盐-氯化物型	0.00	0.00	0.00	0.00	2.38
	氯化物-硫酸盐型	19.05	2.38	14.29	7.14	33.33
	硫酸盐型	0.00	4.76	7.14	4.76	2.38
2003	氯化物型	0.00	0.00	0.00	1.45	4.35
	硫酸盐-氯化物型	0.00	0.00	1.45	0.00	10.14
	氯化物-硫酸盐型	23.19	2.90	8.70	5.80	20.29
	硫酸盐型	10.14	4.35	1.45	1.45	4.35
2015	氯化物型	1.23	0.00	0.00	2.47	0.00
	硫酸盐-氯化物型	1.23	1.23	1.23	1.23	4.94
	氯化物-硫酸盐型	25.93	0.00	6.17	6.17	23.46
	硫酸盐型	7.41	6.17	3.70	7.41	0.00

由表 6-8 可知,黑河下游土壤盐渍化类型主要为氯化物-硫酸盐型,1998 年、2003 年和 2015 年分别占 76.19%、60.88%和 61.73%,1998 年、2003 年和 2015 年重度盐渍化土和盐土采样点的总和分别为 50.00%、47.83%和 45.68%。结果表明,研究区土壤盐渍化的严峻性,同时也表明 1989~2015 年盐渍化面积呈现减小的趋势。

3. 土壤盐分空间分布特征

土壤盐渍化和次生盐渍化是制约内陆灌溉农业稳定和可持续发展的关键因素(李新国等，2012)。对土壤盐渍化空间变异特征的分析和研究是实现盐渍土地科学管理及合理利用的必要前提(张同娟等，2009)。随着计算机技术的发展，GIS以其宏观、综合、快速等特点，成为土壤盐渍化检测的一种新手段。借助 GIS 技术，可以把区域范围内样点属性数据和地理数据结合起来，能够方便地揭示土壤盐渍化的分布格局和变异规律(季荣等，2007)。

土壤盐分变异在空间上表现为两个方面：一是在地理位置上的水平变异，二是在土壤剖面方向上的垂直变异(王玉刚等，2009)。区域土壤盐分的空间分布受自然因素和人类活动的影响而呈现出明显的趋势特征和异向性分布。

克里金插值和变异函数的计算均需要数据服从正态分布，本书研究的不同年份研究区表土层土壤全盐含量均不服从正态分布，因此需要对盐分数据进行正态转换，三期表土层土壤全盐数据经对数转换后均符合正态分布。将正态转换后的数据借助 GS+软件用不同类型的模型进行拟合，选择最优内插模型(表 6-9)。选择最优内插模型的标准：均方根预测误差最小，标准平均值接近于 0(汤国安和杨昕，2006)。

表 6-9　不同年份表土层土壤盐分半方差函数类型和模型参数

年份	理论模型	块金值(C_0)	基台值(C_0+C)	块金系数($C_0/(C_0+C)$)	变程/km
1998	高斯模型	0.388	0.876	0.443	112.76
2003	高斯模型	0.328	0.731	0.449	114.45
2015	高斯模型	0.081	0.544	0.319	14.40

利用 ArcGIS 9.3 地统计分析模块对 1998 年、2003 年和 2015 年表土层土壤含盐量数据进行检验，主要包括正态性检验、趋势分析和各向异性检验等。综合考虑各向异性、残差、决定系数等因素，用不同的模型对不同时期表土层土壤含盐量进行拟合，得出研究区不同时期表土层土壤含盐量的空间变异性高斯模型是最佳的。

在半方差函数理论模型中，块金值代表随机因素引起的变异，基台值代表系统的总变异。较大的基台值意味着系统变量具有较强的空间变异(姚月锋和满秀玲，2007)。块金系数，即块金值与基台值之比，反映了土壤属性的空间依赖性。由表 6-9 可知，各时期表土层全盐的块金系数均在 0.25～0.75，表现为中等空间相关性，说明表土层土壤盐分含量水平方向的变异性是结构性因素和随机因素共同作用的结果。变程指半变异函数达到基台值所对应的距离，反映了土壤盐分空间自相关范围的大小。研究区 2015 年表土层土壤盐分含量的变程为 14.40km，大于采样间距，表明采样点对该区域进行无偏估计是可信的。

黑河下游额济纳绿洲 1998 年、2003 年和 2015 年表土层土壤盐分含量的空间分布格局有较大差异。1998 年表土层土壤盐分含量沿东、西两河水流方向表现为下降趋势，2003 年和 2015 年表土层土壤盐分含量沿水流流向并未表现出趋势性变化特征。总体上，黑河下游额济纳绿洲表土层土壤全盐空间分布呈现斑块状分布格局，其斑块状低值区出现于河床和额济纳绿洲、斑块状高值区出现在西居延海，为湖盆沉积物。

4. 土壤盐分垂直分布特征

决定土壤盐分垂直分布特征的因素有母质、气候、地形及人类活动等(许尔琪等，2013)。不同地质单元的土壤盐分垂直变化特征存在较大差异。为了解黑河下游不同区域的土壤盐分剖面特征与类型，依据土壤剖面不同土层盐分含量之间的关系，采用系统聚类方法对研究区 2015 年土壤剖面进行了聚类分析。系统聚类分析是根据样本或指标的亲疏程度将一定数量的样本或指标进行循环合并，最终将所有的样本和指标合并为一个大类的过程。系统聚类方法主要包括 Q 型聚类和 R 型聚类两种。其中，Q 型聚类是对样本进行的聚类分析，最终使具有相似特征的样本聚在一起，而将差异大的样本分离。鉴于此，黑河下游土壤盐分剖面类型可分为三大类。根据各类型剖面土壤盐分分布特征，研究区土壤盐分剖面类型可分为表聚型、均匀型和振荡型(表 6-10)。

表 6-10　黑河下游不同类型土壤盐分剖面盐分含量统计特征

剖面类型	含盐量/(g/kg)		表聚系数
	表层土壤(0~20cm)	下层土壤(20~100cm)	
表聚型	97.73	22.25	4.39
均匀型	3.77	7.04	0.54
振荡型	15.20	35.44	0.43

表聚型土壤盐分剖面：研究区土壤盐分主要呈表聚状态。表聚型土壤盐分剖面占聚类剖面总数的 57.14%。对于表聚型土壤剖面，土壤含盐量随土层深度的增加而减小。该类型剖面的盐分运移处于上升状态。表聚系数高达 4.39，明显高于其他两类，表明该类剖面具有强烈的盐分表聚特征。

振荡型土壤盐分剖面：该类型剖面其盐分含量随深度变化表现为波状起伏。研究区振荡型土壤盐分剖面占聚类剖面总数的 11.43%。盐分表聚系数与均匀型盐分剖面持平，说明其盐分表聚特征不明显。

均匀型土壤盐分剖面：均匀型土壤盐分剖面土壤盐分含量垂直分异不大，其盐分状态总趋势是整体剖面含盐量平衡。研究区均匀型土壤盐分剖面占聚类剖面总数的 28.57%。盐分表聚系数为 0.54，远低于表聚型盐分剖面的表聚系数，说明该类剖面的盐分表聚特征不明显。

6.3.2　地下水特征与土壤盐渍化

1. 地下水埋深与土壤盐渍化

土壤盐渍化是指土壤中的可溶盐随毛管水上升到地表，随着水分蒸发，盐分在表土层发生积累的过程。土壤盐分部分来源于成土母质，其余大部分与水分运移有关。当蒸发过程强于淋洗过程，土壤就发生积盐，反之则脱盐，即当地下水埋深小于临界深度，土壤就发生积盐(郭占荣，2000)。由此可见，土壤含盐量的大小很大程度上取决于地下水埋深(周在明，2012)。地下水埋深影响着地下水中的溶质在蒸发条件下向上运移的可能性(罗江燕，2009)。当地下水埋深较浅时，地下水向上运移的量较大。当地下水埋深较深时，地下水向上运移的量较小或者地下水不向上运移(张蔚榛和张瑜芳，2003)。控制地下水埋深在临界深度以下是防治土壤盐渍化发生的重要途径(方汝林，1992)。"地下水临界深度"的概念没有统一的定义：张明炷等(1994)认为，地下水临界深度是保证作物耕层土壤不发生盐渍化所要求的地下水最小埋藏深度；方生等(1992)认为，地下水临界深度是干旱季节耕层土壤积盐不致危害作物生长的最浅的地下水埋藏深度；郭元裕(1997)认为，地下水临界深度是为保证土壤不产生盐渍化，作物不受盐害所要求保持的地下水最小埋藏深度。尽管上述定义间有差异，但都侧重于"不引起土壤积盐，不危害作物生长的最小地下水埋深"。

地下水临界深度与气候条件、地下水埋深、地下水矿化度和土壤质地等因素有关。Gardner(1958)研究指出，土壤蒸发是地下水埋深的函数，最大蒸发量(E_{Max})由地下水埋深决定，具体计算公式如式(6-12)所示：

$$E_{Max} = \frac{A\alpha}{h^n} \tag{6-12}$$

式中，h 为地下水埋深(m)；A、α 和 n 均为经验常数。Gardner 提供的经验公式如下：

$$n=3/2 \text{ 时，} E_{Max}=3.77\alpha h^{-3/2}$$
$$n=2 \text{ 时，} E_{Max}=3.77\alpha h^{-2}$$
$$n=3 \text{ 时，} E_{Max}=3.77\alpha h^{-3}$$
$$n=4 \text{ 时，} E_{Max}=3.77\alpha h^{-4}$$

式中，n 为与土壤质地有关的经验常数，土壤质地越粗，n 越大，一般壤质土取 $n=2$；α 为与饱和导水率有关的常数。因此，土壤的 A、α 和 n 等参数确定后，就可以计算不同地下水埋深下的最大蒸发量。

荒漠地区地下水埋深较浅，潜水蒸发引起的土壤次生盐渍化是荒漠盐土形成的主要因素。当潜水埋深在 1.0m 以内时，土壤含盐量为 1%～4%，甚至更高，往往形成盐土；当潜水埋深在 3.0m 以下时，则形成轻度盐渍化土或非盐渍土(冯起等,2015)。

选取地表植被组成基本相似的 8 个土壤剖面的 48 个土样，分析不同土层深度下土壤含盐量随地下水埋深变化的关系特征，结果见图 6-11。土壤含盐量与地下水埋深关系密切，可用指数函数进行拟合($Y=aX^b$，$b<0$)，拟合公式及显著性检验见表 6-11。

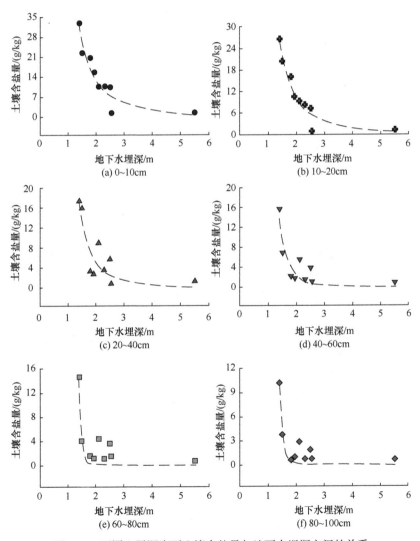

图 6-11 不同土层深度下土壤含盐量与地下水埋深之间的关系

表 6-11 不同土层深度下土壤含盐量与地下水埋深拟合公式及显著性检验

土层深度/cm	拟合模型	R^2	F 检验	
			F 值	显著性水平
0~10	$Y=70.22\,X^{-2.40}$	0.91	67.55	<0.0001
10~20	$Y=64.32\,X^{-2.65}$	0.94	108.95	<0.0001
20~40	$Y=56.60\,X^{-3.45}$	0.79	25.61	0.0015
40~60	$Y=72.94\,X^{-4.97}$	0.77	24.06	0.0017
60~80	$Y=5139.53\,X^{-17.42}$	0.74	20.18	0.0028
80~100	$Y=644.29\,X^{-12.38}$	0.82	32.48	0.0007

注：X-地下水埋深；Y-土壤含盐量。

黑河下游额济纳绿洲不同土层土壤含盐量随地下水埋深的降低表现为负指数减小的趋势(图 6-11)。这是因为随着地下水埋深的增加，土壤积盐速率明显下降(Francisco et al.，2002)。0~10cm、10~20cm、20~40cm、40~60cm、60~80cm和80~100cm 土层土壤含盐量与地下水埋深指数拟合曲线的回归系数分别为 0.91、0.94、0.79、0.77、0.74、0.82，均通过 0.05 水平的显著性检验(表 6-11)，说明拟合效果很好。

1998 年、2003 年和 2015 年黑河下游额济纳绿洲表土层土壤含盐量与地下水埋深的空间分布特征，沿东、西河河流流向，从上段到下段，地下水埋深和土壤含盐量呈现相反的变化趋势。即沿河流流向，从东、西河上段到下段，地下水埋深先抬升后降低，而土壤含盐量先减少后增加。地下水埋深的高值区出现于东居延海和北戈壁至西居延海地区，地下水埋深低值区出现于赛汉陶来地区。

2. 地下水矿化度与土壤盐渍化

干旱半干旱地区，土壤含盐量不仅与地下水埋深有关，还与地下水矿化度有关，关系模型如下所示(Francisco et al.，2002)：

$$\Delta W = \frac{kW_0^a}{(1+\Delta)^b} \tag{6-13}$$

式中，ΔW 为土壤表层含盐量(%)；W_0 为地下水矿化度(g/L)；Δ 为盐渍土地下水埋深(m)；k 为与土壤、气象和植被等有关的综合参数；a、b 为指数。

经推算，荒漠绿洲区土壤表层含盐量与地下水矿化度的关系如下所示(冯起等，2015)：

$$\Delta W = \frac{2.85W_0^{0.065}}{(1+\Delta)^{4.12}} \tag{6-14}$$

黑河下游额济纳绿洲不同土层深度下土壤含盐量随地下水矿化度的升高呈对数

增加的趋势(图 6-12)。0～10cm、10～20cm、20～40cm、40～60cm、60～80cm 及 80～100cm 土层土壤含盐量与地下水矿化度对数拟合曲线的回归系数分别为 0.85、0.81、0.73、0.55、0.14 和 0.37。其中，只有 0～10cm、10～20cm 及 20～40cm 土层土壤含盐量和地下水矿化度对数拟合模型通过了 0.05 水平的显著性检验，说明 0～10cm、10~~20cm 及 20～40cm 土层土壤含盐量和地下水矿化度拟合效果较好。40～60cm、60～80cm 及 80～100cm 土层土壤含盐量和地下水矿化度的对数拟合模型未通过 0.05 水平的显著性检验，说明深层土壤含盐量还受到其他因素的影响。

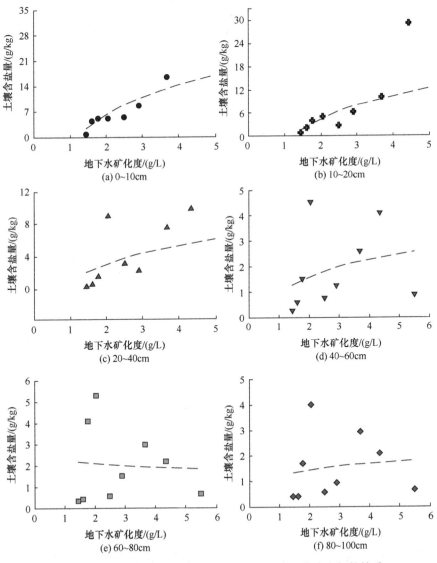

图 6-12　不同土层深度下土壤含盐量与地下水矿化度之间的关系

1998 年、2003 年和 2015 年研究区地下水矿化度从西北部到东南部呈现出逐渐增加的趋势。土壤含盐量随河流流向并没表现出趋势性变化特征，而是在整个研究区呈现为斑块状分布格局。

由 1998 年地下水矿化度与表土层土壤盐分含量的空间分布可知，东、西河上段土壤含盐量较高，而地下水矿化度较低，说明东、西河上段土壤盐渍化主要受地下水埋深的控制。由 2003 年和 2015 年地下水矿化度与表土层土壤含盐量的空间分布图可知，土壤含盐量的斑块状高值区与地下水矿化度高值区相对应，这是因为土壤积盐量和积盐速率会随矿化度的增大而上升。

3. 地下水埋深和矿化度与土壤盐渍化的关系分析

1) 主成分分析

研究区土壤盐渍化影响因素评价指标体系中，将地下水埋深(m)、矿化度(g/L)、HCO_3^- 含量(g/L)、CO_3^{2-} 含量(g/L)、Cl^-含量(g/L)、SO_4^{2-} 含量(g/L)、Ca^{2+}含量(g/L)、Mg^{2+}含量(g/L)、K^+含量(g/L)和 Na^+含量(g/L)等指标进行标准化处理，然后计算其相关系数矩阵，结果见表 6-12。可知，地下水埋深与 CO_3^{2-} 含量和 Ca^{2+} 含量之间存在着显著关系。而地下水盐基离子之间存在极显著相关性，说明影响土壤盐渍化的地下水特征在信息上存在重叠。

表 6-12   土壤盐渍化影响因素评价指标的相关系数矩阵

指标	x_1	x_2	x_3	x_4	x_5	x_6	x_7	x_8	x_9	x_{10}
x_1	1									
x_2	0.06	1								
x_3	0.08	0.72**	1							
x_4	0.27*	0.14	0.37**	1						
x_5	0.12	0.93**	0.51**	0.05	1					
x_6	0.06	0.97**	0.61**	0.13	0.96**	1				
x_7	0.28*	0.68**	0.23*	0.05	0.83**	0.79**	1			
x_8	−0.07	0.69**	0.65**	−0.01	0.47**	0.51**	0.03	1		
x_9	0.25*	0.32**	−0.24	0.00	0.46**	0.44**	0.71**	−0.20	1	
x_{10}	0.04	0.98**	0.64**	0.15	0.94**	0.98**	0.71**	0.59**	0.38**	1

注：**表示 0.01 水平上显著相关；*表示 0.05 水平上显著相关。x_1-地下水埋深标准化处理后的相关系数；x_2-矿化度的相关系数；x_3- HCO_3^- 含量的相关系数；x_4- CO_3^{2-} 含量的相关系数；x_5-Cl^-含量的相关系数；x_6-SO_4^{2-} 含量的相关系数；x_7-Ca^{2+}含量的相关系数；x_8-Mg^{2+}含量的相关系数；x_9-K^+含量的相关系数；x_{10}-Na^+含量的相关系数。

表 6-13 为方差分解主成分提取分析表。由表 6-13 可知，前 3 个主成分($F1$、$F2$、$F3$)的累积贡献率高达 85.90%，因此只考虑这 3 个主成分，便可提取原始指

标 85.90%的信息。前 3 个主成分线性表达如下:

$$F1=0.06zx_1+0.42zx_2+0.29zx_3+0.08zx_4+0.41zx_5+0.42zx_6$$

$$+0.33zx_7+0.25zx_8+0.19zx_9+0.42zx_{10} \tag{6-15}$$

$$F2=0.30zx_1-0.12zx_2-0.37zx_3-0.06zx_4+0.08zx_5+0.02zx_6$$

$$+0.41zx_7-0.51zx_8+0.56zx_9-0.05zx_{10} \tag{6-16}$$

$$F3=0.57zx_1-0.04zx_2+0.28zx_3+0.75zx_4-0.12zx_5-0.08zx_6$$

$$-0.06zx_7-0.07zx_8-0.06zx_9-0.06zx_{10} \tag{6-17}$$

其综合得分模型为

$$F=0.187zx_1+0.209zx_2+0.130zx_3+0.144zx_4+0.233zx_5+0.232zx_6$$

$$+0.269zx_7+0.023zx_8+0.221zx_9+0.218zx_{10} \tag{6-18}$$

由式(6-18)可知，研究区土壤盐渍化程度的决定因素是地下水中 Ca^{2+} 含量，其次是 SO_4^{2-} 含量。

表 6-13　方差分解主成分提取分析表

主成分	特征值	贡献率/%	累积贡献率/%
F1	5.46	54.63	54.63
F2	1.83	18.30	72.93
F3	1.30	12.97	85.90

2) 灰色关联分析

对 2015 年的地下水特征变量与对应土层土壤全盐做灰色关联分析,其中土壤全盐为参考数列，地下水埋深相关系数(x_1)、矿化度相关系数(x_2)、HCO_3^- 含量相关系数(x_3)、CO_3^{2-} 含量相关系数(x_4)、Cl^- 含量相关系数(x_5)、SO_4^{2-} 含量相关系数(x_6)、Ca^{2+} 含量相关系数(x_7)、Mg^{2+} 含量相关系数(x_8)、K^+含量相关系数(x_9)和 Na^+含量相关系数(x_{10})为比较数列。

土壤含盐量与地下水特征变量之间存在显著正相关。0～10cm 土层土壤含盐量与地下水特征的关联度排序结果为 K^+ > Ca^{2+} > Cl^- > 地下水埋深 > Mg^{2+} > 矿化度 > HCO_3^- > CO_3^{2-} > Na^+ > SO_4^{2-}；10～20cm 土层土壤含盐量与地下水特征的关联度排序结果为 K^+ > 地下水埋深 > Ca^{2+} > CO_3^{2-} > 矿化度 > HCO_3^- > Mg^{2+} > Cl^- > Na^+ > SO_4^{2-}；20～40cm 土层土壤含盐量与地下水特征的关联度排序结果为 K^+ > Ca^{2+} > 矿化度 > Mg^{2+} > HCO_3^- > Cl^- > Na^+ > 地下水埋深 > SO_4^{2-} > CO_3^{2-}；40～60cm 土层土壤含盐量与地下水特征的关联度排序结果为地下水埋

深 $>$ Ca^{2+} $>$ CO$_3^{2-}$ $>$ K$^+$ $>$ HCO$_3^-$ $>$ 矿化度 $>$ Cl$^-$ $>$ SO$_4^{2-}$ $>$ Na$^+$ $>$ Mg^{2+}；60～80cm 土层土壤含盐量与地下水特征的关联度排序结果为 Ca^{2+} $>$ CO$_3^{2-}$ $>$ Cl$^-$ $>$ SO$_4^{2-}$ $>$ Na$^+$ $>$ K$^+$ $>$ 矿化度 $>$ HCO$_3^-$ $>$ 地下水埋深 $>$ Mg^{2+}；80～100cm 土层土壤含盐量与地下水特征的关联度排序结果为 CO$_3^{2-}$ $>$ Ca^{2+} $>$ K$^+$ $>$ Cl$^-$ $>$ 矿化度 $>$ Na$^+$ $>$ SO$_4^{2-}$ $>$ HCO$_3^-$ $>$ 地下水埋深 $>$ Mg^{2+}。由不同土层土壤含盐量和地下水特征的关联度排序结果可知，不同土层决定土壤盐渍化的地下水特征变量有较大差异。

6.3.3　影响研究区土壤盐渍化的其他因素

土壤盐渍化是不同时空尺度上自然因素和人类活动综合作用的结果。研究区土壤盐渍化除了受地下水环境的影响外，还与当地气候条件、地形地貌和土壤质地有直接关系。

1. 当地气候条件与土壤盐渍化

当地气候条件是土壤盐渍化的重要驱动因素，因为气温、降水量和蒸发量与盐分运移密切相关。在强烈的蒸散发作用下，土壤和地下水中的可溶性盐在毛管作用下在表土层发生聚集。通常用干旱指数来反映气候的干旱程度，即 $r=E_0/P$。其中，r 为干旱指数；E_0 为年蒸发量，mm；P 为年降水量，mm。1998～2015 年，黑河下游额济纳绿洲年降水量仅为 17.2～70.1mm，年蒸发量为 1996.9～3360.7mm，干旱指数为 30～260(图 6-13)。额济纳绿洲的气候特点为研究区盐分表聚和土壤返盐提供了条件。通过野外蒸发试验探讨蒸发量与土壤盐渍化之间的关系，可知干燥土壤中的水汽通量随水汽密度梯度的增加而增加。

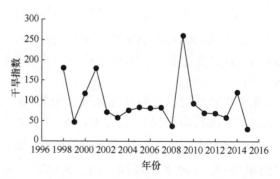

图 6-13　1998～2015 年额济纳绿洲干旱指数年际变化

2. 地形地貌与土壤盐渍化

根据周爱国(2004)的研究结果可知，黑河下游额济纳绿洲地貌类型以构造剥蚀地貌、堆积地貌和风成地貌为主。甘肃省地质矿产勘查开发局水文地质工程地质勘察院绘制了不同地形地貌类型下土壤全盐含量垂直分布特征,结果见图6-14。同一地形地貌类型下,土壤全盐含量随土层深度的增加而减小。不同地形地貌类型之间,土壤全盐含量存在较大差异,表现为风积地貌>低山丘陵>冲洪积平原>冲湖积平原>湖积平原>山前倾斜平原。

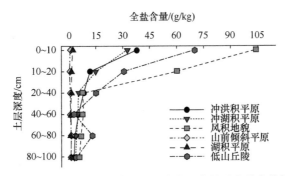

图 6-14　不同地形地貌类型下土壤全盐含量垂直分布特征

3. 土壤质地与土壤盐渍化

土壤剖面中的不同土壤质地和土壤颗粒组分对土壤盐分运移及次生盐渍化的治理至关重要。黑河下游额济纳绿洲不同土层深度土壤颗粒组分统计特征见表6-14。借助土壤质地自动分类程序 STAC 对研究区土壤质地进行分类。STAC程序是由中国科学院地理科学与资源研究所张镜锂研究员采用多边形内点判别算法,基于 Visual Basic 语言设计的土壤质地自动分类绿色软件(张丽萍等,2006)。由表 6-14 可知,黑河下游额济纳绿洲土壤颗粒组成中,砂粒含量最高,黏粒含量次之,在所测定的土层中,砂粒含量为 58.49%~68.03%,粉粒含量为28.37%~37.60%。

表 6-14　不同土层深度土壤颗粒组分统计特征

土层深度/cm	黏粒(<2μm)			粉粒(2~50μm)			砂粒(50~2000μm)		
	含量均值/%	变幅/%	变异系数	含量均值/%	变幅/%	变异系数	含量均值/%	变幅/%	变异系数
0~10	4.57	0.0~18.23	0.99	36.90	0.0~86.54	0.80	58.49	0.63~10.00	0.55
10~20	4.72	0.0~16.21	1.07	37.60	0.0~100.0	0.87	59.47	0.00~95.29	0.64
20~40	3.52	0.0~13.74	1.08	32.10	0.0~87.42	0.95	64.43	2.02~100.0	0.53
40~60	4.31	0.0~16.12	1.14	34.28	0.0~86.08	0.92	61.41	1.54~100.0	0.59
60~80	4.00	0.0~17.65	1.28	32.24	0.0~83.78	0.98	63.76	1.27~100.0	0.56
80~100	3.60	0.0~15.67	1.29	28.37	0.0~87.66	1.10	68.03	1.56~100.0	0.52

从以上分析可知，黑河下游各土层全盐含量均值的变化范围为 2.41～11.13g/L，不同土层土壤含盐量差异较大，土壤盐分表聚特征明显。有诸多学者论证了干旱半干旱区土壤盐分的表聚特征(Chi and Wang, 2010；Cunningham et al., 2008)，指出盐分表聚是底层土壤盐分在蒸发作用下向上运移的结果。刘蔚等(2005)借助经验公式计算了黑河下游的潜水蒸发量和积盐速率，指出土壤盐分累积量与地下水埋深呈负指数关系。

研究区不同土层深度土壤HCO_3^-的变异系数为 0.32～0.56，属中等变异强度；其余盐基离子和土壤全盐的变异系数均大于 1，表现为强变异性。此结果与贾艳红等(2008)于 2006 年在黑河下游地下水波动带土壤盐分调查资料的分析结果一致，即表土层土壤全盐的变异系数为 1.65。

1998～2015 年，研究区表土层平均土壤全盐含量随时间推移表现为下降趋势。黑河下游土壤盐渍化类型主要为氯化物-硫酸盐型，1998 年、2003 年和 2015 年分别占 76.19%、60.88%和 61.73%。1998 年、2003 年和 2015 年重度盐渍化土和盐土采样点分别为 50.00%、47.83%和 45.68%。研究表明，研究区盐渍化的严峻性，同时也表明 1998～2015 年，盐渍化面积呈现减小的趋势。

根据各类型剖面土壤盐分分布特征可知，研究区土壤盐分的剖面类型主要分为表聚型、振荡型和均匀型。黑河下游存在不同类型盐分剖面的原因在于，土壤盐分在淋溶和蒸发作用影响下，不断运移，积盐、脱盐交替发生(樊仙等，2009)。

地下水埋深是决定土壤发生盐渍化的重要条件。当潜水埋深在 1.0m 以内时，土壤含盐量为 1%～4%，甚至更高，往往形成盐土；当潜水埋深在 3.0m 以下时，则形成轻度盐渍化土或非盐渍化土。研究区 0～10cm、10～20cm、20～40cm、40～60cm、60～80cm 和 80～100cm 土层深度土壤含盐量随地下水埋深的增加均呈现幂指数下降的趋势。研究区 0～10cm、10～20cm、20～40cm、40～60cm、60～80cm 和 80～100cm 土层深度土壤含盐量随地下水矿化度的升高呈对数增加的趋势。土壤含盐量与地下水特征变量之间存在显著正相关关系。由不同土层土壤含盐量和地下水埋深、矿化度和盐基离子的灰色关联分析可知，不同土层深度决定土壤盐渍化的地下水特征变量有较大差异。

6.4　地下水土壤系统对植被格局的影响

6.4.1　植被组成与时空分布特征

黑河流域作为我国西北干旱区较大的内陆流域，地处欧亚大陆中温带大陆性季风气候区，降水稀少，蒸发强烈。黑河下游土地沙漠化严重，植被稀少，生态环境脆弱，在特定的气候条件、土壤因素和地下水等多种环境因子的共同作用下形成了独特的植被空间分布格局。

1. 植物群落组成及多样性分布格局

在干旱半干旱地区，植被是直接反映生态环境状况的一个重要指标(Ranney et al., 2014)。极端干旱的气候和贫瘠多盐的土壤条件，限制了研究区植物的生长、发育和分布，造成植物种类资源贫乏，植被结构简单、类型单调(冯起等，2015)。研究区植被可分为乔木、灌木和草本三大类。在所调查的 61 个样地中，共记录了 37 种植物，其中 8 种草本植物只出现过 1 次，所以将其剔除，研究剩余 29 种植物的种类组成及特征值。Xi 等(2016)借助自然植被调查数据，采用双向指示种分析方法(TWINSPAN)对黑河下游的植物群落进行分类，提出研究区植物可分为 6 个主要植物群落，具体见表 6-15。此分类结果与朱军涛等(2011)对额济纳荒漠绿洲植物群落分类结果较为一致。

表 6-15　黑河下游植物群落分类(Xi et al., 2016)

类别	植被组成
群落 I	胡杨+柽柳+苦豆子、甘草、骆驼蓬
群落 II	胡杨+苦豆子或者胡杨
群落 III	白刺、白茎盐生草(花花柴)+苦豆子、白沙蒿、盐爪爪、骆驼蓬
群落 IV	沙拐枣、梭梭(红砂、白刺)+霸王
群落 V	白刺、红砂、梭梭、沙拐枣+芦苇
群落 VI	沙枣+柽柳(黑果枸杞、霸王、红砂)+骆驼刺、苦豆子、花花柴(芨芨草、骆驼蓬、芦苇)

物种多样性格局是生物多样性维持的重要方面,可用于揭示群落构建的信息,表征物种对环境的适应性(张雪妮等，2016)。物种多样性作为衡量群落功能与结构的重要指标,其变化趋势直接或间接反映群落的结构类型、发展阶段、稳定程度及生境差异(徐建夏等，2015)。物种多样性的空间分布格局由取样面积、物种栖息地异质性、植物区系和人为干扰等因素决定(周红章，2000)。在水、盐胁迫严峻的干旱地区,土壤环境(土壤水分和盐分)是植物生长的主要限制因素,直接影响着物种多样性维持过程和群落演替的方向(王水鲜等，2010)。

植物群落物种多样性指数表征了植物群落内部各植物种的数量和各植物种类的多少及其在种间分布的均匀程度。植物物种多样性指数越大,表征植物群落类型物种组成越多,群落稳定性越高。研究区植被分布格局的空间变异性较强,Shannon-Weiner 多样性指数、Margalef 丰度指数、Pielou 均匀度指数和 Simpson 优势度指数的空间分布表现为斑块状或带状聚集分布,其高值区多分布于东、西河沿岸。

2. 植被指数的分布及其动态特征

植被指数反映了特定地区的植被覆盖状况，作为生态学的主要参数，被广泛运用于生态环境调查和植物覆盖动态变化研究等方面(张一平等，1997；Kogan，1995)。基于遥感影像得到的归一化植被指数是目前使用最为广泛的一种植被指数，是定性和定量评价植被覆盖及其生长活力的指标(薛博，2009；Robert et al.，2002)。

选取 1998～2015 年的 MODIS NDVI 数据进行研究，得到了黑河下游额济纳绿洲 1998～2015 年 NDVI 年际变化特征，结果见图 6-15。研究区年平均 NDVI 在波动中上升，波谷出现于 2002 年，平均 NDVI 为 0.058；波峰出现于 2012 年，平均 NDVI 为 0.113。由 NDVI 年际变化曲线的线性拟合方程可知，1998～2015 年 NDVI 总体上处于上升趋势。NDVI 年均增长速率为 0.002。说明黑河分水政策实施 18 年中，额济纳绿洲植被总体上趋于好转。

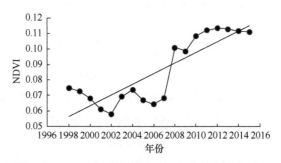

图 6-15　1998～2015 年研究区 NDVI 年际变化特征

6.4.2　环境因子对植被格局的控制作用

天然植被的生长、发育和分布格局由多种因素决定，如气候(Gavil'an，2005)、海拔(Zedler et al.，1999)、地形条件(Chase and Martin，2012)、生物因素(Mujic et al.，2016)、地下水特性(Xia et al.，2016)和土壤特性(Da Cruz et al.，2013；Sparrius and Kooijman，2012)等，不同的因素可能影响不同时空尺度的植被分布模式。气候因素可控制大尺度上的植被分布格局，而土壤因素在小尺度上更加重要(Siefert et al.，2012)。

1. 地下水特性对植被格局的控制作用

植被覆盖度和地下水埋深间的关系服从高斯模型，即表现为正态曲线，故可用正态分布模型模拟植被生长与地下水之间的关系特征(郝兴明等，2008；张丽等，2004)：

$$c = \frac{1}{\sqrt{2\pi}\sigma x} e^{-\frac{1}{2}\left(\frac{\ln x - \mu}{\sigma}\right)} \tag{6-19}$$

式中，c 为植被覆盖度；x 为地下水埋深；μ 为 $\ln x$ 的数学期望；σ 为 $\ln x$ 的均方差。X_{pm}、$E(X)$ 和 $\sigma(X)$ 的计算如下所示：

$$X_{pm} = e^{\mu - \sigma^2} \tag{6-20}$$

$$E(X) = e^{\mu + \frac{1}{2}\sigma^2} \tag{6-21}$$

$$\sigma(X) = e^{\mu + \frac{1}{2}\sigma^2}(e^{\sigma^2} - 1)^{\frac{1}{2}} \tag{6-22}$$

式中，X_{pm}（众数）为植物出现频率最大值对应的地下水埋深；$E(X)$ 为数学期望；$\sigma(X)$ 为均方差（郝兴明等，2008）。

冯起等（2015）对黑河下游典型优势植物进行随机抽样调查，统计分析了不同植物在不同地下水埋深范围内出现的频率，借助 Matlab 软件拟合得出研究区主要植物随地下水埋深变化的单峰模型，具体结果见表 6-16。研究区胡杨生长的生态适宜地下水埋深为 2.0～3.5m，当地下水埋深下降到 5m 以下时，胡杨枯死；柽柳生长的适宜地下水埋深为 2.0～3.0m，当地下水埋深下降到 3.5m 以下时，柽柳干枯。

表 6-16　研究区主要植物种类对数正态分布拟合曲线参数

植物种类	X_{pm}/m	$E(X)$/m	$\sigma(X)$
胡杨	2.4811	4.4415	3.0590
柽柳	2.3110	3.5069	1.9854
芦苇	1.3459	2.4551	1.7235
罗布麻	2.4924	3.1472	1.2910
甘草	2.3867	2.9374	1.1317
骆驼刺	2.8590	4.0896	2.1233

研究区 NDVI 表征的绿色植被主要分布在东、西两河和古日乃湖区，植被的生长发育明显受到地下水埋深的控制。不同年份 NDVI 高值区均出现于 2～4m 的地下水埋深区。冯起等（2015）以 0.1m 为间距研究了研究区 2010 年地下水埋深与相应的 NDVI 平均值的关系，发现当地下水埋深在 2.4～4.2m 时，NDVI 的平均值在 0.11 附近波动，说明植被发育较好，当地下水埋深大于 4.2m 时，NDVI 明显减小，植被发育较差。2.4～4.2m 是黑河下游植被生长较适宜的地下水埋深。

在 NDVI 的空间分布图上,借助 GIS 软件提取地下水埋深样点对应的 NDVI,绘制 NDVI 与地下水埋深关系的散点图,结果见图 6-16。NDVI 与地下水埋深呈散点分布,相关性不强。地下水埋深在 1.0~4.0m 时,NDVI 高值和低值均有分布。这是因为以地下水为主要水分来源的植被,其覆盖度对地下水埋深较为敏感,而总覆盖度对地下水埋深不敏感(程东会等,2012)。

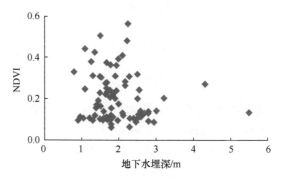

图 6-16　NDVI 与地下水埋深关系的散点图

地下水矿化度对植被生长也有影响,地下水矿化度较高时将会抑制植被的生长(金晓媚等,2014)。研究区地下水矿化度从西北部到东南部表现为逐渐降低的趋势,而植被指数高值区主要沿东、西两河和古日乃湖区分布。地下水矿化度与植被指数的空间分布对应性不强。在 NDVI 的空间分布图上,利用 GIS 软件提取地下水样点对应的 NDVI,绘制 NDVI 与地下水矿化度关系的散点图,结果见图 6-17。黑河下游额济纳绿洲 NDVI 与地下水矿化度呈显著负相关关系,额济纳绿洲植被 NDVI 随着地下水矿化度的增大而减小。

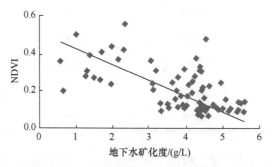

图 6-17　NDVI 与地下水矿化度关系的散点图

2. 土壤特性对植被格局的控制作用

Fossati 等(1999)指出,与潮湿地区相比,土壤特性对干旱地区植被格局的影响更为强烈。土壤特性,特别是土壤水分和盐分,是维持干旱半干旱地区生态系统功能的最重要的驱动力(Legates et al.，2011；Rogel et al.，2001)。

土壤在植被的发育和分布中起着重要的作用(Yair and Danin，1980)。不同土层深度的土壤水分和盐分是干旱半干旱陆地生态系统生产力和可持续性的重要驱动力(Legates et al.，2011)，而土壤质地对土壤中水分和溶质的运移产生影响(Kodesova et al.，2009)。

土壤水分、盐分和质地均随土层深度和植被类型的变化而变化。随着土层深度的增加，土壤平均含水量升高，而土壤全盐、Cl⁻及(Na⁺+K⁺)的含量逐渐降低，黏粒含量基本不变，粉粒含量随土层深度的增加表现为波动变化特征，砂粒含量随土层深度的增加而降低。土壤特性随植被类型的不同表现出差异性，但这些差异在单因素方差分析中并不显著。群落Ⅳ中(白刺、红砂和梭梭)的土壤含水量、含盐量、黏粒含量和粉粒含量是所有群落中最低的，但是其砂粒含量却是最高的。这是因为群落Ⅳ作为旱生灌木，其形态解剖特征、水分生理特征、渗透调节机制、抗氧化酶及光合生理等因素使其具有较强的抗旱性(岳利军，2006)。

图6-18显示了胡杨、柽柳和苦豆子样地土壤含水量和全盐含量的垂直分布特征。这三种植物表土层土壤含水量有较大差异，具体表现为柽柳>胡杨>苦豆子；表土层土壤全盐含量也有较大差异，具体表现为苦豆子>柽柳>胡杨。胡杨、柽柳和苦豆子土壤含水量和全盐含量不同，可能是因为每个物种的耐盐性在维持恶劣环境下的植被分布格局中起关键作用(Zhao et al.，2013)。李启森等(2006)指出，可用幂函数描述胡杨地上生物量与土壤平均含水量、土壤含盐量和机械组成间的关系。

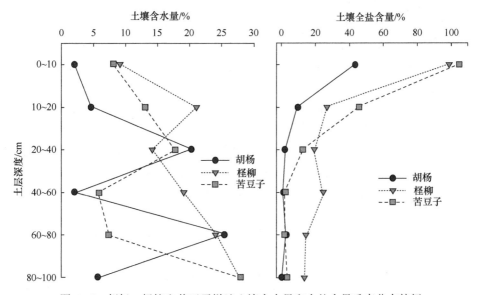

图6-18　胡杨、柽柳和苦豆子样地土壤含水量和全盐含量垂直分布特征

萨如拉等(2006)借助管状土壤水分仪,调查研究了额济纳胡杨林地和柽柳林地土壤含水量时空分布特征,指出研究区大部分样地约有20cm厚度的干沙层,使得表层土壤含水量较低。20cm土层以下,随深度的增加土壤含水量增大,其中柽柳林地的土壤含水量明显高于胡杨林地。不饱和带土壤含水量是影响沙漠地区植物生长的重要生态因素,土壤含水量越高,植物生长越旺盛(李志建等,2003)。土壤含盐量对植物的生长也有很大影响,不同含盐量条件下,植被的种类、形态和结构会有不同的变化,如盐爪爪在不同含盐量条件下有不同的种类,有盐爪爪、圆叶盐爪爪和细页盐爪爪等,土壤含盐量越大,植被越趋于肉质化(李发鸿等,2012)。

　　为揭示黑河下游物种多样性的分布格局与不同土层深度土壤因子之间的关系,利用CANOCO5.0进行了冗余分析(RDA)排序。RDA排序图不仅可以展示物种与环境之间的关系,还可以描述环境变量之间的关系。将植物多样性指数(Shannon-Weiner多样性指数、Margalef丰度指数、Pielou均匀度指数和Simpson优势度指数,以下分别简称"多样性指数""丰度指数""均匀度指数""优势度指数")设置为研究对象,在排序图中用实心箭头表示;将测量的土壤因子(0~10cm、10~20cm、20~40cm、40~60cm、60~80cm和80~100cm土层深度的土壤含水量、含盐量和质地)设置为环境变量,用空心箭头表示。

　　土壤含水量和含盐量是黑河下游植被生存的两大限制因素,土壤含水量和含盐量状况对植被的生长和空间分布都有重要影响,不同的水盐组合条件下会产生不同的植物群落(汤梦玲等,2001)。研究区植物多样性格局主要受80~100cm土层土壤含水量,40~60cm土层土壤全盐含量,0~10cm、10~20cm、20~40cm、60~80cm、80~100cm土层土壤HCO_3^-含量,40~60cm、80~100cm土层土壤Cl^-含量,10~20cm、40~60cm土层土壤SO_4^{2-}含量,20~40cm土层土壤Ca^{2+}含量,10~20cm土层土壤Mg^{2+}含量,0~10cm、10~20cm土层土壤粉粒含量以及10~20cm土层土壤砂粒含量的影响。物种多样性随土壤含水量的增大而增大,随土壤含盐量和土壤砂粒含量的增大而减少。土壤盐基离子对植物多样性格局分布的影响机制也存在明显差异。

　　不同土层深度的土壤含水量对植物的生长至关重要,明确植被对土壤水分变化的响应机制,对干旱半干旱地区植被恢复及生态系统可持续性评价具有重要意义(Yang et al.,2014)。不同土层深度的土壤含水量可以解释研究区物种多样性方差的15.85%(即所有特征值之和为1.0,所有典型特征值之和为0.1585)。由轴1和轴2两个轴解释的累积方差约占总方差的96.91%(轴1占68.47%,轴2占28.44%)。0~10cm土层土壤含水量决定了额济纳绿洲物种的均匀度指数,即均匀度指数随0~10cm土层土壤含水量的增大而增大;40~60cm土层土壤含水量决定了额济纳绿洲物种的丰度指数和多样性指数;60~80cm土层土壤含水量决定了额济纳绿洲物种的优势度指数。

除此之外，黑河下游植被的生长还受到高盐胁迫的影响。不同土层深度的土壤含盐量可以解释研究区物种多样性方差的 20.42%(即所有特征值之和为 1.0，所有典型特征值之和为 0.2042)。由前两个轴解释的累积方差约占总方差的 98.45%(轴 1 占 84.34%，轴 2 占 14.11%)。0~10cm 和 10~20cm 土层土壤含盐量决定了额济纳绿洲物种的均匀度指数、多样性指数和丰度指数。60~80cm 土层土壤含盐量决定了额济纳绿洲物种的优势度指数。Smith 等(1997)指出，美国佛罗里达州南部植被类型和土壤不饱和(渗流)区盐度之间的强反馈证据表明，倾斜渗流带中盐度的严重扰动可导致从一种植被类型向另一种植被类型的转移。

土壤质地对植被分布也有重要意义，会影响植被的组成、结构和功能(Smith et al.，1997)。土壤质地不仅控制着土壤有机质的分解及形成(Parton et al.，1988)，还会影响土壤水分和溶质的运移(Kodesova et al.，2009)。土壤质地不仅影响土壤的基本性质，如土壤渗透性和保水性，还会影响植物对水分和营养物质的可利用性(Sperry et al.，2002)。不同土层深度的土壤砂粒含量可以解释研究区物种多样性方差的 20.52%(即所有特征值之和为 1.0，所有典型特征值之和为 0.2052)。由前两个轴解释的累积方差约占总方差的 98.40%(轴 1 占 74.13%，轴 2 占 24.27%)。60~80cm 土层土壤砂粒含量决定了额济纳绿洲物种的优势度指数；80~100cm 土层土壤砂粒含量决定了额济纳绿洲物种的均匀度指数、丰度指数和多样性指数。

3. 植被生长与地下水和土壤因子的耦合关系

植被作为连接地下水和土壤等要素的自然纽带，是生态系统的重要组成因子，也是生态系统状况的重要指标(吕京京，2013)。浅埋条件下，地下水中盐分极易通过毛管上升作用不断向地表积累，造成不同程度的土壤盐渍化，并进一步通过根系作用对植被生态产生影响(Fan et al.，2011；范晓梅，2010；杨劲松，2008)。

黑河下游额济纳绿洲 NDVI 与环境因子之间的皮尔逊相关分析结果见表 6-17。研究区 NDVI 与地下水埋深呈负相关关系，但是相关性不显著。虽然地下水埋深是干旱半干旱地区生态系统的限制因子，但是研究区植被总覆盖度对地下水位变化不敏感，加之不同地下水埋深对植被生长的影响不同，使得研究区 NDVI 与地下水埋深相关性不显著。研究区 NDVI 与地下水矿化度呈显著负相关关系。研究区 NDVI 与不同土层深度土壤全盐含量呈负相关关系，但是相关性不显著，而 NDVI 与不同土层土壤含水量显著正相关，说明土壤含水量是研究区植被生长最主要的限制因子。

表 6-17　黑河下游额济纳绿洲 NDVI 与环境因子的皮尔逊相关分析结果

环境因子	NDVI		环境因子	NDVI	
	R	p		R	p
地下水埋深	−0.134	0.235	土壤全盐含量 $_{80\sim100cm}$	−0.062	0.591
地下水矿化度	−0.608**	0.000	土壤含水量 $_{0\sim10cm}$	0.507**	0.000
土壤全盐含量 $_{0\sim10cm}$	−0.122	0.279	土壤含水量 $_{10\sim20cm}$	0.478**	0.000
土壤全盐含量 $_{10\sim20cm}$	−0.146	0.193	土壤含水量 $_{20\sim40cm}$	0.544**	0.000
土壤全盐含量 $_{20\sim40cm}$	−0.115	0.308	土壤含水量 $_{40\sim60cm}$	0.450**	0.000
土壤全盐含量 $_{40\sim60cm}$	−0.150	0.180	土壤含水量 $_{60\sim80cm}$	0.574**	0.000
土壤全盐含量 $_{60\sim80cm}$	−0.119	0.291	土壤含水量 $_{80\sim100cm}$	0.553**	0.000

注：**表示 $p<0.01$。

影响植被生长的地下水埋深、地下水矿化度、土壤含盐量和土壤含水量并不是独立作用于植物的生长，而是具有多重共线性。通过主成分分析将具有多重共线性的多个变量重组为一组新的相互间无关的综合指标，以反映环境因子对植被分布的影响。

主成分分析显示，前 3 个主成分之和占自变量总变异率的 81%以上(表 6-18)，因此只考虑这 3 个主成分，即可提取原指标 81.374%的信息。

表 6-18　主成分特征值及贡献率

主成分	特征值	贡献率/%	累积贡献率/%
1	5.360	35.734	35.734
2	3.889	25.924	61.658
3	1.457	19.716	81.374

黑河下游额济纳绿洲土壤含水量是制约研究区植被生长状态的决定性因素，土壤含盐量和地下水矿化度在水分条件适宜植被生长的前提条件下影响植被的生长状态。

6.4.3　分析与讨论

借助双向指示种分析方法(TWINSPAN)对黑河下游的植物群落进行分类，将研究区植物分为 6 个主要植物群落。研究区 1998～2015 年植被指数呈现波动性上升趋势。不同时期植被指数的空间分布格局较为一致，植被指数的高值区主要沿东、西两河分布，说明 2000 年黑河分水政策实施以来，黑河下游植被得以恢复，生态退化的趋势得以遏制。

通过黑河下游额济纳绿洲物种多样性分布格局与不同土层土壤因子的 RDA 排序结果可知：0～10cm 土层土壤含水量决定了额济纳绿洲物种的均匀度指数，40～60cm 土层土壤含水量决定了物种的丰度指数和多样性指数，60～80cm 土层土壤含水量决定了物种的优势度指数；0～10cm 和 10～20cm 土层土壤含盐量决定了物种的均匀度指数、多样性指数和丰度指数，60～80cm 土层土壤含盐量决定了物种的优势度指数；60～80cm 土层土壤砂粒含量决定了物种的优势度指数，80～100cm 土层土壤砂粒含量决定了物种的均匀度指数、丰度指数和多样性指数。土壤水分是黑河植被生存的必要条件。黑河下游植被的生长还受到高盐胁迫的影响。土壤越干旱，其含盐量越高，植物利用土壤水分的难度越大，将会导致一年生植物或耐水分胁迫和耐盐分胁迫能力差的植物很难生长(常学向等，2003)。苏永红等(2004)揭示了黑河下游额济纳盆地天然植被分布特征与地水盐组合特征的对应关系，指出当地下水埋深小于 4.0m，含盐量低于 3g/L 时，研究区各类植被生长良好。

通过 NDVI 与地下水和土壤因子的耦合关系可知，黑河下游额济纳绿洲土壤含水量是制约研究区植被生长状态的决定性因素，土壤含盐量和地下水矿化度在水分条件适宜植被生长的前提条件下影响植被的生长状态。

6.5　巴丹吉林沙漠地区地下水来源及其同位素示踪

6.5.1　研究背景

巴丹吉林沙漠西部连接黑河下游额济纳旗，与黑河地下水有水力联系，研究区内以极端干旱的大陆性气候为特征，多年平均降水量由东南向西北减少，东南部为 120mm 左右，西北部还不足 40mm。地势总的变化规律是南高北低，东高西低。年蒸发量近 2400mm，且蒸发量从西南向东北增加。近 50a 来巴丹吉林沙漠东南缘的阿拉善右旗和雅布赖湿润度升高，而沙漠北缘的额济纳旗和拐子湖湿润度在降低(Ma et al.，2014)。巴丹吉林沙漠周边地区平均气温以 0.40℃/10a 的速率显著升高，以冬季的升温速率最大(Ma et al.，2014)。无地表径流分布，属于极度干旱区。根据阿拉善右旗、中泉子及巴彦淖尔气象站降水资料分析，沙漠区及雅布赖区具有山区高于沙漠区的特征，雅布赖山区多年平均降水量为 125～145mm，细土平原多年平均为 80～90mm。降水量随地势降低而减少，至古日乃湖和拐子湖降至 30～50mm。

巴丹吉林沙漠因其沙山与湖泊并存的奇特景观闻名于世，高大沙山之间点缀着 100 多个湖泊，其中常年有水的就超过 70 个，为世界罕见。巴丹吉林沙漠地区气候极端干旱，沙漠化环境与大量发育的湖泊和湿地形成强烈反差。维持着湖泊水体长久不衰的水源是什么？又是以怎样的途径补给至湖泊？关于巴丹吉林沙漠湖泊水来源的研究已有不少，主要的研究结果可以归纳为四类：沙漠区当代降水补给、沙漠周边地下水补给、祁连山或者青藏高原来水补给、古水残留补给。这些研究结果目前存在较大争议，已有研究采样点分布和数量的有限性，限制了对巴丹吉林沙漠地下水来源的宏观认识，同时，巴丹吉林沙漠地下水测年数据的缺乏也是巴丹吉林地下水补给来源不确定的主要因素。总体来看，已有研究的不足主要表现在三个方面：第一，虽然揭示了该区各类水体稳定氢氧同位素及化学离子的时空特征及变化规律，但较少从泛河西地区入手；第二，初步发现了该区地下水并非周围河道及其微弱降水补给的水化学证据，但尚未找到系统的地下水来源的确凿科学依据；第三，水体样品采集具有随机性，缺乏系统性和连续性。

泛河西地区指祁连山区、河西走廊、巴丹吉林沙漠和腾格里沙漠，是全世界最干旱的地区之一。巴丹吉林沙漠紧邻河西走廊，背靠祁连山脉，器测资料缺乏，研究其湖水和地下水的补给来源，只能依靠水体同位素示踪，而解读降水同位素特征是开展一个区域同位素示踪研究的前提和基础。泛河西地区降水同位素的研究已有不少，并取得了大量成果，但这些成果都是针对单点采样开展深入分析，对整个区域降水同位素特征的研究尚不多见。泛河西地区降水 $\delta^{18}O$ 和 δD 的变化幅度分别为 $-21.6‰ \sim -2.2‰$ 和 $-156.07‰ \sim -22.03‰$，平均值分别为 $-7.49‰$ 和 $-51.32‰$。泛河西地区降水稳定同位素存在显著的季节变化，显示出"夏高冬低"的变化特征。夏季降水中偏高的同位素值可能是因为研究区强烈的再循环水汽汇聚到降水水汽中，进而使得夏季降水富集重同位素。另外，与山区相比，河西走廊平原和沙漠地带的降水 $\delta^{18}O$ 偏正，可能是山区、河西走廊平原和沙漠地带降水量、气温等因素的差异所致。

全球降水中的氢氧稳定同位素普遍存在着一定的线性关系，Criag(1961)将全球降水中的这一关系称为全球大气降水线(GMWL)，并首次利用最小二乘法定量地给出了全球降水中 $\delta^{18}O$ 和 δD 的线性关系为 $\delta D = 8\delta^{18}O + 10$。由于全球各地的气候和地理条件不同，各地降水中 $\delta^{18}O$ 和 δD 的线性关系也有很大差异(Dansgaard，1964；Criag，1961)。通常，各地降水中 $\delta^{18}O$ 和 δD 的线性关系用区域降水线(local meteoric water line，LMWL)来表示(郭小燕等，2015；Dansgaard，1964)。目前，国际原子能机构的全球降水同位素观测网(GNIP)是全球降水同位素数据的主要来源。基于国际原子能机构或者当地实测数据的区域降水线已经被广泛应用于水文过程的研究。

根据泛河西地区已有的降水同位素研究和国际原子能机构在张掖及银川的降水监测数据，建立了泛河西地区 LMWL 方程(图 6-19)，结果如下：

$$\delta D = 7.51\delta^{18}O + 9.73 \quad (R^2 = 0.98, \ n = 156) \tag{6-23}$$

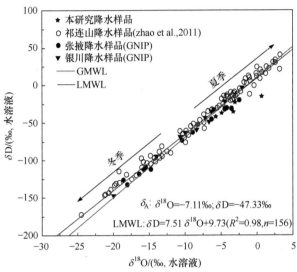

图 6-19　泛河西地区降水大气水线(见彩图)

泛河西地区 LMWL 的斜率(7.51)低于 GMWL，这一结果与前人所获得的我国西北地区的局地大气水线很接近，一定程度上体现了干旱区降水的稳定同位素特征。

6.5.2　巴丹吉林沙漠及其周边地区地表水和地下水水化学特征

祁连山融水 pH 变化幅度较小，变化范围为 7.98~8.34，平均值为 8.18；黑河河水 pH 的变化范围为 7.15~8.67，平均值为 8.04；巴丹吉林沙漠的泉水和地下水的 pH 变化幅度相似，变化范围分别为 7.80~9.06 和 7.40~9.25；与前面这些水体相比，巴丹吉林沙漠湖水的 pH 变化范围为 7.89~10.00，平均值为 9.43。

水化学 Piper 三线图可以用来评估地表水和地下水的水化学演化过程(Dogramaci et al., 2012)。图 6-20 显示了研究区降水、融水、河水、泉水和地下水的化学组成。由图 6-20 可知，降水中的阳离子以 Na^+ 和 Mg^{2+} 为主，其水化学类型为 Na^+-Mg^{2+}-HCO_3^--SO_4^{2-} 型。依据地下水化学组成的差异，可以将地下水划分为两类：第一类为祁连山地下水，水化学类型为 Na^+-Mg^{2+}-HCO_3^--SO_4^{2-} 型；第二类为 Mg^{2+}-Ca^{2+}-SO_4^{2-}-HCO_3^- 或 Na^+-Mg^{2+}-SO_4^{2-}-Cl^- 型。

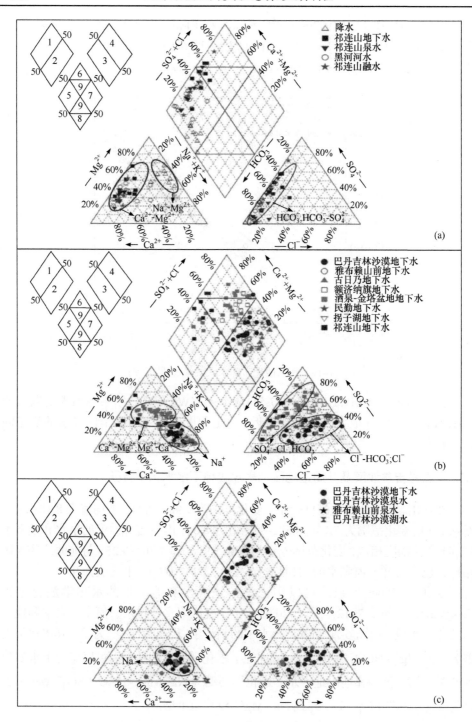

图 6-20　巴丹吉林沙漠及其周边地区地表水和地下水水化学 Piper 三线图

TDS 的空间差异很大，祁连山融水 TDS 最小，变化范围为 78～283mg/L，平均值为 180mg/L；黑河河水的 TDS 高于祁连山融水，其变化范围为 101～545mg/L，平均值为 319mg/L；研究区地下水 TDS 的变化幅度最大，变化范围为 225～5145mg/L。就黑河流域而言，地下水 TDS 从祁连山至额济纳旗逐渐增加，表明地下水在流动过程中受到矿化作用和蒸发作用的共同影响。从空间分布来看，地下水 TDS 高的区域主要集中在雅布赖山前、额济纳旗绿洲、民勤盆地及鼎新绿洲，其地下水 TDS 的平均值分别为 1378mg/L、1792mg/L、1502mg/L 和 1386mg/L，较高的 TDS 表明地下水经历了明显的盐渍化过程(图 6-20(a))。然而，在极端干旱的巴丹吉林沙漠，地下水 TDS 相比周边这些盆地和绿洲显著偏小，平均值仅为 565mg/L，与取自祁连山区的地下水 TDS(平均值为 501mg/L)接近。从地下水分类上来看，巴丹吉林沙漠地下水属于淡水。巴丹吉林沙漠泉水的 TDS 比地下水更低，变化范围为 30～465mg/L，平均值为 291mg/L(图 6-20(b))。与之相邻，被以往研究判断为巴丹吉林沙漠地下水补给区的雅布赖山前，其泉水 TDS 高于巴丹吉林沙漠地下水，变化范围为 496～625mg/L，平均值为 561mg/L(图 6-20(c))。从变化范围可以看出，即使是雅布赖山前泉水 TDS 最小的地下水，其可溶性盐分的含量依旧超过了巴丹吉林沙漠泉水可溶性盐分含量的最大值，可能表明巴丹吉林沙漠与雅布赖山前地下水之间不存在明显的补给关系。

6.5.3　巴丹吉林沙漠及周边地区地表水及地下水同位素特征

绝大多数河水样品采自黑河中上游地区，由于水库修建和定期分水的限制，在河流下游地区总共收集到河水样品 5 组。黑河上游河水 $\delta^{18}O$ 和 δD 的变化范围分别为 -9.86‰ ～ -5.73‰ 和 -52.64‰ ～ -39.82‰，平均值分别为 -8.14‰ 和 -49.61‰，d-excess 的变化范围为 4.99‰～27.78‰，平均值为 15.49%(图 6-21)。黑河中游河水 $\delta^{18}O$、δD 和 d-excess 的变化范围分别为 -9.70‰～-6.20‰(平均值为 -7.89‰)、-57.90‰～-34.50‰(平均值为-47.95‰)和 4.40‰～21.10‰(平均值为 15.15‰)。黑河下游河水稳定同位素比中上游地区明显偏正，$\delta^{18}O$ 的变化范围为 -6.97‰～-0.06‰，δD 的变化范围为-41.69‰～-19.13‰，d-excess 的变化范围为 -18.62‰～41.05‰。总体而言，河水同位素含量自祁连山区至下游的额济纳旗绿洲顺着河流的流向，重同位素逐渐富集，轻同位素逐渐贫化，表现出明显的同位素富集效应，d-excess 的变化则呈现相反趋势。

与周边地区的河水相比，巴丹吉林沙漠湖水受到蒸发的影响显著，湖水同位素显著偏正。巴丹吉林沙漠湖水 $\delta^{18}O$ 和 δD 的变化范围分别为 -6.79‰～8.90‰ 和 -63.59‰～4.52‰，平均值为 3.03‰，d-excess 的变化范围为 4.99‰～27.78‰，平均值为 15.49%。整体来看，巴丹吉林沙漠及其周边地区泉水和地下水 $\delta^{18}O$ 的变化范围为-10.83‰～-1.83‰，δD 的变化范围为 -63.74‰～-41.76‰。祁连山泉水的稳定同

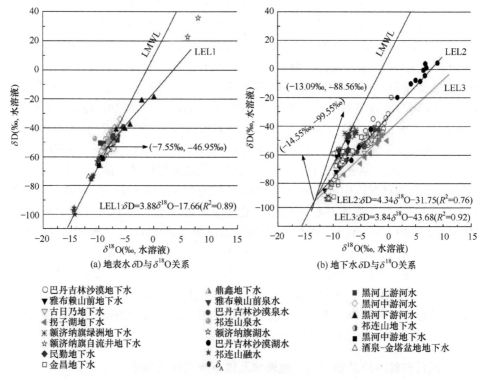

图 6-21　巴丹吉林沙漠及其周边地区地表水和地下水 δD 与 $\delta^{18}O$ 关系(见彩图)

位素较巴丹吉林沙漠和雅布赖山前偏负，$\delta^{18}O$ 和 δD 平均值分别为-8.49‰和-48.48‰。巴丹吉林沙漠泉水的 $\delta^{18}O$ 和 δD 较为偏正，其变化幅度分别为-5.71‰～-1.83‰和-57.55‰～-41.76‰。另外，巴丹吉林沙漠泉水 d-excess(平均值为-17.99‰)与祁连山区(平均值为 19.44‰)及雅布赖山前(平均值为 1.52‰)相比存在较大差异。这种差异一定程度上表明三个区域泉水的补给来源并不相同。

研究区地下水 $\delta^{18}O$ 和 δD 的变化范围分别为-12.00‰～-0.33‰和-90.67‰～34.59‰，d-excess 的变化范围为-47.26‰～22.64‰。其中，祁连山地下水 $\delta^{18}O$ 和 δD 的变化范围分别为-8.86‰～-6.60‰和-53.62‰～44.43‰，d-excess 的变化范围为 6.88‰～22.64‰；黑河中游地下水 $\delta^{18}O$ 的变化范围为-10.10‰～-7.10‰，δD 的变化范围为-66.50‰～-48.40‰，d-excess 的变化范围为 8.40‰～17.80‰。巴丹吉林沙漠地下水和周边地区相比富集 ^{18}O 和 D，$\delta^{18}O$ 的变化范围为-4.92‰～-0.54‰，平均值为-3.00‰；δD 的变化范围为-52.55‰～34.59‰，平均值为-44.96‰；巴丹吉林沙漠地下水 d-excess 较周边地区显著偏负，其变化范围为-36.19‰～-12.13‰，平均值为-20.99‰。地处巴丹吉林沙漠北缘的古日乃地下水和拐子湖地下水的 $\delta^{18}O$ 和 δD 与巴丹吉林沙漠地下水相似，表明巴丹吉林沙漠地

下水、古日乃地下水和拐子湖地下水之间存在密切的水力联系。

6.5.4　巴丹吉林沙漠湖水的主要补给来源

　　巴丹吉林沙漠的湖水水位一年中存在明显波动。图 6-22 表明，2010 年 3 月 25 日~5 月 19 日音德尔图湖水水位处于最高值时段，但降水量和蒸发量却处于最低值时段。即使是降水事件集中的夏季月份，音德尔图湖水水位始终低于春季月份。这一结果表明，降水可能对巴丹吉林沙漠的湖水存在补给，但绝对不是主要的补给来源。地处巴丹吉林沙漠东南边缘的巴丹东湖(淡水湖)和巴丹西湖(咸水湖)在冬、春季节由于湖水水位升高合为一个大湖，夏、秋季节湖水水位下降，又变成两个独立的湖泊(Yang and Williams，2003)。同样，巴丹吉林沙漠最大的湖泊诺尔图湖水水位也显示出冬高夏低的变化特征(图 6-23)，该变化与诺尔图湖周边泉水地下水水位的年变化极为相似，揭示地下水可能是湖水的主要补给来源。

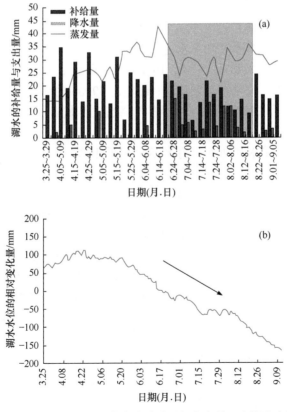

图 6-22　2010 年巴丹吉林沙漠音德尔图湖湖水补给量与支出量(a)和湖水水位的相对变化量(b)

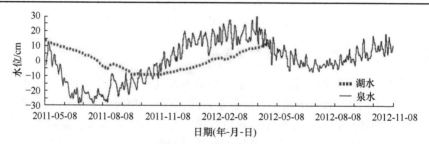

图 6-23　2011～2012 年巴丹吉林沙漠诺尔图湖湖水水位和周边泉水地下水水位变化

6.5.5　巴丹吉林地下水的潜在补给来源及其量化

根据巴丹吉林沙漠东南部两个自动气象站的监测结果，2010 年巴丹吉林沙漠的降水量大约为 100mm，2011 年为 75mm，降水量自沙漠东南部向北逐渐降低 (Wang et al., 2013)，沙漠的蒸发量为 2600mm(Ma et al., 2003)，降水量远远低于蒸发量。巴丹吉林沙漠绝大部分降水发生在夏季，且 90% 的降水为降水量不超过 5mm 的小雨，大雨在这个区域罕见，2010～2011 年，仅有两次降水的降水量超过 20mm。据统计，即使是过去 50a，降水量 30～50mm 的降水只有 9 次(Ma et al., 2013)。为了探究当地降水和地下水之间的关系，Chen 等(2006)模拟了不同程度降水下的蒸发变化。结果显示，一场 10.6mm 的降水在沙丘间的最大入渗深度为 13cm，且在一周以后完全被蒸发耗尽；即使是 59mm 的强降水，其最大入渗深度仅为 46cm，根本无法抵达巴丹吉林沙漠浅层地下水水位，因此降水并不是巴丹吉林沙漠地下水的主要补给来源。

巴丹吉林沙漠泉水和地下水的 TDS 明显低于周边，表明巴丹吉林沙漠和邻近周边地下水之间水力关系并不显著，巴丹吉林沙漠地下水稳定同位素较黑河流域偏正，蒸发线(δD = 4.3δ^{18}O−29.02)与泛河西地区降水线相比，斜率和截距都远小于泛河西地区降水线，表明巴丹吉林沙漠地下水受到强烈蒸发作用的影响。蒸发线与泛河西地区降水线交点的 δ^{18}O 为−11.64‰，与当地降水 δ^{18}O 年加权平均值−7.49‰相比偏负 4.15‰，故该区域地下水受到冷湿气候环境下形成的古地下水补给(图 6-21)。此外，根据地下水 d-excess-δD 关系，整个研究区地下水明显分成了三组，分别是黑河与额济纳旗地下水、古日乃地下水与巴丹吉林沙漠地下水和西居延海地下水，这三组地下水之间并无明显联系，表明巴丹吉林沙漠地下水受黑河流域地下水侧向补给的可能性不大。同位素和水化学各指标综合显示，巴丹吉林沙漠周边的绿洲区对其补给量不大，只有深层的古地下水侧向流向巴丹吉林沙漠地下水。另外，巴丹吉林沙漠地下水的初始补给水体中 δ^{18}O 同位素低至−13.09‰，而周边地区的古地下水中 δ^{18}O 约为−10.17‰，故巴丹吉林沙漠地下水还存在另外的补给来源。基于降水 δ^{18}O 随海拔和温度的变化梯度，推断其补给来源是发源于沙漠西南部的青藏高原当代地表渗漏水。巴丹吉林沙漠地下水年代的测试结果也显示，该沙漠地下水属于混合水，从而印证同位素和水化学推断的结论是合理的。基于对巴丹吉林沙漠地下水补给来源的推断，利用二元混合模型对巴丹吉林沙漠地下水的补给来源进行量化。结果表明，周边地区的古地下水对巴丹吉林沙漠地下水的贡献量约为 30%，青藏高原当代地表渗漏水体的贡献量约为 70%。

第7章　政策因素对绿洲生态环境变化的影响

7.1　引　　言

7.1.1　生态环境变化特征分析

1. 绿洲面积与荒漠面积变化

绿洲规模是反映区域生态环境变化的重要指标之一,民勤绿洲面积经历了"快速增加—略微减少—再增加"的过程(表 7-1),总体上绿洲规模处于扩大趋势。民勤绿洲呈岛屿状,镶嵌于荒漠之中或被荒漠包围着,因此荒漠面积与绿洲面积的变化紧密相关,二者此消彼长。就荒漠面积而言,1990 年较 1975 年减少了 174.82km^2,2000 年较 1990 年增加了 33.32km^2。民勤绿洲在 2000 年荒漠化较为严重,与颉耀文和陈发虎(2008) 研究的民勤沙漠化最大时期为 1998 年的时间接近。2010 年较 2000 年荒漠化受到抑制,荒漠面积减少了 162.37km^2。

表 7-1　民勤 1975～2010 年绿洲面积与荒漠面积变化

土地类型	面积/km^2			
	1975 年	1990 年	2000 年	2010 年
绿洲	2402.82	2577.65	2544.32	2706.69
荒漠	13902.46	13727.64	13760.96	13598.59

2. 水资源变化

民勤县地下水埋深逐渐增加,特别是 20 世纪 70 年代之后,地下水埋深迅速下降（表 7-2）。地下水埋深的下降主要与进入下游的来水量密切相关,20 世纪 50～70 年代进入民勤绿洲的来水量呈波动下降趋势,但基本保持在 4.74 亿 m^3 左右的高来水量状态；1971～2002 年为持续下降阶段,来水量由 4.25 亿 m^3 下降到 0.62 亿 m^3,2003～2012 年为上升阶段, 由不足 1.17 亿 m^3 上升至 3.48 亿 m^3,短短 10a 内,来水量增加了 2.31 亿 m^3。

表 7-2　民勤地下水埋深变化统计表

时间段	20 世纪 50 年代	20 世纪 60 年代	20 世纪 70 年代	20 世纪 80 年代	20 世纪 90 年代	2000 年	2006 年	2011 年
地下水埋深/m	2.00	2.70	3.60	7.65	12.98	13.63	17.79	19.51

地下水开采经历了两个高峰期。1968～1976 年是第一个挖井高峰期，在几年内，全县电机井增加了 7305 眼；第二个高峰期是 1992～2000 年，电机井由 8560 眼增加至 9713 眼。2000 年之后井眼数有下降趋势，至 2012 年减少了 2451 眼。随着地下水开采量增大，地下水埋深明显下降。1950～1970 年初，下降速率相对缓慢，仅为 0.08m/a；1970 年中后期至 1990 年末，地下水埋深下降速率增至 0.3m/a；2000 年后，电机井数开始减少，但由于用水量持续增加，地下水埋深下降并未得到遏制，至 2006 年下降速率为 0.6m/a；2006 年之后，地下水埋深下降趋势趋于缓和，下降速率为 0.29m/a。

因 1998 年之前民勤地下水矿化度数据缺失，本书利用土地盐渍化面积的变化从侧面对地下水矿化度进行反映。湖区 1959 年、1963 年、1978 年的盐碱地分别为 15.8 万亩、18.4 万亩和 33.1 万亩，分别占耕地面积的 35%、43% 和 82%，2000 年左右土地基本盐渍化。1998 年之后，全县地下水矿化度较高，多数呈上升趋势，但离水库较近的昌宁与环河矿化度出现缓和或下降趋势(表 7-3)。从矿化度变化来看，2006～2012 年的全县平均年变幅为 0.02g/L，比 1998～2006 年年变幅的一半还少。

表 7-3　民勤各灌区地下水矿化度变化情况

灌区名称	观测井数/眼	地下水矿化度/(g/L)				
		1998 年	2006 年	2012 年	1998～2006 年的年变幅	2006～2012 年的年变幅
昌宁	10	1.88	2.43	2.21	0.06	−0.03
环河	17	1.10	1.30	1.24	0.02	−0.01
泉山	23	1.91	2.33	2.43	0.05	0.02
坝区	15	1.28	1.70	1.84	0.05	0.02
南湖	3	0.74	1.49	1.75	0.08	0.04
湖区	15	3.58	4.29	5.24	0.08	0.14
全县	83	1.50	1.93	2.10	0.05	0.02

3. 森林覆盖率与风沙活动变化

三北防护林建设以来，民勤的森林覆盖率有了明显提高。新中国成立初期，森林覆盖率仅为 3.4%，1978 年为 4.47%，2000 年为 7.87%，2011 年已达 11.82%。2000 年之后增长速度明显加快，以每年 0.4% 的速度在增长。

民勤沙尘活动经历了两个阶段: 1987 年之前, 年均出现沙尘暴 38 次, 最高达 59 次, 最低 18 次。1987 年之后, 沙尘暴次数明显减少, 年均出现 11 次, 比之前减少了约三分之一。

通过对民勤生态环境变化特征的综合分析可知, 1949 年以来民勤的生态环境经历了由好转坏再向良性发展的变化过程, 变化的转折点在 2000 年前后。新中国成立至 2000 年, 民勤生态环境在不断恶化, 2000 年左右恶化最为严重, 之后局部改善, 尤以 2007 年改善更为明显。

7.1.2 政策因素变化

1. "以粮为纲" 政策对生态环境变化的影响

"以粮为纲" 政策是新中国成立初期, 为从根本上解决粮食供应问题而制定的一项国家政策, 该政策从 20 世纪 50 年代持续至 70 年代末。政策执行主要有两个措施: 一是垦荒, 二是农田水利建设。政策实施期间, 民勤粮食总产量从 3.84 万 t 上升到 10.68 万 t(1959~1961 年三年自然灾害时期除外), 但同时也为民勤生态环境的退化埋下了隐患。

垦荒扩大了绿洲面积。在 "以粮为纲" 政策的指导下, 为完成国家规定的粮食产量指标, 各地想方设法扩大耕地面积, 毁林开荒现象十分普遍。民勤县也进行了大面积的开荒活动, 面积较大的有 1956 年昌宁镇开荒造田和 1958~1959 年勤峰、扎子沟、小西沟 3 个国营农场的建设(民勤县志, 1994), 此时全县耕地面积达到第一个高峰(图 7-1), 为 102.8 万亩, 民勤绿洲规模迅速扩展。

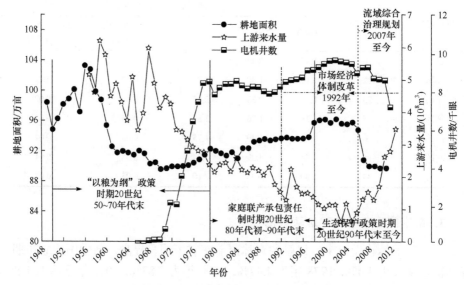

图 7-1 耕地面积、上游来水量、电机井数随政策变化示意图

农田水利建设为绿洲面积的扩大提供了有利条件。民勤在1958年开始建设红崖山水库和跃进总干渠，随后陆续建设了各种规模的干渠、支渠、斗渠、农渠和毛渠。完善的渠道建设，为绿洲的扩张提供了水源保证。

流域中上游的垦荒增加了灌溉用水量，致使进入民勤的来水量减少，开垦的耕地因无水灌溉出现撂荒，1959年的高峰期后耕地面积开始迅速减少，严重影响了当地的粮食总产量。为缓解民勤农业用水，增加粮食产量，民勤从1965年开始打井抽取地下水。在第一个打井高峰期(1968～1976年)，民勤的耕地面积也随之增加。

在"以粮为纲"政策的指引下，随着垦荒力度的加强，民勤的耕地面积增加，绿洲面积扩大，上游来水量反而减少，只能通过大力开采地下水来保证农业灌溉，而这些行为又为生态环境的恶化埋下了隐患。

2. 改革开放政策对生态环境变化的影响

改革开放是1978年以来中国实行的一项重大政策。"农村家庭联产承包责任制"的确立，拉开了我国对内改革的大幕，改变了"以粮为纲"的单一经营的方法，积极发展多种经营方式(姜帆，2006)；实行多劳多得、按劳分配为主的原则，极大地调动了农民的生产积极性，解放了农村生产力。1992年，市场经济体制确立，国家区域发展政策进入第二次调整阶段，要求加快中西部地区的发展，减缓地区差距扩大的趋势(陆大道等，1999)，西部经济得到空前发展。

民勤县1979年开始实施家庭联产承包责任制，1981年有92%的生产队实行家庭联产承包责任制，其中大包干到户的生产队占64%(民勤县志，1994)。改革开放以来，民勤经济发展迅速，2000年国内生产总值达84863万元，是1978年的24倍；农民人均纯收入达2216元，是1978年的21倍。

经济利益的驱动刺激了新一轮的开荒热，使该区生态环境日益恶化。经济作物的引进与大量种植改变了民勤粮经作物的种植比例，由1978年的64∶6变为2000年的40∶18(图7-2)。经济作物带来的可观收入，引发了民勤的新一轮开垦高峰，至2000年作物面积增加了4.65万亩。开荒种地意味着消耗更多的水资源，石羊河流域上游的来水量与日俱减，为满足农业生产，引发了第二次地下水开采的高峰(1992～2000年)。地下水的过度开采，使地下水位持续下降，至2000年地下水位已下降至13.6m，比1978年下降10m左右。地下水的开采直接导致了其矿化度的增加，从而加剧了土地盐碱化，缺水导致的植被大量死亡现象随处可见。此时，民勤生态恶化达到了新中国成立以来的最严重时期(颉耀文和陈发虎，2008)。

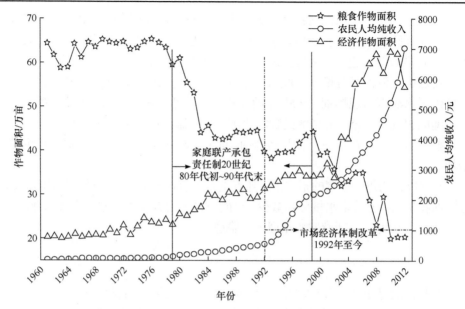

图 7-2　作物面积、农民人均纯收入随政策变化示意图

3. 生态保护政策对生态环境变化的影响

西部是我国生态最为脆弱的地区，人类不合理地开发利用自然资源，加速了区域环境恶化进程和严重程度(秦大河，2002)。以 1999 年西部大开发战略的实施为标志，国家以前所未有的力度开始了西部及北方地区大规模的生态环境建设(吴晓军，2004)。

民勤的生态环境建设也进入到了前所未有的发展阶段。2001 年，温家宝总理做出"决不能让民勤成为第二个罗布泊"的重要批示(陈宗立和狄春华，2007)，大量人力、物力、财力和技术投入到该县生态环境的治理中。主要的生态环境保护举措有三北防护林四期工程(2000~2010 年)、退耕还林工程(2002~2012 年)、石羊河流域综合治理工程(2007~2020 年)等。

植树造林、禁牧、关井压田、流域综合治理、农业节水改造、发展低耗水经济作物等一系列措施实施后，民勤县上游来水量明显增多，从 2002 年起以 0.26 亿 m³/a 的速度增加，至 2012 年已上升到 3.48 亿 m³；地水位下降的势头得到遏制，尤其从 2007 年开始，下降速度是改革开放以来的最慢时期，且部分区域出现了自流井，干涸了 54a 的青土湖呈现季节性水面。地下水矿化度上升变幅减小，昌宁、环河灌区开始下降；电机井数减少，至 2012 年减少了 2451 眼；耕地面积从 2007 年起迅速减少，至 2011 年仅为 89.73 万亩，是历史最低值；森林覆盖率达 11.82%，是近 60a 来的最高值；沙尘暴次数减少，比三北防护林建设之前减少了三分之二；荒漠化面积较 2000 年减少了 162.37km²。民勤的生态环境有所改善。

7.2　政策因素对生态环境变化影响的实证分析

本节主要以石羊河流域综合治理政策为例,通过调查一些重要措施在民勤实施前后农户行为的变化及生态环境对农户行为变化的响应,从实证角度证实政策对生态环境的影响。

石羊河流域是河西走廊三大内陆河流域之一,也是人口最密集、水资源开发利用程度最高、用水矛盾最突出、生态环境问题最严重的流域之一。石羊河流域综合治理政策(本节简称"政策")是国家致力于解决石羊河流域面临极度恶化的生态环境问题而提出的。2006~2007 年,国家先期启动了石羊河流域重点治理应急项目。中央领导的高度重视和有关部门的大力支持,使石羊河流域重点治理工作有了良好开端。

政策以全面建设节水型社会为主线,以生态环境保护为根本,以水资源的合理配置、节约和保护为核心,以经济社会可持续发展为目标,按照下游抢救民勤绿洲、中游修复生态环境、上游保护水源的总体思路,对石羊河流域进行重点治理。

政策重点治理措施:①调整产业结构。第一产业规模过大,耗水量过多,水资源利用效率不高,因此要加快城镇化建设、产业结构调整和农业内部结构调整,而优化农业种植结构、控制灌溉规模和加大节水型经济作物种植比例,把挤占的生态用水退出来是流域治理最直接的方法。②水资源配置保障工程。包括建设专用输配水渠道工程、景电二期延伸向民勤调水工程等,以保障民勤地区的基本用水。③灌渠节水改造工程。包括干支渠改造、田间灌溉水模式改造和节水农艺技术探究推广等。④生态建设与保护工程。包括实施退耕封育、关井压田、工程治沙与生态移民等措施。⑤开展农村能源建设。利用流域平原区丰富的太阳能资源和秸秆资源,推广太阳灶和沼气设施的建设与使用。

本节主要研究政策在民勤绿洲的实施情况,并从治理措施中选取在民勤绿洲实施力度较强、范围较广的退耕封育、关井压田,农业内部结构调整,水资源配置与灌溉节水改造和生态移民措施进行农户调查,分析政策实施前后农户行为的变化及生态环境对农户行为变化的响应,进而总结出政策对生态环境变化影响的概念模型。

7.2.1　农户对政策的满意度

共发放问卷 305 份,收回有效问卷 297 份,有效问卷比例为 97%,问卷基本资料统计见表 7-4。调查中男性 240 人,占 80.8%,女性 57 人,占 19.2%;最大年龄 83 岁,最小年龄 25 岁,平均年龄 50 岁,其中 40 岁及以下占 14.2%,41~60 岁占 72.7%,60 岁以上占 13.1%;家庭人口数以 4~6 人的居多,占 80.1%;非干部占 89.2%,小队长及以上干部占 10.8%;有文化的 271 人,占答题人数的 91.2%,

其中初中文化程度最多，占 47.1%；从事纯农业的占 84.5%，兼业(从事两个及以上行业)占 7.4%，其他占 0.8%。由此说明，该县是以农业种植为主。

表 7-4　农户调查问卷基本资料统计表

统计指标	性别		年龄			文化程度					是否干部	
	男	女	40 岁及以下	41~60 岁	60 岁以上	文盲	小学	初中	高中	大学	是	否
频数/人	240	57	42	216	39	26	76	140	53	2	32	265
占比/%	80.8	19.2	14.2	72.7	13.1	8.8	25.6	47.1	17.8	0.7	10.8	89.2

在生活满意度调查中，对当前生活非常满意的占 10.9%，比较满意的有 28.0%，一般满意的居多，占 58.9%，而比较不满意和非常不满意的分别各占 1.1%。总体来看，当地农民在政府的引导下，发挥自己的主观能动性，生活较为满意。

7.2.2　政策对农户行为变化的影响

1. 开荒行为变化

一直以来民勤绿洲的开荒现象非常普遍，但政策实施后，在被调查的农户中，99.3%的农户已停止开荒行为，时间集中在 2006~2008 年，农户占 81.6%；84.4%的农户参与了关井压田项目，仅有 15.6%未参与，未参与的原因是人均耕地面积少，低于政策规定的人均应有耕地面积，见表 7-5。压减耕地后，农户人均允许种植耕地面积减少了一半以上，由大于等于 0.33hm^2/人减少至小于等于 0.17hm^2/人。

表 7-5　农户开荒行为变化统计

调查内容	回答	户数	占比/%
最近几年是否有开荒行为	有	2	0.7
	无	295	99.3
政府从哪年开始禁止开荒	2000 年之前	14	6.4
	2000~2005 年	26	12.0
	2006~2008 年	177	81.6
您是否参与关井压田项目	是	243	84.4
	否	45	15.6

2. 灌溉用水来源和灌溉方式变化

民勤绿洲绝大部分水量用于农业灌溉，因此政府把节水的重点之一放在灌溉用水的调控上，即增加进入民勤地区的水量(流域内配水和跨流域调水)和控制地下水的开采。由图 7-3 可见，跨流域调水量和流域内配水量总体呈增加趋势，而地下水开采量则连年减少，由 2006 年的 5.41 亿 m^3 减少到 2013 年的 1.15 亿 m^3。

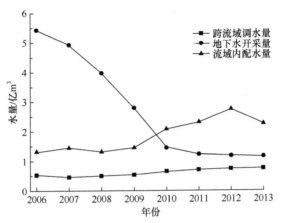

图 7-3　2006~2013 跨流域调水量、流域内配水量、地下水开采量变化统计

河水水量增加和地下水开采量减少使该地区的农业灌溉水来源随之变化。纯井水灌溉的比例减少了 17.9%，井水与河水混灌的比例增加了 15.7%，纯河水灌溉的比例也增加了 2.2%。农户的灌溉方式也向更节水的模式发展。选择节水的沟灌兼膜上(喷/滴)灌的比例变化最大，增加了 29.7%；费水的纯漫灌比例减少了一半以上；纯沟灌的比例减少了 13.2%。

3. 种植结构调整

农业结构调整是实现节水的主要措施。从与农业局和当地农户的详谈中获知，该地区常种农作物中，作物灌溉水量排序：玉米>辣椒>小麦>棉花>籽瓜>食葵>枸杞>酿酒葡萄>红枣，玉米耗水量最多，为 8625m^3/hm^2，红枣耗水量最少，约为 4050m^3/hm^2(图 7-4(a))。纯收入的顺序：枸杞>酿酒葡萄>辣椒>棉花>玉米>红枣>食葵>小麦>籽瓜。根据灌溉水量及纯收入排序，政府大力提倡发展低耗水、纯收入高的枸杞、酿酒葡萄和红枣。

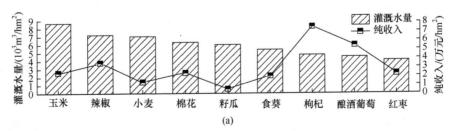

(a)

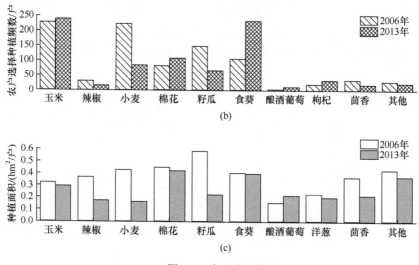

图 7-4 农业种植结构

农户调查结果显示，从两个时间段对不同作物的选择来看，与 2006 年相比，2013 年选择种小麦的农户减少超过 50%，种籽瓜的农户减少约 50%，而种食葵的农户增加一倍，种棉花的农户增加 25%(图 7-4(b))。从两个时间段对不同作物的种植面积来看(图 7-4(c))，与 2006 年相比，2013 年除了酿酒葡萄种植面积增加之外，其余作物种植面积都在下降，且辣椒、小麦、籽瓜和茴香的户均种植面积约减半。

以上分析可知，农民在选择作物和分配作物面积与政策提倡基本一致。另外，受技术、市场等因素的影响，耗水少、纯收入最高的枸杞还尚未发展起来。关井压田后农户的种地面积都在下降。

在政策引导和调控下，农户在作物及种植面积选择上的调整，引起了民勤绿洲种植结构的调整。该地区粮经作物种植面积比例由 45∶55 调整到 32∶68。粮食作物户均种植面积由每户 0.56hm² 减少到每户 0.27hm²，而经济作物户均种植面积因关井压田措施只是略微减少。农业结构的调整，既可以增加农民的收入，又可以节约水资源，为民勤生态环境的恢复提供了水源条件。

为了提高农民的生产生活水平，政府除了提倡多种低耗水、高收入的经济作物之外，还于 2008 年陆续实施"有棚计划"，即适合种蔬菜温棚的地方，政府给予补贴修建日光温室，适合发展畜牧业的地方，政府补贴修建养殖暖棚。调查中发现，中上游多为温室，下游湖区主要为暖棚。有棚的农户占 89.8%，无棚的仅占 10.2%。许多农户反映，建棚是在耕地减少的情况下实现增收的主要来源之一。

4. 生态移民及农村剩余劳动力输出

民勤绿洲生态环境脆弱，人口众多，已超出其承载力。2007 年之后，移民集中在生态最严峻的湖区，涉及农户 10500 人。在不断探索、反复论证的过程中，民勤的生态移民取得了实质性的突破，移民已普遍适应现有的生存环境并获得了可持续发展的生存能力，同时湖区的生态环境也得到了明显改善。

因关井压田措施，人均耕地面积减少而出现许多农村剩余劳动力，2009 年起民勤县政府对农村剩余劳动力进行组织输转和农民自谋输转。民勤县多年平均输出农村剩余劳动力 56097 人，其中向省内输出 16240 人，向省外输出 25543 人，就地转移 14314 人，见表 7-6。生态移民和农村剩余劳动力的输转，可减少当地人口的压力和自然资源的消耗。

表 7-6　2009～2013 年民勤绿洲农村剩余劳动力输出情况　　　（单位：人）

年份	向省内输出	向省外输出	就地转移	合计
2009	17005	21499	12805	51309
2010	17283	23981	10544	51808
2011	18308	26572	13473	58353
2012	15341	29386	15446	60173
2013	13264	26276	19304	58844
多年平均	16240	25543	14314	56097

7.2.3　生态环境对农户行为变化的响应

1. 基于农户感知的生态环境变化

在各生态环境指标变化感知中，农户认为上游来水量、地下水位、水质、草地面积、沙尘暴比 2006 年好转的比例分别为 55.1%、45.4%、38.5%、56.3% 和 34.5%，认为比之前恶化的比例分别为 28.8%、38.9%、25.2%、29.1% 和 49.2%(图 7-5)。可见，除了沙尘暴指标，农户认为其变差的比例较好转的比例高之外，其余的生态指标，农户认为好转的比例高于变差的比例。因此，从多数指标看，生态环境较 2006 年有所好转。在生态总体好转趋势下，为什么农户感知的沙尘暴反而更强呢？农户认为主要是关井压田措施使绿洲边缘的大量耕地撂荒，农林网大量死亡的后果。

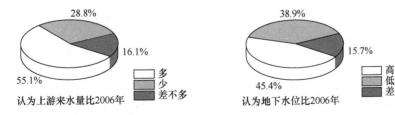

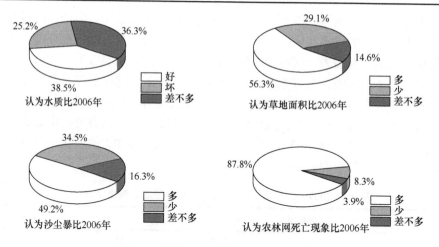

图 7-5　各生态环境指标变化感知统计

2. 基于遥感的荒漠化变化情况

选取 2006 年与 2013 年的四期遥感影像对民勤绿洲荒漠化进行监测与反演。参考该区已有的土地荒漠化分级标准，以植被盖度为评价指标，将研究区土地荒漠化程度分为极重度荒漠化(<0.2)、重度荒漠化(0.2~0.4)、中度荒漠化(0.4~0.6)、轻度荒漠化(0.6~0.8)和非荒漠化(>0.8)五个等级，得出 2006 与 2013 年民勤绿洲不同等级荒漠化土地面积及占比数据(表 7-7)。结果显示，民勤绿洲的荒漠化土地以极重度荒漠化为主，占研究区总面积的一半以上；其他四个等级的荒漠化土地面积各占 10%左右。对比可知，2013 年极重度荒漠化与非荒漠化面积较 2006 年有所增加，其中非荒漠化土地面积占比增加最明显，增加了 8.7%；极重度荒漠化略有增加。2013 年的重度荒漠化、中度荒漠化和轻度荒漠化土地面积占比分别减少 0.24%、5.35%、3.50%，说明民勤的生态环境整体呈改善趋势。

表 7-7　民勤绿洲不同等级荒漠化土地面积及占比

年份	极重度荒漠化		重度荒漠化		中度荒漠化		轻度荒漠化		非荒漠化	
	面积/km²	占比/%	面积/km²	占比/%	面积/km²	占比/%	面积/km²	占比/%	面积/km²	占比/%
2006	1310	52.18	253	10.09	321	12.78	439	17.5	169	6.72
2013	1327	52.85	247	9.85	187	7.43	352	14.0	387	15.42

在植被盖度等级划分图上，将 2013 年的数据减去 2006 年的数据，植被盖度会出现正值、负值和零三种，正值为土地荒漠化改善区域，负值为退化区域，零为类型基本不变区域。本书将植被盖度正值、负值区域各划分为四个等级：极度退化、重度退化、中度退化和轻度退化以及轻度改善、重度改善、明显改善和极

度改善。研究表明，生态环境改善区域主要分布于绿洲中心，尤其是湖区改善最为明显；生态退化区则主要在绿洲边缘地带，这与民勤县在全县实施湖区为生态恢复的重点区以及关井压田措施所涉及的压田区域相符。

3. 生态环境变化与政策的关系

在基于农户感知的生态环境变化中，绝大多数指标显示生态环境改善，对于整体生态环境与 2006 年相比是否好转，近 60% 的农户认为 2013 年的生态环境变好，有的农户还特别强调，环境比以前好多了。对于生态环境变化好与石羊河流域治理政策是否有关，39.0% 的农户认为有很大关系，50.8% 的农户认为有一点关系，仅有 10.2% 的农户认为与政策无关。

7.3　政策-人类活动-生态环境的概念模型

生态环境变化是众多因素共同作用的结果，究其原因无非是自然因素和人类活动两种。在短时期内，气候变化并不明显，因此人类活动成为影响生态环境变化的主要驱动力，而人类活动往往受到政策的引导或制约。

国家和地方各级政府为促进地方发展和满足社会需求而制定出相应的土地政策、经济政策、生态保护政策，在政策实施的过程中，作为一种宏观的、外部的力量直接或间接地影响着人类行为。由于制定政策时，往往偏重社会、经济、环境发展的某些方面，低估甚至忽略了政策的负面影响，因此在政策实施过程中，有时会产生严重的"负向溢出效应"。例如，"以粮为纲"政策导向下的兴修水库、开挖机井等活动，一方面很好地解决了农业灌溉用水的问题；另一方面，又造成生态用水不足、地下水超采、土壤盐渍化等更为严重的生态环境问题。此外，从微观层面来讲，政策实施者对政策的知晓度、认可度、满意度等也会影响政策的实施过程。例如，有利于实现荒漠化逆转的退耕还林、退牧还草等生态补偿政策，往往由于政策的补偿标准未能满足农户、牧户的生活需求，而导致农户、牧户对政策的参与、接受程度不够，未能达到理想的效果。可见，在政策对环境产生影响的过程中，"人"是核心，人的行为方式会引起自然界的土地、水、植被等的变化，人也可以通过制定新的政策来应对这种变化，本书尝试性地提出一个政策-人类活动-生态环境的概念模型(图 7-6)。

此外，对于像民勤这样深居西北内陆，位于沙漠边缘，经济落后且生态环境异常恶劣的地区，国家政策若未充分考虑地区环境的特殊性，而一味地与其他地区执行相同的政策，势必会对该地区生态环境造成压力，进而造成生态环境恶化。因此，希望政策制定时充分考虑生态环境的地域差异性，制定出有利于区域可持续发展的政策。事实证明，走"先污染后治理"或"先破坏后修复"的路子要付

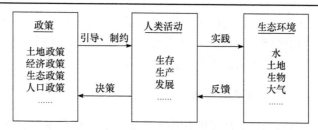

图 7-6　政策-人类活动-生态环境的概念模型

出惨重代价。因此，在政策实施前，要进行全面评估，以便协调好区域的自然、社会、经济的可持续性。

7.4　绿洲生态恢复政策与措施评价

概括起来，额济纳绿洲生态恢复的政策及措施主要包括以下四个方面：①针对水资源类政策与措施为"黑河分水工程""发展节水灌溉农业""防治水质恶化""保证地下水水位的供给"；②针对土地类政策与措施为"保护土地资源，合理开发利用""防治土地沙漠化、盐碱化"；③针对植被类政策与措施为"围栏封育""圈养舍饲""合理的放牧方式""人工造林、建设饲草料基地""提高环境意识、保护绿洲生态，严禁'三滥'现象"；④综合类政策与措施为"调整产业结构""加强生态环境的动态监测与评估""生态补偿""生态移民工程"。

针对上面的政策与措施，面向长期从事额济纳绿洲或黑河下游生态环境研究的学者进行了问卷调查和走访，从重要性、政策执行落实情况两个方面对额济纳绿洲生态恢复政策与措施进行调查。其中，重要性分为很重要、重要、一般、不重要四个等级；政策执行落实情况分为完全落实、基本落实、落实一般、落实不太好、没有落实五个等级。统计中发现，在对政策与措施的重要性调查中，没有专家选择"不必要"选项，在政策与措施的执行落实情况调查中选"完全落实"一项的专家特别少，备注栏也无专家提出别的政策与措施，说明调查概括的额济纳绿洲生态恢复政策与措施已基本囊括了近年来国家或者地方政府所实施的政策与措施。研究时采用利克特 5 点量表对政策的执行情况进行测度，政策执行指数得分越高，表明政策执行得越好。

执行情况评价结果如表 7-8 所示，"落实一般"得 3 分，说明总体上政策执行情况超过"一般水平"。表 7-8 中，p_1 代表"黑河分水工程"；p_2 代表"发展节水灌溉农业"；p_3 代表"防治水质恶化"；p_4 代表"保证地下水水位的供给"；p_5 代表"保护土地资源，合理开发利用"；p_6 代表"防治土地沙漠化、盐碱化"；p_7 代表"围栏封育"；p_8 代表"圈养舍饲"；p_9 代表"合理的放牧方式"；p_{10} 代表"人工造林、建设饲草料基地"；p_{11} 代表"提高环境意识、保护绿洲生态，严禁'三滥'现象"；p_{12} 代表"调整产业结构"；p_{13} 代表"加强生态环境的动态监测与评估"；p_{14} 代表"生态补偿"；p_{15} 代表"生态移民工程"。

表 7-8 额济纳绿洲生态恢复政策与措施执行情况评价

政策与措施类别	政策代码	政策重要性(专家人数)				政策执行落实情况(专家人数)					政策执行指数	政策执行总指数
		很重要	重要	一般	不重要	完全落实	基本落实	落实一般	落实不太好	没有落实		
水资源类	p_1	28	2	0	0	3	25	2	0	0	4.03	
	p_2	5	18	5	2	0	5	20	3	2	2.93	2.74
	p_3	5	14	8	3	0	0	5	18	7	1.93	
	p_4	22	8	0	0	0	0	6	20	4	2.06	
土地类	p_5	4	16	7	3	0	0	10	13	7	2.1	2.45
	p_6	17	13	0	0	0	8	10	10	2	2.8	
植被类	p_7	21	9	0	0	0	24	5	1	0	3.77	
	p_8	10	18	2	0	0	19	8	3	0	3.53	
	p_9	6	20	4	0	0	20	6	4	0	3.53	3.39
	p_{10}	5	14	8	3	0	3	20	6	1	2.9	
	p_{11}	10	17	3	0	0	10	16	4	0	3.2	
综合类	p_{12}	10	13	6	1	0	3	18	9	0	2.8	
	p_{13}	12	16	2	0	0	12	14	2	2	3.2	2.73
	p_{14}	1	3	18	8	0	0	2	6	22	1.33	
	p_{15}	4	10	14	3	0	20	8	2	0	3.6	

注："没有落实"得 1 分；"落实不太好"得 2 分；"落实一般"得 3 分；"基本落实"得 4 分；"完全落实"得 5 分。

7.4.1 水资源类政策与措施的重要性及执行评价

绿洲作为干旱半干旱地区人类活动的依托，水资源是其兴亡的关键，无水即无绿洲。额济纳绿洲生态恢复的水资源类政策与措施调查结果如图 7-7 所示。专家们普遍认为，"黑河分水工程"是水资源类政策中最重要并且落实最好的政策，针对重要性，30 位专家中 28 位选择了"很重要"，其他 2 位选择了"重要"，认为重要的比例为 100%；针对政策执行落实情况，3 位专家选择"完全落实"，25 位专家选择"基本落实"，只有 2 位专家选择了"落实一般"，政策执行指数达到了 4.03。额济纳绿洲生态环境恶化以来，国家高度重视，先后多次召集专家学者开会商讨，最后一致认为，下游来水量减少是其恶化的根本原因，于是经国务院审批，1997 年 12 月，由水利部以水政资〔1997〕496 号文件转发甘肃省和内蒙古自治区人民政府执行《分水方案》；1999 年，成立水利部黄河水利委员会黑河流域管理局，对黑河流域水资源实施统一管理调度；水利部部署开展了黑河水资源问题及其对策措施研究，编制完成《黑河流域近期治理规划》，开始实施黑河分水，按照规划的要求，2004~2010 年实现下游生态系统恢复到 20 世纪 80 年代水平，但水量调度也仅仅停留在完成国家的分水方案，仅实现了 2003 年以前的治理目标，可见这与专家的认识不谋而合。

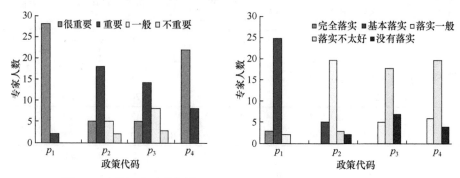

图 7-7　水资源类政策与措施的重要性与政策执行落实情况(见彩图)

对于"保证地下水水位的供给"(p_4)，认为重要的比例同样也是 100%，认为"很重要"的为 22 人，认为"重要"的为 8 人；对于"发展节水灌溉农业"(p_2)、"防治水质恶化"(p_3)两项政策，专家的认同度不一样，总体认为重要的比例也都超过了 60%。但对这 3 项政策的执行落实，指数均小于 3，其中"发展节水灌溉农业"(p_2)的政策执行指数接近 3，30 位专家选择"落实一般"的达到了 20 人。究其原因可能是额济纳绿洲地处内陆极端干旱的气候环境之下，畜牧业较农业更适合，历史以来农牧业交替发展，畜牧业具有非常好的长期稳定性，而农业则呈现出阶段性特点。随着农业技术的飞速发展，抗旱作物的出现，额济纳绿洲近年来的农业有了飞速发展。"防治水质恶化"(p_3)、"保证地下水水位供给"(p_4)两项政策，政策执行指数均接近 2，说明政策执行落实不好。额济纳绿洲天然降水十分稀少，水资源主要包括径流与地下水两部分，径流完全依靠黑河分水，做好途经地大型企业排放物污染预防比较困难，同时这两项政策在执行过程中的可预见性和可操作性(政策本身不够清晰)差，判断标准比较模糊，造成了它们的政策执行指数低，应当引起相关部门的重视。

7.4.2　土地类政策与措施的重要性及执行评价

额济纳绿洲土地的特征主要表现为土地沙漠化、盐碱化，对此主要有两项政策与措施。如图 7-8 所示，调查中发现对于"防治土地沙漠化、盐碱化"(p_6)这项政策，认为重要的比例为 100%，其中 17 位专家认为"很重要"，13 位专家认为"重要"；对于"保护土地资源，合理开发利用"(p_5)这项政策，认为"很重要"

的有 4 位专家，认为"重要"的有 16 位专家，认为"一般"的有 7 位专家，认为"不重要"的有 3 位专家。对于这两项政策的执行情况，指数均小于 3，"防治土地沙漠化、盐碱化"(p_6)有 8 位专家认为"基本落实"，20 位专家认为"落实一般"和"落实不太好"；"保护土地资源，合理开发利用"(p_5)，认为"落实一般"和"落实不太好"的有 23 位专家，认为"没有落实"的有 7 位专家。额济纳绿洲地处极端干旱荒漠地区，以未利用土地(沙地、戈壁、盐碱地以及裸岩石砾地)为主体，草地、耕地、林地、水域以及建筑用地等所占面积相当小。如何保护、开发利用土地资源是令研究者、决策者都困扰的问题。同时，干旱与沙尘暴是当地两大重要自然灾害，作为绿洲生态环境恶化的表现，荒漠化、盐碱化已被普遍认可，国家也投入了大量的人力、物力防沙治沙，虽取得了一定的成效，但沙漠化的大趋势还没有被完全遏制；加之针对政策细化不够，可操作性差，导致了土地类政策执行指数低。

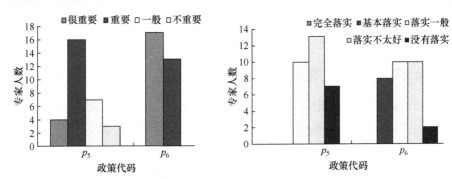

图 7-8　土地类政策与措施的重要性与政策执行落实情况(见彩图)

7.4.3　植被类政策与措施的重要性及执行评价

针对额济纳绿洲植被类政策与措施共 5 项。如图 7-9 所示，调查中发现专家一致认为重要的政策为"围栏封育"(p_7)，其中认为"很重要"的专家有 21 位，认为"重要"的专家有 9 位，比例达到 100%。其他四项政策专家认为重要的排序："圈养舍饲"(p_8)，10 位专家认为"很重要"，18 位专家认为"重要"，2 位专家认为"一般"；"提高环境意识、保护绿洲生态，严禁'三滥'现象"(p_{11})，10 位专家认为"很重要"，17 位专家认为"重要"，3 位专家认为"一般"；"合理的放牧方式"(p_9)，6 位专家认为"很重要"，20 位专家认为"重要"，4 位专家认为"一般"；"人工造林，建设饲草料基地"(p_{10})，5 位专家认为"很重要"，14 位专家认为"重要"，8 位专家认为"一般"，3 位专家认为"不重要"，总体认为重要的比例都超过了 60%。同样，这 5 项政策执行指数中，4 项大于 3，1 项接近 3。政策执行指数大于 3 的"围栏封育"(p_7)、"圈养舍饲"(p_8)、"合理的放牧方式"(p_9)及"提高环境意识、保护绿洲生态，严禁'三滥'现象"(p_{11})4项政策执行情况较好，认可("基本落实"和"落实一般")的专家分别为29位、27位、26位和26位；"人工造林，建设饲草料基地"(p_{10})政策执行指数为2.9，认可的专家为23位。分析发现，植被类政策与措施整体及其单个政策执行指数都高的主要原因是这些政策不但目标明确具体，而且可见性与可操作性好。

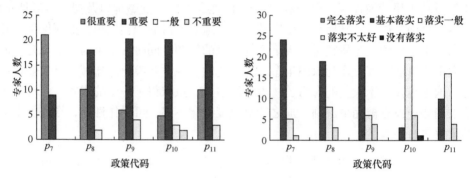

图 7-9　植被类政策与措施的重要性及政策执行落实情况(见彩图)

7.4.4　全部政策与措施的重要性及执行评价

在调查的 15 项政策中(图 7-10)，从重要性来看，最重要的政策(选"很重要"与"重要"的专家数占专家总数的比例为 100%)依次为"黑河分水工程"(p_1)、"保证地下水水位的供给"(p_4)、"围栏封育"(p_7)、"防治土地沙漠化、盐碱化"(p_6)；重要的政策(选"很重要"与"重要"的专家数占专家总数的比例达到 80%)依次为"加强生态环境的动态监测与评估"(p_{13})、"圈养舍饲"(p_8)、"提高环境意识、保护绿洲生态，严禁'三滥'现象"(p_{11})及"合理的放牧方式"(p_9)；不重要的政策(选"一般"与"不重要"的专家数占专家总数的比例超过 30%)依次为"防治水质恶化"(p_3)、"人工造林，建设饲草料基地"(p_{10})、"保护土地资源，合理开发利用"(p_5)；最不重要的政策(选"一般"与"不重要"的专家数占专家总数的比例达到 50%)依次为"生态补偿"(p_{14})、"生态移民工程"(p_{15})。从政策与措施的执行情况来看，专家认为执行较好(选"完全落实"与"基本落实"的专家数占专家总数的比例超过 60%)的依次为"黑河分水工程"(p_1)、"围栏封育"(p_7)、"合理的放牧方式"(p_9)、"生态移民工程"(p_{15})、"圈养舍饲"(p_8)，对应的政策执行指数依次为 4.03、3.77、3.53、3.60 和 3.53；执行不太好(选"落实不太好"与"没有落实"的专家数占专家总数的比例超过 60%)的有"生态补偿"(p_{14})、"防治水质恶化"(p_3)、"保证地下水水位的供给"(p_4)及"保护土地资源，合理开发利用"(p_5)，对应的政策执行指数依次为 1.33、1.93、2.06 和 2.10。从整体政策的执行指数来看，植被类政策与措施落实得较好，执行指数超过了 3，而水资源类、土地类及综合类政策与措施的执行情况相对较差，政策执行指数均小于 3。

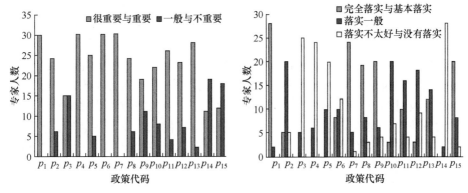

图 7-10　全部政策与措施的重要性及政策执行落实情况(见彩图)

从以上分析发现，"黑河分水工程"(p_1)政策不但重要而且执行也好；"保证地下水水位的供给"(p_4)、"防治沙漠化、盐碱化"(p_6)政策重要但执行不太好。政策执行较好的原因是政策内容清晰，便于操作。例如，"黑河分水工程"，国务院批准的黑河分水方案要求，保证正常年份正义峡下泄水量达到 9.5 亿 m³，丰水年份有一定水量进入东居延海。政策执行不好的原因则相反，如"生态补偿"政策。就现实而言，目前政策的制定权主要归属于国家、省级政府，政策制定主要根据政策预期目标进行，政策往往具有高度的概括性，原则性较强，但针对性不强。政策的执行者多是县级政府，政策的制定和执行主体不同，政策执行者与政策制定者之间可能存在沟通不畅，导致政策制定者无法及时有效地得到政策执行者的反馈信息，从而造成有些政策执行不好，落实不好。再者，政策执行者执行政策时，有时由于政策针对性不强，可能存在政策的执行不到位。对于额济纳绿洲的生态恢复，希望国家及相关部门对执行好的政策与措施进一步加强，使其变得更好，对执行不好的政策与措施，继续研究、细化，争取早日执行并落实好。

7.4.5　政策建议

(1) 协调处理好政策制定与执行过程中政府及研究部门间的权力关系。额济纳绿洲的恢复不仅过程漫长，而且还有许多科学问题需要解决。传统的自上而下的政策执行模式(政策制定者设定目标，政策执行者执行政策，政策执行与政策制定相脱节)、自下而上的政策执行模式(政策制定者与执行者协商政策目标，形成相互间的协作关系，建立政府间协作执行结构)都不太适合，这是因为许多科学问题尚需科研部门研究解决。可采用先由科研部门依据科学研究、调研及绿洲的现实情况等向政策制定者提出政策需求，而后政策制定者与执行者依据政策的目标，协商制定政策。政策制定时，制定者可给予政策执行者结合实际情况制定政策的权力，强化政策的可操作性，同时也应加强三者之间的沟通协商，跟踪有关政策的执行情况，做到及时调整和优化，对执行不好且重要的政策给予重点照顾。

(2) 建立健全长期的绿洲恢复政策及措施执行监控机制、效果评估机制和信息反馈机制。额济纳绿洲的生态恢复是一个长期而又艰巨的任务，建立健全长期的政策执行监控机制、效果评估机制和信息反馈机制，政策制定者应不定期地检查政策落实及执行情况，对政策执行过程跟踪监督，发现和解决政策执行中存在的问题，及时调节与修正；根据政策执行效果评估及反馈信息及时做出调节与响应，政策执行者向政策制定者反馈政策的执行落实信息，政策制定者依据执行过程中存在的问题调整或终结某些政策，避免政策重复或僵化；三种机制可互相补充，作为政策调节的依据。

第8章 移民开发工程的生态经济效应

8.1 引 言

8.1.1 研究背景与意义

经济发展过程中，生态环境不可避免地产生各种要素的转移和破坏，可持续发展就是要通过不断地保护和治理，最终实现利益攸关方的平衡，保障人民生活的质量，提高生态、环境、居民、社会的可持续发展(王昱，2013)。基于联合国谈判框架，多国首脑召开数次峰会，在致力于建设和保护一个可持续利用的地球问题上达成了共识，为可持续发展的理论建设提供了方向(马莉，2011)。从全球来看，21 世纪第一个十年，以人类消耗环境为主要量度的"生态足迹"，已经超出整个地球生态环境承载能力的两成(张志强等，2001)。这说明世界经济在高速发展了近 60a 之后，人类也在加速地消耗自然资源的保有量，而这些自然资源大多数是不可再生的(李素清和张金屯，2003)。1987 年 7 月，世界人口达到 50 亿；1999 年 10 月，世界人口达到 60 亿；2011 年 10 月，世界人口突破 70 亿大关，人口增速在快速提高(马寅，2012)。按照全球平均每年新增人口约 8500 万计算，每年全世界碳水化合物的消耗量多达 1.5 亿 t，需要新开垦耕地 $8×10^6 hm^2$，增加水资源供给 24 亿 m^3、钢铁超 1700 万 t、电力消耗 550 亿 $kW \cdot h$，同时还要多向大气层排出温室气体 1.2 亿 t。人口的急剧膨胀、能源资源的日益短缺、生态环境的不断恶化，使得对于发展模式的非理性选择增多，社会矛盾不断加剧、国际间气候谈判的责任不清及资源利益争端难以解决等，都给人类在现代文明的基础上继续强化理性发展之路提出了更高的要求(高小升，2014)。

面积占全国流域总面积达 36% 的内陆河地区，具有降水稀少、日照充足、蒸发量大、戈壁荒漠较为发育等地域性气候和地貌特点(孙力炜等，2013)。对于河西走廊这样一个区域性的地理范围，由东向西依次流经的石羊河流域、黑河流域、疏勒河流域三大内陆河流域，是传统意义上的干旱区。疏勒河流域在三大内陆河流域的最西端，开发最晚，有着一定的开发利用潜力；毗邻新疆，是"丝绸之路经济带"的中坚地带——甘肃的西出口，具有重要的战略地位(Zhang et al.，2014)。合理规划和落实开发疏勒河流域、实现内陆河流域的可持续发展是对"丝绸之路经济带"规划部署的最好落实。同时，由于历史积累及气候变化，过去的十几年间，疏勒河流域承接了大部分从甘肃西南部迁移至此的新居民(潘家华等，2014)。"生态移民"的概念从 20 世纪末一直延续至今，但是，笼统地将所有因生态环境不适宜而发生的人口迁移现象称为生态移民，在学术上并不严谨，这是因为现有的"生态移民"的概念，笼统地将所有因生态问题而发生的居住地迁移现象归为一类，模糊了产生迁移的不同原因(张志良等，1997)。在居住地迁移的过程中，这些居民一方面实现了自己再造家园的梦想，另一方面对生态环境产生了不可小觑的影响，这种影响可能是正面的也可能是负面的。本节一个重要目的就是对近年来内陆河典型流域——疏勒河流域生态环境变化进行综合性的考察，提供实际资料。此外，移民和流域开发在"丝绸之路经济带"上不是个例，从气候容量的角度，可以在一定程度上看出移民的地理和心理动向。本书结合农户视角和可持续发展理论，解释移民在疏勒河流域安居的原因，找出避免"二次"移民和移民被迫回迁的支撑理由(刘宁宁等，2011)。移民安置和流域开发的顶层设计和具体政策执行不可能因研究的侧重而发生变化，因此"农户"视角可以充分体现移民政策的价值评价及以人为本的和谐社会原则，为更好地稳定移民群体提供参考，真正实现居民住有所居、病有所医、老有所养、学有所教。

为了配合移民安置工程，疏勒河流域开发和生态环境保护政策也一直未间断地执行，包括退耕还林、禁牧休牧、节水灌溉等(张涛，1997)。政府在保障移民生活和利益方面不遗余力，同时，原住居民积极接纳、帮扶新移民群体，移民群体的重建和造富能力也不断加强(张潜等，1997)。兰新高速铁路的兴修，为流域沿线居民特别是移民群体带来了极大的收益机会(于涛等，2014)。以往的研究集中于从经济学角度来考虑移民政策效果，社会效益、生态效益反映的综合效益也都是以经济的形式来展示，不考虑地理因素，单以经济模式来评价移民政策效果是不全面的，也体现不出内陆河流域移民政策的特殊性。本节讨论的目的，在于探求居民的个体行为及对气候变化的响应程度，为实现政府、社区、居民个体的多方利益平衡，建言献策。

8.1.2　研究进展

移民开发工程的生态效益以移民迁入区的生态系统健康水平和服务价值来评价，个体经济效益从农户个体收入及适应性的角度入手，研究移民政策是否给移民群体带来收益产值或补偿效应。讨论移民迁入区，即疏勒河流域现有的外部性政策和发展空间，还从气候容量的角度研究移民走向的内在驱动力，并基于以上分析提出政策建议，主要涉及流域生态补偿、生态系统服务价值评估及健康评价和气候容量理论等。

1. 流域生态补偿研究进展

通常，可以根据个体调查和农户视角制订当地生态补偿的制度和标准，实现人地和谐。流域生态补偿作为生态补偿(国外称生态服务付费)体制和具体机制实施的主要领域，国外研究侧重于立体补偿模式的建立，而我国研究集中在不同区域的具体实施方案。

1990 年前后，国外已有生态补偿理论的基本雏形(Costanza，1998)。一般来讲，国外学者较多使用生态服务付费(payments for environmental services，PES)的概念(Costanza，2008)，比较著名的是世界银行牵头在北美哥斯达黎加地区组织成立的生态服务付费项目(Barton，2002)。该项目内容为"土地和森林等生态资本保有者，当发生土地征用或其他如森林保育而产生自然或生态效益的行为，都会被支付相应的生态系统服务费，用于维持他们的生活质量，保证自然资源合理利用、生物多样性、碳排放控制和景观完整性"(Russo and Candela，2006)。这与我国学者提出的"生态补偿"的概念比较相近。我国研究者对生态补偿的定义不同，有以下观点。阮本清等(2008)认为，广义的生态补偿应该包括对因环境保护而丧失发展机会的区域内居民进行资金、技术、物质上的补偿和政策上的优惠以及增进环境保护意识的宣传，为提高环境保护水平而进行的科学研究、各级教育费用的支出。为了恢复、维持和增强生态系统的生态功能，李爱年和刘旭芳(2006)认为，从立法的角度来说，生态补偿是当局对导致生态功能减损的自然资源开发或利用的行为进行的经济利益博弈，以及顶层设计者或生态享有者对为了调整和改良、保有或加强生态服务功能而做出特别贡献者给予的财政或政策方面的补偿。吕忠梅(2005)认为，从狭义的视角来看，生态补偿是指由于破坏了生态或者环境要素，破坏者必须对破坏行为进行恢复、治理的一系列行为的总称。曹世雄等(2006)认为，从生态政策学的角度来说，政策的激励机制与约束机制是调节生态环境与经济发展的最重要手段。良好的生态政策可有效解决生态建设与经济发展的不协调、政策对环境和经济影响的不一致等问题。核心是通过利益均衡来保证政府与公众行为的积极性，使公众行为持续有效地趋向生态修复目标。

流域是人类生产生活的最为重要的地理生态单元之一，因此流域生态系统所受到的人类胁迫压力最大(张志强等，2012)。流域生态补偿应以各个流域为主要范围，核心围绕水及其衍生的生态功能体，在划分受偿主体和补偿范围时有其独特性。流域生态补偿的理论基础包括经济学的"外部性"理论、公共管理学的公共物品属性理论、传统生态经济学的生态资本理论和生态社会学的生态系统服务功能价值理论(Costanza et al.，2002)。"外部性"理论认为，流域中的生态要素或资源具有"溢出"效应，需要管理者运用税务、财政津贴等调控措施来达到"外部"效应的内部化，也就是不能让非利益相关者参与。流域生态资源是公共产品，一旦过度使用便很可能造成"公地悲剧"和"搭便车"(Rapport et al., 1998)。流域生态补偿机制以支付补偿金的形式,利用顶层设计来激励公共产品的足量供给,从而避免"公地悲剧"或"搭便车"(周雪玲和李耀初, 2010)。因此, 流域内的水、森林、土壤等生态要素, 从根本上应作为公共产品来统一看待, 无论其作为自然资本还是生态资本, 都应在原则上严格规划使用, 以保护相对稀缺的自然资本, 实现社会经济可持续发展, 同时保证生态资本的增值, 实现边际效应的最大化。实际上, 生态补偿是将受偿方变成生态经济利益的享有者, 提高他们参与生态经济建设的积极性, 从而加快生态经济发展的速度和效率。流域生态补偿, 作为生态补偿的一个典型实施区域, 原则上也是高度一致的(Farley and Costanza, 2010)。

流域生态补偿标准的量化研究还处于探索阶段, 没有一个成熟完备的计算体系, 理论和实践上都有待完善(李怀恩等, 2009)。流域生态补偿也就是生态系统服务付费的标准厘定方法主要有条件价值评估法、机会成本法(opportunity cost approach, OCA)、价值分析法和费用分析法等。

条件价值评估法, 又称条件估值法(contingent valuation method, CVM), 是研究最为成熟, 应用最为广泛的生态补偿标准研究方法之一(张志强等, 2003), 最初由 Ciriacy-Wantrup 提出, 认为通过个人支付意愿推导水土保持带来的额外市场价值来实现效用的最大化(Venkatachalam, 2004)。采用实地抽样分析考证的形式(问卷调查), 通过假设的市场流程来揭示公共环境物品和服务享有者的喜好, 推出他们对某一种环境要素效益增加的支付意愿(WTP)或对环境要素损失或质量降低的受偿意愿(WTA), 最终得到公共空间中环境要素的非市场价值(张秀娟和周立华, 2012; 陈琳等, 2006; Xu et al., 2003), 以此价值作为生态补偿的标准参考值。

机会成本一词最早由奥地利学者维塞尔在自然价值中提出(方和荣, 1994)。机会成本法基于土地利用变化确定机会成本的相关参数, 尝试将保护的潜在生态资源作为机会成本的载体, 确定用于生态公益林、地的补偿标准(李晓光等, 2009)。结合条件价值评估法和机会成本法, 可评定价值评估的偏差, 合理反映受偿者的损失(张乐勤和荣慧芳, 2012)。

$$总补偿标准 B = 总面积 A × 单位面积的补偿量 B_0 \tag{8-1}$$

式中, B_0=单位面积上各作物种类的比例 X_i×单位面积作物的纯收入(总收入 I−成本 C)。

价值分析法和费用分析法原理上归同一类, 主要基于可以直接计算价值的自然和生态资源、定点的环境污染防治成本、生态系统的健康评价, 将可以定价的自然资源、污染防治费用和生态规划的运行费用列出求和, 作为生态补偿的考量(郭秀锐等, 2005; 黄振管, 1994)。

$$总补偿量 P (总资源价值或运行费用) = \sum C_i \tag{8-2}$$

式中，C_i 包括生态基础设施建设和养护成本、污染治理设施费用、水费、毁林费、征地费等。补偿标准制定方法还有不少，普遍存在一个问题，基于获利与受损方的利益交换，其目的是实现生态资源和服务占有行为中的公平公正原则，但无论从主观收益还是客观受损等单一角度来考虑，都与真正的补偿额度和标准存在一定的偏差(赵雪雁，2012)。因此，应同时考虑交易主体和客体，调整补偿标准。

在流域生态补偿原则的指导下，各省、市、地区制定了具体的流域生态补偿的政策和措施，主要有以下四种模式。

(1) 国家主导的大区域调水工程。南水北调工程是 21 世纪我国实现水资源调控、优化而实施的战略性大型基础支撑工程。为了缓解北方长期缺水、南方水资源过剩且年际年内分布不均的状况，经过长时间大规模的前期论证，计划实施东、中、西三线工程，实现南水北调，各取所需。工程调水同时治水，可实现水量和水质的双提升，并使调水沿线的水环境得到恢复和改善(张平，2006)。南水北调工程的实施将在一定程度上缓解北方水资源短缺问题，对华北、西北地区经济发展具有重要意义。但调水工程巨大，涉及社会、经济、环境和技术等多方面的问题，此外，调水会改变流域间水资源的自然地理分布，受水区、输水干渠沿线和水源区水文情势将发生变化，从而可能带来一系列新的生态环境问题(张全发等，2007)。因此，对于流域生态补偿的范畴，跨流域调水工程往往有不可复制性，但是可以直接有效地解决缺水地区的水源问题。

(2) 流域内上下游跨省、市水权交易。流域内上下游为了协调用水关系，实现同一流域的共同、平等使用，一般赋予水以"水权"的概念，把参与供水、用水的一系列行为推向市场。通过商品经济的手段和市场行为，提高短时期内水资源的复用率和经济效益，并引导水资源向节水、高效领域进行配置，这是节水型社会的高级阶段。水权，即水资源产权，也就是水资源的财产权利，其理论基础正是源于现代产权经济理论。水权制度，在人类社会的不发达阶段，水资源供过于求的时期，是不存在的。正由于工业革命之后，经济社会飞速发展，人口数量激增，水资源逐渐显现出供不应求的疲态，因而水权应运而生，顾名思义这是一种权利，且有经济价值。但是，目前水权仍然没有一个非常明确的定义，普遍接受的概念：水权是水资源所有权和各种水权利与义务的行为准则和规范，包括水资源所有权、开发使用权、经营权以及与水相关的其他权益。水权交易不仅涉及经济问题，而且涉及社会环境问题，实际运行过程非常复杂，但其符合最基本的经济学原理，即水权交易以供求关系为基础，必须使交易双方都有利可图，并追求社会利益最大化。然而，水权交易市场中用水主体数量很多，彼此之间不可能实现信息的完全公开，同时由于水资源具有显著的自然社会属性，水权交易市场只能是一种在政府宏观调控下的"准市场"，水权交易中的水量和水价很难达到最优，实现社会福利的最大化，只能尽可能接近最优的纳什均衡点(方创琳和鲍超，

2004)。对于水资源短缺、生态环境较为恶劣的地区，水权交易还承担着筹集生态环境用水，改善当地生态环境的责任，其市场运行机制会更加复杂(方创琳和鲍超，2004)。两个典型案例：位于湿润区的浙江省东阳义乌模式，主要是生活水权交易(荀彦平，2007)；位于河西地区甘肃省张掖、武威等城市的水票交易制度(程艳军，2006)，主要是灌溉水权分配(尚海洋和张志强，2011)。

(3) 以水、空气、土壤污染防治为目标的排污权交易。排污权交易是一种生态补偿的负向行为，也就是"谁污染谁治理"的本底性保障，是必要时采取的惩罚措施。首先，环境污染物承载力有控制的总量，因此排放污染物的数量是有限的，排污权也可成为一种权力并且具有市场价值。这样一来，为了控制污染物的总量，同时保护环境，促进节能减排，排污权就成了一种可在市场交易的商品。美国是排污权交易最为成熟的市场。经济学家提出设想，立法者建立关于水、空气相关的法律，首先进行的是关于化石燃料燃烧产生的硫化气体的交易。澳大利亚、加拿大和欧盟等也先后采用排污权市场交易的方法来解决环境污染问题，取得了一定的成效(沈满洪，2004)。排污权交易基于市场手段，结合环境政策，目的是实现社会低成本污染治理(霍艳斌，2012)。浙江嘉兴是我国首个县域水污染权交易实例(张培等，2012)，太湖、巢湖流域的水污染权交易和分配最为完善和具体(刘晓红和虞锡君，2009)。此外，随着土地资源的日益紧缺，针对土壤理化性质的行为日益加剧，土壤污染已经受到政府和学者的重视。应学习国内外关于空气和水排污权交易的先进经验，尽快完成土壤污染行为的界定并量化，将土壤污染权交易加入排污权交易的范畴中。

(4) 禁牧、退耕等生态补偿政策的实施。禁牧是地方政府做出的有利于全局和长远但却影响自身近期收益的重大政策，它将向社会提供良好的生态环境公共产品，其成本主要由政府承担(孔亮，2009)。我国在 20 世纪 90 年代初西部大开发时，已经认识到禁牧对生态系统多样性和水土资源的保护利用具有相当重要的意义(宋乃平等，2004)，在河西走廊、内蒙古等广大农牧交错区、全牧区进行了各种形式的禁牧政策。这一政策的核心是"政府主导，政府补偿，牧区置换，牧民受益"。与禁牧一样，退耕的实施范围广泛。早在 20 世纪 30 年代初，为了保护草地、灌丛、森林等经济利益不高的植被，永久替代常规农作物和经济作物，美国制定了"联邦政府土地保护储备计划"。具体内容是，由资本商品信用公司(Commodity Credit Corporation, CCC)提供财力支持，按年支付地租及农户建立植被保护层所需费用的 50%。保护层的种类由农户和有关部门的官员协商，并签订土地保护合同，合同期限为 10~15 年(杜群，2008)。

综上所述，在我国致力于建立基于生态功能区划的流域生态补偿体制机制的同时(张郁和丁四保，2008)，仍存在一些亟待解决的问题。

首先，无论是跨流域调水还是流域内上下游的水权交易，若非政府主导不可能实现，而根据我国的流域管理体制，各流域内，省、市、水利部门共同管理，若形成合力，可实现良好的流域资源配置，否则，容易造成一定程度的管理混乱。这主要体现在管理责任不明晰，影响资源利用的效率。归根结底，生态资源所有权归国家，使用权归人民，国家在主导流域资源配置和生态补偿项目实施的过程中，应注意平衡居民、企业和流域各部分的利益。另外，补偿大部分来源于财政收入，容易造成资金短缺，因此适时引入市场机制十分必要，可在各种交易中广泛应用市场手段，同时引入民间资本，对生态资源进行配置和管理。

其次，生态补偿应分清保护性和破坏性的生态资源利用行为。保护性的生态补偿行为，如政府指导下的禁牧、退耕、生态功能区划分和区间人口迁移或资源的调整，没有破坏生态资源的各项功能，长远地看，生态系统的服务功能价值反而有所增加。破坏性的生态资源利用行为，包括流域水资源污染、土壤污染、土地的不合理规划和利用，给生态资源的服务功能造成损失，此时的补偿应结合惩罚性措施。认清保护性和破坏性的生态资源利用行为，可以将两者有机结合，在生态补偿的实施标准上，做相应的有效调整，实现对冲和阶梯定价。"授人以鱼不如授人以渔"，在广大的西北农牧区，可以考虑筹资设立生态补偿专项基金，使以往直接补贴现款的方式改为从基金中拿出专款帮助农牧民进行产业转型，变单一的传统农牧业为工业、农业、服务业相结合的多种产业方式，使他们可以更有效地获得经济收益，鼓励对于生态公益产业的投入。

再次，东部和西部地区的生态补偿侧重点不一样。东部地区主要解决"水好水坏"的问题，而西部地区主要着眼"有水没水"的问题，生态补偿存在着一定的空间选择问题(宋晓谕等，2013)。以浙江、福建、河南为代表的东部地区人口总量大、资源总量大、经济较发达，更多地将生态资源特别是水资源作为自然资本来利用，而以黑河流域、疏勒河流域为代表的西部内陆河流域，人口总量小、资源总量小、经济欠发达，不仅有一定的自然资源需求，更注重脆弱的生态系统服务价值的需求。可持续发展理论即要求在发展的同时，考虑未来的资源需求，以期保护未知的生态功能。

最后，立法是保障流域生态补偿实施的主要手段，我国正逐步完善环境相关法律。我国于2018年颁布的《中华人民共和国土壤污染防治法》就提出了土壤资源价值评定的标准，目标是减少土壤污染，保护土壤资源。针对生态资源具体内容的专门立法，也会对流域生态补偿标准厘定、实施办法等提供准则。

以上存在的问题，即为今后流域生态补偿的研究重点。

总的来说，生态系统服务功能还可以进一步挖掘，标准制定还应与生态安全和人类福祉相结合，评估指标和模型基于生态景观与服务类型可以进一步开发(傅伯杰等，2009)。否则，不考虑农户的补偿和参与意愿，会造成生态建设政策的破坏和不可持续(Vo et al.，2012)。我国建设生态补偿机制的工作方兴未艾，有关补偿政策与措施的法律和制度逐步健全，在党和人民的共同努力下，终将形成政府主导的中国特色生态补偿机制。

2. 生态系统服务价值评估及健康评价研究进展

多用生态系统健康来评价生态系统的外部性效益。生态系统健康通常有四个方面的特征，包括活力、组织力、恢复力与生态系统服务功能等(Vo et al.，2012；Van Oudenhoven et al.，2012；彭建等，2007)。活力揭示了系统的生产创造能力，组织力表示稳定性和相互联系，恢复力是指生态系统受到外界胁迫后维持和恢复初始状态的能力，生态系统服务功能是指生态系统输出和表达自身利用价值的能力及与其他系统交流的邻接水平(De Groot et al.，2012)。不同时空尺度的生态系统健康问题截然不同，需要先设定生态系统健康评价研究的时空尺度(Busch et al.，2012)。微生物群落尺度，主要研究生态系统的生理过程对生态系统的构成作用产生的影响，反映生态系统健康的基本问题和最根本的原因；种群和植被群落尺度，主要研究生态景观中生产、消费、分解者与外界环境组成要素的动态交互特征，涉及人类群体，也与人类健康福祉有紧密联系；全球大尺度，主要强调生物多样性，人类发展需求和生态系统服务功能的动态平衡以及各个圈层间的生物化学物质和能量交换速率等(Egoh et al.，2007)。对人类来说，生态系统是服务和功能维持的重要物质基础，服务的内容主要有供给、调节、承载、栖息、生产和信息等(Troy and Wilson，2006)。

动态地看，压力-状态-响应模型(pressure-state-response，PSR)恰好把生态系统的活力、组织力和恢复力综合到一个整体，在大的范围内以较为统一的指标标准和评价方法来分析农田、森林、水体、城市、未利用地等不同种类生态系统的健康状况，以期对某一地区环境保护或者生态治理政策的制定提供科学依据(史俊宏，2010)。首先，按照完备性原则，生态系统健康评价指标体系应涵盖社会经济、生态环境和机制等多个方面，并且同等重视，通盘考虑。其次，按照客观性原则，生态系统健康评价指标体系应更加客观地体现可持续发展的科学性和重要内涵，特别是要反映人类需求的全面性、系统性和代际公平性。之后按照独立性原则，各项指标应具有排他性和独立性，避免指标之间的意义重叠或仅是同义词替换(Metzger et al.，2006)。再次，按照可量化原则，所有指标应可以定量化并可以测度，即便是传统的定性指标也尽量用量化手段进行加工(Norberg，1999)；同时也要注意指标数据的可获得性原则，许多指标虽然意义论证充分，但是必须考虑数据采集和指标量化的难易程度而进行相应的取舍。最后，动态持续性原则和相对稳定性原则也不可忽视(Serafy，1998)。指标体系中的指标往往对生态系统的时间、空间或系统内在结构的变化具有一定的敏感度，可以反映社会的重视程度以及可持续发展的动态趋势(De Groot et al.，2002)。另外，应在一个长的时段内具有引导性和现实意义，短期性的问题应考虑舍弃，这是因为短期内的人类行为容许波动性变化。指标框架应该不变，而指标内容可以随着历史变化有所更新(Hein et al.，2006)。

1996 年，由联合国可持续发展委员会(CSD)构建了 134 个指标，涉及社会公平性、生存健康、人民教育、居民住房、安全和人口增长模式等方面的社会问题(Loomis et al.，2000)。其中，制度指标 15 个、环境指标 55 个、社会指标41 个、经济指标 23 个，包括三个层次：第一层次是压力层(pressure)或者驱动力层(Tratalos et al.，2007)，即人类的个体或者群体性行为、发展过程或者生活方式对可持续发展的影响；第二层次是状态层(statement)，指生态环境的质量和自然资源要素的数量；第三层次是响应层(response)(Prato，2007)，指生态治理或者可持续发展政策实施后，环境的改变或者响应。PSR 模型从多个角度如社会、经济、环境、制度等度量和反映了可持续发展的不同侧面，提供广泛的可利用的指标体系框架评价可持续发展的政策，总体反映土地利用覆被变化、社会和经济发展目标、执行管理决策之间的相互制约和依存关系。在我国，各地大小范围的生态系统内，都有基于 PSR 模型的生态系统健康评价(Sagoff，2011)。

除了 PSR 模型外，能值分析法也是常用的生态系统健康评价方法。能值分析法由美国生态学家 Odum 于 1980 年前后创立，核心内容是以太阳能为标准，能值转换效率或称能值转换率为中间量，将划分好的生态系统中不同类别的能量形成时所需要的太阳能作为可量化的能值(Johnston et al.，2011)。能值转换率是指蕴含在单位物质个体中的太阳能。按照生物链理论，系统间的能量流动存在一定程度上的层级关系(Dobbs et al.，2011)。同时，根据热力学第一定律和热力学第二定律，能量在传递过程中每传递一次，就会发生一定程度的耗散，因此级别越高的能量形成所需要的低级别的基层能量就越多。反之，位居食物链或者能量传递顶层的能量就越少(Xie et al.，2010)。简言之，能量转换率就是不同来源、不同种类的能量与最根本的来源——太阳能之间的一种转换或者比例转换关系，即 1J 的能量所需要的太阳能(J)(Spangenberg and Settele，2010)。

与其他的评估方法比较，能值分析法可以将生态系统内不同种类的能量转化在同一尺度内进行比较(Norgaard，2010)。同时，以太阳能为主要量度单位，避免了以货币价值作为评估中介而带来的对自然生态系统贡献的真实价值量的低估，寻找到了一种综合分析各种生态系统生态流的统一标准(Muradian et al.，2010)。能值分析法通过生态系统内外的能量投入与流出进行分析和考量，从而对系统可持续性进行评价，有助于全面认识生态系统对人类生存和社会发展做出的真实贡献，继而合理规划利用自然资源，制定相应的可持续发展战略。类似的方法如熵值法等，原理与能值分析法类似，都是寻找合适的中间量，核算并量化显示生态系统中各种服务功能的价值(Gómez-Baggethun et al.，2010)。

由于生态系统可提供的服务和功能多样化，最主要的研究对象和比较手段就是生态系统服务功能价值(杨维军，2005；Constanza et al.，1997)。价值货币化后的生态系统服务，可以为政策决定者提供参考，确保生态利用的可持续性。科学家对生态系统服务价值进行了分类，传统的经济学评价方法一般将生态系统服务功能分为四类：居民生活支撑、人类生产物质的提供、生命支持系统的维持和精神生活的享受(闫秋源，2005)。首先，生态系统的初级生产和次级生产形成的产品雏形流向市场交易或者直接使用，如食物、燃料、药材等；其次，生物多样性、生态景观完整性、碳氮元素的提供或再循环等；最后，生态系统可以为人类提供审美或艺术灵感等精神享受，这是最高级别的服务功能(Gren and Isacs，2009)。Costanza(1998)将全球生态系统服务划分为土壤管理、气体管理、生物管理等 17种主要类型，按照土地利用分类将生物群落分成了深海远洋、近海海湾、海草、珊瑚礁、大陆架、热带雨林、温带森林、草原、湖泊河流、湿地、荒漠未开发用地、苔原、冰川/砾石、农用地、城市用地等 15 类，以生态系统供求曲线为假定条件，逐项估计了各类生态系统的服务价值，得到每年全球生态系统的服务价值为 $1.6 \times 10^{13} \sim 5.4 \times 10^{13}$ 美元，平均为 3.3×10^{13} 美元，是全世界国内生产总值的 1.8倍(Engel et al.，2008)。其中，相比于占全球覆盖面积71%的海洋生态系统，陆地生态系统的服务价值占约 38%，平均为每公顷 804 美元。我国核算各类生态系统服务价值时一般先进行土地利用分类，得到单位面积价值再乘以该土地利用类型的面积(Egoh et al.，2008)。

虽然货币化生态系统服务价值可以直观看出生态系统的服务价值状况，但是仍然饱受一些传统生态研究人员和环保主义者的非议(Chapman，2008)，他们认为生态系统的非使用价值难以估量(Barkmann et al.，2008)。例如，同样是森林生态系统，单纯用木材的市场价值或林地的直接使用价值来估算其真正的经济价值过于简单(李春阳等，2006)。对于森林周边的城市来说，森林保障生态和涵养水源的作用是无法替代的，产生的经济价值要远远大于估算的单位面积生态系统服务价值(张秀娟和周立华，2012)。此外，同样一块林地或者草地的经济价值会因为用途而产生较大变化，如一块草地，用来放牧的经济价值和提供商业草皮显然不同。因此，需要根据生态系统主要服务对象的视角考虑服务价值。支付意愿和受偿意愿调查法就是常用的方法。通过对居民生态系统利用情况的调查，确定生态系统服务的主要类型和单位面积价值当量，从而对生态系统服务价值进行全面评价(张锐等，2014)。

生态文明的宗旨即生态可持续发展，而可持续发展的主要内容也可以从生态系统健康、气候容量、生态补偿等方面进行总结和考察。特别地，特定流域内要实现可持续发展，核心问题在于水资源。水资源的不足制约着流域内的经济社会发展，而发展离不开必要的水资源。因此，在水资源利用过程中，特别是在水资源不足的地区，流域内气候容量、水资源及相关生态补偿和生态系统健康评价对维护多方利益平衡、优化水资源配置和技术革新，显得尤为重要。

3. 气候容量理论研究进展

1985 年前后，UNESCO 首次使用了"资源环境承载力"的说法。一个特定时间和空间内的资源环境承载力是指在可以预见到的未来，综合能源及其他自然资源、人为智力要素、科学技术等条件之后，在确保满足社会全部一般要求的物质生活水平的情况下，一个国家或地区能持续养活的人口规模总量(UNESCO and FAO，1985)。气候容量理论基于资源环境承载力的概念，集合了人口、资源与环境各个方面的考量，即特定时空能够容纳的人口、资源禀赋和社会经济框架的气候本底条件。资源环境承载力主要有两个方面的视角，一是土地承载力、水环境承载力等；二是人口承载力等。两个方面的视角都是为了从社会和生态伦理的角度测算多圈层交汇、特定的时间空间分辨率下，有限的居住范围内可以容纳的最大人口规模(UNESCO and FAO，1985)。

从气候容量的视角，有助于将因气候变化或者原本气候就不适宜生存的人口迁移现象进行统一的归纳和对所有种类移民的原因及目的层面的比较。以往的研究将移民分为水库移民、工程移民、生态移民等，这些概念本身就相互重合。有学者较早地从气候容量的角度，分析了我国典型生态移民——宁夏红寺堡地区移民案例(Del Monte-Luna et al.，2004)。该案例提出，我国西部传统意义上的生态移民，按照原因可以分为"气候移民"和"生态移民"两类；按照驱动因素属于因半干旱、干旱或极端干旱的居住环境不再满足原住民生存而进行的规模化的整体搬迁，是为了应对当前或长时间逆向发展的气候变化的一种适应选择，实际上也是一种屈从式的迁移。由于气候容量是为了增强我国在国际气候变化政府间谈判中的事实论据，必须向国际通用的度量标准接轨而引进的概念性论述。在具体时空范围内，根据气候衍生容量来实现测算。通常使用的"承载力"范畴主要包括以下几个方面。

1) 水资源环境承载力

水资源环境承载力在不同地理环境、不同条件生态环境系统、水资源系统、社会经济系统中，有很大程度上的混沌和复杂性，其概念和内涵的界定仍然不清楚。人口口径是水资源环境承载力的主要标志，是在某一空间范围内，在特殊历史时期、专有技术和经济发展水平条件下，以维护生态环境、避免恶性循环和可持续发展为目标，水资源循环系统可以承担的社会经济发展的规模和具有一定生活水平的居民人口数量。水资源环境承载力要在一定物质生活水平下，在未来的历史尺度下，以现有技术和可持续发展水平，水资源能满足当代及后代所需的能力(施雅风和曲耀光，1992)。几种主流观点大体是从水资源供应能力和可开发利用水资源的最大人口容量等两类基本分析点出发，两者是对立统一的，都反映了对水资源进行优化配置的主流决策依据。

水资源环境承载力的研究方法主要有趋势分析法、多目标分析法及系统动力学法等。首先，趋势分析法是常规的，采用少数直接可以提取的反映局地水资源现状的指标，再设定相应指标的阈值，简单反映水资源开发利用现状和待开发潜力的一种方法，多用在早期的水资源承载能力评价中。例如，西北地区开发水资源的初期，为了军工和居民发展，在乌鲁木齐河源和祁连山寻找水源时，需要进行水资源普查，以迅速决策开发利用水资源，多用数个指标来直接判断区域水资源开发利用现状和大规模持续开发的可能性。这种方法虽然简便，但是很难全面反映水资源环境承载力，忽略了间接指标的选取，只能基本反映一个地区水资源的开发现状。

多目标分析法在趋势分析法的基础上，设定一系列能够反映水资源环境承载力的人口规模、自然资源、生态环境阈值等为目标选项，列出目标选项的必需约束条件，按照可持续发展原则，不计较单个目标的可行性，求出所有目标的综合最优方案。与其他基于政策评价的方法相比，多目标分析法的一个优势在于超前性的可行性分析。它基于人口增长规模、产业结构、土地利用覆被变化及水资源供需平衡等方面建构了数个情景假设，使得在政策实施之前即有了多目标的规划，而不仅是一种延后的对已实施政策的评价。但是，现有条件下，政策实施的主体是管理部门，制定规划的影响层面并不可能自由地扩大。因此，多目标分析的超前性有很大的局限。不同于政策评价，可以在尽量广泛的知识结构和方法上，进行多层面的分析和论证。

系统动力学法是一种常用的基于数字和计算技术结构功能化的模拟系统正负反馈方法，最早由麻省理工学院的福瑞斯特教授提出，用于企业管理和系统工业管理。20 世纪 90 年代，我国科学家将其引入自然社会和人文科学领域，按照因果关系建立人口承载量的系统，变高阶或非线性问题为低阶、线性问题，按照一定投入水平和生活水平建立人口承载量的动态变化值(夏军和朱一中，2002)。经典概念模型是综合了水资源、土地资源、人口总量，以土地承载力为计算出口的动态流程。系统动力学方法可以反映水资源环境承载力各利益攸关方之间的利益交互，可以计算得到工农业需求包括(能源、粮食等)对水资源环境承载力的影响。

2) 环境承载力

与水资源环境承载力稍有不同，环境承载力主要考虑的是一定时期内的空间水体质量、土壤污染程度、固体废弃物等环境要素，而且环境承载力更加侧重于反映环境系统的社会属性，即外在的社会资源禀赋和人文因素。当然，环境系统的自然结构和功能属性是其承载能力的根源。在科学技术和社会系统发展的一定历史阶段，仅考虑自然因素的环境容量具有极大的不确定性和有限性，因此环境容载力比环境承载力的概念更具有现实的研究倾向性，标志着生态环境的自我调节和生命维持能力，也可以指示资源与环境子系统在现有的生活水平和经济社会活力强度下，参与社会生活的人口的最大数量。

环境承载力的研究方法与水资源环境承载力大致相同，主要有多指标趋势分析法、多目标分析法和系统动力学分析法，只是环境指标选取的范围和内容不尽相同(冯尚友和刘国全，1997)。

3) 土地承载力

早在工业革命时期，经济学启蒙先驱斯密和李嘉图等就开始论证土地生产力与国民财富的关系，这是土地承载能力研究的雏形。随着人口激增，联合国粮食及农业组织(FAO)提出土地资源分析法，以土壤评价为基础，以热量为计算单位，根据高、中、低三种农业生产水平，计算出各种作物的产量(M)；同样的，以热量为单位，计算人均每年所需要的营养数量(N)。两者相比得到土地承载力，即土地承载力 $P=M/N$。明显地，不同农业生产类型、种植结构作为分子的影响要素可以极大地影响特定地区的土地承载力；同时，不同物质生活水平消耗的热量不同，作为分母计算后同一地区的土地承载力也不同(朱一中等，2003)。

通常所说的土地承载力是指维持现有开发水平和人类活动强度且不引起土地退化的前提下，特定空间范围内能长时间供养的人口数量(安宝晟和程国栋，2014)。有学者将土地承载力分为原生态承载力和次生态生产力，这是因为在我国城镇化进程和社会经济发展的不断深化，土地覆被变化的速度越来越快，土地承载力如果仅考虑自然因素，不能准确得到真实的土地资源利用状况，也不能更好地实现土地利用合理规划。另外，基于土地承载力和人、地关系，衍生出的人口生存系数、土地适宜度等多种指标，不仅可以反映土地资源数量可以容纳的人口规模，也可以反映地形因素的质量对人居需求的适宜度。

从土地利用类型出发，土地承载力也可以分为森林承载力、城市承载力、农田承载力、草地承载力等，各有相应的侧重点(王俭等，2005)。分门别类地进行土地承载力研究有助于详细地考察专门的土地利用类型和强度对人口规模的限制，也可以使土地利用类型较为集中的地区，如内蒙古草原、西部干旱区等的土地资源环境承载力研究更有针对性。此外，生态足迹等方法也可以反映土地承载力、水资源环境承载力和生态承载力等，指标选取各有侧重，计算方式各有优势(张智全，2010)。多种承载力量化了气候容量，使得气候要素成为人口居住的刚性需求，继而使气候移民、生态移民的驱动力更好地被认识(张军等，2012)。

随着气候变化的日益影响，贫困产生的人口压力造成的生态退化反过来加剧贫困这一恶性循环过程，本质上是受到了气候容量的限制(李素清和王向东，2007)。现有技术条件下的自然资源禀赋无法提供充足的物产，人口承载力非常有限，使得超过气候容量的部分人口不得不转移到其他地区。因此，生态移民的最终目的是调节人口迁出区和迁入区的气候容量，利用气候容量限制下的最大发展潜力或人口与社会财富的最小风险暴露水平(潘家华和郑艳，2014)。

在充分开发现有气候容量的状态下，某一地区总的气候容量类似一种帕累托也就是"零和"(zero-sum)状态，即一个地理范围内的气候容量的增加，必须以其他范围地区的气候容量的减少作为代价。不过，随着技术的发展与进步，气候容量可以由零和关系向双赢发展。开放经济条件下，气候容量可以在不同的地理区域和时间尺度上进行合理而有效的转移，这种转移往往是有偿的。国际气候变化谈判常涉及的粮食安全及碳排放交易等，即在这种转移的不同参与者和方式之间博弈(秦大河等，2013)。

8.2　移民政策的实施内容及其生态效益

8.2.1　移民政策历史衍变及主要实施内容

生态移民作为一项政策，从环境政策中衍生并发展成为一项独立的条文。早在 2001 年，生态移民政策就在中蒙边境的阿拉善盟和西北内陆黑河流域等地区施行。在法律法规层面，2002 年底由国务院颁布的《退耕还林条例》首次提及"鼓励在退耕还林过程中实行生态移民，并对生态移民农户的生产、生活设施给予适当补助"，这是我国最早直接提出的"生态移民"的概念(常跟应和张文侠，2014)。

由于位于黄土高原与青藏高原边缘，甘肃省中东部地区持续干旱，南部山区常年严寒阴湿，环境恶劣，自然条件堪忧，造成该地区农民的"因地致贫"现象突出。1990 年，政府开始论证在河西走廊广阔地域实施"甘肃河西走廊农业灌溉暨移民安置综合开发项目"。借助河西地区的水土资源，保障实行搬迁异地，安置甘肃省中东部的临夏、和政、礼县、永靖、积石山、东乡，以及南部的岷县、宕昌、武都、临潭、舟曲共 11 个县的特困农民。随着开发工程有序进行，农业、水利、林业、畜牧等部门相继介入，疏勒河流域开发渐成规模。后来，随着耕地保护等环境政策的实施，西北内陆河地区流域保护不断加强，疏勒河流域开发加入了农业产业化和异地扶贫的思想，于 1994 年完成了可研报告，并列入国家"九五"计划甘肃省重点项目。大批移民跨越河西走廊千余公里，横穿甘肃中部，来到茫茫戈壁滩，白手起家，再建家园。甘肃中部和南部的农民在当地政府的统一调度和帮助下，自愿来到甘肃玉门、瓜州县等地灌区，通过努力使戈壁滩变成了一处处绿洲良田。新建了昌马水库一座，库容达 1.94 亿 m³。新增和改扩建农田支干渠近 1100 公里，平整耕地及配套开垦田地 2.21 万 hm²，改良盐碱地逾 1.12 万 hm²，建设防护林 0.56 万 hm²，主要用于治理风沙。流域内形成了一个灌溉面积达 8.93 万 hm² 的自流灌区，规模居甘肃省之首，跨越甘肃酒泉的瓜州、玉门两地。灌区内建设形成了齐全的基础设施、遍布的水渠通道和配套的水利电力系统。2001 年前后，最后两个移民村正式移交饮马农场，标志着疏勒河流域开发暨移民工程顺利完成(刘学敏，2002)。

8.2.2　疏勒河流域移民政策的生态效益

1. 疏勒河灌区土壤性质变化

由于成土母质、地形地质条件和人为因素的综合影响，流域灌区内土壤几乎为盐渍土，分布特征为由北向南，土壤含盐量逐渐减少，由重度盐渍化土壤向轻度盐渍化土壤逐渐过渡，地理特征表现为从流域的上游至下游，土壤含盐率逐渐增加。1996 年前后，经土地调查和土壤调查化验分析，轻度盐渍化土即 0～100cm 土壤含盐量为 15～60g/kg 的耕地面积占到总面积的 13.7%；盐渍化土即 0～100cm 土壤含盐量为 60～200g/kg 的耕地占 76.5%；重度盐渍化土即 0～100cm 土壤含盐量为 200g/kg 以上的耕地占 9.8%。通过典型地区土壤纵剖面调查，地表普遍盐分聚积，表层土壤形成的盐结皮厚度达 5～20cm，40cm 以下开始出现 50～130cm 厚的片状结构重壤和黏土层。该区土壤盐分类型以硫酸盐和氯离子为主，pH 为 8.2～8.8。

针对移民安置区农田地形特点，移民开发工程伊始，就已经建立了一套农田排水体系：排碱沟采用三级台阶的形式，分别种植红柳、毛柳等植物以防止滑坡；错向修筑间距不等的明暗排盐碱渠，并同时挖竖井排盐碱；灌溉时令按照"秋季泡，冬季灌，灌排结合"的原则，尽量促进淋洗作用排盐下渗；适时降低地下水位，防止土壤积盐；平整土地；施肥中和等。疏勒河灌区的土壤已经按照成土因素、土壤肥力、土壤使用类型或途径和土壤利用适宜度几个角度，分区、亚区和分片进行土壤治理，一直进行的是土壤洗盐，效果明显。三大灌区的土壤含盐量在垂直洗盐施行的各个区域都有不同程度的改观(陈丽娟，2008)。

首先，疏勒河流域的非盐渍化土即 0～100cm 土壤含盐量小于 1.5% 的耕地面积已经占到总面积的 29.3%；轻度盐渍化土即 0～100cm 土壤含盐量为 1.5%～6.0% 的耕地面积占到总面积的 10.0%；盐渍化土即 0～100cm 土壤含盐量在 6.0%～20.0% 的耕地面积占到总面积的 33.5%；重度盐渍化土即 0～100cm 土壤含盐量为 20.0% 以上的耕地面积占到总面积的 11.7%(表 8-1)。

表 8-1　疏勒河流域不同盐渍化程度土壤分布

主级类型	次级类型	表土含盐量/%	面积占比/%
非盐渍化（Ⅰ）	非盐渍化Ⅰ	<0.4	24.6
	盐渍化Ⅰ	0.4～2.0	4.6
	轻度盐渍化Ⅰ	2.0～4.0	0.1
盐渍化（Ⅱ）	非盐渍化Ⅱ	<0.4	6.7
	盐渍化Ⅱ	0.4～2.0	15.4
	轻度盐渍化Ⅱ	2.0～4.0	11.4

续表

主级类型	次级类型	表土含盐量/%	面积占比/%
轻度盐渍化(Ⅲ)	盐渍化Ⅲ	0.4～2.0	0
	轻度盐渍化Ⅲ	2.0～4.0	1.9
	中度盐渍化Ⅲ	4.0～8.0	7.4
	重度盐渍化Ⅲ	8.0～16.0	0.7
中度盐渍化(Ⅳ)	轻度盐渍化Ⅳ	2.0～4.0	0
	中度盐渍化Ⅳ	4.0～8.0	1.4
	重度盐渍化Ⅳ	8.0～16.0	10.2
	特重度盐渍化Ⅳ	>16.0	0.9
重度盐渍化(Ⅴ)	重度盐渍化Ⅴ	8.0～16.0	1.3
	特重度盐渍化Ⅴ	>16.0	10.4
特重度盐渍化(Ⅵ)	特重度盐渍化Ⅵ	>16.0	1.2

分灌区来看，除去非盐渍化土耕地面积，将含盐量划分为三个层次后，三大灌区轻盐渍化土面积合计为 0.3 万 hm²，其中双塔灌区占 20.0%，昌马灌区占 73.3%，花海灌区占 6.7%；重度盐渍化土面积合计为 0.48 万 hm²，其中双塔灌区占 4.2%，昌马灌区占 87.5%，花海灌区占 8.3%；(特)重度盐渍化土面积合计为 0.5 万 hm²，其中双塔灌区占 10%，昌马灌区占 72%，花海灌区占 18%。总体来说，昌马灌区的土壤条件最好(表 8-2)。

表 8-2 疏勒河三大灌区土壤不同盐渍化面积分布

灌区	轻度盐渍化土占比/%	重度盐渍化土占比/%	(特)重度盐渍化土占比/%
双塔	20.0	4.2	10
昌马	73.3	87.5	72
花海	6.7	8.3	18

此外，耐盐碱作物如高粱、大麦、棉花、甜菜等的适时选种也是适应盐碱土的一大顺应措施，属于生态经济效益的范畴，然而仅从生态效益来看，疏勒河流域伴随移民开发工程在治理盐碱土地方面的配套工作是卓有成效的，排盐碱措施和适应性措施形成了统一，实现了"治疏"结合的综合性解决方案。

2. 水资源变化

对于水资源本就十分稀缺的疏勒河流域，规模庞大的耕地开发给水资源的生态效益带来了不可估量的影响。分农业灌溉区来看，以地下水灌溉为主的昌马、双塔、花海三大灌区，地下水水位持续下降。从三大灌区的实际观测资料可以看出，至 2013 年，昌马灌区 10 个地下水钻取点的平均水位为 17.56m，双塔灌区为 13.07m，花海灌区为 24.06m。总体上地下水位下降不是很快，十年年平均下降深度分别为 0.12m、0.34m 和 0.63m。这说明昌马水库等蓄水工程及时补给了地下水，使得地下水资源不仅用于新垦耕地的开发和农田扩张，而且保证了地下水自循环，短期内不至于"入不敷出"。从分水文地质条件来看，玉门盆地的地下水位属于相对稳定区，1997～2012 年年平均水位变幅为 0.35m，蓄水变量合计 0.46 亿 m³；瓜州敦煌盆地总体为地下水位上升区，年平均水位变幅为 0.44m，蓄水变量合计为 0.7125 亿 m³。地下水位的变化和三大灌区灌溉用水量的变化相得益彰，互为反馈。正是因为三大灌区的地下水位下降幅度不大，玉门和瓜州的地方水利部门才能详细有力地制定疏勒河流域灌溉配套水利设施建设计划，并保障其按部就班地稳步实施。但是，由于疏勒河没有黑河那样的大规模流域调水计划，水资源贡献主要还是上游的祁连山区冰川融水，水资源的使用也是集中于内部消化。因此，建立灌区内部一个良好的灌溉制度显得尤为重要。除了地下水位的改变，地表水质的变化更为突出，也产生了较为明显的生态影响。

首先，2003 年，疏勒河上游昌马堡水文站记录的年输沙量为 215 万 t，而 2012 年，昌马堡年输沙量为 237 万 t，低于多年平均值约 15.7%，比 10 年前增加 10%，汛期输沙量基本保持不变。这可以从侧面说明上游草场对整个流域水土保持控制较好，没有发生较大规模的水土流失，也没有造成河流输沙量的剧变。其次，疏勒河干流的水质下降很快，总体上已由 2003 年的 Ⅰ 类水占 93.4%，到 2009 年几乎不见 Ⅰ 类水质水体，Ⅱ 类水质占河流评价总长度的 100%（表 8-3）。虽然从水资源利用的角度，Ⅱ 类水质可以继续开发使用，但是不可忽视的是河流水质下降太快，必须立刻治理，否则发展到如东部地区 Ⅴ 类水和超 Ⅴ 类水遍及河流的时候，水污染治理就已经成了重大难题，积重难返。以党河、疏勒河干流、石油河三条主要干支流为例，造成河水水质下降的主要原因是污染物排放，排放超标的项目即氨氮超标，这与人类活动息息相关。畜牧业的高速发展、生活用水的不断增加，是造成氨氮超标的主要原因。这也客观上说明了疏勒河移民迁入区的人口增长的同时，农业、畜牧业极速扩张。三大干支流中，人口较多、连片绿洲面积较大、农业资源发展迅速的党河和疏勒河干流受影响最大，党河的 Ⅱ 类水占比增加了 3 倍，疏勒河干流的 Ⅱ 类水增加了约 2.6 倍，但是水质下降速度尤为严重的还是石油河。由于玉门石油资源数十年的开采，石油河积累的污染问题已经愈发严重地暴露出来，疏勒河流域的主要劣类水质都集中出现在石油河流域。2003 年，由于玉门石油资源日渐枯竭，石油开采活动渐渐不成规模，Ⅲ 类及以上水质还可以占到 74%，但是 Ⅳ 类及以下水质已经悄然出现，合计占石油河总长度的 26%。至 2009 年，石油河近四分之三长度分布的都是 V 类水，水污染已经十分严重，水质已完全恶劣，不仅已经完全不可使用，还对疏勒河流域的土壤资源造成很大威胁，继而给疏勒河移民迁入区的工农业生产带来不可估量的负面影响。因此，治理石油河水质刻不容缓。

表 8-3 疏勒河干支流代表年份水质变化情况

年份	河流名称	评价总长度/km	各水质类别的河长/km					
			I 类	II 类	III 类	IV 类	V 类	超 V 类
2003	党河	350	225	87.5	37.5	—	—	—
	疏勒河干流	510	355	140	15	—	—	—
	石油河	88	25	20	20	8.5	7.5	7
	小计	948	605	247.5	72.5	8.5	7.5	7
2009	党河	228	—	228	—	—	—	—
	疏勒河干流	279	—	279	—	—	—	—
	石油河	90	—	25	—	—	65	—
	小计	597	—	532	—	—	65	—

　　分季节来看，汛期可以带来多余的未被污染的融水或者雨水，使得污染物浓度被稀释，因此汛期的污染程度较枯水期要轻(表 8-4)。随着疏勒河出山径流汛期的延长，特别是昌马地区时有山洪出现，疏勒河水质治理也应在季节上有所改变。

表 8-4 疏勒河干支流代表年份季节性水质变化

代表年份季节	河流名称	评价总长度/km	各水质类别的河长/km					
			I 类	II 类	III 类	IV 类	V 类	超 V 类
2009 汛期	党河	350	250	70	30	—	—	—
	疏勒河干流	510	350	130	30	—	—	—
	石油河	88	30	20	15	5	18	—
	小计	948	630	220	75	5	18	—
2009 枯水期	党河	350	200	100	50	—	—	—
	疏勒河干流	510	300	100	110	—	—	—
	石油河	88	20	20	10	15	15	8
	小计	948	520	220	170	15	15	8

3. 森林资源变化情况

在现有的技术条件下，植树造林不仅可以涵养水源，还可以有效地抵御风沙灾害，保护耕地作物正常生长，而且林业资源本身就是一项传统经济产业。20 世纪 70 年代，疏勒河流域人迹罕至，风沙愈起愈烈，地方政府统一倡导规划，同时各大国营农场开始自发地规模化植树运动。后来，由于从中央到省市的退耕还林工程，同时加上以培育保护林业资源为主要目的的"天保工程"的不断实施，区域内林业资源已成规模。2001～2012 年，以玉门为例，全市累计植树造林面积 1.17 万 hm²，其中退耕地还林 0.20 万 hm²，荒山荒地造林 0.39 万 hm²，封滩育林 0.58 万 hm²，完成了林业部门的十年规划，年均造林面积为 0.10 万 hm² 左右(图 8-1)。与玉门镇搬迁新玉门市同时期开展的植树造林规模较大，单 2005 年，造林面积即 0.29 万 hm²，是年平均造林面积的 2.9 倍左右，这说明林业部门的协调跟进工作与其他建设是步调一致的。另外，为了巩固退耕还林项目的成果，从 2008 年开始，玉门年均完成薪炭林建设 39.1hm²，补植补造 191.1hm²，种苗基地建设 83.6hm²，中药材基地建设 100hm²。在疏勒河移民迁入区，经过了数十载持续不断的植树运动，年大风天数已经大大减少，由 20 世纪 80 年代的年均 100d 以上，减少为现在年均 50d 左右。这是因为植树造林将容易造成沙尘暴的风沙源固定住，使其从根本上难以促成沙暴，继而减少了风沙天数，避免或者降低了风沙灾害的经济损失。

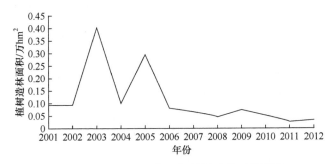

图 8-1　2001～2012 年玉门植树造林面积情况

对于河西地区西端特别是内陆河流域，风沙灾害是一项标志性的特殊灾害，几十年来给疏勒河地区的居民造成了持续的困扰，不仅持续时间较久，而且危害面积较广。近年来，由于移民迁入区的经济规模不断加大，居民财产保有量不断增多，有记录的风沙灾害给区域内农业经济造成的损失也在加大。从有记录以来，瓜州遭受风沙灾害天数在 1972 年出现过 90d 之多，同年玉门遭受风沙灾害天数达 150d。持续的植树造林使得风沙灾害天数也在逐年减少。从 2002～2012 年，瓜州和玉门的风沙灾害天数都稳定在 20d 左右。

4. 疏勒河流域植被及地表景观变化

疏勒河流域天然生长的植被主要有胡杨、柽柳、梭梭、白刺、沙拐枣、骆驼刺、沙枣、芦苇、胀果甘草、罗布麻、盐爪爪、芨芨草、麻黄、苏枸杞、盐穗木等，主要土壤分布类型为盐土、潮土、棕漠土、草甸土、风沙土、沼泽土和灌淤土。以干旱区大漠地带唯一能天然分布的乔木树种——胡杨为例，酒泉地区的胡杨资源分布占甘肃省近8成，胡杨林的变化最能标志植被群落及地表景观变化。1997年的植物群落调查显示，安西和玉门的胡杨林面积分别为 2520hm^2 和400hm^2，所占比例较大的是成熟林、中龄林，而幼龄林较少，分别占 17%、56%和 27%，群落分布呈梭形结构。但是，胡杨林的生长面临着地下水位等自然限制因子的影响。2012 年的调查显示，疏勒河中游地区，胡杨中龄林占总数的 72%，成熟林占 23%，幼龄林占 4%，衰退林占 1%；下游绿洲，胡杨中龄林占 33%，成熟林占 39%，幼龄林占 4%，衰退林占 24%，群落分布呈倒金字塔型，出现衰退迹象。这是因为部分农场的扩张，将胡杨林开垦为棉花地，且土壤盐渍化和次生盐渍化影响了胡杨幼苗的生长，造成幼苗缺失。不过值得肯定的是，人工灌溉保证了原有胡杨的长势，保证了胡杨群落中龄林和成熟林的数量。

5. 生物多样性变化

对于疏勒河上游地区，地理位置和生态功能十分关键和显要。虽然该区不属于疏勒河开发及移民迁入的主要规划区域，但是上游地区有着丰富的寒区荒漠和草甸，为保证中下游农业发展的出山径流提供支撑，并为该区特有的珍稀动植物生长提供了不可或缺的栖息地。但是，由于疏勒河开发工程的不断深入和移民群体的不断迁入，人口数量增长速度过快，逐渐造成生态环境的恶化。具体体现在，生物多样性资源不断受到威胁，急需制订一个详细的生物多样性保护计划。文献资料显示，疏勒河上游广大地区现有野生植物、野生高等动物共 889 种，其中维管束植物 555 种、动物 334 种，国际级保护物种 50 种，共形成 6 种生态系统类型。所有物种中，种群或群落有较大生存威胁的有 289 种，还发现 7 种外来入侵物种，低于国家同类生态系统动植物资源生存现状的平均水平。

疏勒河地区已经建成了一个完备的野生动植物保护网，并纳入到国家监测网络。针对野生动植物的保护，有垂直管理机构统一管理，也有相应的保护政策正在实施。具体地，建有荒漠生境物种资源数据库和西部特色动植物园，分别对疏勒河流域城市工农业用水水源地和野生动植物生态系统进行有针对性的保护。同时，从生境相邻性和物种相似性的考虑出发，划分了三大自然保护区群：第一个是大敦煌区域保护区群，包括"西湖""阳关""安南坝"三个自然保护区，主要针对建立国家级的荒漠野生动物如野骆驼的物种资源库；第二个是湿地水域保护区群，包括"盐池湾""大苏干湖""小苏干湖"自然保护区，主要针对保护疏勒河流域内完整的水源地生态；第三个是极干旱保护区群，包括"安西国家级极旱""疏勒河中下游""肃北马鬃山"自然保护区，主要针对保护西部特有和稀有的动植物生态系统。

8.3　移民开发的政策性效益

8.3.1　移民政策的政策性效益

自然资源提供了疏勒河移民的基本物质来源，而涉及的农业自然资源主要有土壤、地下水、地表水、地表景观、生物多样性等，这些都体现了移民政策给移民迁入区带来的生态效益改变。相应地，为了更好地利用自然资源，移民群体增加耕地面积、修建基本水利设施、改变种植结构、畜牧业结构和农牧业比例，增加个人收益，变荒地为宝地。因此，移民工程实施的另一个巨大影响集中体现在涉农自然资源的数量变化及随之而来的经济效益改变。

1. 耕地资源变化

1999～2013 年，疏勒河流域耕地面积从 4.20 万 hm² 增加到 7.34 万 hm²，增加了约 75%，这首先说明疏勒河项目开发对于土地利用和覆被变化的影响是巨大的，大量非耕地变为耕地用于农田开垦(图 8-2)。其中，玉门市总计新增耕地 0.86 万 hm²；瓜州县增加了 2.27 万 hm²，并保持持续增加态势。其中，2001～2003 年，玉门耕地面积下降，很大一部分原因是，玉门市驻地由石油挖掘处老玉门镇向现在的驻地玉门新市区搬迁，一部分行政村重新规划，同时新市区大规模建设期间占用部分土地，造成耕地短时间内略有减少。而且 2005～2006 年，瓜州县由原来的"安西"复名为"瓜州"，一部分行政区重新合并规划，造成了耕地统计上的账面变化。但是，不可否认的是，疏勒河流域的开发力度很大，耕地面积增加较快，为农田成片规模化经营建设和农业产业化发展提供了有力的基础。2010 年的

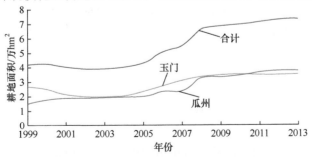

图 8-2　1999～2013 年疏勒河流域玉门、瓜州耕地面积变化

土地调查显示，荒漠生态区的面积占疏勒河走廊总面积的 72.9%，半荒漠化生态区占 11.9%，综合绿洲生态区占 15.2%。耕地在抗沙化、盐碱化的同时，首先保证了遵守国家一再重申的关于耕地的"红线"制度。

2. 种植结构变化

经过十余年的耕作和市场反馈，疏勒河流域对于水土资源的利用趋于稳定而合理的状态，种植结构大体框架已经基本形成。在市场规律的调解下，农户必然将同样数量的水土资源利用重点转移到产量更高同时效益更好的农作物上来，但是应该首先保障粮食作物的种植，尽管区内耗水最多且以大水漫灌为主要灌溉方式的重要农作物就是粮食。根据统计资料，玉门市的主要粮食作物(包括小麦和玉米)种植面积由 21 世纪初期的 0.65 万 hm² 略微增加到了 0.69 万 hm²，增长幅度不大；瓜州县的主要粮食作物种植面积由 0.33 万 hm² 增加到了 0.46 万 hm²，增加了 0.13 万 hm²，增幅达 39%，标志着瓜州复名以来担负着疏勒河移民的主要粮食供应任务，变为实际意义上的河西粮仓(图 8-3)。这也客观说明玉门撤镇改市以来，紧紧抓住了老工业资源枯竭型城市转型的契机，在保证粮食生产和农业基本发展的前提下，积极招商引资，沿着以未来高新产业为领头羊的新型工业城市发展道路坚实前进。

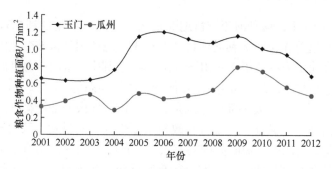

图 8-3　2001～2012 年疏勒河流域玉门、瓜州粮食作物种植面积变化

但是，粮食作物终究只是保证生活基本需求的农业种植作物类型，对于农业占重要地位的疏勒河流域，农业产值占地区生产总值(地区 GDP)的比重超过一半，仅仅发展粮食作物种植是远远不够的。玉门、瓜州两地大力倡导沙漠植物产业，积极推广内陆河特色种植业，种植结构越来越合理。玉门市历来重视经济作物的种植，2000 年以来大力倡导特色经济作物的大面积种植，成为国家重要的啤酒花种植生产基地；瓜州县因"瓜"得名，本就是盛产瓜果的西域名城，不仅引进了价格较高、耐旱耐盐碱的品种，也积极推广种植以锁阳为主的中药材，效益较好。2000～2012 年以来，玉门市经济作物种植面积由 0.82 万 hm² 增加到了 2.92 万 hm²，规模增加至原来的约 3.6 倍；瓜州县经济作物种植面积由 1.13 万 hm² 增加到了 2.79 万 hm²，

规模增加至原来的约 2.5 倍(图 8-4)。除去市场价格因素，农民面上收入将近翻了两番。以玉门为例，形成了"五个 10 万亩"的种植结构布局调整，即 10 万亩蔬菜、10 万亩特色林果(枸杞 8.76 万亩，葡萄 1.6 万亩)、10 万亩粮食作物(粮食作物种植面积 9.82 万亩，其中小麦 5.45 万亩，大麦 2.34 万亩，玉米 2.03 万亩)、10 万亩特色经济作物(西瓜 3 万亩，甜瓜 3 万亩，红花、甘草等中药材 2 万亩，制种玉米 2.5 万亩)、10 万亩常规经济作物(孜然 3.5 万亩，茴香 3.5 万亩，食用葵花 2.5 万亩，胡麻、油葵各 1 万亩)。其中，日光温室种植蔬菜达到 1.64 万亩，与大田蔬菜比约为 1:4，说明整个玉门地区的新型农业转型已是大势所趋。总的来说，移民迁入前后疏勒河移民迁入区粮食作物的种植面积比例有所下降，经济作物和其他高价值作物种植面积比例增加很快，客观上为增加农民收入创造了条件(表 8-5)。

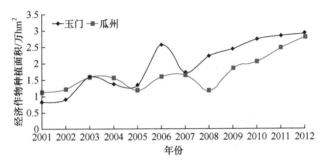

图 8-4　2001～2012 年疏勒河流域玉门、瓜州经济作物种植面积变化

表 8-5　疏勒河流域代表年份作物结构及种植面积变化

作物类型	作物种类	1997 年		2010 年	
		种植面积/hm²	比例/%	种植面积/hm²	比例/%
粮食作物	小麦	2649.3	38.2	1414.2	9.0
	玉米	812.1	11.7	246.2	1.6
	棉花	2967.2	42.7	5390.0	34.2
经济作物	油料作物	96.1	1.4	506.5	3.2
	蔬菜	247.2	3.6	604.2	3.8
	瓜类	154.5	2.2	5393.5	34.2
其他作物	药材等	13.6	0.2	2200.0	14.0

3. 畜牧业规模与结构变化

在疏勒河移民区的农业结构中，畜牧业规模与产值比种植业高出不少，地位不分伯仲(图 8-5)。2001～2012 年，移民区畜牧业结构有了很大的调整。首先是生

猪数量减少，羊数量大幅增加，这与市场需求有很大关系；其次，肉牛数量小幅增加，除此之外还出现了规模化大牲畜如驴养殖等，这都是市场调节和政府指导共同作用的结果。当地政府在发展风电、石油制造业等工业产业的同时，把新型畜牧业也作为重中之重，作为招商引资的吸引项目之一。例如，山东省已经提出把毛驴养殖列为畜牧业的主体之一，这是因为鲁西北的阿胶主要原料就是驴皮。随着中医文化重新被认识和理解，中医药的保健价值越来越受重视，中医药产业已经渐渐重启辉煌。作为非物质文化遗产的阿胶，市场需求越来越大，对原材料驴皮的需求量随之增加。但是山东并不是传统的主要畜牧养殖区，需要从外地调配补充，长期看来更加需要"异地造血"。因此，山东阿胶原料的紧缺给疏勒河流域带来了畜牧产业转型的契机。由此可以看出，东、西部经济合作也是十分必要的。

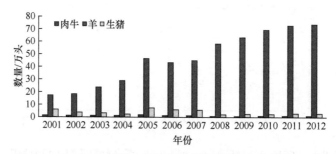

图 8-5　2001～2012 年疏勒河流域畜牧业数量及规模(见彩图)

　　总体上讲，疏勒河流域农业、林业、畜牧业比例有些失调，亟待调整。至 2012年，疏勒河中下游移民迁入区的传统农业产值占农业总产值的 75.1%，林业产值占农业总产值的 1.3%，畜牧业产值占农业总产值的 23.4%，渔业产值占农业总产值的 0.2%，渔业忽略不计，可以看出林业占比太低，畜牧业占比偏多。2000 年，农牧业的比例大约为 4∶1，已有所调整。这说明市场化以后，由于利益转化快，迁入区居民对农牧业的热情增高，但是从长远来看，保持合理的农牧业比例是发展之策。

4. 灌溉制度变化

　　从 20 世纪初大力兴修水利到 2001 年，疏勒河流域玉门和瓜州地区电力机井数量从无到有，已达两千余口，考虑折旧因素，机井建设速度稳步提升，基本保证了灌区内有田必有井，同时保证电力配套。1985～2000 年，玉门和瓜州地区机井数量共增加 372 口，规模扩大了 1.2 倍。其中，仅玉门市就增加了 357 口，占绝大部分。这是因为玉门市灌溉机械化程度高，同时也说明灌溉方式还是以漫灌为主，农民灌溉意识停留在大水"浇地"阶段，水资源的充分利用程度并不高。

虽然瓜州机井数量没有太大提升，但是经过多年的持续努力，陆续兴建了十工农场、南岔等数个新农业示范区，并在区内大力倡导和推广发展滴灌、喷灌等高新灌溉技术，实现了灌溉方式的及时转型。不过，初步调查显示，灌溉方式还没有完全在三大灌区推广，还需要大量的基础工程实施和农业政策的倾斜。机井数量的增加，表明农业对水资源总量的需求加大，给地下水位带来下降压力，也会使地表水量和土壤水分含量发生亏缺。因此，水的问题叠加市场规律，对当地农民种植意愿会产生十分深远的影响。

8.3.2　疏勒河流域移民水资源利用效率

对于疏勒河移民迁入区来讲，水土资源特别是水资源制约着该区的经济社会发展，也可以说，水是内陆河干旱区工农业发展的瓶颈和最宝贵的资源。1990年以来，随着水资源开发利用程度不断加深，疏勒河流域水资源利用程度也在不断增加。总供水量由 1990 年的 9.1 亿 m³ 增长到 2010 年的 18.1 亿 m³，总供水量增长了 99%。同时，水资源开发利用程度也由 42% 增长到了 75%，开发利用的力度较大(表 8-6)。

表 8-6　1990～2010 年疏勒河流域水资源开发利用程度

年份	总供水量/亿 m³	人均用水量/[m³/(人·年)]	水资源开发利用程度/%
1990	9.1	2963.3	42
1997	10.8	3074.5	45
2000	10.9	2912.5	47
2001	11.5	2742.1	46
2002	11.1	2765.3	48
2003	11.2	2840.6	48
2004	11.4	2576.7	50
2005	11.7	2500.1	55
2006	12.8	2691.9	55
2007	12.9	2695.6	62
2008	14.6	3060.3	68
2009	17.7	2771.5	70
2010	18.1	3523.1	75

此外，针对水资源的利用，将三大灌区的用水结构和分类进行统计，对比得出流域水资源利用效率，继而寻找水资源在使用过程中存在的亟待解决的问题。城镇居民生活用水方面，昌马、花海和双塔三大灌区水井数量依次减少，生活用水量也依次降低。生活用水占整体用水比例的 3.02%，三大灌区内居民生活用水

比例在 5% 上下浮动(表 8-7)。由于该区在工业设置之前就考虑到水资源耗费问题,区内工业集中在新能源或者高级农副产品加工业,较好地控制了用水比例,工业用水量总体占整个城镇用水量的 1.14%。

表 8-7　疏勒河流域城市水资源利用比例

灌区	城镇居民生活用水			工业用水		
	水井数量	用水量/万 m³	用水比例/%	水井数量	用水量/万 m³	用水比例/%
昌马	112	1178	5.23	84	370	1.64
花海	83	783	4.38	8	73	1.37
双塔	77	602	5.74	5	2	0.02
合计	272	2563	15.35	97	445	3.03

农村居民用水方面,占比较大的是农业灌溉用水,占全部农村用水量的 94.1%,其中双塔灌区灌溉用水量占到 99.4%,说明绝大部分的水资源用于灌溉;农村生活用水量比例较小,占总用水量的 1.7%,花海最多,占到 3.7%,而双塔仅占 0.6%。

综上可以看出,疏勒河流域灌区内,地下水的主要利用渠道为农业用水,灌溉用水总量为 36747 万 m³,占全部地下水取水总量的 90% 以上,同时也是少数农村地区生活供水的唯一来源。受气象、水文和人类因素的综合影响,灌溉制度对地下水资源影响很大,除了花海灌区略有下降外,昌马和双塔灌区地下水位近十年均保持稳定,说明这些地区的地下水调节能力较强。但是,也不能忽视一点,疏勒河流域的地下水水质恶化速度较快,区域内几乎没有 I 类、II 类水质,III 类及 IV 类以下水质占到一半以上。虽然有一定的水文地质影响因素,河流出山后的倾斜平原地貌使得地下水自流向下游的灌区,但是水质问题主要还是叠加了人类活动的因素。疏勒河下游是农业较为发达地区,灌溉水的重复利用率较高且蒸发量较大,盐分的持续积累造成矿化度不断增大,而且化肥、农药的施用愈加频繁,水源污染日趋严重。

农作物种植主要消耗的就是水资源,因此基于彭曼公式算出了各种作物地类的潜在蒸发量,最终得到流域内各种常规作物的虚拟水含量,为转变用水方式和水管理制度提供参考(表 8-8)。棉花的虚拟水含量最多,而且瓜州和玉门的棉花虚拟水含量一致,表明种棉花的用水方式一致,比较耗费水。瓜州的小麦虚拟水含量高于玉门,说明在大田粮食水资源利用效率方面,瓜州不如玉门。另外,同属经济作物,如果棉花、水果和蔬菜的经济效益相差不到 5 倍,棉花的虚拟水含量就显得过高。在水资源利用上,应该将种植主体从棉花调整一部分到水果和蔬菜。

表 8-8　疏勒河流域常规作物的虚拟水含量

区域	作物种类	潜在蒸发量 /(mm/a)	生长期有效降水量/mm	净灌溉水量 /mm	产量/(kg/hm²)	虚拟水含量 /(m³/kg)
瓜州	小麦	512	30	482	5102	1.0
	玉米	537	28	508	8718	0.6
	棉花	819	38	781	1359	6.0
	蔬菜	423	17	406	22214	0.2
	水果	486	45	429	4217	1.1
玉门	小麦	386	37	348	6072	0.6
	玉米	402	35	367	6465	0.6
	棉花	613	50	564	986	6.0
	蔬菜	319	22	297	24850	0.1
	水果	339	60	273	3787	0.9

8.3.3　移民迁入区水资源环境承载力

气候容量的概念是基于水资源环境承载力的传统计算方式，因此通过计算疏勒河流域的相对水资源环境承载力，来研究水资源开发的区位比较优势，以回答区域未来发展之问。

一般，相对水资源环境承载力分为人口承载力和 GDP 承载力，二者计算方法和意义大致相同，这里计算 GDP 承载力。相对水资源经济承载力计算方法如下：

$$C_{ap} = \frac{C_{qp0} \times \sum_{i}^{n} T_{ip}}{Q_{ap0}}$$ (8-3)

式中，C_{ap} 为相对水资源环境承载力；C_{qp0} 为参照地区 GDP 总量；Q_{ap0} 为参照区域水资源利用量；T_{ip} 为研究区水资源开发量。参照区域选择甘肃省。

由表 8-9 可知，2000~2010 年疏勒河流域地区水资源开发利用由粗放型向集约型转变，万元 GDP 耗水量下降幅度较大，但是与甘肃省平均水平相比，万元 GDP 耗水量过高，以上年份基本上是甘肃省万元 GDP 耗水量的 3 倍，这与疏勒河流域地区用水集中在农业领域有很大关系。在水资源开发总量增加不大的情况下，GDP 承载力不断增加，水资源相对 GDP 承载力增至原有的 3 倍，但是，总的来说，疏勒河地区用水效率偏低，一方面与产业结构中农业占较大比重相关；另一方面，粗放的用水方式使得水资源没有有效地进行二次利用，循环利用率不高。可以说，水资源短缺与利用效率不足在一段时期内还将给疏勒河流域地区的生活、生产建设与生态环境带来相当大的约束。

表 8-9　2000～2010 年疏勒河流域移民迁入区相对水资源 GDP 承载力变化

年份	水资源总量/亿m³	万元 GDP 耗水量/m³	相对水资源 GDP 承载力/亿元
2000	21.8	1623.6	118
2001	22.4	1758.2	127
2002	23.5	1866.2	135
2003	23.7	1839.9	129
2004	20.8	1551.8	134
2005	24.7	1953.3	126
2006	25.0	1746.3	143
2007	22.4	1504.9	179
2008	22.4	1211.6	185
2009	23.4	927.8	252
2010	30.2	792.2	382

8.3.4　移民迁移政策实施后的农户生计评价

农户生计是政府一切农业政策实施的最终目标，也直接决定政策实施的效果评价。因此，深入生产一线和农户家中，调查居民收入变化、工作种类、教育水平，以及农民应对气候变化的适应性和措施。2015 年，农业部启动"百乡万户调查"活动，培训专门的调查员，深入农村，走进农户，把中央的惠农富农政策送进农户家中，把农民的民生诉求反映上去，掌握"三农"实情，就土地确权、适度经营、发展培育新农业、农村社区化社会化服务、土地流转等重点问题进行详细的调查。这充分证明，在现今信息流高速传播，各种高科技调查方法都可以应用的前提下，调查问卷还是一种全面而有效的手段，可以更为贴切地察实情、办实事。移民迁移政策改善民生的效果，不仅取决于政府和参与者的态度，更多地取决于农户的个体行为。人类在追求健康的身体条件、更加适宜居住的生存环境、群体安全性等方面在理性范围内是自发的，而且在相当长的时间内也不会改变。尤其重要的是，移民群体对于收入的追求也是持续不变的，但是每家每户收入的来源却各不相同。

首先，为了应对气候变化给农业经济带来的气候灾害，采取了不同的策略。其次，参与国家级大工程建设的程度和利益分配情况，也不尽相同。农户的这些方式、策略对当地的水资源和土壤资源有着不同程度的反馈，造成资源的增加或减少。对于"利益攸关者"特别是政府而言，在复杂的自然和社会背景下，掌握农户与资源、市场效益之间的反馈机制,可以为产业调整、政策制定等提供一定的参考和思路。调查分为农户基本情况调查、工作调查、收入来源调查、气候变化状况调查、应对气候变化调查及应对措施评价调查几个部分。首先设计好问卷,其次在中国科学院西北生态环境资源研究院(原中国科学院寒区旱区工程研究所)内进行小范围的讨论和预调查,最后在疏勒河地区进行了一次全面调查。

1. 移民农户对移民开发政策的拥护程度

普遍意义上的生态移民,一般是高一级政府主导,地方政府配合,基层政府组织实施,群众的拥护程度和声音在政策施行的过程中按照绝大部分人支持和拥护来对待。我国是一个有着悠久文化历史的国家,中国人对家乡的眷恋之情超出了对出生地自然条件、经济发展水平、社会文明程度等被归类的评价标准。可以说,中国人的安土重迁是一个不可回避的问题,考虑多项指标是不够的,而移民工程以往没有全面地考虑移民开始或者定居他乡时的心理诉求。因此,了解移民动机和态度,对于落实移民生态补偿及减小生态保护政策实施压力是很有必要的。

调查显示,在疏勒河移民开发工程项目中政府的移民工作安排比较到位,工作及时统一,考虑到了移民的衣食住行方方面面,许多移民村还保留了迁出区的原名,帮助他们尽快适应安置地(表 8-10)。96.5%的受访者对移民政策的具体实施步骤、内容和计划都非常了解,落实到基层中的各项措施也都知晓。59.0%的受访者对移民政策非常满意,35.7%的受访者一般满意,但认为有改进的空间。95.1%的受访者认为疏勒河移民开发工程对改变原有居住条件、增加居民收入有很大帮助,他们拥护政府的移民政策,部分沿线居民在兰新第二铁路建设等大工程建设过程中搭到便车,家庭平均可支配收入上了一个层次,拓宽了家庭的收入来源;3.3%的受访者认为移民政策实施之后,生计水平与原来相当,只是因为地方性政策要求或者新居住区较为适合才迁移至此;仅有 1.6%的受访者认为疏勒河开发和移民工程对改善民生毫无作用。虽然移民后的收入比移民前有不小的改观,但是横向比较后认为收入增加不够快,对现有的生计状态不满意。

表 8-10　移民对政策的了解与满意度　　　　　(单位: %)

类型	不甚	一般	非常
对移民政策了解程度	2.1	1.4	96.5
政策满意度	5.3	35.7	59.0
生计改善程度	1.6	3.3	95.1

疏勒河移民有相当部分是少数民族群众,各民族农业作业的习惯不同,农业

经济发展方式也不相同(表8-11)。

表8-11　调查受访者民族构成及家庭结构

类型	类别	所占比例/%
民族构成	汉族	80.40
	回族	7.40
	东乡族	8.70
	其他	3.50
家庭结构	2口及以下	10.90
	3～4口	48.50
	5～6口	31.70
	7口及以上	8.10

80.40%的移民受访者为汉族，大多来自于岷县、陇南；16.10%的受访者为回族和东乡族；还有个别是其他民族，占3.50%，来自于古浪、东乡等地区，信奉伊斯兰教。政府在移民政策实施过程中考虑到了移民的宗教信仰需求，兴建了伊斯兰宗教建筑，充分尊重他们的宗教行为。东乡族居民不愿意从事传统种植业，倾向于养殖业，而且仅能养殖牛、羊等家畜，也不愿与汉族混居。因此，政府在独山子和小金湾设置了东乡族自治县，满足了他们的安居意愿。此外，受访者的家庭人口数反映了其家庭结构，48.50%的家庭属于核心家庭，人口数在3～4口；独居或与子女分开居住的老年家庭占10.90%；子女较多的聚居家庭占31.70%；7口及以上人口往往是子女和父母聚居型家庭，占8.10%。家庭结构直接影响收入水平和来源，继而影响整个农户的生计水平。

2. 移民给迁入区的农户生计带来的影响

移民甫一迁入，生计资本主要来源于农业；而现在，家庭生计资本来源从纯农业发展到农业、牧业、商业、外出打工等多种来源，并可以相互组合。因此，按照实际情况将农户生计资本来源分为纯农业、农牧业为主、农牧商业兼有、农业和商业兼有、商业和外出打工为主、农牧业兼外出打工、其他等类型。

农户生计绝大部分还是农牧业为主，占41.9%，纯农业占15.2%，在家从事农牧业、农闲时外出务工的家庭占16.2%，家里从事农牧业、兼有开商铺或者买卖等初级商业的占19.1%，这说明移民迁入区农户大部分还是以农牧业为主，随着社会经济发展，有条件从事商业活动或者通过外出打工来增加收入来源。另外，农业和商业兼有的占4%，这是因为随着城镇化的进行，移民"住楼房开商店"，不影响传统农业行为，但是从事畜牧业的条件已经不存在，这部分人多在城镇化区域的边缘或者是城乡结合部。还有一部分农户从事农、牧、商并且外出务工，他们往往为了增加收入农闲时出去打工，或者家族成员为老、中、青结合，整个家庭的职业种类和收入来源多样化。部分少数民族移民，由于没有足够的农业种植技能，只能单一地从事畜牧业活动。

本次收入水平调查显示，农户每户平均年收入为 9750 元。以典型移民迁出区岷县为例，2012 年农民人均纯收入为 3384 元，而调查的瓜州和玉门地区农户人均年纯收入为 4750 元，超过了移民迁出区，增收效果明显。但是，移民仅占疏勒河原住民收入的 1/6 社会地位和收入水平与疏勒河非移民区还有较大差距。2000 年以来，岷县农民人均收入与疏勒河移民迁入区农民人均收入比较结果，大体厘清了移民迁出区与迁入区收入差距的演变，移民迁入区农户的收入水平有较大提高。在刚迁入的 2001 年，人均年收入不足 500 元，2012 年增长到 3750 元，增长了 6.5 倍(图 8-6)。但是，移民农户的收入水平还是偏低，与迁出区相比，移民背井离乡的代价不小，收入长期处于贫困线以下，直到 2014 年还有 3 万移民靠着低保生活。但是，经过十几年的持续发展，移民收入水平基本超过了迁出区的同期水平，这是移民开发工程的巨大成功。

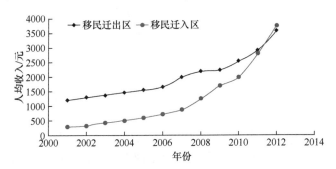

图 8-6　2000～2013 年移民迁出区与移民迁入区家庭人均收入对比

3. 移民群体生计水平提高面临的难题

移民家庭受教育程度普遍不高，家庭支出负担过重，支出渠道过多，是移民群体生计水平提高所面临的主要难题。家庭成员平均受教育程度和收支平衡程度是影响农户生计水平的决定因素。据调查，移民受教育程度普遍不高，主要集中在初中文化程度，约占 41%，另有 49% 的居民教育程度在小学或者小学以下，高中文化程度占 6%，仅有 4% 的人受过大专及以上教育。

农业发展必然需要引进大量的先进技术，农业结构向高科技和高附加值转化的过程中也需要一定的新农业技能和科学知识。如果居民受教育程度不高，不仅会造成先进农业技术普及的滞后，还会使得一些积极的带动性政策不被理解，这是一个亟待解决的问题。虽然国家已经大规模普及义务教育，移民也十分拥护和支持，但是教育现状不是一个孤立的和短期可以改变的问题。教育水平可以长期影响农户生计状况，或者可以说是一种长期投资，同时，它也是移民农户现实收入和支出的一种反馈。因此，教育水平应该与家庭收入水平和支出状况结合起来分析讨论。

各个家庭情况不一样，但是整体上家庭支出渠道有抚养孩子、农业成本、生活基本需要、医疗等，它们构成了移民家庭支出的主要组成要素。以抚养孩子为主的家庭一般为核心家庭，以医疗支出为主的主要是老年家庭。不可否认的是，农业成本如种子、化肥、农药、水费等是一般的农业家庭负担较重的主要原因。但是，农村普遍已经开展的医疗保险和农产品、农机具补贴，客观上减轻了农民的负担。一般情况下，移民家庭的主要支出还是生活基本需要和农业投资。如果抚养孩子成本过高，家庭一般不会选择让青少年继续进行高等教育，造成了疏勒河地区居民受教育程度的提升困境。

8.3.5　气候变化对农户农业行为的影响

气候变化是一个不争的事实。水土资源承受能力薄弱的疏勒河移民区，人口多、底子薄，农业发展的基础也较差(贾芳，2013)。近年来，移民在农业和日常生活中对于气候变化的感知有所变化，气候变化的影响有所增加。

47.8%的受访者对气候变化有感知，主要特征就是气候灾害愈演愈烈；32.1%的受访者认为气候灾害轻微加重，主要体现在干旱形势加重，风沙灾害严重和霜冻加重；19.1%的受访者认为气候灾害没有变化；仅有1%的受访者认为气候灾害有所减轻。

随着气候变化的程度日渐加深，气候灾害对于移民农业及生活的影响也在加大(图8-7)。有50.3%的受访者认为气候变化带来的灾害有很大影响，造成的损失加大；21.1%的受访者认为气候灾害有一定影响；22.5%的受访者认为气候灾害有轻微影响；6.1%的受访者认为气候变化带来的灾害几乎没有影响或没有影响。这

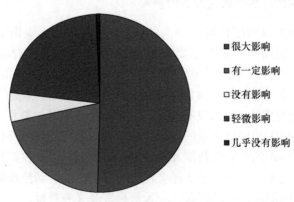

图8-7　气候灾害对移民农业及生活的影响(见彩图)

部分受访者集中在部分水土资源丰富的地区，如昌马或者十工农场地区，由于距离水库或者总干渠较近，灌溉用水可以及时跟上，基本不存在水资源短缺，土地也较为肥沃，可以较好地应对气候灾害带来的影响，最大程度地减少损失。

对于农业生产来说，为减少气候灾害给农业增收带来的损失，政府大力倡导农业防灾减灾措施，但农户执行时却有一定的自发性和随意性(表 8-12)。19.4%的受访者无任何应对灾害的预防措施。20.0%的受访者不关心灾害的预防措施，在风沙、干旱或者霜冻灾害来临时，任其发展。他们认为天灾不可控制，灾后往往将不满情绪转移到政府头上，认为政府的防灾措施或者预报水平没有跟上。但是，60.6%的受访者按照政府宣传及早采取了应对灾害的预防措施，减少了因灾害造成的农业损失。作为一种新的险种，以补偿农业受损和保障农民收入为目的的农业气候保险受到国家补贴，在多个农业大省实施，有效减少了因气候灾害给农户收入带来的损失。但是，在疏勒河移民迁入区，几乎没有落实农业气候保险。有59.3%的受访者愿意加入农业气候保险，29.7%由于不了解农业气候保险险种和具体条例而持观望态度，因此政府和民间农业组织应加强农业气候保险的宣传。

表 8-12　移民应对气候灾害的态度和加入保险的意愿　　　　　(单位：%)

项目	对灾害和保险的态度和意愿		
	无/不愿意	不关心/犹豫	有/愿意
应对灾害的预防措施	19.4	20.0	60.6
加入农业气候保险的意愿	11.0	29.7	59.3

8.3.6　移民群体的生态补偿意愿

移民政策的实施往往伴随着相应的生态补偿，移民迁入前后的生存设施、就业分流和产业发展都需要资金、实物和指导性政策的匹配，这也是移民开发工程能够顺利实施的最重要的原因。对于新的移民而言，自身对于生存的需要往往先由政府来扶持，这一部分补偿可以看作安置性补偿。调查显示，65.1%的移民对补偿额度非常满意，24.8%的移民对补偿额度基本满意，还有 10.1%的移民对现有的补偿额度不甚满意，认为还应该增加。该区的移民补偿方式有资金直接补偿、住宅配套和养殖设施配套等，基本满足移民群体的生存需要和生产需求。与移民迁出区的生计水平相比，补偿额度超过了农户原有的财产拥有额度。但是，移民安置人均补助仅 700 元左右，移民对于安置补偿的需求还很大，现有补偿方式还需增加。53.4%的移民希望以现金补偿，27.3%的移民希望以实物补偿，14.3%的移民希望可以实物和现金一起补偿，另外有 5.0%的移民希望以技术补偿。如果政府增加技术补偿份额，确实可以在很大程度上帮助移民农户及时提高生存能力，拓宽就业渠道。农业技术培训和就业技能指导就是很好的形式。就现今情况来说，作为一个十几万人规模的群体，移民接受能力不尽相同，技术性补偿必要但可行性需要论证。因此，长远考虑，应该加大现金和实物补偿，增强政府公信力，待移民的公民意识或者教育水平进一步提升之后再择机跟进技术补偿。

与其他地区类似，移民安置之后，为配合生态保护，退耕还林和退牧禁牧的补偿也陆续开展。厘定补偿的度要参考移民迁入区的生态经济服务价值，这也是下一节将要进行的研究。

8.4　移民迁入区的生态经济效益及可持续发展评价

以往单纯追求 GDP 的区域经济发展模式，已被证明不符合时代要求，而生态系统服务价值和健康状况被视为比 GDP 更重要的内容(Dominati et al.，2010)。越来越多的研究表明，区域内实施的导向性政策如退耕还林、禁牧和生态移民等与土地利用/覆被变化、生态系统服务价值、生态系统健康状况有非常密切的联系。将政策与土地利用、生态系统联系起来的综合性研究在各地方兴未艾，应在小区域进行个体性研究(Pejchar and Mooney，2009)。具体地，通过生态系统服务价值的分析，来评价移民群体生态可持续发展的可行性。由于居民是移民接纳区自然环境变化的主导因素，移民迁入区作为自然环境既是作用的一方也是被作用的一方，因此可持续发展分为自然环境可持续发展与移民群体可持续发展两部分(Raymond et al.，2009)。同时，气候变化的持续作用，给农业应对气候变化提出了更紧迫的适应性要求。一般，为了应对气候变化，农业主要有三种自我适应方式：一是改变土地利用，二是调整管理措施，三是改变作物制度(Stenger et al.，2009)。由于管理措施在我国主要由各级政府主导，而在土地利用、作物制度方面，农民本身拥有较大的自主权，疏勒河移民区初期的自然生态系统健康状况可以看作移民群体迁移意愿的必要生态支撑基础。初期之后，以近年来生态系统服务价值和健康状况量度移民区自然环境的可持续发展水平。

8.4.1　移民迁入区的土地资源利用效率

土地利用数据选取可以免费获得的 1990 年疏勒河流域 30m 分辨率 Landsat 遥感矢量数据、2000 年疏勒河流域 30m 分辨率 Landsat 遥感矢量数据、2010 年全球 30m 分辨率地表覆盖遥感矢量数据，以及中国科学院西部环境中心提供的甘肃省玉门市 1∶10 万地形图、瓜州县 1∶10 万地形图和 2010 年疏勒河流域土地利用图。经过遥感图像处理、空间配准，以及裁切和图像融合处理之后，得到土地利用/覆被状况。另外，疏勒河流域有几个大的塌陷盆地，没有开发成绿洲，一直是大片的荒漠地带，而瓜州和玉门的已开发地区和主要居民点都集中在几个连片绿洲地带，因此重点提取了耕地、林地、草地、湿地、建设用地和荒漠等几大土地利用类型的面积。

1990～2000 年，耕地、林地、草地、湿地、建设用地的变化都是正的，说明随着疏勒河流域开发移民工程的进行，受人为因素影响大的各种土地类型都在增加(表 8-13)。1990 年，未利用地面积占总土地面积的 93.5%，草地占 4.1%，耕地仅占总面积的 1.3%，林地、湿地和建设用地分别占 0.5%、0.4% 和 0.2%。至 2000 年，未利用地面积略有减少，占 92.2%；其他土地利用类型都在增加，草地面积增加最快，占 5.0%，增加 0.9%；耕地、林地、湿地和建设用地的面积比例各增加 0.1%。这说明移民工程刚刚进行，各种土地利用类型面积的增加幅度并不是很快，但是经过有条不紊的开发，出现了"齐头并进"的增长现象。2000～2010 年，随着移民工程的深入进行，疏勒河的荒地开发和各项建设进入了大规模和高速发展的时期，相应地，各种土地利用类型的面积也发生了非常大的变化。未利用地面积减小幅度最大，比例缩减至 88.0%。耕地面积占比由 1.4% 增长到 3.0%，增长了 1 倍多。草地面积占比增加到 7.2%，比 2000 年增加了 2.2%。林地、湿地和建设用地面积继续稳步增加，面积占比分别增长到 0.8%，0.6% 和 0.4%。

表 8-13 1990～2010 年移民迁入区各土地利用类型面积及比例

土地利用类型	1990 年		2000 年		2010 年	
	面积/hm²	比例/%	面积/hm²	比例/%	面积/hm²	比例/%
耕地	46992.0	1.3	51744.0	1.4	110917.7	3.0
林地	18128.1	0.5	22837.3	0.6	28720.8	0.8
草地	149719.2	4.1	181422.8	5.0	264679.4	7.2
湿地	14258.1	0.4	17769.7	0.5	20639.3	0.6
建设用地	8838.0	0.2	10806.6	0.3	15883.3	0.4
未利用地	3423589.6	93.5	3376945.0	92.2	3220684.0	88.0

1990～2010 年，土地利用没有出现新的类型。面积上，耕地增加了 63925.7hm²，林地增加了 10592.7hm²，草地增加了 114960.2hm²，湿地增加了 6381.2hm²，建设用地增加了 7045.3hm²，未利用地减少了 202905.6hm²(表 8-14)。由于疏勒河移民开发工程推进的逐渐加快，2000～2010 年的土地利用类型增加面积占绝大部分。其中，耕地面积增加了 59173.7hm²，林地面积增加了 5883.5hm²，草地面积增加了 83256.6hm²，湿地面积增加了 2869.6hm²，建设用地增加了 5076.7hm²，未利用地面积减少了 156261.0hm²。

表 8-14　1990～2010 年移民迁入区各土地利用类型面积变化

年份	面积变化/hm²					
	耕地	林地	草地	湿地	建设用地	未利用地
1990～2000	4752.0	4709.2	31703.6	3511.6	1968.6	−46644.6
2000～2010	59173.7	5883.5	83256.6	2869.6	5076.7	−156261.0
1990～2010	63925.7	10592.7	114960.2	6381.2	7045.3	−202905.6

　　要计算疏勒河移民迁入区的生态系统服务价值,进行生态系统健康评价,首先要计算土地利用面积与地表覆被的变化,评价土地资源利用的效率。用土地利用变化动态度 LU 来定量描述土地利用类型的变化速度:

$$LU = \frac{R_b - R_a}{R_a} \times \frac{1}{T} \times 100\% \tag{8-4}$$

式中,R_b 为研究时间段尾特定土地利用类型的面积;R_a 为研究时间段首特定土地利用类型的面积;T 为时间段。将土地利用面积代入式(8-4)计算得到各土地利用变化动态度(表 8-15)。

表 8-15　1990～2010 年土地利用变化动态度

年份	土地利用变化动态度/%					
	耕地	林地	草地	湿地	建设用地	未利用地
1990～2000	1.0	2.6	2.1	2.5	2.2	−0.14
2000～2010	11.4	2.6	4.6	1.6	4.7	−0.46
1990～2010	6.8	2.9	3.8	2.2	4.0	−0.29

　　由表 8-15 可知,2000～2010 年各土地利用类型的变化速度大于 1990～2000 年。其中,耕地增加速度最大,1990～2000 年增速为 1.0%,在这个时间段内,林地、草地、湿地和建设用地的增加速度为 2.1%～2.6%,未利用地的减少速度为 0.14%。随着移民工程的深入进行,2000～2010 年耕地增加速度达 11.4%,林地增加速度不变,仍为 2.6%;草地面积增加速度由 2.1%增加到 4.6%;湿地面积增速略有下降,由 2.5%减小为 1.6%;建设用地面积的增加随着城市建设特别是玉门新驻地搬迁而急剧加速,由 2.2%增加到 4.7%;未利用地的减少速度变化最大,由 0.14%变为 0.46%。但是,量级上,2000～2010 年草地和耕地的面积变化是其他类型的 10 倍左右,速度是 5 倍左右。林地、草地和湿地的面积变化速度大体相当,稳步上升,说明以农牧业为主要类型的荒地开发的力度较大。面积绝对值最大的土地利用类型是未利用地,1990～2010 年增加是负值,说明其他土地利用类型的增加大部分是从未利用地转化而来。

总的看来，草地和耕地的增加速度最大，未利用地的减少速度最大，建设用地在 2000 年之后的增加速度变大，林地和湿地面积也有增加，但是绝对值不如其他类型。然而，该区域内的未利用地面积巨大，土地开发还有不小的潜力，从土地利用动态变化系数可以明显看出，1990～2010 年未利用地总的动态变化系数仅为–0.29%，绝对值仅为林地的十分之一，不及耕地的二十分之一。

8.4.2　移民迁入区可持续发展的生态系统服务价值

1. 生态系统服务功能分析及价值变化

考虑生态系统服务的量化价值是移民迁入区可持续发展的基础保障，引入生态系统服务价值的评估概念模型进行模拟和评价：

$$P = \sum_{n}^{n} (S_n \cdot E_{ij} \cdot D_n \cdot P_i) \tag{8-5}$$

式中，P 为总的生态系统服务价值；S_n 为第 n 年单位面积农田生态系统提供食物能力的服务价值；E_{ij} 为不同土地利用类型的面积；D_n 为各类生态系统生物量和社会经济因子调整系数；P_i 为第 i 类生态系统基于土地利用/覆被变化面积的服务价值。Costanza 等(1998)计算了全球的生态系统服务价值当量系数，我国广泛使用的是平均全国的生态系统服务价值之后测算的中国主要类型生态系统单位面积服务价值当量系数表(表 8-16)，但是各地的研究验证与实际情况略有偏差，需要纠正。因为疏勒河地区建设用地面积较小，而且一般建设用地的生态系统服务价值为 0 或者为负值，所以将建设用地的服务价值归为 0。然后，基于式(8-5)概念模型，使用基于本地区粮食单价和生态利用服务情况制作的可供参考的区域生态系统服务价值当量系数表。

表 8-16　我国主要生态系统单位面积服务价值当量系数表

服务功能因子	单位面积服务价值当量系数				
	耕地	林地	草地	湿地	未利用地
气体调节	0.50	3.50	0.80	1.80	0.00
气候调节	0.89	2.70	0.90	17.10	0.00
水源涵养	0.60	3.20	0.80	15.50	0.03
土地形成与保护	1.46	3.90	1.95	1.71	0.02
废物处理	1.64	1.31	1.31	18.18	0.01
生物多样性保护	0.71	3.26	1.09	2.50	0.34
食物生产	1.00	0.10	0.30	0.30	0.01
原材料	0.10	2.60	0.05	0.07	0.00
娱乐文化	0.01	1.28	0.04	5.55	0.01

　　若采用给出的价值当量系数表法估算疏勒河流域移民迁入区的生态系统服务价值，P 的计算可以具体为

$$P = \sum_{i=1}^{n} (P_i \times A_i) \tag{8-6}$$

式中，P 为疏勒河移民迁入区总的生态系统服务价值(万元/km^2)；P_i 为土地利用类型 i 的单位面积生态系统服务价值；A_i 为疏勒河移民迁入区土地利用类型 i 的面积；n 为总的土地利用分类数。其中，P_i 可由式(8-7)计算：

$$P_i = \sum_{j=1}^{n} (C \times f_{ij}) \tag{8-7}$$

式中，C 为单位面积农田提供食物生产服务功能的经济能力；f_{ij} 为土地利用类型 i 的第 j 种服务价值的当量系数；n 为土地利用类型的服务项目数。

　　为了去除价格因素，以疏勒河流域 2001～2012 年平均粮食产量为基准单产系数，再乘以 2001 年的价格，平均后作为基准，可以认为价格是不变的。同时，自然生态系统提供的经济价值，即无人力投入的纯自然条件下的单位面积农田提供的生产服务价值的 1/7，进而计算得出疏勒河流域农田自然粮食产量的经济能力(C)：

$$C = \frac{1}{7} \times \frac{Pc}{Ps} \tag{8-8}$$

式中，Pc 为疏勒河流域 2001 年平均粮食单价(万元/t)；Ps 为当年粮食作物的播种面积。

　　式(8-8)中的 1/7 是一种经验系数。Pc 取 2001 年瓜州和玉门两地的粮食作物总产值与粮食作物种植的总面积之比(数据来源：瓜州年鉴(2001 年)、玉门年鉴(2001 年))，代入式(8-7)计算得到 C=224.8，表 8-16 中的生态系统单位面积服务价值当量系数代入式(8-7)，得到各生态系统单位面积的各项服务功能价值，即为不同土地利用类型的生态系统服务单价(表 8-17)。再将表 8-17 中单价代入式(8-8)，由此得出各土地利用类型生态系统服务价值，详细数值及比例见表 8-18。

表 8-17　疏勒河流域各土地利用类型的生态系统服务单价

服务功能因子	各土地利用类型的生态系统服务单价/(元/hm^2)				
	耕地	林地	草地	湿地	未利用地
气体调节	112.40	786.80	179.84	404.64	0.00
气候调节	200.07	606.96	202.32	3844.08	0.00
水源涵养	134.88	719.36	179.84	3484.40	6.74
土地形成与保护	328.21	876.72	438.36	384.41	4.50
废物处理	368.67	294.50	294.49	4086.86	2.25

续表

服务功能因子	各土地利用类型的生态系统服务单价/(元/hm²)				
	耕地	林地	草地	湿地	未利用地
生物多样性保护	159.61	732.85	245.03	562.00	76.43
食物生产	224.80	22.48	67.40	67.44	2.25
原材料	22.48	584.48	11.20	15.74	0.00
娱乐文化	2.25	287.74	8.99	1247.64	2.25
总计	1553.37	4911.89	1627.47	14097.21	94.42

表 8-18　1990～2010 年疏勒河移民迁入区各土地利用类型生态系统服务价值

土地利用类型	1990 年		2000 年		2010 年	
	生态系统服务价值/万元	比例/%	生态系统服务价值/万元	比例/%	生态系统服务价值/万元	比例/%
耕地	7299.6	7.85	8037.8	7.60	17229.6	12.87
林地	8904.3	9.58	11217.4	10.61	14107.3	10.53
草地	24366.4	26.20	29526.0	27.93	43075.8	32.17
湿地	20099.9	21.61	25050.3	23.70	29095.7	21.72
未利用地	32325.5	34.76	31885.1	30.16	30409.7	22.71
合计	92995.7	100	105716.6	100	133918.1	100

　　1990 年和 2000 年,未利用地的生态系统服务价值较高,耕地最低。2010 年,草地生态系统服务价值最高,林地最低。1990 年,耕地、林地、草地、湿地和未利用地生态系统服务价值分别为 7299.6 万元、8904.3 万元、24366.4 万元、20099.9 万元和 32325.5 万元。2000 年,耕地、林地、草地、湿地和未利用地生态系统服务价值分别为 8037.8 万元、11217.4 万元、29526.0 万元、25050.3 万元和 31885.1 万元。2010 年,耕地、林地、草地、湿地和未利用地生态系统服务价值分别为 17229.6 万元、14107.3 万元、43075.8 万元、29095.7 万元和 30409.7 万元。基于计算结果分析,可得生态系统服务价值变化情况。

　　1990 年,移民开发工程还没有开始时,未利用地生态系统服务价值量最大,占区域内全部生态系统服务价值的 34.76%;其次是草地生态系统服务价值,占26.20%;再次是湿地生态系统服务价值,占 21.67%;剩下的是耕地和林地生态系统服务价值,各占不到 10%。这时的生态系统服务价值可以看作移民迁移之前的天然原始值。2000 年,移民开发工程刚刚开始,各生态系统服务价值比例产生较大变化,未利用地生态系统服务价值下降幅度最大,比例由34.76%下降到30.16%,减少了4.60%;耕地略有下降,比例由7.85%减少到7.60%,但是绝对值略有增加;草地和湿地生态系统服务价值比例分别增加了1.73%和2.09%,占总服务价值的27.93%和23.70%;林地比例增加到10.61%。这说明随着移民陆续迁入,土地资源开发利用程度也在不断加大,开荒使得未利用地服务价值减少,同时林地、草地和湿地的生态系统服务价值增加。但是,草地、林地和湿地的生态系统服务单价较高,因此其生态系统服务价值比例也在不断增大。耕地面积虽然增加较快,生态系统服务价值也在增加,但是耕地的生态系统服务价值比例却在减少。2010年,随着移民开发工程的深入进行,开荒面积急剧增加,耕地生态系统服务价值增加幅度较大,比例也增加到12.87%,而未利用地服务价值减少幅度较大,比例降低到22.71%;草地面积增加最多,生态系统服务价值占比也居首位,占总的生态系统服务价值的近三分之一;湿地生态系统服务价值虽有增加,但是比例却减少很大,仅占12.73%;林地生态系统服务价值也有增大,但是比例略有减小。

总体上,1990年,疏勒河移民迁入区生态系统服务价值为92995.7万元;2010年,总的生态系统服务价值增加到133918.1万元,增加了40992.4万元,涨幅达44.1%,其中,耕地增加了9930.0万元,林地增加了5203.0万元,草地增加了18709.4万元,湿地增加了8995.8万元,而未利用地减少了1915.8万元。随着疏勒河移民开发工程的深入进行,2000~2010年是各生态系统服务价值变化的主要时期,总的生态系统服务价值增加28201.5万元,其中,耕地增加了9191.8万元,林地增加了2889.9万元,草地增加了13549.8万元,湿地增加了4045.4万元,未利用地减少了1475.4万元。

2. 生态系统服务价值敏感度分析

生态系统服务价值是基于土地利用变化计算得到的,因此土地利用变化对生态系统服务价值有着决定性作用。但是,还需要用生态系统服务价值敏感性系数计算各种土地类型变化同样幅度之后服务价值的变化幅度,来确定生态系统服务价值的计算结果是否可信。生态系统服务价值敏感性系数(CS)可由下式计算:

$$CS = \left| \frac{(P_i - P_j) / P_j}{(f_{ik} - f_{jk}) / f_{jk}} \right| \tag{8-9}$$

式中,P 为总的生态系统服务价值;f 为生态系统服务价值系数;k 为土地利用类型;i 和 j 分别表示调整后和调整前。若 $CS \geq 1$,表示 P 对 f 敏感,随着 f 的增大,P 的总量变化的幅度较大;若 $CS < 1$,表明 P 对 f 不敏感。CS越小,计算的 P 就越可信。本书先以各生态系统服务价值系数上下浮动50%来估算总的生态系统服务价值(表8-19),再由式(8-9)计算得到1990年、2000年及2010年各土地利用类型生态系统服务价值敏感性系数(表8-20)。

表 8-19 各土地利用类型的生态系统服务价值调整值

土地利用类型	服务价值系数浮动	生态系统服务价值/万元		
		1990 年	2000 年	2010 年
耕地	f+50%	96645.5	109735.4	142532.9
	f−50%	89345.9	101697.7	125303.3
林地	f+50%	97447.9	111325.3	140971.8
	f−50%	88543.6	100107.9	126864.5
草地	f+50%	105178.9	120479.6	155456.0
	f−50%	80812.5	90953.6	112380.2
湿地	f+50%	103045.7	118241.8	148466.0
	f−50%	82945.8	93191.5	119370.3
未利用地	f+50%	109158.5	121659.2	149123.0
	f−50%	76833.0	89774.1	118713.3

表 8-20 各土地利用类型的生态系统服务价值敏感性系数

土地利用类型	生态系统服务价值敏感性系数		
	1990 年	2000 年	2010 年
耕地	0.156	0.152	0.258
林地	0.192	0.212	0.210
草地	0.524	0.559	0.644
湿地	0.432	0.474	0.434
未利用地	0.796	0.604	0.454

表 8-20 中的 CS 均小于 1，说明总的生态系统服务价值对各土地类型敏感性系数缺乏弹性，生态系统服务价值结果较为可信。1990~2010 年，草地生态系统服务价值敏感性系数持续增大，说明草地生态系统服务价值敏感性系数的变化对总的生态系统服务价值有持续放大作用。从 CS 低于 0.6 到超过 0.6，说明草地对整个生态系统服务价值的贡献率较高。当草地的单位面积服务价值增加 1%，总的生态系统服务价值就会增加 0.524%~0.644%。未利用地生态系统服务价值敏感性系数持续减小，说明未利用地生态系统服务价值敏感性系数对总的生态系统服务价值有减弱作用，由 0.796 减小至 0.454。耕地和林地的 CS 都在 0.2 左右，说明耕地和林地对总的生态系统服务价值的影响最小。其中，耕地的 CS 先减小后增大，林地和湿地的 CS 先增大后减小，但是耕地、林地和湿地 CS 总体还是增加，说明耕地、林地和湿地对总的生态系统服务价值的贡献不容小觑。

8.4.3　移民迁入区的生态系统健康状况

用"驱动力-状态-响应"(PSR)模型来探究生态系统的健康状况。选取指标时，基于土地利用/覆被变化，综合性考虑移民迁入区居民的活动要素和对人类产生影响的自然气候因素，着重考虑各种生态系统自身的功能。指标分为三个层次，分别为驱动力层、状态层与响应层，同时考虑各指标的易获得性，共选取 18 个指标(图 8-8)。首先，驱动力层的一级指标有人口、自然资源、经济、气候。其中，人口模块的二级指标包括① 人口密度、② 人口自然增长率；自然资源模块的二级指标包括③ 土地垦殖率、④ 人均耕地面积、⑤ 人均林地面积、⑥ 人均草地面积；经济模块的二级指标包括⑦ 人均 GDP、⑧ 城市居民人均收入、⑨ 农民人均纯收入；气候模块的二级指标包括⑩ 大风日数和⑪ 降水蒸发比。其次，中间的状态层包括活力和恢复力等一级指标。其中，活力模块有一个二级指标，为⑫ 年均 NDVI；恢复力模块也只有一个二级指标，为⑬ 生态弹性度。最后，响应层的一级指标包括自然生态和社会经济。其中，自然生态模块的二级指标，包括⑭ 退耕还林面积、⑮ 城镇化率；社会经济模块的二级指标，包括⑯ 第二产业占比、⑰ 第三产业占比，以及反映官方教育投入的⑱ 教科投入比。

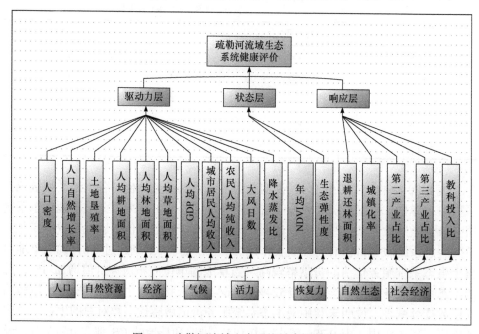

图 8-8　疏勒河流域生态系统健康评价指标

二级指标中，除了指标⑬之外，指标①～⑱都可以从年鉴中找到，或者初步计算就可以得到。⑬生态弹性度可以用常用的植被弹性度的方法来计算：

$$E_{e} = \sum_{i=1}^{n} (P_i \times S_j) \tag{8-10}$$

式中，E_e 为生态弹性度；n 为土地类型的数量；P_i 为任意一土地利用类型 i 面积所占的比例；S_j 为 j 种土地类型的弹性分值。

指标选取后，由于性质、单位及量化程度不同，还要进行无量纲处理。之后结合专家打分，再使用社会科学统计软件包(statistical product and service solutions，SPSS)的层次聚类分析功能将单个指标进行分层赋值。层次分析法的模块架构如图 8-8，分别为驱动力层、状态层、响应层。按照通常可行的方式，将生态系统健康状况分为五个级别来评价，一级为非常健康，二级为健康，三级为亚健康，四级为不健康，五级为病态(表 8-21)。

表 8-21　生态系统健康状况分级

级别	评价分值	生态系统健康状况
一级	10	非常健康
二级	8	健康
三级	6	亚健康
四级	4	不健康
五级	2	病态

因此，指标经过层次聚类后也分为五个层次，分别以 2、4、6、8、10 赋值，最终判定各层指标的权重，结果见表 8-22。由此可以得到疏勒河流域移民迁入区生态系统健康评价分值变化(图 8-9)。

表 8-22　生态系统健康评价指标权重

目标层	权重	准则层	方案层	权重
驱动力层	0.472	人口	人口密度	0.097
			人口自然增长率	0.091
		自然资源	土地垦殖率	0.098
			人均耕地面积	0.099
			人均林地面积	0.094
			人均草地面积	0.108
		经济	人均 GDP	0.101
			城市居民人均收入	0.106

续表

目标层	权重	准则层	方案层	权重
驱动力层	0.472	经济	农民人均纯收入	0.107
		气候	大风日数	0.048
			降水蒸发比	0.051
状态层	0.227	活力	年均 NDVI	0.580
		恢复力	生态弹性度	0.420
响应层	0.301	自然生态	退耕还林面积	0.198
			城镇化率	0.187
		社会经济	第二产业占比	0.097
			第三产业占比	0.306
			教科投入比	0.203

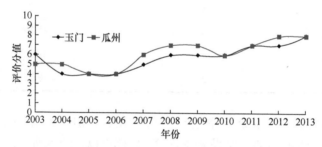

图 8-9 疏勒河流域移民迁入区生态系统健康评价分值变化

由于驱动力层权重分值较高，人口、自然资源、经济、气候四个子类中，人均草地面积、人口密度、农民人均纯收入和人均 GDP 等在 2003～2013 年几乎是直线上升的。在这种情况下，即使年均 NDVI 和生态弹性度等参数下降，但是由于状态层的权重最小，总体的生态系统健康评价分值还是增加的。例如，2003～2004 年的玉门和 2004～2005 年的瓜州，退耕还林面积等参数的下降，造成总的生态系统健康评价分值下降。然而，疏勒河流域移民迁入区的生态系统健康状况整体呈缓慢上升趋势，玉门和瓜州生态系统健康状况分别由不健康、亚健康向健康状态演进，且瓜州好于玉门。2006～2010 年，瓜州的生态系统健康状况好于玉门，其余年份两地大体相同。这也说明主要由瓜州和玉门两地组成的疏勒河流域移民迁入区进入了生态系统健康的稳定期，健康状态维持在优于亚健康至健康的状态，基本达到了健康的标准。但是，各个指标的贡献率差异较大，移民迁入区存在社会经济水平较低、退耕等生态保护政策不尽合理等问题。对于玉门来说，第二产业占比过高，瓜州的城镇化率过低，两地的第三产业占比和教科投入比都不高。这说明当地经济结构的现代化程度较低，还有很大的上升空间，可持续发展的道路还很长。

此外，移民迁入区现有的生态修复及环境保护政策的推进还存在不少问题。由于移民迁入伴随的是流域开发，在 2000 年初期，发展是最先考虑的首要目标，而环境保护暂时没有过多的条件考虑。随着移民安置接近尾声，环境保护作为基本国策被重新重视起来，生态修复也提上日程。但是，由于人口密度的增大，人均草地面积和人均林地面积的增长率面临不小的压力，这对生态系统健康状况的总分会产生较大的影响。同时，因生态恢复和环境保护政策往往与农户利益冲突，轮牧、休牧等草地保护政策和其他的退耕还林政策的执行会承受很大阻力。如果生态环境的保护治理打了折扣，不但会影响生态系统健康状况，长远来看，也会给移民迁入区内的可持续发展带来很大挑战，应及时准备可持续发展的应对措施。

8.5　生态移民的内在驱动力及外部空间

8.5.1　气候容量视角下的人口迁移驱动力

从气候容量的角度更容易解释古丝绸之路沿线大规模人口迁移为"生存移民"或者"生态移民"的原因。气候或者环境生态影响造成的人口规模性移动，驱动因素无外乎气候变化、灾害、政治军事、环境变化、环境事件、自然灾害、生态环境退化等(表 8-23)。

表 8-23　移民迁移尺度及驱动力分类

分类	气候移民	气候难民	环境移民	生态移民	灾害移民
时间尺度	长期	短期	短期	短期	短期
空间尺度	全球、区域、跨境	全球、区域、跨境、地方	全球、区域、跨境	区域、地方	全球、区域、跨境、地方
驱动因素	气候变化	气候变化、灾害、政治军事	环境变化、环境事件、自然灾害	生态环境退化	自然灾害
迁移目的	改变灾害源	避险	生存、避险、环保	生态恢复与保护	避险
政策依据	生态赔偿	人道主义	人道主义、生态补偿	生态补偿	人道主义
实施主体	国家、地方政府	国家	国家、地方政府	国家、地方政府	国家、地方政府
迁移意愿	主动、被动	被迫	主动、被动	主动	被动

　　按照移民迁移驱动力的不同，可以把生态移民分为以下几类：第一，自发形成的大规模人口流动。第二，巨大工程建设造成的建设地居民的有计划转移。第三，原居住地生态环境不适宜而形成的人口迁移。按照时空尺度和政策依据、实施主体和迁移意愿具体可以分为气候移民、气候难民、环境移民、生态移民、灾害移民几个大类(施国庆等，2009)。长期谋划和进行的是气候移民，空间范围也较大，甚至有全球尺度的，原因也是气候变化造成的灾害因子威胁家园，使得国家和人民被迫或者自愿迁移。例如，太平洋上瑙鲁、瓦努阿图等数个岛国，气候变化造成海平面上升，国家不得不未雨绸缪，提前进行人口迁移，以躲避因气候变化持续进行造成的危害(王小梅和高丽文，2008)。气候难民往往是短期和区域范围的，少数有跨境的。气候变化、灾害或者不可抗力造成居民家园不适宜人居之后，迁移者被迫远离原居住地区。例如，西非加纳等海岸国家的居民，因干旱剧烈或者战争，经常有人口大范围迁移活动。环境移民、生态移民、灾害移民非常相似，都是因环境变化、自然灾害或者生态环境退化，以生态补偿为保障，政府层面主动或者被动策划实施的人口迁移。这些人口迁移活动以生存、避险、环保和生态恢复与保护为目的。但是，这些人口迁移类型的驱动力按照是否强烈也有不同。显然，疏勒河移民的驱动力是为了保护陇东南生态和改良移民的生活状况，人口迁移在区域范围内是政府倡议实施的，又以生态补偿为保障，所以属于典型的"生态移民"(鲁顺元，2008)。

8.5.2　西部地区典型生态移民案例比较

　　西部地区生态环境相对不太适宜大规模的居民集聚，不会出现东部特大城市那样的移民聚居区。虽然是小规模的移民，但是西部地区的生态移民遍及宁夏、甘肃、新疆等地区，为何西部地区的生态移民工程如此之多，它们之间是否有一定的相关性(闫秋源，2005)。介绍西部地区生态移民的典型案例，就不得不提作为示范的宁夏回族自治区的红寺堡。联合国划定宁夏回族自治区西海固片为"全球最不适合人类居住区"以后，我国政府就有计划地将西海固地区的居民转移到土地更为适宜、交通较为方便，方便大规模移民整建制、大范围连片居住的红寺堡地区。从保护环境的角度考虑，浙江的"山上山下"移民与宁夏红寺堡、疏勒河流域的移民有着本质区别(周建等，2009)。前者是因为居民从山上迁移到山下，对生活条件和教育水平的改善更有利，迁移下山后，也可以使山上的环境得到有效保护。这是一种居民和政府主动地，面向气候变化实施的积极适应和生产、生活调整政策，偏向于气候移民的概念。后者是因为气候变化造成生存环境不适合居住，被迫进行的规模化搬迁，偏向于生态移民的概念。生态移民自古有之，包括因战争及不可抗力造成生态环境恶化而自发性质的"走西口"和"闯关东"移民，以及为了超级体量工程建设而实施的"三峡工程""南水北调工程"等(陶格斯，2007)。疏勒河移民区和宁夏红寺堡移民区同为丝绸之路上的重要驿站，是为不适宜居住或者极端贫困地区的居民解决民生问题的桥头堡和接纳地。红寺堡移民和疏勒河移民有很多相同之处，但是红寺堡移民规模更大，步调一致，居民区建设呈规模化与成片化，大量居民的生活条件得到改善，被视为中国西部地区扶贫的典范(包智明和孟琳琳，2005)；而疏勒河移民区依托内陆河水土资源，居民迁移兼有资源开发与生态保护的重要作用。

8.5.3 疏勒河移民迁入区的外部发展空间

丝绸之路有着悠久的历史，最著名的是汉武帝时期的张骞出使西域。事实上，在张骞辗转到达中亚后，竟然发现中亚各地区已经大量使用来自中国内陆的竹纺制品，这说明丝绸之路可以追溯至张骞出使西域之前的数千年。随后，西汉多次派驻使团，相继开辟了亚、欧、非三大洲的交流通道，被德国地理学家李希霍芬命名为"丝绸之路"，传扬西方(胡鞍钢等，2014)。丝绸之路就功能方面的意义，也可以称作"茶叶""瓷器""欧亚使节"之路。考古证明的丝绸之路的具体路线有数条。丝绸之路的开辟有其历史原因，首先是以国土安全为目的。尽管异常曲折，丝绸之路依然是欧亚大陆上连通东西最快捷的通衢，极大地促进了东西方文明的互通(何茂春和张冀兵，2013)。但是，受到技术、自然与政治条件的限制，丝绸之路已经很难承担较大体量的物质运输的任务。同时，随着海上交通的发展，丝绸之路在人员交流方面的功能也被海运所取代，这是因为海运可以较为方便地进行大规模人员运送，效率更高，成本更低。与此同时，古老的陆路运输在技术上也不足以承载工农业生产产生的效益规模性运输量。随着时代发展，铁路和公路运输技术相继高速发展，极大地降低了陆地运输的成本(白永秀和王颂吉，2014)。据测算，我国东部沿海城市连云港到欧洲著名港口城市荷兰鹿特丹，通过丝绸之路，欧亚大陆的陆路运输距离可比海运缩短近 10000 公里，运输耗时也会缩短月余，所需运费节省近 25%。此外，古代丝绸之路由于需要人员时时跟进，商队必须避开沙漠与山地等恶劣地形，行进路线的划定和选择极其受限，造成其经济和社会效益有限(朱显平和邹向阳，2006)。如今，我国已经发展到世界屋脊上修建铁路，高速铁路技术世界领先，建设里程也已稳居世界第一(唐立久，2013)。因此，相比较古代的丝绸之路，当今的"丝绸之路经济带"构想覆盖的地理范围更大，路线选择更多样，路线形式也更高级，可以在一个更广泛的地理范围内把自然、社会和经济资源与市场融合起来，擦出更多的创新火花。因此，可以肯定新丝绸之路在新的时代背景下，借助新技术条件更新了古老的交通要道，复兴与拓展了丝路沿线国家的商业和社会交流功能(徐芳，2014)。

从国际合作的角度来看，新丝绸之路倡议构想充分考虑到了国际和国内各个方面的政治、经济合作需求(刘育红，2012)。国际上，丝绸之路由世界政治、经济的两个活跃的主要综合体雄踞两端：欧洲多国联盟与环太平洋经济合作组织。丝绸之路沿线的大部分国家处在两个综合体之间的凹陷地带，国家与民众的共同基本诉求是强化国家经济发展、提升国民物质生活水平、满足个体精神需要。这几个方面的诉求与两大经济综合体的普遍需求叠加(霍建国，2014)。基于国内事务分析，我国当前的社会、经济、文化发展迫切需要兼顾地区平衡，西部大开发国家战略致力于开拓新的国民经济增长极，而复兴丝绸之路能更好地拉动西部传统实力较薄弱地区的经济增长，很大可能使之成为全新的改革开放前沿阵地。

此外，新丝绸之路倡议兼顾了我国政治、经济、安全乃至文化利益的均衡性。中亚地区一直处于地缘政治的战略核心，同时也是东西方文明的汇合点。"一带一路"已经上升为当今我国的基本倡议之一，振兴丝绸之路也已经成为我国对内拉动经济增长、对外发展经济友好合作和国家间战略伙伴关系建立的一大利器。在很大程度上，我国发挥了中枢作用。技术储备、基础设施条件、资金投入能力乃至国际合作方面的政治安全要素等方面，建设新"丝绸之路经济带"的条件业已具备。

甘肃，所辖地区狭长，正是"丝绸之路经济带"的黄金地段(郭爱君和毛锦凰，2014)。支撑这条黄金带的首要条件就是现代化的交通运输，可以率先保证实现区域间的基础设施互通。因此，"丝绸之路经济带"的概念一经提出，甘肃就提出西安是起点，乌鲁木齐是桥头堡，绵延千余公里的甘肃是丝绸之路黄金带，而兰州是这条黄金带上的一颗明珠。与地方愿景一致，新疆被确立为"丝绸之路经济带"的核心区，而陕西、甘肃、宁夏和青海是面向中亚地区的国家级物流枢纽、商贸和人文交流基地。距离核心区最近的疏勒河流域，主要出产的锁阳等名贵中药材及独特品种的瓜果等农副产品可以适时拓宽销路，行销至中亚各国市场，而不仅仅是将眼光投向我国传统的东部市场，向西发展成为更加稳妥和便捷的一条贸易通道。疏勒河流域迁入居民除了务农，还以外出务工或者以小手工业为谋生手段，大部分集中在甘肃省内的嘉峪关等地区，丝路经济带给这些务工人员提供了一条便捷的向西通道，我国新疆和中亚地区提供了就业途径，他们可以寻找东部之外的就业机会。

8.6　政策实施与建议

8.6.1　移民政策的优缺点

1. 移民迁移政策存在的主要问题

首先，疏勒河生态移民存在一定程度和数量的问题，包括移民群体内在驱动力不足、移民资金来源单一、生态移民补偿标准欠合理、规划欠科学、法律不健全等。早期的移民开发工程以前进为主，现在阶段性任务已经完成，要把生态保护和修复问题放在疏勒河流域可持续发展的首要位置，绝不能出现腾格里沙漠污染的类似事件，不能把西北荒地、沙地当作存放污染源的仓库，这有悖于发展公平和生态平衡。决策者和参与者要大力宣传和倡导市场经济，遵循"把市场还给市场"的必要原则，而企业在利益攸关方之间起着重要的作用，集中体现为道德采购、回馈环境、参与社区等。道德采购要求企业在收购产品时，首先要关注产地是否符合负责任的种植和交易公平的原则，客观上约束产品提供者的行为，督促他们节约用水和能源，从而实现对环境的保护。在收购和指导种植的过程中，企业不仅仅是买方，同时也是产地社区的参与者和重要组成部分，增强人们的汇聚力，鼓励他们创新和改变生活，拉近市场买方与卖方的距离。此外，对于水土资源的利用规划，以往仅考虑到水量和土地面积的变化，也应该考虑水资源质量和土壤污染。因此，水质和土质的监测应该纳入日常水土资源利用评价的考核体系中。

其次，疏勒河流域的发展正在由点向面不断扩展，同时不可否认的是疏勒河移民工程的典型性。但是，考量移民政策的功能性和成功性，不应闭门造车，应该开放地比较。玉门市是老工业城市，是我国第一个石油工业基地，为我国经济发展的起步阶段建设立下过汗马功劳。但是现阶段，随着石油资源的日益枯竭，因油设市的玉门，面临着产业结构亟待改进、农民收入亟待增加、人才急需大量引进、城镇化进程中工业区棚户改造等诸多问题。这不是个例，我国从东北到西南的老工业区如抚顺、枣庄、大冶、个旧等，情况类似，面临着相同或者不同程度的发展瓶颈。国外，德国鲁尔区、法国洛林区、南苏丹和俄罗斯等多个国家和地区的城市存在新时代的"鬼城"现象，资源枯竭造成了城市废弃、人员不通、基础建设浪费等多种问题。我国政府将包括玉门在内的 69 个城市分三批确定为资源枯竭型城市，包括煤炭、石油、森林工业等各类资源型城市。为应对金融危机，促进资源型城市社会经济的协调可持续发展，对这些城市在税收等多种政策方面有不同程度的照顾和倾斜。针对资源日渐枯竭，各种产业生产效率下降；创收来源过于集中，传统的资源产业不断萎缩，新技术没有及时更新，替代产业尚未过渡；经济总量严重落后，地方财政出现赤字；职工收入低于国家平均水平等多种问题，提出相应的解决方案。玉门作为第二批资源枯竭型城市的一员，是为数不多的县级市之一，人口少、地理空间大，接纳了较多的中央直拨转移性辅助转型基金，这对玉门地方部门紧抓机遇、尽快完成产业升级、大力发展新型农业是大有帮助的。省市和地方各级政府统一思路，加强协调沟通，切实加强了对资源型城市可持续发展工作的领导。甘肃省还有张掖和白银两个资源枯竭型城市，省上配合中央精神，继续加大政策扶持力度，不断改进工作机制，陆续研究并出台了地方匹配性政策措施。始终把推进资源枯竭型城市产业转型工作放在第一位，将产业转型情况纳入资源枯竭型城市所在政府部门主要领导干部综合执政考核指标和评价体系中，并一再要求各资源枯竭型城市在经济社会发展过程中统领全局，解放思想，制定好转型规划，进一步明确转型战略，拓宽改革思路，强化工作重点，建立健全转型工作机制，始终不忘人民诉求，谨慎用好中央财政性转移支付资金。从2005年开始，玉门市政府按照中央、省、市的统一部署安排，完成了市区驻地的搬迁。同时，新农业基础设施和新农村建设等工作也如火如荼地进行。可以预见，一个崭新的玉门市必将如半个世纪前甚至两千年前一样，成为"丝绸之路经济带"上的重要据点，由资源重镇转变为交通、文化、新能源经济的强市。一个健康向上、富饶宜居、可持续发展的新玉门，为疏勒河流域文明的发展和振兴发挥其不可替代的作用，指日可待。

2. 解决发展问题要遵循的原则

首先，要全面实行科学合理的灌溉制度，定额灌水，更新灌溉方式和技术。严格定额、配额灌溉，强化公平为主，效率优先的用水原则。从根本上改变疏勒河移民农业的粗犷式灌溉方式。

其次，需要进一步调整农、林、牧各方面的产业结构，优化能源资源循环利用方式，使不断扩大的绿洲农业生态系统更加高效地利用自然资源。高效用水，更好利用水资源是重中之重。在农业转型承接东部产业转移方面建立关于"水"的一票否决制。同时，加大宣传力度，让贫困农民自己选择移民方式；争取丝路基金作为移民安置和移民区产业改造和升级的资金来源；优化补偿标准，实行阶梯式、分类群补偿标准；随着西部高铁通车，交通建设发展迅速，移民安置区选址有了更加多样化的选择；一切都要以法律为准绳，依法办事，绝不逾矩抗法，积极解决移民安置工程实施过程中的"人政"矛盾。政府也应主动担当，为河西地区的畜牧、风电、林业等新型清洁、低耗能、高回报产业背书。

再次，还水于河，还土于地，充分发挥河流和流域自身的调节能力。湿地也不是越多越好，合理规划湿地面积，使其尽量发挥城市之肾的区域气候调节功能。

最后，关注移民政策实施过程中的民族问题。西部的聚居地区，往往存在着多民族交汇定居的特点。在细节上，为了更好地完成移民开发目标，客观上要求制定特殊的政策来满足各民族的风俗习惯。西部地区的移民开发能够顺利实施，是各民族人民顾全发展大局，自愿放弃了世世代代赖以生存的家园，他们中的大多数来自农村，因此无论是移民后定居在农村，还是到了城里，少数民族的生活方式没有太大的变化。随着经济的日益发展，疏勒河地区生态移民应注重保留多民族特色的文化内涵，促进民族文化的多元化和丰富化发展。多民族是一家，源远流长的宗教、民俗、乡土讲究等文化方式，应在生态保护中占有一席之地。因此，生态移民开发工程更须留意移民迁入区多民族文化的异同点，注重对移民群体的人文关怀，有效发挥迁入地对各类文化包容发展的同心力，从而实现多民族文化生态的良好保护、继承和发展。

3. 内陆河的开发比较优势

黑河流域和石羊河流域是河西走廊最早开发的内陆河流域，有着深厚的工农业发展基础。河西地区最东端的石羊河流域，以"银武威"之称的武威为代表，随着交通基础设施的健全，已经发展成为河西地区重要的经济节点城市和交通枢纽，而且并非个例。黑河流域的"金张掖"，也已经成为全国重要的粮食产地和新农业基地。对于内陆河流域来说，水资源是一切发展的制约因素。疏勒河的开发利用程度最低，有着较大的开发潜力。但是，与黑河更为健全的水资源利用规划相比，水权交易形式和基层农业用水协会制度，对更加合理地规划利用和分配水资源大有裨益，这是目前疏勒河流域所不具备的，因此黑河流域和石羊河流域用水效率更高，转化为经济收入的能力更强。同时，黑河流域和石羊河流域经过国家和地方政府强有力的资源分配干预，才使自然资源不被过度利用，实现了水资源的可持续利用与发展，这也是疏勒河流域在今后的开发中需要注意的。

8.6.2　政策建议

1. 内陆河特色的第三产业发展

越来越多的研究认为，发展第三产业特别是旅游业既可以创造财富，实现疏勒河流域移民的脱贫致富，又可以实现区域经济的全盘带动。从旅游行为发生的意义上考虑，游客的主要动力来自于探索未知，旅游业发展靠的是旅游资源的差异化程度。瓜州和玉门地区的未利用地资源丰富，强烈的风蚀效应造就了典型的风蚀地貌，发育着大面积的雅丹地貌，类型多样，被称作"雅丹地貌宝库"。这些自然地貌特征首先是一种稀有的特色陆地景观，闻名遐迩的魔鬼城等给游客留下了恢弘的视觉效果，足以满足东部地区及海外游客对审美的特殊要求。自然状态下形成的沙漠腹地，风成效应促成了沙丘地貌，也具有一定的观赏价值。在此基础上发展的沙产业可以将沙漠旅游进一步多元化拓展，沙石疗养、体育项目、影视剧拍摄等功能都可以全方位进一步发掘。北部马鬃山还有数个峡谷山溪，特别适合发展漂流等山水结合的旅游项目。不过，以往西部地区较为封闭，人员交流不便，社会意识闭塞，旅游承载力薄弱，不具备规模化发展旅游业的可能性。经过十几年的高速发展，兰新高速铁路已经通车，结合已运行的兰新高速公路和国道等使疏勒河流域移民迁入区的交通条件呈立体化状态，也为生态旅游的发展提供了宝贵的必要条件，这使得生态旅游的发展可以将疏勒河移民迁入区历经千年积淀的深厚人文景观纳入进来。例如，锁阳古城等数十个西域古城已经作为整体申遗成功，获得了联合国教科文组织"世界文化遗产"称号，西域丝绸故道上留下的美丽诗篇有了向世界诉说的窗口。榆林窟等历史古迹除了其历史文化价值，更有着红色革命教育价值。玉门作为新中国成立之初的老石油供应基地，做出了不可磨灭的贡献，为新中国的建设立下了汗马功劳，理当把历史谱写成向世人展示的篇章。铁人王进喜的先进事迹和无私奉献精神在今天也有着重要的宣传教育价值，玉门作为铁人王进喜的故乡，有着发展工业旅游的天然条件。总之，疏勒河流域移民迁入区的旅游资源都可以重新"焕发青春"，给移民带来实质的经济利益和文化价值。

2. 生态保护与修复政策建议

客观上，为了保障生态旅游等第三产业的开发，疏勒河流域移民迁入区的生物多样性、水土资源保持也被赋予更加重要的意义。开发与保护相结合使得该区的旅游业成为可以持续发展、互相带动的龙头项目。孤立地考虑治理疏勒河流域的生态问题，继而实现生态保护有着巨大的困难。资金供应不足、基础设施跟不上等都制约着生态环境的可持续发展。对于疏勒河移民迁入区来讲，以往戈壁和沙漠景观是恶劣生态环境，气候条件的严酷使得区域内干旱和荒漠化十分严重。但是，从发展旅游业的角度来说，这不啻是一种特殊的旅游载体，是一种一举两得的红头产业，同时又可以实现该区荒漠化的综合治理，缓解持续发生的干旱风沙灾害给移民群体可持续发展造成的压力。

第9章　黑河流域生态治理可持续发展评价

9.1　引　言

9.1.1　生态输水对中游农业的影响

1. 主要农作物种植结构调整情况

生态输水前，黑河中游地区农业种植以粮食作物为主。2000 年以前，张掖市总播种面积为 18.67 万 hm²，其中粮食作物占 70%以上。粮食生产主要以小麦、玉米套种的大田为主，耗水量大，用水效率不高。从 2001 年起，随着生态输水工程的开展，张掖市开展了以推广制种玉米、加工用番茄、中草药和马铃薯等作物为主的农业种植结构调整，逐步淘汰了高耗水的带田作物，减少了灌溉用水。大田面积从 2000 年的 4.27 万 hm² 下降到 2005 年的 0.33 万 hm² 左右，减少 3.94 万 hm²。小麦、玉米等传统作物的种植面积占比下降到 50%以下。以甘州区为例，粮经饲种植面积比例从 2000 年的 62∶38∶0 调整为 2008 年的 27.5∶68.8∶3.7。

经过农业种植结构调整，制种玉米成为黑河干流灌区的主要作物，播种面积占灌区总播种面积的 50%左右。小麦、玉米和油料等传统粮油作物的播种面积分别从 2000 年的 2.67 万 hm²、1.85 万 hm²、0.53 万 hm² 下降到 2008 年的 1.08 万 hm²、0.88 万 hm²、0.05 万 hm²，分别下降 59.5%、52.4%、90.6%。黑河中游沿山灌区受水资源条件的限制，农业种植结构变化较小，仍以小麦为主。经济作物如啤酒大麦和青饲料的播种面积有所增加，分别从 2000 年的 0.93 万 hm² 和 0.06 万 hm² 增加到 2008 年的 1.68 万 hm² 和 0.67 万 hm²，增加 80.6%和 1016.7%(图 9-1)。随着种植结构调整，中游地区的总播种面积曾一度减少，但是受经济效益的驱

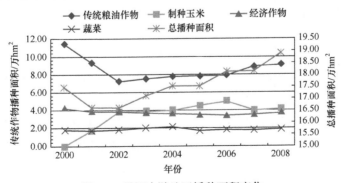

图 9-1　黑河中游地区播种面积变化

动，播种面积后又增加。2002 年张掖市总播种面积减少至 18.17 万 hm²，2004 年又扩大到 19.04 万 hm²，超过了生态输水前的面积。

2. 作物灌溉制度的变化

从图 9-2 的指标来看，年灌水量在生态输水前后表现出的变幅不大，调研发现实际用水定额要大于此指标。同时，调查还发现，同一种作物在中游各地区的灌溉定额相差较大，而且随着区域气候干燥程度逐渐增加，呈现自东向西逐渐增长的趋势。另外，同一地区的同种作物也由于水量年际变化和土壤水分亏缺程度不同，而有较大差异，尤其是在生态输水后，当地大量开采地下水以后表现更为突出。其主要原因是生态输水后大量开采地下水，造成土壤不同程度的水分亏缺。

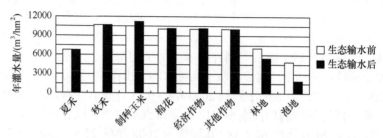

图 9-2　黑河中游生态输水前后农作物年灌水量变化

上述分析表明，黑河中游甘州、临泽和高台各灌区的农业种植业结构调整，一方面受生态输水工程的影响，另一方面也受市场经济作用的调节。尽管水资源是当地农业发展的重要因素，但生态输水前后，当地播种面积和灌水定额并没有发生显著变化。变化较大的是当地水土资源利用方式更加趋于合理，农户在市场经济的刺激下把用水重点转移到产量高、效益好的农作物上，间接地促进了农业种植结构的调整。

9.1.2　水资源供需变化

1. 水资源供给变化

生态输水以前，当地部门对水资源管理不严，各灌区引水比较自由，导致下游地区引用水量较少。随着黑河生态输水的开展，水权制度改革逐步推进，各灌区根据确定的水权面积分配可用地表水资源。根据各灌区对黑河干流引水变化情况可以看出，甘州区和临泽县的地表水引水量逐渐减少，而高台县地表水引水量有所增加(表 9-1)。

表 9-1　各灌区地表水引水量和地下水开采量变化　　(单位：万 m³)

灌区	县(区)	2000 年			2005 年			2008 年		
		总引水量	地表水引水量	地下水开采量	总引水量	地表水引水量	地下水开采量	总引水量	地表水引水量	地下水开采量
黑河灌区	甘州区	86174	70574	15600	78240	58510	19730	74353	59831	14522
	临泽县	35524	34732	792	34253	29263	4990	32500	27703	4797
	高台县	34634	27269	7365	36379	23183	13196	37394	27103	10291
梨园河灌区	临泽县	13803	13388	415	13570	12952	618	14518	13696	822
沿山灌区	山丹县	11129	7308	3821	14603	10293	4310	12896	7338	5558
	民乐县	23280	22751	529	36498	35328	1169	33217	31404	1813
	甘州区	3800	3800	0	4050	4050	0	3624	3624	0
	高台县	4698	4698	0	6291	6291	0	7859	7859	0

从用水结构上可以看出，黑河灌区甘州区和梨园河灌区临泽县地表水和地下水引水量比例基本稳定，而黑河灌区临泽县和高台县地区由于生态输水减少了地表水引水量，地下水开采量增加明显。黑河灌区临泽县的地下水开采量从 2000 年的 792 万 m³ 激增至 2008 年的 4797 万 m³，增加了 506%。黑河灌区高台县的地下水开采量从 2000 年的 7365 万 m³ 增至 2008 年的 10291 万 m³，增加了近 40%。

黑河生态输水主要影响黑河的干流灌区和梨园河灌区，而沿山灌区则未受影响。沿山灌区水权面积根据多年形成的有效灌溉面积确定。随着水权制度改革，各灌区水权面积进一步明确，水资源利用效率有一定提高，但总引水量并没有减少。沿山灌区各县(区)地下水开采程度差异很大，其中山丹县地下水开采时间最早、强度最大。从沿山灌区引水量变化可以看出，2000 年山丹县地下水开采量占总引水量的比例是 34.3%，但是 2008 年这一比例上升至 43.1%。随着地下水开采量的增加，山丹县境内出现大面积的地下水漏斗区。临泽县地下水开发利用程度低于山丹县，但也呈增加趋势，2002 年机井数量激增至 898 眼，为 1999 年生态输水前的 2.3 倍(表 9-2)。随着实际纯井灌面积的增加，单井提水量日益显著下降，造成该地区开井率为 70% 左右，区域地下水资源总量的日益减少，可能导致地下水和土壤水出现严重的亏缺。

表 9-2　黑河灌区各县(区)生态输水前后机井的变化情况

年份	甘州区		临泽县		高台县	
	保灌面积/hm²	机井数/眼	保灌面积/hm²	机井数/眼	保灌面积/hm²	机井数/眼
1998	45746	1360	15770	278	18380	2658
1999	45746	1401	15770	394	18446	2730
2000	45630	1497	15770	425	18600	2843
2001	45746	1726	15770	669	18597	2880
2002	45600	1913	15770	898	18637	3071

2. 水资源需求变化

生态输水前(1999 年),黑河干流灌区和梨园河灌区主要种植耗水量大的玉米带田。带田占总播种面积的比例越大,灌区灌溉定额就越大。因此,在输水前,甘州区的灌溉定额高于临泽县,临泽县又高于高台县。随着农业种植结构的调整,张掖市逐步推广制种玉米,从 2005 年开始,甘州区和临泽县的灌溉定额相比 2000 年有所下降。但是,由于各灌区实际播种面积的增加,黑河干流灌区和梨园河灌区的实际需水量并没有下降,部分灌区的灌溉用水量相比 2000 年还略有增加。调查发现,农户实际灌溉量与计划灌溉定额存在一定差异。由于向黑河下游地区分水,中游各灌区的计划灌溉定额相比 2000 年有不同程度的减少。然而,农户长期形成的把地"浇透"的灌溉习惯没有改变,加之地下水位的下降,导致当地实际灌水量增加。

受水资源限制,沿山灌区农业种植结构变化不大,灌溉定额也没有明显变化。在农业种植结构调整受到限制的情况下,农户只能扩大播种面积来增加收入。其中,山丹县最明显,2000 年全县总播种面积为 29830hm²,2008 年增加至 36179hm²,增加了 21.3%。作物播种面积的扩大使沿山灌区需水量增加,供需矛盾突出。由于可用水资源总量不足,当地农户只能以减少灌溉和不灌溉的方式维持生产。根据有效灌溉面积和实际灌水量估算得出的实际灌溉定额可以看出,沿山灌区超额灌溉现象没有黑河干流灌区和梨园河灌区严重,说明限制水量措施能够减少超额灌溉现象(石敏俊等,2011)。

9.1.3　生态输水对中游地区植被的影响

郭巧玲等(2009)利用遥感影像数据资料对黑河中游各县(区)植被动态变化进行分析发现,1987~2000 年,甘州区人工林地面积减少 2927hm²,平均年递减 209hm²;天然林地面积减少 4399hm²,平均年递减 314hm²;高覆盖度草地面积减少 3204km²,平均年递减 229km²;低覆盖度草地面积减少 31035km²,平均年递减 2217km²(表 9-3)。生态输水以后，通过实施退耕还林(草)工程，2000~2004 年，甘州区人工林地面积增加 1453hm²，平均年递增 363hm²；天然林地面积减少 213hm²，平均年递减 53km²；高覆盖度草地面积增加 1208km²，平均年递增 302km²；低覆盖度草地面积增加 1035km²，平均年递增 259km²。研究表明，随着退耕还林(草)等生态建设工程的开展，黑河中游地区的植被面积有所增加，生态建设工程效益明显。

表 9-3　黑河灌区各县(区)各植被类型分布面积及变化情况　　　(单位：hm²)

县(区)	植被类型	年份			年份区间	
		1987	2000	2004	1987~2000	2000~2004
甘州区	人工林地	4850	1923	3376	−2927	1453
	天然林地	5398	999	786	−4399	−213
	高覆盖度草地	3204	0	1208	−3204	1208
	低覆盖度草地	71849	40814	41849	−31035	1035
临泽县	人工林地	1243	2346	4119	1103	1773
	天然林地	3973	2280	1850	−1693	−430
	高覆盖度草地	66	9	26	−57	17
	低覆盖度草地	23873	5415	7080	−18458	1665
高台县	人工林地	1470	307	539	−1163	232
	天然林地	1541	634	526	−907	−108
	高覆盖度草地	2017	941	1317	−1076	376
	低覆盖度草地	16530	10645	12530	−5885	1885

对于黑河中游地区典型植被红柳，通过对比灌区与非灌区的年胸径生长量发现，输水前灌区红柳的年胸径生长量大于非灌区红柳，而输水后灌区红柳的年胸径生长量小于非灌区红柳。这说明生态输水对灌区红柳的生长有一定负面影响(郭巧玲等，2009)。总体而言，1987~2000 年，各植被类型分布面积不同程度地存在递减趋势，一定程度上反映了整个流域生态恶化的现象；2000~2004 年(天然林地面积呈现递减趋势，但递减速度明显小于输水前)，各植被类型分布面积不同程度地存在递增趋势。但是，大量开采地下水造成的黑河中游地区地下水位下降，必然给中游绿洲植被的生长带来潜在的威胁。

9.1.4　中游水权制度建设及其成效

按照《黑河流域近期治理规划》要求，从 2000 年开始，张掖每年必须少引黑河水 5.8 亿 m³，这对水资源极度短缺的当地来说，意味着每年将减少传统灌溉方式下的 60 万亩耕地。因此，张掖市积极探索水权制度改革，开始水权制度变迁。该制度变迁描述为"总量控制、定额管理、以水定地、配水到户、公众参与、水量交易、水票运转、城乡一体"。具体来说，"以水定地"是先按照水权确定耕地面积，将水资源比例先分配各县(区)，再由各县(区)分配到灌区，最后由灌区分配到村和户。由于每年上游来水量会有变动，黑河中游的"总量控制"数量及各县(区)各灌区分得的水量也有变化。"总量控制、以水定地"克服了水权制度确立以前灌区之间水资源分配无序的矛盾，解决了越靠近黑河下游的灌区可用水量越少的问题，使得水资源分配有据可依，在一定程度上规范了水资源分配秩序。

在实际管理中，一般采用轮水制对引水量进行管理，即将分配给各灌区的水量换算成引水时间，根据引水时间向各灌区放水。这种管理方式可操作性强，但存在着一定的局限性，从水量到引水时间的换算比较粗糙，尤其是丰水年上游来水量多时更容易出现引水时间管理粗放的问题，导致上游来水越多、中游引水越多的情形。

张掖市水权制度改革，通过推行水票运转方式，组建农民用水者协会，促进水市场形成，实现城乡水务一体化管理，提高了水的利用效率和效益。农民用水者协会参与水权的确定、水价的形成、水量水质的监督、公民用水权的保护、水市场的监管，并被赋予斗渠以下水利工程管理、维修和水费收取的权力，形成了水资源管理各个环节公开透明、广泛参与的民主决策机制。目前，张掖市共有农民用水者协会 790 个，全市农户 100%加入，全市 70%的灌区运用水票。在实际运行中，水权制度改革仍然存在不少问题，如水市场的建立、形成还处在初级阶段，难以发挥其应有成效。张掖市确定的剩余水量回购价格是现行水价的 120%。各灌区水价略有不同，但都不超过 0.10 元/m³。如果将剩余水量用于新开垦耕地的种植，可获得的收益是回购水价的数倍。此外，农民用水者协会参与式管理仍需进一步规范其运作方式。张掖市的 790 个农民用水者协会，有三分之一没有办公地点和运行经费，没有发挥其应有的作用。

9.1.5　生态输水对下游地下水位的影响

1. 下游地区地下水位对入境水量的响应

下游地区地下水位对入境水量响应非常明显，入境水量越大，地下水位越高。以狼心山为例，入境水量为 13.5 亿 m³ 时，地下水位为 0.75m；入境水量为 10.5 亿 m³ 时，地下水位为 1.6m；入境水量为 7.8 亿 m³ 时，地下水位为 2.26m；入境水量为 4.8 亿 m³ 时，地下水位为 2.65m(图 9-3(a))。

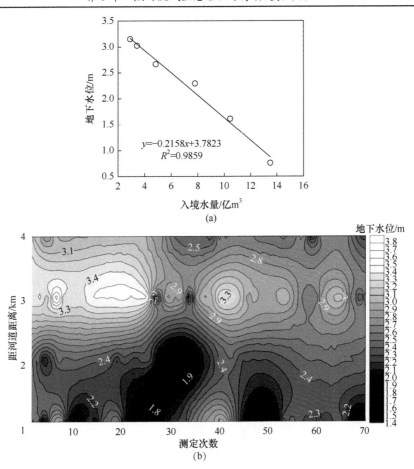

图 9-3 狼心山入境水量与地下水位的关系(a)及地下水位空间变化(b)

2. 地下水位空间变化

地下水对河道输水的响应程度表现为由河道上段向河道下段呈逐渐减弱趋势，地下水位随输水距离由远至近而降低。距离河道越近，地下水埋深越浅，年变幅越大；距离河道越远，地下水埋深越深，年变幅越小，说明受河水的影响也越小(图 9-3(b))。随着输水量的增加，输水河道两侧地下水位横向响应范围扩大。

9.1.6 生态输水对下游地区水化学的影响

1. 生态输水后主要离子特征变化

从图 9-4 可以看出，整体样点的非碳酸盐硬度超过了 50%，其中阴离子，SO_4^{2-} 占 60%～80%，Cl^- 占 20%～40%；Cl^- 与 HCO_3^- 相比，HCO_3^- 含量不超过 20%，而

Cl⁻的含量超过了 80%，说明阴离子中 SO_4^{2-} 含量占绝对优势；阳离子 Ca^{2+} 与 Mg^{2+}，均占 40%～60%，而 Na^+ 含量在 20%～40%，略低于 Ca^{2+}、Mg^{2+} 含量。生态输水后，全区各离子含量均有明显变化，阴离子 SO_4^{2-} 与 Cl⁻相比，含量相当，均为 40%～60%；而 HCO_3^- 与 Cl⁻相比，HCO_3^- 占 20%～40%，其相对含量明显高于输水前；阳离子 Na^+ 含量略有增加，Ca^{2+} 含量略有减少，与 2001 年相比，三者的相对含量均没有太大幅度变化。

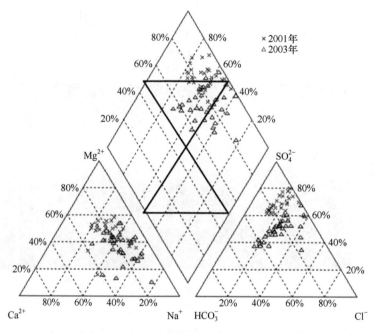

图 9-4　地下水水化学成分的 Piper 三线图解

2. 水化学时空分布特征

空间变化上，距离河道越远，水的矿化度和总硬度越大。但由于受人为因素的控制，有的河道大量放水，有的河道从未放水，2003 年水的矿化度、总硬度和碱度并未表现出此规律。时间变化上，普遍表现为 2003 年水的矿化度、总硬度和碱度比 2001 年大幅降低。以矿化度为例说明，纵向上，2001 年，狼心山、二道桥、一号山、策克村、东居延海的矿化度分别为 744.4mg/L、1384.2mg/L、1761.5mg/L、1951.4mg/L、32050.0mg/L；2003 年，分别为 512.6mg/L、953.2mg/L、1443.0mg/L、1392.0mg/L、5106.2mg/L。2003 年比 2001 年分别降低了 231.8mg/L、431.0mg/L、318.5mg/L、559.4mg/L、26943.8mg/L，分别降低了 31%、31%、18%、29%、84%。可以看出，生态输水对干涸已久的居延海地下水化学响应非常明显。

横向上，生态输水后地下水的矿化度有较明显的变化，从二道桥到七道桥，按距离河道远近表现为 2003 年比 2001 年分别降低了 431.0mg/L、892.1mg/L、479.6mg/L、2384.9mg/L，分别降低 31%、56%、17%、76%。

通过对 2001 年和 2003 年各种离子成分及总矿化度的分析可以看出，输水前该区的浅层水主要受长期蒸发浓缩作用，水的矿化度很大；输水后，上游向下游分水的过程中，由于水流速度快，冲刷强烈，与沿途盐土接触时间较短，下游浅层地下水直接受上游河水补给，因此水质较好，矿化度普遍降低(席海洋等，2007)。

9.1.7　生态输水对天然植被的影响

1. 荒漠河岸林胡杨对输水的响应

从表 9-4 可看出，东河河水对胡杨个体的横向影响达到距离河道 1500m 的范围，随着距河道距离的增加，胡杨胸径生长量呈递减趋势。河道水量增加，胡杨胸径生长量相对增加，随着距河道距离的增加，胡杨胸径生长量呈减少趋势，在距离河道 1000m 处，胡杨胸径生长量在水量增加前后几乎一样。但在部分区段表现为随着距离的增加，胡杨胸径生长量增加，这种现象可能与地质状况及东居延海近几年一直保持一定水面有关。对比东河上、下游的胡杨生长情况可知，当河道水量增加，在距河道相同距离的断面，上游胡杨的胸径生长量大于下游胡杨。分析发现，生态输水后，胡杨冠幅在距离河道 100～300m 的横向范围内变化明显，在 1000m 的横向范围内胡杨胸径生长量增加明显。

表 9-4　河道输水前后东河胡杨胸径生长情况

位置	距河道 距离/m	胡杨 树龄/a	输水前 5 年胸径 生长量/mm	输水后 5 年胸径 生长量/mm	胸径生长量 变化/mm	地下水位 变化/m
东河上游	0	15	14.3	16.1	1.8	0.04
	100	13	12.5	13.4	0.9	0.1
	200	21	13.7	14.3	0.6	0.08
	500	30	8.5	9.0	0.5	0.03
	1000	52	7.8	7.9	0.1	0.05
	1500	62	7.2	7.2	0	0.05
东河下游	0	85	11.5	15.0	3.5	0.95
	100	26	10.5	14.2	3.7	0.77
	200	24	7.5	10.0	2.5	0.63
	300	12	8.3	9.5	1.2	0.47
	500	22	9.8	10.2	0.4	0.13
	1000	35	7.4	7.5	0.1	0.12

2. 灌木植被对输水的响应

样带调查发现，研究区域内的灌木主要以柽柳、白刺、苦豆子、芨芨草和盐蓬为主(表9-5)。从调查结果可以看出，该区域内恢复最好的为柽柳，在样方中覆盖度达36.2%，密度为26.0株/m²；其次为苦豆子，覆盖度达26.3%，密度为23.9株/m²；再次为白刺，覆盖2.73%；芨芨草、盐蓬覆盖度超过1%。与输水前相比，生态输水实施以后，地下水位抬升，土壤水分得到一定的改善，使得由于可溶性盐分大量积累而难以生存的植物得以复生，许多植物萌发出新的枝芽和叶片。灌木植被对输水后地下水位的抬升响应十分明显，对黑河下游中段横向断面柽柳的测试结果表明，柽柳的平均高度和总覆盖度在横向上反应敏感区为500～1000m。

表 9-5　研究区灌木植被调查结果

种类	株数/株	标准差	高度/m	标准差	覆盖度/%	标准差	密度/(株/m²)	标准差	样方/(m×m)
柽柳	4.11	2.14	1.47	0.47	36.2	23.2	26.0	18.4	20×20
白刺	5.46	3.94	0.23	0.05	2.73	2.0	0.2	0.16	2×2
苦豆子	47.8	32.5	0.49	0.13	26.3	17.9	23.9	16.23	2×2
芨芨草	5.91	4.25	0.34	0.04	1.36	0.98	0.3	0.17	2×2
盐蓬	3.57	2.68	0.21	0.18	1.07	0.8	0.25	0.05	2×2

3. 草本植被对输水的响应

2000年(生态输水前)，苦豆子主要集中分布在距河道1000～1700m的范围，覆盖度为25%；2002年(生态输水后)，苦豆子主要集中分布在距河道1000～2000m的范围，覆盖度最高达45%。输水后，苦豆子的分布范围扩展了300m左右，覆盖度增加了20%左右，反应敏感区在1700～2000m范围(图9-5)(司建华等，2005)。

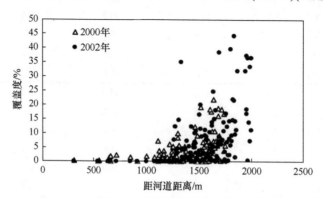

图9-5　横向断面输水前后苦豆子覆盖度的变化

4. 地表景观对输水的响应

生态输水实施后，区域生态环境总体变化明显。由表 9-6 可知，三角洲地区植被总面积在 2000 年为 463.45km²，2003 年为 498.51km²，增加了 35.06km²。绿洲及周边地区植被总面积，2000 年为 703.20km²，2003 年为 786.84km²，增加了 83.63km²；农田之外的植被总面积，2000 年为 652.03km²，2003 年为 731.96km²，增加了 79.93km²。整个研究区域农田外的植被总面积变化比三角洲地区的植被面积变化小，主要是因为西河流域没有得到生态输水，其生态环境继续恶化。

表 9-6　输水前后研究区植被总面积变化　　　　　　　　（单位：km²）

分类	三角洲地区植被总面积			绿洲及周边地区植被总面积		
	2000 年	2003 年	变化量	2000 年	2003 年	变化量
水体	0.18	42.88	42.70	1.48	70.58	69.10
砾质戈壁	681.83	814.61	132.78	6324.99	6635.74	310.74
粉沙黏质戈壁	722.38	511.83	−210.55	4006.81	3543.34	−463.44
低覆盖度灌木林	146.68	158.67	11.99	245.10	291.60	46.50
高覆盖度灌木林	179.96	192.10	12.14	307.23	317.20	9.96
乔木林	87.91	97.46	9.55	99.70	123.16	23.46
农田	48.90	50.28	1.38	51.17	54.88	3.71

9.1.8　下游地区产业结构变化

额济纳旗实施生态移民，建设饲草料基地，集中发展规模化的舍饲养殖，并鼓励农牧民发挥其专长，进城从事第二、第三产业，生态治理工程实施 3 年，共从胡杨林区转移农牧民 499 户 1496 人，以较少代价换取生态保护与建设最大成效，改变传统的"粮、经"二元结构为"粮、经、草"三元结构，进一步扩大优质牧草种植面积，积极开展沙生产业，推广特色种植业，种植结构趋于合理。2003 年，粮食作物播种面积 170.5hm²，同比下降 28.4%；经济作物播种面积 1555.3hm²，同比增长 43.9%；其他作物播种面积 613.3hm²，同比增长 83.3%，种植结构发生了变化。同时，积极开展招商引资，大力发展苏木镇企业，引导农牧民从事口岸贸易、旅游、餐饮服务等产业。

9.1.9　农户对当地生态环境的评价

问卷调查发现(表 9-7)，黑河中游地区有 27.2%的农户认为当地出现了严重土地沙化现象，有 25.3%的农户认为当地森林和草地严重减少，但是也有部分农户(45.2%、44.9%)认为土地沙化程度、森林和草地减少程度不严重。当地农户认为造成土地沙化、森林和草地减少的主要原因是水资源短缺、过量开采地下水、大量砍伐树木、增加耕地面积和流域生态环境总体退化。在水资源方面，69.3%的农户认为地下水位下降严重，特别是在夏季主要灌水期间，部分地区机井抽水已有困难。在水污染方面，64.4%的农户认为水污染不严重。但是，也有 10.7%的农户(甘州区)认为黑河水污染严重，主要原因是甘州区工业污废水排放。上述对农户的调查进一步验证了黑河生态输水对中游地区生态环境的影响。中游农户为了农业灌溉，大量开采地下水，最直观的表现就是地下水位下降，而土地和森林生态系统的变化则受地下水的影响，考虑植被响应的滞后效应，中游地区的土地和森林生态系统有逐渐退化的迹象。

表 9-7　黑河中游地区农户对当地生态环境的认识

类型	农户数(占比)		
	严重	一般	不严重
土地沙化程度	132(27.2%)	134(27.6%)	220(45.2%)
森林和草地减少程度	123(25.3%)	145(29.8%)	218(44.9%)
地下水位下降程度	337(69.3%)	109(22.4%)	40(8.3%)
水污染程度	52(10.7%)	121(24.9%)	313(64.4%)

下游地区调查发现(表 9-8)，有 45.3%的农户认为土地沙化严重，但是也有28.8%的农户认为土地沙化不严重。随着黑河下游地区生态输水和退耕(牧)还林(草)工程的推进，大部分(79.8%)农户普遍感到地下水位下降不严重，有 68.2%的农户认为当地森林和草地减少不严重，生态环境逐渐向良性方向发展。

表 9-8　黑河下游地区农户对当地生态环境的认识

类型	农户数(占比)		
	严重	一般	不严重
土地沙化程度	47(45.3%)	27(25.9%)	30(28.8%)
森林和草地减少程度	12(11.6%)	21(20.2%)	71(68.2%)
地下水位下降程度	6(5.8%)	15(14.4%)	83(79.8%)
水污染程度	25(24.1%)	16(15.4%)	63(60.5%)

9.2　生态输水和治理工程对农户生计的影响

9.2.1　中下游农户对生态输水和治理工程的态度

调查结果显示(表 9-9)，中游地区大部分农户(71.9%)了解生态输水和治理工程，并且有 54.1%的农户支持这项工程，认为对下游生态输水是值得的。相对于生态输水治理前，有 67.2%的农户认为输水后当地生态环境有恶化的趋势，这进一步验证了生态输水会对黑河中游地区生态环境造成破坏的结论。对黑河中游农户为控制用水所采取措施的态度调查表明，有 79.5%的农户支持退耕还林，但是仅有 51.6%的农户愿意参与发展节水农业，表示愿意调整农业种植结构，采用节水灌溉技术，仍有 42.8%的农户明确表示不愿意采用节水灌溉技术。根据《黑河流域近期治理规划》，黑河中游地区发展高新节水灌溉面积要达 2.7 万 hm^2，每年可节水 6000 万～8000 万 m^3。因此，生态输水和治理工程未来的发展仍然十分艰巨。

表 9-9　黑河中游地区农户对生态输水和治理工程的态度

类型	农户数(占比)		
	是	不是	不知道
了解生态输水和治理工程	351(71.9%)	137(28.1%)	0
下游生态输水是否值得	264(54.1%)	79(16.2%)	145(29.7%)
输水后当地生态环境变好	104(21.3%)	328(67.2%)	56(11.5%)
支持退耕还林	388(79.5%)	48(9.8%)	52(10.7%)
愿意采用节水灌溉技术	252(51.6%)	208(42.8%)	27(5.6%)

对于黑河下游地区的农牧民来说，绝大多数受访农户(94.2%)了解政策，认为国家投入巨资治理黑河流域生态环境是值得的，同时有 53.8%的农户明确表示支持生态移民，并且有 79.8%的农户认为开展生态输水和治理工程以后，当地生态环境明显改善，这是该工程能迅速履行的主要原因之一(表 9-10)。对为生态恢复采取措施态度的调查表明，有 89.4%的调查者支持退(耕、牧)还(林、草)，但有 42.4%的调查者(大部分为牧民)明确表示不支持生态移民，有大部分移民表示不愿意留居，并且有部分牧户已经返回原来牧场进行放牧，这表明生态治理成果保护的风险仍然很大。

表 9-10　黑河下游地区农户对生态输水和治理工程的态度

类型	农户数(占比)		
	是	不是	不知道
了解生态输水和治理工程	98(94.2%)	6(5.8%)	0
下游生态输水是否值得	98(94.2%)	2(1.9%)	4(3.9%)
输水后当地生态环境改善	83(79.8%)	16(15.4%)	5(4.8%)
支持生态移民	56(53.8%)	44(42.4%)	4(3.8%)
支持退(耕、牧)还(林、草)	93(89.4%)	6(5.8%)	5(4.8%)

9.2.2　生态输水和治理工程对中游地区农户生计的影响

从实际调查结果来看，有 40.9 %的农户认为生态输水和治理工程影响其正常生计，并且有 35.2%的农户认为由于实行退耕还林和严格控制用水，造成了家庭剩余劳动力。剩余劳动力流向：外出打工(31.0%)、农闲打工(34.4%)、畜牧养殖(17.7%)、农畜产品加工(5.2%)、非农活动(10.1%)和没事干(1.6%)。有 55.8%的农户认为退耕还林补偿不能弥补自己由此造成的损失，而且 32.7%的农户明确表示项目结束后，如果没有补助会再次垦荒耕作(表 9-11)。

表 9-11　生态输水和治理工程对黑河中游地区农户生计影响调查

类型	农户数(占比)		
	是	不是	不知道
对正常生计造成影响	199(40.9%)	196(40.3%)	91(18.7%)
造成剩余劳动力	171(35.2%)	238(49.0%)	77(15.8%)
退耕还林补偿能弥补损失	130(26.7%)	271(55.8%)	85(17.5%)
补助按时发放	122(25.1%)	138(28.4%)	226(46.5%)
项目结束后会再次垦荒耕作	159(32.7%)	252(51.9%)	75(15.4%)

逻辑回归分析表明，年龄、受教育程度、人均收入和家庭兼业程度是影响黑河中游居民生计的主要原因。年龄越大，其生计所受影响越大。这主要是因为年龄较大的农户对土地和资源依赖程度较大，而且从受教育程度和家庭兼业程度也可以看出，年龄越大的农户，受教育程度往往越低，通常也不具备非农劳动技能。这也反映在生态输水和治理工程是否造成剩余劳动力方面，年龄越大、学历越低的农户越容易造成剩余劳动力。农户拥有土地面积越少，或接受补偿越多，造成的剩余劳动力反而越少。这主要是因为农户拥有耕地面积较少，方便外出打工，

而且补偿金额是按照退耕面积来定。在补偿能否弥补由退耕还林造成的损失方面，年龄和家庭兼业程度是主要影响因素。年龄大的农户认为退耕还林补偿不能弥补损失，而家庭兼业程度较高的农户则认为能弥补损失。

9.2.3　生态输水和治理工程对下游地区农户生计的影响

调查统计结果显示(图 9-6)，额济纳旗被访者人均纯收入为 7405 元/年，其中农民人均纯收入为 7158 元/年，高于牧民人均纯收入 6696 元/年。其中，牧民收入以畜牧养殖和公益林补偿收入为主，随着退耕限牧和生态移民政策的实施，当地牧民收入受到很大影响。

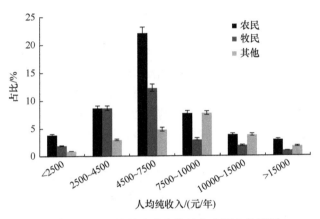

图 9-6　额济纳旗被访者人均纯收入调查统计图

从问卷调查结果来看(表 9-12)，黑河下游地区有 51.9%的农户认为生态输水和治理工程影响其正常生计，并且 50.0%的农户认为退耕限牧和公益林建设补偿不能弥补其经济损失。37.5%的农户明确表示项目结束后会再次返牧或垦荒放牧，表明该工程的可持续性令人担忧。

表 9-12　生态输水和治理工程对黑河下游地区农户生计的影响

类型	农户数(占比)		
	是	不是	不知道
对正常生计造成影响	54(51.9%)	44(42.3%)	6(5.8%)
造成剩余劳动力	45(43.3%)	48(46.1%)	11(10.6%)
退耕限牧和公益林建设补偿能弥补损失	49(47.1%)	52(50.0%)	3(2.9%)
补助按时发放	73(70.2%)	27(26.0%)	4(3.8%)
项目结束后会再次返牧或垦荒放牧	39(37.5%)	57(54.8%)	8(7.7%)

调查发现，由于退耕限牧和生态移民造成约 43.3%的家庭存在剩余劳动力，而这些剩余劳动力主要从事外出打工(16.0%)、农闲打工(20.7%)、畜牧养殖(22.4%)、农畜产品加工(5.2%)、林业管理(18.4%)、旅游业(7.8%)和中草药采集(9.5%)等活动。

在黑河下游地区，逻辑回归分析解释变量主要考虑了性别、职业、年龄、文化程度、家庭人口、人均收入和接受补偿等因素。其中，职业、人均收入和接受补偿是影响农户生计的主要原因。生态输水和治理工程对牧民的生计影响最大，这是因为政府采取退耕限牧、围栏封育措施以后，安置部分牧民在移民村，并压缩牧民的养殖畜群数量，进行舍畜、半舍畜饲养，想将以往的大量养殖转变为农牧产品深加工(潘世兵等，2006)。但是，实际调查发现，牧民认为舍畜饲养成本太高，而农牧产品深加工在当地还没有形成大的龙头企业，牧民的舍畜、半舍畜饲养并不成功，导致牧民生活仅靠退耕限牧和公益林补偿及少量土地收入；农民退耕限牧的土地基本上是产量较少的贫瘠耕地，所以对其生计影响不大。在退耕限牧造成剩余劳动力方面，职业、年龄、受教育程度和家庭收入是主要影响因素。由于限牧，部分牧民的生计方式从传统的放牧活动转变为进城务工和从事旅游业、林业管理等其他非农活动，但是对年龄较大和低学历的农牧民而言，其生计方式仍然是传统的农牧业，因此造成剩余劳动力。

对再次返牧或垦荒种植的态度，受教育程度和年龄及政府是否继续补偿是主要影响因素。随着居民受教育水平的提高，重新就业的机会增大，再次毁林、毁草开荒放牧的愿望降低，而且随着年龄的增大，环保意识也逐渐增强，劳动能力下降，外出活动机会较少。如果能得到政府的补偿，既能从土地中获得收益，又可以节约劳动力。

9.3 生态输水和治理工程可持续发展影响因素分析

9.3.1 中游地区农户采纳节水灌溉技术意愿的影响因素分析

就农户个体特征而言，年龄对农户采纳意愿有显著负影响，在 1%水平上显著，这与已有研究结论"年龄越大，越不容易采纳新技术"(唐博文等，2010)相符，说明年龄越大的农户越倾向于谨慎地对待节水灌溉技术，对于可能存在的风险会选择规避，而年轻人对于新技术更加青睐。性别对农户采纳意愿没有显著影响，这与相关研究结论一致。文化水平对农户采纳意愿有负影响，但是未通过显著性检验。主要原因是文化水平较高的农户因节水灌溉技术所需投入的劳动力机会成本较高，对节水农业生产并不关心；相反，文化水平较低的农户较为重视农业生产效率，更看重科技对生产效率的提高。农户担任村干部对其采纳意愿并不显著,虽然村干部掌握节水技术的信息渠道比较多,对政府机构的政策领悟能力强,但是其他因素的限制,客观上导致村干部并没有对采纳意愿有显著影响。

从农户家庭特征方面来说,土地规模对采纳意愿有显著正影响,在 5%水平上显著。这说明生产规模效应有助于提高农户采用节水灌溉技术的积极性,耕地面积越大,采用节水灌溉技术的成本越低,效率也越高。土地细碎化程度与采纳意愿呈负相关关系,在 1%水平上显著。这与实际调研情况相符,在样本中土地平均块数是 0.06hm^2,土地细碎化程度高,许多农户认为土地分散增加了节水灌溉设备的投资,同时也增加了节水灌溉实施的难度,从而限制了节水灌溉技术的推广。家庭收入与农户采纳意愿呈正相关关系,但不显著。这是因为相对于节水灌溉技术的投入,其效益低于成本,许多农户认为“节水灌溉工程投资大,难以独立承担”。兼业程度对农户采纳行为有负影响,在 1%水平上显著。这是因为兼业会增加农户的收入,使农户家庭收入更加多元化,减少了农户对农业生产的依赖性,同时兼业还会占用农业劳动力资源,在一定程度上限制农户采用节水灌溉技术。

从自然环境特征来说,水利基础设施对农户采纳意愿有正影响,在 5%水平上显著。随着国家对建设节水型社会的投入,张掖市的水利基础设施条件逐步得到改善,减少了农户对节水灌溉的投入,有利于促进农户采用先进节水灌溉技术。农业生产结构调整和农户采纳节水灌溉意愿呈正相关关系,在 5%水平上显著。对于大棚蔬菜和花卉种植,由于其效益高,农户愿意花钱投资节水灌溉技术;对于小麦、玉米等粮食作物,许多农户认为“农副产品价格低廉,不愿意花钱在节水灌溉投资上”。水资源状况和农户采纳意愿呈正相关关系,在 5%水平上显著,这与已有研究相符。实地调研发现,水资源短缺的地区,农户愿意投资节水灌溉技术,而对于地下水丰富的地区,农户则相对不愿意采纳节水灌溉技术。

从社会环境特征来说,政府扶持和农户采纳呈正相关关系,在 5%水平上显著。先进的节水灌溉技术节水效果明显,但是成本较高,如果由农户完全承担技术改造会使农户采纳的内在动力不足。实地调研也证实,农户最希望政府对节水改造提供一定的资金补贴。因此,在现行以粮食作物为主的农业种植结构和较低的农产品价格下,适当的政府扶持是非常必要的。水费计价方式和采纳意愿呈正相关关系,在 5%水平上显著。合理的水费计价方式如果能完全反映农户所用水量,会对农户采纳节水灌溉技术有很大促进作用。实地调研发现,部分灌区仍然根据耕地面积、用电量或家庭人口收费。虽然水价提高了,但是水价不能反映用水量,对节水灌溉没有起到促进作用,反而增加了农民的负担。农户参与农民用水者协会对采纳节水灌溉技术有负影响,但未通过显著检验。这与当前大多数协会的运行目标有关,农民用水者协会仅在渠道末级起到分配水量、维护渠道、收取水费的作用,但是在节水灌溉技术的采用上没有采取更加有效的措施。水权交易对采纳意愿有正影响,但未通过显著检验。尽管水权交易可以促进节水灌溉技术的发展,但是张掖地区水资源匮乏,农户拥有水资源量本来就很少,并没有多少水资源可以参与交易。

从认知特征来说,投资风险对农户采纳意愿有负影响,在 1%水平上显著。这表明,农户对节水灌溉技术带来的收益仍然持怀疑态度。作为理性的经济个体,农户必然将有限的劳动力投向于风险较小、回报较高的生产。对节水灌溉技术的了解程度和节水灌溉的重要性对农户采纳有正影响,但未通过显著检验。这与"农户对有关节水灌溉技术的信息获得量越多,其节水灌溉技术意愿越强"不符,主要是从投资风险和成本考虑。

9.3.2 下游地区农户参与生态移民的影响因素分析

1. 额济纳旗生态移民概况

额济纳旗的生态移民可分为两个阶段:第一阶段是 2002~2004 年执行的黑河治理工程中的移民安置;第二阶段是 2005 年至今执行的退牧还草、公益林建设项目整合后的转移搬迁。从 2002 年开始,当地政府利用黑河工程和退牧还草项目资金建设移民住房,按照每户 2~3 人 60m²、4 人 70m²、5 人以上 80m² 安排住房。对移民提供棚圈、库房、青贮窖等生产设施。在达来呼布镇、巴彦宝格德苏木特色商品区、赛汉陶来苏木和巴彦淘来生态农业开发区等规划了不同规模的移民点。在生计安排上,额济纳旗政府规定移民可从事三种产业:舍饲、半舍饲的畜牧业,第二、第三产业,养驼业。额济纳旗政府为从事舍饲圈养的移民安排草料地,以及水井、棚圈等基础设施。工程开发 26666.7hm² 草料地,户均分配草料地 2hm² 左右,但人均在 6666.7hm² 以上五配套草库伦的生态移民不再分配草料地。被划为重点公益林保护区的生态移民每户招聘 1~3 名护林员,护林员的劳务性补助为 6270 元/年。

根据额济纳旗农牧业局提供的数据,2007 年全旗共有牧民 1047 户 3311 人,2002~2007 年已累计转移 904 户 2800 多人,占当地全部牧业人口的 85%。禁牧、划区轮牧草场面积达 390 万亩,退出牲畜达 8 万头(只);全旗舍饲的牲畜由 0.5 万头(只)增加到 6 万头(只),搬迁后牧民的人均收入由 2767 元增加到 5000 元;草场逐渐恢复。据额济纳旗草原监测站监测,2002 年围栏封育的草原植被盖度现已提高至 15%,植被高度从 10~30cm 提高到 20~50cm,产草量增加一倍以上。在达来呼布镇、赛汉陶来苏木、苏泊淖尔苏木等地建成 6 处移民小区,累计建成移民住房 1167 套,舍饲棚圈 718 座 61030m²,青贮窖 685 处 39045m³,饲草料基地 4 万亩,配备饲草料加工机械 182 台(套)。

2. 生态移民效果评价

生态移民成果的主要考核内容是移民安置情况和生态环境保护效果。移民安置情况主要应以搬迁后移民的家庭收入、居住条件和生活质量作为衡量指标，生态环境保护效果主要应以搬迁后草场使用情况、耕地利用情况作为考核指标，以反映流域生态移民的实施效果(表9-13)。

表9-13　生态移民效果评价

考察指标	调查结果(调查占比)		
耕地利用情况	继续耕种(76.7%)	不耕种(23.3%)	—
草场使用情况	继续放牧(16.7%)	不放牧(83.3%)	—
家庭收入变化	减少(71.9%)	不变(14.6%)	增加(13.5%)
生活质量变化	变差(42.7%)	不变(37.5%)	变好(19.8%)
居住面积变化	减少(76.7%)	不变(6.7%)	增加(16.6%)
耕地质量评价	差(63.3%)	一般(33.3%)	好(3.4%)
基础设施评价	差(6.7%)	一般(43.3%)	好(50.0%)
生活环境评价	差(13.3%)	一般(36.7%)	好(50.0%)

生态移民政策的目的是将额济纳的耕地和草场转变为胡杨林地，以保护黑河下游地区生态环境。牧民搬迁到定居点后，政府提供了住房、饲草料地和棚圈。83.3%的牧民已经将草场退牧，但是有76.7%的牧民将政府提供的饲草料地变更为农田来耕种。长期以来，额济纳旗的牧民和农民处于一种"分业经营"的状态。在地方政府的支持下，很多绿洲地区的牧民建成了规模不等的五配套草库伦，但这些草库伦主要种植饲草料作物。2000年以后，牧民发现2hm²棉花带来的收益与200只羊的收入相当。于是，牧民纷纷将五配套草库伦开辟为农田，种植棉花、蜜瓜等作物。根据草场承包的相关制度，五配套草库伦是草场的一部分，限于种植玉米、高粱、苜蓿等粮料作物与饲草作物。但由于舍饲圈养技术不成功，而种植棉花、蜜瓜的收益又很诱人，地方政府只好默许牧民的这种变通。牧民没有舍饲圈养的经验，当地尚缺乏舍饲圈养技术的积累，至少目前还没有探索出适合当地气候条件的饲料青贮技术，也没有培育出适合当地圈养环境的圈养品种。在技术不成熟的前提下，舍饲圈养的高成本、低效益让牧民望而却步。相比之下，他们更愿意坚持原来劳动强度低、资本投资少、市场风险低、收入有保障的草场放牧。随着禁牧等生态政策的影响，牧民的畜

群数量急剧减少，71.9%的移民表示收入减少，42.7%的移民认为生活质量比以前有所下降。

定居点住房由政府统一规划修建，与搬迁前自由修建住房相比，搬迁后农户住房条件有所变化，76.7%的农户认为现有居住面积有所减少，仅有16.6%的牧民认为住房面积有所增加。由于移民分到的饲草料地是新开发的荒地，土地盐碱化严重，因此63.3%的农户认为土地治理较差，而且为了恢复生态环境，政府规划人工林草灌溉面积9.3万 hm^2，修建了水利工程，但是牧民认为渠系工程设计不合理，影响灌溉。额济纳旗的大部分移民集中在达来呼布镇，医院、学校、商店等基础设施比较完善，50.0%的移民表示基础设施和生活环境变好。

研究表明，移民留居意愿和生计维持方式有很强的相关性，对于收入以农牧业为主的移民来说，为了维持生计，更愿意返回原居住地；对于有较高文化水平的年轻人来说，由于能从事第二、第三产业，移民村可以提供更多的信息和就业机会而表示愿意留居。移民村基础设施的改善有助于移民留居，对于老人和孩子来说，移民村能提供更好的生活条件和学习环境。对于政府所倡导的第二、第三产业，投资风险认识和技术掌握对移民从事舍饲圈养有很强的相关性，如果能掌握比较成熟的舍饲圈养技术，移民还是比较愿意留居。

9.4　黑河流域生态恢复的公众认可度

9.4.1　教育水平与居民收入关系

教育水平和居民年净收入呈正相关关系，林业工人的净收入与教育水平的相关性最高($R^2 = 0.9505$，$p<0.01$)。牧民和农民的净收入与教育水平的相关性最低($R^2 = 0.7627$、0.6827，$p<0.01$)。在所有组分中，年龄在20~30岁的林业工人和农民以及大于60岁的老年男子的净收入最低($p<0.01$)。相反，线性回归表明，牧民年龄和年净收入呈负相关关系($R^2 = -0.6817$，$p<0.05$)；相似的，林业工人、牧民和农民年龄与教育水平呈现显著的负相关关系($R^2 = -0.998$~-0.990，$p<0.001$)。

9.4.2　当地对生态恢复项目的认知度

56.51%的受调查者对项目有基本的认知($p<0.001$)，他们相信环境退化，如沙尘暴、森林退化和生物多样性减少会影响他们的健康(表9-14)。另外，41.93%的受调查者认为环境保护和经济发展是同等重要的。此外，32.54%和19.91%的受调查者相信环境保护或者经济发展更重要。尽管大部分受调查者认为环境保护项目是合理的，但是禁止砍伐和放牧已经显著影响65.48%受调查者的收入。

表 9-14 林业工人、农民和牧民对流域生态恢复项目的反馈

调查问题	调查结果	反馈率/%				标准差
		林业工人 (540 人)	农民 (680 人)	牧民 (680 人)	总体 (1900 人)	
哪一个最重要?	经济发展	8.30	25.50	23.54	19.91	0.736
	环境保护	41.56	27.53	30.35	32.54	0.583
	相等	48.04	39.14	39.87	41.93	0.387
	不知道	2.10	7.83	6.24	5.60	0.232
环境退化影响健康吗?	是	51.47	60.56	56.48	56.51	0.362
	否	35.56	32.46	41.25	36.47	0.376
	不知道	12.97	6.98	2.27	7.00	0.426
环境项目重要吗?	是	66.20	59.67	33.83	52.28	1.40
	否	32.51	28.31	58.56	40.33	0.95
	不知道	1.29	12.02	7.61	7.40	0.043
项目影响收入吗?	是	70.35	64.89	62.24	65.48	0.33
	否	20.16	22.65	28.34	23.98	0.34
	不知道	9.49	12.46	9.42	10.53	0.144
项目影响环境吗?	是	79.82	34.94	36.97	48.42	1.98
	否	17.31	61.47	56.16	47.02	1.88
	不知道	2.87	3.59	6.87	4.56	0.17
项目产生效果吗?	是	65.70	63.83	39.26	55.57	1.22
	否	32.30	29.78	55.31	39.60	1.17
	不知道	2.00	6.39	5.43	4.80	0.18
是否支持项目?	是	79.87	55.73	48.48	35.14	1.29
	否	16.33	39.90	45.32	60.00	1.20
	不知道	3.80	4.37	6.20	5.43	0.12

　　一旦项目开始实施,游牧方式转变成围栏养殖,将较大地增加牧民的支出。在实施项目之前,牧民可以自由地在公共土地上放牧而不需要购买饲料;同时,开放放牧牲畜和牧民不受围栏和草场产权的限制,因此开放放牧几乎不需要人力。然而,对于围栏饲养的牲畜,牧民必须购买饲料。为了计算购买饲料用于喂养牲畜以及评估这部分花销对当地牧民生计的影响,引入一个权重计算不同家庭拥有不同数量牲畜的花销。在该研究区,牲畜种类和数量的详细统计数据是复杂的,

可信的数据也是缺乏的。另外,一些牲畜在公共土地放牧,基于这个原因,对所有牧民综合分析每个家庭、每个人喂养三头牲畜需要的花费。基于该方法计算可知,每人每年平均花费占到每亩净收入的 6.6%。相比项目实施前在开放土地放牧,对于牧民来说这是一个很大的收入损失。该类未得到补偿的损失大约影响 60 万农村人口。这可能是当地牧民对待生态恢复项目有不同态度的原因:60.00%的受调查者不支持项目,65.48%的受调查者认为项目影响到他们的收入,并且 40.33%的受调查者认为环境项目对于改善景观的作用不重要。

1. 生态恢复项目对净收入的影响评价

大多数的受调查者认为项目和经济发展是同等重要的,并且绝大多数受调查者认为环境退化影响他们的健康,相信项目是合理的并且已经产生了一些正面的结果。因此,大部分受调查者支持生态恢复项目。当地人口的净收入与支持项目人口呈现显著的正相关关系,其中认为生态恢复项目合理的人有更高的收入($R^2 = 0.84 \sim 0.99$,$p < 0.01 \sim 0.001$)。

生态恢复项目实施后,高收入人口与支持项目人口的比值减小;相反,生态恢复项目对收入和生活是否有负面影响,完全取决于收入是增加还是减少($R^2 = 0.3319 \sim 0.4087$,$p < 0.001$,表 9-15)。相似的,林业工人和农民的收入与相信项目需要改进的人数和种树种草的时间呈显著的负相关关系($R^2 = -0.8755 \sim -0.7608$,表 9-15)。

表 9-15　受调查者收入变化与他们对项目重要性认可的相关系数

行业	其他因子							
	环境	健康	重要性	生活	支持	效果	改善	时间
林业	0.6757	0.9820	0.3616	0.4087	0.4094	0.4163	0.5584	0.7608
农业	0.4262	0.5871	0.8319	0.4698	0.7966	0.3564	0.4471	0.8755
牧业	0.5669	0.3645	0.5178	0.3319	0.5379	0.3791	0.4328	0.1495

2. 受教育时间与受调查者对生态恢复项目认可度的关系

受教育时间越长,人们越感觉到环境改善和经济发展同等重要。相似的,观点主要为:环境退化严重影响健康;项目合理性的认可度与受调查者的受教育时间是显著的正相关关系(受调查者的受教育水平在小学四年级以上)。林业工人对环境保护项目的认可度随着受教育时间的增加呈现先增加后降低的趋势,农民和牧民对生态恢复项目的认可度则表现出先降低后增加的变化趋势(图 9-7)。

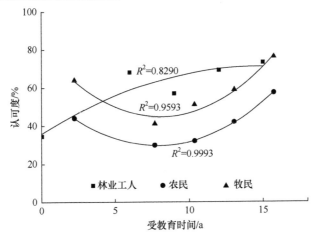

图9-7　不同受调查者对生态恢复项目的认可度随受教育时间的变化

3. 不同年龄组人口对生态恢复项目的认可度

20~45岁的农牧民，认为环境是重要的认可度随着年龄的增加而减小；45岁以后，认为环境是重要的认可度显著增加。然而，林业工人的变化相反，表现为随着年龄先增加，然后显著减小。对于农牧民而言，认可项目对生活产生负面影响的人数比例及投入项目中的造林种草的时间，随着年龄的增加呈现先增加、45岁以后减小的趋势，林业工人仍相反。项目对当地居民健康的影响的认可度，随着年龄的增加而减小，表明当地生活标准较低。当地居民生活在非常贫困的地区，大部分人为了生计努力工作而很少关心自身健康。

9.4.3　农牧民对水资源利用的认可度

调查结果表明，51.9%的农民认为生态恢复工程对他们的生活产生负面影响；50.0%的农民认为他们没有得到因退耕还林项目而放弃耕作和放牧所对应的足够补偿；37.5%的农户明确表示项目实施后采伐森林，尽管他们知道这样做是不可持续的(表9-16)。

表9-16　黑河生态恢复工程中农民对于生态恢复项目对生活影响的认可度　(单位：%)

反馈	是	否	不知道
对生活产生负面影响	51.9	42.3	5.8
导致劳动力过剩	43.3	46.2	10.6
退耕还林项目可以补偿因项目开展而造成的损失	47.1	50.0	2.9
及时给予补贴	70.2	26.0	3.8
项目实施后采伐森林	37.5	54.8	7.7

约 53.18%的农民接受当前的节水效果,但是 34.7%的农民认为没有达到预期的节水效果(表 9-17)。65.3%的农户可接受项目实施后的水管理,71.4%的农户可接受当前的水价,但 62.2%的农户并不满意当前的渠系修建和衬砌工程,他们认为渠系的设计没有充分考虑地形条件,使得许多农田灌溉十分困难,而且较差的管理导致部分渠系因无用而被破坏,需要重新修建。农民在额济纳旗主要种植棉花和蜜瓜,部分农民在农田上建设了滴灌系统,效果良好,同时政府设立了一些示范区,但是滴灌仍没有被广泛接受。

表 9-17　黑河流域下游地区农民对于水资源利用效果的认可度　(单位:%)

考查指标	满意	可接受	不满意
节水效果	12.2	53.1	34.7
水管理	13.3	65.3	21.4
水价	12.2	71.4	16.3
当前的渠系修建和衬砌工程	10.2	27.6	62.2

黑河流域下游地区的农民希望当地政府支持的生态恢复项目:发展节水型农业,占 45.9%;退耕还林,占 29.8%;畜牧业,占 11.0%;果园经济,占 8.1%;蔬菜种植,占 5.2%。这表明,当地农民清晰地认识到水资源短缺的问题,他们只是希望政府能够介入并优先支持高效的节水农业项目。

2000 年以前,政府需当地农牧民平均每年自愿花费 17.1d 用于植树造林。2000年项目实施后,平均每年花费 34~39d 用于植树造林没有任何补偿。现如今,当地农牧民有每公顷 500~800 元的资金补偿用于退耕还林。然而,由于禁耕、禁牧、禁伐,使依靠森林资源和畜牧业资源的当地经济系统受到严重的负面影响,本已受贫困所扰的区域变得更加贫困。高技能的林业工人容易受到项目的聘用,而其他无技能工人常常是待业或闲置,其通常为年纪较长者和受教育水平较低者,因此他们的生活容易受到影响,从 2001~2004 年,23.5%林业工人丢失了工作。调查表明,由于内陆河流域生态恢复项目的实施,人均损失年收入为 760 元。综上,包括调查结果在内,尽管内陆河流域生态恢复项目对于恢复生态和改善环境产生了重要影响,但是当地居民却逐渐陷入贫困(Cao et al.,2010)。

研究表明,低收入的受调查者生活十分贫困。由于内陆河流域生态恢复项目实施造成的负面影响,受调查者仅得到较少的补偿或者没有任何补偿。一些贫困村的受调查者认为项目严重破坏了他们的生活,他们从政府那里没有得到技能培训,也缺乏可选择的就业机会(Cao et al.,2007)。研究结果表明,由于缺乏教育,年轻人(20~29 岁)和年纪较长者(60 岁以上)最容易受到经济影响,认为生态恢复项目对他们的生活产生负面影响,基本上不支持生态恢复工程。由于没有职业培训、缺少就业机会，大部分易受影响的农牧民变得更加贫困。

若项目管理者不采取有效措施改变当地农牧民的长期贫困，且不改善当地农牧民的态度、观点以及对项目的支持度，那么内陆河流域生态恢复项目想要取得成功将面临重大挑战。调查结果表明，黑河下游地区，37.5%的农牧民和林业工人计划在项目结束后恢复以前土地利用不可持续的方法谋生。事实上，内陆河流域生态恢复项目改变了土地利用方式，引起了当地居民有关事务、生活物质和收入的矛盾，严重影响了项目可持续的预期目标。对于生态恢复项目，项目管理者应当提供充足的资金和材料补偿当地居民因项目实施而受到的负面影响，以确保项目顺利开展，尤其应用于受教育较少的和年长的人。补偿应包括技术和经济支持，主要用于支付当地居民参与项目的费用等，以确保项目发挥其主要目标，增加当地居民的收入。提供教育对于农民特别重要，进一步，政府应当提供医疗基金及退休保险(Cao et al., 2009)。合适的补偿制度和优惠政策应当用于改善当地居民的生活条件，同时刺激当地的经济发展。为确保可持续发展，仅仅通过实施环境保护和经济发展很难有效地改善环境。

9.5　对生态输水和治理工程的建议

生态环境改善和恢复是一项复杂的系统工程，需要考虑自然、社会、经济和文化等多种因素，其核心是实现人与生态的协调发展。生态输水和治理工程对黑河下游地区生态恢复起到了积极作用：相对于输水前，下游地区的地下水位平均抬升 1.26m，抬升幅度为 32%；草本植物苦豆子分布范围扩大，由原来的近河道 300m 左右扩展到 2000m，植被盖度增加 25%；下游地区植被总面积，2003 年比 2000 年增加了 83.67hm^2，生态环境逐步得到恢复。中游地区水资源利用表明，农业结构调整和水权制度的建立为黑河生态输水顺利实施发挥了积极作用。但是，播种面积的扩大和超额灌溉的现象没有得到有效控制，超量开采地下水仍然严重，中游地区生态环境有逐渐退化的趋势。

对黑河中下游农户经济状况的调查发现，由于严格控制农业用水和压缩耕地面积以及实施生态移民工程，35.2%的中游农户家庭、43.3%的下游农户家庭产生剩余劳动力；40.9%的中游农户、51.9%的下游农户，特别是年龄较大、文化程度较低的农户生计产生了较大影响。因此，32.7%的中游农户、37.5%的下游农户表示，项目结束后如果没有继续补助，他们会毁掉林草，开荒种粮、放牧。因此，生态输水和治理工程恢复的植被存在被重新开垦为农田、草场的风险。

生态输水和治理工程可持续评价分析表明，对于当地居民对生态恢复项目的认知度，56.5%的被调查者有基本的认知，41.9%的被调查者认为环境保护和经济发展同等重要。中游地区，42.8%的农户不愿意参与发展节水农业；下游地区，42.4%

的农户(大部分为牧民)不愿意参与生态移民,而且有部分已经移民的牧民返回草场放牧,这对于项目的可持续发展具有一定的影响。研究结果表明,影响中游农户参与发展节水农业的主要因素是成本效益的考虑,在农产品价格低廉的情况下,农户认为发展节水农业带来的收益不能补偿技术改造导致的农业生产成本的增加。再加上农户土地规模相对不大,细碎化程度较高,在节水技术没有取得突破的条件下,农户认为发展节水农业有一定的风险。在下游地区,影响生态移民留居意愿的主要因素是政府提倡的第二、第三产业发展滞后,舍饲圈养技术不成熟,再加上缺乏就业技能及就业机会,导致短期内大量劳动力闲置,造成移民不愿留居。

因此,在治理黑河流域生态环境时,除了继续实施生态输水工程以外,还应建立黑河流域水资源生态补偿机制。水资源生态补偿机制的构建,可实现生态环境保护费用的转移支付,提高水资源利用效率;把恢复生态与发展经济结合起来,提高农村居民的社会福利,充分利用社会力量和科技进步综合解决内陆河流域农村经济发展与环境保护问题。

第 10 章　内陆河流域集成水资源管理实施状态及其评价

10.1　引　　言

10.1.1　背景分析

水资源管理包括水资源的开发利用、配置、制度设计与安排、水权交易、组织与协调、水环境保护和技术等多方面的管理(陈惠雄等，2017b)。人类对水资源的管理，经历了供给管理、技术性节水管理和结构性节水管理阶段，正向社会化管理的方向转变(陈惠雄和王晓鹏，2016)。在水资源的社会化管理中，突出强调集成水资源管理(integrated water resources management，IWRM)(杜鹏和傅涛，2010)。IWRM 是以公平的、不损害生态系统可持续性的方式，促进水、土及相关资源的协调、开发与管理，从而使经济和社会财富最大化的过程(潘护林和陈惠雄，2014；UN-Water，2012)。它是从传统的以水为中心的命令控制型管理转向公众参与协调的新型水资源管理模式，通过多部门和不同利益团体的共同协作，解决水资源利用中的问题与冲突(李玉文等，2010)。

实现 IWRM，需要在社会不同层面进行水资源管理制度和体制的改革，将水资源管理权力从中央下放到适当的最低水平。授予流域内当地实体权力和责任，即水资源管理与配置的设计和实施从国家转移到当地机构。这些机构成员由当地水资源利益相关者代表组成，他们对当地情况有更充分的了解，由他们进行谈判和决定实施水资源管理战略和措施。流域尺度是 IWRM 研究的主要单元。流域通过建立流域管理机构进行体制革新，以实现流域水资源的集成管理。例如，湄公河(Mekong)流域委员会，墨累-达令河(Murray-Darling)流域委员会和特拉华河(Delaware River)流域委员会等，它们不断将自己的工作内容调整为更广泛的社会和生态可持续性任务(Hassan et al.，2014)。

发展中国家的水资源管理改革不能照搬发达国家的模式，要根据国家和地区的情况及不同时期面临的主要水资源问题，以 IWRM 理念为依据制定适合地域、国情和地区情况的具体战略计划和治理政策。例如，水框架指令(water framework directive，WFD)是欧洲地区版的集成流域水资源管理(integrated river basin management，IRBM)，其实施时段为 2004～2015 年，目标是通过建设多用途水工程、流域范围规划和综合区域发展，以实现洪水和地下水质的改善，最终实现所有水域的良好状况(Ravesteijn et al.，2012)。现阶段，澳大利亚注重生态水的分配和墨累-达令盆地南部的地下水管理，德国注重还河流以空间来减少洪水风险管理，南非注重矿产开采后水污染的治理。我国的主要水资源问题包括沿海地区和南方地区的洪水灾害防治与水质污染以及内陆地区的水资源紧缺问题等，需要针对性地制定战略计划。

1992 年，《21 世纪议程》提出了对水资源的开发、管理和利用采用集成的理念。2011 年，全球 130 多个被调查国家中，82%的国家已采用集成思想进行水资源管理，对水相关法律、法规进行修改；34%的国家进入了较高级的规划实施阶段(UN-Water，2012)。国外典型流域集成水资源管理具有建立有效的流域管理机构，探求权利与民主的适宜均衡；注重立法革新，使流域管理机构有法可依；注重公众参与，明确监督机构职责的共性(杨朝晖等，2016)。

21 世纪初，我国政府采取一系列重要举措提高治水能力。2002 年颁布的《中华人民共和国水法》中，融合了集成流域水资源管理理念，结束了长期以来以行政边界为单元的水资源管理方式，开始以水文边界为单元的管理方式。2011 年中央一号文件《中共中央 国务院关于加快水利改革发展的决定》提出，到 2020 年基本建成水资源合理配置和高效利用体系，以及有利于水利科学发展的制度体系(李原园等，2018)。2012 年，《国务院关于实行最严格水资源管理制度的意见》确立"三条红线"和"四项制度"(国务院，2012)。2015 年，《国务院关于印发水污染防治行动计划的通知》明确和落实各方责任、强化公众参与和社会监督等的实施意见(国务院，2015)。2016 年，《关于全面推行河长制的意见》全面建立河长体系，为河湖的健康与永续利用提供制度保障(新华社，2016)。我国的流域集成水资源管理进入理论研究与应用并重的阶段，体现在流域管理体制革新(王树义和庄超，2014；覃新闻，2011)、流域治理模式的研究(陈惠雄等，2017a；钟华平等，2017)，以及集成水资源管理理论、指标体系及定量评价模型实证研究的尝试(潘护林和陈惠雄，2014；李玉文等，2010)。

运用水资源贫困指数(water poverty index，WPI)模型定量评价了河西走廊内陆河流域 2003～2015 年的水资源压力状况，对比分析了三大内陆河流在水资源管理体制、水权、水价和参与管理等方面的异同，并以水资源压力改善最明显、水资源管理制度最完善的石羊河流域为典型，定量评价其 IWRM 实施状态和绩效。这些研究不仅能证明 WPI 模型评价水资源压力的重要性，检测已实施的水资源管理政策、战略和计划的有效性，还能了解河西走廊三大内陆河流域的水资源管理状况，及时发现各流域在水资源管理中的优劣，引入集成水资源管理的概念并定量评价石羊河流域 IWRM 实施状态和绩效，为水资源管理者和决策者确定进一步 IWRM 改革的优先事项、流域水资源高效利用、生态治理和可持续发展提供科学依据。

10.1.2 相关理论及研究进展

1. 水资源贫困理论

水资源贫困理论来源于 Pigou(1920)的思想，即人类有一些基本的需求应得到满足，当这些基本需求之一被剥夺时，则被定义为贫困。缺水是贫困的特征之一，这是因为水资源是人类生计的基础，它会对自然资本、物质资本和金融资本等产生影响。缺水就相当于缺乏获取以上资本的先决条件，还可能造成其他的严重后果(Sullivan，2002)。例如，水资源数量和质量缺乏地区的人们为了生存，身体和食物的卫生并未受到足够的重视，从而直接影响健康。

在衡量水资源贫困方面，Sullivan 和 Meigh(2007)提出了水资源贫困指数(WPI)，WPI 通常由五个主要部分组成：水资源总体状况(resource)、获取水资源的渠道(access)、使用水资源的能力(capacity)、水资源利用的效率(use)及与水资源相关的环境质量问题(environment)。这些组成部分可以综合反映研究区水资源状况，并识别和选择最需要的地区和事项，旨在帮助国家、地方和社区决策者以及相关机构，确定在水资源领域采取干预措施的优先需求(Pandey and Kazama，2012)。WPI 广泛应用于水资源管理，以确保水资源的可持续利用(Sullivan and Meigh，2007)。应用从社区层面(Dickson et al.，2016；Kini，2017；Sullivan et al.，2010)、区域和流域水平(Pandey and Kazama，2012；Ty et al.，2010)到国家层面(El-Gafy，2018；Jemmali and Abu-Ghunmi，2016)的水资源贫困研究。应用表明，WPI 还可以用来检测相应区域的水资源管理政策实施进度(Sullivan et al.，2010)。鉴于其实际重要性，WPI 吸引了水资源管理部门的政策制定者、发展机构和政府专业人员的大量关注(Kini，2018；Dickson et al.，2016；Pandey and Kazama，2012)。然而，水资源管理战略计划对较长时间段的河西走廊内陆河水资源贫困状况的影响还没有研究。本书介绍内容之一是对疏勒河流域、黑河流域、石羊河流域的水资源贫困状况进行评价。

2. 水资源制度

1) 制度和组织

制度由集体公约和规则组成，是指被广泛认知的规则、规范、策略，能在重复的情况下创造激励的行为(Hurk et al.，2014)，包括正式的规则、非正式约束(惯例、自我强制的行为准则等)及两者执行的特征。制度包括制度环境和制度安排，前者是一系列用来建立生产、交换与分配基础的基本的政治、社会和法律基础规则，后者是个人或集体合作或竞争的方式。

若将制度比作"游戏"的规则，组织则是"游戏"规则的执行者。制度定义组织的规范和原则，而组织是操作制度的实体(Bromley，1982)。组织由积极活动的个体组成，它遵守一定的规则和程序制度，是行为角色网络，被安排在层次结构中，以引起期望的个人行为和协调行动。

水资源管理制度(简称"水制度")是支配人们在开发、配置、利用和保护水资源中行为模式和相互关系的一套行为规则(Saleth and Dinar，2000)。水制度可以划分为三个相互作用的分析部分，即水法、水政策和水行政。在本节中，制度定义为集体公约和规则(认知、规范以及规范的结构和活动)，建立流域管理和治理的可接受标准。因此，制度安排是指与流域管理有关的组织(政府部门和非政府组织)的结构和职能。

2) 我国水资源管理制度的演变

中国古代曾是高度中央集权的封建制国家，水资源属国家所有，因此水制度都是由国家统一制定，其效力覆盖全国范围的河流(赵海莉等，2014)。20世纪50年代以来，先后建立了7个流域委员会，但其职能主要集中在传统水电、防洪工程和水土保持，并不涉及水量与水质、地表水与地下水的统一管理以及河流发展等方面(Ravesteijn et al.，2012；Boekhorst et al.，2010)，并且流域所辖各地区均从本地区利益出发，最大程度地利用区内水资源，由此导致上下游、省界间水资源开发利用以及部门间用水的冲突等问题。

20世纪70年代以前，我国的水资源管理属于分散管理，涉及水利电力、农牧渔业和城乡建设环境保护等部门，流域所属各省(市)都设有相应的管理机构，是典型的"多龙治水"(赵海莉等，2014)，而且缺乏专门的法律支撑。20世纪80年代末，为应对各流域相继发生的"公地悲剧"，我国开始了水资源治理变革(刘芳，2010)。1988年通过的《中华人民共和国水法》指出，国家对水资源实行统一管理与分级、分部门管理相结合的制度，国务院水行政主管部门负责全国水资源的统一管理工作，其他有关部门协同负责相关水资源管理工作，水资源管理开始向部分集中管理的方向发展(赵海莉等，2014)。这部水法标志着我国的水资源管理从"行政管理"到"依法治水"的转变(Ravesteijn et al.，2012；曾庆庆，2010)，但是水资源管理部门几乎没有应用集成流域管理的原则，行政水部门和流域机构部门的分工不明确，解决跨行政区域的水资源冲突方面能力不足，导致应对紧急水事件的行动力减弱(Ravesteijn et al.，2012)。从我国流域水管理的演变来看，21世纪以前，我国的水资源管理是以开发为主导的满足需求的供方管理模式，政府集权的公共水配置机制，条块分割的水行政管理体制(刘伟，2004)，是为了发展农业生产而进行的"经济均水"性质的水资源管理，缺乏环境保护的相关规定(曾庆庆，2010)。

2002年修订的《中华人民共和国水法》，体现了每个人都应该获得安全用水的原则，节约用水和环境保护是政府的优先事项。管理的思路上，从"治水"到

"治人"；管理的内容上，集中于四个主题：水资源分配、权力和许可、流域管理、用水效率和环境保护(Boekhors et al.，2010)。此外，该法还确立了流域管理与行政区域相结合的管理体制，首次在法律中确立了流域机构的法律地位和管理职责，加强流域管理组织的行政权，体现了流域水行政管理日益受到国家重视，开辟了我国水资源管理的新篇章(曾庆庆，2010)。

我国现行的水资源管理体制是流域管理与行政区域管理相结合的管理体制，以流域统一管理为主，以区域行政管理为辅，是国家部委、流域机构、地方水利及农民自治组织组成的体制。流域机构是水利部的派出机构，代表水利部在本流域行使部分水行政管理职能，发挥"规划、管理、监督、协调、服务"作用(陈寅雅，2013)。这与目前国际上推行的集成水资源管理，以集水区(流域)为基本单元的管理相吻合。

3. 集成水资源管理

1) IWRM 思想演变

IWRM 思想起源于德国和美国的第二次工业革命，它强烈反映了计划的思想。规划程序是罗斯福新政的一部分(如田纳西流域管理局)，但在苏联却成为一项主要的政策工具(Tushaar，2016)，未被及时实施。IWRM 重新被重视是 1992 年都柏林"水与环境国际会议"(ICWE)和里约热内卢"联合国环境与发展会议"(UNCED)之后。IWRM 思想演变的触发事件见表 10-1。如今，IWRM 已成为广受认可的水资源管理和治理指导框架(Elke，2013)。IWRM 理念对水资源管理的影响见表 10-2。

表 10-1　IWRM 思想演变的触发事件

时期或年份	触发事件及组织	IWRM 思想演变的内容
20 世纪 30 年代	田纳西流域管理局	集航运、洪水控制、水力发电、娱乐消遣、健康和福祉进行综合开发管理
1960～1980	综合灌溉开发项目	将灌溉基础设施的创建与信贷和农业推广等支持服务结合起来
1977	联合国水资源会议	重视发展灌溉农业以减少饥饿和水资源开发纳入国家规划
1987	布伦特兰委员会	强调可持续发展新想法：发展社会经济的同时要将环境外部性考虑在内
1992	爱尔兰都柏林"水与环境国际会议"	水是有限和脆弱的资源；公众参与管理的重要性；水资源是经济商品
1992	里约热内卢"联合国环境与发展会议"	水资源作为一种社会经济商品；优先考虑人类的基本需求和生态系统的保护；应该制订水价
1996	全球水伙伴机构建立	协调水、土、相关资源的协调发展，在不影响重要生态系统可持续性的前提下，将社会经济福利最大化
2000	世界水理事会，第二届世界水论坛，荷兰海牙	世界水事理事会的使命和愿景：集成的观点，水平与纵向部门间的协调

时期或年份	触发事件及组织	IWRM 思想演变的内容
2000	联合国粮食及农业组织	螺旋式上升的水管理理念；获取更多水资源；提高用水效率；需求管理
2000	欧盟	受 IWRM 原则启发，制定水框架指导原则
2005	世界银行的水资源战略	接受 IWRM 理念，但需要一个有原则又能进行实际操作的方法
2003~2015	世界水论坛	推动 IWRM 理念，尤其是在海牙和京都
2014	全球水伙伴	全球水伙伴愿景和使命：通过推进可持续的水资源治理以创造一个水资源安全的世界
2015	联合国大会可持续发展峰会，美国纽约	17 个可持续发展目标(SDGs)包含水资源的可持续发展(SDG 6)和集成水资源管理(SDG 6.5)

注：资料来自文献 Tushaar(2016)。

表 10-2　IWRM 理念对水资源管理的影响

问题	IWRM 之前的思想	IWRM 的思想
需要怎样的水资源干预	供水系统或灌溉基础设施建设	通过供给和需求同时干预，在流域内将水、土和生态系统进行整体管理
行动集中在什么地方	建有基础设施的地方	集水区/流域规划对所有基础设施提供一个框架，政策和管理同时介入
谁实施这些干预	政府部门或地方组织	流域层面的制度将扮演着规划和协调的角色
干预措施的目的是什么	获取更多的水资源以提高项目所涉及的人员的生计和福利	促进自然资源的整体供应和需求方管理，以提高生产效率、公平性和环境可持续性
怎样规划和实施干预措施	工程师和水文学者来规划、设计和建设基础设施	集水区/流域机构创造利益相关者平台来制定计划并实施水资源干预
管理、运营和维护成本是如何被涵盖的	政府通过向用户收取费用来支付建设和养护的成本	用户费用不仅包括建设和养护成本，还包括干预过程中产生的各种外部

注：资料来自文献 Tushaar(2016)。

2) IWRM 概述和研究进展

(1) IWRM 概念。IWRM 的概念引起广泛争论，目前还没有确切的定义，最常用的定义：以公平的、不损害生态系统可持续性的方式，促进水、土及相关资源的协调开发与管理，从而使经济和社会财富最大化的过程(GWP，2000)。

IWRM 不是一个教条的管理框架，而是一种灵活的、常识性的水资源开发和管理的方法(全球水伙伴技术委员会，2006)。IWRM 可以解决跨部门问题，避免无效投资、获取水资源基础设施的最大收益和促进水资源战略优化配置

(李玉文等，2010)。从根本上说，实现 IWRM，需要在不同的社会层面上对水资源管理进行变革，它是一个螺旋式而不是线性的前进过程(GWP，2004)，即从现有的状态到一些设想和偏好的未来状态的过程，通过利益相关方的参与，实现水资源管理普遍认可的原则或最佳实践状态。IWRM 动态框架是由战略目标、改革承诺、分析差距、战略计划、行动承诺、实施框架和检测评估七个环节组成的循环改革过程(图 10-1)。这一框架体现了要素集成、目标锁定与动态发展的水资源管理思路(李玉文等，2010)。因此，各国家和地区的有关机构必须采用全球范围内的协作框架，确定自身实施水资源管理的实践(全球水伙伴技术委员会，2006)。

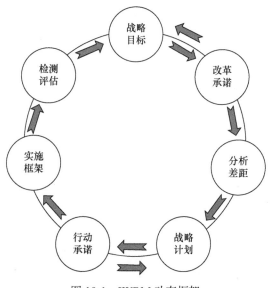

图 10-1　IWRM 动态框架

(2) IWRM 原则。IWRM 没有固定的"规则"，但其基础是"都柏林原则"(全球水伙伴技术委员会，2006)和"全球水伙伴原则"(全球水伙伴技术顾问委员会，2016)，原则主要内容及改革框架如下。

① 都柏林原则。淡水是一种有限而脆弱的资源，对维持生命、发展和环境至关重要，因此水资源的有效管理需要全盘考虑问题，把发展经济与保护生态系统结合起来。水的开发与管理应建立在共同参与的基础上，包括用水户、规划者和政策制定者的参与。参与的方法涉及提高政策制定者和公众对水重要性的认识，因此要在尽可能低的层面上进行决策，广泛征求公众意见。妇女在水的供应、管理和保护方面起着中心作用。作为水的使用者和生存环境的保护者，妇女的重要作用很少在水资源开发和管理的体制安排中得到体现。因此，需要制定积极的政策来解决妇女的具体需求，通过提供机会和赋予权力使她们参与各层次的水资源

项目。水资源应该被看作一种经济商品，在这一原则中，重要的是认识到以能承受的价格获得洁净和卫生的水是全人类的基本权利。

② 全球水伙伴原则。水是有限和脆弱的，对水的需求又在不断地增长，因此要尽可能地提高用水效率。所有人都有获得生存所需高质量水质的基本权利。人们应当以不损害子孙后代使用同一资源的方式使用这种资源。IWRM 还强调，将水资源管理与配置的操作职责移交到流域层面；利益相关者参与决策；与持续扩大供水相比，需求方管理更有利于实现水资源的可持续利用；需要对流域协议和安排下的承诺展开监测和评估；需要提升监督者的能力和资金支持力度。

③ IWRM 改革框架。要实行 IWRM 就要加强有效水资源管理制度和体制改革，包括以下几个方面：实施环境，国家政策、法律和规章的总体框架以及水资源管理利益共享者的信息；管理机制，各级行政管理部门和利益共享者的管理机制和职能；管理工具，包括可促使决策者在各种行动方案中进行有根据选择的有效管理、监督和强制实施的手段，选择要根据认可的政策、可利用的资源、环境影响和社会经济发展状况而定(图 10-2)。

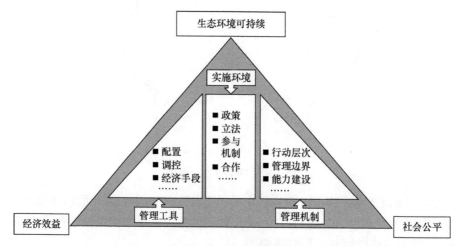

图 10-2　IWRM 改革框架

针对如何实施 IWRM，全球水伙伴就实施环境、管理机制和管理工具三方面先后提供了 13 个(全球水伙伴技术委员会，2006)、15 个(全球水伙伴技术顾问委员会，2016)改革方面，因涉及内容不够具体，在执行和操作过程中遇到了困难，出现 IWRM 被众多国家采用，但实施远远滞后于国家框架制定进展的局面(斯米茨，2006)。2017 年，全球水伙伴进一步细化了实施 IWRM 的具体指标(GWP，2017)，共 62 个，见表 10-3，使 IWRM 更有可操作性。

表 10-3　在实施环境、管理机制和管理工具三方面实施 IWRM 的具体指标

A. 实施环境	B. 管理机制	C. 管理工具
A1 政策	B1 规章制度和合格要求	C1 了解水资源禀赋
A1.01 国家水资源政策	B1.01 监管和执行机构	C1.01 需求与供给
A1.02 与水资源相关的政策	B1.02 地方机构	C1.02 数据收集
A1.03 气候变化适应性政策	B1.03 监管和评估实体	C1.03 监测和评估系统
A2 立法框架	B1.04 影响评估委员会	C2 评估工具
A2.01 水法的相关要素	B2 水供给和环境卫生服务	C2.01 风险评估
A2.02 实施和执行	B2.01 水服务公共部门	C2.02 脆弱性评估
A2.03 惯例法在 IWRM 中的角色	B2.02 水服务私营部门	C2.03 社会评估
A2.04 IWRM 综合法律框架	B2.03 基于社区的水供给和管理组织	C2.04 生态评估
A3 投资和资金结构		C2.05 环境影响评估
A3.01 投资框架	B3 合作与推动	C2.06 经济评估
A3.02 战略财务规划	B3.01 跨界组织	C3 模型和决策
A3.03 为水创造基本收入	B3.02 国家顶尖团体	C3.01 地理信息系统
A3.04 可偿还的水资金来源	B3.03 民间组织	C3.02 利益相关者分析
	B3.04 流域机构	C3.03 共同愿景规划
	B4 能力建设	C3.04 决策支持系统
	B4.01 信息收集和共享网络	C4 IWRM 规划
	B4.02 水管理相关人员培训	C4.01 国家规划
	B4.03 建立合作关系	C4.02 流域管理规划
	B4.04 水廉政与反腐	C4.03 地下水管理规划
		C4.04 海岸线管理规划
		C4.05 城市水综合管理规划
		C4.06 灾害风险管理规划
		C4.07 国家适应性规划
		C5 交流
		C5.01 交流渠道
		C5.02 建立共识
		C5.03 冲突管理
		C6 水资源管理效率
		C6.01 需求效率
		C6.02 供给效率
		C6.03 循环和再利用
		C7 经济手段
		C7.01 水及水服务定价
		C7.02 水市场
		C7.03 可交易的污染许可证
		C7.04 排污收费
		C7.05 补贴
		C7.06 环境付费
		C8 促进社会变化
		C8.01 青少年教育
		C8.02 提高公众意识
		C8.03 水足迹
		C8.04 虚拟水

(3) IWRM 绩效评价。IWRM 绩效受到国家/区域背景、水制度及水资源管理职能部门等的影响,其相互关系见图 10-3。IWRM 最终目的是实现生态环境可持续性、经济效益和社会公平。因此,在衡量 IWRM 实施绩效时,应从这三个方面选取指标,建立评价体系。

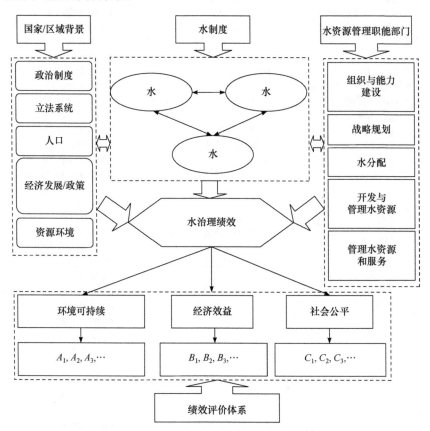

图 10-3 IWRM 绩效评价体系及其与影响因素间的关系

(4) IWRM 国内外研究进展。

① IWRM 理论研究方面。国外在 IWRM 理论方面进行了广泛而全面的研究,有实施框架研究(GWP, 2017;全球水伙伴技术顾问委员会, 2016;全球水伙伴技术委员会, 2006),实施中的立法和政策的研究(Quevauviller, 2014),政治制度、区域背景和适宜边界对实现 IWRM 目标的影响(Houdret et al., 2014),实施 IWRM 能力评估(Tushaar, 2016),流域组织机构的类别研究与组织绩效评价(Cookey et al., 2016),以及利益相关者的作用和影响因素分析(Quevauviller, 2014)等。国内研究主要集中在国外水资源管理对我国的启示,IWRM 实施状态评价(潘护林和陈惠雄, 2014;李玉文等, 2010),公众参与及影响因素方面(Hu et al., 2014;杜鹏,

2008)。

② IWRM 实践方面。许多国家和国际组织，已经将 IWRM 作为管理有限水资源的手段，至少在规划和立法方面已采取这种做法。联合国对 133 个国家的调查报告(UNEP，2012)显示，其中 82%的国家已经开始进行水资源管理改革，65%的国家制订了 IWRM 计划，34%的国家处于高级阶段。实施 IWRM 要根据各国所处的发展阶段来制订行动计划，以适应一个国家的能力和需求(Tushaar，2016)。

在一些富裕国家，以流域为管理单元设立流域机构，是 IWRM 重要的改革内容(杨桂山等，2004)。它们在流域上结合利益相关者的责任和义务来综合考虑流域资源的合理开发、利用与管理。从 20 世纪 30 年代开始，美国就在流域层面设立机构，对水资源进行综合管理，田纳西流域是典型的代表。科罗拉多河流域、萨克拉门托河流域的水资源管理也基于 IWRM 理念(Dustin et al.，2008；Gregory et al.，2006)；澳大利亚的墨累-达令流域、欧洲的莱茵河和泰晤士河等流域 IWRM 也取得了良好的效果(杨桂山等，2004)；美国蒙大拿州的克拉克福克流域特别工作小组于 2001 年成立，极力推进 IWRM，并取得成功(Shively and Mueller，2010)；瑞典东南部 Em 流域的参与式流域管理方式是 IWRM 实施成功的又一个案例(Bodil，2004)，该流域利益相关者协会成为流域节水、鱼类回游、洪水预警和养分截留等综合管理的有效管理者。

在发展中国家和经济转型国家，IWRM 已经在一些富裕地区开始生根发芽，如加勒比(GWP，2014a)、中亚(GWP，2014b)、欧洲中部和东部地区(GWP，2015)以及非洲一些国家(World Bank，2013)。尽管有些国家的流域机构没有实权，但我国的黄河水利委员会改善黄河主要支流环境的管理权力变得更大、更有效率，并取得了一定的成效(GWP，2015)。在土耳其、墨西哥、智利和哥伦比亚，农村用水者协会参与管理灌溉系统，使水资源服务费用收回成本，并形成了一套完整的针对用水和污染的监管规定(Tushaar，2016)。20 世纪 90 年代末，摩洛哥政府推行基于 IWRM 的水资源管理改革，并向世界银行贷款实施 IWRM。21 世纪初，参与式、需求方的水资源管理成为摩洛哥水资源政策的主导(World Bank，2013)。南非在 1998 年投票通过国家水法案，并于 2002 年制定国家水资源战略。赞比亚于 1994 年修订了 1970 年版《水法》，莫桑比克和坦桑尼亚分别于 1995 年和 2002 年批准国家水资源政策(Hassan et al.，2014)。南部非洲发展共同体各国运用 IWRM 方法在干旱少雨地区提高水资源利用效率，以解决粮食危机和贫困等问题(Claudious，2008)。

③ IWRM 实施状态和绩效定量评价方面。Blomquist 等(2010)建立一套自然资源管理分权改革的制度分析框架，但并未进行实证分析。Wilkinson 等(2015)尝试用全球水伙伴最初提出的 13 个改革方面对非洲南部的跨国流域——Inkomati 流域 IWRM 实施状态进行评估。研究表明，这是一个很好的衡量 IWRM 实施状态的方法，可以发现做得好的方面，并强调未来需要关注的事项。研究指出，各

国应该考虑分阶段评估 IWRM，这是因为实施过程遵循先创造有利的实施环境，然后制定和实施组织框架并应用。建议在 13 个改革方面下设立更具体的指标进行评价，会得出更准确的结果。Calizaya 等(2010)根据 IWRM 理念，运用多目标决策模型，分析玻利维亚波波湖流域在实施 IWRM 过程中的最佳决策，表明要实现该流域的水资源可持续管理，应优先注重管理工具中的教育和培训事项，并且认为实施者为地方政府最合适。Dinar 等(2010)建立了一个制度分析框架，定量分析 83 个流域在水资源管理分权过程中的影响因素，发现持续的水资源短缺是改革发生的主要刺激因素。分权改革结果显示，经济发达的流域不一定比欠发达的流域做得好。解决水资源分权管理绩效的条件包括：解决争端机制；用水户在资金上要负更大的责任，而不是政府预算支持占主导。李玉文等(2010)以 IWRM 动态框架建立评价指标体系，运用网络分析法对黑河流域水资源管理进行定量评价。潘护林和陈惠雄(2014)则依据 IWRM 目标原则对黑河流域甘州区水资源管理状态和绩效以及影响因素进行定量评价(潘护林，2009)。

(5) IWRM 存在的不足。IWRM 得到许多学者、国家的认可，这是因为它可以灵活地为每个区域提供有用的内容，同时也被一些学者批评为概念模糊(Asit，2008)和没有可操作性，只是一种理想的状态。Jonker(2002)指出，要实现对 IWRM 的共同理解并开发和完善其成功实施的方法，还有很长的路要走。Tushaar(2016)对水资源安全管理的方法进行了及时的和批判性的回顾，表明 IWRM 大多数的不尽人意是源于资助机构和政府没有认识到 IWRM 是实现良好的水资源管理、实现水资源安全的一种手段，而不是目的。

10.1.3　水资源管理政策

河西走廊三大流域深居西北内陆，气候干旱、降水稀少，与我国其他区域比较，该区人均水资源量少、水资源开发强度大、地下水开发程度大、灌溉用水比例高(占用水总量的 80%以上)(表 10-4)，水资源是制约该区经济发展的主要因素。缺水和水资源开发利用不当引发了严重的生态危机，包括祁连山的雪线上移、冰川退缩，环境污染，敦煌的最后一道屏障西湖湿地的萎缩，民勤土地沙化和盐碱化等。

表 10-4　河西走廊三大流域水资源利用情况

流域	水资源开发强度/%	人均水资源量/m³	地下水比例/%	灌溉用水比例/%
疏勒河	76	3588	21.9	82.3
黑河	138	1619	27.0	83.6
石羊河	146	1145	32.4	85.3

注：资料来源文献 Huang 等(2017)。

国家和地方政府对不断恶化的生态环境问题高度重视,不仅对水资源管理制度进行了改革,还针对各流域的实际情况制定了不同的治理政策,包括甘肃省河西走廊疏勒河农业灌溉暨移民安置综合开发项目(简称"疏勒河项目")、敦煌水资源合理利用和生态保护综合规划(简称"敦煌规划")、黑河流域水量统一调度方案(包括九二、九七分水方案和黑河流域近期治理规划)、张掖市节水型社会试点和石羊河流域重点治理规划(简称"重点治理规划")等,具体治理目标和采取的治理措施见表 10-5。这些政策的首要目的是节水与保护生态环境,在此基础上寻求经济的发展和减缓贫困。

表 10-5　河西走廊内陆河流域水资源管理政策

流域	项目信息	措施
疏勒河	名称:甘肃省河西走廊疏勒河农业灌溉暨移民安置综合开发项目; 目标:将甘肃中部和东南部自然条件较差地区的 7.5 万农民迁移并定居在疏勒河项目新开发的灌区; 执行时间:1996~2006 年; 投资金额:26.73 亿元	移民安置工程, 水利排灌工程, 农经开发工程
	名称:敦煌水资源合理利用和生态保护综合规划; 目标:至 2015 年,从双塔水库向西湖自然保护区下泄水量 0.78 亿 m³,至 2020 年,党河与疏勒河干流河水汇合后进入西湖水量稳定在 0.78 亿 m³ 以上; 执行时间:2011~2020 年	水权制度建设, 节水改造工程, 引哈济党工程, 生态保护工程
黑河	名称:黑河流域水量统一调度方案,包括九二、九七分水方案,黑河流域近期治理规划; 目标:遏制流域下游生态环境进一步恶化; 执行时间:1992 年至今	生态水传输,生态移民, 农业节水改造,禁牧政策
	名称:张掖市节水型社会试点; 目标:提高水资源的承载力,实现流域生态输水和区域发展的双赢; 执行时间:2002~2005 年	水权制度改革,控制水资源总量, 调整产业结构,灌区节水改造
石羊河	名称:民勤地区退耕还林项目; 目标:改善生态环境; 执行时间:2002 年至今	耕地转化为林地或草地,治沙压沙
	名称:石羊河流域重点治理规划; 目标:解决水资源短缺、生态环境恶化和贫困问题,防止民勤成为第二个罗布泊; 执行时间:2007~2015 年; 投资金额:47.49 亿元	水资源配置工程,关井压田,发展特色林果业,生态建设与保护

目前,有些项目已竣工并通过验收,如疏勒河项目、张掖市节水型社会试点和石羊河流域重点治理规划等,有些项目仍在进行中,不管是已完成的项目还是正在进行的项目,形成的管理制度/体制、不断完善的基础设施等,将对缓解各流

域的水资源危机有着深远的影响。

10.2　河西走廊内陆河流域水资源压力评价

河西走廊是"丝绸之路经济带"的重要组成部分，同时也是我国较缺水、生态系统脆弱的地区之一，受到政府和学界的广泛关注。一系列可持续发展的政策和计划在河西走廊内陆河流域实施，充分反映了国家和地方政府对缓解该区水资源压力的努力。2015 年，一些项目和计划已经完成，有些仍在执行中。这些政策对缓解水资源状况是否有效？进行政策效果评估和确定水资源部门决策优先项是非常复杂的，因此采用一种跨学科、综合的方法来进行评价十分必要(El-Gafy，2018；Jemmali and Abu-Ghunmi，2016)。水资源贫困指数(WPI)模型被认为是强有力的决策工具(Pires et al.，2016)，并引起学者、决策者和水资源管理人员的大量关注(Kini，2017；Dickson et al.，2016；Ty et al.，2010)。因此，本章运用 WPI 模型，从资源、途径、能力、利用和环境 5 个方面选取 15 个指标对河西走廊三大内陆河流域 2003～2015 年的水资源压力状况进行评价，以期为流域水资源管理提供决策依据。

10.2.1　研究方法和数据处理

1. 水资源压力评价方法

水资源贫困指数(WPI)模型是用于水资源压力评价的常用方法之一，已在大量的研究中得到应用，在不同的研究地区对水资源管理挑战进行全面的描述(Kini，2017；Jemmali and Sullivan，2014)。WPI 由资源、途径、能力、利用和环境 5 个方面组成。

资源(R)——衡量区域水资源状况，包括地表水和地下水的可用状况；

途径(A)——衡量水资源获取途径和供应状况，包括居民、灌溉和工业用水的设施条件等；

能力(C)——衡量实际利用和管理水资源的社会和经济能力；

利用(U)——衡量不同用水部门的水资源利用效率；

环境(E)——衡量水资源利用和管理过程中对生态环境的影响情况。

因为以上 5 个方面含义较广泛，所以需用具体指标进行量化，以建立评价框架体系。表 10-6 列出了一级指标、二级指标和构成二级指标的变量及计算公式。WPI 的计算公式如下：

$$\mathrm{WPI}=\frac{\mathrm{wr}\,R+\mathrm{wa}\,A+\mathrm{wc}\,C+\mathrm{wu}\,U+\mathrm{we}\,E}{\mathrm{wr}+\mathrm{wa}+\mathrm{wc}+\mathrm{wu}+\mathrm{we}} \tag{10-1}$$

式中，wr、wa、wc、wu、we 分别为 5 个一级指标的权重，用于衡量每个变量的重要性。

表 10-6　WPI 指标体系及指标计算公式

一级指标	二级指标(单位)	变量	二级指标的变量及计算公式
资源(R)	R1：人均水资源量(m³) R2：亩均水资源量(m³/hm²)	a：可用水资源总量 b：总人口 c：耕地面积	R1=a/b； $Y_{R1}=\dfrac{x_{ij}-500}{1700-500}$； 若 $x_{ij}>1700$，$Y_{R1}=1$， 若 $x_{ij}<500$，$Y_{R1}=0$； R2=a/c
途径(A)	A1：水库年末蓄水量比率(%) A2：耕地灌溉率(%) A3：节水灌溉面积率(%)	d：年末水库储水量 e：年径流量 f：有效灌溉面积 g：节水灌溉面积 h：实际灌溉面积	A1=d/e； A2=f/c； A3=g/h；
能力(C)	C1：人均 GDP(元)	i：农业用水总量 j：工业用水总量 k：总供水量 l：GDP	C1=l/b； $Y_{C1}=\dfrac{\log x_{ij}-\log(min)}{\log(max)-\log(min)}$； min=\$100，max=\$40,000；
利用(U)	U1：农业用水比例(%) U2：工业用水比例(%) U3：单方水产值(元/m³) U4：单方水粮食产量(kg/m³)	m：粮食产量 n：年废水排放量 o：地下水供应量	U1=i/k； U2=j/k； U3=l/k； U4=m/i
环境(E)	E1：地表水污径比(%) E2：地下水供水比例(%)		E1=n/e； E2=o/k

注：按当时汇率，1 美元=6.68 元。

WPI 有两种计算方法，即均衡法和非均衡法。均衡法给每个指标赋予相同的权重，可以避免赋值时的主观性问题(Sullivan and Meigh，2007)。该方法还确保了指标对决策者和受众是透明的，并且在不同的流域中具有可比性(Pandey and Kazama，2012)。这种方法通常用于较大尺度区域的研究，如 El-Gafy(2018)、Sullivan 等(2010)、Pandey 和 Kazama(2012)、Li 和 Jia(2011)等的研究。非均衡法根据水资源管理中变量的重要性，给出不相等的权重值，适用于小尺度区域的研究(Li and Jia，2011)。采用均衡法计算 WPI，将每个分量的权重设为 1，得出公式：

$$\text{WPI}=\frac{R+A+C+U+E}{5} \tag{10-2}$$

值得注意的是，每个二级指标取值范围为[0，100]，所以 WPI=0 表示某区域水资源最贫困，而 WPI=100 表示某区域水资源不贫困。

2. 指标选取和数据标准化

评价指标是综合国内外文献(Kini，2017；Pan et al.，2014；Pérez-Foguet and Garriga，2011；Sullivan et al.，2010)，综合考虑河西走廊三大内陆河流域实际情况而选定的。共选取 12 个二级指标，由 2003～2015 年甘肃省水资源公报中收集的 15 个变量计算而来，见表 10-6。

为使数值便于比较、应用和解释，将指标标准化为单项的统一向量，用极大极小值法进行指标数据的标准化。若标准化指标的数值增加引起更好的水资源状况，用式(10-3)进行标准化，如 $R2$、$A1$ 等；反之，用式(10-4)进行标准化，如 $U1$、$E1$ 和 $E2$。此外，$R1$ 和 $C1$ 用文献 Manandhar 等(2012)、Ty 等(2010)、Pandey 和 Kamaza(2012)中提到的特殊公式进行标准化，特殊公式见表 10-6。

$$y_{ij} = \frac{x_{ij} - \min x_{ij}}{\max x_{ij} - \min x_{ij}} \tag{10-3}$$

$$y_{ij} = \frac{\max x_{ij} - x_{ij}}{\max x_{ij} - \min x_{ij}} \tag{10-4}$$

式中，x_{ij} 为某流域某项指标的实际值；y_{ij} 为标准化后的数值；极大值、极小值则为三个流域同项指标所有值中的极值。为避免 0 或 1 边界值的出现，将各指标数据系列的最大值乘以 1.05，最小值除以 1.05，改进后的公式为

$$Y_{ij} = \frac{x_{ij} - \min x_{ij} / 1.05}{1.05 \max x_{ij} - \min x_{ij} / 1.05} \tag{10-5}$$

$$Y_{ij} = \frac{1.05 \max x_{ij} - x_{ij}}{1.05 \max x_{ij} - \min x_{ij} / 1.05} \tag{10-6}$$

对二级指标进行标准化后，由式(10-7)计算每个一级指标(C_{ij})，最后得到 WPI 的计算式(10-8)，其实质与式(10-2)一致。

$$C_{ij} = \frac{\sum (100 Y_{ij})}{n} \tag{10-7}$$

$$\text{WPI} = \frac{\sum C_{ij}}{5} \tag{10-8}$$

10.2.2 结果与分析

1. WPI 一级指标变化及流域间的比较

图 10-4 显示了 2003～2015 年疏勒河流域、黑河流域和石羊河流域三大流

域 WPI 一级指标变化趋势。5 个一级指标随时间变化趋势和影响其变化的因素
各异。

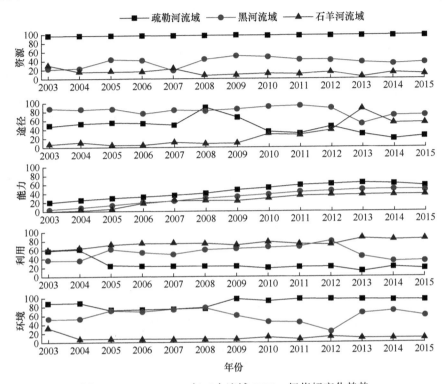

图 10-4　2003～2015 年三大流域 WPI 一级指标变化趋势

资源：根据图 10-4 可知，疏勒河流域水资源条件优于其他两个流域，石羊河
流域水资源状况最差。疏勒河流域、黑河流域与石羊河流域资源指标的最高值与
最低值之间的差分别为 1.2、33.7 与 26.5，表明疏勒河流域水资源状况较为稳定，
而黑河流域波动最大。黑河流域资源指标出现两个高分值期(>41)，即 2005～2006
年与 2008～2012 年，同时曲线也表明该流域水资源状况在 2009 年出现峰值后一
直呈下降趋势。石羊河流域的资源指标总体呈下降趋势，以 2007 年为节点，前半
段的值高于后半段。

途径：反映获取水资源基础设施状况的指标。与资源指标变化趋势不同，黑
河流域基础设施状况最好。除 2008 年外，在整个研究时间段内黑河流域的数值都
高于疏勒河流域；2012 年之后，黑河流域该数值呈下降趋势。对于石羊河流域，
该指标一直呈上升趋势，尤其是 2009 年之后，数值从 2009 年的 8.6 上升到 2015
年的 53.1。曲线显示疏勒河流域该指标在 2008 年以前明显上升，之后下降，表明
石羊河流域的基础设施较疏勒河流域改善更明显。

能力：由图 10-4 可见，2013 年之前三个流域获取水资源的能力逐年增强，之后黑河流域和石羊河流域增加趋势缓慢，而疏勒河流域则出现下降走势。根据曲线数值总体变化，三个流域该指标的顺序：疏勒河流域>黑河流域>石羊河流域，疏勒河流域具有最强的获取水资源的能力，而石羊河流域最弱。

利用：图 10-4 水资源的利用效率情况曲线显示，石羊河流域数值最大，其水资源利用效率最高，在研究时间段内，其数值增加了 25.3。黑河流域的水资源利用效率在 2012 年之后迅速下降，但在 2005～2012 年其水资源利用效率较其他两个流域的增长迅速。疏勒河流域在 2003～2004 年水源利用效率保持在较高的水平，之后出现持续的低值。疏勒河流域的水资源管理者应提出并实施更好的用水计划，如减少农业用水比例以提高流域水资源利用效率。

环境：由图 10-4 可知，三个流域在水资源管理中对生态环境造成的影响存在明显差异。疏勒河流域一直保持着较高的数值，表明其生态环境受该流域水资源管理活动产生的负面影响最少；除 2012 年，黑河流域该指标数值与石羊河流域的相近外，其他年份都高于石羊河流域。黑河流域该指标值波动变化较大，石羊河流域环境指标曲线在 2004～2015 年为上升趋势，且 2008 年之后较之前上升更为明显。

2. WPI 时间变化趋势及流域间的比较

2003～2015 年三大流域 WPI 和水资源贫困评价标准见表 10-7。

表 10-7　2003～2015 年三大流域 WPI 和水资源贫困评价标准

年份	疏勒河流域			黑河流域			石羊河流域		
	WPI	标准1	标准2	WPI	标准1	标准2	WPI	标准1	标准2
2003	61.9	中等安全	不贫困	40.2	不安全	极贫困	26.0	不安全	极贫困
2004	64.4	安全	不贫困	40.6	不安全	极贫困	20.0	不安全	极贫困
2005	55.3	低安全	一般贫困	54.6	低安全	一般贫困	21.5	不安全	极贫困
2006	55.5	低安全	一般贫困	51.8	低安全	一般贫困	24.2	不安全	极贫困
2007	55.7	低安全	一般贫困	49.6	低安全	一般贫困	28.4	不安全	极贫困
2008	64.8	安全	不贫困	58.0	中等安全	不贫困	24.3	不安全	极贫困
2009	66.4	安全	不贫困	58.2	中等安全	不贫困	24.0	不安全	极贫困
2010	59.4	中等安全	不贫困	57.2	中等安全	不贫困	32.0	不安全	极贫困
2011	60.8	中等安全	不贫困	57.6	中等安全	不贫困	30.7	不安全	极贫困
2012	64.4	安全	不贫困	55.0	低安全	一般贫困	35.1	不安全	极贫困

续表

年份	疏勒河流域			黑河流域			石羊河流域		
	WPI	标准1	标准2	WPI	标准1	标准2	WPI	标准1	标准2
2013	59.5	中等安全	不贫困	49.5	低安全	一般贫困	43.9	不安全	极贫困
2014	58.5	中等安全	不贫困	51.2	低安全	一般贫困	39.4	不安全	极贫困
2015	58.4	中等安全	不贫困	49.8	低安全	一般贫困	39.0	不安全	极贫困

注：标准 1 为英国生态与水文中心(CEH)对 140 个国家水资源贫困测定评价标准，安全(WPI≥62)、中等安全(56≤WPI<62)、低安全(48≤WPI<56)、不安全(WPI<48)；标准 2 为英国生态与水文中心对中国水资源贫困评价标准，不贫困(WPI≥56)、一般贫困(48≤WPI<56)、极贫困(WPI<48)。

疏勒河流域水资源贫困程度最轻，其 WPI 最低值与最高值分别为 55.3 和 66.4。根据英国生态与水文中心(CEH)对 140 个国家水资源贫困测定评价标准：安全、中等安全、低安全、不安全。疏勒河流域水资源贫困状况有 4 年是安全，6 年是中等安全，3 年是低安全，没有不安全的年份。根据 CEH 对中国水资源贫困评价标准：不贫困、一般贫困、极贫困。在研究时间段内，疏勒河流域有 10 年的水资源状况表现为不贫困，3 年表现为一般贫困。黑河流域次之，WPI 在 40.2～58.2。根据以上两个标准，黑河流域水资源贫困状况相对较好，尤其是 2008～2012 年。石羊河流域 WPI 整体较低，最高值为 43.9，根据两个标准，研究时间段内，该流域的水资源一直处于极贫困的状态。

图 10-5 为 2003～2015 年三大流域 WPI 变化趋势。显而易见，石羊河流域和

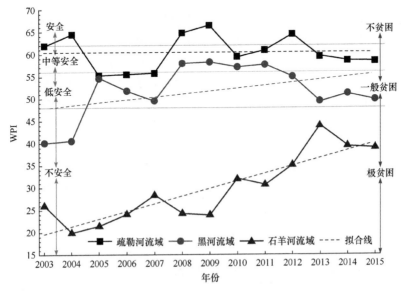

图 10-5　2003～2015 年三大流域 WPI 变化趋势(见彩图)

黑河流域的 WPI 曲线一直处于上升趋势，石羊河流域上升得更快；疏勒河流域则呈现轻微下降趋势，表明石羊河流域和黑河流域水资源状况得到有效的改善，石羊河流域改善最明显，疏勒河流域则出现轻微恶化趋势。

3. WPI 及其一级指标的时空变化

图 10-6 为研究起止年(2003 年和 2015 年)WPI 及其一级指标的变化情况。由 WPI 可知，疏勒河流域水资源状况最好，石羊河流域水资源问题最严峻。石羊河流域水资源状况改善最快，2015 年 WPI 比 2003 年增加了 13.0，黑河流域增加了 9.6，而疏勒河流域减少了 3.5。结果表明，疏勒河流域应采取更严厉和适应流域实际情况的水资源管理措施，以缓解其水资源状况的日趋恶化。

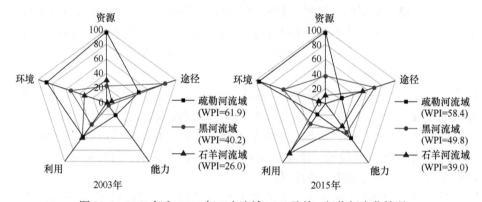

图 10-6 2003 年和 2015 年三大流域 WPI 及其一级指标变化情况

从图 10-6 可看出，疏勒河流域、黑河流域与石羊河流域的 WPI 的 5 个一级指标，2003 年排序分别为 $R>E>U>A>C$，$A>E>U>R>C$ 和 $U>E>R>A>C$；2015 年则分别为 $R>E>C>A>U$，$A>E>C>R>U$ 和 $U>A>C>R>E$。疏勒河流域资源和环境指标的分值较高，表明这两者对疏勒河流域的 WPI 贡献较大，但两者的变化不大，分别略微增加了 0.3 和 7.3；能力指标增加了 37.3，而利用和途径指标分别下降了 38.8 和 23.4。黑河流域，途径和环境指标对 WPI 值的贡献较大，能力指标增长最快，增加了 42.5。石羊河流域，利用指标值较高；利用、途径和能力指标增加较快，而资源和环境指标有所下降。此外，从三个流域两个时间点综合来看，2015 年黑河流域的 5 个一级指标发展最为均衡。黑河流域和石羊河流域水资源贫困程度都有所改善，疏勒河流域变化则不明显。

10.2.3 流域水资源差异的影响因子

1. 流域水资源贫困程度差异的政策因素分析

政策在自然资源管理中起着非常重要的作用，政策管理框架对政府战略决策起着重要的指引作用(Wang et al., 2015)。为改善河西走廊内陆河流域不断恶化的生态环境，国家和地方政府针对各流域的实际情况制定了不同的治理政策和计划(表 10-5)，对三个内陆河流域的 WPI 及其一级指标有着直接或间接的影响。

2007 年，疏勒河项目通过验收，共有 6.78 万人从甘肃中部和东南部移民至疏勒河流域，扩展耕地面积 4.36 万 hm²，修建了一座大型水库——昌马水库，库容量为 1.934 亿 m³，修建干支渠 648.85km，改善盐碱地面积 1.28 万 hm²。以上一系列措施会促使该流域中 $A1$、$A2$、$U1$ 和 $E2$(表 10-6)的增加，直接影响途径和利用指标，间接影响环境指标，与图 10-4 相应指标变化结果一致，即 2008 年之前疏勒河流域途径指标呈增加趋势并保持相对较高的数值，而环境指标却出现下降趋势；在研究时段内，利用指标一直处于下降趋势并保持较低值。值得注意的是，大量人口迁入疏勒河流域，扩展耕地面积，增加用水量，尽管采取了一系列水资源管理的措施，但从研究时间段水资源贫困状况曲线来看，这些措施并未改善流域的水资源状况。

黑河流域在建立节水社会运行机制后，张掖市的经济增长了 10%，下游河流断流时间平均每年减少了 77d，沙漠化和盐碱化面积分别减少了 2.0% 和 28.0%(Cheng et al., 2014)。黑河流域终端湖泊——居延海，经过 42a 的断流之后，重新出现了水面。黑河流域的 WPI 一级指标变化趋势与以上指标变化一致，这也表明 WPI 能很好地反映给定流域的水资源压力状况。

石羊河流域有 0.72 万 hm² 耕地和 1.45 万 hm² 荒地退耕还原成为林地和草地；水资源消耗量减少了 26%，农业用水量减少了 39.6%，居民用水、工业用水和农业用水的比例由 2.7∶2.9∶6.6∶87.8 调整到 5.2∶14.6∶8.5∶71.7。此外，该地区农民的收入增加了约 2.7 倍，地下水开采减少了一半以上，终端湖的地下水水位上升了约 88%。石羊河流域水资源治理规划的实施结果正如该流域的 WPI 变化所示，流域水资源贫困状况得到了改善。

用水资源贫困指数(WPI)时空变化检验三个流域的水资源管理变化情况。结果表明，水资源综合管理政策和相关项目在很大程度上改善了石羊河流域和黑河流域的水资源状况，相比之下，疏勒河流域受影响较小。疏勒河流域需要实施更好的水资源管理规划以减缓流域水资源状况恶化趋势。从实践层面看，WPI 可以为多个对比研究区域的水资源管理优先级提供可靠的指导依据，例如，未来国家水资源管理相关政策重点考虑扶持流域的先后顺序为石羊河流域→黑河流域→疏勒河流域。WPI 体系的一级指标可以用于确定某一研究区域具体事项的优先级。例如，石羊河流域的途径和能力指标状态较好，而环境指标相对较差，那么今后政策计划就应优先重视引起环境指标变化的相关内容，如废水排放和地下水开采等。

2. WPI 用于水资源压力评估存在的问题与挑战

河西走廊三大内陆河流域长时间序列的 WPI 第一次被构建并应用, 在流域水资源状况和水资源管理相关政策、水资源可用性、生态环境、经济与社会福利之间建立起了联系, 研究结果对研究区域未来的水资源管理决策具有重要指导意义。WPI 不仅展现了水资源管理政策与项目的实施效果, 还指出了未来水资源管理中的优先关注区域和改善事项。

河西走廊内陆河流域严峻的水资源问题一直备受关注。Xiao 等(2008)运用水资源安全模型, 以 2002 年的数据, 从水资源供需状况、生态安全、粮食安全和灾害防控能力等选取 21 个指标对河西走廊三大内陆河流域进行评价, 显示水资源安全级别由高到低的顺序为疏勒河流域、黑河流域、石羊河流域。张辉等(2012)用 WPI 评估石羊河流域各县(区)的水资源压力状况, 发现民勤县的水资源压力最大, 金昌市的最小。陈莉等(2013)也用 WPI 评价 2001～2010 年石羊河流域的水资源压力状况, 发现流域水资源压力呈减弱趋势。Kharrazi 等(2016)运用生态网络分析(ecological network analysis)方法研究 2000～2009 年黑河流域中游地区生态系统供水服务的效率变化情况, 发现其服务效率增加。以上研究表明, 选用不同的模型或指标对河西走廊三大内陆河流域水资源压力进行评价, 流域水资源压力状况排名和变化趋势都是一致的。

WPI 能全面反映水资源管理压力的状况, 但该方法本身也存在一些局限性。例如, 指标选取、权重设置及聚合方法的计算方面会因研究区域的实际情况而有差异(Kini, 2017; Jemmali and Abu-Ghunmi, 2016; Sullivan et al., 2010)。另外, 研究区域缺乏数据, 数据质量差异(Gleick, 2015)或数据使用受限(Sullivan et al., 2010)也是该方法存在的难以避免的局限性。有学者提出, 解决数据缺乏的方法之一是尽可能多地查询官方数据, 尤其是在发展中国家(Kini, 2017; Sullivan et al., 2010)。因此, 本书研究数据主要来源于甘肃省水资源公报, 公报由甘肃省水资源管理部门根据《全国水资源综合规划》(2003 年)、《全国水资源综合规划的技术细则》(2005)和《水资源公报的实践守则》(2009)编写, 数据以流域为单元进行统计, 还有一些数据来源于相关流域的水行政部门、统计部门和作者针对性的调查和随机抽样调查。研究以流域为单元, 但有些指标根据行政边界而非流域边界进行统计, 如 5 岁以下人口的死亡率、人口的受教育水平等, 因数据难获取, 只以人均 GDP 单一变量为指标进行评价。尽管严格按照 WPI 进行数据收集, 官方数据可能会出现部门间统计的误差, 所选指标和数据不可能完全真实地反映研究区域的水资源压力状况, 但在一定程度上能够反映三大流域水资源状况的发展趋势和各流域这些年来水资源管理的结果。

10.3 河西走廊内陆河流域水资源管理调查

我国流域管理采用国家部委、流域机构、地方水利及农民自治组织组成的管理体制，河西走廊内陆河流域也不例外，也进行水资源管理体制和制度的改革。2000 年左右，黑河流域、石羊河流域、疏勒河流域相继成立流域管理机构和农民用水者协会，将水资源管理权下放至地方水平，增加公众参与度；实施用水总量控制，建立水权制度和进行水价改革等。流域机构是否充分发挥职能？公众参与度如何？水资源体制和制度改革是否有利于流域水资源的可持续管理？针对上述问题，以用水比例最大的农业用水为例，对三大内陆河流域水资源管理进行实证调查和对比分析。

10.3.1 水资源管理体制

1. 疏勒河流域

2004 年底，甘肃省水利厅成立疏勒河流域管理局，拟建流域管理机构和地方政府统一协调的水资源管理体系，目标是实现地表水和地下水资源的统一管理。

疏勒河流域主要水务机构设置及职能包括三个层次(图 10-7)。①决策层，即

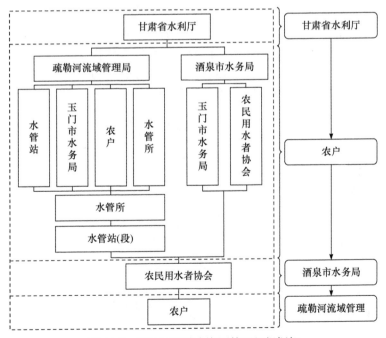

图 10-7 疏勒河流域水资源管理组织框架

甘肃省水利厅，任务是贯彻执行国家水利政策，负责全省生活、生产经营和生态环境用水的统筹兼顾和保障，开展水利科技等工作。②规划、执行层，即疏勒河流域管理局和酒泉市水务局及其下设部门，承担甘肃省政府及水利厅交办的事项；拟定流域水资源管理政策和规章制度；制订地表水水量分配、地下水开采计划；水资源的保护、监测和评价与国有骨干水利工程及防洪工程的规划建设、调度运行、防汛抗洪；配水计量到斗口，供水、收费到农民用水者协会等职责。③协调层，即农民用水者协会，它是民间社团组织，是连接水管单位和农户的纽带，是公众参与公共资源管理的体现。

疏勒河流域管理局主要通过对昌马、赤金峡和双塔三座水库进行调度来实现昌马、双塔、花海三大灌区的地表水分配，其余河流的地表水和全部地下水由相应行政区市县的水务局负责。流域地表水和地下水处于"双线管制"状态，并未完全实现设想的统一管理。

2. 黑河流域

黑河流域属于跨省流域，涉及甘肃、青海和内蒙古三省(自治区)，为协调流域整体与局部利益，流域自古就有"均水制"或"通过分水"政策等对流域水资源进行统一调配(钟方雷等，2014)。在西部大开发的背景下，制订了向下游分水的方案，如"九二"和"九七"分水方案。因分水涉及的利益广，分水方案执行进展并不显著(钟方雷等，2014)。1999年，水利部黄河水利委员会成立黑河流域管理局，目的是负责黑河流域水资源的统一管理和调度，黑河分水进入实质性的建设实施阶段(李振涛，2018)。黑河流域实行流域管理和行政区域管理相结合的分级管理体制。黑河流域的水量调度涉及黑河流域管理局、三省(自治区)水利厅、各市县水务局等众多水利业务部门和农民用水者协会(图10-8)。

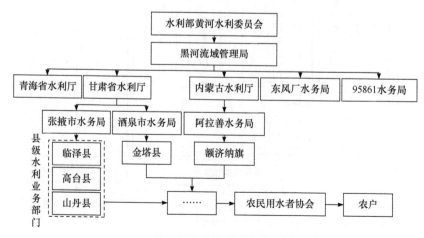

图 10-8　黑河流域水资源管理组织框架

目前，黑河流域管理局主要负责编制水量分配方案和年度分水计划，检查监督流域水量分配计划的执行情况。水量调度主要覆盖范围为黑河流域干流水系及其重要支流梨园河，重点是省际断面重要水利枢纽，即莺落峡、正义峡、哨马营、狼心山和居延海等地表水量的分配与调度。

3. 石羊河流域

石羊河流域管理局成立于 2001 年，属于省属水利事业单位，负责流域综合治理，流域水资源(包括地表水和地下水)的统一管理和调配，合理配置和综合平衡上下游、工农业和市际间的用水；流域内取水许可的审批和发放以及水资源保护监管等。水资源管理也是流域管理与行政管理相结合的分级管理体制。由于该流域已经建成较为完善的地下水管理体系，地下水的使用除了涉及水务部门，还涉及相应区域的电力部门，其水资源管理组织框架如图 10-9 所示(胡小军，2014)。

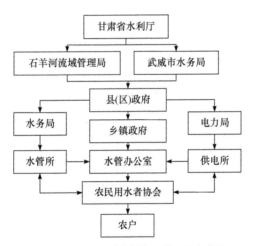

图 10-9 石羊河流域水资源管理组织框架

石羊河流域管理局主要负责将甘肃省的水量调度方案下达给流域内市水务局；协调西营河、东大河、西大河三条跨县河流的水事纠纷；审批流域地下水取水许可等，基本实现了流域水资源(地表水和地下水)的统一管理。

10.3.2 水权制度和水权交易

水权制度是落实最严格水资源管理制度的重要市场手段，是促进水资源节约和保护的重要激励机制，也是保障生态用水不被挤占的有效途径(刘力，2015)。水权制度的实现需完善两个主要步骤，一是初始水权配置，二是建立水市场即水权交易(石玉波，2001)。

水权最简单的解释是水资源的所有权和使用权(苏青等,2001)。《中华人民共和国水法》(2002年修订)明确规定水资源属于国家所有,水资源的所有权由国务院代表国家行使,因此本书研究的水权指水资源的使用权。2002年修订的《中华人民共和国水法》和2006年颁布的《取水许可和水资源费征收管理条例》从法律层面提出开展初始水权配置工作的要求(陈艳萍和吴凤平,2008)。目前,我国实行以取水许可制度为核心的行政主导的初始水权配置体系,国家对用水实行总量控制和定额管理相结合的制度。

初始水权配置是国家行使水资源所有权的重要体现。流域初始水权配置主要分为两个层次(吴丹,2012)(图10-10):①初始水权第一层次配置,即流域内行政区域间的初始水权配置,是以流域或流域内某一区域为单元,省、市、县三级行政区逐级进行水权配置;②初始水权第二层次配置,即第一层次配置获得的水权在其区域内各行业间配置,进一步将水权配置给最终用水户。

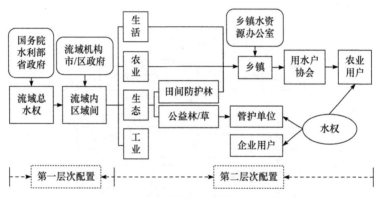

图10-10　河西走廊内陆河流域初始水权配置流程

参考李鹏学(2013)整理绘制

1. 初始水权第一层次配置

民国时期,甘肃省建设厅曾试图在全省推广以水量为计量单位实施水权登记、建立现代水权管理体制(王忠静,2013),但在整个河西地区都难以推行。以"时间水权"(与"均水制"同)的水资源使用权为计量方式的流域性分水活动长期居于主导(王忠静,2013)。因"时间水权"没有明确、详细的法律界定,随流域水资源开发利用程度的不断提高,下游用水很难得到保证,水利纠纷冲突频发。随着水利建设的不断加强,流域基本进入人工水系时代,在这种情况下河西走廊内陆河流域进入了"以量分水"的阶段。

20世纪60年代末~21世纪初,昌马、赤金峡和双塔水库以及一系列渠系网络建成并投入使用,使疏勒河流域管理局管理范围内的水量调度、精确控制成为可能。

2009 年以来，甘肃省水利厅给疏勒河流域管理局下达的年度计划总引水量为 8.3 亿 m³。根据 2003～2015 年昌马、双塔和花海三大灌区引水量及昌马总干渠渠首引水量统计资料(图 10-11)，昌马总干渠年引水量在 8.4 亿 m³ 以上，超出省定额的水量，2003～2015 年年平均引水量为 11.3 亿 m³，且表现为逐年上升的趋势。由于没有实施明确的作物亩均配水定额，也未对农户灌溉进行用水限制，只是根据农户的需求进行配水，且农户仍以大水漫灌为主，因此研究区农业灌溉的节水意识不强。

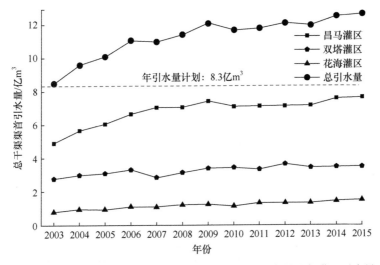

图 10-11　2003～2015 年疏勒河灌区总干渠渠首总引水量及各灌区引水量

从 1960 年起，黑河"以量分水"的报告和政策呼吁就已经提出，中游张掖市的灌溉农业高度发达，一直到 2002 年，仍以占甘肃省 5%的耕地承担了全省 35%的商品粮生产任务。在侧重粮食生产的背景下，为优先保证中游的农业生产需水，下游的分水要求被暂时忽略(钟方雷等，2014)。1999 年，成立黑河流域管理局，协调流域有关方面制定《黑河干流省际用水水事协调规约》，之后水利部及时批准《黑河干流水量调度管理暂行办法》等(李珂，2010)，黑河流域圆满完成 2000 年的分水任务，这是历史上首次实现跨省(自治区)分水(高妍等，2014)，黑河分水进入实质性的建设实施阶段(钟方雷等，2014)。

2001 年 8 月的《黑河流域近期治理规划》指出，要采取综合措施，逐步增加正义峡下泄水量。2000～2017 年黑河干流主要控制断面水量调度变化情况见图 10-12。从 2005 年开始表现为连续的丰水年，流域各主要断面来水量都呈上升趋势，其中，上游莺落峡的平均径流量为 18.49 亿 m³，较多年平均径流量高 17%；

下游正义峡的平均径流量为 11.18 亿 m³，较多年均值(7.55 亿 m³)高 48.12%。流域末端的东居延海累计入湖水量为 9.72 亿 m³。

21 世纪初，石羊河流域极度恶化的生态环境问题引起党中央、国务院的高度重视和社会各界的广泛关注。甘肃省组织力量编制《石羊河流域重点治理规划》(以下简称《规划》)，2007 年获国务院批复。《规划》提出，通过节水型社会建设、产业结构调整、灌区节水改造和生态移民等措施，至 2010 年，民勤县蔡旗断面下泄水量由 0.98 亿 m³ 增加到 2.5 亿 m³ 以上，民勤盆地地下水开采量由 5.17 亿 m³ 减少到 0.89 亿 m³；至 2020 年，民勤县蔡旗断面下泄水量由 2.5 亿 m³ 增加到 2.9 亿 m³ 以上，民勤盆地地下水开采量减少到 0.86 亿 m³(栾维功，2013)。2011 年《规划》进行调整，要提前五年即 2015 年完成规划目标。

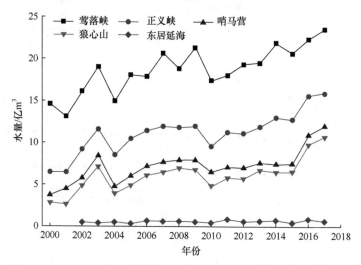

图 10-12　2000～2017 年黑河干流主要控制断面水量调度变化情况

由表 10-8 可见，2010 年以后，除了 2013 年外，其他年份民勤县蔡旗断面下泄水量都已超过相应年份的目标值(2.5 亿 m³)。地下水开采量呈现逐年减少的趋势，但离目标值(0.89 亿 m³)仍有一定的距离。

表 10-8　民勤县 2006～2017 年地表水权和地下水权实际完成情况　　(单位：亿 m³)

项目	2006 年	2007 年	2008 年	2009 年	2010 年	2011 年	2012 年	2013 年	2014 年	2015 年	2016 年	2017 年
蔡旗断面下泄水量	1.79	2.19	1.50	1.71	2.62	2.80	3.48	2.27	3.19	2.90	3.34	3.93
地下水开采量	5.41	4.92	3.97	2.78	1.44	1.21	1.17	1.153	1.145	1.149	—	—

注：数据来源于《石羊河志》、《民勤县统计年鉴》(2015)和民勤县政府网；"—"表示数据缺失。

2. 初始水权第二层次配置及水权交易

水权制度建设不仅体现在全流域与区域层面，还体现在行业和用户层面(石玉波，2001)。为强化水资源管理、优化水资源配置、促进水资源可持续利用、支撑经济社会转型跨越发展和生态文明建设，河西走廊内陆河流域相关市(区)政府根据流域内各行政区域的配水总量，制订当年的行业配水计划。计划主要遵循公平与效益兼顾、节约用水、效益优先的原则，即在满足基本生存需水、保障稳定人工绿洲基本生态用水的前提下，水资源配置要向低耗水高效益产业倾斜。

2001～2016 年三大流域各行业实际用水量和实际用水量比例分别见表 10-9和图 10-13。从各行业用水比例变化趋势看，各行业用水变化趋势相对一致，其中最为明显的是流域农业用水量比例都呈下降趋势；工业用水量比例总体呈上升趋势；生态用水量比例从无到有，而后波动上升；生活用水量比例各流域波动变化不一致。从各流域用水量比例来看，农业用水量比例最大，都在86%以上；工业用水量、生活用水量和生态用水量比例都相对较少，平均分别在 5%、2.5%和2%左右。三大流域对比来看，农业用水量比例最高的是黑河流域，石羊河流域最低；工业用水量比例最高的是石羊河流域，最低的是疏勒河流域；生态用水量比例最高的是疏勒河流域，最低的是黑河流域。

表 10-9　2001～2016 年三大流域各行业实际用水量　　　(单位：亿 m³)

年份	疏勒河流域				黑河流域				石羊河流域			
	生活	农业	工业	生态	生活	农业	工业	生态	生活	农业	工业	生态
2001	0.25	11.11	1.03	0.00	0.78	33.58	1.74	0.00	0.75	22.87	1.49	0.00
2003	0.19	11.69	0.87	0.01	0.63	32.82	1.41	0.02	0.62	24.20	1.34	0.02
2004	0.19	11.90	0.83	0.01	0.66	32.76	1.16	0.02	0.65	24.18	1.28	0.02
2005	0.56	16.84	0.80	0.91	0.51	26.72	1.35	0.92	1.20	24.33	1.55	0.83
2006	0.57	17.15	0.79	0.81	0.52	27.07	1.31	0.29	1.23	24.49	1.51	0.55
2007	0.59	17.31	0.74	0.87	0.53	27.38	1.24	0.31	1.26	24.34	1.42	0.60
2008	0.59	17.10	0.76	0.88	0.54	27.05	1.31	0.31	1.27	23.60	1.38	0.61
2009	0.25	17.42	0.77	0.88	0.52	26.76	1.32	0.31	0.85	22.25	1.38	0.61
2010	0.25	20.18	0.82	0.90	0.90	26.51	1.41	0.31	0.85	20.96	1.47	0.62
2011	0.25	18.69	0.91	0.89	0.90	26.23	1.56	0.31	0.85	22.14	1.63	0.61
2012	0.26	18.69	1.00	0.89	0.91	26.18	1.88	0.31	0.86	22.15	1.63	0.61
2013	0.26	16.70	0.84	0.34	0.87	34.22	2.10	0.50	0.67	20.16	2.12	0.23
2014	0.28	13.88	0.88	0.34	0.91	35.64	2.10	0.51	0.67	20.54	2.06	0.23
2015	0.27	13.65	0.84	0.58	0.90	34.63	1.70	0.90	0.69	20.43	2.14	0.42
2016	0.27	13.20	0.90	0.76	0.91	33.43	1.53	1.47	0.70	20.12	1.90	0.61

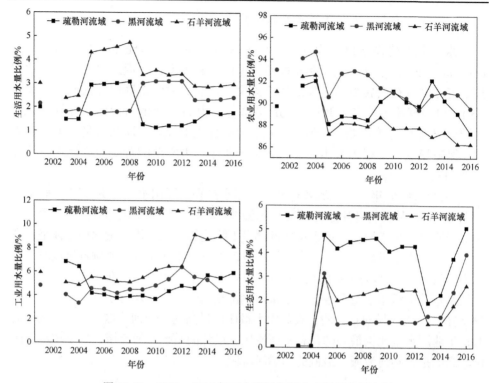

图 10-13　2001～2016 年三大流域各行业实际用水量比例

黑河流域是研究区最早进行水权制度改革的流域。2002 年 3 月，水利部确定张掖市为全国第一个节水型社会试点(李珂，2010)，该市开始进行水权制度改革。张掖市逐步摸索、形成了新的水权运行机制，即"总量控制、定额管理、以水定地(产)、配水到户、公众参与、水量交易、水票流转、城乡一体"(甘肃省水利厅，2006)。目前，张掖地区已建立公平公正、公开透明的配水机制、量测水机制、监督机制和收费机制(吴培宾，2017)。

2007 年印发的《石羊河流域重点治理规划》指出，以"明晰水权、关井压田、定额管理、配水到户、水票运转、水量交易"等措施为核心的水权制度改革是开启石羊河流域重点治理的"第一把钥匙"(王舒娅等，2014)。石羊河流域农民初始水权配置的探索，从地表水和地下水两个层面展开。其中，地表水实行灌区配水到户，用水者协会分水、收费到社(组、户)；地下水实行灌区分额到户，用水者协会分水、收费到社(组、户)(王蓉，2007)。截至 2007 年，该流域武威市已将初始水权配置到 310636 户，达到 100%(甘肃省水利厅，2007)。金昌市农户水权配置时间相对较晚，至 2016 年才基本完成水权的配置。

2014 年，《水利部关于开展水权试点工作的通知》将甘肃省列为全国水权试点省份之一；2015 年，《甘肃省疏勒河流域水权试点方案》要求用三年时间在疏勒河流域开展水权试点，初步建立水权、水市场制度体系。2016 年，玉门市政府向昌马灌区下西号农民用水者协会颁发了水资源使用权证，标志着疏勒河流域水权试点工作取得了重要进展(甘肃省水利厅，2017a)。目前，疏勒河流域的水权改革做了一些基础性工作，如成立领导机构，对全流域农业灌溉面积和各行业用水户进行了调查摸底，筹建水权交易平台等(张景兰，2016)。

　　通过水权交易和水市场建设来调节水资源的合理利用是解决水资源短缺和开发利用冲突的有效途径(王舒娅等，2014)。河西走廊内陆河流域的水权交易体系见图 10-14。建立完善的水利工程措施信息系统、冲突协商机制和水市场法律法规体系，是建立健全水权交易市场的前提保证。流域水权交易可依托相应层级水行政管理单位，建立水权交易中心，搭建水权交易平台。用水者协会内部小规模的水权交易，可自主协商进行；行业间、大规模的水权交易，则以水权交易中心为中介进行(李鹏学，2013)。

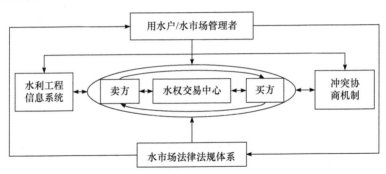

图 10-14　河西走廊内陆河流域水权交易体系

　　经调查，研究区三大流域的水权试点和重点实施区域已基本建立了水利工程信息系统，正在不断完善水市场的法律法规体系和冲突协商机制。在小区域范围内分别通过自主协商和水管单位协调进行了少量的水权交易。例如，石羊河流域管理局水资源管理处的工作人员表示，武威市凉州区在 2007～2008 年开始有农户自行进行水权交易，至 2015 年武威市凉州区、民勤县交易水量达 0.12 亿 m³。

　　目前，三大流域的水权交易总量仅占流域水分配总量极小的比例，基本是同一灌区内用水户协会间进行转让，而用水户间、跨灌区和跨行业的交易还没有。

10.3.3　水价

　　自 20 世纪 50 年代末以来,河西走廊内陆河流域一直存在地表水水价的管理，1982 年制订的农业水费标准为 0.005～0.007 元/m³，但实行的水价不能有效反映供水生产成本和水资源的稀缺程度。2012年，甘肃省发布了《甘肃省进一步推进农业水价综合改革实施方案》，确定了以完善计量设施为基础、以发展农民用水者协会为保障、以创新水价机制为核心，开展"基础设施改造、末级渠系管理、农业水价调整"三位一体的农业水价综合改革(胡艳超等，2016)。

2014年，甘肃白银、凉州、高台、民勤和民乐两区三县，被列入全国农业水价综合改革试点区域。2017年，5个示范县(区)推行水价改革，其中凉州、民勤、高台和民乐实行"区域水价，达到运行成本水平；区分地表水、地下水，实行同类作物同源同价"，各区域按照当地情况调整水价。

黑河流域张掖市高台县农业用水水价由基本水价、计量水价、水资源费和末级渠系水价四部分构成；实行作物分类水价和超额累进加价，农业用水水价达到运行维护成本水平(表10-10)。

表 10-10　黑河流域张掖市高台县 2015 年农业用水水价标准

水源类型	水资源费/(元/m³)	末级渠系水价/(元/m³)	计量水价/(元/m³)	基本水价/(元/亩)		作物分类水价/(元/m³)		超额累进加价：≤30%、31%~50%、>50%	计量点
				井灌	混灌	粮食作物常规经济作物	日光温室特色林果业		
地表水	0.005	0.019	0.152			0.193	0.22	1.5 倍、2 倍、3 倍水费	斗口
				4	2				
地下水	0.01	—	0.1			—	—	2 倍、3 倍、5 倍水费	井口

注："—"表示数据缺失。

石羊河流域武威市凉州区 2016 年农业用水水价标准也包含四个部分(表10-11)：水资源费、末级渠系水价、计量水价和基本水价；灌溉农业根据耗水和经济效益实行分类水价。凉州区农业现行水价标准基本达到运行维护成本水平。

表 10-11　石羊河流域武威市凉州区 2016 年农业用水水价标准

水源类型	水资源费/(元/m³)	末级渠系水价/(元/m³)	计量水价/(元/m³)	基本水价/(元/亩)	作物分类水价/(元/m³)				超额累进加价：≤30%、31%~50%、>50%	计量点
					粮食作物	常规经济作物	日光温室/滴灌作物	特色林果业/生态用水		
地表水	0.005	0.02	0.2	2	0.25	0.2	0.15	0.1	水价的 1.5 倍、2 倍、3 倍收	斗口
地下水	0.01	0.0308	0.05	2	0.075	0.05	0.025	0.025		井口

疏勒河流域收水费以来，经5~6次变革，水价由 0.01 元/m³ 变为 0.111~0.121 元/m³。该流域地表水价灌区保本运行水价为 0.28 元/m³，昌马灌区实际收取水费为 0.111 元/m³，双塔灌区为 0.11 元/m³，花海灌区为 0.121 元/m³，白杨河、

石油河、小昌马河灌区为 0.114 元/m³，各灌区再收取 0.008～0.011 元/m³ 的末级渠系水费，返还协会专项用于末级渠系的维护与协会的运行管理。地下水水价管理实行较晚。2000 年之前，农户自行抽水灌溉，只交电费，2012 年农业机井全面安装水表后才计算水价。纯井灌区、井河混灌区限量按 0.1 元/m³ 征收。智能水表既可以提高用水的透明度，又可以有效地遏制地下水超量开采，是符合当前地下水资源管理形势的一种计量设施，对于水资源管理，建设节水型社会有着重要意义。

10.3.4　参与式管理

公众参与机制是流域统一管理革新的必要保障。研究区域在水资源管理改革中，不仅制定了水资源管理、水费计收、水权交易等一系列制度，还成立了农民用水者协会。协会成员由农民选举产生，参与水资源管理，负责将水权分至各农户，向农民出售水票，收缴水费，斗渠以下田间工程的管理，编制灌溉计划，水事纠纷调处及渠系和内部水量交易管理等。公众参与机制可以推进农业产业化经营，促进村级公共事务的集体合作等(刘芳等，2010；黄祖辉等，2002)。

疏勒河流域的农民用水者协会于 2000 年推行，设立在行政村一级。各乡镇政府对协会负有监督、指导与管理的职责，疏勒河流域管理局为协会提供技术服务与业务指导。至 2016 年初，疏勒河流域共成立农民用水者协会 104 个，涉及 16.37 万人，建立了明确监管主体、规范量水收费等为主要内容的管理体制。调查中了解到，由于种种原因，至 2016 年，该流域的农民用水者协会并未充分发挥其作用。

2006 年，黑河流域张掖市成立农民用水者协会 790 个，全市 70% 的灌区实行了水票制(甘肃省水利厅，2006)。有农户反映，水权制度改革前，村民之间以及农民和水管部门间常有摩擦，现在由农民用水者协会来宣传和协调，农民按水量购买水票，用水时先交水票后放水，用水纠纷发生次数有所下降。体制改革为节水型社会建设提供了体制保障(甘肃省水利厅，2005)。

石羊河流域武威市自 2007 年推行水权制度改革以来，明晰了初始水权，组建农民用水者协会 816 个，初步形成了"水管单位+用水者协会+农户"的公众参与管理模式。

10.3.5　水资源管理比较与发展趋势

以上分别从水资源管理体制、水权配置和水权交易、水价及参与式管理几方面对疏勒河流域、石羊河流域和黑河流域的水资源管理进行了分析。下面介绍三大流域在水资源管理上的共性和差异，以及未来水资源管理的发展趋势。

1. 水资源管理模式的转变

对河西走廊三大内陆河流域水资源管理调查发现，2000 年以后，三大流域都成立了流域机构，组建农民用水者协会，使水资源管理模式发生了转变。三大流域都由原来完全的科层水资源管理模式转变为科层与参与式相结合的水资源治理模式(图 10-15)。科层管理模式下，水权以层级形式从国家分配到农户，低层层级的水权隶属于高层层级的水权，上层的制度对所有下层的制度和决策实体都有约束力；各主体间的水务冲突通过行政机制和行政权威予以协调，是自上而下的单向制约。参与式管理加入的水资源管理模式最大的差异体现在个体用水行为的协调方面，表现为自上而下和自下而上的双向制约和激励特征。农民用水者协会由用水户选举产生，对科层水资源治理模式的决策予以评价、审核，反映用水户的利益取向，实现授权用户的参与决策权(刘芳，2010)。

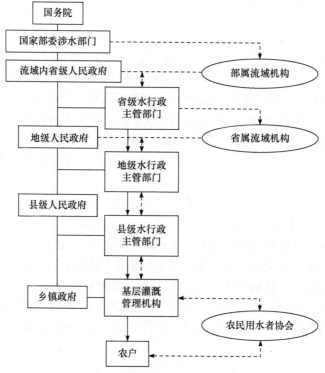

图 10-15　研究区现行水资源治理模式
实线为转变前的水资源管理模式；虚线为新增的管理模式

从管理范围和发挥的作用上看，以行政区划为边界的水资源管理模式没有界定水权的公共领域，不同区域、部门都展开对公共领域的争夺，只追求各自区域和部门的利用，造成水资源管理的混乱。以流域为单元的参与式水资源管理模式，其发展趋势是要对全流域水资源进行统一规划、统一界定水权、统一调度和统一治理等。区域水资源行政管理部门在服从流域管理的前提下,对本区域的水资源进行二级管理。

现行的水资源治理模式理念与 IWRM 理念相呼应,即水资源的有效管理需要全盘考虑问题的方法,把发展社会经济与保护自然生态系统结合起来,更有可能实现水资源的可持续利用;将水资源配置与管理的操作职责移交到流域层面;利益相关者参与决策。

调查发现,三大流域的流域机构主要集中在水量分配和水权方面的管理,仍未实现对水资源水量和水质的统一管理,这也是三大流域在水资源管理方面的努力方向之一。

2. 三大内陆河流域水资源管理比较

河西走廊三大内陆河流域水资源管理有管理模式、理念上的共性,同时也存在区域的特点,比较结果见表 10-12。

表 10-12 三大内陆河流域水资源管理比较

机构与制度	属性	疏勒河流域	石羊河流域	黑河流域
流域管理机构	成立时间	2004 年	2001 年	1999 年
	机构性质	省属事业单位	省属事业单位	部属事业单位
	在职人员	685 人	25 人	30 人
	机构类型	自治机构	代理机构	协调机构
	财政来源	收取水费	财政拨款	财政拨款
	实际管理范围	小于流域边界	与流域边界一致	小于流域边界
	主要管理内容	昌马、双塔、花海三大灌区地表水	地表水统一分配;取水许可发放	三省地表水量分配
	管理目标	水分配和利用	改善下游生态环境	中下游省(自治区)间水分配
地方水务局	管理内容	疏勒河流域管理局管理以外的地表水与地下水	地表水与地下水计划的实施	地表水与地下水的实际管理
	与管理局的关系	互相独立,各自管水	协作完成管水目标	地表水管理有交集,独立管理地下水
	生态环境是否作为政绩考核的内容	否	是	否
农民用水者协会	实际运转	基本没有运行起来	流域整体运转良好	局部区域运转良好

续表

机构与制度	属性	疏勒河流域	石羊河流域	黑河流域
水资源管理制度	用水总量控制	执行非常宽松	执行严格	执行宽松
	水权落实	正在落实	已落实	部分落实
	灌溉水价	单一水价，超额累进加价	作物分类水价，超额累进加价	作物分类水价，超额累进加价
	灌溉用水定额执行	执行非常宽松	执行严格	执行宽松
	农业灌溉用水	按农户需求配水	按计划配水	地表水按计划配水，地下水按需求配水

注：在文献曲玮等(2018)的基础上修改。

从各流域管理机构具体开展、实施的工作内容来看，疏勒河流域管理局尽管是甘肃省水利厅的下属机构，承担甘肃省政府及水利厅交办的事项，负有制订地表水水量分配，国有骨干水利工程调度运行，配水计量到斗口，供水、收费到用水者协会等职责，但其财政主要来源于收取水费，属于自收自支的事业单位。石羊河流域管理局也是甘肃省水利厅的派出机构，代表省水利厅行使所在流域的水行政管理和水行业管理职权，主要负责下达国家和省上安排的任务到武威市和金昌市水务局，统一审批流域地下水取水许可，并不参与流域实际的水资源管理，是水利厅在石羊河流域的"代理机构"。黑河流域管理局主要协调青海、甘肃和内蒙古三省(自治区)的地表水量分配，处理流域内省(自治区)及有关单位之间的水事纠纷，水资源管理相关事务由各省、市、区水行政部门完成，是一个带有协调性质的事业单位。

从三者的管理目标来看，疏勒河流域管理局、石羊河流域管理局和黑河流域管理局分别侧重于水资源的分配和利用，改善下游生态环境和中下游省区之间水资源分配。

从流域机构与地方水务局的关系来看，疏勒河流域的两个机构是独立的、各自管水的关系，疏勒河流域管理局管理地表水，水务局管理地下水；石羊河流域的两个机构协作完成《石羊河流域重点治理规划》的目标；黑河流域的两个机构在地表水管理中有交集，但地方水务局主管地下水。

从农民用水者协会参与水资源管理来看，运行最好的是石羊河流域，黑河流域主要是中游部分地区已运转起来，而疏勒河流域2001年开始组建农民用水者协会，但由于种种原因，截至2016年，该组织并未充分发挥其作用。

从水资源管理制度来看，在用水总量控制、水权落实、灌溉水价、灌溉用水定额执行情况等方面，石羊河流域是执行最为严格的，黑河流域次之，而疏勒河流域最为宽松，而且石羊河流域实现了农业灌溉地表与地下水的联合管理。

3. 水资源管理的发展方向

对三大流域的水资源管理调查发现，三者尽管都在流域层面成立了流域管理机构，其初衷是对水资源进行统一管理，但各个流域管理局在职能和管理范围上都有区域的特点。存在差异除了与各流域的水资源紧缺程度紧密相关之外，还与流域管理机构与地方政府间的利益协调关系、流域上下游之间的目标是否一致紧密相关。

疏勒河流域地表水与地下水分开管理，是疏勒河流域管理局与地方水务局之间利益平衡的结果。在疏勒河流域管理局成立之前，农业用水由水务局分配并收取水费；疏勒河流域管理局成立之后，要求将地表水和地下水统一管理，但水务局已购买并安装了机井的智能水表，形成了地表水与地下水"双线"管理的局面。近年来，流域地表水相对充裕，来水量高于甘肃省政府下达的用水总量控制指标，并且相对于其他两个流域，疏勒河流域的生态环境问题没那么突出，灌溉用水控制得并不严格。

黑河流域跨三个省(自治区)，流域用水最突出的矛盾是中游的经济发展与下游的生态环境的问题，中下游分属不同省份，利益不一致。给下游配水时，中游的地表水量有所减少，经济利益受到损害，因此中游只能开采地下水，避免减少损失。

石羊河流域是三大流域中用水最紧缺的流域。流域多数河流流经区域为武威市，流域干流下游的民勤和中游的古浪、凉州在行政区划上都属于武威市，并且改善民勤县生态环境是武威市政府政绩考核的重要内容之一。因此，石羊河流域管理局和武威市水务局在缓解水资源危机、改善生态环境上的目标一致，在水资源管理上都严格按照规划和计划执行。

进一步加强 IWRM 理念的实施是河西走廊内陆河流域水资源管理的出路。IWRM 与我国提倡的"生态文明建设"有异曲同工之妙。生态文明建设的核心是以人与自然协调发展作为行为准则，建立健康有序的生态机制(甘再清，2010)，就是要把生态建设和环境保护全面纳入经济社会发展的主流，从政治、经济、社会和文化等多个方面推进(黄勤等，2015)。在流域管理中，两者的目的都是构建以水生态系统健康为目标的水资源管理模式。

疏勒河流域和黑河流域可以借鉴石羊河流域的经验，以防止流域生态环境进一步恶化，乃至推动流域生态环境恢复为前提，统一管理地表水和地下水，严格控制用水总量、人均耕地面积和地下水开采量。

10.4　典型流域 IWRM 实施状态定量评价

定量评价河西走廊三大内陆河流域水资源压力和水资源管理调查发现，三大流域的水资源管理都体现着 IWRM 理念,如进行水资源管理体制改革,建立流域管理机构,立志于以流域为单元进行水资源的统一管理;建立农民用水者协会,将权力下放到较低的水平,增加公众参与水资源的管理与决策;将水资源视为经济商品,建立水权制度,调整水价,以达到水资源的有效和公平利用;将社会经济发展与生态环境保护相结合等。

对比分析发现,石羊河流域是三大流域中水资源压力最大、改善最明显的流域,同时也是贯彻和执行 IWRM 理念最好的流域。因此,以石羊河流域为典型流域进行 IWRM 实施状态定量评价研究,找出流域在 IWRM 实施过程中存在的优劣项,为流域的水资源管理改革提供科学依据。

10.4.1　石羊河流域 IWRM 实施状态评价指标体系构建与计算

1. IWRM 实施状态评价指标体系构建

根据 2017 年全球水伙伴细化后的 IWRM 实施指标体系(GWP,2017),结合调查后的石羊河流域实际情况,构建评价指标体系(表 10-13)。评价指标体系由实施环境、管理体制和管理工具 3 个一级指标、17 个二级指标和 45 个具体指标组成,指标充分反映了从国家到地方流域水资源管理改革的实施环境、区域改革过程和具体实践的各个方面。

表 10-13　石羊河流域 IWRM 实施状态评价指标体系

一级指标	二级指标	三级指标
实施环境	政策	水资源政策
		气候变化适应政策
	法规	水资源法规
	决策机制	决策参与机制
		决策能力建设
	资金支持	财政支持
		社会投资
		水费收入及控制
		制定财务计划
		制定投资框架
管理体制	管理框架	管理机构
		协调/监督机制
		管理制度
	能力建设	履职能力
		能力更新

续表

一级指标	二级指标	三级指标
管理工具	资源评估	水资源知识库
		水资源评价
		监测系统
		环境影响评估
		风险评估
	信息透明	信息公布
		信息交流
	分水配水	水资源分配
		水资源配置
		工业废水循环利用
	解决冲突	方法培训
		法律程序
	直接控制	实施细则
		水权制度
	IWRM 相关规划	流域总体用水规划
		土地利用规划
	经济手段	水价水费
		水补贴
		排污收费
		水市场
		污染收税
	鼓励自治	自治指南
		自治监督
	技术手段	技术采用
		技术研发
		评价选择
	教育	年轻人教育
		提高公众意识
	隐形价值	管理中考虑虚拟水
		管理中考虑水足迹

2. 数据来源与计算方法

数据来源于 2018 年 3 月和 6 月石羊河流域武威和金昌两市、县(区)及灌区进行的问卷调查。问卷内容为表 10-13 中的 45 个具体指标。调查对象为武威、金昌两市各级水务部门中对水行政、水资源状况和改革实践较为了解的工作人员。调查对象分布和问卷收发情况列于表 10-14。实际发放问卷 53 份，共收回有效问卷 40 份，其中石羊河流域管理局 6 份，武威市属区 20 份，金昌市属区 14 份，有效问卷收回率为 75.5%。石羊河流域各级水务部门工作者直接参与流域水资源管理事务，对该区的水资源管理情况有全面的了解。问卷调查以一对一和一对多(答题者无交流)的结构式问卷填写方式进行。对收回的问卷结果分析发现，结果存在区域特性，即同一县区某些题目答题者给的分数较为接近，很少出现差距较大的情况，说明答案较客观，调查结果可信度高。

表 10-14   石羊河流域 IWRM 实施状态评价调查对象分布和问卷收发情况

问卷类型	石羊河流域管理局	武威市水务局				凉州灌区管理处/所		金昌市水务局		
		武威	凉州	古浪	民勤	井泉灌区	河流灌区	金昌	金川	永昌
实际发放问卷	6	5	6	5	5	2	6	6	6	6
收回有效问卷	6	3	5	3	4	1	4	4	5	5

为了对区域各项指标进行比较，运用算术平均值法对石羊河流域 IWRM 实施状态的各级指标进行计算，公式如下：

$$M=(X_1+X_2+X_3+\cdots+X_n)/n \tag{10-9}$$

式中，$X_1 \sim X_n$ 分别为各级指标具体数值；n 为指标项答题总数。三级指标结果由对应市、区、县的有效问卷求算术平均数而得，二级指标由三级指标求算术平均数而得，一级指标和综合得分以此类推。金昌市各级指标结果由所属市区水务局的 14 份有效问卷结果按上述公式和步骤计算而得，武威市各级指标结果由武威、凉州、古浪、民勤水务局和凉州灌区管理处/所的 20 份有效问卷结果按上述公式和步骤计算而得，而整个石羊河流域各级指标结果则是以上两市与石羊河流域管理局共 40 份有效问卷结果计算而得。

10.4.2 石羊河流域 IWRM 实施状态

在区域主要模式重建(D'Arrigo et al., 2006；Cook et al., 2004)和区域单个气象站点的在问卷调查获取数据的基础上，运用算术平均值法分别对石羊河流域、武威市和金昌市 IWRM 实施状态进行评价，评价结果见表 10-15，评分标准见表 10-16。

表 10-15　石羊河流域、武威市和金昌市 IWRM 实施状态评价结果

综合得分	一级指标	二级指标	得分			三级指标	得分		
			流域	武威	金昌		流域	武威	金昌
流域: 2.67 武威: 2.92 金昌: 2.16	实施环境 流域: 2.76 武威: 3.01 金昌: 2.27	政策	2.82	3.08	2.32	水资源政策	3.26	3.54	2.71
						气候变化适应政策	2.38	2.62	1.92
		法规	3.16	3.46	2.57	水资源法规	3.16	3.46	2.57
		决策机制	2.76	3.04	2.18	决策参与机制	2.74	3.00	2.21
						决策能力建设	2.77	3.08	2.14
		资金支持	2.31	2.46	2.01	财政支持	2.10	2.15	2.00
						社会投资	1.66	1.77	1.43
						水费收入及控制	2.86	3.08	2.43
						制定财务计划	3.34	3.62	2.79
						制定投资框架	1.59	1.69	1.38
	管理机制 流域: 2.70 武威: 3.03 金昌: 2.05	管理框架	3.09	3.33	2.60	管理机构	3.14	3.46	2.50
						协调/监督机制	3.01	3.23	2.57
						管理制度	3.11	3.31	2.71
		能力建设	2.32	2.73	1.50	履职能力	2.47	2.92	1.57
						能力更新	2.17	2.54	1.43
流域: 2.67 武威: 2.92 金昌: 2.16	管理工具 流域: 2.54 武威: 2.72 金昌: 2.17	资源评估	2.42	2.63	1.99	水资源知识库	1.67	2.00	1.00
						水资源评价	2.41	2.62	2.00
						监测系统	2.41	2.69	1.86
						环境影响评估	2.96	3.15	2.57
						风险评估	2.63	2.69	2.50
		信息透明	2.64	2.96	2.00	信息公布	3.05	3.54	2.07
						信息交流	2.23	2.38	1.93
		分水配水	2.65	2.67	2.62	水资源分配	3.16	3.46	2.57
						水资源配置	3.09	3.31	2.64
						工业废水循环利用	1.70	1.23	2.64
		解决冲突	2.75	3.04	2.18	方法培训	2.87	3.31	2.00
						法律程序	2.63	2.77	2.36
		直接控制	3.19	3.38	2.79	实施细则	3.13	3.23	2.93
						水权制度	3.24	3.54	2.64

续表

综合得分	一级指标	二级指标	得分			三级指标	得分		
			流域	武威	金昌		流域	武威	金昌
流域：2.67 武威：2.92 金昌：2.16	管理工具 流域：2.54 武威：2.72 金昌：2.17	IWRM 相关规划	2.52	2.62	2.32	流域总体用水规划	2.50	2.46	2.57
						土地利用规划	2.54	2.77	2.07
		经济手段	2.37	2.74	1.64	水价水费	2.84	3.23	2.07
						水补贴	2.51	3.15	1.21
						排污收费	2.45	2.54	2.29
						水市场	2.70	3.23	1.64
						污染收税	1.36	1.54	1.00
		鼓励自治	2.35	2.58	1.88	自治指南	2.28	2.54	1.75
						自治监督	2.41	2.62	2.00
		技术手段	2.34	2.38	2.24	技术采用	2.55	2.46	2.71
						技术研发	2.23	2.38	1.93
						评价选择	2.23	2.31	2.08
		教育	2.83	3.00	2.46	年轻人教育	2.64	2.85	2.21
						提高公众意识	3.01	3.15	2.71
		隐形价值	1.89	1.96	1.75	管理中考虑虚拟水	2.00	2.08	1.86
						管理中考虑水足迹	1.78	1.85	1.64

表 10-16　IWRM 实施状态评分标准

分数	0	0～0.99	1.00～1.99	2.00～2.99	3.00～4.00
含义	未展开该项内容	较差	一般	较好	很好

1. 石羊河流域 IWRM 实施状态分析

结合实地调研情况，对石羊河流域、武威市和金昌市 IWRM 实施状态的结果进行以下分析。

1）实施状态

数据分析结果显示，石羊河流域 IWRM 实施状态综合得分为 2.67，根据评分标准，IWRM 理念在石羊河流域实施得较好。构成 IWRM 实施状态的三个一级指标：实施环境、管理机制和管理工具的得分都在 2.00～2.99，表明三者实施较好，并且得分依次降低，这与 IWRM 实施进程相符。IWRM 实施是一个长期的循序渐进的过程，先要为 IWRM 的实施提供良好的环境，才有利于管理机制改革和管理实践。

2) 实施环境

水资源政策和法规得分较高，分别为 3.26 和 3.16。21 世纪以来石羊河流域水资源管理相关的政策法规见表 10-17。从表 10-17 可看出，流域管理体制已于 2002 年纳入《中华人民共和国水法》中，农田水利工程产权、农民自治组织、水权、节水型社会建设、水量分配、水价改革等在相关的法律、意见、规划等文件中被突出强调，这些都为石羊河流域制度和体制改革创造了有利的实施环境。相对于水资源政策，该流域的气候变化适应政策并不十分完善。

表 10-17　21 世纪以来石羊河流域水资源管理相关政策法规

年份	发布机关	文件名称	主要相关内容
2002	第九届全国人民代表大会第二十九次会议	《中华人民共和国水法》	国家对水资源实行流域管理与行政区域管理相结合的管理体制；完善水量分配制度，并明确规定国家对用水实行总量控制和定额管理相结合的制度；实行取水许可制度和有偿使用制度
2005	国家发展改革委、财政部、水利部、农业部和国土资源部五部委共同起草	《关于建立农田水利建设新机制的意见》	明确工程产权，对小型农田水利设施落实管理责任；对集体管理工程，成立用水者协会等合作组织，由协会自主管理，民主决策；建立水价、水量、水费的公示制度等(水利部，2005)
2005	中共中央、国务院	《中共中央 国务院关于推进社会主义新农村建设的若干意见》	国家基础设施建设的重点延伸进了农村饮水安全、农田水利，继续推行生态与环境保护等(杨殿臣等，2004)
2006	全国人民代表大会第四次会议	《国民经济和社会发展第十一个五年规划纲要》	建立国家初始水权分配制度和水权转让制度(中国人大网，2006)
2006	国务院	《取水许可和水资源费征收管理条例》	取用水资源的单位和个人，除本条例第四条规定的情形外，都应当申请领取取水许可证，并缴纳水资源费(中华人民共和国国务院令第 460 号公布)
2007	国家发展改革委、水利部、建设部	《节水型社会建设"十一五"规划》	建立健全节水型社会管理体系；明确了规划节水和区域重点；在农业节水领域，主要从"优化农业种植结构""大中型灌区节水改造"等 8 个方面提出具体内容(水利部，2007)
2006	水利部	《水量分配暂行办法》	在统筹考虑生活、生产和生态与环境用水的基础上，将一定量的水资源作为分配对象，向行政区域进行逐级分配，确定行政区域生活和生产的水量份额的过程(周英，2008)
2008	水利部	《加快推进水利信息化资源整合与共享指导意见》	提出了水利信息化资源整合与共享的基本任务，主要包括基础设施、信息资源、业务应用和完善公用资源等方面(水利部，2008)

年份	发布机关	文件名称	主要相关内容
2012	国务院	《国务院关于实行最严格水资源管理制度的意见》	确定"三条红线""四项制度"(中国水利, 2012)
2016	中共中央办公厅、国务院办公厅	《关于全面推行河长制的意见》	党政一把手管河湖;坚持问题导向、因河施策;社会参与、共同保护等(新华社, 2016)
2004	甘肃省第十届人民代表大会常务委员会	甘肃省实施《中华人民共和国水法》办法	明确规定流域管理机构的职责,并在分则各条款中赋予流域管理机构对水资源进行规划、调度等一系列职权(甘肃省地方编纂委员会, 2014)
2007	甘肃省第十届人民代表大会常务委员会第三十次会议	《甘肃省石羊河流域水资源管理条例》	流域管理机构负责流域水资源的统一调度;水量调度实行年度总量控制等(甘肃省水利厅, 2017b)
2014	甘肃省人民政府令第 110 号	《甘肃省取水许可和水资源费征收管理办法》	取水许可实行总量控制与定额管理相结合的制度(石羊河流域管理局, 2017)
2014	甘肃省人民政府令第 109 号	《甘肃省石羊河流域地下水资源管理办法》	流域内地下水取水应当安装智能化计量设施,并保证计量设施正常运行;取用地下水,应当申请地下水取水许可等(甘肃省水利厅, 2017c)
2016	甘肃省人民政府办公厅	《甘肃省推进农业水价综合改革实施方案》	建立健全农业水价形成机制,实行分级管理;建立精准补贴和节水奖励机制(甘肃省水利厅, 2016b)

石羊河流域决策机制得分 2.76,处在"较好"的等级。2001 年,甘肃省成立石羊河流域管理局,结束了一贯以来只以行政区划为单元的水资源管理模式,实行流域管理与行政管理相结合的水资源管理体制。流域管理局承担统一管理和调配流域水资源,合理配置和综合平衡上下游、工农业和市际间的用水等职责。截至 2007 年,石羊河流域已组建农民用水者协会 816 个,参与农户 2.91 万户。目前,石羊河流域已完成农民用水者协会的组建,农民用水者协会已参与到水资源的管理中。

在实施环境中,资金支持相对薄弱(表 10-18)。访谈过程中了解到,省、市、区(县)级事业单位的运行资金主要来源于国家和地方财政的支持;灌区水管处所的资金是自收自支形式,通过收取水费来维持;农民用水者协会成员基本上由村干部兼任,因此其运行资金由政府和收取的水费共同组成。石羊河流域并未建立起社会投资机制。维持水务机构运转需耗费大量的资金,用于投资和基础设施建设的资金很少,因此制定投资框架方面做得一般。

表 10-18　石羊河流域水资源管理部门资金来源和去向占比　　　　(单位：%)

资金	分配	石羊河流域管理局、各县(区)水务局			县(区)以下各水管机构		
		2000 年	2007 年	2016 年	2000 年	2007 年	2016 年
资金来源	收取水费	0	0	0	100	100	100
	政府财政支持	100	100	100	0	0	0
	非政府组织捐赠	0	0	0	0	0	0
	其他	0	0	0	0	0	0
资金去向	上缴上一级部门	0	0	0	0	0	0
	机构组织的管理	100	100	100	98	97	97
	基础设施建设	0	0	0	0	0	0
	投资	0	0	0	0	0	0
	应急资金	0	0	0	0	0	0
	其他	0	0	0	0	0	0

3) 管理机制

21 世纪初，石羊河流域对流域管理体制进行改革。2001 年，甘肃省编委批准成立石羊河流域管理局；2006 年，武威市水务局成立，这是一次重大的体制改革，为实现水资源统一管理，确立"一龙管水、团结治水"的管理新格局，也为石羊河流域综合治理奠定了良好的基础。2007 年，甘肃省第十届人民代表大会常务委员会第三十次会议通过了《甘肃省石羊河流域水资源管理条例》，进一步明确了流域管理机构的执法职能和主体地位，规定流域水资源管理实行流域管理与行政管理相结合，行政区域管理服从流域管理的体制(熊德迟，2012)。建立健全了相应的管理制度和协调/监督机制，管理框架建设做得很好，但由于资金的限制，工作人员参与培训、教育等活动相对较少。

4) 管理工具

(1) 在管理工具中，石羊河流域水资源分配和水资源配置、实施细则和水权制度、信息公布和提高公众意识几个指标得分在 3 以上，说明该流域在这几方面实施得很好。石羊河流域极度恶化的生态环境问题受到社会各界的广泛关注。2002年，甘肃省开始编制《石羊河流域重点治理规划》；2003 年，启动实施民勤湖区综合治理工程；2005 年，制定和出台流域范围内的"水资源分配方案及水量调度实施计划""地表水量调度管理办法""行业用水定额""水权制度改革的实施方案""节水型社会建设实施方案"等工作办法，采取以人定地、以地定水、以电控水、凭票供水等措施，并将水权落实到户；针对现行水价偏低的情况，国家发改委、水利部还制定了《水利工程供水价格管理办法》，开征地下水资源费，实行分类水价和累进加价制度，并对高效节水农作物进行补贴。同时，积极落实减少配水面积、种植结构调整、日光温室建设等主要任务，努力促进农民节水增收(郜延华，2008)。将水量分配、水费收取和节水措施等信息公示在乡村公示栏，公开透明的配水机制、监督机制和收费机制，宣传普及水资源相关知识，让公众了解水资源实施情况并积极参与水资源管理。

(2) 水资源知识库、工业废水循环利用、污染收税和管理中考虑水足迹四项指标得分在 1.00～1.99，说明相关工作做得一般；其余指标得分在 2.00～2.99，说明相关工作做得较好。石羊河流域基本上建立了较为完整的水资源监测系统，并对涉水风险有预警机制，但是系统的后续维护和维修费用高，在缺乏资金支持的情况下，将面临荒废的局面。可持续节水技术也面临着同样的问题。此外，武威盛产瓜果蔬菜，其中白兰瓜、黄河蜜瓜、大板瓜籽远销东南亚及港澳台地区，蔬菜销售网络覆盖西北五省。金昌具有丰富的矿产资源，是我国最大的镍钴生产基地和第三大铜生产基地。在优势产品外销的同时，从地区外引进高耗水成品，更有利于减少对本地区水资源的消耗。

2. 武威、金昌两市 IWRM 实施情况比较

1) 实施状态

武威、金昌两市 IWRM 实施状态评价的综合得分分别为 2.92 和 2.16，都在较好的范围，但两者仍有一定的差距，武威比金昌实施得好。其中，管理机制差距最大，得分相差 0.98；其次是实施环境，得分相差 0.74；管理工具差距最小，得分相差 0.55。

2) 实施环境

实施环境的二级指标中，两市实施效果顺序基本一致，都是法规最好，政策、决策机制次之，资金支持最差。以上 4 个指标，武威都比金昌实施得好，其中法规实施的差距最大，得分相差 0.89；资金支持差距最小，得分相差 0.45。三级指标中，武威在水资源政策、水资源法律法规、决策参与机制、决策能力建设、水费收入及控制和制定财务计划指标的得分都在 3.00 及以上，表明武威在这些方面实施得很好，而金昌没有得分超过 3.00 的指标。两市的社会投资和制定投资框架指标都相对较弱，实施的效果一般。

3) 管理机制

武威在管理机构、协调/监督机制和管理制度上实施得很好，其他指标为较好；金昌在管理框架上做得较好，能力建设实施得一般。

4) 管理工具

金昌除了工业废水循环利用、流域总体用水规划和技术采用 3 个指标较武威实施的效果好以外，其他方面都不如武威。两市实施效果都一般的有水资源知识

库、污染收税和管理中考虑水足迹。

3. 武威、金昌两市 IWRM 实施情况差异原因分析

从表 10-15 结果可看出，武威 IWRM 实施状态较金昌好。石羊河流域重点治理项目主要是为了遏制下游民勤不断恶化的生态环境。民勤在水系上主要与中上游的凉州区、古浪县、天祝县有紧密联系，而与金昌市联系相对较少。2005 年以来，建立流域水资源管理地方行政首长责任制；2006 年，甘肃省财政补助武威地区的关闭机井项目(周晓蓉和孙光远，2008)；2008 年以来，建立完善制度体系、深化水权制度改革、持续推进水价改革、落实最严格水资源管理制度、落实关井压田措施、大力调整农业种植结构、灌区节水改造工程以及水资源调度管理信息系统等(武威市水务局，2016)。金昌市永昌县 2010 年才展开石羊河流域重点治理项目，主要为改建干支渠、进行田间节水改造、安装地下水计量设施等(永昌县档案局，2016)；2011 年，国家发展和改革委员会、水利部批复金昌市金川区 6 个单项工程，内容与永昌县类似(金川区水务局，2018)。调查发现，2018 年金昌地区的水权、水价、水市场等才开展基础工作，进入试验阶段。

石羊河流域管理局控制着武威、金昌两市的地下取水许可，并且实行一井一审批制。这与流域管理局成立之前，打井由地方批准有很大的不同。此外，事务交流和处理需要一定的物力、人力、时间。石羊河流域管理局办公地点设立在武威市，武威市水务部门在办事上更为便利，管理机制明显高于金昌，进而影响金昌市的管理工具得分比管理机制高，这与理论上管理工具的得分应低于管理机制略有出入。

金昌在工业废水循环利用、流域总体用水规划和技术采用三个方面较武威实施的效果好。金昌是我国著名的有色金属生产基地，工业发展时间较长，其工业废水回收设备、技术较为先进，处理废水资金较为充足。武威的工业起步较晚，工业产值比重小，工业设备和技术有待完善。金昌市辖金川区和永昌县，两县区水源一致。金昌市主要河流为东大河和西大河，水源发源地是张掖肃南县(牧业为主)和张掖山丹县(半农半牧)，水源流经两县草场后流入皇城水库和西大河水库，因此金昌与肃南、山丹基本无用水矛盾。永昌与金川同属金昌市，一个是农业县，一个是工业区，用水方面较好协调。与金昌连接的民勤昌宁灌区主要用地下水，两者也不存在地表水分配的冲突。武威各县区是传统的农业县区，灌溉面积大、用水量大，尽管有流域总体用水规划，但协调起来会遇到很多阻碍。尽管金昌较武威实施石羊河流域重点项目治理晚，但截至 2015 年，金昌也已全面完成项目供水、节水技术改造，设备较新，老化和故障较少，因此全面采用可持续用水的技术得分较高。

武威、金昌两市在水资源知识库、污染收税和隐形价值方面实施效果都一般，

这些不仅是区域性问题，也是相关理论、制度、技术等有待完善和实施的方面。Tushaar(2016)在构建国家为实现可持续发展目标而制定的 IWRM 战略应在六个关键领域优先考虑事项框架中指出，中国有六个关键领域的优先考虑项，见表10-19。石羊河流域现行的关键领域优先考虑事项与 Tushaar 构建的中国框架相符，表现包括：执行 2002 年《中华人民共和国水法》，建立流域机构与行政管理相结合的体制；成立石羊河流域管理局、农民用水者协会，并进行水权、水价制度改革；流域管理局和农民用水者协会参与水资源管理，提升地方的水资源管理能力；国家在该流域实施的《石羊河流域重点治理规划》为流域制定了管理政策和具体实施措施，重点放在水资源配置保障工程、灌区节水改造工程、生态建设、水资源保护和管理基础设施建设等方面(部延华，2008)；划分水功能区、设定水质目标、水污染保护措施和"关井压田"控制地下水开采；建立健全水权水价制度，收取水资源费，基本实现成本水价，且农村清洁饮用水达标率在 92%以上(表 10-19)。

表 10-19　IWRM 六个关键领域优先考虑事项和石羊河流域的实践情况

地区	六个关键领域	优先项/实践情况
中国	政策和法律机制	引入流域水治理的政策法规体系
	制度改革	将非正式和正式的用户组织和监督机制整合到流域组织中
	能力建设	为流域水管理提升地方管理能力
	投资重点	为流域水资源管理和配置投资基础设施，包括跨流域输水与含水层补给管理
	生态环境影响	注重水质健康管理，城市污水再生利用，控制地下水枯竭
	水的经济属性	水服务完全成本收回；计量供水；供水覆盖 90%以上的人口
石羊河流域	政策和法律机制	执行 2002 年《中华人民共和国水法》，建立流域机构与行政管理相结合的体制
	制度改革	成立石羊河流域管理局、农民用水者协会，进行水权、水价制度改革
	能力建设	流域管理局和农民用水者协会参与水资源管理
	投资重点	2007 年《石羊河流域重点治理规划》，重点是水资源配置保障工程、灌区节水改造工程、生态建设、水资源保护和管理基础设施建设等方面
	生态环境影响	划分水功能区、设定水质目标、水污染保护措施和"关井压田"控制地下水开采
	水的经济属性	建立健全水权水价制度，收取水资源费，基本实现成本水价；农村清洁饮用水达标率在 92%以上

Wilkinson 等(2015)对科马提河流域以及潘护林和陈惠雄(2014)对黑河流域 IWRM 实施状态的研究发现，流域 IWRM 实施似乎遵循一种循序渐进的过程，首先在流域层面创建有利的实施环境，其次制定管理机制框架，最后创建和应用

IWRM 管理工具。本书研究区在流域层面也遵循这样的规律，但在分市区的研究则不一定遵循这样的规律，武威市实施环境得分(3.01)低于其管理机制得分(3.03)，金昌市管理机制得分(2.05)低于其管理工具得分(2.17)。这主要是某些具体项出现较低值的影响，如武威气候适应变化政策在实施环境中的得分最低，金昌能力建设的两个具体指标都出现较低值，影响了对应项一级指标的平均分值。这也说明，在 IWRM 的实际执行和操作过程中会存在区域差异。

10.5　典型流域 IWRM 绩效评价及影响因素分析

IWRM 是 20 世纪中后期为解决全球水资源问题，实现可持续发展而提出的一种新的水资源管理理念。1996 年成立的全球水伙伴(GWP)意在全球范围内推广实施 IWRM。目前，还没有 IWRM 实施绩效评价的具体指标体系和评价方法，而定量评价又是了解 IWRM 应用效果的关键。21 世纪以来，石羊河流域依据 2002 年《中华人民共和国水法》要求，对水资源管理体制进行改革(2002 年开始)，根据流域实际情况制定流域重点治理规划(2007 年)，对流域进行水权水价制度改革等，这些都是 IWRM 理念的体现。根据 IWRM 绩效评价体系框架(图 10-3)，构建评价指标体系，选取体制改革前(2000 年)、《石羊河流域重点治理规划》实施期(2007 年)和改革后重点治理项目完成年(2016 年)三个时间点进行 IWRM 实施绩效评价，并分析影响因素，为流域水资源可持续管理提供借鉴。

10.5.1　数据来源与研究方法

1. 数据来源

数据主要来源于四个方面：① 政府部门公开发布的权威资料，主要有《甘肃省水资源公报》(2000~2016 年)、《石羊河流域水资源公报》(2003~2016 年)、《武威市统计年鉴》(2000~2016 年)、《金昌市统计年鉴》(2000~2016 年)；② 石羊河流域各级水管部门——流域管理局，各市、区、县水务局和灌溉管理处/所的问卷调查及访谈结果；③ 从各级水务部门收集的内部资料；④ 石羊河流域水资源管理相关的文献。

2. 研究方法

IWRM 绩效评价是多目标、多准则综合评价问题。这类问题多半是半定性问题，单凭评价者主观经验或数学模型的定量分析结果难以得到让人信服的结果。层次分析法(AHP)融合了专家的经验，能将定性分析转化为定量分析，是解决这类问题的有效方法(潘护林，2009)，包含以下三个方面。

1) 建立层次结构

调研与分析最终指标，明确它由哪些二级指标组成，二级指标又通过哪些具体指标来反映，最后建立一个由目标层、准则层(评价维度)和指标层组成的层次结构，见表 10-20。目标层为石羊河流域 IWRM 绩效，准则层包括生态环境效益、用水效益、社会效益和水管理机构效率四个方面，指标层包含 30 个具体指标。

表 10-20 石羊河流域 IWRM 绩效评价指标体系

目标层	准则层(评价维度)	指标层	代号	单位
	生态环境效益 C1	用水紧缺程度	I1	量纲为 1
		沙尘天气情况	I2	量纲为 1
		河岸林生长情况	I3	量纲为 1
		土地退化情况	I4	量纲为 1
		水库库存紧张程度	I5	量纲为 1
		地下水污染程度	I6	量纲为 1
		林草覆盖率	I7	%
		地下水埋深	I8	m
		水资源开发系数	I9	量纲为 1
		河流污径比	I10	%
		生态用水比例	I11	%
石羊河流域 IWRM 绩效	用水效益 C2	农田亩均灌溉用水量	I12	m³/亩
		污水处理回用量	I13	%
		农业用水比例	I14	%
		工业用水比例	I15	%
		单方水 GDP	I16	元/m³
	社会效益 C3	自来水入户率	I17	%
		清洁饮用水达标率	I18	%
		普通用户参与率	I19	%
		公众意见被采纳率	I20	%
		女性参与流域决策情况	I21	量纲为 1
		用水秩序公平合理	I22	量纲为 1
		流域间水资源分配公平	I23	量纲为 1
		水事纠纷发生次数	I24	次/a
	水管理机构效率 C4	水费收缴率	I25	%
		水事纠纷处理率	I26	%

续表

目标层	准则层(评价维度)	指标层	代号	单位
石羊河流域 IWRM 绩效	水管理机构效率 $C4$	水资源分配的透明度	$I27$	量纲为 1
		垂直部门沟通/协调程度	$I28$	量纲为 1
		水平部门沟通/协调程度	$I29$	量纲为 1
		应对气候突变能力	$I30$	量纲为 1

2) 构建两两判别矩阵

两两判别矩阵是定量表征一组变量相对重要性的手段。根据表 10-21 判断矩阵标度来构建指标层和准则层的判别矩阵。石羊河流域管理局、武威市和金昌市水务局的工作人员依据国家、省政府在流域实行政策的侧重点得出判别矩阵。

表 10-21　判别矩阵及含义

标度	含义
1	同等重要
3	稍微重要
5	明显重要
7	强烈重要
9	极端重要
2, 4, 6, 8	以上相邻标度的中值
倒数	两两比较，前者比后者相对不重要，则采用以上标度的倒数

3) 进行层次排序和一致性检验

(1) 计算判别矩阵 A 的特征根和特征向量。可通过方根法、和积法两种近似算法求解，本章选用方根法计算最大特征根及其所对应的特征向量。步骤为先计算判别矩阵每行元素的乘积 M_i，计算 M_i 的 n 次方根 N_i，再将向量 N_i 归一化得特征向量 W_i，最后用式(10-10)计算最大特征根 $\lambda_{\max}$：

$$\lambda_{\max} = \sum_{i=1}^{n} \frac{(AW)_i}{nW_i} \tag{10-10}$$

(2) 一致性检验。检验判别矩阵的一致性，要用式(10-11)计算其一致性指标 CI。当 CI=0，即 $\lambda_{\max}=n$ 时，判别矩阵具有完全一致性(一般情况下很难做到)，CI 越小，一致性越好，反之越差。通常可通过式(10-12)计算随机一致性比率(CR)，对判别矩阵进行一致性检验。一般 CR<0.10 时，认为判别矩阵具有令人满意的一

致性，CR≥0.10 时就需要调整判别矩阵，直到满意为止(茅海军等，2017)。RI 值
参考文献覃沙等(2017)。

$$CI = \frac{\lambda_{max} - n}{n - 1} \tag{10-11}$$

$$CR = \frac{CI}{RI} < 0.10 \tag{10-12}$$

4) 对比分析法

分别计算出石羊河流域和各区域 2000 年、2007 年和 2016 年的 IWRM 综合
绩效和 4 个准则层指标后，对比分析它们的异同，分析可能的影响因素。

5) IWRM 绩效计算

计算石羊河流域 IWRM 绩效前，先根据式(10-13)算出 4 个准则层指标的值：

$$C_i = \sum_{i=1}^{n}(w_i I_i) \tag{10-13}$$

式中，C_i、w_i、I_i 分别为第 i 项评价维度的标准化数值、第 i 项评价指标权重和
第 i 项指标标准化数值。IWRM 追求的是区域水资源复合系统的全面协调综合发
展，因此采用综合绩效指数来反映其绩效(杜鹏，2008)：

$$IWRM = \sum_{i=1}^{n}(w_i C_i) \tag{10-14}$$

式中，IWRM、w_i、C_i 分别为研究区 IWRM 实施绩效、第 i 项评价指标权重和
第 i 项评价维度的标准化数值。

10.5.2　IWRM 绩效评价指标体系构建与计算

1. 指标体系构建和数据预处理

IWRM 绩效评价指标体系构建根据：① 体系构建最基本的原则为科学性、
可靠性、全面性、可获得性(潘护林，2009)；② IWRM 在生态环境可持续性、社
会公平和经济效益三个方面的目标要求(潘护林，2009)；③ 参考国内外相关研究
文献(Wilkinson et al.，2015；潘护林和陈惠雄，2014)；④ 研究区域实际情况(不
同的区域、范围都有不同的起点和目标)构建流域 IWRM 绩效体系。

根据以上四个依据，选出 30 个评价指标，合成 4 个评价维度进行评价。其中，
生态环境效益从水资源、土地、植被、生态用水等方面选取 11 个指标；用水效益
从灌溉用水量、工业用水比例、污水处理回用量和单方水 GDP 选取 5 个指标；
社会效益从居民获取水源、参与管理水资源和流域间水资源分配公平和水事纠纷
发生次数方面选取 8 个指标；水管理机构效率根据区域实际情况额外选取，意在

反映机构改革前后水资源管理效率的变化，评价维度从水费收缴率、纠纷处理率和水资源分配的透明度、水平和垂直部门沟通/协调程度和应对气候突变能力方面选取 6 个指标。石羊河流域 IWRM 绩效评价指标数据统计结果见表 10-22。

表 10-22　石羊河流域 IWRM 绩效评价指标数据统计

指标		数据统计			方向	数据来源
代号	名称	2000 年	2007 年	2016 年		
I1	用水紧缺程度	3.71*	3.67	3.50	−	A
I2	沙尘天气情况	3.58	3.58	3.67	−	A
I3	河岸林生长情况	3.13	3.46	3.25	−	A
I4	土地退化情况	2.63	2.50	2.38	−	A
I5	水库库存紧张程度	3.29	3.17	3.00	−	A
I6	地下水污染程度	2.00	2.17	2.17	−	A
I7	林草覆盖率/%	17.50	21.50	25.00	+	A
I8	地下水埋深 m	91.43	114.29	122.86	−	A
I9	水资源开发系数	1.09	1.36	1.29	−	B、C、F
I10	河流污径比/%	0.04	0.05	0.04	−	B、C
I11	生态用水比例/%	0.07	2.29	2.33	+	B、C
I12	农田亩均灌溉用水量/(m³/亩)	612	776	504	−	A、B、C
I13	污水处理回用量/%	0.02	0.06	0.31	+	B、C
I14	农业用水比例/%	0.88	0.87	0.81	−	B、C
I15	工业用水比例/%	0.05	0.052	0.08	+	B、C
I16	单方水 GDP/(元/m³)	5.29	14.03	26.85	+	B、C
I17	自来水入户率/%	26.00	60.00	94.49	+	A
I18	清洁饮用水达标率/%	44.67	68.93	95.52	+	A
I19	普通用户参与率/%	19.36	42.07	64.13	+	A
I20	公众意见被采纳率/%	53.23	74.64	78.21	+	A
I21	女性参与流域决策情况	2.18	2.55	2.91	+	A
I22	用水秩序公平合理	3.64	4.12	4.68	+	A
I23	流域间水资源分配公平	3.32	3.92	4.48	+	A
I24	水事纠纷发生次数/(次/a)	5.38	2.50	1.25	−	A
I25	水费收缴率/%	76.82	88.00	93.73	+	A
I26	水事纠纷处理率/%	66.67	78.89	98.89	+	A

续表

指标		数据统计			方向	数据来源
代号	名称	2000 年	2007 年	2016 年		
I27	水资源分配的透明度	3.63	4.10	4.20	+	A
I28	垂直部门沟通/协调程度	3.84	4.15	4.30	+	A
I29	水平部门沟通/协调程度	3.89	4.10	4.40	+	A
I30	应对气候突变能力	2.79	3.53	4.21	+	A

注：*为量纲为 1 数据；A 为数据来源于调查问卷；B 为数据来源于《甘肃省水资源公报》；C 为数据来源于《石羊河流域水资源公报》；F 为相关文献。

2. 石羊河流域 IWRM 绩效评价指标权重分析

根据层次分析法,水资源管理机构工作人员给出的判断矩阵经过专家讨论后,计算得出准则层与指标层的两两判别矩阵及权重(表 10-23～表 10-27)。

表 10-23　IWRM 绩效准则层两两判别矩阵及权重(CR=0.0226)

准则层	C1	C2	C3	C4	W
C1	1	2	1	2	0.3369
C2	1/2	1	1	2	0.2382
C3	1	1	1	2	0.2833
C4	1/2	1/2	1/2	1	0.1416

表 10-24　生态环境效益指标层两两判别矩阵及权重(CR=0.0099)

C1	I1	I2	I3	I4	I5	I6	I7	I8	I9	I10	I11	w
I1	1	1	1	1	2	1	3	5	2	3	5	0.1454
I2	1	1	1	1	2	1	3	5	2	3	5	0.1454
I3	1	1	1	1	2	1	3	5	2	3	5	0.1454
I4	1	1	1	1	1	1	1	4	2	2	3	0.1114
I5	1/2	1/2	1/2	1	1	1	5	4	1/2	2	3	0.0941
I6	1	1	1	1	1	1	5	4	2	2	3	0.1290
I7	1/3	1/3	1/3	1	1/5	1/5	1	4	2	2	3	0.0616
I8	1/5	1/5	1/5	1/4	1/4	1/4	1/4	1	2	1/2	1	0.0305
I9	1/2	1/2	1/2	1/2	2	1/2	1/2	1/2	1	1	2	0.0572
I10	1/3	1/3	1/3	1/2	1/2	1/2	1/2	2	1	1	1	0.0481
I11	1/5	1/5	1/5	1/3	1/3	1/3	1/3	1	1/2	1	1	0.0318

表 10-25　用水效益指标层两两判别矩阵及权重(CR=0.0270)

$C2$	$I12$	$I13$	$I14$	$I15$	$I16$	w
$I12$	1	3	1	3	1/2	0.2423
$I13$	1/3	1	1/3	1/2	1/3	0.0808
$I14$	1	3	1	2	1	0.2567
$I15$	1/3	2	1/2	1	1/2	0.1254
$I16$	2	3	1	2	1	0.2949

表 10-26　社会效益指标层两两判别矩阵及权重(CR=0.0453)

$C3$	$I17$	$I18$	$I19$	$I20$	$I21$	$I22$	$I23$	$I24$	w
$I17$	1	2	2	2	2	1/2	2	2	0.1812
$I18$	1/2	1	2	2	1	1/2	1/2	1	0.1078
$I19$	1/2	1/2	1	1	1	1/2	1/2	1/2	0.0762
$I20$	1/2	1/2	1	1	1	1/2	1	1/2	0.0831
$I21$	1/2	1	1	1	1	1/2	1/2	1/4	0.0762
$I22$	2	2	2	2	2	1	2	1/2	0.1812
$I23$	1/2	2	2	1	2	1/2	1	1	0.1281
$I24$	1/2	1	2	2	4	2	1	1	0.1662

表 10-27　水管理机构效率指标层两两判别矩阵及权重(CR=0.0431)

$C4$	$I25$	$I26$	$I27$	$I28$	$I29$	$I30$	w
$I25$	1	1	1	1/2	1/2	2	0.1566
$I26$	1	1	1	2	2	2	0.2487
$I27$	1	1	1	1	2	2	0.2215
$I28$	2	1/2	1	1	1	2	0.1974
$I29$	2	1/2	1/2	1	1	2	0.1758
$I30$	1/2	1/2	1/2	1/2	1/2	1	0.0987

　　由表 10-23 可以看出，石羊河流域 IWRM 绩效 4 个评价维度的重要程度排序为：$C1$ 生态环境效益(0.3369)、$C3$ 社会效益(0.2833)、$C2$ 用水效益(0.2382)和 $C4$ 水管理机构效率(0.1416)。尽管 4 个评价维度对石羊河流域 IWRM 绩效都有不可替代的作用，但生态环境效益是现阶段最注重的一项内容。

　　生态环境效益各指标重要程度排序为：$I1$ 用水紧缺程度/$I2$ 沙尘天气情况/$I3$ 河岸林生长情况(均为 0.1454)、$I6$ 地下水污染程度(0.1290)、$I4$ 土地退化情况(0.1114)、$I5$ 水库库存紧张程度(0.0941)、$I7$ 林草覆盖率(0.0616)、$I9$ 水资源开发系数(0.0572)、$I10$ 河流污径比(0.0481)、$I11$ 生态用水比例(0.0318)和 $I8$ 地下水埋深(0.0305)。

用水效益各指标重要程度排序为：$I16$ 单方水 GDP(0.2949)、$I14$ 农业用水比例(0.2567)、$I12$ 农田亩均灌溉用水量(0.2423)、$I15$ 工业用水比例(0.1254)和 $I13$ 污水处理回用量(0.0808)。

社会效益各指标重要程度排序为：$I17$ 自来水入户率/$I22$ 用水秩序公平合理(均为 0.1812)、$I24$ 水事纠纷发生次数(0.1662)、$I23$ 流域间水资源分配公平(0.1281)、$I18$ 清洁饮用水达标率(0.1078)、$I20$ 公众意见被采纳率(0.0831)、$I19$ 普通用户参与率和 $I21$ 女性参与流域决策情况(0.0762)。

水管理机构效率各指标重要程度排序为：$I26$ 水事纠纷处理率(0.2487)、$I27$ 水资源分配的透明程度(0.2215)、$I28$ 垂直部门间的沟通/协调程度(0.1974)、$I29$ 水平部门间的沟通/协调程度(0.1758)、$I25$ 水费收缴率(0.1566)和 $I30$ 应对气候突变能力(0.0987)。

10.5.3　石羊河流域 IWRM 绩效评价结果与分析

为直观反映 IWRM 绩效评价结果，将评价指数划分为 5 个等级，见表 10-28。

表 10-28　IWRM 绩效评价指数等级划分

评价等级与含义	评价指数				
	0.00～0.20	0.21～0.40	0.41～0.60	0.61～0.80	0.81～1.00
等级	1	2	3	4	5
含义	很差	较差	一般	良好	优秀

由式(10-5)和式(10-6)将表 10-23 数据标准化，用层次分析法计算每个指标的权重，最后算出准则层和目标绩效，结果如表 10-29 所示。

表 10-29　2000 年、2007 年、2016 年 IWRM 绩效各层指标计算结果

代号	2000 年	2007 年	2016 年
$I1$	0.05	0.05	0.05
$I2$	0.06	0.06	0.05
$I3$	0.03	0.03	0.03
$I4$	0.09	0.09	0.10
$I5$	0.01	0.02	0.02
$I6$	0.07	0.07	0.07
$I7$	0.02	0.03	0.03
$I8$	0.05	0.04	0.03
$I9$	0.01	0.00	0.00
$I10$	0.04	0.01	0.04

代号	2000 年	2007 年	2016 年
$I11$	0.00	0.03	0.03
C1	**0.14**	**0.14**	**0.15**
$I12$	0.10	0.03	0.15
$I13$	0.00	0.00	0.02
$I14$	0.14	0.15	0.22
$I15$	0.04	0.04	0.07
$I16$	0.02	0.11	0.24
C2	**0.07**	**0.08**	**0.17**
$I17$	0.04	0.10	0.16
$I18$	0.05	0.07	0.10
$I19$	0.01	0.03	0.05
$I20$	0.04	0.06	0.06
$I21$	0.02	0.03	0.03
$I22$	0.11	0.13	0.16
$I23$	0.07	0.09	0.11
$I24$	0.09	0.04	0.02
C3	**0.12**	**0.16**	**0.19**
$I25$	0.11	0.13	0.14
$I26$	0.16	0.19	0.23
$I27$	0.14	0.16	0.17
$I28$	0.13	0.15	0.15
$I29$	0.12	0.13	0.14
$I30$	0.04	0.06	0.07
C4	**0.10**	**0.12**	**0.13**
IWRM	**0.44**	**0.49**	**0.64**

1. 石羊河流域 IWRM 绩效分析

从图 10-16 可看出，2000 年、2007 年和 2016 年石羊河流域 IWRM 绩效得分分别为 0.44、0.49 和 0.64，根据表 10-28 的绩效评价等级划分标准，绩效分别是一般、一般和良好。随时间推移，IWRM 绩效呈上升趋势，2007 年较 2000 年增加了 11%，2016 年较 2007 年增加了 31%，2016 年较 2000 年增加了 45%，表明石羊河流域实施 IWRM 以来，水资源管理绩效有了明显的提高，且流域重点治理规划的效果优于流域管理体制改革的效果。

组成 IWRM 绩效的 4 个评价维度变化有一定的差异。总体看来，水管理机构效率、用水效益和社会效益三者呈上升趋势,而生态环境效益在 2007 年略有下降,而后上升。2000～2016 年,用水效益增加最明显,增加了 143%,社会效益增加 58%,水管理机构效率增加 30%,而生态环境效益仅增加了 7%,说明研究时段内,实施流域管理体制改革和重点治理项目后,流域用水效益提升最明显,但生态环境并未得到大幅度的改善。

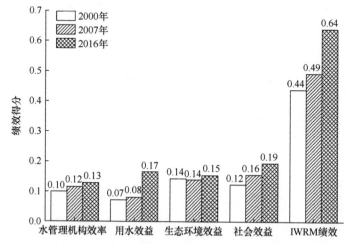

图 10-16　2000 年、2007 年、2016 年 IWRM 绩效及准则层效益评价结果

2. 石羊河流域 IWRM 绩效评价维度效益分析

1) 水管理机构效率分析

水管理机构效率维度中,随着时间的增长,所有指标都向改善的方向发展(表 10-22 和表 10-29)。其中,水事纠纷处理率改善最为明显,处理率由 66.67% 增加到 98.89%,增加了 32.22%。受访者表示,主要原因是水务部门越来越重视民生服务,水事纠纷发生次数也在不断减少。经调研,石羊河流域基本已完成地下水计量设施安装工程,严格控制地下水开采量。机井取水实行先充值后刷卡取水的措施,加之多年来对节水的宣传,以及农民用水者协会参与水资源管理(任务之一是负责地表水费的收取),使得流域水费收缴率也有显著的提升,增加了 16.91%。西营灌区和永昌县水务局工作人员表示,雨/水情自动测报系统、水库大坝安全监测系统等的安装,使得对气候变化可能发生的险情能时时监测,提升了水务部门对气候突变的应对能力,气候突变事件实现由少量处理到较多处理的转变。流域实行用水总量控制、各区有明确的水量指标、公示用水台账明细,都增加了水资源分配的透明度。此外,将流域视为一个整体进行水资源管理,流域内各市、县、区上下级和同级部门间的沟通/协调度都有所改善,由“中”向“良”转变。

2) 用水效益分析

用水效益中，各指标都向有利于提高 IWRM 绩效的方向发展。这是因为石羊河流域实施重点治理政策统一规划以来，加大了产业结构调整步伐，强力推进"设施农牧业+特色林果业"等一系列措施成效显著。例如，武威市三次调整优化产业结构，三产的比例由 2009 年的 27.7∶38.3∶34 调整到 2014 年的 23.3∶42.6∶34.1；大力调整农业结构，粮食种植面积由 2009 年的 $1.5×10^5hm^2$ 减少到 2014 年的 $1.34×10^5hm^2$，经济作物种植面积由 $8.85×10^5hm^2$ 增加到 $1.113×10^6hm^2$，粮经作物种植面积比例由 63.7∶36.3 调整到 2014 年的 54.3∶45.7；2016 年武威市发展特色林果业，面积达到 $1.0×10^5hm^2$，产量达 18 万 t，产值近 10 亿元(武威市水务局，2016)。

3) 生态环境效益分析

生态环境效益维度中，随时间推移各指标变化不一，见表 10-22。随时间推移，情况改善的指标有用水紧缺程度、土地退化情况、水库库存紧张程度、林草覆盖率和生态用水比例。

表面上看，实行用水总量控制之后，流域在用水方面应更为紧缺，但调查却得到相反的结果，最主要的原因是全面实施田间节水改造项目，用水效率大幅度提升。截至 2016 年底，武威市累计改建干支渠道 4.83km，配套田间节水面积 14.0 万 hm^2，其中渠灌 9.75 万 hm^2，管灌 1.3733 万 hm^2，温室滴灌 0.67 万 hm^2，大田滴灌 2.19 万 hm^2。同时，普及全膜垄作沟播、小畦灌、免耕免冬灌等高效农田节水技术，面积达 16.8 万 hm^2(武威市水务局，2016)。金昌市完成干支渠改造 26.32km，改造节水面积 0.63 万 hm^2，其中渠灌 0.27 万 hm^2、低压管灌 0.27 万 hm^2、大田滴灌 4.00 万 hm^2、日光温室 $138hm^2$、养殖暖棚 $333hm^2$(金川区水务局，2018)。其次，随着生态用水比例的增加，大面积实施关井压田(永昌县按人均 $0.17hm^2$，凉州区、金川区、古浪县按人均 $0.13hm^2$，民勤县按人均 $0.17hm^2$ 或 $0.13hm^2$ 确定农田灌溉配水面积)，减少全流域农田灌溉面积 9.03 万 hm^2(郤延华，2008)。此外，还实施了退耕还林还草项目、大面积治沙压沙工程等，石羊河流域的林草覆盖率由 17.50%增加到 25.00%。

情况先恶化后改善的指标有水资源开发系数和河流污径比。图 10-17 为 2000~2016 年石羊河流域水资源总量和供水量的变化趋势，可见水资源总量呈先下降后上升的趋势，分界点在 2008 年；供水量有明显的上升和下降两个阶段，而分界点在 2010 年左右。石羊河流域水资源开发系数与水资源总量、流域用水总量控制、关闭机井、严格控制地下水开采有直接的关系。2007 年流域重点治理以来，实施入河污染物总量控制制度，河流污径比也有所下降。

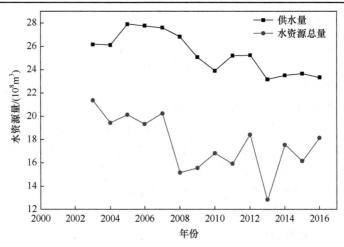

图 10-17　2000～2016 年石羊河流域水资源总量与供水量的变化趋势

地下水埋深是指电机井能挖出水的最浅深度。从 20 世纪 60 年代开始石羊河流域大量开采地下水，尤其是下游的民勤县。1968～1978 年，该县电机井数从 27 眼增加到 8557 眼，年增长量为 853 眼，2007 年以后电机井数才开始有大幅度下降(黄珊等，2014)。由表 10-23 可计算出，石羊河流域 2000～2007 年、2007～2016 年地下水埋深年下降速率分别为 3.27m/a 和 0.95m/a，表明地下水埋深下降速率有所减缓。

4) 社会效益分析

社会效益维度中，随时间推移所有指标都向改善的方向发展。其中，自来水入户率的改善最为明显，增加了 68.49%；清洁饮用水达标率由 44.67% 增加到 95.52%。普通用户参与率和公众意见被采纳率也提升明显。

流域用水秩序更趋于公平合理，就地表水灌溉区而言，用水顺序不再是就近优先原则，而是经过农户讨论的轮灌秩序。在经济和生态兼顾的情况下，武威市政府制定《关于 2011 年水资源配置和完善水权制度的意见》：枯水年，流域配水优先保证生活用水，其次是重点工业和基本生态用水，剩余水量供给农业和其他用水；丰水年，配水优先序不变，分配水量不再增加，富余水量沿河道下泄。调查发现，生态环境是流域治理的重点内容，给生态配水，农户能理解，也支持。只是因关井压田、控制水量后，农户补贴和节水改造措施等产生的效益不能弥补原家中有大量耕地农户的损失，农户希望政府在农民增收方面创造更多有利的条件。

流域间水资源分配更公平。整个流域基本实现按照地区人均耕地，丰水年、枯水年水资源保证率，在上下游之间、各县(区)及各灌区制定明确的年度配水计划。用水秩序和水资源分配公平合理，水事纠纷发生次数也在不断下降。

10.5.4　流域内市、区(县)IWRM 绩效计算及结果分析

1. 流域内市、区(县)IWRM 绩效指标体系构建及计算

1) 指标体系的构建

因个别市、区(县)数据统计的限制和问卷答案的缺失,在构建市、区(县)IWRM 绩效评价指标时做出以下调整:用调查问卷中的河流水质问题替代河流污径比;去掉生态环境效益中的林草覆盖率、水资源开发系数、地下水埋深、用水效益中的污水处理回用量和社会效益中的水事纠纷发生次数 5 个指标;其余指标与石羊河流域 IWRM 绩效评价指标一致。因此,市、区(县)IWRM 绩效评价指标由原来的 30 个调整到 25 个,其中生态环境效益指标为 8 个,用水效益指标为 4 个,水管理机构效率指标为 7 个,社会效益指标为 6 个。

2) 数据收集、处理与计算

因为市、区(县)背景条件和关注点不同,指标权重评分有一定的差异,所以对数据赋予相同的权重 1,使各市、区(县)具有可比性。石羊河流域市、区(县)IWRM 绩效评价通过指标体系、指标数值、数据标准化、IWRM 及四个维度绩效计算。

2. 流域内市、区(县)IWRM 绩效评价结果与分析

分四个维度,选取 25 个指标,对数据进行标准化后赋同等权重 1,计算得出 2000 年、2007 年和 2016 年石羊河流域市、区(县)IWRM 绩效,结果如图 10-18。

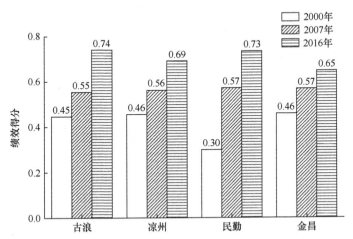

图 10-18　2000 年、2007 年、2016 年石洋河流域市、区(县)IWRM 绩效比较

1) 石羊河流域内市、区(县)IWRM 绩效分析

2000 年,市、区(县)IWRM 绩效排名高低顺序为:金昌/凉州(得分均为 0.46)→古浪(0.45)→民勤(0.30),按照绩效等级划分表,前三者综合绩效为一般,而民勤

为较差。2007 年，民勤已超古浪和凉州，与金昌并排第一，四市、区(县)得分在
0.40~0.60，属于一般。2016 年，不仅排名发生了彻底的变化，得分也都提升了
一个等级，排名顺序变为古浪(0.74)→民勤(0.73)→凉州(0.69)→金昌(0.65)，综合
绩效为良好。

从研究时间始末年看，IWRM 绩效提升最多的是民勤县，得分增加了 0.43，
古浪县增加了 0.39，凉州区和金昌市提升得较少，分别为 0.23 和 0.19。

将研究分为两个时段，2000~2007 年，古浪、凉州和金昌的 IWRM 绩效得
分提升基本一致，大概为 0.1，而民勤提升得较多，是其他区域约 2.7 倍；2007~
2016 年，古浪和民勤两县 IWRM 绩效得分提升得最为明显，分别是 0.19 和 0.16，
其次是凉州区(0.13)，金昌仅提升了 0.08。

综上可知，武威市各市、区(县)IWRM 绩效提升较金昌市多。武威市各市、
区(县)IWRM 绩效在前后两两时段比较中有明显变化，而金昌市的差异不明显，
均提升 1 左右。分时间段看，后半时段武威市各区域 IWRM 绩效值提升较前半时
段多，而金昌市增加的量则非常接近。分区域、分时段看，前半时段，民勤县 IWRM
绩效增长得最快，其余各县区增长值接近；后半时段，古浪和民勤两县 IWRM 绩
效提升得最为明显，凉州和金昌增长不明显。

2) 石羊河流域各市、区(县)IWRM 绩效各评价维度绩效分析

从水管理机构效率可见，2000 年金昌市和古浪县水管理机构效率较高，得分
分别是 0.66 和 0.61(图 10-19(a))。随时间推移，武威市各市、区(县)水管理机构效
率增长速度大于金昌市，尤其是民勤县增长得最快。

从用水效益可见，整体上 2000 年、2007 年和 2016 年各研究区域用水效率益
都有所增加(图 10-19(b))，且同年情况下金昌市用水效益都高于武威市各市、区
(县)。分时段看，武威市各市、区(县)2000~2007 年用水效益绩效增长得较慢，
2007~2016 年增得较快，而金昌市该指标两个时段的趋势则与武威市各市、区
(县)相反。

从生态环境效益可见，古浪和民勤两县生态环境效益改善显著，2000~2016
年绩效分别增加了 0.22 和 0.21，但 2000~2007 年时段民勤县生态环境效益仅略
微增加，2007~2016 年时段该区该指标是四个区域中改善最明显的(图 10-19(c))。
凉州区的生态环境效益在两个时段都略有下降，而金昌市则是先略上升后基本保
持不变。

从社会经济效益可见，石羊河流域各市、区(县)社会经济效益都有所提升，
且武威市比金昌市增长得快(图 10-19(d))。2000 年，凉州的社会效益最高，为 0.47，
民勤县最低，为 0.21。2016 年，民勤县最高，金昌市最低，且武威市各市、区(县)
的得分高于金昌市。

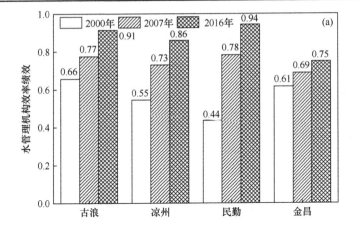

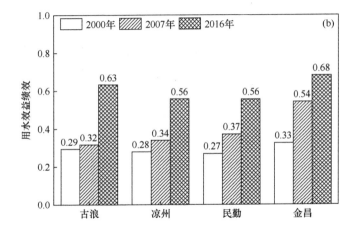

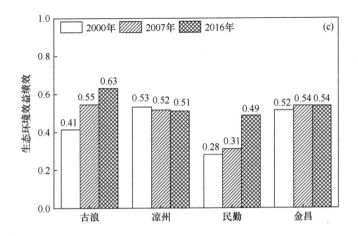

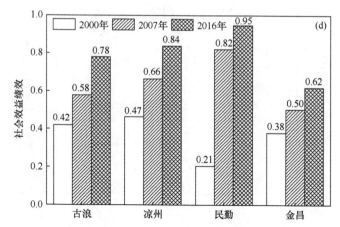

图 10-19　2000 年、2007 年、2016 年石羊河流域县区准则层绩效比较

从以上分析可知：① 除凉州区和金昌市的生态环境效益外，各市、区(县)四个评价维度的效益都随时间推移而有所增加。② 武威市水管理机构效率和社会经济效益增加速度大于金昌市；金昌市用水效率高于武威市；金昌市的生态环境效益变化不大，而武威市各市、区(县)的变化波动较大，表现为流域中上游的古浪和下游的民勤县生态环境效益改善显著，而中游的凉州区生态环境出现恶化。

参 考 文 献

埃塞林顿 J R, 1989. 环境和植物生态学[M]. 曲仲湘, 等, 译. 北京: 科学出版社.

安宝晟, 程国栋, 2014. 西藏生态足迹与承载力动态分析[J]. 生态学报, 34(4): 1002-1009.

敖菲, 于静洁, 王平, 等, 2012. 黑河下游地下水位变化特征及其原因[J]. 自然资源学报, 27(4): 687-696.

白永秀, 王颂吉, 2014. 丝绸之路经济带的纵深背景与地缘战略[J]. 改革, (3): 64-73.

包智明, 孟琳琳, 2005. 生态移民对牧民生产生活方式的影响——以内蒙古正蓝旗敖力克嘎查为例[J]. 西北民族研
　　究, (2): 147-164.

宝成, 严树堂, 1996. 阿拉善板滩井盆地地下水及水化学特征研究[J]. 干旱区资源与环境, 10(4): 26-32.

鲍士旦, 2000. 土壤农化分析[M]. 3 版. 北京: 中国农业出版社.

蔡承侠, 2003. 植被净第一性生产力及其对气候变化响应研究进展[J]. 新疆气象, 26(6): 1-7.

曹世雄, 陈军, 高旺盛, 2006. 生态政策学及其评价方法[J]. 生态学杂志, 25(12): 1535-1539.

曹文静, 李强子, 蒙继华, 等, 2007. 基于 GIS 的气温插值方法比较[J]. 中国农业气象, 28(增): 175-178.

常跟应, 张文侠, 2014. 基于生态文明的疏勒河流域大规模移民反思[J]. 兰州大学学报: 自然科学版, 50(3): 405-409.

常俊杰, 2012. 基于时空动态的干旱区生态环境质量评价——以甘肃省石羊河流域为例[D]. 西安: 陕西师范大学.

常学向, 赵爱芬, 赵文智, 等, 2003. 黑河中游荒漠绿洲区免灌植被土壤水分状况[J]. 水土保持学报, 17(2): 126-129.

陈昌毓, 1995. 祁连山区水资源及其对河西走廊生态环境的影响[J]. 自然资源学报, 10(2): 104-114.

陈峰, 袁玉江, 魏文寿, 等, 2012. 树轮记录的酒泉近 240a 来 6~9 月气温变化[J]. 干旱区研究, 29(1): 47-54.

陈惠雄, 王晓鹏, 2016. 黑河流域居民水幸福感实证研究[J]. 冰川冻土, 38(3): 845-852.

陈惠雄, 徐菲菲, 王晓鹏, 2017a. 水资源管理制度超模博弈分析: 以钱塘江与黑河为例[J]. 冰川冻土, 39(5): 1089-1097.

陈惠雄, 杨坤, 张海娜, 2017b. 水资源管理理念演化与管理模式比较[J]. 浙江水利水电学院学报, 29(2): 46-52.

陈建生, 赵霞, 盛雪芬, 等, 2006. 巴丹吉林沙漠湖泊群与沙山形成机理研究[J]. 科学通报, 51(23): 2789-2796.

陈莉, 石培基, 魏伟, 等, 2013. 干旱区内陆河流域水贫困时空分异研究——以石羊河为例[J]. 资源科
　　学, 35(7): 1373-1379.

陈丽娟, 2008. 疏勒河灌区洗盐条件下土壤水盐运移模拟研究[D]. 兰州: 甘肃农业大学.

陈丽娟, 2011. 基于节水灌溉方式影响下的民勤绿洲土壤水盐动态研究[D]. 兰州: 中国科学院寒区旱区环境与工程
　　研究所.

陈利军, 刘高焕, 励惠国, 2002. 中国植被净第一性生产力遥感动态监测[J]. 遥感学报, 6(2): 129-135.

陈琳, 欧阳志云, 王效科, 2006. 条件价值评估法在非市场价值评估中的应用[J]. 生态学报, 26(1): 610-619.

陈仁升, 康尔泗, 吕世华, 等, 2006. 内陆河高寒山区流域分布式水热耦合模型(Ⅱ): 地面资料驱动结果[J]. 地球科学
　　进展, 21(8): 819-829.

陈仁升, 康尔泗, 杨建平, 等, 2003a. 黑河干流山区流域月径流计算模型[J]. 干旱区地理, 26(1): 37-43.

陈仁升, 康尔泗, 杨建平, 等, 2003b. 内陆河流域分布式日出山径流模型——以黑河干流山区流域为例[J]. 地球科学
　　进展, 18(2): 198-206.

陈仁升, 康尔泗, 张济世, 2001. 基于小波变换和 GRNN 神经网络的黑河出山径流模型[J]. 中国沙漠, 21(增): 12-16.

陈仁升, 阳勇, 韩春坛, 等, 2014. 高寒区典型下垫面水文功能小流域观测试验研究[J]. 地球科学进展, 29(4): 507-514.

陈艳萍, 吴凤平, 2008. 国内典型流域初始水权配置实践的启示[J]. 水利经济, 26(6): 25-28.

陈寅雅, 2013. 我国西江流域经济开发及体制改革研究[D]. 武汉: 武汉大学.

陈正华, 麻清源, 王建, 等, 2008. 利用 CASA 模型估算黑河流域净第一性生产力[J]. 自然资源学报, 23(2): 263-273.

陈亚新, 史海滨, 田存旺, 1997. 地下水与土壤盐渍化关系的动态模拟[J]. 水利学报, (5): 77-84.

陈宗立, 狄春华, 2007. 拯救沙漠孤岛, 绝不让民勤成为第二个罗布泊[N]. 光明日报, 2007-03-28(007).

程东会, 王文科, 候光才, 等, 2012. 毛乌素沙地植被与地下水关系[J]. 吉林大学学报(地球科学版), 42(1): 184-189.

程国栋, 肖洪浪, 傅伯杰, 等, 2014. 黑河流域生态-水文过程集成研究进展[J]. 地球科学进展, 29(4): 431-437.

程艳军, 2006. 中国流域生态服务补偿模式研究——以浙江省金华江流域为例[D]. 北京: 中国农业科学院.

崔林丽, 史军, 唐娒, 等, 2005. 中国陆地净第一性生产力的季节变化研究[J]. 地理科学进展, 24(3): 8-17.

董磊华, 熊立华, 于坤霞, 等, 2012. 气候变化与人类活动对水文影响的研究进展[J]. 水科学进展, 23(2): 278-285.

杜建会, 严平, 俄有浩, 2007. 甘肃民勤不同演化阶段白刺灌丛沙堆分布格局及特征[J]. 生态学杂志, 26(8): 1165-1170.

杜鹏, 傅涛, 2010. 流域综合管理研究述评[J]. 水资源保护, 26(3): 68-72.

杜鹏, 2008. 公众参与在流域水资源管理中的理论、方法、与实践——以黑河中游张掖市甘州区农民用水户协会为例[D]. 兰州: 西北师范大学.

杜群, 2008. 美国以自然资源保护为宗旨的土地休耕经验[J]. 林业经济, (5): 72-80.

杜自强, 王建, 沈宇丹, 2006. 山丹县草地地上生物量遥感估算模型[J]. 遥感技术与应用, 21(4): 338-343.

樊仙, 刘淑英, 王平, 等, 2009. 疏勒河灌区土壤剖面盐分分布及组成特征分析[J]. 西北农业学报, 18(6): 347-351.

范俊韬, 张依章, 张远, 等, 2017. 流域土地利用变化的水生态响应研究[J]. 环境科学研究, 30(7): 981-990.

范晓梅, 2010. 黄河三角洲土壤盐渍化时空动态及水盐运移过程模拟[D]. 北京: 中国科学院研究生院.

方创琳, 鲍超, 2004. 黑河流域水-生态-经济发展耦合模型及应用[J]. 地理学报, 59(5): 781-790.

方和荣, 1994. 维塞尔边际理论述评[J]. 厦门大学学报(哲社版), (3): 8-13.

方精云, 唐艳鸿, 林俊达, 等, 2000. 全球生态学气候变化与生态响应[M]. 北京: 高等教育出版社.

方汝林, 1992. 中国北方灌区水盐调控[M]. 北京: 北京出版社.

方生, 陈秀玲, 李宏志, 等, 1992. 缺水盐渍区水资源调控利用与综合治理的研究[J]. 水利水电技术, (6): 16-20.

冯起, 司建华, 席海洋, 等, 2015. 黑河下游生态水需求与生态水量调控[M]. 北京: 科学出版社.

冯尚友, 刘国全, 1997. 水资源持续利用的框架[J]. 水科学进展, (8): 301-307.

冯险峰, 刘高焕, 陈述彭, 等, 2004. 陆地生态系统净第一性生产力过程模型研究综述[J]. 自然资源学报, 19(3): 336-378.

傅伯杰, 周国逸, 白永飞, 等, 2009. 中国主要陆地生态系统服务功能与生态安全[J]. 地球科学进展, 24(6): 571-576.

符淙斌, 王强, 1992. 气候突变的定义和检测方法[J]. 大气科学, 16(4): 482-493.

甘肃省水利厅, 2005. 甘肃: 全面建设节水型社会[EB/OL]. (2005-08-23) [2018-09-09]. http://slt. gansu.gov.cn/slt/c106687/c106691/201702/9653a0db0c42476db6865057963115a5.shtml.

甘肃省水利厅, 2006. 甘肃省张掖市水权改革回访[EB/OL]. (2006-09-29) [2018-09-09]. http://slt.gansu.gov.cn/slt/c106687/c106691/201702/3d31bdb851c84d999e12de372cba27da.shtml.

甘肃省水利厅, 2007. 石羊河流域 31 万农户明晰了水权[EB/OL]. (2007-05-08) [2018-09-09]. https://slt.gansu.gov.cn/slt/c106687/c106689/200705/4ebddd440e97408ba020a91289c075d8.shtml.

甘肃省水利厅, 2016a. 疏勒河流域水权试点取得重要进展发布时间[EB/OL]. (2016-11-02) [2018-09-09]. http://www.gssl.gov.cn/ztzl/slgg/201702/t20170226_69354.html.

甘肃省水利厅, 2016b. 我省出台推进农业水价综合改革实施方案[EB/OL]. (2016-08-11) [2018-09-09]. http://www.gssl.gov.cn/syhglj/ztzl/slgg/201707/t20170717_78811.html.

甘肃省水利厅, 2017a. 甘肃省 2016 年水资源公报[EB/OL]. (2017-08-31) [2018-09-09]. http://slt.gansu.gov.cn/slt/c106726/c106732/c106773/c106775/201708/8b12090436764ac3b62fa610002dc30e.shtml.

甘肃省水利厅, 2017b. 甘肃省石羊河流域水资源管理条例[EB/OL]. (2017-05-09) [2018-09-09]. http://slt.gansu.gov.

cn/slt/c115183/c115191/c115192/201705/7ba2a471ffd34642ac4f5a456b99e2b0.shtml.

甘肃省水利厅, 2017c. 甘肃省石羊河流域地下水资源管理办法. (2017-05-09) [2018-09-09]. http://slt.gansu.gov.cn/slt/
　　c115183/c115191/c115192/201705/52c30d461ef843c69935e592e5456733.shtml.

甘肃省地方史志编纂委员会, 2014. 甘肃省志·水利志·大事记(1991-2007)[M]. 兰州: 甘肃文化出版社.

甘再清, 2010. 十七大以来国内生态文明建设研究的回顾与展望[J]. 社科纵横(新理论版), (4): 183-184.

高琳琳, 勾晓华, 邓洋, 等, 2013. 西北干旱区树轮气候学研究进展[J]. 海洋地质与第四纪地质, 33(4): 25-35.

高前兆, 仵彦卿, 刘发民, 2004. 黑河流域水资源的统一管理和承载能力的提高[J]. 中国沙漠, 24(2): 156-161.

高清竹, 万运帆, 李玉娥, 等, 2007. 基于CASA模型的藏北地区草地植被净第一性生产力及其时空格局[J]. 应用生态
　　学报, 18(11): 2526-2532.

高小升, 2014. 全球气候谈判影响下的世界农业发展前景[J]. 中国农村经济, (2): 82-91.

高妍, 冯起, 王钰, 等, 2014. 中国黑河流域与澳大利亚墨累-达令河流域水管理对比研究[J]. 水土保持通
　　报, 34(6): 242-249.

高艳妮, 于贵瑞, 张黎, 等, 2012. 中国陆地生态系统净初级生产力变化特征——基于过程模型和遥感模型的评估结
　　果[J]. 地理科学进展, 31(1): 109-117.

郜延华, 2008. 石羊河流域水污染防治案例研究[D]. 兰州: 兰州大学.

公延明, 胡玉昆, 阿德力, 等, 2010. 高寒草原对气候生产力模型的适用性分析[J]. 草业学报, 19(2): 7-13.

宫兆宁, 宫辉力, 邓伟, 等, 2006. 浅埋条件下地下水-土壤-植物-大气连续体中水分运移研究综述[J]. 农业环境科学
　　学报, 25(S1): 365-373.

龚道溢, 何学兆, 2004. 资料误差对大尺度NDVI-气温关系的影响[J]. 遥感学报, 8(4): 349-355.

贡璐, 朱美玲, 塔西甫拉提·特依拜, 等, 2014. 塔里木盆地南缘旱生芦苇生态特征与水盐因子关系[J]. 生态学
　　报, 34(10): 2509-2518.

勾晓华, 陈发虎, 杨梅学, 等, 2004. 祁连山中部地区树轮宽度年表特征随海拔高度的变化[J]. 生态学
　　报, 24(1): 172-176.

勾晓华, 邵雪梅, 王亚军, 等, 1999. 祁连山东部地区树木年轮年表的建立[J]. 中国沙漠, 19(4): 68-71.

顾娟, 李新, 黄春林, 2010. 基于时序MODIS NDVI的黑河流域土地覆盖分类研究[J]. 地球科学进展, 25(3): 317-326.

顾慰祖, 陈建生, 汪集旸, 等, 2004. 巴丹吉林高大沙山表层孔隙水现象的疑义[J]. 水科学进展, 15(6): 695-699.

郭爱君, 毛锦凰, 2014. 丝绸之路经济带: 优势产业空间差异与产业空间布局战略研究[J]. 兰州大学学报: 社会科学
　　版, 42(1): 40-49.

郭巧玲, 冯起, 任韶斐, 等, 2009. 黑河生态输水对流域植被的影响研究[J]. 中国农村水利水电, (3): 36-43.

郭小燕, 冯起, 李宗省, 2015. 敦煌盆地降水稳定同位素特征及水汽来源[J]. 中国沙漠, 35(3): 715-723.

郭秀锐, 毛显强, 杨居荣, 等, 2005. 生态系统健康效果——费用分析方法在广州城市生态规划中的应用[J]. 中国人
　　口·资源与环境, 15(5): 126-130.

郭玉川, 杨鹏年, 李霞, 2011. 干旱区地下水埋深空间分布对天然植被覆盖度影响研究——以塔里木河下游为
　　例[J]. 干旱区资源与环境, 25(12): 161-165.

郭元裕, 1997. 农田水利学[M]. 北京: 中国水利水电出版社.

郭占荣, 2000. 西北内陆盆地地下水的生态环境效应研究[D]. 北京: 中国地质科学院.

国务院, 2012. 关于实施最严格水资源管理制度的意见[EB/OL]. (2012-02-16) [2018-03-03]. http://www.gov.cn/zwgk/
　　2012-02/16/content_2067664.htm.

国务院, 2015. 关于印发水污染防治行动计划的通知[EB/OL]. (2015-04-16) [2018-03-03]. http://www.gov.cn/zhengce/
　　content/2015-04/16/content_9613.htm.

韩辉邦, 马明国, 严平, 2011. 黑河流域 NDVI 周期性分析及其与气候因子的关系[J]. 遥感技术与应用, 26(5): 554-560.

韩杰, 张万昌, 赵登忠, 2004. 基于 TOPMODEL 径流模拟的黑河水资源探讨[J]. 生态与农村环境学报, 20(2): 16-20.

韩双平, 刘少玉, 刘志明, 2008. 玛纳斯河流域地下水-土壤水-植被生态耦合关系试验研究[J]. 南水北调与水利科技, 6(6): 100-104.

郝兴明, 陈亚宁, 李卫红, 等, 2008. 塔里木河中下游荒漠河岸林植被对地下水埋深变化的响应[J]. 地理学报, 63(11): 1123-1129.

何茂春, 张冀兵, 2013. 新丝绸之路经济带的国家战略分析——中国的历史机遇, 潜在挑战与应对策略[J]. 人民论坛·学术前沿, 23: 6-13.

何晓群, 刘文卿, 2001. 应用回归分析[M]. 北京: 中国人民大学出版社.

侯典炯, 秦翔, 吴锦奎, 等, 2012. 小昌马河流域地表水地下水同位素与水化学特征及转化关系[J]. 冰川冻土, (34): 698-705.

侯学煜, 2001. 中国植被图集 1∶1000000[M]. 北京: 科学出版社.

胡鞍钢, 马伟, 鄢一龙, 2014. "丝绸之路经济带": 战略内涵, 定位和实现路径[J]. 新疆师范大学学报: 哲学社会科学版, 35(2): 1-11.

胡梦珺, 杨爱丽, 张文丽, 2015. 常量元素氧化物含量及其比值揭示的中晚全新世以来玛曲高原的环境演变[J]. 中国沙漠, 35(2): 313-321.

胡珊珊, 郑红星, 刘昌明, 等, 2012. 气候变化和人类活动对白洋淀上游水源区径流的影响[J]. 地理学报, 67(1): 62-70.

胡天清, 1988. 黑河春末初夏径流量与气象要素的关系[J]. 高原气象, 4: 374-376.

胡小军, 2014. 民勤绿洲水资源管理政策的农户响应研究[D]. 兰州: 兰州大学.

胡艳超, 刘小勇, 刘定湘, 等, 2016. 甘肃省农业水价综合改革进展与经验启示[J]. 水利发展研究, 16(2): 21-24.

胡云虎, 2015. 皖北地下水源地水环境地球化学特征研究[D]. 淮南: 安徽理工大学.

黄德青, 于兰, 张耀生, 等, 2011. 祁连山北坡天然草地根冠比与气候因子的关系[J]. 干旱区研究, 28(6): 1025-1030.

黄鹤, 2016. 吉林地区地下水时空演化及多元控制管理研究[D]. 长春: 吉林大学.

黄磊, 邵雪梅, 刘洪滨, 等, 2010. 树轮记录的青海柴达木盆地过去 2800 年来的极端干旱事件[J]. 气候与环境研究, 15(4): 379-387.

黄勤, 曾元, 江琴, 2015. 中国推进生态文明建设的研究进展[J]. 中国人口·资源与环境, 25(2): 111-120.

黄清华, 张万昌, 2004. SWAT 分布式水文模型在黑河干流山区流域的改进及应用[J]. 南京林业大学学报(自然科学版), 28(2): 22-26.

黄珊, 周立华, 陈勇, 等, 2014. 近 60 年来政策因素对民勤生态环境变化的影响[J]. 干旱区资源与环境, 28(7): 73-78.

黄铁青, 牛栋, 2005. 中国生态系统研究网络(CERN): 概况、成就和展望[J]. 地球科学进展, 20(8): 895-902.

黄锡荃, 李惠明, 金伯欣, 2006. 水文学[M]. 北京: 高等教育出版社.

黄玉霞, 李栋梁, 王宝鉴, 等, 2004. 西北地区近 40 年年降水异常的时空特征分析[J]. 高原气象, 23(2): 245-252.

黄振管, 1994. 效益费用分析法在评估环保科技效益中的应用[J]. 环境科学研究, 7(1): 60-63.

黄祖辉, 徐旭初, 冯冠胜, 2002. 农民专业合作组织发展的影响因素分析——对浙江省农民专业合作组织发展现状的探讨[J]. 中国农村经济, (3): 13-21.

霍建国, 2014. 共建丝绸之路经济带与向西开放战略选择[J]. 国际经济合作, (1): 7-10.

霍艳斌, 2012. 长三角大气污染物排污权交易一体化研究[J]. 生态经济, (12): 181-184.

季荣, 李典谟, 谢宝瑜, 等, 2007. 基于沿海蝗区飞蝗卵块分布格局的土壤空间异质性[J]. 生态学报, 27(3): 1019-1025.

贾艳红, 赵传燕, 南忠仁, 等, 2008. 黑河下游地下水波动带土壤盐分空间变异性研究[J]. 土壤学报, 45(3): 420-429.

贾仰文, 王浩, 严登华, 2006. 黑河流域水循环系统的分布式模拟(Ⅰ)——模型开发与验证[J]. 水利学报, 37(5): 534-542.

江善虎, 任立良, 雍斌, 等, 2010. 气候变化和人类活动对老哈河流域径流的影响[J]. 水资源保护, 26(6): 1-4.

姜帆, 2006. 从农业合作化到家庭联产承包责任制的进步[J]. 边疆经济与文化, 4: 31-34.

姜凌, 2009. 干旱区绿洲地下水水化学成分形成及演化机制研究——以阿拉善腰坝绿洲为例[D]. 西安: 长安大学.

姜志群, 朱元生, 2001. 地下水污染敏感性评价中 DRASTIC 方法的应用[J]. 河海大学学报, 29(2): 100-103.

颉耀文, 陈发虎, 2008. 民勤绿洲的发展与演变[M]. 北京: 科学出版社.

金博文, 康尔泗, 宋克超, 等, 2003. 黑河流域山区植被生态水文功能的研究[J]. 冰川冻土, 25(5): 580-584.

金川区水务局, 2018. 金川区石羊河流域重点治理项目进展情况汇报[R].

金晓媚, 刘金韬, 2009. 黑河下游地区地下水与植被生长的关系[J]. 水利水电科技进展, 29(1): 1-4.

金晓媚, 夏薇, 郭任宏, 2014. 柴达木河都兰区植被覆盖率变化特征[J]. 中国沙漠, 34(2): 603-609.

靳鹤龄, 苏志珠, 孙忠, 2003. 浑善达克沙地全新世中晚期地层化学元素特征及其气候变化[J]. 中国沙漠, 23(4): 366-371.

康尔泗, 2002. 《中国西北干旱区冰雪水资源和出山径流》专著出版[J]. 冰川冻土, 24(5): 543.

康尔泗, 陈仁升, 张智慧, 等, 2008. 内陆河流域山区水文与生态研究[J]. 地球科学进展, 23(7): 675-681.

孔亮, 2009. 太湖流域水污染权配置机制研究[D]. 杭州: 浙江大学.

蓝永超, 康尔泗, 1999. Kalman 滤波方法在黑河出山径流年平均流量预报中的应用[J]. 中国沙漠, 19(2): 156-159.

蓝永超, 康尔泗, 张济世, 等, 2002. 近 50 年来 ENSO 与祁连山区气温降水和出山径流的对应关系[J]. 水科学进展, 13(1): 144-156.

蓝永超, 钟英君, 吴素芬, 等, 2009. 天山南、北坡河流出山径流对气候变化的敏感性分析——以开都河与乌鲁木齐河出山径流为例[J]. 山地学报, 27(6): 712-718.

郎丽丽, 王训明, 哈斯, 等, 2012. 灌丛沙丘形成演化及环境指示意义研究的主要进展[J]. 地理学报, 11: 1526-1536.

雷志栋, 杨诗秀, 许志荣, 等, 1985. 土壤特性空间变异性初步研究[J]. 水利学报, 16(9): 10-21.

黎夏, 刘凯, 2006. GIS 与空间分析——原理与方法[M]. 北京: 科学出版社.

李爱年, 刘旭芳, 2006. 对我国生态补偿的立法构想[J]. 生态环境, 15(1): 194-197.

李春阳, 秦红灵, 高旺盛, 等, 2006. 北方农牧交错带农田生态系统健康评价——以武川县为例[J]. 中国农学通报, 22(1): 347-350.

李发鸿, 曾新德, 马存世, 等, 2012. 石羊河下游干旱荒漠区盐爪爪群落植物分布区类型[J]. 甘肃林业科技, 37(2): 12-15.

李峰平, 章光新, 董李勤, 2013. 气候变化对水循环与水资源的影响研究综述[J]. 地理科学, 33(4): 457-464.

李刚, 辛晓平, 王道龙, 等, 2007. 改进 CASA 模型在内蒙古草地生产力估算中的应用[J]. 生态学杂志, 26(12): 2100-2106.

李高飞, 任海, 李岩, 等, 2003. 植被净第一性生产力研究回顾与发展趋势[J]. 生态科学, 22(4): 360-365.

李怀恩, 尚小英, 王媛, 2009. 流域生态补偿标准计算方法研究进展[J]. 西北大学学报(自然科学版), 39(1): 667-672.

李江风, 袁玉江, 由希尧, 1997. 乌鲁木齐河山区流域 360 年径流量的重建[J]. 第四纪研究, (2): 36-43.

李金标, 王刚, 李相虎, 等, 2008. 石羊河流域近 50a 来气候变化与人类活动对水资源的影响[J]. 干旱区资源与环境, 22(2): 75-80.

李金建, 邵雪梅, 李媛媛, 等, 2014. 树轮宽度记录的松潘地区年平均气温变化[J]. 科学通报, (15): 1446-1458.

李景平, 杨鑫光, 傅华, 2005. 阿拉善荒漠区 3 种旱生植物体内主要渗透调节物质的含量和分配特征[J]. 草业科学, 22(19): 38-45.

李珂, 2010. 对黑河流域水权交易制度建设的思考[J]. 重庆科技学院学报(社会科学版), (3): 72-74.

李培月, 2014. 人类活动影响下地下水环境研究——以宁夏平原为例[D]. 西安: 长安大学.

李鹏学, 2013. 内陆河流域水权制度改革探讨[J]. 中国农村水利水电, (11): 57-59.

李启森, 赵文智, 冯起, 2006. 黑河流域水资源动态变化与绿洲发育及发展演化的关系[J]. 干旱区地理, 29(1): 21-25.

李士美, 谢高地, 张彩霞, 2009. 典型草地地上现存生物量资产动态[J]. 草业学报, 18(4): 1-8.

李素清, 王向东, 2007. 山西环境承载力及其环境变化机制与驱动力分析[J]. 太原师范学院学报(自然科学版), 6(1): 10-13.

李素清, 张金屯, 2003. 浅谈人类生态观的演进与可持续发展[J]. 山西大学学报(哲学社会科学版), 26(5): 123-126.

李玮, 王立, 姜涛, 2007. 地下水浅埋区盐碱地滴灌条件下土壤盐分运移研究[J]. 干旱区农业研究, 25(5): 130-135.

李晓光, 苗鸿, 郑华, 等, 2009. 机会成本法在确定生态补偿标准中的应用——以海南中部山区为例[J]. 生态学报, 29(9): 4875-4883.

李新, 程国栋, 吴立宗, 2010. 数字黑河的思考与实践 1: 为流域科学服务的数字流域[J]. 地球科学进展, 25(3): 297-305.

李新国, 李和平, 任云霞, 等, 2012. 开都河流域下游绿洲土壤盐渍化特征及其光谱分析[J]. 土壤通报, 43(1): 166-169.

李颖俊, 勾晓华, 方克艳, 等, 2012. 祁连山东部188a上年8月至当年6月降水量的树轮重建[J]. 中国沙漠, 32(5): 1393-1401.

李玉文, 陈惠雄, 徐中民, 2010. 集成水资源管理理论及定量评价应用研究——以黑河流域为例[J]. 中国工业经济, (3): 139-148.

李原园, 曹建廷, 黄火键, 等, 2018. 国际上水资源综合管理进展[J]. 水科学进展, 29(1): 127-137.

李振涛, 2018. 河西走廊干旱区农业用水效益影响因素分析[D]. 兰州: 兰州大学.

李志建, 倪恒, 汤梦玲, 等, 2003. 黑河下游地区土壤水盐及有机质空间分布与植被分布及长势分析[J]. 资源调查与环境, 24(2): 143-150.

李宗善, 刘国华, 傅伯杰, 等, 2011. 利用树木年轮宽度资料重建川西米亚罗地区过去200年夏季温度的变化[J]. 第四纪研究, 31(3): 522-534.

林慧龙, 王军, 徐震, 2005. 草地净第一性生产力与>0℃年积温、湿润度指标间的关系[J]. 草业科学, 22(6): 8-10.

刘冰, 靳鹤龄, 孙忠, 2012. 中晚全新世科尔沁沙地沉积物化学特征及其气候变化[J]. 沉积学报, 30(3): 536-546.

刘昌明, 李道峰, 田英, 等, 2003. 基于DEM的分布式水文模型在大尺度流域应用研究[J]. 地理科学进展, 22(5): 437-445.

刘春蓁, 1997. 气候变化对我国水文水资源的可能影响[J]. 水科学进展, 8(3): 220-225.

刘东生, 1985. 黄土与环境[M]. 北京: 科学出版社.

刘芳, 2010. 流域水资源治理模式的比较制度分析[D]. 杭州: 浙江大学.

刘广明, 吕真真, 杨劲松, 等, 2012. 典型绿洲区土壤盐分的空间变异特征[J]. 农业工程学报, 28(16): 100-107.

刘力, 2015. 流域生态补偿研究进展[J]. 中国沙漠, 35(3): 808-813.

刘宁, 2007. 不同土地利用方式下黄河三角洲土壤特性空间变异研究——以垦利县为例[D]. 泰安: 山东农业大学.

刘宁宁, 王录仓, 张晓玉, 等, 2011. 疏勒河流域移民安置工程对生态环境的影响[J]. 安徽农业科学, 39(11): 6696-6698.

刘世荣, 徐德应, 王兵, 1994. 气候变化对中国森林生产力的影响. I. 中国森林净第一性生产力的模拟[J]. 林业科学研究, 7(4): 425-443.

刘思峰, 2010. 灰色系统理论及其应用[M]. 北京: 科学出版社.

刘伟, 2004. 中国水制度的经济学分析[D]. 上海: 复旦大学.

刘蔚, 王涛, 苏永红, 等, 2005. 黑河下游土壤和地下水盐分特征分析[J]. 冰川冻土, 27(6): 890-898.

刘晓红, 虞锡君, 2009. 县域跨界水污染补偿机制在嘉兴市的探索[J]. 环境污染与防治, 31(1): 85-88.

刘晓宏, 秦大河, 邵雪梅, 等, 2004. 祁连山中部过去近千年温度变化的树轮记录[J]. 中国科学, 34(1): 89-95.

刘兴明, 刘贤德, 车宗玺, 等, 2010. 祁连山青海云杉林区苔藓层对流域水文的影响[J]. 干旱区地理, 33(6): 962-967.

刘学敏, 2002. 西北地区生态移民的效果与问题探讨[J]. 中国农村经济, (4): 47-52.

刘禹, 安芷生, HAS W L, 等, 2009. 青藏高原中东部过去 2485 年以来温度变化的树轮记录[J]. 中国科学, 39(2): 166-176.

刘玉冰, 2006. 红砂的解剖结构及生理生态特征对干旱环境的响应[D]. 兰州: 兰州大学.

刘育红, 2012. "新丝绸之路"经济带交通基础设施、空间溢出与经济增长[D]. 西安: 陕西师范大学.

刘兆昌, 李广贺, 朱琨, 1998. 供水水文地质[M]. 3 版. 北京: 中国建筑工业出版社.

刘志明, 晏明, 何艳芬, 2004. 吉林省西部土地盐碱化研究[J]. 资源科学, 26(5): 111-116.

龙爱华, 王浩, 程国栋, 等, 2008. 黑河流域中游地区净第一性生产力的人类占用[J]. 应用生态学报, 19(4): 853-858.

鲁顺元, 2008. 生态移民理论与青海的移民实践[J]. 青海社会科学, (6): 23-27.

陆大道, 刘毅, 樊杰, 1999. 我国区域政策实施效果与区域发展的基本态势[J]. 地理学报, 54(6): 496-508.

卢玲, 李新, 2006. 黑河流域植被净初级生产力的遥感估算[J]. 中国沙漠, 25(6): 823-830.

陆志翔, 2012. 黑河干流山区气温降水分布特征及径流模拟研究[D]. 兰州: 中国科学院寒区旱区环境与工程研究所.

栾维功, 2013. 以水为基统筹兼顾重点治理——《石羊河流域重点治理规划》特点分析[J]. 中国水利, (5): 29-32.

罗江燕, 2009. 基于 3S 技术的土壤盐渍化影响因素研究——以渭干河-库车河三角洲绿洲为例[D]. 乌鲁木齐: 新疆大学.

吕京, 2013. 海流兔河流域地下水对植被指数分布的影响研究[D]. 北京: 中国地质大学(北京).

吕忠梅, 2005. 论可持续发展与环境法的更新[J]. 科技与法律, (2): 111-118.

马国泰, 2003. 黑河流域景观生态特征分析研究[J]. 河西学院学报, 19(2): 42-46.

马金珠, 陈发虎, 赵华, 2004. 1000 年以来巴丹吉林沙漠地下水补给与气候变化的包气带地球化学记录[J]. 科学通报, 49(1): 22-26.

马莉, 2011. 水资源与区域可持续发展[D]. 兰州: 兰州大学.

马妮娜, 杨小平, 2008. 巴丹吉林沙漠及其东南边缘地区水化学和环境同位素特征及其水文学意义[J]. 第四纪研究, 28(4): 701-711.

马文红, 方精云, 杨元合, 等, 2010. 中国北方草地生物量动态及其与气候因子的关系[J]. 中国科学 C 辑: 生命科学, 40(7): 632-641.

马文红, 杨元合, 贺金生, 等, 2008. 内蒙古温带草原生物量及其环境因子的关系[J]. 中国科学 C 辑: 生命科学, 38(1): 84-92.

马寅, 2012. 生态经济系统可持续发展评价与模式研究——以西藏一江两河地区为例[D]. 北京: 中央民族大学.

马振锋, 彭骏, 高文良, 等, 2006. 近 40 年西南地区的气候变化事实[J]. 高原气象, 25(4): 633-642.

麦麦提吐尔逊·艾则孜, 海米提·依米提, 孙慧兰, 等, 2013. 伊犁河流域土壤盐分与地下水关系的关联分析[J]. 土壤通报, 44(3): 561-565.

麦麦提吐尔逊·艾则孜, 海米提·依米提, 祖皮艳木·买买提, 等, 2012. 伊犁河流域土壤盐渍化对地下水特征的响应[J]. 水文, 32(6): 14-20.

茅海军, 王静远, 惠媛, 等, 2017. 基于 AHP 层次分析法的团体标准评价指标体系研究[J]. 标准科学, (12): 96-100.

民勤县编撰委员会, 1994. 民勤县志[M]. 兰州: 兰州大学出版社.

倪广恒, 李新红, 丛振涛, 等, 2006. 中国参考作物腾发量时空变化特性分析[J]. 农业工程学报, 22(5): 1-4.

欧阳钦从, 林炳青, 陈兴伟, 2016. 基于 SWAT 模型的晋江流域土地利用变化对水文过程影响分析[J]. 亚热带资源与环境学报, 11(1): 65-70.

潘护林, 2009. 干旱区集成水资源管理绩效评价及其影响因素分析——以甘州区水资源管理为例[D]. 兰州: 西北师范大学.

潘护林, 陈惠雄, 2014. 可持续水资源综合管理定量评价: 基于 IWRM 理论的实证研究[J]. 生态经济, 30(11): 145-150.

潘家华, 郑艳, 2014. 气候移民概念辨析及政策含义——兼论宁夏生态移民政策[J]. 中国软科学, 1: 78-86.

潘家华, 郑艳, 王建武, 等, 2014. 气候容量: 适应气候变化的测度指标[J]. 中国人口·资源与环境, 24(1): 1-8.

潘世兵, 路京选, 张建立, 等, 2006. 黑河流域额济纳绿洲生态保护措施及其效应分析[J]. 地理与地理信息科学, 3: 106-108.

庞靖鹏, 刘昌明, 徐宗学, 2010. 密云水库流域土地利用变化对产流和产沙的影响[J]. 北京师范大学学报(自然科学版), 46(3): 290-299.

彭红春, 李海英, 孙美萍, 2009. 黑河流域生态系统的 NPP 对全球变化的响应研究[C]. 中国地理学会 2009 百年庆典学术大会, 北京: 27.

彭家中, 司建华, 冯起, 等, 2011. 基于地统计的额济纳绿洲地下水位埋深空间异质性研究[J]. 干旱区资源与环境, 25(4): 94-99.

彭建, 王仰麟, 吴健生, 等, 2007. 区域生态系统健康评价——研究方法与进展[J]. 生态学报, 27(11): 4877-4885.

朴世龙, 方精云, 郭庆华, 2001. 利用 CASA 模型估算我国植被净第一性生产力[J]. 植物生态学报, 25(5): 603-608.

秦大河, 丁永建, 穆穆, 2013. 中国气候与环境演变: 2012(综合卷)[M]. 北京: 气象出版社.

秦大河, 2002. 中国西部环境演变评估综合报告[M]. 北京: 科学出版社.

曲玮, 李振涛, AARNOUDSE E, 等, 2018. 甘肃河西走廊内陆河流域节水战略选择——地表水与地下水联合管理[J]. 冰川冻土, 40(1): 145-155.

全球水伙伴技术顾问委员会, 2016. 水资源综合管理[M]. 全球水伙伴中国委员会, 译. 北京: 中国水利水电出版社.

全球水伙伴技术委员会, 2006. 催化变革——制定水资源综合管理战略手册[M]. 杜振坤, 张均, 蒋云钟, 等, 编译. 北京: 中国林业出版社.

任朝霞, 杨达源, 2006. 近 50a 西北干旱区气候变化趋势研究[J]. 第四纪研究, 26(2): 299-300.

任国玉, 郭军, 徐铭志, 等, 2005. 近 50 年中国地面气候变化基本特征[J]. 气象学报, 63(6): 942-956.

阮本清, 许凤冉, 张春玲, 2008. 流域生态补偿研究进展与实践[J]. 水利学报, 39(10): 1220-1225.

萨如拉, 豪树奇, 张秋良, 等, 2006. 额济纳胡杨林土壤含水量时空变化的研究[J]. 林业资源管理, (1): 59-62.

尚海洋, 张志强, 2011. 石羊河流域武威市水资源社会化循环评估[J]. 干旱区资源与环境, 25(7): 57-62.

尚华明, 魏文寿, 袁玉江, 等, 2010. 树轮记录的中天山 150 年降水变化特征[J]. 干旱区研究, 27(3): 443-449.

邵雪梅, 黄磊, 刘洪滨, 等, 2004. 树轮记录的青海德令哈地区千年降水变化[J]. 中国科学, 34(2): 145-153.

邵雪梅, 梁尔源, 黄磊, 等, 2006. 柴达木盆地东北部过去1437a 的降水变化重建[J]. 气候变化研究进展, (3): 122-126.

邵雪梅, 吴祥定, 1996. 采用树木年轮资料重建华山过去 500 年以来的春末夏初降水变化[M]//符淙斌, 严中伟. 全球环境与我国未来的生存环境. 北京: 气象出版社.

邵雪梅, 吴祥定, 1997. 利用树轮资料重建长白山区过去气候变化[J]. 第四纪研究, (1): 76-85.

沈吉, 张恩楼, 夏威岚, 2001. 青海湖近千年来气候环境变化的湖泊沉积记录[J]. 第四纪研究, 21(6): 508-512.

沈满洪, 2004. 水权交易制度研究: 中国的案例分析[D]. 杭州: 浙江大学.

沈星, 褚忠信, 王玥铭, 等, 2015. 北黄海西部与南黄海中部泥质区岩芯敏感粒级及其环境意义[J]. 沉积学报, 33(1): 124-133.

沈禹颖, 阎顺国, 朱兴运, 等, 1995. 河西走廊几种盐化草地第一性生产力的研究[J]. 草业学报, 4(2): 51-57.

沈长泗, 陈金敏, 张志华, 等, 1998. 采用树木年轮资料重建山东沂山地区 200 多年来的湿润指数[J]. 地理研究, 17(2): 150-156.

施国庆, 严登才, 周建, 2009. 生态移民社会冲突的原因及对策[J]. 宁夏社会科学, (6): 75-78.

施雅风, 曲耀光, 1992. 乌鲁木齐河流域水资源环境承载力及其合理利用[M]. 北京: 科学出版社.

施雅风, 沈永平, 李栋梁, 等, 2003. 中国西北气候由暖干向暖湿转型的特征和趋势探讨[J]. 第四纪研究, 23(2): 152-164.

石敏俊, 王磊, 王晓君, 2011. 黑河分水后张掖市水资源供需格局变化及驱动因素[J]. 资源科学, 33(8): 1489-1597.

石羊河流域管理局, 2017. 甘肃省取水许可和水资源费征收管理办法[EB/OL]. (2017-05-24) [2018-09-09]. http:// www. gssl. gov. cn/syhglj/zcfg/gfxwj/sj/201707/t20170717_78849. html.

石玉波, 2001. 关于水权与水市场的几点认识[J]. 中国水利, (2): 31-32.

史俊宏, 2010. 基于 PSR 模型的生态移民安置区可持续发展指标体系构建及评估方法研究[J]. 西北人 口, 31(4): 31-35.

水利部, 2005. 解读《关于建立农田水利建设新机制的意见》[EB/OL]. (2005-11-30) [2018-09-10]. https://www.gov.cn/ gongbao/content/2005/content_108145.htm.

水利部, 2007. 胡四一就《节水型社会建设"十一五"规划》答记者问[EB/OL]. (2007-02-09) [2018-09-10]. http://www. mwr. gov.cn/zw/zcfg/zcjd/201702/t20170213_857585.html.

水利部, 2008. 《加快推进水利信息化资源整合与共享指导意见》解读[EB/OL]. (2008-08-21) [2018-09-10]. http://www.mwr.gov.cn/zw/zcfg/xzfghfgxwj/201707/t20170713_955722.html.

水利部, 2015. 取水许可和水资源费征收管理条例[EB/OL]. (2015-06-05) [2018-09-10]. https://www.gov.cn/flfg/ 2006-03/06/content_220450.htm?eqid=b14812390000fce6000000066490fe58.

司建华, 冯起, 张小由, 等, 2005. 黑河下游分水后的植被变化初步研究[J]. 西北植物学报, 25(4): 631-640.

斯米茨, 等, 2006. 河流管理新方法[M]. 姜鲁光, 于秀波, 李利峰, 等, 译. 北京: 科学出版社.

宋克超, 康尔泗, 金博文, 等, 2004. 黑河流域山区植被带草地蒸散发试验研究[J]. 冰川冻土, 26(3): 349-356.

宋乃平, 张凤荣, 李保国, 等, 2004. 禁牧政策及其效应解析[J]. 自然资源学报, 19(1): 316-323.

宋鹏飞, 白利平, 王国强, 等, 2014. 黑河流域地下水埋深与气候变化对植被覆盖的影响研究[J]. 北京自然大学学 报(自然科学版), 50(5): 549-554.

宋晓猛, 张建云, 占车生, 等, 2013. 气候变化和人类活动对水文循环影响研究进展[J]. 水利学报, 44(7): 779-790.

宋晓谕, 徐中民, 祁元, 等, 2013. 青海湖流域生态补偿空间选择与补偿标准研究[J]. 冰川冻土, 35(1): 496-503.

宋轩, 崔剑, 陈杰, 2009. 基于 GIS 和 RS 的河南省植被净第一性生产力估算[J]. 郑州大学学报: 理学版, 41(3): 118-124.

宋长春, 邓伟, 2000. 吉林西部地下水特征及其与土壤盐渍化的关系[J]. 地理科学, 20(3): 246-250.

苏培玺, 安黎哲, 马瑞君, 等, 2005. 荒漠植物梭梭和沙拐枣的花环结构与 C4 光合特征[J]. 植物生态学报, 29(1): 1-7.

苏青, 施国庆, 祝瑞样, 2001. 水权研究综述[J]. 水利经济, 19(4): 3-11.

苏永红, 冯起, 吕世华, 等, 2004. 额济纳生态环境退化及成因分析[J]. 高原气象, 23(2): 264-270.

苏永红, 冯起, 朱高峰, 等, 2005. 额济纳旗浅层地下水环境分析[J]. 冰川冻土, 27(2): 297-303.

粟晓玲, 康绍忠, 魏晓妹, 等, 2007. 气候变化和人类活动对渭河流域入黄径流的影响[J]. 西北农林科技大学学报: 自 然科学版, 35(2): 153-159.

孙鸿烈, 2006. 生态系统评估的科学问题与研究方法: 中国生态系统研究网络为生态系统评估提供科技支撑[J]. 资源 科学, 28(4): 2-3.

孙金伟, 关德新, 吴家兵, 等, 2012. 陆地植被净第一性生产力研究进展[J]. 世界林业研究, 25(1): 1-6.

孙力炜, 张勃, 张建香, 等, 2013. 内陆河流域土地利用/覆盖变化的生态效益评价[J]. 干旱区资源与环 境, 27(3): 80-85.

孙丽娜, 梁冬梅, 2016. 东辽河流域未来土地利用变化对水文影响的研究[J]. 水土保持研究, 23(5): 164-168.

孙睿, 朱启疆, 2000. 中国陆地植被净第一性生产力及季节变化研究[J]. 地理学报, 55(1): 36-45.

孙宪春, 金晓媚, 万力, 2008. 地下水对银川平原植被生长的影响[J]. 现代地质, 22(2): 321-324.

覃沙, 张桅, 李福秋, 等, 2017. 基于改进雷达图的空间可修系统维修策略综合评价方法应用研究[J]. 质量与可靠性, (6): 34-37.

覃新闻, 2011. 塔里木河流域水资源管理体制与机制探讨[J]. 中国水利, (8): 23-25.

汤国安, 杨昕, 2006. ArcGIS 地理信息系统空间分析实验教程[M]. 北京: 科学出版社.

汤梦玲, 徐恒力, 曹李婧, 2001. 西北地区地下水对植被生存演替的作用[J]. 地质情报科技, 20(2): 145-149.

唐博文, 罗小锋, 秦军, 2010. 农户采用不同属性技术的影响因素分析——基于 9 省(区)2110 户农户的调查[J]. 中国农村经济, 6: 49-57.

唐立久, 2013. "丝绸之路经济带" 新疆战略解构[J]. 中亚信息, (8): 26-27.

唐启义, 冯明光, 2000. 实用统计分析及其 DPS 数据处理系统[M]. 北京: 科学出版社.

陶波, 李克让, 邵雪梅, 等, 2003. 中国陆地净初级生产力时空特征模拟[J]. 地理学报, 58(3): 372-380.

陶格斯, 2007. 生态移民的社会适应研究——以呼和浩特市蒙古族生态移民点为例[D]. 北京: 中央民族大学.

吐尔逊·艾山, 塔西甫拉提·特依拜, 买买提·阿扎提, 等, 2011. 渭干河灌区地下水埋深与矿化度时空分布动态[J]. 地理学报, 31(9): 1131-1136.

吐尔逊·艾山, 2012. 渭-库绿洲盐渍化土壤与地下水特征时空变化研究[D]. 乌鲁木齐: 新疆大学.

王成云, 2006. 梭梭属植物对大气干旱的季节性生理生化响应[D]. 乌鲁木齐: 新疆农业大学.

王大纯, 张人权, 史毅虹, 等, 1995. 水文地质学基础[M]. 北京: 地质出版社.

王丹丹, 于静洁, 王平, 等, 2013. 额济纳三角洲浅层地下水化学特征及其影响因素[J]. 南水北调与水利科技, 11(4): 51-56.

王凤生, 田兆成, 2002. 吉林省松嫩平原土壤盐渍化过程中的地下水作用[J]. 吉林地质, 21(2): 79-88.

王纲胜, 夏军, 万东晖, 等, 2006. 气候变化及人类活动影响下的潮白河月水量平衡模拟[J]. 自然资源学报, 21(1): 86-91.

王根绪, 王建, 仵彦卿, 2002. 近 10 年来黑河流域生态环境变化特征分析[J]. 地理科学, 22(5): 527-534.

王根绪, 张钰, 刘桂民, 等, 2005. 马营河流域 1967-2000 年土地利用变化对河流径流的影响[J]. 中国科学, 35(7): 671-681.

王俭, 孙铁珩, 李培军, 2005. 环境承载力研究进展[J]. 应用生态学报, 16(1): 768-772.

王金叶, 常学向, 葛双兰, 等, 2001. 祁连山(北坡)水热状况与植被垂直分布[J]. 西北林学院学报, 16(z1): 1-3.

王菱, 谢贤群, 苏文, 等, 2004. 中国北方地区 50 年来最高和最低气温变化及其影响[J]. 自然资源学报, 19(3): 337-343.

王萍, 卢演俦, 丁国瑜, 等, 2004. 甘肃疏勒河冲积扇发育特征及其对构造活动的响应[J]. 第四纪研究, 24(1): 74-81.

王蓉, 2007. 甘肃省石羊河流域农民水权制度建设实证研究[J]. 调研世界, 5: 20-21.

王胜兰, 2008. 基于 5 种气候生产力模型的乌鲁木齐地区 NPP 计算分析[J]. 沙漠与绿洲气象, 2(4): 40-44.

王盛萍, 张志强, 孙阁, 等, 2006. 黄土高原流域土地利用变化水文动态响应——以甘肃天水吕二沟流域为例[J]. 北京林业大学学报, 28(1): 48-54.

王仕琴, 宋献方, 王勤学, 等, 2008. 华北平原浅层地下水水位动态变化[J]. 地理学报, 63(5): 462-470.

王书功, 康尔泗, 金博文, 等, 2003. 黑河山区草地蒸散发量估算方法研究[J]. 冰川冻土, 25(5): 558-565.

王舒娅, 姜娜, 康绍忠, 2014. 关于石羊河流域水权制度改革的调查研究[J]. 水资源与水工程学报, 25(3): 143-146.

王树义, 庄超, 2014. 论我国流域水资源管理体制的创新[J]. 清华法治论衡, (3): 197-206.

王水鲜, 董新光, 刘磊, 2010. 新疆焉耆盆地绿洲水盐双梯度下天然植被多样性分异特征[J]. 冰川冻土, 32(5): 999-1006.

王婷, 于丹, 李江风, 等, 2003. 树木年轮宽度与气候变化关系研究进展[J]. 植物生态学报, 27(1): 23-33.

王小梅, 高丽文, 2008. 三江源地区生态移民与城镇化协调发展研究[J]. 青海师范大学学报: 哲学社会科学版, (1): 6-9.

王亚敏, 冯起, 李宗省, 2014. 1960~2005 年西北地区低云量的时空变化及成因分析[J]. 地理科学, 34(5): 635-640.

王亚敏, 张勃, 戴声佩, 等, 2010. 河西地区 1960 年至 2008 年潜在蒸发量的时空变化分析[J]. 资源科学, 32(1): 139-148.

王一谋, 颜长珍, 王建华, 2011. 黑河流域 2000 年土地利用数据集[DB/OL]. [2017-04-05]. http://westdc.westgis.ac.cn/data/4225a0a6-972c-4c15-b6e9-5925e6c6a0d2.

王莺, 夏文韬, 梁天刚, 2010. 陆地生态系统净第一性生产力的时空动态模拟研究进展[J]. 草业科学, 27(2): 77-88.

王莺, 张强, 王劲松, 等, 2017. 基于分布式水文模型(SWAT)的土地利用和气候变化对洮河流域水文影响特征[J]. 中国沙漠, 37(1): 175-185.

王玉刚, 郑新军, 李彦, 2009. 干旱区不同景观单元土壤盐分的变化特征[J]. 生态学杂志, 28(11): 2293-2298.

王昱, 2013. 内陆河流域生态治理政策可持续发展评价——以黑河流域为例[D]. 兰州: 中国科学院寒区旱区环境与工程研究所.

王政权, 1999. 地质统计学及其在生态学中的应用[M]. 北京: 科学出版社.

王中根, 刘昌明, 黄友波, 2003. SWAT 模型的原理、结构及应用研究[J]. 地理科学进展, 22(1): 79-86.

王忠静, 2013. 水权分配——开启石羊河重点治理的第一把钥匙[J]. 中国水利, 5: 26-28.

王宗明, 梁银丽, 2002. 植被净第一性生产力模型研究进展[J]. 西北林学院学报, 17(2): 22-25.

王遵亲, 祝寿泉, 俞仁培, 等, 1993. 中国盐渍土[M]. 北京: 科学出版社.

魏凤英, 1993. 现代气候统计诊断预测技术[M]. 北京: 气象出版社.

魏凤英, 2007. 现代气候统计诊断与预测技术[M]. 2 版. 北京: 气象出版社.

魏国孝, 2011. 现代古兰盆地地下水演化规律及古大湖补给水源研究[D]. 兰州: 兰州大学.

魏云杰, 许模, 2005. 新疆土壤盐渍化成因及其防治对策研究[J]. 地球与环境, 33(z1): 593-597.

温小虎, 仵彦卿, 常娟, 等, 2004. 黑河流域水化学空间分异特征分析[J]. 干旱区研究, 21(1): 1-6.

温小虎, 仵彦卿, 苏建平, 等, 2006. 额济纳盆地地下水盐化特征及机理分析[J]. 中国沙漠, 26(5): 836-841.

吴丹, 2012. 流域初始水权配置方法研究进展[J]. 水利水电科技进展, 32(2): 89-94.

吴家兵, 张玉书, 关德新, 2003. 森林生态系统 CO_2 通量研究方法与进展[J]. 东北林业大学学报, 31(6): 49-51.

吴培宾, 2017. 张掖市水利改革成效与展望[J]. 甘肃农业, 2: 44-45.

吴晓军, 2004. 改革开放后中国生态环境保护历史评析[J]. 甘肃社会科学, 1: 167-170.

仵彦卿, 李俊亭, 1992. 地下水动态研究现状与展望[J]. 西安地质学院学报, 14(4): 58-63.

武威市水务局, 2016. 石羊河流域重点治理情况汇报(内部资料)[R]. 武威: 武威市水务局.

武选民, 史生胜, 黎明, 等, 2002. 西北黑河下游额济纳盆地地下水系统研究(上)[J]. 水文地质工程地质, (1): 16-20.

席海洋, 2009. 额济纳盆地地下水动态变化规律及数值模拟研究[D]. 兰州: 中国科学院寒区旱区环境与工程研究所.

席海洋, 冯起, 司建华, 2007. 分水对额济纳绿洲浅层地下水水化学性质的影响[J]. 水土保持研究, 14(5): 135-138.

席海洋, 冯起, 司建华, 2011. 额济纳地下水时空变化特征[J]. 干旱区地理, 28(4): 592-601.

席海洋, 冯起, 司建华, 2013. 黑河下游绿洲 NDVI 对地下水位变化的响应研究[J]. 中国沙漠, 33(2): 574-582.

夏建国, 李廷轩, 邓良基, 等, 2000. 主成分分析方法在耕地质量评价中的应用[J]. 西南农业学报, 13(5): 51-55.

夏军, 王纲胜, 吕爱锋, 等, 2003. 分布式时变增益流域水循环模拟[J]. 地理学报, 58(5): 789-796.

夏军, 朱一中, 2002. 水资源安全的度量: 水资源环境承载力的研究与挑战[J]. 自然资源学报, 17(1): 262-269.

夏梦, 2015. 新疆柴窝堡湖岩芯沉积物粒度特征及环境信息提取位学[D]. 乌鲁木齐: 新疆大学.

肖生春, 肖洪浪, 2003. 黑河流域绿洲环境演变因素研究[J]. 中国沙漠, 23(4): 385-390.

肖生春, 肖洪浪, 宋耀选, 2004. 2000 年来黑河中下游水土资源利用与下游环境演变[J]. 中国沙漠, 24(4): 405-408.

新华社, 2016. 中共中央办公厅　国务院办公厅印发《关于全面推行河长制的意见》[EB/OL]. (2016-12-11) [2018-09-10].http://www.gov.cn/xinwen/2016-12/11/content_5146628.htm?allContent.

熊德迟, 2012. 关于广州市流溪河流域管理立法的思考[J]. 人民珠江, 33(3): 1-3.

徐芳, 2014. 创新与和谐: 加快丝绸之路经济带文化产业的健康发展[J]. 丝绸之路, (22): 004.

徐海量, 宋郁东, 王强, 等, 2004. 塔里木河中下游地区不同地下水位对植被的影响[J]. 生态学报, 28(3): 400-405.

徐建夏, 彭刚志, 王建柱, 2015. 三峡库区香溪河消落带植被多样性及分布格局研究[J]. 长江流域资源与环境, 24(8): 1345-1350.

徐树建, 丁新潮, 倪志超, 2014. 山东埠西黄土剖面沉积特征及古气候环境意义[J]. 地理学报, 69(11): 1707-1717.

徐永亮, 于静洁, 王平, 等, 2013. 额济纳三角洲地下水位年内动态变化特征分类分析[J]. 干旱区资源与环境, 27(4): 135-140.

徐宗学, 程磊, 2010. 分布式水文模型研究与应用进展[J]. 水利学报, 39(9): 1009-1017.

许尔琪, 张红旗, 许咏梅, 2013. 伊犁新垦区土壤盐分垂直分异特征研究[J]. 干旱区资源与环境, 27(7): 71-77.

薛博, 2009. 额济纳绿洲 NDVI 与黑河下游年径流量的滞后关系模型研究[D]. 合肥: 合肥工业大学.

荀彦平, 2007. 基于生态环境保护目标的西北干旱区城市水权交易机制构建[D]. 兰州: 兰州大学.

闫秋源, 2005. 环境社会学视野中的生态移民与社区构建——以内蒙古鄂托克旗棋盘井移民村为例[D]. 北京: 中央民族大学.

杨保, 2003. 青藏高原地区过去 2000 年来的气候变化[J]. 地球科学进展, 18(2): 285-291.

杨保, 康兴成, 施雅风, 2000. 近 2000 年都兰树轮 10 年尺度的气候变化及其与中国其它地区温度代用资料的比较[J]. 地理科学, 20(5): 397-402.

杨殿臣, 李久平, 韩志远, 2006. 大伙房水库输水工程隧洞地质条件综述[J]. 水利水电技术, 37(3): 36-38.

杨桂山, 于秀波, 李恒鹏, 等, 2004. 流域综合管理导论[M]. 北京: 科学出版社.

杨建强, 罗先香, 1999. 土壤盐渍化与地下水动态特征关系研究[J]. 水土保持通报, 19(6): 11-15.

杨劲松, 2008. 中国盐渍土研究的发展历程与展望[J]. 土壤学报, 45(5): 837-845.

杨秋, 2010. 黑河流域水循环的同位素与水化学研究[J]. 北京: 中国科学院研究生院.

杨维军, 2005. 西部民族地区生态移民发展对策研究[J]. 西北第二民族学院学报(哲学社会科学版), (4): 5-12.

杨永刚, 肖洪浪, 赵良菊, 等, 2011. 马粪沟流域不同景观带水文过程[J]. 水科学进展, 22(5): 624-630.

杨朝晖, 褚俊英, 陈宁, 等, 2016. 国外典型流域水资源综合管理的经验与启示[J]. 水资源保护, 32(3): 33-37.

姚荣江, 杨劲松, 2007. 黄河三角洲典型地区地下水位与土壤盐分空间分布的指示克里格评价[J]. 农业环境科学学报, 6: 714-724.

姚莹莹, 刘杰, 张爱静, 等, 2014. 黑河流域河道径流和人类活动对地下水动态的影响[J]. 第四纪研究, 34(5): 973-981.

姚月锋, 满秀玲, 2007. 毛乌素沙地不同林龄沙柳表层土壤水分空间异质性[J]. 水土保持学报, 21(1): 111-115.

姚云峰, 高岩, 张汝民, 等, 1997. 渗透胁迫对梭梭幼苗体内保护酶活性的影响极其抗旱性研究[J]. 干旱区资源与环境, 11(3): 70-74.

叶许春, 张奇, 刘健, 等, 2009. 气候变化和人类活动对鄱阳湖流域径流变化的影响研究[J]. 冰川冻土, 31(5): 835-842.

永昌县档案局, 2016. 永昌县完成石羊河流域重点治理项目档案验收工作[EB/OL]. (2016-09-01) [2018-09-10]. http://www.cngsda.net/art/2016/9/1/art_56_35441.html.

于涛, 樊曦, 王衡, 等, 2014. 打造丝绸之路上的黄金通道写在兰新高铁乌鲁木齐—哈密段开通之际[J]. 中亚信息, 11: 12-13.

鱼腾飞, 冯起, 刘蔚, 等, 2012. 黑河下游土壤水盐对生态输水的响应及其与植被生长的关系[J]. 生态学报, 32(22): 7009-7017.

袁玉江, 李江风, 1994. 天山西部云杉林年轮气候生长量与气候的关系[J]. 新疆大学学报: 自然科学版, 11(4): 93-98.

袁玉江, 李江风, 1999. 天山乌鲁木齐河源450a冬季温度序列的重建与分析[J]. 冰川冻土, 21(1): 64-70.

岳利军, 2006. 三种荒漠植物育苗技术的研究[D]. 兰州: 兰州大学.

曾庆庆, 2010. 基于流域统一管理的地方政府合作研究[D]. 上海: 上海交通大学.

张传奇, 温小虎, 高猛, 等, 2014. 莱州湾东岸地下水化学及盐化特征[J]. 海洋通报: 584-591.

张翠云, 王昭, 2004. 黑河流域人类活动强度的定量评价[J]. 地球科学进展, 19(S1): 386-390.

张翠云, 王昭, 程旭学, 2004. 张掖市地下水硝酸盐污染源的氮同位素研究[J]. 干旱区资源与环境, 18(1): 79-85.

张戈丽, 欧阳华, 张宪洲, 等, 2010. 基于生态地理分区的青藏高原植被覆被变化及其气候变化的响应[J]. 地理研究, 29(11): 2004-2016.

张光辉, 刘少玉, 谢悦波, 等, 2004. 西北内陆黑河流域水循环与地下水形成演化模式[M]. 北京: 地质出版社.

张辉, 丁继新, 王继峰, 2012. 水贫困指数在河西走廊三大内陆河流域的应用[J]. 人民黄河, 34(7): 42-44.

张景兰, 2016. 疏勒河流域水权试点工作存在的问题及对策[J]. 水利规划与设计, (8): 15-16.

张举, 丁宏伟, 2005. 灰色拓扑预测方法在黑河出山径流量预报中的应用[J]. 干旱区地理, 28(6): 751-755.

张军, 张仁陟, 周冬梅, 2012. 基于生态足迹法的疏勒河流域水资源环境承载力评价[J]. 草业学报, 21(1): 267-274.

张乐勤, 荣慧芳, 2012. 条件价值法和机会成本法在小流域生态补偿标准估算中的应用——以安徽省秋浦河为例[J]. 水土保持通报, 32(1): 158-163.

张立伟, 宋春英, 延军平, 2011. 秦岭南北年极端气温的时空变化趋势研究[J]. 地理科学, 31(8): 1007-1011.

张丽, 董增川, 黄晓玲, 2004. 干旱区典型植物生长与地下水位关系的模型研究[J]. 中国沙漠, 24(1): 110-113.

张丽萍, 张镱锂, 王英安, 2006. 基于计算机图形学的土壤质地自动分类系统[J]. 地理科学进展, 25(3): 86-95.

张利, 陈小凤, 赵志鹏, 等, 2008. 气候变化对水文水资源影响的研究进展[J]. 地理科学进展, 27(3): 60-67.

张美玲, 蒋文兰, 陈全功, 等, 2012. 基于改进的CASA模型模拟草原综合顺序分类体系各类的最大光能利用率[J]. 草原与草坪, 32(4): 60-66.

张明炷, 黎庆淮, 石秀兰, 1994. 土壤学与农作学[M]. 3版. 北京: 水利电力出版社.

张娜, 于贵瑞, 赵士洞, 等, 2003. 长白山自然保护区生态系统碳平衡研究[J]. 环境科学, 24(1): 24-32.

张培, 章显, 于鲁冀, 2012. 排污权有偿使用阶梯式定价研究——以化学需氧量排放为例[J]. 生态经济, 8: 60-62.

张平, 2006. 南水北调工程受水区资源优化配置研究[D]. 南京: 河海大学.

张萍, 哈斯, 岳兴玲, 等, 2008. 白刺灌丛沙堆形态与沉积特征[J]. 干旱区地理, 31(6): 926-932.

张潜, 张涛, 肖永康, 等, 1997. 甘肃疏勒河流域移民迁入区生态环境的演变趋势分析[J]. 干旱区资源与环境, 11(3): 34-41.

张强, 张杰, 孙国武, 等, 2007. 祁连山山区空中水汽分布特征研究[J]. 气象学报, 65: 633-643.

张全发, 苏荣辉, 江明喜, 等, 2007. 南水北调工程及其生态安全: 优先研究领域[J]. 长江流域资源与环境, 16(1): 217-221.

张仁铎, 2005. 空间变异理论及其应用[M]. 北京: 科学出版社.

张锐, 郑华伟, 刘友兆, 2014. 基于压力-状态-响应模型与集对分析的土地利用系统健康评价[J]. 水土保持学报, 34(5): 146-152.

张涛, 1997. 移民效益评估理论与方法[J]. 中国人口科学, 63(6): 1-7.

张同娟, 杨劲松, 刘广明, 等, 2009. 基于电磁感应仪的河口地区底聚型剖面特征的解译[J]. 农业工程学报, 25(11): 103-113.

张同文, 袁玉江, 魏文寿, 等, 2013. 开都河中游地区雪岭云杉林上下限树轮宽度对比及其气候响应分析[J]. 干旱区地理, 36: 126-130.

张蔚榛, 张瑜芳, 2003. 对灌区水盐平衡和控制土壤盐渍化的一些认识[J]. 中国农村水利水电, 8: 13-18.

张晓明, 余新晓, 武思宏, 等, 2007. 黄土丘陵沟壑区典型流域土地利用/土地覆被变化水文动态响应[J]. 生态学报, 27(2): 12-21.

张秀娟, 周立华, 2012. 基于 DFSR 模型的北方农牧交错区生态系统健康评价——以宁夏盐池县为例[J]. 中国环境科学, 32(6): 1134-1140.

张雪妮, 杨晓东, 吕光辉, 2016. 水盐梯度下荒漠植物多样性格局及其与土壤环境的关系[J]. 生态学报, 36(11): 3206-3215.

张一驰, 于静洁, 乔茂云, 等, 2011. 黑河流域生态输水对下游植被变化影响研究[J]. 水利学报, 42(7): 757-765.

张一平, 张克映, 马友鑫, 等, 1997. 西双版纳热带地区不同植被覆盖地域径流特征[J]. 土壤侵蚀与水土保持学报, 3(4): 25-30.

张勇, 冯起, 高海宁, 等, 2013. 祁连山维管植物彩色图谱[M]. 北京: 科学出版社.

张郁, 丁四保, 2008. 基于主体功能区划的流域生态补偿机制[J]. 经济地理, 28(5): 849-852.

张志良, 张涛, 张潜, 1997. 移民对疏勒河流域生态环境影响的分析[J]. 中国人口科学, 62(5): 16-21.

张志强, 程莉, 尚海洋, 等, 2012. 流域生态系统补偿机制研究进展[J]. 生态学报, 32(1): 6543-6552.

张志强, 徐中民, 程国栋, 2003. 条件价值评估法的发展与应用[J]. 地球科学进展, 18(1): 454-463.

张志强, 徐中民, 程国栋, 等, 2001. 中国西部 12 省(区市)的生态足迹[J]. 地理学报, 56(5): 599-610.

张智全, 2010. 庆阳市生态承载力与生态环境评价研究[D]. 兰州: 甘肃农业大学.

赵斌, 蔡庆华, 2000. 地统计学分析方法在水生态系统研究中的应用[J]. 水生生物学报, 24(5): 514-520.

赵传燕, 李守波, 冯兆东, 等, 2009. 黑河下游地下水波动带地下水位动态变化研究[J]. 中国沙漠, 29(2): 365-369.

赵还卿, 2012. 吉林西部平原区地下水生态水位及水量调控研究[D]. 北京: 中国地质大学(北京).

赵海莉, 张志强, 赵锐锋, 2014. 黑河流域水资源管理制度历史变迁及其启示[J]. 干旱区地理, 37(1): 45-55.

赵静, 姜琦刚, 李卫东, 等, 2008. 基于 NDVI 变化的三江源生态环境演化分区研究[J]. 世界地质, 27(4): 427-431.

赵雪雁, 2012. 生态补偿效率研究综述[J]. 生态学报, 32(6): 1960-1969.

赵英时, 2003. 遥感应用分析原理与方法[M]. 北京: 科学出版社.

中国科学院中国植被图编辑委员会, 2008. 中华人民共和国植被图 1:1 000 000[M]. 北京: 地质出版社.

中国人大网, 2006. 中华人民共和国国民经济和社会发展第十一个五年规划纲要 [EB/OL]. (2006-03-18) [2018-09-10]. http://www.npc.gov.cn/zgrdw/npc/xinwen/jdgz/bgjy/2006-03/18/content_347869.htm?eqid=e9052d6c00178e0d0000000264589981.

中国水利, 2012. 解决中国水资源问题的重要举措——水利部副部长胡四一解读《国务院关于实行最严格水资源管理制度的意见》[J]. 中国水利, (7): 4-8.

钟方雷, 徐中民, 窪田顺平, 等, 2014. 黑河流域分水政策制度变迁分析[J]. 水利经济, 32(5): 37-42.

钟华平, 吴永祥, 李岱远, 2017. 水资源管理模式与管理对策探讨[J]. 水利发展研究, 17(10): 3-8.

周爱国, 2004. 中国西北干旱区额济纳盆地地质生态学研究[D]. 武汉: 中国地质大学(武汉).

周广胜, 王玉辉, 2008. 基于 CASA 模型的内蒙古典型草原植被净第一性生产力动态模拟[J]. 植物生态学报, 32(4): 786-797.

周红章, 2000. 物种与物种多样性[J]. 生物多样性, 8(2): 215-226.

周洪华, 陈亚宁, 李卫红, 2008. 新疆铁干里克绿洲水文过程对土壤盐渍化的影响[J]. 地理学报, 63(7): 714-724.

周建, 施国庆, 孙中民, 2009. 基于模糊理论的生态移民安置区优化选择[J]. 生态经济, (5): 33-36.

周茅先, 肖洪浪, 罗芳, 等, 2004. 额济纳三角洲地下水水盐特征与植被生长的相关研究[J]. 中国沙漠, 24(4): 431-436.

周晓峰, 赵惠勋, 孙慧珍, 2001. 正确评价森林水文效应[J]. 自然资源学报, 16(5): 420-426.

周晓蓉, 孙光远, 2008. 论生态取向下的民勤可持续发展[J]. 甘肃科技, 24(15): 1-3.

周雪玲, 李耀初, 2010. 国内外流域生态补偿研究进展[J]. 生态经济, 1: 311-313.

周英, 2008. 水量分配步入规范化轨道——周英就《水量分配暂行办法》的贯彻实施答记者问[J]. 水利建设与管理, 28(3): 7-8.

周在明, 2012. 环渤海低平原土壤盐分空间变异性及影响机制研究[D]. 北京: 中国地质科学院.

周长进, 董锁成, 李岱, 2004. 疏勒河流域水化学特征及其保护[J]. 水利水电科技进展, 24: 16-18.

周志强, 魏晓雪, 曹李婧, 2007. 新疆奇台荒漠植物群落的数量分类及土壤环境解释[J]. 生物多样性, 15(3): 264-270.

朱海峰, 郑永宏, 邵雪梅, 等, 2008. 树木年轮记录的青海乌兰地区近千年温度变化[J]. 科学通报, 53(15): 1835-1841.

朱军涛, 于静洁, 王平, 等, 2011. 额济纳荒漠绿洲植物群落的数量分类及其与地下水环境的关系分析[J]. 植物生态学报, 35(5): 480-489.

朱文泉, 潘耀忠, 张锦水, 2007. 中国陆地植被净第一性生产力遥感估算[J]. 植物生态学报, 31(3): 413-424.

朱西德, 王振宇, 李林, 等, 2007. 树木年轮指示的柴达木东北缘近千年夏季气温变化[J]. 地理科学, 27(2): 256-260.

朱显平, 邹向阳, 2006. 中国—中亚新丝绸之路经济发展带构想[J]. 东北亚论坛, 15(5): 3-6.

朱一中, 夏军, 谈戈, 2003. 西北地区水资源环境承载力分析预测与评价[J]. 资源科学, 25(1): 43-48.

WINEHELL M, SRINIVASAN R, DI LUZIO M, et al., 2012. ArcSWAT 2009 用户指南[M]. 邹松兵, 陆志翔, 龙爱华, 等, 译. 郑州: 黄河水利出版社.

AAMERY N A, FOX J F, SNYDER M, 2016. Evaluation of climate modeling factors impacting the variance of streamflow[J]. Journal of Hydrology, 542: 125-142.

ABBASPOUR K C, VEJDANI M, HAGHIGHAT S, 2007. SWAT-CUP calibration and uncertainty programs for SWAT[J]. Modsim International Congress on Modelling & Simulation Land Water & Environmental Management Integrated Systems for Sustainability, 364(3): 1603-1609.

ADAMS S, TITUS R, PIETERSEN K, et al., 2001. Hydrological characteristics of aquifers near Sutherland in the Western Karoo, South Africa[J]. Journal of Hydrology, 241: 91-93.

AHMED M, ANCHUKAITIS K, BUCKLEY B M, et al., 2013. Continental-scale temperature variability during the past two millennia: Supplementary information[J]. Nature Geoscience, 6(5): 339-346.

AHMED M A, ABDEL S G, BADAWY H A, 2012. Factors controlling mechanisms of groundwater salinization and hydrogeochemical processes in the Quaternary aquifer of the Eastern Nile Delta, Egypt[J]. Environmental Earth Sciences, 68(2): 369-394.

AHMAD M U D, BASTIAANSSEN W G M, FEDDES R A, 2002. Sustainable use of groundwater for irrigation: A numerical analysis of the subsoil water fluxes[J]. Irrigation and Drainage, 51(3): 227-241.

AL-KHASHMAN O A, 2005. Study of chemical composition in wet atmospheric precipitation in Eshidiya area, Jordan[J]. Atmospheric Environment, 39(33): 6175-6183.

ALLEN R G, PEREIRA L S, RAES D, et al., 1998. Crop evapotranspiration-Guidelines for computing crop water requirements-FAO irrigation and drainage paper 56[R]. Rome: FAO.

ALLER L, BENNETT T, LEHR J H, et al., 1987. DRASTIC: A standardized system for evaluating groundwater pollution potential using hydrogeologic settings[R]. Oklahoma: Robert S. Kerr Environmental Research Laboratory.

ASIT K B, 2008. Integrated water resources management: Is it working?[J]. International Journal of Water Resources Development, 24(1): 5-22.

ASONG Z E, KHALIQ M N, WHEATER H S, 2016. Projected changes in precipitation and temperature over the Canadian Prairie provinces using the generalized linear model statistical downscaling approach[J]. Journal of Hydrology, 539: 429-446.

AZIZI G, ARSALANI M, BRÄUNING A, et al., 2013. Precipitation variations in the central Zagros Mountains(Iran) since AD 1840 based on oak tree rings[J]. Palaeogeography, Palaeoclimatology, Palaeoecology, 386: 96-103.

BARKMANN J, GLENK K, KEIL A, et al., 2008. Confronting unfamiliarity with ecosystem functions: The case for an ecosystem service approach to environmental valuation with stated preference methods[J]. Ecological economics, 65(1): 48-62.

BARTON D N, 2002. The transferability of benefit transfer: Contingent valuation of water quality improvements in Costa Rica[J]. Ecological Economics, 42(1): 147-164.

BELKHIRI L, MOUNI L, BOUDOUKHA A, 2012. Geochemical evolution of groundwater in an alluvial aquifer: Case of El Eulma aquifer, East Algeria[J]. Journal of African Earth Sciences, 66: 46-55.

BENNETTS D A, WEBB J A, STONE D J M, et al., 2006. Understanding the salinisation process for groundwater in an area of south-eastern Australia, using hydrochemical and isotopic evidence[J]. Journal of Hydrology, 323(1-4): 178-192.

BEWKET W M, STERK G, 2005. Dynamics in land cover and its effect on stream flow in the Chemoga watershed, Blue Nile basin, Ethiopia[J]. Hydrological Processes, 19(2): 445-458.

BIRKINSHAW S J, GUERREIRO S B, NICHOLSON A, et al., 2017. Climate change impacts on Yangtze River discharge at the Three Gorges Dam[J]. Hydrology and Earth System Sciences, 21(4): 1911-1927.

BLOMQUIST W, DINAR A, KEMPER K E, 2010. A framework for institutional analysis of decentralization reforms in natural resource management[J]. Society and Natural Resources, 23(7): 620-635.

BODIL L J, 2004. Stakeholder participation as a tool for sustainable development in the Em River Basin[J]. International Journal of Water Resources Development, 20(3): 345-352.

BOEKHORST D G J T, SMITS T J M, YU X B, et al., 2010. Implementing integrated river basin management in China[J]. Ecology & Society, 15(2): 299-305.

BOX E, 1975. Quantitative Evaluation of Global Primary Productivity Models Generated by Computers[M]. New York: Springer-Verlag.

BROMLEY D W, 1982. Land and water problems: An institutional perspective[J]. American Journal of Agricultural Economics, 64(5): 834-844.

BUSCH M, LA NOTTE A, LAPORTE V, et al., 2012. Potentials of quantitative and qualitative approaches to assessing ecosystem services[J]. Ecological Indicators, 21: 89-103.

CALIZAYA A, MEIXNER O, BENGTSSON L, et al., 2010. Multi-criteria decision analysis(MCDA) for integrated water resources management (IWRM) in the Lake Poopo Basin, Bolivia[J]. Water Resources Management, 24(10): 2267-2289.

CAO S, XU C G, CHEN L, et al., 2009. Attitudes of farmers in China's northern Shaanxi Province towards the land-use changes required under the Grain for Green Project, and implications for the project's success[J]. Land Use Policy, 26: 1182-1194.

CAO S X, CHEN L, LIU Z, 2007. Disharmony between society and environmental carrying capacity: A historical review, with an emphasis on China[J]. Ambio, 36: 409-415.

CAO S X, WANG X Q, SONG Y Z, et al., 2010. Impacts of the Natural Forest Conservation Program on the livelihoods of residents of Northwestern China: Perceptions of residents affected by the program[J]. Ecological Economics, 69: 1454-1462.

CARITAT A, GUTIÉRREZ E, MOLINAS M, 2000. Influence of weather on cork-ring width[J]. Tree Physiology, 20(13): 893-900.

CHAI T F, DRAXLER R R, 2014. Root mean square error(RMSE) or mean absolute error(MAE)?—Arguments against avoiding RMSE in the literature[J]. Geoscientific Model Development, 7(3): 1247-1250.

CHANG J X, WANG Y M, ISTANBULLUOGLU E K, et al., 2015. Impact of climate change and human activities on runoff in the Weihe River Basin, China[J]. Quaternary International, 380: 169-179.

CHAPMAN P M, 2008. Ecosystem services-assessment endpoints for scientific investigations[J]. Marine Pollution Bulletin, 56(7): 1237-1238.

CHASE MN J E, MARTIN Y, 2012. The influence of geomorphic processes on plant distribution and abundance as reflected in plant tolerance curves[J]. Ecological Monographs, 82(4): 429-447.

CHEN F, HUANG X, ZHANG J, et al., 2006. Humid little ice age in arid central Asia documented by Bosten Lake, Xinjiang, China[J]. Science in China Series D: Earth Sciences, 49(12): 1280-1290.

CHEN F, YUAN Y, CHEN F, 2014. Reconstruction of spring temperature on the southern edge of the Gobi Desert, Asia, reveals recent climatic warming[J]. Palaeogeography, Palaeoclimatology, Palaeoecology, 409: 145-152.

CHEN J, BRISSETTE F P, LECONTE R B, 2011. Uncertainty of downscaling method in quantifying the impact of climate change on hydrology[J]. Journal of Hydrology, 401(3): 190-202.

CHEN J, ZHAO X, SHENG X, et al., 2006. Formation mechanisms of mega-dunes and lakes in the Badain Jaran Desert, Inner Mongolia[J]. Chinese Science Bulletin, 51(24): 3026-3034.

CHEN R, LIU J, KANG E, et al., 2015. Precipitation measurement intercomparison in the Qilian Mountains, north-eastern Tibetan Plateau[J]. The Cryosphere, 9(5): 1995-2008.

CHEN S T, YU P S, TANG Y H, 2010. Statistical downscaling of daily precipitation using support vector machines and multivariate analysis[J]. Journal of Hydrology, 385(1-4): 13-22.

CHENG G D, LI X, ZHAO W Z, et al., 2014. Integrated study of the water-ecosystem-economy in the Heihe River Basin[J]. National Science Review, 1(3): 413-428.

CHI C M, WANG Z C, 2010. Characterizing salt-affected soils of Songnen Plain using saturated paste and 1 : 5 soil-to-water extraction methods[J]. Arid Land Research and Management, 24(1): 1-11.

CHUNG E S, PARK K S, LEE K S, 2011. The relative impacts of climate change and urbanization on the hydrological response of a Korean urban watershed[J]. Hydrological Processes, 25(4): 544-560.

CLAUDIOUS C, 2008. Globalizing integrated water resources management: A complicated option in Southern Africa[J]. Water Resources Management, 22(9): 1241-1257.

CONSTANZA R, D'ARGE R, GROOT R, et al., 1997. The value of the world's ecosystem services and natural capital[J]. Nature, 387: 253-260.

COOK E, BUCKLEY B, D'ARRIGO R, et al., 2000. Warm-season temperatures since 1600 BC reconstructed from Tasmanian tree rings and their relationship to large-scale sea surface temperature anomalies[J]. Climate Dynamics, 16: 79-91.

COOK E R, D'ARRIGO R D, MANN M E, 2002. A well-verified, multiproxy reconstruction of the winter North Atlantic Oscillation Index since A. D. 1400[J]. Journal of Climate, 15(13): 1754-1764.

COOK E R, ESPER J, D'ARRIGO R D, 2004. Extra-tropical Northern Hemisphere land temperature variability over the past 1000 years[J]. Quaternary Science Reviews, 23(20): 2063-2074.

COOK E R, KRUSIC P J, ANCHUKAITIS K J, et al., 2013. Tree-ring reconstructed summer temperature anomalies for temperate East Asia since 800 C. E. [J]. Climate Dynamics, 41: 2957-2972.

COOK E R, MEKO D M, STAHLE D W, et al., 1999. Drought reconstructions for the continental United States[J].

Journal of Climate, 12(4): 1145-1162.

COOKEY P E, DARNSAWASDI R, RATANACHAI C, 2016. Performance evaluation of lake basin water governance using composite index[J]. Ecological Indicators, 61: 466-482.

COSTA M H, BOTTA A L, CARDILLE J A, 2003. Effects of large-scale changes in land cover on the discharge of the Tocantins River, Southeastern Amazonia[J]. Journal of Hydrology, 283: 206-217.

COSTANZA R, FARBER S, 2002. Introduction to the special issue on the dynamics and value of ecosystem services: Integrating economic and ecological perspectives[J]. Ecological economics, 41(1): 367-373.

COSTANZA R, 2008. Ecosystem services: Multiple classification systems are needed[J]. Biological Conservation, 141(1): 350-352.

COSTANZA R, 1998. The value of ecosystem services[J]. Ecological economics, 25(1): 1-2.

CRAIG H, 1961. Isotopic variations in meteoric waters[J]. Science, 133: 1702-1703.

CUNNINGHAM M A, SNYDER E, YONKIN D, et al., 2008. Accumulation of deicing salts in soils in an urban environment[J]. Urban Ecosystems 11(1): 17-31.

DA CRUZ C C, MENDOZA U N, QUEIROZ J B, et al., 2013. Distribution of mangrove vegetation along inundation, phosphorus, and salinity gradients on the Bragança Peninsula in Northern Brazil[J]. Plant and Soil, 370: 393-406.

DANSGAARD W, 1964. Stable isotopes in precipitation[J]. Tellus, 16(4): 436-468.

D'ARRIGO R, WILSON R, PALMER J, et al., 2006. Monsoon drought over Java, Indonesia, during the past two centuries[J]. Geophysical Research Letters, 33: L04709.

DE GROOT R S, BRANDER L, VAN DER PLOEG S, et al., 2012. Global estimates of the value of ecosystems and their services in monetary units[J]. Ecosystem Services, 1(1): 50-61.

DE GROOT R S, WILSON M A, BOUMANS R M, 2002. A typology for the classification, description and valuation of ecosystem functions, goods and services[J]. Ecological economics, 41(3): 393-408.

DEL MONTE-LUNA P, BROOK B W, ZETINA-REJÓN M J, et al., 2004. The carrying capacity of ecosystems[J]. Global Ecology and Biogeography, 13(6): 485-495.

DENG Y, GOU X, GAO L, et al., 2013. Aridity changes in the eastern Qilian Mountains since AD 1856 reconstructed from tree-rings[J]. Quaternary International, 283: 78-84.

DEO R C, KISI O, SINGH V P , 2017. Drought forecasting in eastern Australia using multivariate adaptive regression spline, least square support vector machine and M5Tree model[J]. Atmospheric Research, 184: 149-175.

DICKSON S E, SCHUSTER-WALLACE C J, NEWTON J J, 2016. Water security assessment indicators: The rural context[J]. Water Resources Management, 30(5): 1567-1604.

DIMITAR M N V, ERIK Q N, ROELSMAB J, 2005. Simulation of water flow and nitrogen transport for a Bulgarian experimental plot using SWAP and ANIMO models[J]. Journal of Contaminant Hydrology, 77(3): 145-164.

DINAR A, KEMPER K, BLOMQUIST W A, et al., 2010. Decentralization of river basin management: A global analysis[R/OL]. (2005-07-23) [2018-08-10]. https://papers. ssrn. com/sol3/papers. cfm?abstract_id=757227.

DOBBS C, ESCOBEDO F J, ZIPPERER W C, 2011. A framework for developing urban forest ecosystem services and goods indicators[J]. Landscape and Urban Planning, 99(3): 196-206.

DOGRAMACI S, SKRZYPEK G, DODSON W, et al., 2012. Stable isotope and hydrochemical evolution of groundwater in the semi-arid Hamersley Basin of subtropical northwest Australia[J]. Journal of Hydrology, 475: 281-293.

DOMINATI E, PATTERSON M, MACKAY A, 2010. A framework for classifying and quantifying the natural capital and ecosystem services of soils[J]. Ecological Economics. 69(9): 1858-1868.

DOUGLASS A E, 1920. Evidence of climatic effects in the annual rings of trees[J]. Ecology, 1(1): 24-32.

DUSTIN G, KATHARINE J, GREGG G, 2008. Models, assumptions, and stakeholders: Planning for water supply variability in the Colorado River Basin[J]. Journal of the American Water Resources Association, 44(2): 381-398.

EDMUNDS W M, CARRILLO-RIVERA J J, CARDONA A, 2002. Geochemical evolution of groundwater beneath Mexico City[J]. Journal of Hydrology, 258: 1-24.

EGOH B, REYERS B, ROUGET M, et al , 2008. Mapping ecosystem services for planning and management[J]. Agriculture, Ecosystems and Environment, 127(1): 135-140.

EGOH B, ROUGET M, REYERS B, et al., 2007. Integrating ecosystem services into conservation assessments: A review[J]. Ecological Economics, 63(4): 714-721.

EL-GAFY E D, 2018. The water poverty index as an assistant tool for drawing strategies of the Egyptian water sector[J]. Ain Shams Engineering Journal, 9(2): 173-186.

ELKE HERRFAHRDT-PÄHLE, 2013. Integrated and adaptive governance of water resources: The case of South Africa[J]. Regional Environmental Change, 13(3): 551-561.

EMILY K G, SUSAN M G, 2001. Differences in wetland plant community establishment with additions of nitrate-N and invasive species[J]. Canadian Journal of Botany, 79(2): 170-178.

ENGEL S, PAGIOLA S, WUNDER S, 2008. Designing payments for environmental services in theory and practice: An overview of the issues[J]. Ecological Economics, 65(4): 663-674.

ESPER J, COOK E R, SCHWEINGRUBER F H, 2002. Low-frequency signals in long tree-ring chronologies for reconstructing past temperature variability[J]. Science, 295(5563): 2250-2253.

FAN Z X, BRÄUNING A, YANG B, et al., 2009. Tree ring density-based summer temperature reconstruction for the central Hengduan Mountains in southern China[J]. Global and Planetary Change, 65(1): 1-11.

FAN Z X, BRÄUNING A, TIAN Q H, et al., 2010. Tree ring recorded May-August temperature variations since AD 1585 in the Gaoligong Mountains, southeastern Tibetan Plateau[J]. Palaeogeography, Palaeoclimatology, Palaeoecology, 296(1): 94-102.

FAN X, PEDROLI B, LIU G, et al., 2011. Soil salinity development in the Yellow River Delta in relation to groundwater dynamics[J]. Land Degradation and Development, 23(2): 175-189.

FARID I, TRABELSI R, ZOUARI K, et al., 2013. Hydrogeochemical processes affecting groundwater in an irrigated land in Central Tunisia[J]. Environmental Earth Sciences, 68: 1215-1231.

FARLEY J, COSTANZA R, 2010. Payments for ecosystem services: From local to global[J]. Ecological Economics, 69(11): 2060-2068.

FERI C, SCHAR C, 2011. Detection probability of trend in rare events: Theory and application to heavy precipitation in the Alpine region[J]. Journal of Climate, 14: 1568-1584.

FIELD C B, RANDERSON J T, MALMSTRÖM C M, 1995. Global net primary production: Combining ecology and remote sensing[J]. Remote Sensing of Environment, 51(1): 74-88.

FLOMBAUM P, SALA O E, 2007. A non-destructive and rapid method to estimate biomass and aboveground net primary production in arid environments[J]. Journal of Arid Environments, 69(2): 352-358.

FOSSATI J, PAUTOU G, PELTIER J, 1999. Water as resource and disturbance for Wadi vegetation in a hyperarid area (Wadi Sannur, Eastern Desert, Egypt)[J]. Journal of Arid Environments, 43(1): 63-77.

FRANCISCO S M, ANTONIO P B, LUIS M S, 2002. Identification of the origin of salinization in groundwater using minor ions, Lower Andarax, Southeast Spain[J]. Science of the Total Environment, 297(1-3): 43-58.

FRITTS H C, 1976. Tree Rings and Climate[M]. London: Academic Press.

GAILLARDET J, DUPRÉ B, LOUVAT P, et al., 1999. Global silicate weathering and CO_2 consumption rates deduced from the chemistry of large rivers[J]. Chemical Geology, 159(1): 3-30.

GARDNER W R. Some steady-state solutions of the unsaturated moisture flow equation with application to evaporation from a water table[J]. Soil Science, 1958, 85(4): 228-232.

GAVILAN P, CASTILLO L, 2009. Estimating reference evapotranspiration with atmometers in a semiarid environment[J]. Agricultural Water Management, 96(3): 465-472.

GAVIL'AN R G, 2005. The use of climatic parameters and indices in vegetation distribution. A case study in the Spanish Sistema Central[J]. International Journal of Biometeorology, 50(2): 111-120.

GIBBS R J, 1970. Mechanisms controlling world water chemistry[J]. Science, 17: 1088-1090.

GLEICK P H, 1987. The development and testing of a water balance model for climate impact assessment: Modeling the Sacramento Basin[J]. Water Resources Research, 23(6): 1049-1061.

GLEICK P H, 2015. On methods for assessing water-resource risks and vulnerabilities[J]. Environmental Research Letters, 10(11): 111003.

GÓMEZ-BAGGETHUN E, DE GROOT R, LOMAS P L, et al., 2010. The history of ecosystem services in economic theory and practice: From early notions to markets and payment schemes[J]. Ecological Economics, 69(6): 1209-1218.

GOU X, CHEN F, JACOBY G, et al., 2007. Rapid tree growth with respect to the last 400 years in response to climate warming, northeastern Tibetan Plateau[J]. International Journal of Climatology, 27(11): 1497-1503.

GOU X, CHEN F, YANG M, et al., 2005. Climatic response of thick leaf spruce (*Picea crassifolia*) tree-ring width at different elevations over Qilian Mountains, northwestern China[J]. Journal of Arid Environments, 61(4): 513-524.

GOU X, ZHANG F, DENG Y, et al., 2012. Patterns and dynamics of tree-line response to climate change in the eastern Qilian Mountains, Northwestern China[J]. Dendrochronologia, 30(2): 121-126.

GREGORY H G, MICHAEL D R, ERIC W L, et al., 2006. Assessing societal impacts when planning restoration of large alluvial rivers: A case study of the Sacramento River Project, California[J]. Environmental Management, 37(6): 862-879.

GREN I M, ISACS L, 2009. Ecosystem services and regional development: An application to Sweden[J]. Ecological Economics, 68(10): 2549-2559.

GUDMUNDSSON L, BREMNES J B, HAUGEN J E, et al., 2012. Technical note: Downscaling RCM precipitation to the station scale using quantile mapping — A comparison of methods[J]. Hydrology and Earth System Sciences, 16(9): 3383-3390.

GUO Y, SHEN Y J, 2016. Agricultural water supply/demand changes under projected future climate change in the arid region of northwestern China[J]. Journal of Hydrology, 540: 257-273.

GWP, 2000. Integrated water resources management[R]. Sweden: Global Water Partnership.

GWP, 2004. Catalyzing change: A handbook for development integrated water resources management and water efficiency strategies[R]. Sweden: Global Water Partnership.

GWP, 2014a. Integrated water resources management in the Caribbean: The challenges facing small island developing states[R]. Sweden: Global Water Partnership.

GWP, 2014b. Integrated water resources management in central Asia: The challenges of managing large transboundary rivers[R]. Sweden: Global Water Partnership.

GWP, 2015. Integrated water resources management in central and eastern Europe: IWRM vs. EU water framework directive[R]. Sweden: Global Water Partnership.

GWP, 2017. Case studies for the GWP ToolBox: Guidelines for case preparation[EB/OL]. (2017-02-16) [2018-10-02].

https://www.gwp.org/en/learn/KNOWLEDGE_RESOURCES/Case_Studies/.

HARDING B L, WOOD A W, PRAIRIE J R, 2012. The implications of climate change scenario selection for future streamflow projection in the Upper Colorado River Basin[J]. Hydrology and Earth System Sciences, 16(11): 3989-4007.

HARGREA VES G H, ALLEN R G, 2003. History and evaluation of Hargreaves evapotranspiration equation[J]. Journal of irrigation and drainage engineering, 129(1): 53-63.

HASSAN R, MTSWENI A, WILKINSON M, et al., 2014. Water governance decentralization in Africa: A framework for reform process and performance analysis[R]. Gezina: Water Research Commission.

HE J, MA J, ZHANG P, et al., 2012. Groundwater recharge environments and hydrogeochemical evolution in the Jiuquan Basin, Northwest China[J]. Applied Geochemistry, 27(4): 866-878.

HEIN L, VAN KOPPEN K, DE GROOT R S, et al., 2006. Spatial scales, stakeholders and the valuation of ecosystem services[J]. Ecological Economics, 57(2): 209-228.

HODELL D A, BRENNER M, CURTIS J H, et al., 2001. Solar forcing of drought frequency in the Maya lowlands[J]. Science, 292(5520): 1367-1370.

HOFFMAN M T, CRAMER M D, GILLSON L, et al., 2011. Pan evaporation and wind run decline in the Cape Floristic Region of South Africa(1974-2005): Implications for vegetation responses to climate change[J]. Climatic Change, 109: 437-452.

HOUDRET A, DOMBROWSKY I, HORLEMANN L, 2014. The institutionalization of River Basin Management as politics of scale-Insights from Mongolia[J]. Journal of Hydrology, 519: 2392-2404.

HU X J, XIONG Y C, LI Y J, et al., 2014. Integrated water resources management and water users' associations in the arid region of northwest China: A case study of farmers'perceptions[J]. Journal of Environmental Management, 145: 162-169.

HUANG G B, ZHU Q Y, SIEW C K, 2004. Extreme learning machine: A new learning scheme of feedforward neural networks[C]. IEEE International Joint Conference on Neural Networks, Budapest, Hungary, 2004: 985-990.

HUANG S, FENG Q, LU Z X, et al., 2017. Trend analysis of water poverty index for assessment of water stress and water management polices: A case study in the Hexi Corridor, China[J]. Sustainability, 9(5): 756-772.

HURK M V D, MASTENBROEK E, MEIJERINK S, 2014. Water safety and spatial development: An institutional comparison between the United Kingdom and the Netherlands[J]. Land Use Policy, 36(1): 416-426.

IRAGAVARAPU T K, POSNER J L, BUBENZER G D, 1998. The effect of various crops on bromide leaching to shallow groundwater under natural rainfall conditions[J]. Journal of Soil and Water Conservation, 53(2): 146-151.

JEMMALI H, ABU-GHUNMI L, 2016. Multidimensional analysis of the water-poverty nexus using a modified Water Poverty Index: A case study from Jordan[J]. Water Policy, 18(4): 826-843.

JEMMALI H, SULLIVAN C A, 2014. Multidimensional analysis of water poverty in MENA region: An empirical comparison with physical indicators[J]. Social Indicators Research, 115(1): 253-277.

JI F, WU Z, HUANG J, et al., 2014. Evolution of land surface air temperature trend[J]. Nature Climate Change, 4(6): 462-466.

JIANG C, XIONG L H, WANG D B, et al., 2015. Separating the impacts of climate change and human activities on runoff using the Budyko-type equations with time-varying parameters[J]. Journal of Hydrology, 522: 326-338.

JIN X M, SCHAEPMAN M, CLEVERS J, et al., 2010. Correlation between annual runoff in the Heihe River to the vegetation cover in the Ejina Oasis[J]. Arid Land Research and Management, 24(1): 31-41.

JOHNSTON R J, RUSSELL M, 2011. An operational structure for clarity in ecosystem service values[J]. Ecological Economics, 70(12): 2243-2249.

JONKER L, 2002. Integrated water resources management: Theory, practice, cases[J]. Physics and Chemistry of the Earth, 27(11): 719-720.

KADUK J, HEIMANN M, 1996. A prognostic phenology scheme for global terrestrial carbon cycle models[J]. Climate Research, 6: 1-19.

KARLSSON I B, SONNENBORG T O, REFSGAARD J C, et al., 2016. Combined effects of climate models, hydrological model structures and land use scenarios on hydrological impacts of climate change[J]. Journal of Hydrology, 535: 301-317.

KAUSTUBH S V, KANNAN S, SUBIMAL G, 2013. High-resolution multisite daily rainfall projections in India with statistical downscaling for climate change impacts assessment[J]. Journal of Geophysical Research: Atmospheres, 118(9): 3557-3578.

KERGOAT L, 1999. A model for hydrologic equilibrium of leaf area index on a global scale[J]. Journal of Hydrology, 212: 267-286.

KHALAF F I, MISAK R, AL-DOUSARI A, 1995. Sedimentological and morphological characteristics of some nabkha deposits in the northern coastal plain of Kuwait, Arabia[J]. Journal of Arid Environments, 29(3): 267-292.

KHARRAZI A, AKIYAMA T, YU Y, et al., 2016. Evaluating the evolution of the Heihe River basin using the ecological network analysis: Efficiency, resilience, and implications for water resource management policy[J]. Science of the Total Environment, 572: 688-696.

KINI J, 2017. Inclusive water poverty index: A holistic approach for helping local water and sanitation services planning[J]. Water Policy, 19(4): 758-772.

KNORR W, HEIMANN M, 1995. Impact of drought stress and other factors on seasonal land biosphere CO_2 exchange studied through an atmospheric tracer transport model[J]. Tellus B: Chemical and Physical Meteorology, 47(4): 471-489.

KNUTTI R T, FURRER R H, TEBALDI C D, et al., 2010. Challenges in combining projections from multiple climate models[J]. Journal of Climate, 23(10): 2739-2758.

KOBASHI T, GOTO-AZUMA K, BOX J, et al., 2013. Causes of Greenland temperature variability over the past 4000 yr: Implications for northern hemispheric temperature changes[J]. Climate of the Past, 9(5): 2299-2317.

KODESOVA R, VIGNOZZI N, ROHOSKOVA M, et al., 2009. Impact of varying soil structure on transport processes in different diagnostic horizons of three soil types[J]. Journal of Contaminant Hydrology, 104: 107-125.

KOGAN F N, 1995. Application of vegetation index and brightness temperature for drought detection[J]. Advances in Space Research, 15(11): 91-100.

KRASOVSKAIA I, GOTTSCHALK L, 1993. Frequency of extremes and its relation to climate fluctuations[J]. Nordic Hydrology, 24(1): 1-12.

KUNDU S D, KHARE D P, MONDAL A, 2017. Future changes in rainfall, temperature and reference evapotranspiration in the central India by least square support vector machine[J]. Geoscience Frontiers, 8(3): 583-596.

LANCASTER N, 2007. Paleoenvironmental implications of fixed dune systems in Southern Africa[J]. Palaeogeography, Palaeoclimatology, Palaeoecology, 33(4): 327-346.

LEENDERS J K, BOXEL J H V, STERK G, 2007. The effect of single vegetation elements on wind speed and sediment transport in the Sahelian zone of Burkina Faso[J]. Earth Surface Processes and Landforms, 32(10): 1454-1474.

LEGATES D R, MAHMOOD R, LEVIA D F, et al., 2011. Soil moisture: A central and unifying theme in physical geography[J]. Progress in Physical Geography, 35(1): 65-86.

LENAHAN M J, BRISTOW K L, 2010. Understanding sub-surface solute distributions and salinization mechanisms in a tropical coastal floodplain groundwater system[J]. Journal of Hydrology, 390(3-4): 131-142.

LEYBOURNE M, BETCHER R, MCRITCHIE W, et al., 2009. Geochemistry and stable isotopic composition of tufa waters and precipitates from the Interlake Region, Manitoba, Canada: Constraints on groundwater origin, calcitization, and tufa formation[J]. Chemical Geology, 260(3): 221-233.

LI B F, CHEN Y N, SHI X, 2012. Why does the temperature rise faster in the arid region of northwest China?[J]. Journal of Geophysical Research: Atmospheres, 117(D16): D16115.

LI X, WAN J, JIA J L, 2011. Application of the water poverty index at the districts of Yellow River Basin[J] Advanced Materials Research, 250: 3469-3474.

LI Z, LIU W Z, ZHANG X C, et al., 2009. Impacts of land use change and climate variability on hydrology in an agricultural catchment on the Loess Plateau of China[J]. Journal of Hydrology, 377: 35-42.

LIANG K, LIU C M, LIU X M, et al., 2013. Impacts of climate variability and human activity on streamflow decrease in a sediment concentrated region in the Middle Yellow River[J]. Stochastic Environmental Research and Risk Assessment, 27(7): 1741-1749.

LIETH H, 1975. Modeling the primary production of the world[M]//LIETH H, WHITTAKER R H. Primary Productivity of the Biosphere. New York: Springer Verlag: 237-263.

LIN B Q, CHEN X WI, YAO H X, et al., 2015. Analyses of landuse change impacts on catchment runoff using different time indicators based on SWAT model[J]. Ecological Indicators, 58: 55-63.

LITE S J, BAGSTAD K J, STROMBERG J C, 2005. Riparian plant species richness along lateral and longitudinal gradients of water stress and flood disturbance, San Pedro River, Arizona, USA[J]. Journal of Arid Environments, 63(4): 785-813.

LIU J, CHEN J M, CHEN W, 1999. Net primary productivity distribution in the BOREAS region from a process model using satellite and surface data[J]. Journal of Geophysics. Research, 104(D22): 27735-27754.

LIU J, CHEN J M, CIHLAR J, et al., 1997. A process-based boreal ecosystem productivity simulator using remote sensing inputs[J]. Remote Sensing of Environment, 62: 158-175.

LIU J Y, LIU M L, ZHUANG D F, et al., 2003. Study on spatial pattern of land-use change in China during 1995–2000[J]. Science in China, 46(4): 373-384.

LIU Y, LEI Y, SUN B, et al., 2013. Annual precipitation variability inferred from tree-ring width chronologies in the Changling-Shoulu region, China, during AD 1853-2007[J]. Dendrochronologia, 31(4): 290-296.

LIU Z J, TAPPONNIER P, GAUDEMER Y, et al., 2003. Quantifying landscape differences across the Tibetan plateau: Implications for topographic relief evolution[J]. Journal of Geophysical Research: Earth Surface, 113(F4): F04018.

LOOMIS J, KENT P, STRANGE L, et al., 2000. Measuring the total economic value of restoring ecosystem services in an impaired river basin: Results from a contingent valuation survey[J]. Ecological Economics, 33(1): 103-117.

LUO K S, TAO F L, MOIWO J P, et al., 2016. Attribution of hydrological change in Heihe River Basin to climate and land use change in the past three decades[J]. Scientific Reports, 6: 33704.

MA J Z, HE J H, QI S, et al., 2013. Groundwater recharge and evolution in the Dunhuang Basin, northwestern China[J]. Applied Geochemistry, 28: 19-31.

MA J Z, LI D, ZHANG J W, et al., 2003. Groundwater recharge and climatic change during the last 1000 years from unsaturated zone of SE Badain Jaran Desert[J]. Chinese Science Bulletin, 48(14): 1469-1474.

MA N, WANG N A, ZHAO L Q, et al., 2014. Observation of mega-dune evaporation after various rain events in the hinterland of Badain Jaran Desert, China[J]. Chinese Science Bulletin, 59(2): 162-170.

MANANDHAR S, PANDEY V P, KAZAMA F, 2012. Application of water poverty index (WPI) in Nepalese context: A case study of Kali Gandaki River Basin (KGRB)[J]. Water Resources Management, 26(1): 89-107.

MANN M E, BRADLEY R S, HUGHES M K, 1998. Global-scale temperature patterns and climate forcing over the past six centuries[J]. Nature, 392(6678): 779-787.

MCGUIRE A D, MELILLO J M, KICKLIGHTER D W, et al., 1997. Equilibrium responses of global net primary production and carbon storage to doubled atmospheric carbon dioxide[J]. Global Biogeochemical Cycle, 11(2): 173-189.

MEHROTRA R S, SHARMA A S, 2013. Assessing future rainfall projections using multiple GCMs and a multi-site stochastic downscaling model[J]. Journal of Hydrology, 488: 84-100.

MEHROTRA R S, SHARMA A S, 2015. Correcting for systematic biases in multiple raw GCM variables across a range of timescales[J]. Journal of Hydrology, 520: 214-223.

MEIL G T, FORMAYER H B, KLEBINDER K, et al., 2017. Climate change effects on hydrological system conditions influencing generation of storm runoff in small Alpine catchments[J]. Hydrological Processes, 31(6): 1314-1330.

MELVIN T M, BRIFFA K R, 2008. A "signal-free" approach to dendroclimatic standardisation[J]. Dendrochronologia, 26(2): 71-86.

METZGER M, ROUNSEVELL M, ACOSTA-MICHLIK L, et al., 2006. The vulnerability of ecosystem services to land use change[J]. Agriculture, Ecosystems and Environment, 114(1): 69-85.

MOKHOV I L, SCHLESINGER M E, 1994. Analysis of global cloudiness: 2. Comparison of ground-based and satellite-based cloud climatologies[J]. Journal of Geophysical Research: Atmospheres, 99(D8): 17045-17065.

MONTEITH J L, 1972. Solar radiation and productivity in tropical ecosystems[J]. Journal of Applied Ecology, 9: 747-766.

MORIASI D N, ARNOLD J G , VAN LIEW M W, et al., 2007. Model evaluation guidelines for systematic quantification of accuracy in watershed simulations[J]. Transactions of the Asabe, 50(3): 885-900.

MUJIC A B, DURALL D M, SPATAFORA J W, et al., 2016. Competitive avoidance not edaphic specialization drives vertical niche partitioning among sister species of ectomycorrhizal fungi[J]. New Phytologist, 209(3): 1174-1183.

MURADIAN R, CORBERA E, PASCUAL U, et al., 2010. Reconciling theory and practice: An alternative conceptual framework for understanding payments for environmental services[J]. Ecological Economics, 69(6): 1202-1208.

NASH J E, SUTCLIFFE J V, 1970. River flow forecasting though conceptual models part I—A disscussion of principles[J]. Journal of Hydrology, 10(3): 282-290.

NATKHIN M C, DIETRICH O F, SCHÄFER M P, et al., 2015. The effects of climate and changing land use on the discharge regime of a small catchment in Tanzania[J]. Regional Environmental Change, 15(7): 1269-1280.

NEFF U, BURNS S J, MANGINI A, 2001. Strong coherence between solar variability and the monsoon in Oman between 9 and 6 Ka ago[J]. Nature, 411: 290-293.

NEGREL P, PAUWELS H, DEWANDEL B, et al., 2011. Understanding groundwater systems and their functioning through the study of stable water isotopes in a hard-rock aquifer (Maheshwaram watershed, India)[J]. Journal of Hydrology, 397(1-2): 55-70.

NĚMEC J, SCHAAKE J, 1982. Sensitivity of water resource systems to climate variation[J]. Hydrological Sciences Journal, 27(3): 327-343.

NING T T, LI Z, LIU W Z, 2016. Separating the impacts of climate change and land surface alteration on runoff reduction in the Jing River catchment of China[J]. Catena, 147: 80-86.

NORBERG J, 1999. Linking nature's services to ecosystems: Some general ecological concepts[J]. Ecological Economics, 29(2): 183-202.

NORGAARD R B, 2010. Ecosystem services: From eye-opening metaphor to complexity blinder[J]. Ecological Economics, 69(6): 1219-1227.

OLANG L O, FÜRST J, 2011. Effects of land cover change on flood peak discharges and runoff volumes: Model estimates for the Nyando River Basin, Kenya[J]. Hydrological Processes, 25(1): 80-89.

OSBORN T, BRIFFA K, JONES P, 1997. Adjusting variance for sample size in tree-ring chronologies and other regional mean timeseries[J]. Dendrochronologia: 15: 89-99.

OVERPECK J, HUGHEN K, HARDY D, et al., 1997. Arctic environmental change of the last four centuries[J]. Science, 278(5341): 1251-1256.

PAN Y H, GU C J, MA J Z, et al., 2014. Water poverty index in the inland river basins of Hexi Corridor, Gansu Province[J]. Advanced Materials Research, 864: 2371-2375.

PANDEY V P, KAZAMA F, 2012. Water poverty situation of medium-sized river basins in Nepal[J]. Water Resources Management, 26(9): 2475-2489.

PARAMASIVAM S, ALVA A K, FARES A, 2001. Estimation of nitrate leaching in an entisol under optimum citrus production[J]. Soil Science Society of America Journal, 65(3): 914-921.

PARTON W J, SCURLOCK J M O, OJIMA D S, et al., 1993. Observations and modeling of biomass and soil organic matter dynamics for the grassland biome worldwide[J]. Global Biogeochemical Cycle, 7(4): 785-890.

PARTON W J , STEWART J W B , COLE C V, 1988. Dynamics of C, N, P and S in grassland soils: A model[J]. Biogeochemistry, 5(1): 109-131.

PARUELO J M, EPSTEIN H E, LAUENROTH W K, et al., 1997. ANPP estimates from NDVI for the central grassland region of the United States[J]. Ecology, 78(3): 953-958.

PEJCHAR L, MOONEY H A, 2009. Invasive species, ecosystem services and human well-being[J]. Trends in Ecology and Evolution, 24(9): 497-504.

PENG S Z, DING Y X, WEN Z M, et al., 2017. Spatiotemporal change and trend analysis of potential evapotranspiration over the Loess Plateau of China during 2011-2100[J]. Agricultural and Forest Meteorology, 233: 183-194.

PÉREZ-FOGUET A, GARRIGA R G, 2011. Analyzing water poverty in basins[J]. Water Resources Management, 25(14): 3595-3612.

PIGOU A C, 1920. The Economics of Welfare[M]. Oxford: Clarendon Press.

PIRES A, MORATO J, PEIXOTO H, et al., 2016. Sustainability assessment of indicators for integrated water resources management[J]. Science of the Total Environment, 578: 139.

POTTER C S, RANDERSON J, FIELD C B, et al., 1993. Terrestrial ecosystem production: A process model based on global satellite and surface data[J]. Global Biogeochemical Cycle, 7(4): 811-841.

PRATO T, 2007. Selection and evaluation of projects to conserve ecosystem services[J]. Ecological Modelling, 203(3): 290-296.

PRIESTLEY C H B, TAYLOR R J, 1972. On the assessment of surface heat flux and evaporation using large-scale parameters[J]. Monthly Weather Review, 100(2): 81-92.

PRINCE S D, GOWARD S N, 1995. Global primary production: A remote sensing approach[J]. Journal of Biogeography, 22: 815-835.

QUEVAUVILLER P, 2014. European water policy and research on water-related topics: An overview[J]. Journal of

Hydrology, 518: 180-185.

RABEMANANA V, VIOLETTE S, MARSILY G D, et al., 2005. Origin of the high variability of water mineral content in the bedrock aquifers of Southern Madagascar[J]. Journal of Hydrology, 310(1): 143-156.

RANDELOVIC D, CVETKOVIC V, MIHAILOVIC N, et al., 2014. Relation between edaphic factors and vegetation development on copper mine wastes: A case study from Bor (Serbia, SE Europe)[J]. Environmental Management, 53(4): 800-812.

RANNEY K J, NIEMANN J D, LEHMAN B M, et al., 2014. A method to downscale soil moisture to fine resolutions using topographic, vegetation, and soil data[J]. Advances in Water Resources, 76: 81-96.

RAO A K, WANI S P, 2011. Evapotranspiration paradox at a semi-arid location in India[J]. Journal of Agrometeorology, 13(1): 3-8.

RAPPORT D, COSTANZA R, MCMICHAEL A, 1998. Assessing ecosystem health[J]. Trends in Ecology and Evolution, 13(10): 397-402.

RAVESTEIJN W, SONG X, WENNERSTEN R, 2012. European and Chinese Integrated River Basin Management: Experiences and Perspectives[M]. Southampton: WIT Press.

RAYMOND C M, BRYAN B A, MACDONALD D H, et al., 2009. Mapping community values for natural capital and ecosystem services[J]. Ecological Economics, 68(5): 1301-1315.

ROBERT M G, SIMON I H, 2002. The potential of pathfinder AVHRR data for providing surrogate climatic variables across Africa and Europe for epidemiological applications[J]. Remote Sensing of Environment, 79(2-3): 166-175.

RODERICK M L, FARQUHAR G D, 2002. The cause of decreased pan evaporation over the past 50 years[J]. Science, 298(5597): 1410-1411.

ROGEL J A, SILLA R O, ARIZA F A, 2001. Edaphic characterization and soil ionic composition influencing plant zonation in a semiarid Mediterranean salt marsh[J]. Geoderma, 99(1): 81-98.

ROGGER M, AGNOLETTI M, ALAOUI A, et al., 2017. Land-use change impacts on floods at the catchment scale: Challenges and opportunities for future research[J]. Water Resources Research, 53: 5209-5219.

ROSSOW W B, LACIS A A, 1990. Global, seasonal cloud variations from satellite radiance measurements. Part II. Cloud properties and radiative effects[J]. Journal of Climate, 3(11): 1204-1253.

RUIMY A, SAUGIER B, DEDIEU G, 1994. Methodology for the estimation of terrestrial net primary production from remotely sensed data[J]. Journal of Geophysical Research, 99(D3): 5263-5283.

RUNNING S W, HUNT E R, 1993. Generalization of a forest ecosystem process model for other biomes, BIOME-BGC, and an application for global scale models[M]//EHLERINGER J R. Scaling Physiological Processes: Leaf to Globe. San Diego: Academic Press: 141-158.

RUNNING S W, NEMANI R R, PETERSON D L, et al., 1989. Mapping regional forest evapotranspiration and photosynthesis by coupling satellite data with ecosystem simulation[J]. Ecology, 70: 1090-1101.

RUSSO R O, CANDELA G, 2006. Payment of environmental services in Costa Rica: Evaluating impact and possibilities[J]. Tierra Tropical, 2(1): 1-13.

SAGOFF M, 1998. Aggregation and deliberation in valuing environmental public goods: A look beyond contingent pricing[J]. Ecological Economics, 24(1): 213-230.

SAGOFF M, 2011. The quantification and valuation of ecosystem services[J]. Ecological Economics, 70(3): 497-502.

SALAS J D, TABIOS G Q, BARTOLINI P, 1985. Approaches to multivariate modeling of water resources time series[J]. JAWRA Journal of the American Water Resources Association, 21(4): 683-708.

SALETH R M, DINAR A, 2000. Institutional changes in global water sector: Trends, patterns, and implications[J]. Water Policy, 2(3): 175-199.

SANTOS JOÃO A, BELO-PEREIRA M D, FRAGA H D, et al., 2016. Understanding climate change projections for precipitation over western Europe with a weather typing approach[J]. Journal of Geophysical Research: Atmospheres, 121(3): 1170-1189.

SARHADI A, BURN D H, JOHNSON F, et al., 2016. Water resources climate change projections using supervised nonlinear and multivariate soft computing techniques[J]. Journal of Hydrology, 536: 119-132.

SARHADI A, BURN D H, YANG G, et al., 2017. Advances in projection of climate change impacts using supervised nonlinear dimensionality reduction techniques[J]. Climate Dynamics, 48(3): 1329-1351.

SEIBERT J, RODHE A, BISHOP K, 2003. Simulating interactions between saturated and unsaturated storage in a conceptual runoff model[J]. Hydrological Processes, 17(2): 379-390.

SEN P K. Estimates of the regression coefficient based on Kendall's tau[J]. Journal of the American Statistical Association, 1968, 63(324): 1379-1389.

SERAFY S E, 1998. Pricing the invaluable: The value of the world's ecosystem services and natural capital[J]. Ecological Economics, 25(1): 25-27.

SHAO X, XU Y, YIN Z Y, et al., 2010. Climatic implications of a 3585-year tree-ring width chronology from the northeastern Qinghai-Tibetan Plateau[J]. Quaternary Science Reviews, 29(17): 2111-2122.

SHEPPARD P, TARASOV P, GRAUMLICH L, et al., 2004. Annual precipitation since 515 BC reconstructed from living and fossil juniper growth of northeastern Qinghai Province, China[J]. Climate Dynamics, 23: 869-881.

SHI F, YANG B, VON GUNTEN L, 2012. Preliminary multiproxy surface air temperature field reconstruction for China over the past millennium[J]. Science China Earth Sciences, 55(12): 2058-2067.

SHIVELY D D, MUELLER G, 2010. Montana's Clark Fork River Basin Task Force: A vehicle for integrated water resources management?[J]. Environmental Management, 46(5): 671-684.

SI J, FENG Q, WEN X, et al., 2009. Major ion chemistry of groundwater in the extreme arid region northwest China[J]. Environmental Geology, 57(5): 1079-1087.

SILLMANN J, KHARIN V V, ZHANG X, et al., 2013. Climate extremes indices in the CMIP5 multimodel ensemble: Part 1. Model evaluation in the present climate[J]. Journal of Geophysical Research: Atmospheres, 118(4): 1716-1733.

SMITH K, RICHMAN M B, 1993. Recent hydroclimatic fluctuations and their effects on water resources in Illinois[J]. Climatic Change, 24(3): 249-269.

SMITH T M, SHUGART H H, WOODWARD F I, 1997. Plant Functional Types[M]. Cambridge: Cambridge University Press.

SONG H, LIU Y, LI Q, et al., 2013. Tree-ring derived temperature records in the central Loess Plateau, China[J]. Quaternary International, 283: 30-35.

SPANGENBERG J H, SETTELE J, 2010. Precisely incorrect? Monetising the value of ecosystem services[J]. Ecological Complexity, 7(3): 327-337.

SPARRIUS L B, KOOIJMAN AM S J, 2012. Effects of nitrogen deposition on soil and vegetation in primary succession stages in inland drift sands[J]. Plant and Soil, 353: 261-272.

SPERRY J S, HACKE U G, 2002. Desert shrub water relations with respect to soil characteristics and plant functional type[J]. Functional Ecology, 16(3): 367-378.

SRIKANTHAN R, PEGRAM G G S, 2009. A nested multisite daily rainfall stochastic generation model[J]. Journal of Hydrology, 371(1-4): 142-153.

STADLER S, SÜLTENFUß J, HOLLÄNDER H M, et al., 2012. Isotopic and geochemical indicators for groundwater flow and multi-component mixing near disturbed salt anticlines[J]. Chemical Geology, 294(3): 226-242.

STEFFEN W, CANADELL J, APPS M, et al., 1998. The terrestrial carbon cycle: Implications for the Kyoto Protocol[J]. Science, 280: 1393-1394.

STENGER A, HAROU P, NAVRUD S, 2009. Valuing environmental goods and services derived from the forests[J]. Journal of Forest Economics, 15(1): 1-14.

STOTLER R L, FRAPE S K, RUSKEENIEMI T, et al., 2009. Hydrogeochemistry of groundwaters in and below the base of thick permafrost at Lupin, Nunavut, Canada[J]. Journal of Hydrology, 373: 80-95.

STURM B L, 2007. A wavelet tour of signal processing(review)[J]. Computer Music Journal, 31(3): 83-85.

SU F, ZHANG L, OU T, et al., 2016. Hydrological response to future climate changes for the major upstream river basins in the Tibetan Plateau[J]. Global and Planetary Change, 136: 82-95.

SULLIVAN C A, MEIGH J R, GIACOMELLO A M, 2010. The water poverty index: Development and application at the community scale[J]. Natural Resources Forum, 27(3): 189-199.

SULLIVAN C A, MEIGH J, 2007. Integration of the biophysical and social sciences using an indicator approach: Addressing water problems at different scales[J]. Water Resources Management, 21(1): 111-128.

SULLIVAN C, 2002. Calculating a water poverty index[J]. World Development, 30(7): 1195-1210.

SUN J, LIU Y, 2013. Drought variations in the middle Qilian Mountains, northeast Tibetan Plateau, over the last 450 years as reconstructed from tree rings[J]. Dendrochronologia, 31(4): 279-285.

SUNDE M G, HE H S, HUBBART J A, et al., 2017. Integrating downscaled CMIP5 data with a physically based hydrologic model to estimate potential climate change impacts on streamflow processes in a mixed-use watershed[J]. Hydrological Processes, 31(9): 1790-1803.

TELLAM J H, 1995. Hydrochemistry of the saline groundwaters of the lower Mersey Basin Permo-Triassic sandstone aquifer, UK[J]. Journal of Hydrology, 165: 45-84.

TEUTSCHBEIN C, SEIBERT J, 2012. Bias correction of regional climate model simulations for hydrological climate-change impact studies: Review and evaluation of different methods[J]. Journal of Hydrology, 456: 12-29.

THOMPSON R S, ANDERSON K H, 2000. Biomes of western north America at 18,000, 6000 and ^{14}C yr BP reconstructed from pollen and packrat midden data[J]. Journal of Biogeography, 27(3): 555-584.

TIAN F, LV Y H, FU B J, et al., 2017. Challenge of vegetation greening on water resources sustainability: Insights from a modeling-based analysis in Northwest China[J]. Hydrological Processes, 31(7): 1469-1478.

TIAN L, YAO T, MACCLUNE K, et al., 2007. Stable isotopic variations in west China: A consideration of moisture sources[J]. Journal of Geophysical Research: Atmospheres, 112(D10): 185-194.

TOMER M D, SCHILLING K E, 2009. A simple approach to distinguish land-use and climate-change effects on watershed hydrology[J]. Journal of Hydrology, 376(1-2): 24-33.

TORRENCE C, COMPO G P, 1998. A practical guide to wavelet analysis[J]. Bulletin of the American Meteorological Society, 79(1): 61-78.

TORRENCE C, WEBSTER P J, 1999. Interdecadal changes in the ENSO-monsoon system[J]. Journal of Climate, 12(8): 2679-2690.

TRATALOS J, FULLER R A, WARREN P H, et al., 2007. Urban form, biodiversity potential and ecosystem services[J]. Landscape and Urban Planning, 83(4): 308-317.

TROY A, WILSON M A, 2006. Mapping ecosystem services: Practical challenges and opportunities in linking GIS and value transfer[J]. Ecological Economics, 60(2): 435-449.

TSUJIMURA M, TANAKA T, 1998. Evaluation of evaporation rate from forested soil surface using stable isotopic composition of soil water in a headwater basin[J]. Hydrological Processes, 12: 2093-2103.

TUSHAAR S, 2016. Increasing water security: The key to implementing the Sustainable Development Goals[R]. Stockholm: GWP.

TY T V, SUNADA K, ICHIKAWA Y, et al., 2010. Evaluation of the state of water resources using modified water poverty index: A case study in the Srepok River basin, Vietnam-Cambodia[J]. International Journal of River Basin Management, 8: 305-317.

UCHIJIMA Z, SEINO H, 1985. Agroclimatic evaluation of net primary productivity of natural vegetations Chikugo model for evaluating net primary productivity[J]. Journal of Agricultural Meteorology, 40(4): 343-352.

UNEP, 2012. Status report on the application of integrated approaches to water resources management[R]. Nairobi: UN-Water.

UNESCO, FAO, 1985. Carrying capacity assessment with a pilot study of Kenya: A resource accounting methodology for sustainable development[R]. Paris and Rome: FAO.

UN-WATER, 2012. Status report on the application of integrated approaches to water resources management [R]. New York: United Nations Water.

US EPA, 1993. Technical support document for the land application of sewage sludge volume Ⅱ (revised)[R]. Washington D C: United States Environmental Protection Agency.

VALENZA A, GRILLOT J C, DAZY J, 2000. Influence of groundwater on the degradation of irrigated soils in a semi-arid region, the inner delta of the Niger River, Mali[J]. Hydrogeology Journal, 8(4): 417-429.

VAN OUDENHOVEN A P, PETZ K, ALKEMADE R, et al., 2012. Framework for systematic indicator selection to assess effects of land management on ecosystem services[J]. Ecological Indicators, 21: 110-122.

VAPNIK V, 1995. The Nature of Statistical Learning Theory[M]. New York: Springer Verlag.

VENKATACHALAM L, 2004. The contingent valuation method: A review[J]. Environmental Impact Assessment Review, 24(1): 89-124.

VEROUSTRAETE F, SABBE H, EERMAN E, 2002. Estimation of carbon mass fluxes over Europe using the C-FIX model and Euroflux data[J]. Remote Sensing of Environment, 83: 376-399.

VO Q T, KUENZER C, VO Q M, et al., 2012. Review of valuation methods for mangrove ecosystem services[J]. Ecological Indicators, 23: 431-446.

WAGENA M B, SOMMERLOT A D, ABIY A Z, et al., 2016. Climate change in the Blue Nile Basin Ethiopia: Implications for water resources and sediment transport[J]. Climatic Change, 139(2): 229-243.

WALLACE K J, 2007. Classification of ecosystem services: Problems and solutions[J]. Biological Conservation, 139(3): 235-246.

WANG F, MU X, LI R, et al., 2015. Co-evolution of soil and water conservation policy and human-environment linkages in the Yellow River Basin since 1949[J]. Science of the Total Environment, 508: 166-177.

WANG H J, CHEN Y N, LI W H, et al., 2013. Runoff responses to climate change in arid region of northwestern China during 1960-2010[J]. Chinese Geographical Science, 23(3): 286-300.

WANG H J, CHEN Y N, XUN X, et al., 2012. Changes in daily climate in the arid area of northwestern China[J].

Theoretical and Applied Climatology, 112(1-2): 15-28.

WANG N A, MA N, CHEN H B, et al., 2013. A preliminary study of precipitation characteristics in the hinterland of Badain Jaran desert[J]. Advance in Water Science 24(2): 1-8.

WANG X, XIAO H, LI J, et al., 2008. Nebkha development and its relationship to environmental change in the Alaxa Plateau, China[J]. Environmental Geology, 56(2): 359-365.

WARNANT P, FRANCOIS L, STRIVAY D, et al., 1994. CARAIB: A global model of terrestrial biological productivity[J]. Global Biogeochemical Cycle, 8(3): 255-270.

WEN X, DIAO M, WANG D, et al., 2012. Hydrochemical characteristics and salinization processes of groundwater in the shallow aquifer of Eastern Laizhou Bay, China[J]. Hydrological Processes, 26(15): 2322-2332.

WEN X, WU Y, SU J, et al., 2005. Hydrochemical characteristics and salinity of groundwater in the Ejina Basin, Northwest China[J]. Environmental Geology, 48(6): 665-675.

WILKINSON M J, MAGAGULA T K, HASSAN R M, 2015. Piloting a method to evaluate the implementation of integrated water resource management in the Inkomati River Basin[J]. Water SA, 41(5): 633-642.

WITTAKER R H, LIKENS G E, 1975. The biosphere and man[M]//LIETH H. Primary Productivity of the Biosphere. NewYork: Springer-Verlag: 55-115.

WORLD BANK, 2013. Water and Development: An evaluation of the world bank support 1997-2007[Z]. Washington D C: World Bank.

WU D, WANG S, XIA J, et al., 2013. The influence of dust events on precipitation acidity in China[J]. Atmospheric Environment, 79(11): 138-146.

WU G, XU G, CHEN T, et al., 2013. Age-dependent tree-ring growth responses of Schrenk spruce (*Picea schrenkiana*) to climate—A case study in the Tianshan Mountain, China[J]. Dendrochronologia, 31(4): 318-326.

WU J, 2011. The effect of ecological management in the upper reaches of Heihe River[J]. Acta Ecologica Sinica, 31: 1-7.

WU J, DING Y, YE B, et al., 2010. Spatio-temporal variation of stable isotopes in precipitation in the Heihe River Basin, Northwestern China[J]. Environmental Earth Sciences, 61(6): 1123-1134.

WU W Y, YIN S Y, LIU H L, et al., 2014. The geostatistic-based spatial distribution variations of soil salts under long-term waste water irrigation[J]. Environmental Monitoring and Assessment, 186(10): 6747-6756.

XI H Y, FENG Q, ZHANG L, et al., 2016. Effects of water and salinity on plant species composition and community succession in Ejina Desert Oasis, northwest China[J]. Environmental Earth Sciences, 75(2): 138.

XIA J B, ZHANG S Y, ZHAO X M, et al., 2016. Effects of different groundwater depths on the distribution characteristics of soil-Tamarix water contents and salinity under saline mineralization conditions[J]. Catena, 142: 166-176.

XIAO J, JIN Z D, WANG J, et al., 2015. Hydrochemical characteristics, controlling factors and solute sources of groundwater within the Tarim River Basin in the extreme arid region, NW Tibetan Plateau[J]. Quaternary International, 380: 237-246.

XIAO S C, LI J X, XIAO H L, et al., 2008. Comprehensive assessment of water security for inland watersheds in the Hexi Corridor, Northwest China[J]. Environmental Geology, 55(2): 369-376.

XIE G, ZHEN L, LU C, et al., 2010. Applying value transfer method for eco-service valuation in China[J]. Journal of Resources and Ecology, 1(1): 51-59.

XING P, ZHANG Q B, LU L X, 2014. Absence of late-summer warming trend over the past two and half centuries on the eastern Tibetan Plateau[J]. Global and Planetary Change, 123: 27-35.

XU H, AI L, TAN L, et al., 2006. Stable isotopes in bulk carbonates and organic matter in recent sediments of Lake

Qinghai and their climatic implications[J]. Chemical Geology, 235(3): 262-275.

XU Z M, CHENG G D, ZHANG Z Q, et al., 2003. Applying contingent valuation in China to measure the total economic value of restoring ecosystem services in Ejina region[J]. Ecological economics. 44(1): 345-358.

YAIR A, DANIN A, 1980. Spatial variations in vegetation as related to the soil moisture regime over an arid limestone hillside, northern Negev, Israel[J]. Oecologia, 47(1): 83-88.

YANG B, QIN C, WANG J, et al., 2014. A 3500-year tree-ring record of annual precipitation on the northeastern Tibetan Plateau[J]. Proceedings of the National Academy of Sciences, 111(8): 2903-2908.

YANG D W, SUN F B, LIU Z Y, et al., 2006. Interpreting the complementary relationship in non-humid environments based on the Budyko and Penman hypotheses[J]. Geophysical Research Letters, 33(18): 1-5.

YANG L, WEI W, CHEN L, et al., 2014. Response of temporal variation of soil moisture to vegetation restoration in semi-arid Loess Plateau, China[J]. Catena, 115(1): 123-133.

YANG L S, FENG Q, YIN Z L, et al., 2017. Identifying separate impacts of climate and land use/cover change on hydrological processes in upper stream of Heihe River, northwest China[J]. Hydrological Processes, 31(5): 1100-1112.

YANG X P, WILLIAMS M A J, 2003. The ion chemistry of lakes and late Holocene desiccation in the Badain Jaran Desert, Inner Mongolia, China[J]. Catena, 51: 45-60.

YE X C, ZHANG Q, LIU J, et al., 2013. Distinguishing the relative impacts of climate change and human activities on variation of streamflow in the Poyang Lake catchment, China[J]. Journal of Hydrology, 494: 83-95.

YIDANA S M, YIDANA A, 2010. An assessment of the origin and variation of groundwater salinity in southeastern Ghana[J]. Environmental Earth Sciences, 61(6): 1259-1273.

YIN Z L, FENG Q, YANG L S, et al., 2017. Long term quantification of climate and land cover change impacts on streamflow in an alpine river catchment, northwestern China[J]. Sustainability, 9(7): 1278.

YIN Z L, FENG Q, ZOU S B, et al., 2016. Assessing variation in water balance components in mountainous inland river basin experiencing climate change[J]. Water, 8(10): 472.

ZEDLER J B, CALLAWAY J C, DESMOND J S, et al., 1999. Californian salt marsh vegetation: An improved model of spatial pattern[J]. Ecosystems, 2(1): 19-35.

ZHANG D F, WANG S J, 2001. Mechanism of freeze-thaw action in the process of soil salinization in northeast China[J]. Environmental Geology, 41(1): 96-100.

ZHANG J, HOLMES J A, CHEN F, et al., 2009. An 850-year ostracod-shell trace-element record from Sugan Lake, Northern Tibetan Plateau, China: Implications for interpreting the shell chemistry in high-Mg/Ca waters[J]. Quaternary International, 194(1): 119-133.

ZHANG L, NAN Z T, YU W J, et al., 2015a. Modeling land-use and land-cover change and hydrological responses under consistent climate change scenarios in the Heihe River Basin, China[J]. Water Resources Management, 29(13): 4701-4717.

ZHANG L, ZHAO F F, BROWN A E, 2012. Predicting effects of plantation expansion on streamflow regime for catchments in Australia[J]. Hydrology and Earth System Sciences, 16(7): 2109-2121.

ZHANG T, YUAN Y, WEI W, 2014. A tree-ring based precipitation reconstruction for Mohe region in the northern Greater Higgnan Mountains, China, since AD 1724[J]. Quaternary Research, 82(1): 14-21.

ZHANG X, ZHANG Y, XU H, et al., 2014. Mountainous runoff change in three inland river basin in Hexi Corridor and its influencing factors[J]. Journal of Arid Land Resources and Environment, 28(4): 66-72.

ZHANG Y, SHAO X, WILMKING M, 2011. Dynamic relationships between Picea crassifolia growth and climate at upper treeline in the Qilian Mts., Northeast Tibetan Plateau, China[J]. Dendrochronologia, 29(4): 185-199.

ZHANG Y Y, FU G B, SUN B Y, et al., 2015b. Simulation and classification of the impacts of projected climate change on flow regimes in the arid Hexi Corridor of Northwest China[J]. Journal of Geophysical Research: Atmospheres, 120(15): 7429-7453.

ZHAO A Z, ZHU X F, LIU X F, et al., 2016. Impacts of land use change and climate variability on green and blue water resources in the Weihe River Basin of northwest China[J]. Catena, 137: 318-327.

ZHAO L, YIN L, XIAO H, et al., 2011. Isotopic evidence for the moisture origin and composition of surface runoff in the headwaters of the Heihe River basin[J]. Chinese Science Bulletin, 56(4-5): 406-416.

ZHAO Y, LI X R, ZHANG Z S, et al., 2013. Soil-plant relationships in the Hetao irrigation region drainage ditch banks, northern China[J]. Arid Land Research and Management, 28(1): 74-86.

ZHAO Y F, ZOU X Q, GAO J H, et al., 2015. Quantifying the anthropogenic and climatic contributions to changes in water discharge and sediment load into the sea: A case study of the Yangtze River, China[J]. Science of the Total Environment, 536: 803-812.

ZHOU G S, ZHANG X S, 1996. Study on climate vegetation classification for global change in China[J]. Acta Botanica Sinica, 38(1): 8-17.

ZHU W Q, PAN Y Z, HE H, et al., 2006. Simulation of maximum light use efficiency for some typical vegetation types in China[J]. Chinese Science Bulletin, 51(4): 457-463.

彩　　图

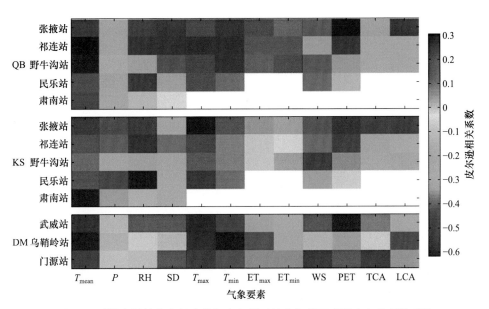

图 1-8　采样点树轮宽度标准化年表与邻近站点气象要素的皮尔逊相关系数

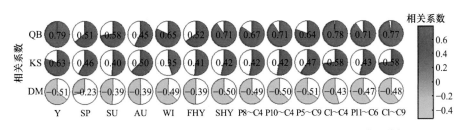

图 1-12　各采样点树轮宽度年表(1961~2011 年)与气温的相关性分析

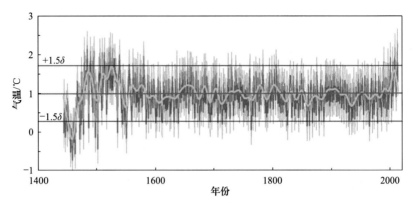

图 1-16　QB 采样点气温重建曲线和重建曲线 11a 滑动平均曲线

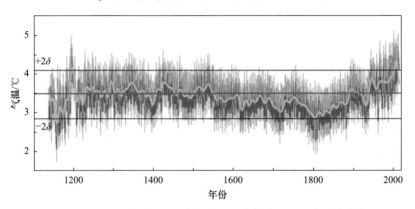

图 1-17　KS 采样点气温重建曲线和重建曲线 11a 滑动平均曲线

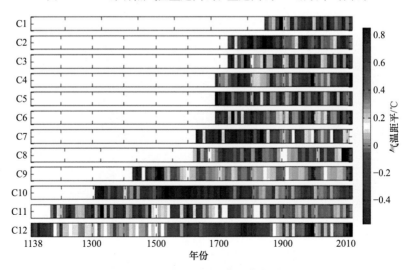

图 1-20　不同地区气温序列变化的对比

气温序列信息源自表 1-10

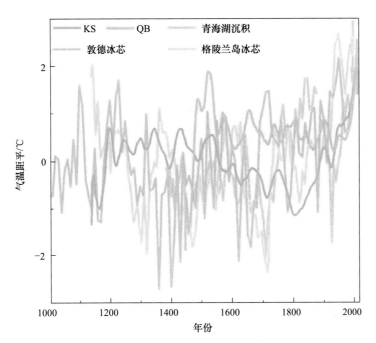

图 1-21　不同代用指标重建的气温序列对比

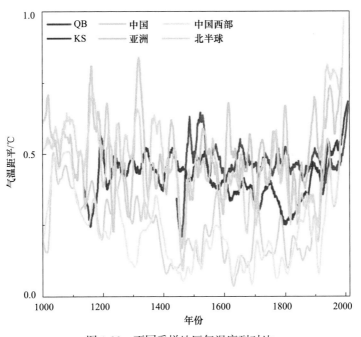

图 1-22　不同采样地区气温序列对比

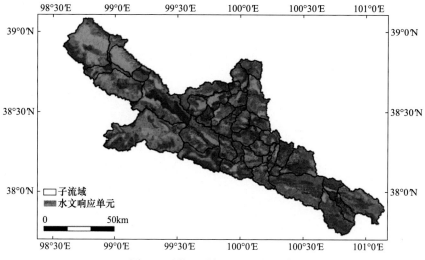

图 2-1 黑河上游 HRU 空间分布

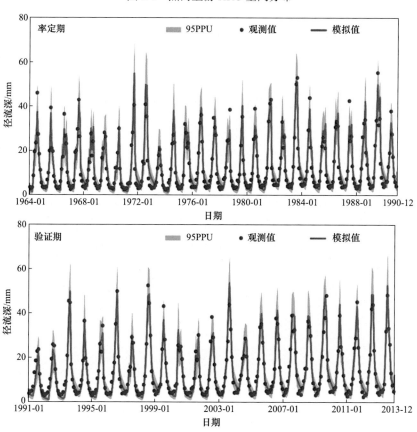

图 2-2 SWAT 模型率定期和验证期径流深模拟值与观测值的对比

95PPU 表示 95%预测不确定性

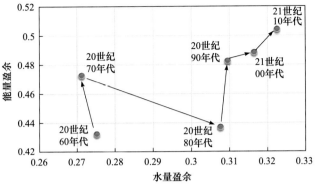

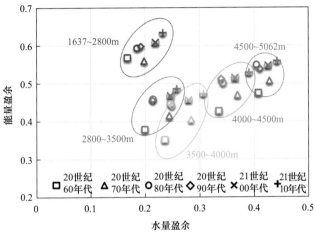

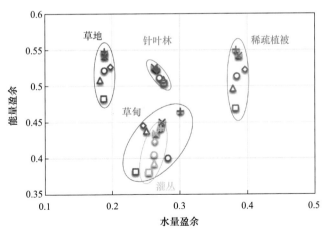

图 2-4 黑河上游年代际能量盈余与水量盈余关系

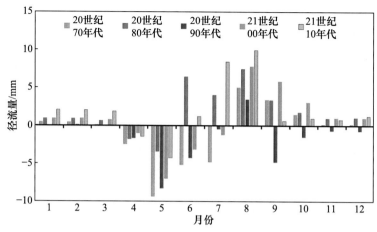

图 2-6　黑河上游各月径流量的年代变化特征

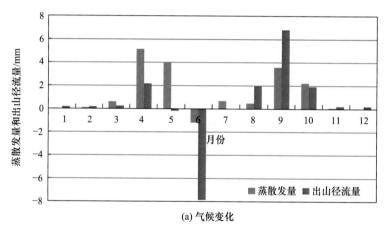

(a) 气候变化

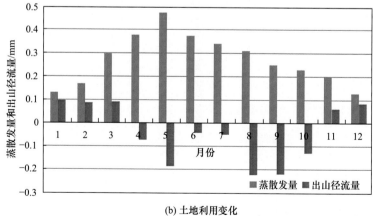

(b) 土地利用变化

图 2-9　气候变化和土地利用变化对月尺度出山径流量和蒸散发量的影响

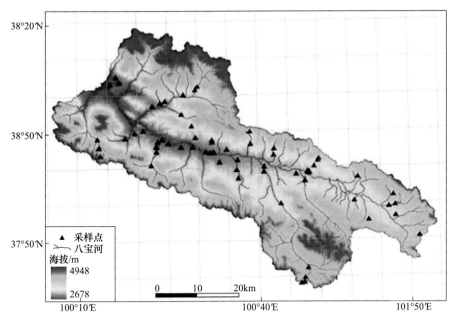

图 3-1　八宝河流域样地分布示意图

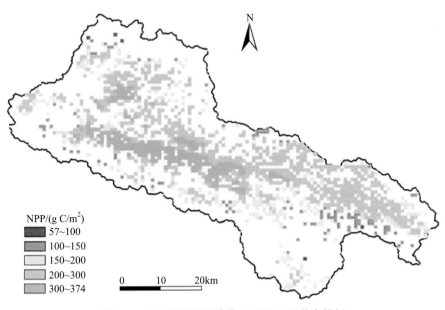

图 3-8　八宝河流域夏季草地 NPP 空间分布特征

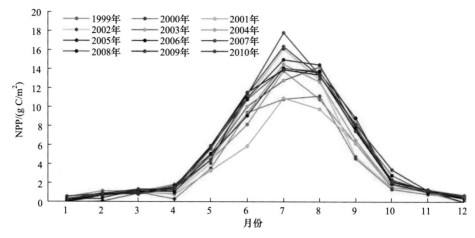

图 3-10 1999～2010 年黑河流域月均 NPP 变化特征

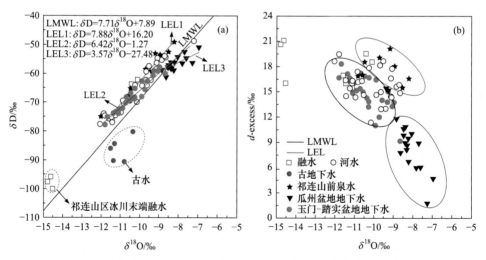

图 5-7 疏勒河流域地下水 δD-$\delta^{18}O$ 和 d-excess-$\delta^{18}O$ 关系图

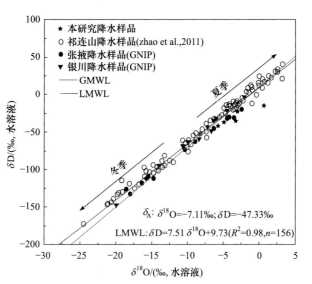

图 6-19　泛河西地区降水大气水线

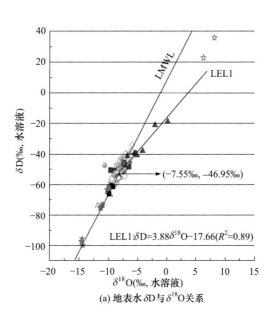

(a) 地表水 δD 与 δ^{18}O 关系

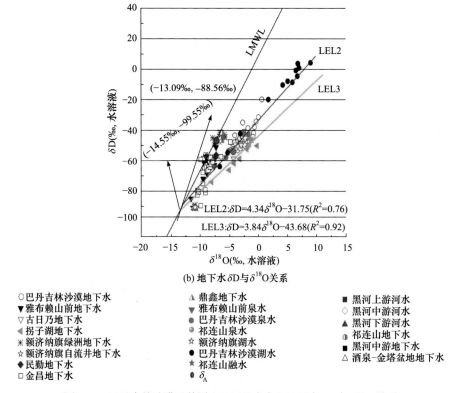

LEL2：δD=4.34δ^{18}O-31.75(R^2=0.76)

LEL3：δD=3.84δ^{18}O-43.68(R^2=0.92)

(b) 地下水δD与δ^{18}O关系

○巴丹吉林沙漠地下水	△鼎鑫地下水	■黑河上游河水
▼雅布赖山前地下水	▼雅布赖山前泉水	◇黑河中游河水
▽古日乃地下水	●巴丹吉林沙漠泉水	▲黑河下游河水
◀拐子湖地下水	◐祁连山泉水	◑祁连山地下水
✳额济纳旗绿洲地下水	☆额济纳旗湖水	■黑河中游地下水
☆额济纳旗自流井地下水	●巴丹吉林沙漠湖水	△酒泉-金塔盆地地下水
◆民勤地下水	★祁连山融水	
□金昌地下水	◉δ$_A$	

图 6-21　巴丹吉林沙漠及其周边地区地表水和地下水 δD 与 δ^{18}O 关系

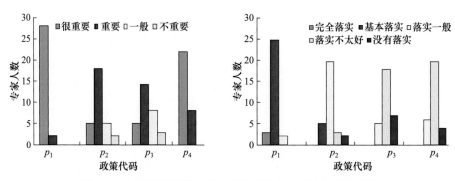

图 7-7　水资源类政策与措施的重要性与政策执行落实情况

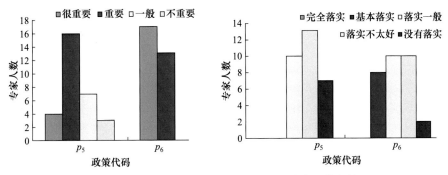

图 7-8 土地类政策与措施的重要性与政策执行落实情况

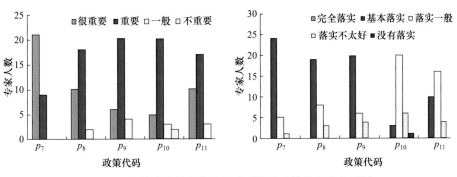

图 7-9 植被类政策与措施的重要性及政策执行落实情况

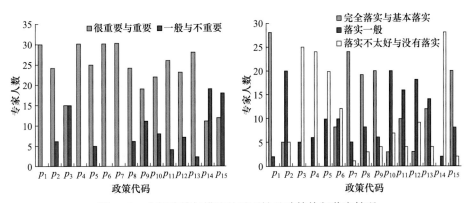

图 7-10 全部政策与措施的重要性及政策执行落实情况

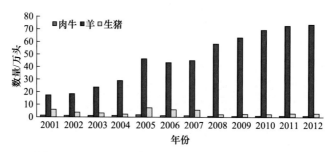

图 8-5　2001～2012 年疏勒河流域畜牧业数量及规模

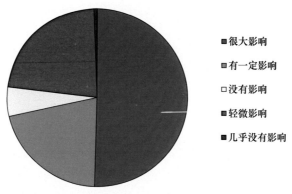

■很大影响

■有一定影响

□没有影响

■轻微影响

■几乎没有影响

图 8-7　气候灾害对移民农业及生活的影响

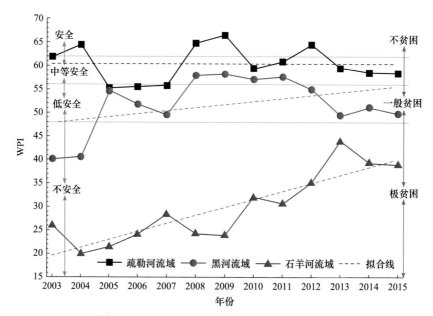

图 10-5　2003～2015 年三大流域 WPI 变化趋势